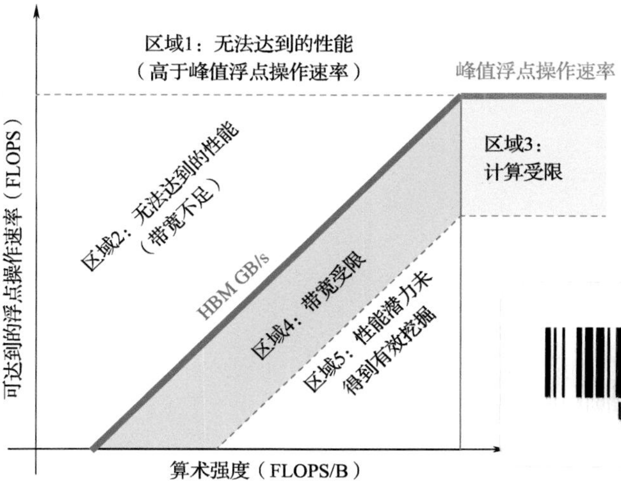


**图 4-22　Roofline 模型的 5 个区域**

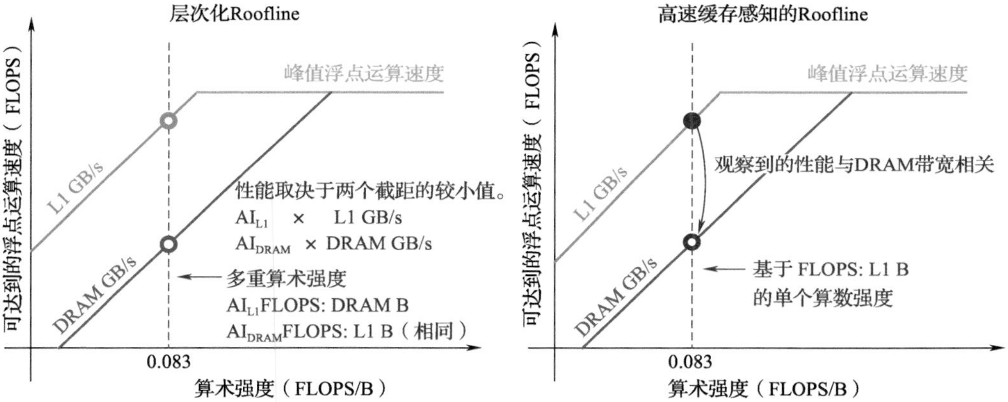


**图 4-25　STREAM 在两种 Roofline 模型下的表现**

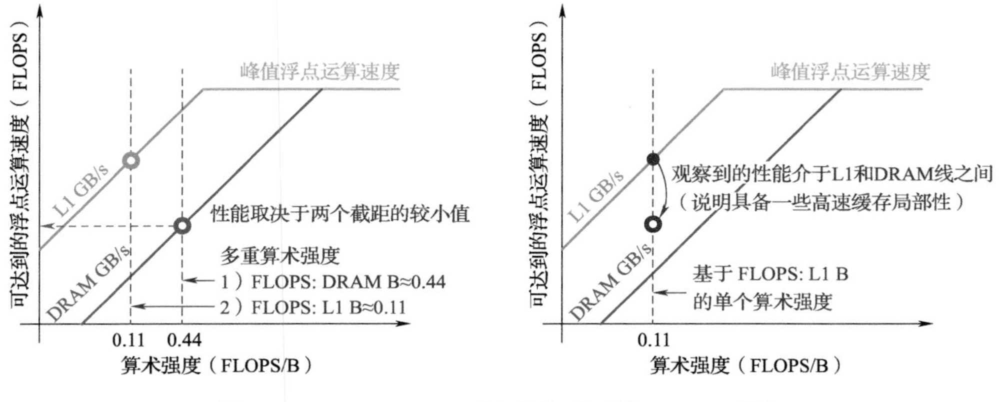


**图 4-27　7-point Stencil 小问题规模时的 Roofline 图像**

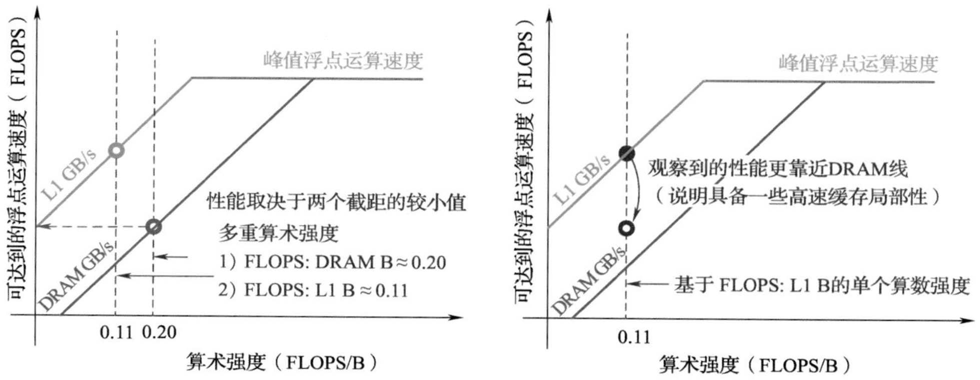


**图 4-28　7-point Stencil 大问题规模时的 Roofline 图像**

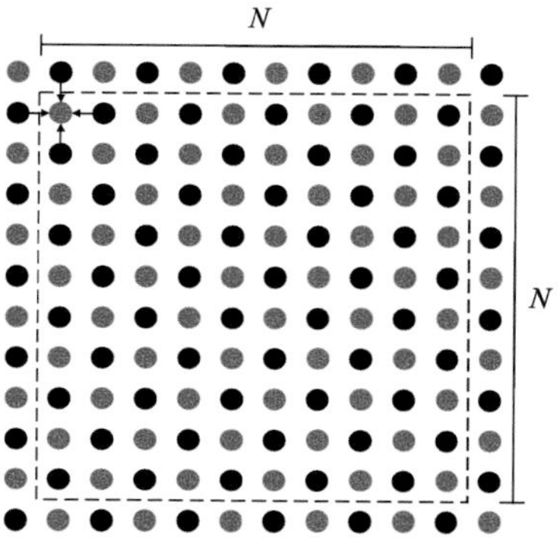


**图 5-34　交错迭代示意图**

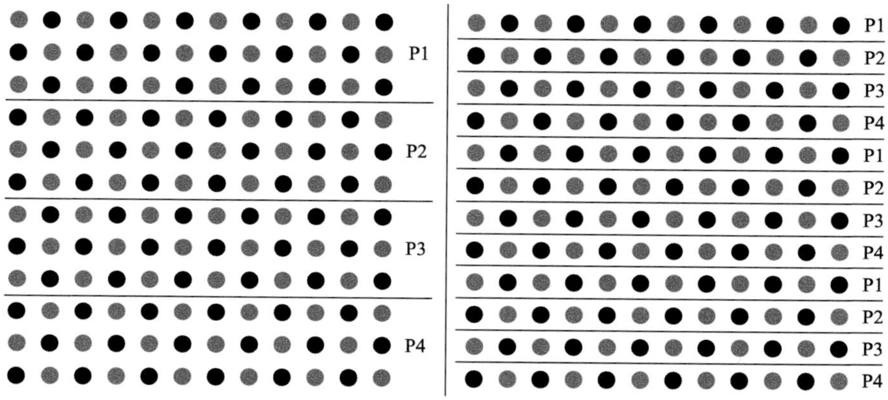


**图 5-35　块化分配（左）与交错分配（右）**

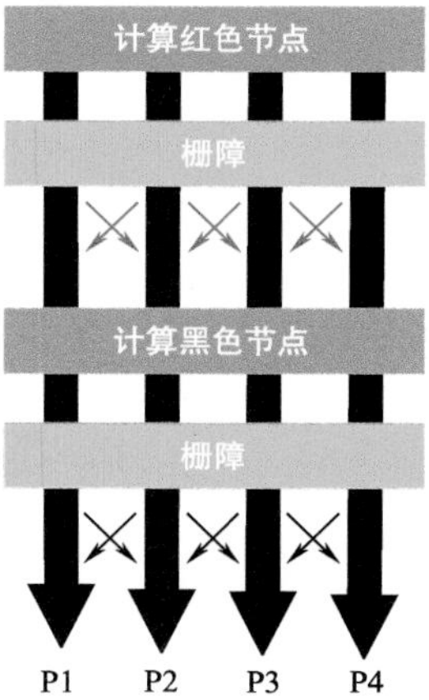
计算红色节点
栅障
计算黑色节点
栅障
P1
P2
P3
P4

**图 5-36　执行抽象图（使用栅障进行同步）**

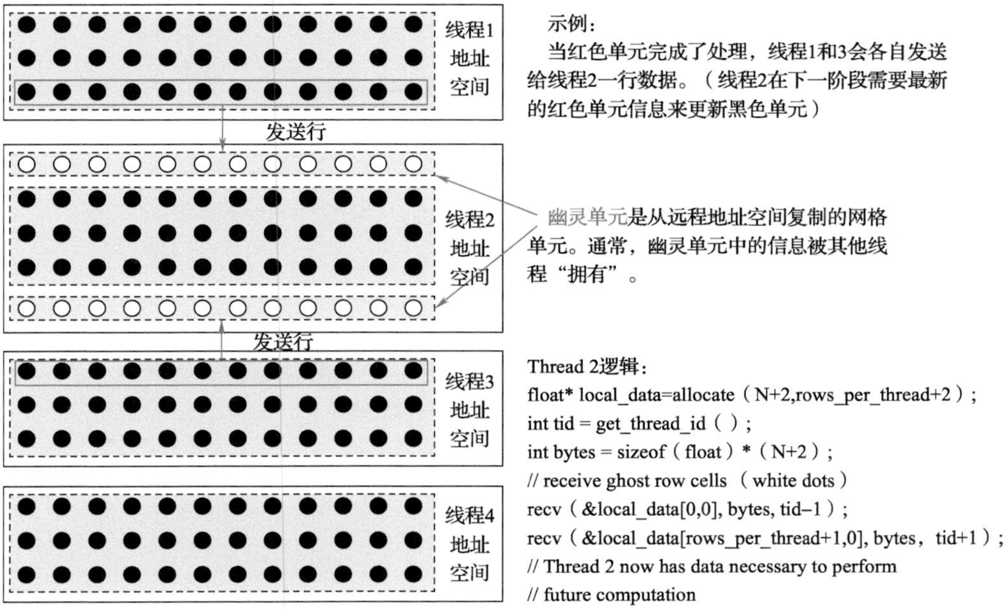
线程1
地址
空间
发送行
线程2
地址
空间
发送行
线程3
地址
空间
线程4
地址
空间
示例：
当红色单元完成了处理，线程1和3会各自发送给线程2一行数据。（线程2在下一阶段需要最新的红色单元信息来更新黑色单元）
幽灵单元是从远程地址空间复制的网格单元。通常，幽灵单元中的信息被其他线程“拥有”。
Thread 2逻辑：
float* local_data=allocate（N+2,rows_per_thread+2）;
int tid = get_thread_id（）;
int bytes = sizeof（float）*（N+2）;
// receive ghost row cells （white dots）
recv（&local_data[0,0], bytes, tid–1）;
recv（&local_data[rows_per_thread+1,0], bytes，tid+1）;
// Thread 2 now has data necessary to perform
// future computation

**图 5-44　消息传递求解器模型中的线程间通信**

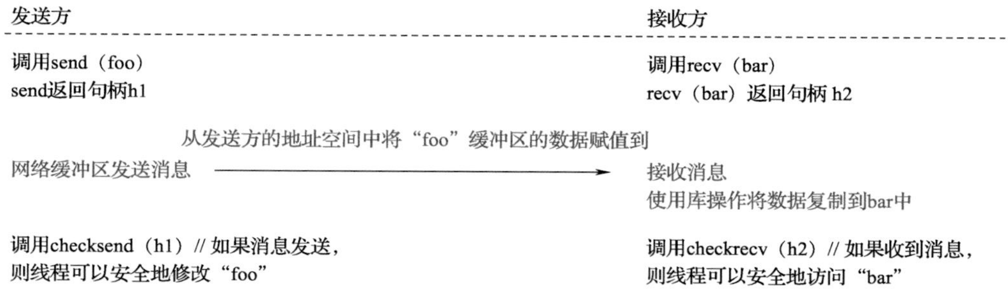
发送方
接收方
调用send（foo）
send返回句柄h1
调用recv（bar）
recv（bar）返回句柄 h2
从发送方的地址空间中将“foo”缓冲区的数据赋值到
网络缓冲区发送消息
接收消息
使用库操作将数据复制到bar中
调用checksend（h1）// 如果消息发送，
则线程可以安全地修改“foo”
调用checkrecv（h2）// 如果收到消息，
则线程可以安全地访问“bar”

**图 5-46　消息传递的异步模型**

注：红色文本中的操作与线程是并发执行的。

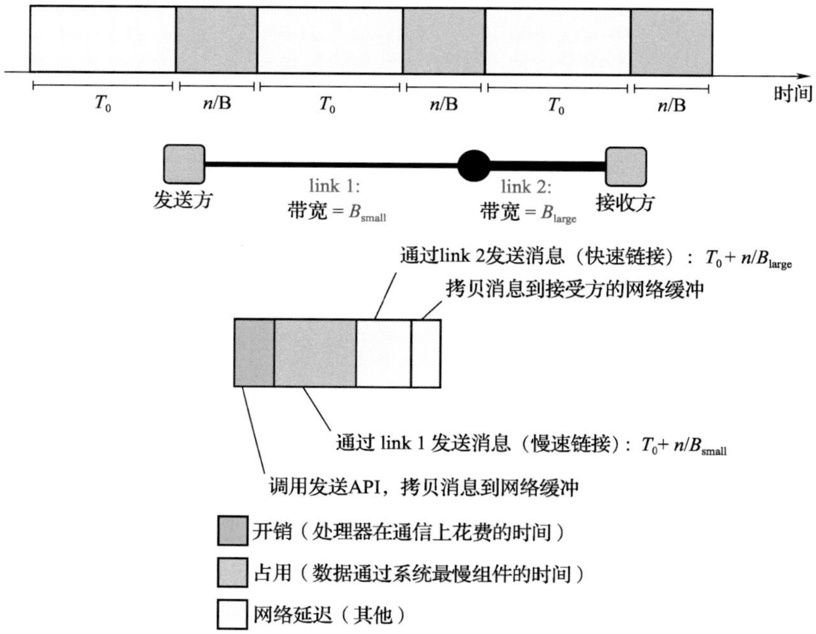


**图 5-58　通信的常见模型**

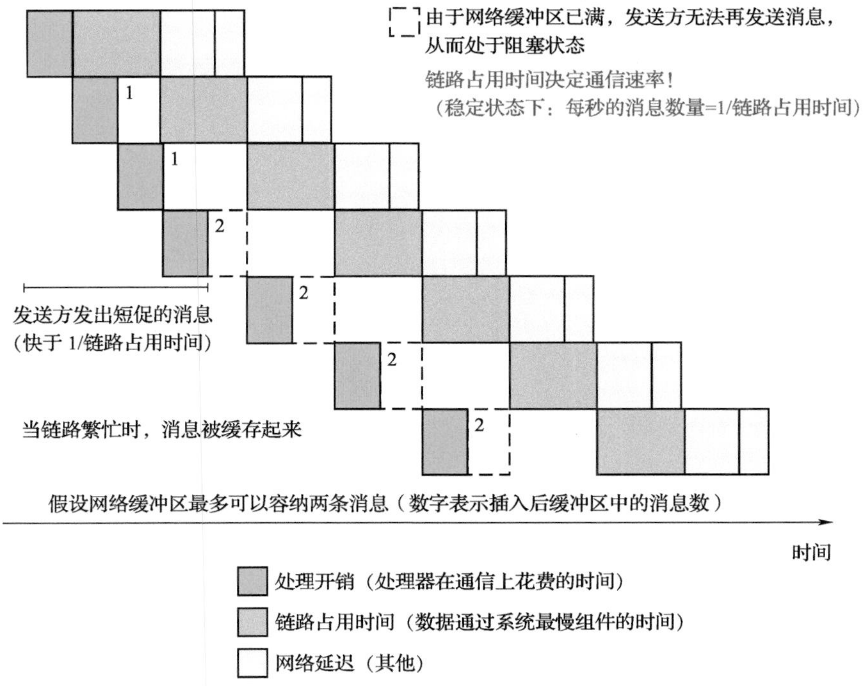
由于网络缓冲区已满，发送方无法再发送消息，
从而处于阻塞状态
链路占用时间决定通信速率！
（稳定状态下：每秒的消息数量=1/链路占用时间）
1
1
2
2
2
2
发送方发出短促的消息
（快于 1/链路占用时间）
当链路繁忙时，消息被缓存起来
假设网络缓冲区最多可以容纳两条消息（数字表示插入后缓冲区中的消息数）
时间
处理开销（处理器在通信上花费的时间）
链路占用时间（数据通过系统最慢组件的时间）
网络延迟（其他）

**图 5-59　通信的流水线模型**

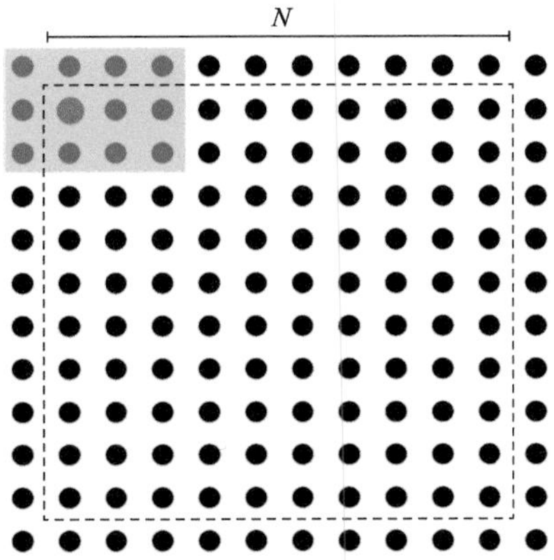
N

**图 5-62　处理完第 1 个元素时，高速缓存中保存 3 个高速缓存行（蓝色部分）**

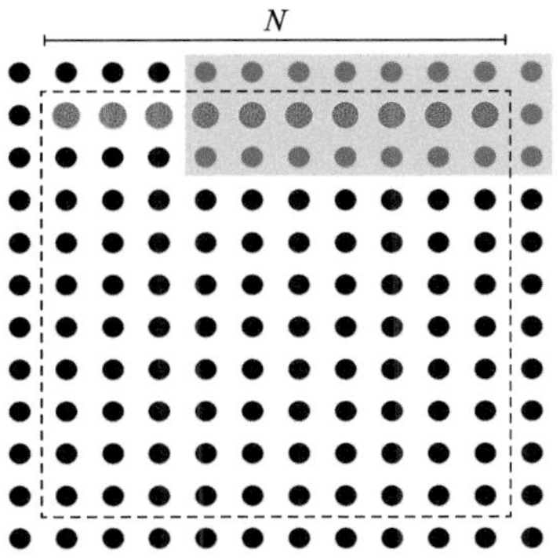
N

**图 5-63　处理完第 1 行元素时，高速缓存中保存 6 个高速缓存行（蓝色部分）**

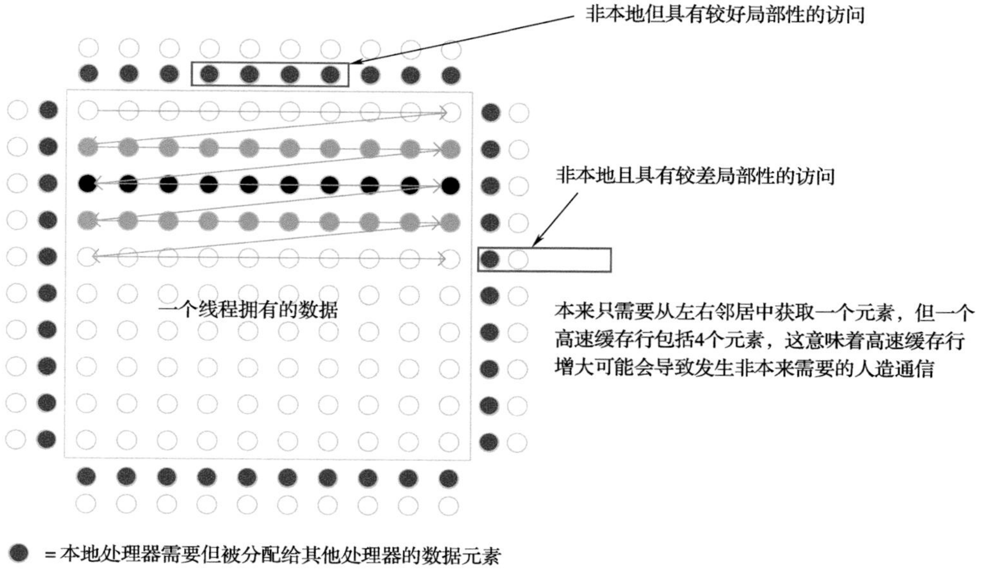


**图 5-65　通信粒度造成的额外通信开销**

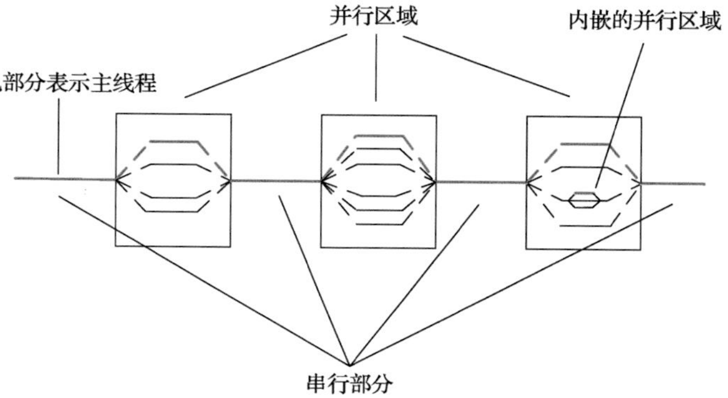


**图 5-92　分支合并并行化示意**

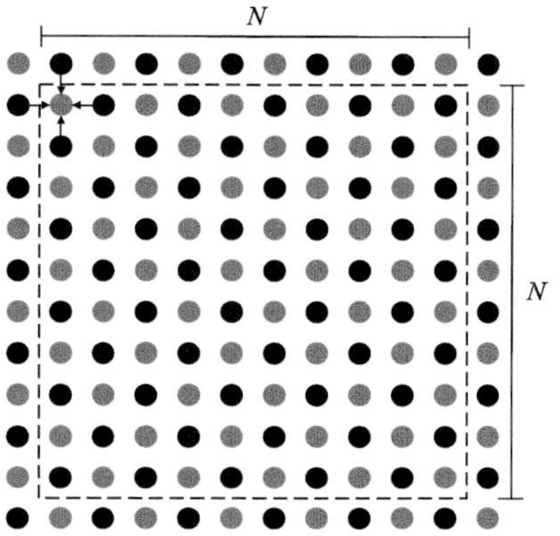


图 5-135　两轮迭代更新示意

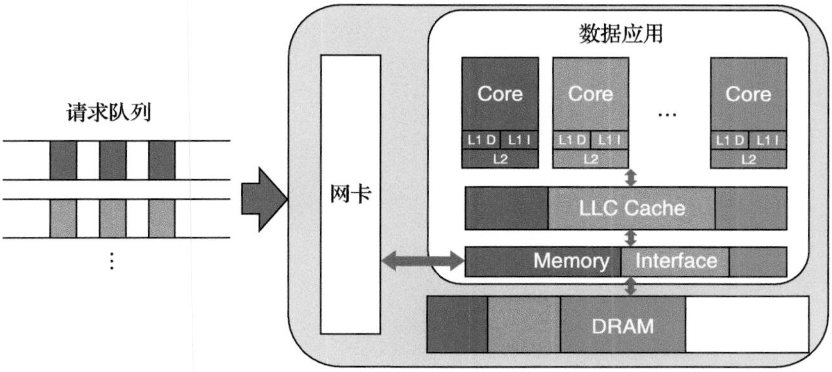


图 8-1　多个应用在数据中心混部场景

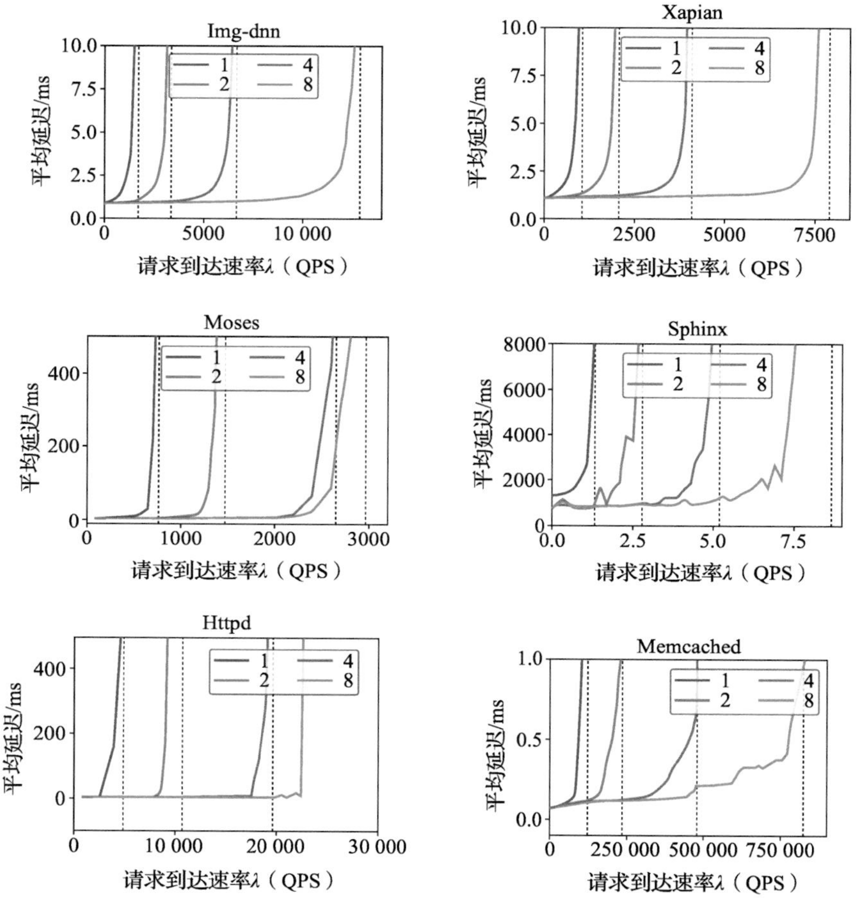


**图 8-4　应用请求到达速率与平均延迟的关系（黑色虚线为不同资源下的服务速率）**

计算机科学前沿丛书

# 经典并行与量子并行
## 提升并挖掘计算系统的潜在性能

Classical Parallel Computing and Quantum Parallel Computing
Increasing and Exploiting the Potential of Computer Systems

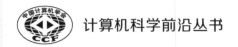

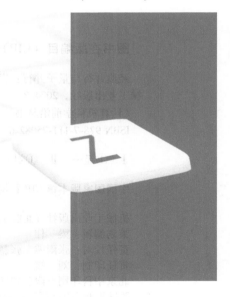

刘宇航　编著

机械工业出版社
CHINA MACHINE PRESS

本书深入浅出地介绍后摩尔时代的并行计算核心技术，理论与实践并重，兼顾数学模型、结构模型、编程模型。本书具有以下特色：①从概念上明确算势与算力的联系与区别，强调在后摩尔时代背景下从潜在能力（算势）到实际能力（算力）的充分转化的重要性；②注重量化分析和理论推导，单列一章对计算性能模型和存储性能模型进行了介绍；③注重并行应用程序的设计，单列一章介绍并对比分析了共享存储编程和非共享存储编程的基本原理；④注重融会贯通，培养整体观念，分别介绍了共享存储结构和分布式存储结构，揭示潜在的可利用的并行硬件资源以及对应的编程方法；⑤编制了大量的原创、有助于提高读者理解程度和应用知识能力的例题；⑥率先以算势和算力的统一视角，系统对比了经典并行计算与量子并行计算，有助于促进读者对两个领域的融合理解。

本书可供计算机系统和芯片设计人员、期望利用并行计算的思想和技术解决具体领域问题的人员使用，也可作为教材供理工科专业的高年级本科生和研究生及相关专业技术人员使用。

**图书在版编目（CIP）数据**

经典并行与量子并行：提升并挖掘计算系统的潜在性能／刘宇航编著．—北京：机械工业出版社，2024.3

（计算机科学前沿丛书）

ISBN 978-7-111-75082-6

Ⅰ．①经…　Ⅱ．①刘…　Ⅲ．①并行算法　Ⅳ．①TP301.6

中国国家版本馆 CIP 数据核字（2024）第 043435 号

机械工业出版社（北京市百万庄大街 22 号　邮政编码 100037）

策划编辑：梁　伟　　　责任编辑：梁　伟　舒　宜

责任校对：张雨霏　张慧敏　景　飞　　　封面设计：马若濛

责任印制：刘　媛

北京中科印刷有限公司印刷

2024 年 10 月第 1 版第 1 次印刷

186mm×240mm · 37.5 印张 · 4 插页 · 634 千字

标准书号：ISBN 978-7-111-75082-6

定价：129.00 元

| 电话服务 | 网络服务 |
| --- | --- |
| 客服电话：010-88361066 | 机　工　官　网：www.cmpbook.com |
| 010-88379833 | 机　工　官　博：weibo.com/cmp1952 |
| 010-68326294 | 金　　书　　网：www.golden-book.com |
| **封底无防伪标均为盗版** | 机工教育服务网：www.cmpedu.com |

# 推荐序一

随着集成电路工艺逐渐逼近极限，处理器主频受到功耗限制而无法持续提升，并行成为提高计算机系统性能的最重要手段。并行的基本概念是朴素的，它将一个待解问题分解成许多子问题，让不同的计算部件同时工作，并行求解子问题，然后融合诸多子问题的解，最终解决待解问题。这样做大大缩短了问题求解的时间，但是，在计算机中要真正实现并行十分复杂。为了让众多硬件部件和程序片段能在协调工作的同时保持正确的时序关系，从而确保执行结果的正确性，需要对并行计算的过程进行精准的控制。计算机中的并行体现在多个方面：从并行的模式看，可以是并发多进程/线程，也可以是流水线式的；从并行的层次看，可以在系统的不同层级如处理器、内存、I/O 等实现；从并行的触发方式看，可以是控制流程驱动，也可以是数据驱动。针对不同的并行方式，目前已经发展出诸多挖掘和管控并行性的技术手段，如并行计算模型、同步机制、软硬件原语、并行编程语言、并行算法、存储一致性协议和并行库与并行程序开发工具等。基于这些技术，研制出了一代又一代的并行处理器和并行计算机系统，使计算机的性能不断提高，使摩尔定律得以延续。因此，并行是每一个计算机专业的学生和每一个从事计算机研发与应用的科技工作者必须掌握的知识和技能。

本书是一本系统介绍并行计算概念和相关机制的技术书籍，内容涵盖了经典的并行计算原理与支持并行的基本软硬件技术，包括并行体系结构、计算性能模型和存储性能模型、共享存储结构与编程、分布式存储与编程、连接并行计算部件的互连网络、并行计算机系统的资源调度、并行输入输出、高速缓存一致性及事务性内存等。此外，本书不仅聚焦于并行计算领域已有的技术成果和最新进展，还与时俱进地引入了量子并行的初步知识，简要介绍了量子计算的基本原理、量子计算部件和量子算法。本书覆盖了并行计算机硬件和软件的多个层面，跨度较大，既有对以往经验和成果的总结，又有对新技术的前瞻，内容十分丰富。本书既可以用作大学本科生或研究生的教材，也可以用作计算机研发人员的技术参考书，帮助读者全面深入地理解并行计算的原理，掌握并行计算的基本技能。

可以预见，随着大规模数值模拟、数字孪生、人工智能大模型训练与推理和大数据分析处理等应用对算力需求的猛增，对计算机系统的性能将提出更高的要求。从手机中的嵌入式处理器到解决重大挑战性问题的超级计算机，并行计算技术无处不在，并行已成为计算系统的固有属性。这意味着，并行计算不再是少数研制计算机的人所关心的高端技术，而是各行各业使用计算机的人所必须具备的基本能力。本书的出版必将有助于并行计算人才的培养，推动并行计算的普及，使越来越多的人掌握并行计算技术，设计和使用并行计算机，充分挖掘并行系统的性能，以满足多领域算力的需求。

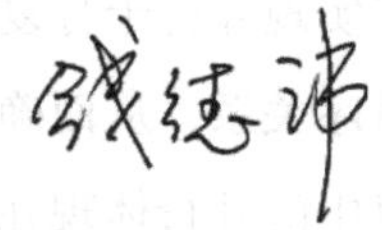

中国科学院院士

中国计算机学会会士

# 推荐序二

从人工智能到计算机辅助设计，从气象模拟到大数据分析，在现代人类的生活与工作中计算无处不在。计算作为解决问题的重要手段，已经融入现代社会发展、科技进步的方方面面。实际计算问题的输入规模、存储需求和计算密集度通常十分巨大，例如，大数据领域往往要处理PB级数据，在使用蒙特卡洛方法进行分子模拟的过程中，计算机需要百万甚至千万级的随机采样，单个的处理器和存储设备无法处理这种级别的问题。并行计算即研究如何将大问题分解为若干子问题，并协同大量处理器、网络等硬件资源同时处理子问题，进而解决大问题，是提高计算机系统计算速度和处理能力的一种有效手段。

并行计算体现在计算机的不同层次上，处理器、内存和I/O都可以独立地使用并行的思想对任务进行处理。虽然思想是简单的，但在实践中并行计算的技术和工程存在很多问题，无论是并行模型的选择、处理器的设计、并行编程语言的设计，还是存储架构和互连的方式都是非常大的挑战。除此之外，一个更大的命题是：当我们有足够多的并行资源之后，如何协同与调度不同资源，使这些资源的使用更加高效？

本书从算势和算力的视角对传统的并行计算进行了一次新的审视，尤其是使用统一的角度去观察量子并行计算与经典并行计算，这是一种极大的创新。从内容看，这种尝试是非常成功的。本书包含了经典并行计算中经常讨论的话题，如并行体系结构、性能模型、存储模型、共享存储结构与编程、分布式存储与编程、连接并行计算部件的互连网络、并行计算机系统的资源调度、并行输入输出、高速缓存一致性及事务性内存等，这些内容十分重要，是并行计算的重要基础概念，在算力和算势的角度下，这些内容又焕发出新的生机。同时，本书也详略得当地介绍了量子并行的内容，对后摩尔时代的我们来说，这些内容是我们继续使用并行计算这一方式挖掘新方法和新思路，解决新问题的工具，是非常宝贵的。将经典并行和量子并行相结合，可以使读者从更广阔的视角去解决问题。

除了内容丰富外，在内容呈现上，本书也与传统晦涩艰深的教材不同，采取了从兴趣和思维入手逐步介绍知识的方式，做到了理论与实践相结合。这种诱导式的呈现方式可以帮助读者轻松掌握所需知识，读者的思维能力和解决问题能力也能够得到较好的锻炼。

我们处于一个算力需求激增的年代，大语言模型、多模态模型、AI4Sci、分子模拟、气象模拟无一例外都对算力有着爆炸式的需求。同时，这些技术无疑又一次又一次地改变着世界，改变着研究方式、发展方式。单处理器性能提升的速度逐渐变缓，并行计算注定会成为计算机从业人员的必备技能。本书的出版对从业人员掌握并行计算这项技术有巨大帮助，会进一步推动我国从数字大国向数字强国发展的进程。

中国科学院计算技术研究所研究员
中国计算机学会会士

# 前　言

呈现在读者面前的是一本试图从新的视角对并行计算进行审视的书，具体来说，就是从算势与算力的视角，对后摩尔时代的经典并行计算与量子并行计算进行统一审视。我们当前处于后摩尔时代，这决定了本书具有鲜明的时代特点，现在单个晶体管的特征尺寸已接近原子尺寸，量子效应越来越显著。在经典计算机中，量子效应是作为一种需要防范的、可能会造成误差或错误的因素而存在的。在量子计算机中，量子效应就不再是负面角色，而是具有非凡潜力的正面角色。无论从哪个角度看，目前都需要研究量子计算，但不能舍弃经典计算。总而言之，我们需要研究它们的区别与联系。区别是显然的，联系是隐含的，本书提出从算势和算力的角度建立它们的联系。

计算技术改变了人类的生产方式，也改变了人类的生活方式。计算技术诞生伊始，并行的思想、方法就开始孕育和发展，但相对而言较少为人所知。值得注意的是，计算技术可以改变人类的思维方式，并行计算的思想和方法也能促进人脑并行思维能力的发展。经过“并行计算”这门课程的学习和专业训练，人的大脑神经网络（包括神经元突触连接方式和神经回路等）会得到训练，进而可以在面对各种各样的场景时，运用并行思维，设计并行算法，以更短的时间完成问题求解。

并行是节省计算时间、提高计算效率的基本方法，并行计算或并行处理是整个计算机科学理论体系中具有普遍性、深刻性的一个核心概念。但在实践中，很多从业人员仅把“并行计算”认知为少部分人从事的一个具体的研究方向，对其普遍性、深刻性缺乏认识。并行计算本身不是目标或目的，只是手段或方式，真正的目标或目的是缩短问题求解时间、求解更大的问题、提高能量效率。计算机系统计算能力的潜在峰值称为算势，用户实际获得的计算能力称为算力。并行计算这个学科一方面是为了提高算势，另一方面是为了提高算势到算力的转化率，最终是为了提高算力。

值得注意的是，并行计算不是一门纯粹的理论，也不是一门单纯的技术，它有从基础科学到技术科学再到应用技术的一套完整的体系。读者只要深入地研读一下钱学森先生的《论技术科学》一文就会得到这样的结论。这种特点决定了并行计算这个学科的学习和研究方法，也决定了本书的写法。按照优先级从高到低，本书坚持“兴趣>思维>方法>知识”的排序公式，即首先激发读者主动学习并行计算的兴趣，其次培养读者自觉应用并行计算解决问题的思维，然后讲解并行计算方法，最后才是传授并行计算知识。

本书以并行计算的视角审视计算机系统的各个层次，训练读者的系统观念和并行计算思维。体系结构（architecture）、微体系结构（microarchitecture）、并行计算（parallel computing）是三个既有联系又有区别的学科。体系结构又称为指令集体系结构（instruction set architecture，ISA），它规定了一个刻画处理器功能的指令集。指令集是软件与硬件的接口，所有的软件必须被映射到这个指令集内才能被处理器硬件执行。微体系结构是体系结构的实现，一种体系结构可以有多种不同的实现。微体系结构关注的内容有流水线的设计、高速缓存的设计、内存控制器的设计、分支预测器的设计等。软件一般看不到微体系结构的细节，因为这些细节是在硬件中实现的。并行计算是一个广泛渗透于计算机系统全栈的设计思想、方法和技术，体现在体系结构、微体系结构、系统软件、应用软件等各个层次上。

本书的核心观点是“为满足不断增长的用户在计算应用上的效用需求，有且只有两种途径，一是提升计算系统的潜能，即提升算势，二是挖掘计算系统的潜能，即提升算势到算力的转化率。通过两种途径，最终实现在本质上具有高通量、低延迟、低熵、高效用的计算系统”。熵是对“无序”的量度，“有序”是指在从外部看来完全一样的条件下，系统内部所具有的不同排列方式的数目是较少的。低熵是通过体系结构和调度策略的优化设计来实现的。但我们不需要所有的低熵状态，只有极大化服务质量和系统性能的那种低熵才是我们需要的。算势到算力的充分转化，需要通过体系结构和调度策略的优化设计，需要在庞大的设计空间中“海底捞针”式地找到那个可行解，这需要通过深刻的洞察和巧妙的设计来实现，而不是通过蛮力搜索和平凡的设计实现。

本书具有以下特色：（1）从概念上明确算势与算力的区别，强调从算势到算力的充分转化的重要性；（2）注重量化分析和理论推导，单列一章对计算性能模型和存储性能模型进行了介绍；（3）注重并行应用程序的设计，单列一章介绍并对比分析了共享存储编程和非共享存储编程的基本原理；（4）注重融会贯通，培养整体观念，分别介绍了共享存储结构和分布式存储结构，揭示潜在的可利用的并行硬件资源以及对应的编程方法；（5）编制了大量的有助于读者深刻理解和灵活应用知识的例题；（6）以统一的视角审视和对比了经典并行计算与量子并行计算，促进两个领域的沟通融合。

本书在撰写时尝试兼取教材和专著的优点。作为教材，本书尝试通俗易懂地反映那些沉淀下来的历久弥新的经典内容，本书的内容曾在中国科学院大学作为研究生教材授课四个学年，每年都有新体会、新补充。作为专著，本书尝试具有深刻性和思考角度的新颖性，本书有相当的篇幅是作者及其所在团队的研究成果（例如计算概念谱系、C-AMAT、CaL、系统熵）。本书坚持提纲挈领的原则，领会《韩非子・外储说右下》中提到的“善张网者引其纲，不一一摄万目而后得”和《荀子・劝学》中提到的“若挈裘领，诎五指而顿之，顺者不可胜数也”，注重主线，面向问题，服务新时代的现实情况，在内容和形式两方面实现创新。本书的读者对象是期望利用并行计算的思想和技术解决领域问题的人员，包括但不限于理工科专业的高年级本科生和研究生及相关专业技术人员。

以下同学参与了本书部分实验代码的验证：周嘉鹏、王贵东、陈妮娜、陈泓佚、常庆宇、宋逸斐、滕宇涵、李浩铨、邱泽源。满洋对全书进行了文字校对。感谢陈明宇、詹剑锋、包云岗、谭光明等老师的帮助。本书的撰写得到了国家重点研发计划重点专项（No. 2023YFB4503904）、中国科学院计算技术研究所创新课题（No. E361100）、处理器芯片全国重点实验室和中国科学院大学的支持。

# 目 录

## 第 2 章　并行处理的意义及挑战



## 第 3 章　并行处理的一般原理

## 第 4 章 计算性能模型和存储性能模型

## 第5章 共享存储结构与编程

## 第 6 章 分布式存储结构与编程

## 第 7 章 并行计算机系统的互连网络

## 第 9 章 并行输入输出

## 第10章 高速缓存一致性、同步和事务性内存

## 第 11 章 量子并行计算

## 术语中英文对照

# 第 1 章 计算概念的谱系

## 1.1 引言

为了理解并行计算，首先需要理解什么是计算。计算的概念具有丰富的内涵，但由于概念体系不完善导致了名与实之间的不一致。2020 年，李国杰老师在中国科学院计算技术研究所战略规划会议上指出，在日常交流中，计算概念内涵的丰富性往往不能被准确、全面地反映。例如，《现代汉语词典（第 7 版）》给出的其中一个定义是“根据已知数通过数学方法求得未知数”。这个定义反映了计算的一些方面，也遗漏了一些方面。计算概念看似简单，实则不然。计算不只是加减乘除；进一步说，计算也不只是数值计算；更进一步说，计算也不仅是数学。究竟什么是计算，计算的概念具有哪些方面，这些方面之间具有怎样的关系，这些问题似乎比较基础，但答案并非显而易见。

从物理学的角度看，一个计算机系统就是一个物理系统，无论是基于经典的冯·诺依曼结构的计算机系统，还是量子计算机系统，都是如此。物理系统可用状态变量描述，给出状态变量的值，就确定了系统的状态。给定状态变量的初值之后，计算机系统的状态就随着时间演进变化（即演化）。在状态空间（state space）中，状态变化的过程将呈现为一条轨迹或轨道，计算的过程就是轨迹或轨道从起点（与输入数据有关）到终点（与输出数据有关）的演进过程。

计算概念包括数学理论、机械装置、电气装置等方面，具有计算理论、计算技术、计算机器等不同内容，涉及中国古代数学的算法、西方数学的形式推理等。准确理解计算概念，涉及包括数学、物理学在内的整个科学体系的深层次的核心内容，还涉及效用理论（utility theory），需要正确把握科学与艺术、机械与巧思、几何与代数、人脑与计算机、人类智能与人工智能、工艺基础与上层建筑、证明与计算[1]、功能与性能等一系列范畴对之间的关系。

计算概念因为计算技术本身具有深刻、普遍的影响力而在社会生活和科学研究中被高频使用，因此计算概念的准确性、完备性十分重要。算力和算法是经常被使用的概念，但实际上算力本身的定义并不清晰，目前仍存在较多问题：①算力是指计算机系统的峰值计算能力，还是某个应用程序对应的计算能力？也就是说，算力的大小是否与应用程序有关？②假如算力是指计算机系统的峰值计算能力，那么是哪一种指令类型的计算能力？③算力是否受算法的影响？④算术和算法的联系和区别是什么？⑤相对经典计算来说，量子计算（quantum computing）提升了计算的哪个方面？如何以统一的视角看待经典计算和量子计算？⑥在计算概念中，如何体现作为计算机系统设计者的人的作用？诸如此类的问题很重要，但使用目前的计算概念很难清楚地回答，原因除了应用程序千变万化、计算机指令的类型丰富多样、计算能力是关于多个因素的多元函数等客观因素外，还包括计算概念体系尚不完善。

本章将吸收、借鉴和应用我国古代思想，基于中国传统思想文化对计算概念进行对应与分类，提出计算概念谱系[2]。本章将辨析计算的含义，构建计算概念谱系，分析算势与算力的联系与区别，以算势与算力的统一视角看待经典计算与量子计算。

## 1.2 计算概念谱系化的意义

完备和准确的计算概念体系在科技发展和文化交流中具有重要作用。语言是思维的外壳，概念的缺位或粗糙会影响思维的表达。东方和西方有着不同的历史文化特点，发展进程也不完全同步，在计算技术领域同样如此。中国科学院数学与系统科学研究院的席南华院士提出对汉语词汇进行扩展以反映外文词汇[14]。这与本书的观点具有同样的目的，但是方向相反，本书的观点是充分利用已有的汉语词汇以反映现实（这些现实可能并没有被外文词汇反映）。

清末数学家李善兰在翻译西方著作时，首创性地使用了汉语中原来并不存在的“微分”“积分”“函数”等名词。物理学家胡刚复教授于 1923 年将来中国讲学的诺贝尔物理学奖获得者普朗克所提到的“entropy”（熵的微分等于热量的微分与温度的比值，即 $dS=dQ/T$）一词意译为作为比值的“商”加上偏旁“火”（即“熵”），“熵”这个字之前在汉语中并不存在，它的出现属于胡刚复的发明创造。计算机科学家夏培肃院士是中文“位”（bit）、“存”（memory）等术语的发明者，中国科学院计算技术研究所原研究员许孔时是中文“软件”（software）一词的发明者。

诸如此类的概念创新，为汉语世界引入了高频使用的新元素，都具有重要的开创意义。如果在汉语中没有这样的概念，或者有但不准确，那么很多与这些概念相关的科学研究和文化交流活动将难以像今天这样在中国正常进行。计算概念谱系化，就是建立计算概念的“光谱”，即将原来笼统的计算概念解剖为多个子概念，这些子概念均有客观存在的对应物，而且这些对应物之间的区分与转化十分重要，也正因如此，谱系化显得十分必要。

## 1.3 计算概念的谱系

我国古代曾经产生的深刻的哲学思想和技术思想，可被用于审视当代的计算技术现状，有助于读者深入理解计算概念的内涵，重新梳理并建立计算概念的体系。社会的运行与治理的过程类似计算的过程，具有并发、秩序等属性，因此古代先贤的社会思想有可能被用于计算技术领域。

冯友兰在《中国哲学简史》中对中国古代哲学思想进行了系统的归纳梳理，其中在第 14 章[3] 有这样的总括性表述：“西周封建社会根据两条原则办事，一条是‘礼’，一条是‘刑’。礼是不成文法典，以褒贬来控制‘君子’即贵族的行为。刑则不然，它只适用于‘庶人’即平民。这就是《礼记》中说的：‘礼不下庶人，刑不上大夫。’”这里实现了二分类，其中“刑”是法家的研究对象，它又可以一分为三，冯友兰[3] 进而指出，韩非是法家最后的、也是最大的理论家，在他之前，法家已经有三派，各有自己的思想路线。一派以慎到为首，慎到与孟子同时，他以“势”为政治和治术的最重要的因素；一派以申不害为首，强调“术”是最重要的因素；一派以商鞅为首，最重视“法”。“势”指权力、权威，“法”指法律、法制，“术”指办事、用人的方法和艺术，也就是政治手腕。韩非认为，这三者都是不可缺少的。

与上述历史思想相对应（见表 1-1），计算概念可以细分为多个组分，分别是算势（computing potential）、算力（computing utility，简称为 computility）、算术（computing arithmetic）、算法（computing algorithm）、算礼（computing ritual），它们构成了计算概念的谱系。通过这个谱系，我们能够深刻、全面地理解和把握计算概念的内涵本身所具有的各个方面及其相互关系。这 5 个组分中，算礼具有鲜明的中国文化特点，算势与算力做了区分，算法与算术做了区分，这些区分能够清晰地反映计算技术领域的痛点，有助于讨论解决这些痛点对应的挑战性问题。

表 1-1 计算概念细分与中国古代思想的对应

| 中国古代思想 | 中国古代思想细分 | 对应计算概念的细分 |
|---|---|---|
| 礼 | 礼是不成文法典，以褒贬来控制“君子”（即贵族）的行为 | 算礼强调计算系统可被人脑直接进行评估 |
| 刑 | 以慎到为代表，强调“势”（即权力、权威） | 算势强调计算速度意义上的潜能，算力强调实际获得的计算能力 |
| | 以申不害为代表，强调“术”（即办事、用人的方法和艺术） | 算术强调计算的技巧，如中国乘法和印度乘法就使用了不同的技巧 |
| | 以商鞅为代表，强调“法”（即法律、法制） | 算法强调计算机械的规则 |

### 1.3.1 算势

算势是计算机系统作为基础设施所具有的最大的潜在的计算能力，与应用无关，也就是撇开了应用的特殊性、应用对计算机系统的利用效率等因素。潜力不等于实际能力，但如果潜力即使100%被利用仍然不够用，那就是一个严重的问题，而这样严重的问题仅仅依靠提高应用对计算机系统的利用效率是解决不了的。不同数量级的算势所能求解的问题复杂度也有数量级的差异。“势”（potential）是潜在的能力（即潜力），不是实际的能力（即实力）。汉语中的“势”对应英语中的“potential”，例如，电场力对应有电势（electric potential），重力对应有重力势（gravitational potential）。

作为法家“势”派的代表，“慎子曰：飞龙乘云，腾蛇游雾，云罢雾霁，而龙蛇与蚓蚁同矣，则失其所乘也”[4]。意思是，法家“势”派的代表人物慎到说：飞龙乘云飞行，腾蛇乘雾游动，然而一旦云开雾散，它们就和蚯蚓、蚂蚁一样了，因为它们失去了腾空飞行的凭借。待求解问题与计算能力之间的关系，就像飞龙与云彩之间的关系。

在考查“计算”概念的背景下，我们对汉语中“势力”一词中的“势”与“力”进行了区分，也就是区分了“算势”和“算力”。汉语中这样的词语还有很多，例如“工匠”一词中“工”与“匠”不同（“工”是简单机械重复，按规矩做事；而“匠”还需要琢磨技巧手艺。《说文解字》解释：“工，巧饰也。象人有规矩也。”）；“疾病”一词中“疾”与“病”不同（《说文解字》解释：“病，疾加也。”）；“愚蠢”一词中“愚”与

“蠢”不同（“愚”为固执不通，“蠢”为盲目乱动）；“聪明”一词中“聪”与“明”不同（“聪”是听觉灵敏，“明”是眼力敏锐）；“果实”一词中“果”与“实”不同（“果”指果肉，“实”指果核）；“数量”一词中“数”与“量”不同（“数”无量纲，“量”有量纲）；“亲戚”一词中“亲”与“戚”不同（内家谓之“亲”，外家谓之“戚”）。

算力是反映社会生产力水平的一个重要指标，足够的算力是应用程序或计算任务能够运行的基础。据《2020 全球计算力指数评估报告》显示，计算力指数平均每提高 1 个百分点，数字经济和国内生产总值（GDP）将分别增长 0.33%和 0.18%。2016 年，谷歌旗下 DeepMind 公司研发的人工智能机器人阿尔法围棋（AlphaGo）击败了世界著名围棋棋手李世石。但不能忽视的是，训练 AlphaGo 花费了约 3500 万美元的计算资源。2018 年，谷歌提出 3 亿参数的双向语言表征模型（BERT），将自然语言处理推向了一个前所未有的新高度，但仍然是以足够的计算能力作为基础。近年来，以 ChatGPT 为代表的大模型开发和应用取得进展，对计算能力要求呈指数级增长。

算势是算力的基础，是生成算力的先决条件。如图 1-1 所示，每一个量级的算势对应一个可求解的问题域（以下简称“可解域”），随着算势增大，可解域也在增大。对于算势 $A$ 和算势 $B$，它们对应的可解域分别是 $Q_A$ 和 $Q_B$，若 $A<B$，则（$Q_B-Q_A$）所包括

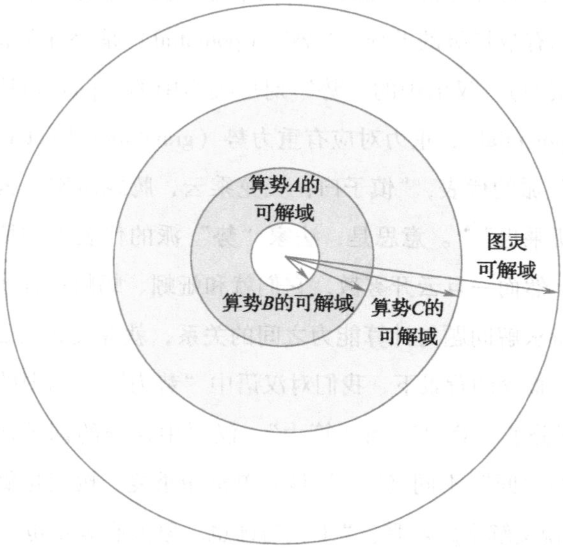


**图 1-1 可解域随着算势的增加而不断膨胀**

的是算势 $B$ 能够求解而算势 $A$ 不能够求解的问题。这体现了算势增加对求解某些问题所具有的不可替代的使能作用。算势的单位是随应用程序而变化的。例如，对浮点操作密集型应用程序来说，算势的单位是“浮点操作数每秒”（floating-point operations per second，FLOPS）；对于事务处理密集型应用程序来说，算势的单位是“事务数每秒”（transactions per second）。

算势是因时因地而变的，每个时代有自己的算势，每个国家或地区也有自己的算势。2022 年我国提出并开始实施“东数西算”工程，该工程与“西气东输”“西电东送”“南水北调”等一样，都是资源跨域调配战略工程。针对我国东、西部算势分布总体呈现出“东部不足、西部过剩”的不平衡局面，引导中西部利用能源优势建设计算基础设施——“数据向西，算力向东”，服务东部沿海等算力紧缺区域，以解决我国东西部算势分布不均衡、供需不平衡的问题。

算势的概念可以促进我们理解经典串行计算、经典并行计算、量子计算之间的联系和区别：经典并行计算（或超级计算）相对于经典串行计算，是为了增加算势；量子计算相对于经典计算，也是为了增加算势。夏培肃院士毕生从事研制高性能经典计算机的实践，她的丈夫杨立铭院士毕生从事理论物理的研究，先后培养了曾谨言、钱伯初等量子力学教育家。他们无论是做工程实践，还是做理论研究，无论是做经典计算机，还是做量子计算机，从根本上说都是为了增加算势。只有通过这一角度，才能统一地看待经典计算和量子计算。需要指出，1936 年图灵研究判定性问题时所提出的图灵机模型是串行的[5]，虽然经典并行计算、量子计算能极大地提高算势，但不会改变问题的不可求解性，也就是说，如果一个问题在串行图灵机上是不可求解的，那么使用经典并行计算和量子计算仍然不可解。

### 1.3.2 算力

算力体现为用户实际效用（utility）的计算能力[6]。“算力”是最近几年在国内提出来的，它的提出主要是强调计算作为一种生产力对我国经济社会发展的推动作用，这一术语的使用并不是来自计算机学术界，而是来自广大的计算机用户、经济社会发展的管理者和决策者；不是来自供给侧，而是来自消费侧。他们更多的是关心计算机学科的外特性，计算机学科能给经济社会发展带来什么，而不是计算机学科内部怎样做。算力这个概念，可以说是先使用再定义，是“先有事实，后有概念”。现在事实有了，是时候定义概念了，准确地定义算力这个概念由学术界负责，提供能够满足广大用户需求的算力由供给侧负责。

要从当前我国社会的主要矛盾反映在计算技术领域这个角度去认识算力这个概念。党的十九大报告对新时代我国社会主要矛盾做出了新的概括：“我国社会主要矛盾已经转化为人民日益增长的美好生活需要和不平衡不充分的发展之间的矛盾”。本书认为，这个主要矛盾在计算技术领域也有体现，具体就是“广大用户日益增长的计算需要和不平衡不充分的算力供给之间的矛盾。”

算力是应用程序所能实际获得的计算能力，它的上界是算势。算力来源于算势，受限于算势，但不等同于算势。如何弥合两者之间的鸿沟，实现从算势到算力的高效转化，是包括计算机系统结构和系统软件在内的整个计算机学科需要研究解决的核心问题。算势转化为算力的过程依赖很多条件或因素，如应用程序的特征、运行环境的特征、多处理器之间负载是否均衡等。一方面，要注意算势的基本限制作用，尽量提高算势；另一方面，要注意算势向算力的充分转化，尽量充分利用算势。这两个方面目标一致，不可偏废。

各种类型的计算机都存在算势向算力转化不充分的问题（见表 1-2）。例如，在超级计算机上，普通用户的很多程序往往效率较低。2022 年，图灵奖得主杰克·唐加拉（Jack Dongarra）参与编制的线性系统软件包（LINPACK）成为评测超级计算机的工具，但该工具只代表较为理想的情况，因为其中包含大量具有良好的局部性和易开发的并行性特点的稠密矩阵计算。基准测试程序（HPCG）则代表了大量在实际应用中常出现的不易扩展并行性和局部性较差的稀疏计算与访存模式。测试基准 Graph500 代表了数据密集型应用的情况。戈登·贝尔（Gordon Bell）奖应用则代表了算法优化所能带来的效率提升。

表 1-2　算势与算力之间存在不同程度的鸿沟

| 应用程序 | 负载特征 | 评测重点 | 应用匹配 |
| --- | --- | --- | --- |
| LINPACK | 规则、浮点密度高 | 浮点运算平均上界 | 稠密矩阵计算、深度学习 |
| HPCG | 非规则、浮点密度低 | 浮点运算平均下界 | 稀疏矩阵计算 |
| Graph500 | 非规则、定点 | 数据移动能力 | 大数据应用 |
| Gordon Bell 奖应用 | 高可扩展 | 算法大规模扩展能力 | 特殊领域应用 |

在算力网上，算力是数量众多、类型多样的用户（通过表达各自需求的应用程序）实际获得的以效用的形式呈现的完成用户关切的操作的功率。这个定义中强调以下三个要点。

第一，用户数量众多且类型多样。算力网要解决的是涉及整个经济社会发展的全国各个领域各个阶层的用户的计算需求，而不是某个局部区域的、某个特殊领域的、某一类人、某一类应用的计算需求，所以算力网必然是跨地理区域、跨行业应用、跨端边云资源的，也就是多维度一体化的。

第二，算力是数量众多、类型多样的用户各取所需的一种计算性能。用户真正关心的是让自己有"获得感"（sense of gain）的计算性能，即在一定的资源下能否及时完成问题求解，往往需要用户以自己的指标去评价，对"功"和"功率"的定义因用户而异。这里我们定义"计算意义上的功"为"真正让用户有获得感的操作的数量（operations of interest，OI）"，定义"计算意义上的功率"为"真正让用户有获得感的操作的速率（operations of interest per second，OIPS）"。

第三，算力的本质是功率，单位是"用户感兴趣的操作/s"，电力的本质也是功率，单位是"J/s"。用户不关心计算机系统中与自己需求无关的操作的速率，不关心自己的程序是在哪里执行的，就像不关心自己每天用的电是哪个发电厂生产的一样，用户的程序可以在边、端、云中的任何设备上运行完成。所以，通过以上两个方面可见，算力网依托于并超越了传统的计算基础设施（包括互联网、PC、云数据中心、超级计算机、手机、物联网等），提供的是比传统计算设施更强大、更均衡、更易用、更贴近用户个性化需求的计算服务。

算力和通常说的计算性能既有联系又有区别。计算能力（computing power 或 computing capacity）、计算性能（computing performance）这些概念是现在学术界使用的，内涵比较宽泛，评测的指标和标准不唯一，导致了至少三个方面的问题：

一是评价指标繁多，例如有单位周期执行的指令数（instructions per cycle，IPC），每秒执行的哈希数（hashes per second），每秒执行的事务数（transactions per second），尾延迟（tail latency）等。这些指标不是所有的用户都关心，有的用户关心这种指标，有的用户关心那种指标，还有的用户关心的指标没有被定义。

二是基准测试程序集繁多，不断改变和增加的基准程序集已经被弱化了"基准"

的应有之义。例如，SPEC CPU 面向单线程应用，SPEC Cloud_IaaS 面向云计算应用，PARSEC 面向多线程应用，BigDataBench 面向大数据应用，Graph500 面向图计算应用等。已有的测试集不断地升级版本，还有更多的基准测试程序集正在或将要被提出来，因为它们总是难以及时、准确、全面地反映应用的需求。

三是越来越多的专用加速器被设计出来，因为人们总是感觉通用计算机在用户关心的应用上表现得不够卓越，期望通过加速器获得数量级上的性能提升，但是专用意味着只对某些应用很有用，而对其他应用无用，专用加速器有其必要的一面，也有其局限的一面，开发成本高，利用率、普适性都比较低，预计专用加速器将来仅是未来算力网络的一部分。

算力这个概念显然表示一种计算能力，但它蕴含着新的理念，不同于图灵在 1936 年研究的可计算性（computability）[5]，因为可计算性是不关心计算耗费的时间和资源的，哪怕运行了几万年、几亿年（甚至耗尽宇宙寿命），耗费了海量的存储资源（甚至耗尽宇宙中所有的原子），有些问题仍然是不可解的，那是“computability”这个方向研究的问题。现在，我们实际上是在新的使能条件和约束条件下探讨“computability”，关心时间和资源，不关心背后的细节，在“cloud computing”和“utility computing”的基础上，孙凝晖院士等构造了“computility”这个词来突出计算的效用[6]，强调计算对消费侧的用户和经济社会发展的贡献。

提出“computility”这个概念是为了解决问题，也就是为了解决我国在当前面临的广大用户日益增长的计算需要和不平衡不充分的算力供给之间的矛盾。具体来说，愿景是建立算力网络（computility network），依托高速、移动、安全、泛在的网络连接，整合云、边、端等多层次算力资源，提供数据感知、传输、存储、运算等一体化服务的数字信息基础设施，推动算力成为像水、电一样“一点接入、即取即用”的社会级服务，从计算技术的角度解决我国计算技术领域的主要矛盾。要扎扎实实地通过理论创新和实践创新一步一步地实现这个愿景，在这个愿景和语境下，“computility”对潜在含义的提示性强，且简洁准确，方便交流。

### 1.3.3 算术

算术是关于数值的算法，是狭义的算法，也是最基本、顾名思义的算法。算术强调四则运算、开方、乘方等计算的技巧。例如，冯·诺依曼在 1945 年的 EDVAC 研制报告中就用了多个章节分别讨论了这些方面[7]，以及中国乘法和印度乘法就使用了不同的计算技巧。以 2 位数和 3 位数乘法为例，中国乘法建立在逐位相乘的基础上（见图 1-2）；印度乘法则建立在求差值的基础上，将对角线上的数字之和作为结果的高位，将差值的乘积作为结果的低位（见图 1-3）。从图 1-2 和图 1-3 中可以直观地感受到中国乘法和印度乘法使用了不同的技巧。

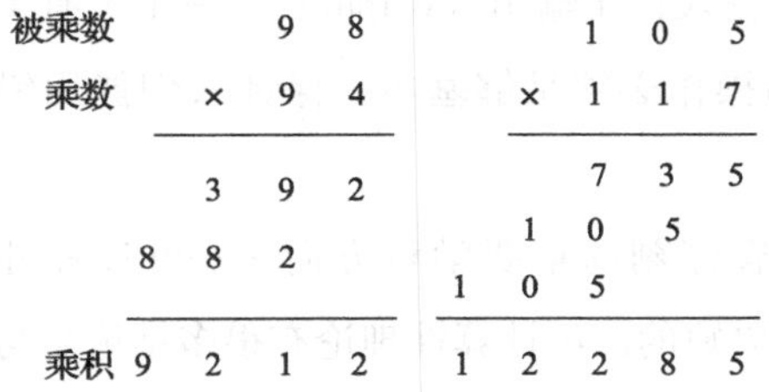


图 1-2　中国乘法算术示例

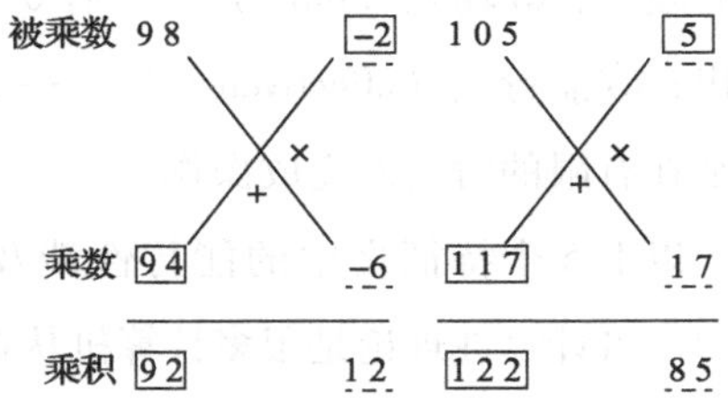


图 1-3　印度乘法算术示例

## 1.3.4　算法

算法是广义的计算方法，包括数值算法、非数值算法，强调计算机械的规则。吴文俊院士等创立和发展了数学机械化[8]。只有实现机械化才能由计算机自动去执行。几何定理的证明分为 2 个步骤：①几何的代数化与坐标化，即从几何的公理系统出发，引进数系统与坐标系统，使得任意几何定理的证明问题成为代数问题；②几何的机械化，即将几何定理假设部分的代数关系式进行整理，然后按照确定步骤（编写为程序）验证定理终结部分的代数关系式是否可以从假设部分已整理成序的代数关系式中推出。

尽管算法由人脑设计，但人脑本身不善于执行机械的规则；同时，大量的问题往往通过机械的规则（即通过算法而不是巧思）更容易解决。人脑善于巧思，但不善于反复枯燥的操作，这可能与人脑本身所具有的多巴胺、五羟色胺等神经递质比较稀缺，以及独特的奖励惩罚机制有关。以几何为例来说明，几何分为综合几何和解析几何。综合几何就是我国初中教育所教授的几何，对于它的解题往往需要观察、“巧妙”地添加辅助线，也就是需要人脑的巧思。借助图形的直观形象，以一些基本名词（如点、直线、平面等）和关系（如衔接、顺序、相似等），满足一套公理或公设，经过一定的逻辑推理，导出一系列的定理的研究方法，被称为古典公理法或综合法，而用这种方法所研究的几何被称为综合几何。综合几何与17世纪笛卡儿创立的解析几何相对。吴文俊指出，综合几何尽管直观生动，但使用范围“颇为有限”，相反，解析几何的应用范围很广。

算法强调2个方面，且需要具备5个特征。2个方面为：①功能——能否计算；②性能——能以多快的速度计算。5个特征为：①有穷性（finiteness）——必须在有限的步骤内终止；②确定性（definiteness）——每一个步骤必须被精确、严格地定义，不能有歧义；③输入（input）——有0个或多个输入；④输出（output）——至少有1个输出；⑤能行性（effectiveness）——所涉及的操作必须足够基本，保证人们能用铅笔和纸在有限的时间内完成操作。

以上5个特征之中的能行性涉及一个内容深刻的重要学科方向——可计算性理论[9]。可计算性理论是很多计算机从业者较为欠缺的。可计算性理论有很多结论是与没有经过这方面训练的人的直觉相反的，这样的结论实例有：①可计算的本质是递归；②算法的数量是可数的（而实数的数量是不可数的）；③不存在一般过程能够在有限步内判定一个计算过程是否为算法。一个给定的问题是否存在对应的算法，是一个关于“是否可解”的问题。如果存在对应的算法，怎样找出或构造出这个算法，是一个关于“如何求解”的问题。这往往涉及人类对于问题所处领域的理解，也就是通常所说的“know-how”，即技术诀窍、专业知识、私家配方（“秘方”）。

计算机、算法都是人脑设计的，人工智能归根结底是人类智能的外化（externalization）和自动化（automation）。钱学森在1957年发表的《论技术科学》中阐述：“技术科学工作中最主要的一点是对所研究问题的认识。只有对一个问题认识了以后才能开始分析，才能开始计算。但是什么是对问题的认识呢？这里包含确定问题的要点在哪里，什么是问题中现象的主要因素，什么是次要因素；哪些因素虽然也存在，可是它们对问题本身不起多大作用，因而这些因素就可以略而不计。要能做到这一步，我们必须首先做一些准备工作，收集有关研究题目的资料，特别是实验数据和现场观察的数据，把这些资料印入脑中，记住它，为做下一阶段工作的准备，下一个阶段就是真正创造性的工作了。创造的过程是：运用自然科学的规律为摸索道路的指南针，在资料的森林里找出一条道路来。这条道路代表了我们对所研究的问题的认识，对现象机理的了解。也正如在密林中找道路一样，道路决难顺利地一找就到，中间很可能要被不对头的踪迹所误，引入迷途，常常要走回头路……把问题认识清楚之后，下一步就是建立模型……有了模型，再下一步就是分析和计算了……”[10]。我们引用这段话，辅助说明人脑是如何设计算法的，更能帮助读者理解一般意义上的智能体是如何工作的。人脑作为一种特殊的智能体，当然要服从智能体的一般规律，包括理性、学习、感知、执行等[15]。

上面描述的就是人脑构思或构造算法的过程。算法的构思或构造处于人类认识客观世界的最前沿，算法离不开人脑所进行的“创造性的工作”，实际上“希尔伯特计划”失败的原因就在于此，即判定性问题（德语：entscheidungsproblem）的答案是否定的[5]。也就是说，不存在一般过程能够在有限步内判定一个计算过程是否为算法。

### 1.3.5　算礼

人脑与计算机之间存在着紧密联系，又存在着内在机制和语义沟通上的鸿沟。人脑具有与计算机不同的特点。相对于计算机，人脑有直觉和大局观，但不善于快速精确计算和记忆。计算机又称电脑，是实现或执行人工智能算法的载体；同时，人工智能算法又可以用来设计计算机，于是就出现了用计算机设计计算机的现象。但就根源来说，计算机、人工智能算法都是人脑的设计结果，而设计过程本质上是计算。但是，对大多数研究和设计人员来说，计算机系统长期以来是一个“黑箱”，缺乏可分析的抽象，人脑很难精确、全面地分析。以深度学习为代表的很多人工智能算法存在一个长期以来为人诟病的弊端——人工智能算法是一个“黑箱”，可解释性、透明性、可分析性不强。人脑设计的产物反而不能被人脑理解，成为一个亟待破解的悖论。

算礼是关于如何在计算机系统上进行计算的制度规范，它比算法更接近人脑这一端，更关注计算机系统的整体，强调计算的系统可被人脑直接进行评估[11]。算法是关于单一应用内部计算方法的说明，聚焦于应用个体；算礼除了考虑每个算法之外，还考虑运行在同一系统之上的多个算法之间的协调有序，聚焦于系统整体。高通量计算、低熵数据中心都体现了这一点。高通量计算并不关注单个应用或单个请求的性能，而是关注大批量高并发的应用或请求的整体吞吐量；对个体应用而言，它的性能相比于理想时（即单独运行时）一般变差了，但相对因低通量时的排队延迟导致的不可服务性来说，性能反而有了很大的提升。

算礼是不成文的，相对算法而言是软性的，但它在褒贬意义上的影响力不可替代。褒贬就是评估（evaluation），通过褒贬，社会系统之中多个主体之间的关系得到调节和规范，社会系统在很多发展可能之中筛选出符合礼的一种。在西周时期，周王室与诸侯国之间“保持着社会的、外交的接触，如果有什么事情要处理，也都遵循他们不成文的‘君子协定’。也就是说，他们是尊礼而行”[3]。法的执行往往需要较大的时间成本和资源成本，原型系统实现和基准程序测试也往往需要较大的时间成本和资源成本。一方面，设计空间和应用空间都极其庞大，进而设计空间与应用空间的笛卡儿积更加庞大；另一方面，原型系统实现和基准程序测试速度缓慢。两者造成尖锐的矛盾，增大了实现应用程序与系统结构之间良好匹配的难度。因此，需要通过算礼，在原型系统实现和基准程序测试之前，就能够分析出该系统的主要性质，进而筛掉不合适的候选系统，大幅度提高设计敏捷度，加速人类智能向人工智能的转化、外化、物化的过程。

算礼的必要性毋庸置疑，算礼的可行性需要加强研究。算礼要解决的是，在不依赖机器的条件下，如何开展计算机这样的复杂系统的顶层设计？需要解决人脑思维所需要的元素的命名与抽象问题，要能反映计算机系统的实际状况，又要便于人脑记忆与推理。诸如模型、分治、分层、模块化、经验法则等思想或技术均可以被运用到此过程，以使能或加速人脑进行系统顶层设计和敏捷开发。

冯·诺依曼模型只有简单的 5 个组件，给出了计算机功能的基本组成，反映了计算机最本质的要素，但是它假设所有存储访问都是同等代价的，忽略了诸如高速缓存这样的细节，这样就很难预测应用程序的性能。于是我们需要更精细化的模型，但随着模型精细度的提高，人脑理解模型的难度逐渐增加。

## 1.4 计算概念谱系组分的相互关系

计算概念谱系将计算概念的内涵细分，形成一个各组分之间相互联系的有机整体（见图 1-4）。算势、算力、算术、算法、算礼是同一事物（计算）的不同方面，它们有着不同的侧重点，又有着相同的目的或价值取向，即为了计算系统更快、更好地完成待求解的应用问题。图 1-4 是一个三角双锥，算术、算法、算礼 3 个因素构成一个三角形，本质上是计算的映射面，它的上部和下部各有一个顶点，下部顶点是算势，上部顶点是算力，算势向算力的转化是计算的主线（映射线），计算的映射面的状况决定了算势向算力的转化率。

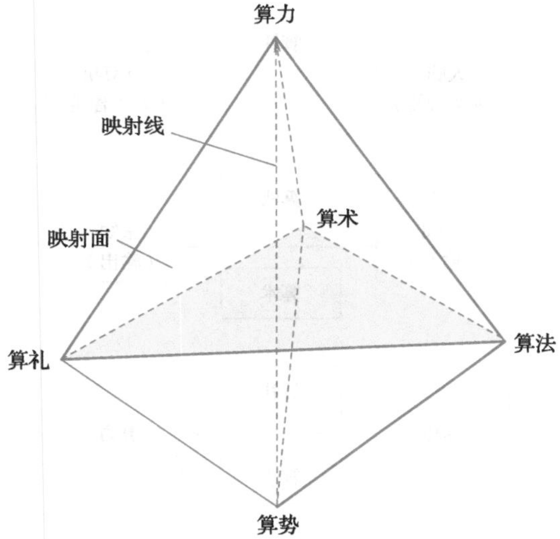


图 1-4　计算概念谱系的图形化表示

算礼是算法的前序，算法是算术的推广，算势是算力的基本限制。一方面，需要攻克高端光刻机技术，不断地改进工艺，扩大算势；另一方面，需要通过跨层垂直优化[12] 等技术提高算势向算力的转化率，保证在算势不变或增加缓慢时，仍可获得较高的算力。两个方面殊途同归，相互补充。

算势与算术、算法之间有着微妙的互补或替代关系。例如，当算势足够大的时候，算势的强大可以弥补算术的笨拙，所以此时算术或算法技巧是否巧妙高明未必很重要，因为它只发挥锦上添花的作用；当算势不充分的时候，如由于芯片制造工艺被“卡脖子”或者由于东西部算势不均衡，算术或算法性能优越就非常必要，应起到雪中送炭的作用。

人工智能来源于人，又最终服务于人，因此计算的内涵在各个方面、环节之间的转化率问题至关重要。计算概念谱系组分的转换关系如图 1-5 所示，算礼关注人类智能向人工智能的转化、建立人脑与计算机之间的桥梁，算法和算术关注输入与输出之间的转化过程、建立已知与未知之间的桥梁，算礼与算法均提供转化可能、提高转化效率。算势与算力之间有着不同程度的鸿沟，存在着转化的问题。算力与满足人民日益增长的美好生活需要之间也存在着鸿沟，也存在着转化的问题。

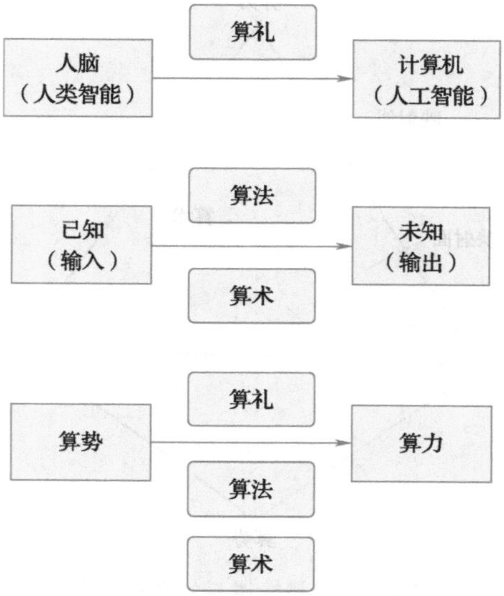


图 1-5 计算概念谱系组分的转换关系

## 1.5 从场的角度认识算势与算力的异同

研究算势和算力的关系，促进算势向算力的充分转化，是本书的关键内容。本节尝试使用公式对算力-算势和电力-电场势、重力-重力位势进行一些恰到好处的比较。算力场与重力场的类比如图 1-6 所示，算力网络是算势的载体，本质是算力场（computility field）。算力与电场力、重力的类比如图 1-7 所示，算力是计算基础设施的潜力在用户应用程序之上投影外化之后的实际能力，就像电场力、重力一样，电场力对应电势、电场（electric field），重力对应重力势、重力场（gravitational field）。算力场中的“场”不是指场所，而是与电场、重力场中的“场”一样，指“影响力所覆盖的范围”。

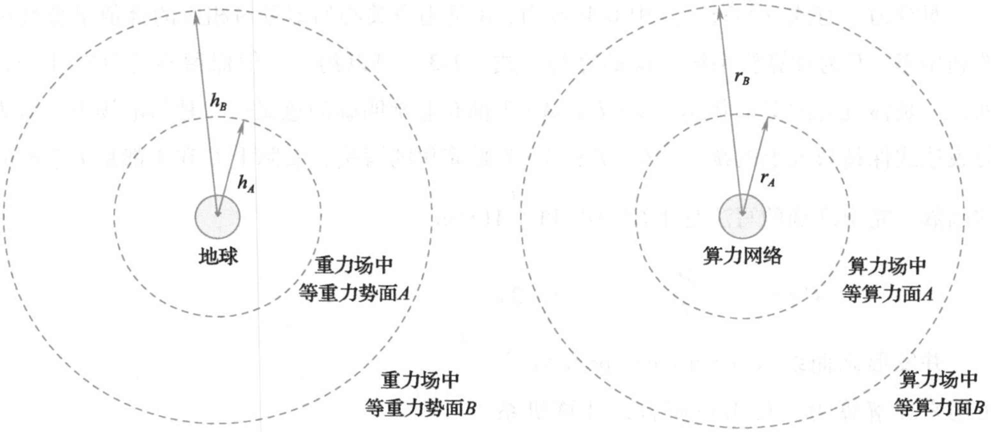


图 1-6 算力场与重力场的类比

注：$h_A$ 和 $h_B$ 分别是相对标准面的高度；$r_A$ 和 $r_B$ 分别是对峰值性能的转化率。

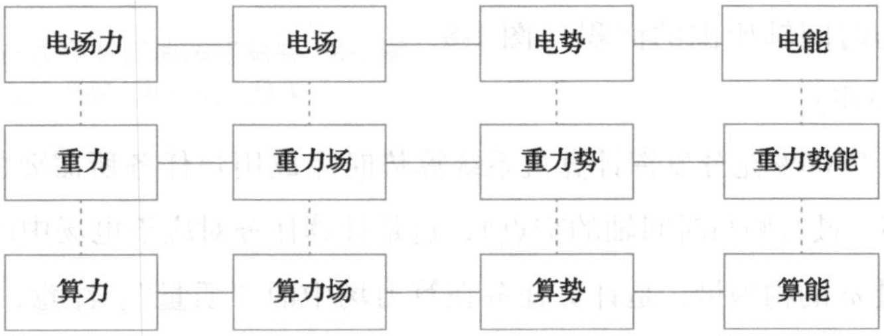


图 1-7 算力与电场力、重力的类比

对电场力，有式（1-1），其中 $F$ 为电场力，$q$ 为受到电场力的电荷的电量，$U$ 为电势，$d$ 为从当前位置到零电势的距离，电势 $U$ 与电荷量 $q$ 无关。

$$F=q\cdot\frac{U}{d} \tag{1-1}$$

对重力，有式（1-2），其中 $m$ 为物体质量，$g$ 为重力加速度，$h$ 为当前位置相对标准面在竖直方向的高度，$gh$ 为当前位置对应的重力位势。重力位势 $gh$ 与物体质量 $m$ 无关，只与重力加速度 $g$ 和高度 $h$ 有关。由于地球的存在，在距离地心一定的高度上，不管有没有物体存在，那里都有重力位势，但是只有存在物体，那里才有物体受到重力。因此，重力是重力势在某个高度上存在的那个物体上的体现。

$$mg=m\cdot\frac{gh}{h} \tag{1-2}$$

对算力，有式（1-3），其中 $C$ 是算力，$A$ 是用户关心的事务对相应的峰值事务性能的利用率，$P$ 为计算机系统对应的算势。式（1-3）可以约分，但保留不约分有几个好处：一是体现时间 $T$ 的作用，$C \cdot T$ 和 $A \cdot T$ 都有非常明确的意义；二是与电场力、重力的表达式保持形式上的统一。$C \cdot T$ 和 $A \cdot T$ 是简化的写法，实际上 $C$ 和 $A$ 都是关于时间的函数，完全准确的写法是 $\int_0^T C(t)\,\mathrm{d}t$ 和 $\int_0^T A(t)\,\mathrm{d}t$。

$$C = A \cdot T \cdot \frac{P}{T} \tag{1-3}$$

并发形态曲线（concurrency profile）[13] 可用来理解算力。对用户而言，计算机系统要做计算意义上的功，算力与时间的乘积 $C \cdot T$ 就是计算机意义上的功 OI，即图 1-8 中曲线与时间轴所围的面积（图 1-8 中阴影部分的面积）。

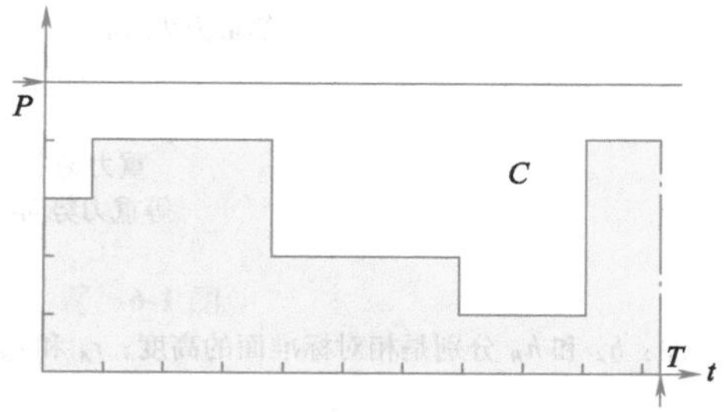


图 1-8　并发形态曲线（算力与时间的乘积 $C \cdot T$ 就是功 OI，图中阴影部分的面积）

$A \cdot T$ 表示“100%充分发挥计算机系统算势时完成用户任务所需要的时间”（对应图 1-9 中阴影部分最右侧与时间轴的交点），这是计算任务对应于电场中的电荷 $q$ 和重力场中的物体质量 $m$ 的物理量，是计算任务在算力场中的“质量”。注意，图 1-8 和图 1-9 中阴影部分的面积相等，数值上都等于需要做的功。由于计算机系统的存在，不管有没有应用，算势都存在，但是只有有了应用，才有算力。因此，算力是算势在应用程序上的显现。从以上可以看出，为了使得用户感知的任务完成时间 $T=W/C$ 降低，我们可以扩大算势 $P$，可以扩大算势向算力的转化率 $A$，还可以通过优化算术和算法减少需要做的功。

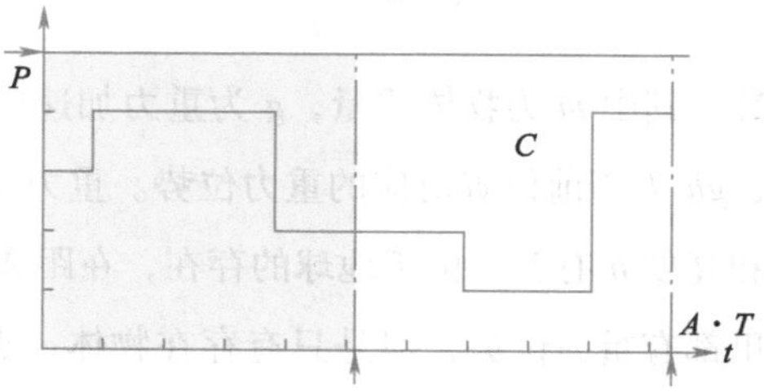


图 1-9　并发形态曲线（算势与时间的乘积 $A \cdot T$ 表示“100%充分发挥计算机系统算势时完成用户任务所需要的时间”，图中阴影部分最右侧与时间轴的交点）

算力网络具有虚拟化、池化、一体化、效用化等特征。消费侧的用户是数量多且需求多样化的，供给侧的计算基础设施是复杂的、异质的、空间上不均衡的，算力网络根据广大用户的需求对计算基础设施进行一体化调度、多对多映射和虚拟化管理，对广大用户以效用的形式提供同质服务。算力网络是一个多层系统，底层是端、边、云类型的多样的计算基础设施，中间层是进行一体化调度、（顶层到底层的）多对多映射、虚拟化管理的软件，顶层是广大用户表达需求、接收服务的接口。

**例题 1-1** 算力网对广大用户以效用（utility）的形式提供同质服务，但是用户的需求（operation of interest）是因用户而异的，这是否矛盾？

解答：

在电场中，无论什么样的物体，只需关心它的电荷量 $q$，物体的其他属性都可以忽略［见式（1-1）］。在重力场中，无论什么样的物体，只需关心它的物体质量 $m$，物体的其他属性都可以忽略［见式（1-2）］。在算力场中，无论什么样的应用，只需关心它的“质量” $A \cdot T$，应用的其他属性都可以忽略［见式（1-3）］。

不同的电器对应不同的功率、不同的功能，但电能是同质的。不同的应用对应不同的算力、不同的功能，但算能是同质的，算能等于应用的“质量”与算势的乘积 $A \cdot T \cdot P$。

算力网中对不同类型的操作可能具有不同的算势。例如，对浮点操作的算势为 100，对哈希操作的算势为 10，对图计算操作的算势为 1，浮点操作、哈希操作、数据库查询对应的算能价格之比为 1 : 10 : 100。在算能的基础上，考虑了价格因素之后的算能就是真正意义上的同质化的效用（见表 1-3）。

表 1-3 考虑了价格因素之后的算能是同质化的效用

| | 应用程序 1 | 应用程序 2 | 应用程序 3 |
|---|---|---|---|
| 算能（不考虑价格因素） | 浮点操作 $n_1$ 次 | 哈希操作 $n_2$ 次 | 图计算操作 $n_3$ 次 |
| 每次操作的价格 | 1 | 10 | 100 |
| 算能（考虑价格因素） | $n_1$ | $10n_2$ | $100n_3$ |

对算力来说，不同类型的操作具有不同的单价，但不影响算力作为效用的本质，这与电力的情况是类似的。用电类型具体有工业用电、商业用电、住宅用电、非工业用电、农业生产用电等，单价都是不一样的，而且随季节、昼夜而变化。例如，商业用电最贵，工业用电次之，住宅用电最便宜。

□

## 1.6 证明与计算之间的关系

计算（包括数值计算和符号计算，又称科学计算）和证明（即公式推演）是数学研究的两种基本方式，它们既有联系又有区别；这些联系和区别体现在操作的对象、依据和抽象程度上。证明的过程可能涉及数值计算或符号计算，但证明本身是从公理体系中逐步推导出作为定理的某个命题，是在进行公式推演。公式推演是一种逻辑计算，而不是数值计算或符号计算。1+1=2 是数值计算，$a+a=2a$ 是符号计算。逻辑计算只进行真与假的判断，是在｛真，假｝二元域上的狭义计算，数值计算是实数域或复数域上的具体数值的计算，符号计算是实数域或复数域上的代数符号的计算。证明具有一般性、抽象性、逻辑性，数值计算具有特殊性、具体性，符号计算是数值计算的推广，证明是符号计算的推广。在证明中，可以使用反证法，即通过计算给出一个反例，从而证明结论。

**例题 1-2** 通过以下各题，理解计算与证明之间的联系与区别。任意给定的三角形，三边的长度分别为 $a$、$b$、$c$。

（1）如果三角形为直角三角形，斜边长度为 $c$，证明勾股定理。

$$c^2=a^2+b^2 \tag{1-4}$$

（2）证明南宋数学家秦九韶发现的“三斜求积术”公式。

$$S=\sqrt{\frac{1}{4}\left[a^2b^2-\left(\frac{a^2+b^2-c^2}{2}\right)^2\right]} \tag{1-5}$$

（3）如果 $p$ 为三角形周长的一半，证明古希腊数学家海伦发现的“海伦公式”。

$$S=\sqrt{p(p-a)(p-b)(p-c)} \tag{1-6}$$

分析：

上述三个命题是层层递进的，三个命题在数学发展史上都具有重要作用。直角三角形可视为一般三角形的特例。当题（1）成立时，代入题（2），可得到直角三角形的面积公式。

当三角形为直角三角形时，$a^2+b^2-c^2=0$，$S=\sqrt{\frac{1}{4}[a^2b^2-0^2]}$。当三角形为非直角三

角形时，$a^2+b^2-c^2\neq0$。可见 $a^2+b^2-c^2$ 是否为 0 是区分直角三角形和非直角三角形的依据，因此我们定义$\frac{1}{2}(a^2+b^2-c^2)$ 是三角形的特征之一，其实就是 $\cos C$。0 是 $\cos C$ 的特殊情况（当 $C$ 为直角时）。重要的是，当 $C$ 为其他无数种具体情况时，$S=\sqrt{\frac{1}{4}(a^2b^2-\cos^2C)}$ 均成立。$\cos C$ 本身是一种特征值，同时起到修正的作用。

通过这三个命题，可以体会一般与特殊之间的关系（直角三角形与一般三角形之间的关系），可以体会对称（三个命题在形式上都具有对称性，交换 $a$、$b$、$c$ 的位置，不会改变命题形式），可以体会几何与代数之间的关系［对任意的直角三角形，也就是无穷无尽的各式各样的直角三角形，而且是全部的直角三角形，题（1）均成立；对任意的三角形，也就是无穷无尽的各式各样的三角形，而且是全部的三角形，题（2）和题（3）均成立］。

证明：

首先证明题（1），勾股定理的证法很多，这里给出一种证明思路，如图 1-10 所示。

将直角三角形 $\triangle ABC$ 旋转放置，得到 $\triangle A'B'C'$，形成第三个直角三角形 $\triangle ABB'$，整体构成一个梯形，梯形面积为

$$S_{梯形}=\frac{1}{2}(a+b)^2 \tag{1-7}$$

三个直角三角形的面积之和为

$$\frac{1}{2}ab+\frac{1}{2}ab+\frac{1}{2}c^2 \tag{1-8}$$

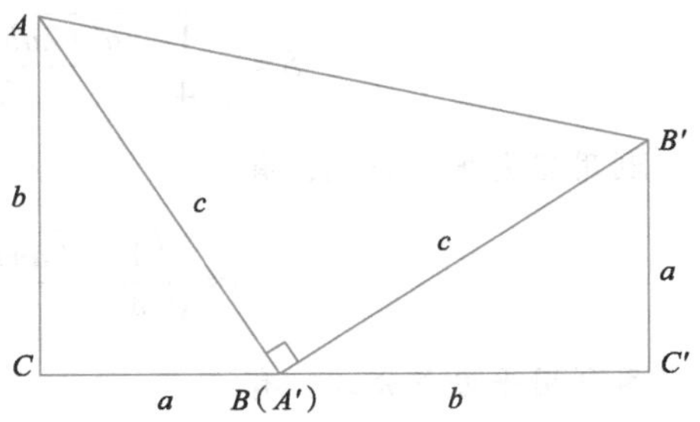

图 1-10 一种勾股定理的证明思路

所以

$$\frac{1}{2}(a+b)^2=\frac{1}{2}ab+\frac{1}{2}ab+\frac{1}{2}c^2 \tag{1-9}$$

所以

$$c^2=a^2+b^2 \tag{1-10}$$

其次证明题（2）

$$S=\frac{1}{2}ab\sin C \tag{1-11}$$

根据余弦定理

$$c^2=a^2+b^2-2ab\cos C \tag{1-12}$$

由

$$\sin C=\sqrt{1-\cos^2 C} \tag{1-13}$$

可得

$$\sin C=\sqrt{1-\left(\frac{a^2+b^2-c^2}{2ab}\right)^2} \tag{1-14}$$

所以

$$S=\frac{1}{2}ab\sqrt{1-\left(\frac{a^2+b^2-c^2}{2ab}\right)^2} \tag{1-15}$$

所以

$$S=\sqrt{\frac{1}{4}\left[a^2b^2-\left(\frac{a^2+b^2-c^2}{2}\right)^2\right]} \tag{1-5}$$

然后，在题（2）的基础上证明题（3），利用平方差公式，有

$$S=\sqrt{\frac{1}{4}\cdot\frac{a^2+2ab+b^2-c^2}{2}\cdot\frac{2ab-a^2-b^2+c^2}{2}} \tag{1-16}$$

利用完全平方公式，有

$$S=\sqrt{\frac{1}{4}\cdot\frac{(a+b)^2-c^2}{2}\cdot\frac{c^2-(a-b)^2}{2}} \tag{1-17}$$

再利用平方差公式，有

$$S=\sqrt{\frac{1}{4}\cdot\frac{(a+b+c)(a+b-c)}{2}\cdot\frac{(c+a-b)(c-a+b)}{2}} \tag{1-18}$$

即

$$S=\sqrt{\frac{a+b+c}{2}\cdot\frac{a+b-c}{2}\cdot\frac{c+a-b}{2}\cdot\frac{c-a+b}{2}} \tag{1-19}$$

注意，对于

$$p=\frac{a+b+c}{2} \tag{1-20}$$

有

$$
\begin{cases}
p-a=\dfrac{b+c-a}{2} \\
p-b=\dfrac{a+c-b}{2} \\
p-c=\dfrac{a+b-c}{2}
\end{cases}
\tag{1-21}
$$

所以

$$
S=\sqrt{p(p-c)(p-b)(p-a)} \tag{1-22}
$$

□

## 1.7 本章小结

计算概念具有重要作用，需要我们建立清晰的谱系以彰显其丰富的内涵。将中国传统思想文化的优秀部分与现代科技的重要概念无缝衔接起来，有助于彰显传统文化的真理性，同时有助于使用传统文化词汇来思考现代科技问题。

## 1.8 思考题

1. 哪些技术可以提高算势？哪些技术可以提高算势到算力的转换率？

2. 符号主义和连接主义有何联系与区别？

3. 证明与计算有何联系与区别？

4. 语法与语义有何联系与区别？

5. 从算势和算力的角度看，芯片设计、芯片制造、芯片封装、软硬件协同设计、量子计算各有什么作用？哪些可以在短期内发挥作用，哪些有希望在未来发挥作用？

## 参考文献

[1] 多维克. 计算进化史［M］. 劳佳，译. 北京：人民邮电出版社，2017.

[2] 刘宇航，张菲. 计算概念谱系：算势、算力、算术、算法、算礼［J］. 中国科学院院刊，2022，37

(10)：1500-1510.

[3] 冯友兰. 中国哲学简史 [M]. 涂又光，译. 北京：北京大学出版社，2013：150-153.

[4] 韩非. 韩非子：难势 [M]. 北京：中华书局，2015.

[5] TURING A M. On computable numbers, with an application to the entscheidungsproblem [C]//In the Proceedings of the London Mathematical Society. Cambridge: MIT Press, 1936, 42: 230-265.

[6] 孙凝晖，张云泉，刘宇航. 算力 [J]. 中国计算机学会通讯，2022，18 (12)：106-109.

[7] NEUMANN V. First Draft of a Report on the EDVAC [R]. Philadelphia: University of Pennsylvania, 1945.

[8] 吴文俊. 几何定理机器证明的基本原理：初等几何部分 [M]. 北京：科学出版社，1984.

[9] 蔡天新. 数学传奇：那些难以企及的人物 [M]. 北京：商务印书馆，2016.

[10] 钱学森. 论技术科学 [J]. 科学通报，1957，2 (3)：97-104.

[11] 徐志伟，王一帆，赵永威，等. 算礼：探索计算系统的可分析抽象 [J]. 计算机研究与发展，2020，57 (5)：897-905.

[12] 孙凝晖. 对信息技术新体系的思考 [J]. 中国科学院院刊，2022，37 (1)：8-14.

[13] CULLER, GUPTA, SINGH. Parallel computer architecture: a hardware/software approach [M]. San Francisco: Morgan Kaufmann Publishers, 1999.

[14] 席南华. 关于汉语字词扩展必要性的思考[J]. 中国科学院院刊，2024，39(1)：188-190.

[15] 斯图尔特·罗素，彼得·诺维格. 人工智能：现代方法(第 4 版) [M]. 张博雅，陈坤，等，译. 北京：人民邮电出版社，2022.

# 第 2 章
# 并行处理的意义及挑战

## 2.1 引言

由于时间流逝的单向性和均匀性，并行是以较短的时间达成任务目标的基本方式。具体来说，并行就是“多个操作同时进行（多且同时）”，通过时间共享，隐藏时间开销。

本章接下来介绍并行计算机与应用和工艺的关系、并行处理的普遍性、多核微处理器技术、并行处理需要应对的挑战、并行处理的学科任务等。

## 2.2 并行计算机与应用和工艺的关系

并行计算机系统的设计上承应用需求，下连物理工艺。首先，在应用算力需求方面，各个领域的海量数据需要被快速处理，算力需求呈现指数增长态势。高性能计算（high performance computing，HPC）是继理论和实验之后人类进行各种科学研究的第三种方式。作为一种利用数值模拟和数字技术方法探索和预测未知世界的技术，HPC 正广泛应用于核技术研究和核材料储存仿真、生物信息技术、医疗和新药研究、计算化学、全球性长期气象、天气和灾害预报、工业过程改进和环境保护等越来越多的领域。随着互联网、电子商务以及多媒体技术的发展，高性能计算不再局限于科学领域，而是逐渐渗透到商业领域，成为各行业普遍采用的工具，影响着人类生活的方方面面。在物理工艺方面，当前的单芯片上的晶体管数目已可达到数十亿个，这意味着片上可用资源的增多和单位资源功耗的节省，但是目前单芯片的制程水平已接近原子尺度，继续提高的难度越来越大。

**例题 2-1** 举例若干并行处理技术能应用的领域。

解答：

并行处理技术可被用于洋流模拟、天气预报、星系演化模拟、大数据关联挖掘、黎曼猜想验证等。

□

并行计算机系统的设计需要适应应用需求和物理工艺的变化。首先，从应用需求角度来说，一方面，从历史传统看，在商用领域，大多数的并行软件依照的是共享存储编程模型（programming model），即所有处理器访问同一物理地址空间（address space）；另一方面，从现状和发展趋势看，更加多样的应用程序和更低门槛的广泛用户对高性能计算系统的易用性、可编程性提出了日益显著的要求，硬件对系统级程序员和应用级程序员提供的系统映像就成为更受关注的系统设计目标。这正是共享存储系统相对于消息传递系统的核心优势。从这个角度看，研究可扩展共享存储结构具有相对以前更加重要的意义。从物理工艺角度看，当前在多核 CPU 的背景下，目前及将来的工艺技术条件使得构建大规模的共享存储系统的难度降低，计算机系统规模扩展对高速缓存一致性的性能要求更高，同时对系统中的互连网络（interconnection network）、目录等结构也提出了更高的要求。

应用程序、操作系统和编译器、体系结构、电路与工艺以一种层次关系构成了整个计算机系统。应用变化是驱动体系结构变迁的外因，新工艺是驱动体系结构变迁的内因。下面分析应用和体系结构的关系、工艺和体系结构的关系。

计算机是为应用程序服务的，所以计算机体系结构的价值体现在完成应用的能力。计算机应用的范围几乎体现在人类全部活动之中，应用程序的种类是海量的，且具体的需求呈现动态变化和增长的趋势。与应用程序的多样性相对应，底层的体系结构也需要“多样性”才能实现匹配。只是体系结构的“多样性”可以有多种候选的形式，一是通用处理器通过功能部件的闲置来实现，二是芯片级采用异构多核处理器，三是系统级采用多核中央处理单元（central processing unit，CPU）、图形处理单元（graphics processing unit，GPU）、现场可编程门阵列（field programmable gate array，FPGA）、专用集成电路（application specific integrated circuit，ASIC）等。

1985 年以来，超级计算机的性能约每 10 年增长 1000 倍，增长速度约为 $2^y$，其中 $y$ 为以年为单位的时间长度。这一趋势截至 2023 年仍然基本成立。超级计算机的计算性能从每秒十亿次浮点运算（GigaFLOPS，G），到每秒万亿次浮点运算（TeraFLOPS，T），再到每秒千万亿次浮点运算（PetaFLOPS，P），最后到每秒百亿亿次浮点运算（ExaFLOPS，E），存在着四级跳，即 G→T、T→P、P→E、E→Z，这个过程有两个基本动力：①摩尔定律，CPU 速度（注意：进入多核和众核时代后，处理器的主频基本稳定，CPU

的速度以核数增加的形式表现）、内存容量每 18 个月翻一番；②以体系结构为中心的创新，仅依靠工艺的进步是不能实现 $2^y$ 的性能增长速度的，差距是 $2^y-2^{y/1.5}$。总之，G→T→P→E→Z 规模的扩展，$2^y-2^{y/1.5}$ 的差距需要通过以体系结构创新更好地组织和连接晶体管资源来解决。计算机性能的进步，是迭代创新的结果，包括体系创新，也包括对下以摩尔定律形式表现的工艺的改进，对上的应用、高级语言、虚拟化等管理软件、编译器、操作系统的改进。

## 2.3 并行处理的普遍性

历史上，人类对包括并行处理在内的技术的重要性曾做出缺乏远见的预测或判断。一些计算机领域的专家曾有短视的言论，例如，国际商用机器公司（IBM）的创始人托马斯·沃森（Thomas Watson）在 1943 年说："我认为全世界的计算机需求量大概是 5 台。"事实上，现在全世界有数以亿计的各式各样的计算机。再如，数字设备公司（DEC）总裁兼创始人肯·奥尔森（Ken Olson）在 1977 年说："任何人不可能拥有一台家庭计算机。"事实上，现在很多人不仅拥有自己的个人计算机，还有手机以及各种穿戴式计算机。又如，比尔·盖茨（Bill Gates）在 1981 年说："640 kB 的内存对于任何人来说都是足够的。"事实上，每人对存储容量的需求远远超过 640 kB，而且可以预见需求量会越来越大。类似地，过去相当多的专家并不看好并行计算的前景。

事实胜于雄辩，如今并行处理技术已经普遍地存在于各种形式的计算机之中。台式计算机、智能手机、超级计算机等都采用了并行处理技术。例如，苹果公司的产品 Mac Pro 有 28 个英特尔 Xeon W 核心，iMac Pro 有 18 个英特尔 Xeon W 核心，MacBook Pro Retina 15 有 8 个英特尔 i9 核心，即使是一部智能手机，例如 iPhone XS 里也有 6 个 CPU 核心（2 个高性能核心和 4 个低功耗核心）和 6 个 GPU 核心。

如图 2-1 所示，在一个典型并行计算机系统中，并行资源有：①处理器中的执行单元及单指令多数据流（SIMD）单元；②多个处理器核心；③每个处理器核心自己的 L1 高速缓存（cache）和 L2 高速缓存；④Sockets 和 cc-NUMA 域；⑤多个加速器，如 GPU；⑥多个核心共享的 L3 高速缓存；⑦每个 Socket 的内存总线；⑧Socket 之间的链路；

⑨PCIe 总线；⑩其他的 I/O 资源等。图 2-1 中，⑥~⑩为共享资源，而共享资源因为资源被争用往往是潜在的性能瓶颈（potential performance bottleneck）。

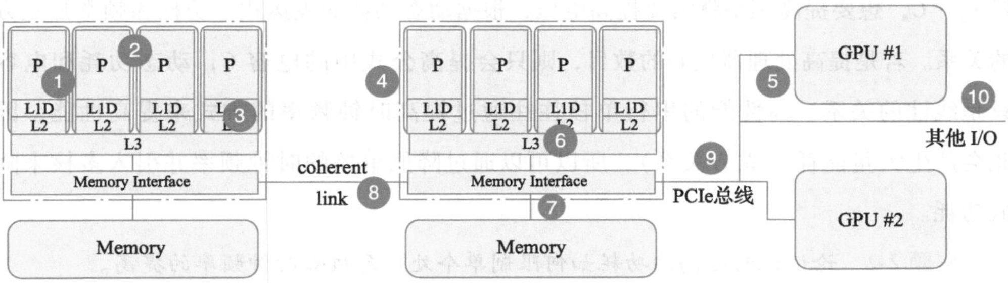


图 2-1 典型并行计算机系统中的资源

计算机系统中存在多种形式的并行性。首先分析指令级并行（instruction level parallelism，ILP），其一，指令流水通过时间重叠实现指令间的并行，其二，多发射通过空间重叠实现指令间的并行，其三，通过动态调度和寄存器重命名允许指令间乱序执行，来进一步挖掘指令间潜在的可重叠性。其次，向量机（vector architecture）、多媒体扩展（MMX）和 GPU 对应的是应用角度的数据级并行。再次，线程级并行（thread level parallelism，TLP）将多个线程并行执行并允许线程间相互通信和同步，对应的主要是应用角度的任务级并行。最后，请求级并行（request level parallelism，RLP）对应的是应用角度的任务级并行。这些请求之间一般具有较好的独立性，在云计算领域的仓库级计算机（warehouse scale computer，WSC）中是常见的并行形式。

戈登·摩尔（Gordon Moore）曾在 1965 年预测集成电路上可以容纳的晶体管数目大约每经过 18~24 个月便会增加一倍。换言之，处理器的性能大约每两年翻一番，同时价格下降为之前的一半。因此，微处理器越来越小，晶体管密度越来越大，性能越来越强。

晶体管密度的增大主要是因为器件缩小，下面介绍器件缩小带来的影响。当晶体管的尺寸缩小到原来的 $1/x$ 会发生什么？晶体管尺寸缩小到原来的 $1/x$，互连线的长度也会缩小，因此时钟频率会上升为原来的 $x$ 倍（实际上可能因为能量损耗小于 $x$）；因为晶体管尺寸缩小到原来的 $1/x$，硅晶片（wafer）单位面积上的晶体管数目会变为原来的 $x^2$ 倍。综合以上，最终封装的芯片的原始计算能力会提高为原来的 $x^3$ 倍。所以，当器件尺寸缩小为原来的 $1/x$，在程序保持不变的情况下，程序性能将提高到原来的 $x^3$ 倍。

功耗密度限制了串行系统的性能，并发的系统更加节省能耗。动态功耗的表达式是 $V^2 \cdot f \cdot C$，想要提高频率就需要提高电压，根据动态功耗的表达式，功耗和频率是立方的关系。若是提高处理器核心的数目，则只会提高公式中的电容 $C$，动态功耗和电容只是线性的关系。高性能的串行单核往往通过提高时钟频率的方式来提高性能，因此会产生大量能耗（立方关系），所以可以通过降低单核的时钟频率并引入多核来降低功耗。

**例题 2-2** 论证说明过高的功耗如何限制单个处理器核心时钟频率的提高。

解答：

为了评估功耗对 CPU 的影响，使用功率密度（power density，D）来衡量 $D=P/S$ 式中，$P$ 是 CPU 的功率（W）；$S$ 是芯片的面积（$cm^2$）。

该指标的一大明显特征就是热量问题，为了使读者对该指标有大概的了解，故举例说明。一个刚出锅的热盘子的功率密度为 $40W/cm^2$，核反应堆的功率密度为 $110W/cm^2$，火箭喷嘴在点火时的功率密度约 $1000W/cm^2$；更高的功率密度如太阳的表面约为 $6000W/cm^2$。

在 2000 年以前，晶体管的密度按照戈登·摩尔的预测稳步提升，芯片的尺寸不断减小；此时单核的时钟频率也在提高，在这一段时间研发出的芯片的功率密度均处于 $1\sim10W/cm^2$，如 8086、286、386、486 和初代奔腾（Pentium）系列处理器，此时工程师还能够解决散热问题，因此芯片在设计时可以简单地通过提高频率的方式来提高性能；但到了 21 世纪初，晶体管密度升高到了一定的程度，此时提高频率就会导致芯片的功率密度飞速增加。2000 年，Intel 的 Pentium 4 的功率密度为 $46W/cm^2$，是 486 芯片功率密度的 7 倍。2003—2005 年，试图进一步提高单核时钟频率来提高性能的时代已经彻底结束，工程师无法冷却约 $200W/cm^2$ 的功率密度所带来的热量，此时的设计者被迫开始限制时钟频率。这便是 CPU 设计从单核向多核架构转变的主要原因。一个以 4GHz 时钟以上速度运行的核心需要类似于汽车发动机散热器的液体冷却，而使用 4 个 3GHz 处理器核心也能够达到相同的性能而不用承担如此巨大的散热成本。

□

## 2.4 多核微处理器技术

成立于 1968 年的 Intel 于 1971 年推出了全球第一个微处理器，创始人之一的戈登·摩尔（Gordon Moore）早在 1965 年就发表了影响科技业至今的摩尔定律[1]。长期以来，微电子向纳电子发展的半导体技术、封装技术、处理器体系结构的革新（如流水线、超标量、动态调度、乱序执行）促成了摩尔定律的成立。但是，指令级并行的边际效应、片上线延迟、功耗成为限制单核微处理器性能发展的三个基本因素，而片上多核成为延续摩尔定律的主要方式。

在 21 世纪初，受限于单核的时钟频率难以继续提升，单核性能已经达到瓶颈，多核处理器开始登上历史舞台。1970—2010 年，晶体管的密度增长速度始终保持线性，片上密度每两年翻一番；时钟频率在 2000—2005 年已经难以继续增长，主要是因为时钟频率提高会带来立方级的功耗提高，这会给散热带来巨大的压力。因此，晶体管的密度增长可以表现为处理器核的增多，这样一来，摩尔定律仍然生效并且功耗也得到了控制。摩尔定律中预言的晶体管密度增速放缓，我们可以将其重新解读为：每个芯片的内核数量每两年翻一番；时钟频率不会增加（甚至会降低）。多核带来新的要求，设计超高并行度的计算机系统，需要充分利用芯片间并行性和芯片内并行性。

线延迟问题、功耗问题、有限的指令级并行及设计成本等问题，促使业界将功能复杂的单核处理器划分成若干个功能相对简单的处理器内核，这些较小的处理器内核填满了原来单个的大型单核处理器所占用的芯片面积，称为单芯片多处理器（chip multiprocessor，CMP），有时也称为多核处理器（multi-core processor）。

多核技术已经成为当今处理器技术发展的主流方向。多核技术最早应用于数字信号处理的数字信号处理器（DSP），成为信号处理、网络信息处理等专业方向针对多路信号处理普遍采用的技术。21 世纪初，多核技术在通用 CPU 上开始应用，IBM 的 Power 4 成为首个双核通用处理器，也成为 CPU 芯片继续按摩尔定律提升性能的新的技术手段。

多核处理器相对大型单核处理器有以下特点：①CMP 采用了相对简单的小型处理器作为处理器的核心，使得设计和验证周期缩短、开发风险和成本降低，设计复杂度降低；②大型单核处理器主要通过提高主频、发射宽度等来改善性能，使功耗问题更加严重，CMP 主要通过多个核心来提高性能，而每个核心可以相对简单一些，主频、发射宽度等可以较低，这样性能功耗比将有优势；③CMP 中大部分信号局限于处理器核心内，且可通过巧妙的布局、布线，改善各处理器核心之间的线延迟和带宽。

基于多核处理器构建适度规模的并行计算机系统，具有以下优势：①可发挥微处理器高性能、低功耗的优势；②基于商用处理器，系统的研发周期可得到有效缩短；③系统中每个节点一般包括多个处理器，这样节点内的其他部件（如网络接口等）由这些处理器共享，因此在网络接口可为每个处理器提供足够的带宽的同时，网络接口等部件的成本也可以由这些处理器分摊。

多核处理器造就了计算机系统结构设计的新局面。一是处理器芯片的单位面积的性能增长，使系统的能力随之提高。二是提升芯片性能的方法发生变化，如何使多个核心发挥出效益成为新的问题。三是处理器芯片内核心个数的增加使得系统直接进入多核的并行局面，并行技术从系统层面、部件层面进入了芯片层面，如芯片内的核间通信、多高速缓存一致已经成为通用处理器必须面对的问题，处理器结构的复杂性大大增加。

多核与众核处理器结构的主要区别有以下几点。

（1）处理器核心数量的多少有差异。目前工艺下，多核处理器一般具有数个或十多个核心，而众核处理器可达到几十个核心。

（2）应用的定位上有差异。多核处理器一般面向普适化应用，众核处理器面向特定应用领域，以提供计算加速为主，通常需要通过操作系统等系统软件来屏蔽异构结构的差异。

（3）核心的复杂性上有差异。与多核处理器的核心相比，众核的从核构造简单，单核心功耗低，频率提升容易，特定应用效能高。随着工艺的发展，芯片效能会更加明显。众核的高计算性能和低功耗有可能为高性能计算机系统性能的跨越发展提供基础。

在桌面级 PC 使用的 Intel Skylake，是英特尔第 6 代微处理器架构，采用 14nm 制程，是 Intel Haswell 微架构及其制程改进版 Intel Broadwell 微架构的继任者。高性能计算卡——Intel Xeon Phi “Knights Landing”，使用 14nm 工艺制造，拥有 72 亿个晶体管，具备 76 个 x86 核心，搭配 16GB 多通道动态随机存储器（MCDRAM）缓存。对于用于手机中的多核芯片，以 Apple A9 dual-core 为例，它采用 14nm 工艺技术制造，有 2 个

1850MHz 的核心，用于 iPhone 6s、iPhone 6s plus、iPhone SE 与 iPad 5th 之中。

主流的多核结构如图 2-2 所示，主流的众核处理器的片上互连结构由如下三个基本部件组成。①网络接口（network interface）：处理器核心连接到 Network on Chip（NoC）的接口；②路由器（router）：负责为报文选择从源节点到目的节点的传输路径，并实现报文在路由器间的转发；③链接（link）：连接各路由器并提供通信链路。

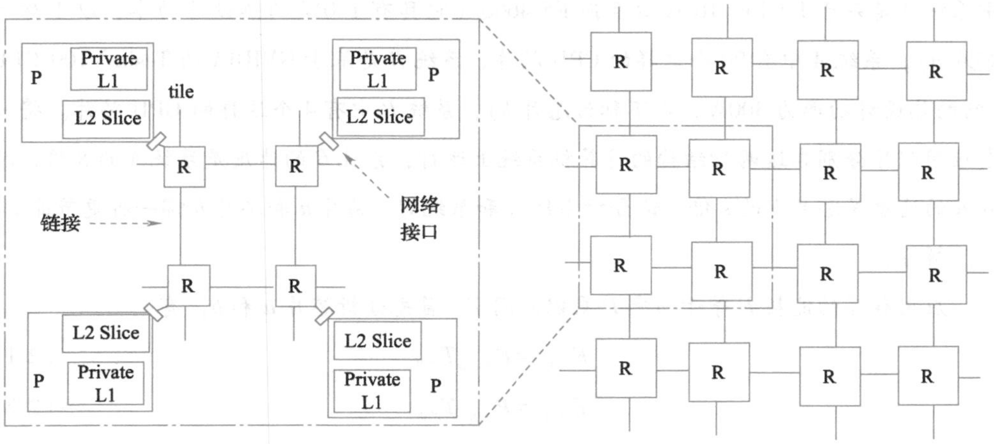


图 2-2 主流的多核结构

注：P 表示处理器核心，R 表示路由器。

基于 NoC 的片上系统实现了计算与通信的相对分离，NoC 负责处理器核心之间的高速通信，构成了通信子系统。因此，片上网络成为目前 CMP 和多处理器系统单晶片（MPSoC）领域的研究热点，出现了一些新颖的 NoC 架构，包括 TRIPS[2-3]、Xpipes[4]、QNoC[5]、Cell[6-7] 等。

AMD 和 Intel 在 2005 年提供了双核 x86 的产品，AMD 在 2007 年推出其第一款 4 核处理器。Sun 在 2005 年推出一款 8 核 32 线程的处理器。片上互连网络的设计对系统的效率、能耗、可扩展性均具有重要影响，成为片上互连通信的设计范式。2007 年 Intel 发布了内含 80 个核心的单芯片处理器 TeraFLOPS[8-9]。TeraFLOPS 采用 65nm 工艺，尺寸仅为 $275mm^2$。处理引擎（processing engine，PE）通过网络接口与路由器连接，所有路由器构成一个 8×10 的 Mesh 结构。2008 年，Tilera 公司推出面向高性能嵌入式应用的 64 核芯片 TILE64[10]。TILE64 中有 64 个 tiles 共享存储器，处理器核通过 8×8 的 Mesh 结构互连通信。2010 年 Intel 推出的 48 核心的单芯片云计算机（single chip cloud computer，SCC）[11] 采用 6×4 Mesh 互连的 tiled 结构，每个 tile 包括两个处理器核心。SCC 上有多个独立的电源域，可以进行动态的电压和频率调节[12-16]。

**例题 2-3** Intel 的至强（Xeon）系列处理器是高性能多核 CPU 的典型代表，它常被用于构建高端服务器，甚至超级计算机。现在有两种结构的计算机系统（$A$ 和 $B$），其中系统 $A$ 是基于 Intel 的 16 核心至强 E5-4660（它具有 130W 的热设计功率，以下称为芯片 $a$），系统 $A$ 中有 20 个这样的 CPU 芯片；系统 $B$ 是基于 NVIDIA 的 Tesla V100 GPU（它的热设计功率为 300W，以下称为芯片 $b$），系统 $B$ 中有 4 个这样的 GPU 芯片。将一个应用程序分别在这两种结构的计算机系统上运行，系统 $B$ 的速度是系统 $A$ 的 $S$ 倍，芯片 $a$ 的速度是芯片 $b$ 的 $s$ 倍。试分析系统 $A$ 和系统 $B$、芯片 $a$ 和芯片 $b$ 哪一种更节能。

解答：

应用程序的能耗 $E$ 等于功率 $P$ 乘以时间 $T$，首先分析芯片 $a$ 和 $b$，有

$$E_{芯片a}=P_{芯片a}T_{芯片a} \tag{2-1}$$

$$E_{芯片b}=P_{芯片b}T_{芯片b} \tag{2-2}$$

$$\frac{E_{芯片a}}{E_{芯片b}}=\frac{P_{芯片a}T_{芯片a}}{P_{芯片b}T_{芯片b}} \tag{2-3}$$

已知 $P_{芯片a}=130\text{W}$，$P_{芯片b}=300\text{W}$，$\frac{T_{芯片a}}{T_{芯片b}}=\frac{1}{s}$，

当且仅当$\frac{E_{芯片a}}{E_{芯片b}}>1$ 时，芯片 $b$ 更节能，此时 $s<0.433$。

然后分析系统 $A$ 和系统 $B$，有

$$E_{系统A}=P_{系统A}T_{系统A} \tag{2-4}$$

$$E_{系统B}=P_{系统B}T_{系统B} \tag{2-5}$$

$$\frac{E_{系统A}}{E_{系统B}}=\frac{P_{系统A}T_{系统A}}{P_{系统B}T_{系统B}} \tag{2-6}$$

已知

$$P_{系统A}=20\times130\text{W} \tag{2-7}$$

$$P_{系统B}=4\times300\text{W} \tag{2-8}$$

$$\frac{T_{系统A}}{T_{系统B}}=S \tag{2-9}$$

当且仅当$\frac{E_{系统A}}{E_{系统B}}>1$时，系统$B$更节能，此时$S>0.462$。

□

“并行（parallelism）”与“并发（concurrency）”之间既有联系，又有区别。并行是指两个或多个事件在同一时刻发生；并发是指两个或多个事件在同一时间间隔内发生。并行可被认为是并发的特殊情形。并行一定是并发，但并发未必是并行。并发的实质是对有限的物理资源强制行使多用户共享以提高资源利用率。从微观角度看，每个请求都有排队等候、唤醒、执行等步骤，都是被顺序处理的，如果是同一时刻到达的请求（或线程）也会根据优先级的不同，先后进入队列，排队等候执行；从宏观角度看，多个几乎同时到达的请求（或线程）就像在同时被处理。

## 2.5 并行处理需要应对的挑战

并行计算机系统面临着扩展性、可靠性、功耗、均衡性、可编程性、管理复杂性等诸多挑战，存在着内存和 I/O 墙、功耗墙、编程墙、复杂性墙、可靠性墙、可扩展性墙。美国 DARPA 的高效能计算机系统（high productivity computing systems，HPCS）研究计划强调性能、可编程性、可移植性和可靠性。

当我们向程序员提问：如何使得程序运行得更快些？如果在 2004 年之前，程序员们会回答：只需要等待 6 个月然后购买一台新机器，只有少数程序员已经开始使用并行性。而在 2004 年之后，程序员们普遍需要通过编写并行的软件来充分使用并行资源，从而让程序运行得更快。

接下来谈谈负载特征与体系结构的适配问题。负载特征指的是从粒子类算法、稠密线性代数到稀疏矩阵计算、图计算，计算的访存比从高降到低的这类特征，针对每一种算法的不同计算访存比，应该有不同的硬件与之适配。现存的多核加速器有各种各样的 CPU、GPU、FPGA 等。大量并行的同时会带来高速缓存和内存的一致性问题。

编写一个程序的流程如下：根据现有的问题，首先需要一个时间复杂度最低的最优算法，根据这个代码进行软件开发，在写代码时要注意进行一些应用层级的优化（特别是那些在底层难以进行的优化），然后依赖高效的编译器编译为高效的可执行文件。在这一系列步骤之后，这个快速可执行文件的效果到底有多好呢？

以离散傅里叶变换（discrete fourier transformation，DFT）这一算法为例，在 Intel i7 四核主频为 2. 66 GHz 的处理器上进行测试，单纯使用普通 C 语言代码运行，浮点运算性能将随着数据规模增大而基本不变。按照上文中讲到的方法生成了快速可执行文件之后，我们称之为“最快版本”，其中主要是在编译器中选择了最优的编译选项，其他保持不变，特别是两种实现的操作数目几乎一样，“最快版本”的性能有 12～35 倍的提升，虽然可执行文件的大小被放大了 1024 倍，但是换来了速度的提升。另一个案例是矩阵乘法的实现开启了最优编译选项之后，相比普通的三层循环实现方式能达到最高 160 倍的加速，代价是代码规模扩大了超过 100 倍，而两种实现的操作数目完全相同，都为 $2N^3$。

如果给定数学函数 $f$ 和用以实现与运行函数 $f$ 的处理器，那么 $f$ 的最优实现性能与 $f$ 的简单直接性能之比约为 10～100，即通过多个层次的努力（包括但不限于算法、软件、编译、体系结构等），性能往往能提升 10～100 倍。例如，在通过并行方法对离散傅里叶变换（DFT）进行性能优化的实验中，通过优化存储层次结构（memory hierarchy）可以稳定提升约 5 倍的性能；通过向量指令优化，可以进一步提升约 3 倍的性能，但随着问题规模的扩大，这种提升效果逐渐减弱，甚至没有明显提升；在前两项优化的基础上，多线程优化可以再提升约 3 倍的性能，这种提升在问题规模较小时并不明显，但随着问题规模扩大，多线程优化的性能提升可以达到峰值。应当注意的是，编译器很难自动实现这样的优化，若想实现理想的性能提升，手工优化任务十分繁重。

另一个例子是对于矩阵-矩阵乘法（matric-matric multiplication，MMM）的性能优化，在英特尔酷睿（Intel Core）2 代双核处理器上进行实验，针对存储层次、向量指令、多线程的优化分别提升了约 20 倍、4 倍、4 倍的性能。当矩阵大小达到一定规模时会产生巨大的性能提升，这是在多个层次的共同努力下实现的。值得注意的是，编译器在拆分数据、预读高速缓存行和生成 SIMD 代码等方面有时效果并不理想，往往需要手动实现繁重的优化任务。

通过以上实例，可以总结出以下规律：

（1）相同操作数的不同实现会带来显著的性能差异，甚至有数倍或数百倍的差异。例如，高速缓存缺失造成的开销是计算操作产生开销的几百倍。是否利用向量指令、是否采用多核或众核等也会对性能产生巨大的影响。需要注意的是，操作数的最小化不等于性能的最大化，一些并行优化带来的性能提升需要操作数达到一定规模才能明显体现。

（2）想要编写高效的并行代码并不容易，要求我们细致地考虑存储层次结构，熟悉向量指令等，需要算法、编程和体系结构三个方面的专业知识。

（3）快速代码通常比较大，可能会与软件工程规范存在不一致的地方。

（4）在充分挖掘并行性方面，编译器经常爱莫能助，通常需要算法产生内在的变化。自动并行、向量化（vectorization）仍然属于 NP 问题。

（5）高性能代码通常根据具体的架构和具体的场景编写，可移植性较差。

获得程序的性能提升并不是仅靠编译器就能完成的，而是要靠算法、软件、编译器和体系结构的垂直整合，需要多个层次的努力。例如，矩阵乘法中的矩阵分块提高了数据的局部性，从而提高高速缓存命中率，提升程序性能；Strassen 算法减少了计算次数；通过在编译器和体系结构层面对向量指令添加支持，实现对大规模计算的加速。

要使用现代的并行计算机，必须要会写能并行执行的程序。而掌握上述技能需要理解编程模型、编程语言、运行库和底层系统软件，了解基本用法与实现原理，确保程序与串行运算时的结果一致，并使并行收益最大化。这一过程通常不容易。

并行程序主要有两种：任务级并行和数据级并行。任务级并行将问题分解成多个子任务，子任务间通过信息传递，共同完成问题的解决（例如，某些子任务产生的中间结果是另一个子任务的输入）。在数据级并行中，问题被看作对多个可并行处理的数据的操作，数据在局部处理，各任务间不传递数据。可扩展并行程序的特点是，通过将数据分块以提高局部性，将巨大的计算开销转化为增长更缓慢的通信和延迟开销。

共享内存并行编程：内存地址空间共享，子任务间不需信息传递，而是通过同步机制实现对数据的并发访问。实现方式可以是使用多线程库，手动创建线程，也可以是使用 OpenMP 等宏标记，让编译器做剩余优化。

使用不同内存地址空间的并行编程：各子任务的内存空间都是独立的，需要传递消息来实现数据交流，以实现进程间的同步。此时需要有消息传递的库来实现一对一、一对多和多对多的消息传递，常用的是消息传递接口（MPI）。

并行计算需要遵循一定的原则。根据阿姆达尔定律（Amdahl's law），需要找到足够多的可并行任务，才能够充分提升性能。因此，第一个原则是要找到足够的并行性。第二个原则是需要考虑并行任务的粒度，即每个并行任务应该多大，我们既需要一定大小的任务单元来快速并行运行，但不能太大以至于没有足够的并行任务。第三个原则是要充分利用好局部性原理，因为移动数据的代价大于计算数据的代价。第四个原则是负载均衡（workload balance），让每个处理器节点的时间不要相差太多。同时考虑并实施以上原则使得并行计算比串行计算复杂得多。

现代机器可以自动化并行，并且分为不同层次的并行。比特级的并行发生在浮点运算部件以及其他运算单元中，多个比特组成的数据同时参与运算；指令级并行指的是每个周期执行多条指令，通过流水线技术来实现，提高流水线并行的技术有循环展开、动态指令调度及动态分支预测等。

下面分析并行的开销。在给定了足够的并行任务的前提下，并行开销是获得理想加速比的最大障碍。并行的开销包括：启动一个进程或线程的开销、交流共享数据的开销、同步的开销、并行相关的额外计算。以上四点，在某些系统中，每个都是毫秒级别的开销，即百万次浮点操作的时间。再次重申并行性的第二点原则，算法需要足够大的工作单元才能快速并行运行，即粒度要大，但又不能大到没有足够的并行任务。

观察多核处理器的技术发展趋势，可以发现虽然每个处理器内存容量逐渐增加，但是并没有跟上处理器的逻辑电路的发展速度，并且二者的差距正在逐渐拉大。总体来看，每个处理器核心的内存密度每三年翻一番，而逻辑电路密度是每两年翻一番。IBM 的内存密度变化例在 1997 年及以前，每个核心对应的内存密度的增长速度是每三年翻两番，1997 年之后，每个核对应的内存密度的增长速度变为每三年翻一番。因此存储成本虽然逐渐下降，但不如计算成本下降快。以 IBM 的存储成本和计算成本的对比为例，在 2008 年以前，每百万次浮点操作的计算成本高于每 MB 的存储成本，而在 2008 年之后则相反，大卫·图雷克（David Turek）对此的评价是："收集、生成、计算数据的价格，下降得比存储数据的价格快得多。"面对这个现实，我们不禁发问：能否在没有双倍内存的情况下做到双倍的并发？我们给出以下两类问题的定义：有强拓展性的问题和弱拓展性的问题。强拓展性意为数据依赖没有那么强的问题，我们可以通过提高处理器的数目来提高并行性；弱拓展性意为数据依赖较强的问题，处理器数目提高会导致通信成本的提高，使得问题规模变大。

传统存储层次结构：只有单核，片上有两级高速缓存，片外有 L3 高速缓存和内存。到了多核处理器时代，每个处理器都有可能访问其他处理器片上的 L1 高速缓存和 L2 高速缓存，对应的 L3 高速缓存和内存之间也存在着潜在的通信。大的存储体往往速度很慢，而速度快的存储体容量小，通过构建 L1 高速缓存到内存的存储层次，使得存储系统在总体上看起来又快又大。总的来说，并行处理器具有大而快的高速缓存。处理器对于不是自身的高速缓存的数据的访问被称为对“远程”数据的访问，我们称为“通信”，这往往是慢的；算法应该在本地数据上做大部分工作，在设计算法时，为了追求极致的性能，应该尽量多用局部性较好的数据——存放在 L1 高速缓存中的数据。

讨论完了处理器与动态随机存储器（DRAM）之间的存储层次，下面说说它们在延迟方面存在的鸿沟（gap）。根据上文中的定义，我们设计算法的目标是找到使得“通信”最小的算法，宁愿做不必要的计算，即宁愿多做计算来减少“通信”。之所以有这样的目标，是因为处理器计算数据的速度比取数据的速度快得多。1980—2000 年，处理器与内存之间的性能鸿沟以每年增长 50% 的速度拉大——微处理器的性能每年涨幅 60%，而 DRAM 的年均性能涨幅仅 6%。

**例题 2-4** 请定义什么是“存储墙”（memory wall）？尝试给出最精炼的表述。

解答：

存储墙是指计算机系统中的计算部件的性能与存储部件的性能具有不同的增长速率，前者的增长速率大于后者的增长速率，于是形成越来越大的差距，进而导致对于大量的数据密集型应用，计算机系统整体的性能受限于存储系统，此时由于阿姆达尔定律（Amdahl's Law），进一步改进计算部件的性能并不能对计算机系统的整体性能有显著的裨益。

□

并行处理存在着负载不平衡的问题，因为不充分地并行或大小不同的任务会造成一些处理器空闲。算法需要负载均衡，主要有两种方式：静态负载均衡和动态负载均衡。静态负载均衡，即根据已经确定的任务流，在运行之前划分模块进行并行。动态负载均衡，即当任务流发生动态变化时，要随之进行动态的负载均衡，例如工作窃取（work-stealing），这一算法是指某个线程从其他队列里窃取任务来执行。

最终的并行软件由两种类型的程序员编写，得到软件的两个层次——效率层和生产力层。效率层：20%的程序员在做这个类型的软件，由专家程序员编写库来实现内核、框架、操作系统等。生产力层：80%的程序员在做，领域专家或者不是专家的程序员都可以通过利用“效率层”中的框架和库高效地编写并行应用，这些库的应用对普通程序员隐藏了机器和并行的尽可能多的细节，这些程序乐意为了高效编程而牺牲一部分的性能。对于这门课的学生，希望大家都能充分理解这两个层次并高效地利用并行性。

## 2.6 并行处理的学科任务

并行处理（parallel processing）是一门贯通性、综合性的学科，它与计算机体系结构、计算机数字设计、计算机操作系统、编译原理等学科既有密切联系，又有显著区别。作为一门学科，它具有自身明确的定位，它的基本任务是以下三方面。

一是设计并行计算机的系统结构，以此理解并行计算机是如何工作的。我们需要理解、设计和实现高效抽象的机制，需要理解不同的硬件实现带来的不同功能特性，需要理解硬件设计中必然涉及的在性能、便利性和成本之间的权衡。我们之所以要考虑系统结构，是因为系统结构的特性对于并行性能至关重要，而我们关心的恰恰是效率和性能。

二是设计具有高扩展性的并行程序。可扩展性是指并行程序能否有效利用可扩充的处理器数的能力。设计一个好的并行程序，需要学会从并行的角度出发思考问题。例如，如何将工作分解为能安全并行运行的部分，如何将工作分配给多个处理器，如何管理处理器之间的通信/同步等。这样做的目的是尽量减轻这些因素对程序加速的限制。理解了上述任务的实现机制，便可以利用当下流行的并行编程语言进行编程。

三是进行面向效率的软硬件协同设计。单个进程高性能未必意味着整个系统高效，高并发有时如果处理不当，会引起资源争用，进而导致单个请求或单任务的响应时间增加。一个程序在并行计算机上运行得快，并不代表一定充分利用了硬件资源。例如，10个处理器核并行的计算机，相对于单处理核的计算机只实现了2倍的加速比，这可能不是一个充分利用资源的好结果。从软件设计者的角度来看，他们需要充分利用或挖掘给定机器的潜能；而从硬件设计者的角度来看，他们需要为机器量身定制合适的能力，这要求设计者在性能和成本之间做出权衡，其中成本包括硅片面积、功耗等。

## 2.7 本章小结

并行是设计计算机系统的主流范式，也是使用计算机系统的主流范式。并行处理对于用户获得期望的算力具有重要意义，同时，并行处理也面临着严峻的挑战。并行处理是一门以并行的观点贯穿始终的具有贯通性、综合性的学科，通过学科自身的三大任务，并行处理将整个计算机科学的各个分支贯通为一个整体。

## 2.8 思考题

1. 什么是并行？计算机系统存在哪些形式的并行性？

2. 芯片设计与芯片制造之间是何种关系？通过较高水平的芯片设计能否弥补较低的芯片制造水平？

3. 从并行的角度看，软件与硬件之间是何种关系？如果应用程序本身没有可挖掘的并行性，底层硬件的丰富的并行性如何发挥作用？如果底层硬件可利用的并行性较低，这时应用程序具有的充分多的并行性如何发挥作用？

## 参考文献

[1] MOORE G E. Cramming more components onto integrated circuits [J]. Electronics, 1965, 38 (8): 114.

[2] DALLY W J, TOWLES B. Principles and practices of interconnection networks [M]. San Francisco: Morgan Kaufmann Publishers, 2003.

[3] SANKARALINGAM K, NAGARAJAN R, MCDONALD R, et al. Distributed microarchitectural protocols in the TRIPS prototype processor [C]//Proceedings of the 39th Annual International Symposium on Microarchitecture. Cambridge: IEEE, 2006: 480-491.

[4] DALLOSSO M, BICCARI G, GIOVANNINI L, et al. Xpipes: a latency insensitive parameterized network-on-chip architecture for multiprocessor SoCs [C]//Proceedings of the 21st International Conference on Computer Design, San Jose, CA, USA. Cambridge: IEEE, 2003: 536-539.

[5] BOLOTIN E, CIDON I, GINOSAR R, et al. QNoC: QoS architecture and design process for network on chip[J]. Journal of Systems Architecture: the EUROMICRO Journal, 2004, 50 (2-3): 105-128.

[6] HOFSTEE H P. Power efficient processor architecture and the cell processor [C]//Proceedings of the International Symposium on High Performance Computer Architecture. Cambridge: IEEE, 2005: 258-262.

[7] GSCHWIND M, D' AMORA B, O' BRIEN K, et al. Cell broadband engine-enabling density computing for data-rich environment [C]//Tutorial held in conjunction with the International Symposium on Computer Architecture. New York: ISCA, 2006.

[8] HOSKOTE Y, VANGAL S, SINGH A, et al. A 5-GHz mesh interconnect for a teraflops processor [J]. IEEE MICRO, 2007, 27 (5): 51-61.

[9] VANGAL S R, HOWARD J, RUHL G, et al. An 80-tile sub-100-w teraflops processor in 65-nm CMOS [J]. IEEE Journal of Solid State Circuits, 2008, 43 (1): 29-41.

[10] WENTZLAFF D, GRIFFIN P, HOFFMAN H, et al. On-chip interconnection architecture of the tile processor [J]. IEEE Micro, 2007, 27 (5): 15-31.

[11] MATTSON T G, WIJINGAART R F, RIEPEN M, et al. The 48-core SCC processor: The programmer's view [C]//Proceedings of the ACM/IEEE Conference on Supercomputing (SC'10). Cambridge: IEEE, 2010: 1-11.

[12] WEISSEL A, BELLOSA F. Process cruise control: event-driven clock scaling for dynamic power management [C]//Proceedings of the 2002 international conference on Compilers, architecture, and synthesis for embedded systems. New York: ACM, 2002: 238-246.

[13] GAURAV D, TAJANA S R. Dynamic voltage frequency scaling for multi-tasking systems using online learning [C]//Proceedings of the 2007 international symposium on Low power electronics and design. New York: ACM, 2007: 207-212.

[14] CHOI K, SOMA R, PEDRAM M. Dynamic voltage and frequency scaling based on workload decomposition [C]//Proceedings of the 2004 International Symposium on Low Power Electronics and Design. Cambridge: IEEE, 2004: 174-179.

[15] CHOI K, SOMA R, PEDRAM M. Fine-grained dynamic voltage and frequency scaling for precise energy and performance tradeoff based on the ratio of off-chip access to on-chip computation times[J]. IEEE Transactions on Computer-Aided Design of Integrated Circuits and Systems, 2005, 24 (1): 18-28.

[16] THANARUNGROJ P, LIU C. Power and energy consumption analysis on intel SCC many-core System [C]//In Proceeding of the 30th IEEE International Performance Computing and Communications Conference. Cambridge: IEEE, 2011: 1-2.

# 第 3 章 并行处理的一般原理

## 3.1 引言

本章将介绍并行处理的一般原理，包括指令级并行、数据级并行、线程级并行、并行与并发、延迟与带宽、流水线、多发射、乱序执行、并行算法、并行体系结构、并行系统，以及并行计算学科的内部组成等。理解这些基础结构不仅有助于理解和优化并行程序的性能，更重要的是培养一种宝贵的直觉，从而分辨什么样的任务可以从并行处理中收益。

## 3.2 冯·诺依曼结构

计算机科学家、数学家艾伦·麦席森·图灵在1936年提出了“计算机”（“computing machine”，后来被称为“Turing machine”，即“图灵机”）的概念。计算机科学家、数学家冯·诺依曼在1946年提出了存储程序（stored-program）计算机的概念，即把计算过程描述为许多命令按一定顺序组成的程序，然后把程序和数据一起输入计算机，计算机对已存入的程序和数据处理后，输出结果。基于存储程序的思想，冯·诺依曼结构计算机被设计问世，并沿用至今。冯·诺依曼结构计算机具有5个基本组成部分——运算器、控制器、存储器、输入设备、输出设备。冯·诺依曼结构计算机在存储时不区分指令和数据，无论什么样的程序，最终都会转化为数据的形式存储在存储器中，执行相应的程序只需要从存储器中依次取出指令并执行。

冯·诺依曼结构仍然被应用于现代计算机系统中，这种结构由于其“程序存储”的特点而实现了自动化和通用化，但仍存在许多潜在的瓶颈。图3-1是一个现代CPU核心的例子，它具有四发射、乱序执行等功能。处理器核心成为处理器芯片的基本构建块（building block），芯片设计者根据不同的市场需求定位，基于相同的处理器核心推出不同的处理器，这些处理器之间的主要区别有：①处理器核心数量不同；②片上末级高速缓存（last level cache，LLC）的容量不同；③可靠性、可用性、可服务性（reliability，availability，and serviceability，RAS）方面的差别。

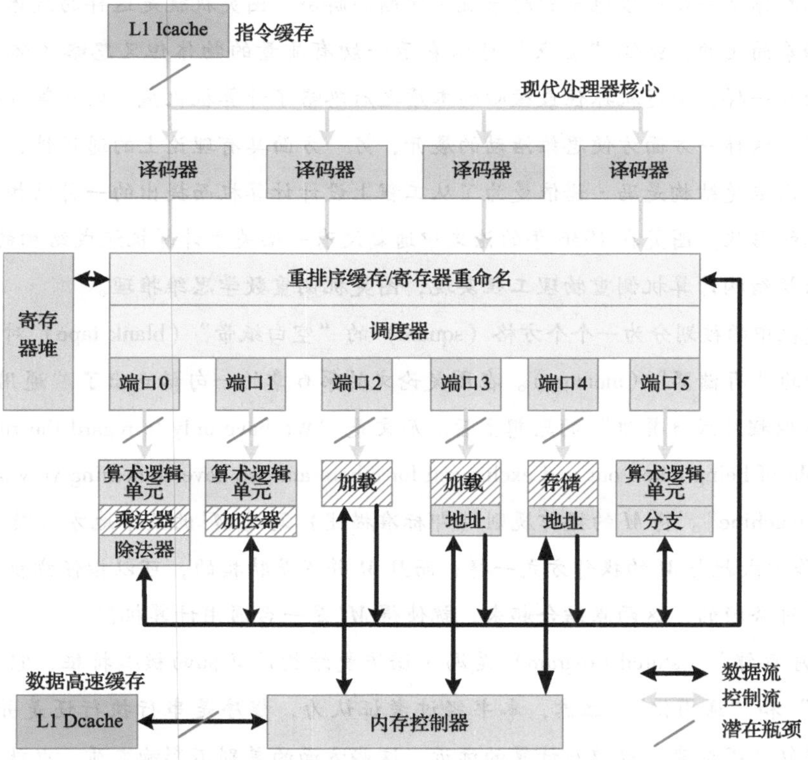


图 3-1　一个四发射的处理器核心

指令先从指令高速缓存（Icache）里读出，译码后发射到重排序缓冲区（reorder buffer，ROB），经由硬件调度后发送到访存或计算单元执行。在这条通路中，凡是涉及数据移动和计算的地方，都有出现性能瓶颈的可能，如访问 Icache、Dcache、乘法单元、加法单元等。现代常用的通用微处理器往往集成了多个上述的核心。一颗 CPU 上集成的多个核心通过相互配合，实现了现代微处理器强大的数据处理能力。

**例题 3-1**　试比较图灵机与冯·诺依曼结构计算机的异同。

解答：

图灵在 1936 年提出图灵机，不是为了从工程上设计计算机，而是为了解决一个非常重要的理论问题——“不可判定问题”。1936 年，现代计算机还没有诞生，图灵机是图灵在头脑中想象的，可以认为是数学建模（mathematical modeling）的结果。为了分析解决理论问题，就必须进行思维推理，而进行推理，思维就必须要有载体，思维的逻辑演绎在载体上一步一步地累积起来直至问题的解决，图灵机就是这样的载体。图灵机是高度抽象简化的，就像“质点”可以表示一切有质量的物体但又忽略了体积、形状等其他细节一样，图灵机抓住最核心的本质之后忽略了计算机机械、电气等方面的各种具体细节，这样一方面方便思维活动的展开，另一方面具有理论上的通用性、普适性。

冯·诺依曼结构是冯·诺依曼为了从工程上设计计算机而提出的一种结构，这种结构有具体的形状。图灵在 1936 年的论文中通篇没有一幅关于计算机组成结构的示意图。冯·诺依曼结构计算机侧重物理工程实现，图灵机侧重数学思维推理。

图灵机中的被划分为一个个方格（square）的“空白纸带”（blank tape）对应冯·诺依曼结构的“存储器”（memory）。在图灵论文的第 6 章的一句话点出了“通用计算机”或者“存储程序式计算机”的思想主旨。原文是“We have only to regard the rules as being capable of being taken out and exchanged for others and we have something very akin to the universal machine”。将 *M* 的操作规则（即标准描述）写进 *M'* 的某个地方（就是内存），*M'* 的操作方式就与 *M* 的操作方式一样；而且 *M* 并不是特指的，可以指任意机器，内存中程序是可替换的，这两点结合起来，就使得 *M'* 是一台通用计算机器。

“程序存储”（stored-program）是冯·诺依曼结构计算机的核心特征，它用于实现“自动化”和“通用化”。注意，本书经过考证认为，程序是串行执行还是并行执行，存储与计算是否分离，存储与计算的远近，这些方面的差别不影响本质，也就是说，并行计算机仍然属于冯·诺依曼结构计算机，存算一体计算机仍然属于冯·诺依曼结构计算机。感兴趣的读者可以参考本书作者编著的《计算机系统开创性经典文献与解析》，以加深对“存储程序”的思想来源和演进的理解。

□

指令执行和数据移动是存储程序型计算机的两个基本功能。指令执行被认为是处理器的主要任务，因为在硬件设计上做出的所有努力，都是为了增加指令的吞吐量，增大 IPC。指令是处理器设计者眼中的“功”的概念，即有效的工作。但在应用开发者眼中，并非所有指令都可以算作“功”。如图 3-2 所示，两个数组相加，只有加法（add）指令在应用开发者眼中可以算作“功”，因为只有加法指令执行了计算的动作，而硬件设计者把包括访存和跳转在内的所有指令都看作“功”，这是在处理器的层面上思考问题。

数据传输是为指令执行服务的，因此被认为是次要任务。数据传输的最大带宽由被执行指令的请求速率和若干技术限制（如总线宽度、速度）决定。例如图 3-2 中的两个数组相加，每个循环只做一次加法运算，但会访问三次内存（包括两次读和一次写），在一个循环中共有 24B 的数据经过总线。

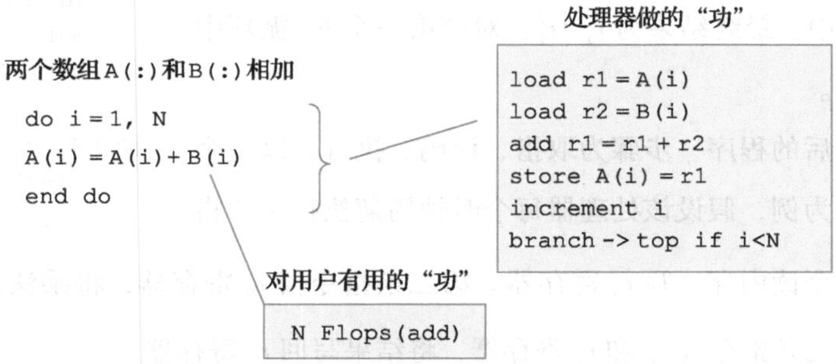


图 3-2 处理器做的计算意义上的“功”与对用户有用的“功”

## 3.3 通过实例说明指令级并行与数据依赖

图 3-3 是一个使用泰勒展开式计算 sin(*x*) 的示例。$\sin(x)=x-x^3/3!+x^5/5!-x^7/7!+\cdots$。由于每项的计算是独立的，所以可以使用不同的运算部件计算不同项。而计算斐波那契数列时则不可套用，因为每一项的计算都依赖前一项的计算结果，其中存在数据依赖。

```
void sinx(int N, int terms, float* x, float result)
{
    for (int i=0; i<N; i++)
    {
        float value = x[i];
        float numer = x[i] * x[i] * x[i];
        int denom = 6; // 3!
        int sign = -1;

    for (int j=1; j <= terms; j++)
    {
     value += sign * numer / denom;
     number *= x[i] * x[i];
     denom *= (2*j+2) * (2*j+3);
     sign *= -1;
    }

    result[i] = value;
    }
}
```

图 3-3 使用泰勒展开式计算 sin(*x*) 的示例

将上述程序编译，以程序中的 3 条汇编指令为例，如图 3-4 所示。这三条汇编指令的意思为：将 x[i] 的值取到 $r_0$ 中；将 $r_0 \cdot r_0$ 存到 $r_1$ 中；将 $r_1 \cdot r_0$ 存到 $r_1$ 中。最终结果为 $r_1 = r_0^3$，对应第一个 for 循环中的前两条指令。

```
ld  r0, addr[r1]
mul  r1, r0, r0
mul  r1, r1, r0
```

图 3-4 计算 sin(x) 程序部分汇编指令

执行编译后的程序，步骤为取指、译码、执行。以一个简单的处理器为例，假设该处理器每个时钟周期执行一条指令。第一条指令读内存，写 $r_0$ 寄存器。第二条指令读 $r_0$ 寄存器，将乘法运算结果写入 $r_1$ 寄存器。第三条指令读 $r_0$ 和 $r_1$ 寄存器，将结果写回 $r_1$ 寄存器。

回顾指令级并行，超标量处理器每个时钟周期能够译码和执行超过两条指令。但在这个例子中，第一条指令和第二、三条指令在 $r_0$ 寄存器上存在写后读相关，第二条指令和第三条指令在 $r_1$ 寄存器上存在写后读相关。第一条指令执行时，第二、三条指令不能同时执行。等第一条指令执行完毕，执行第二条指令时，第三条指令也不能同时执行。也就是说，在这个例子中，无法利用指令级并行。

奔腾 4 的架构中设计了两个简单指令译码器和一个复杂指令译码器来增加译码宽度，设计了两个浮点运算单元、两个整数运算单元和一个访存单元来增加可同时运算的数量。通过分支目标缓存（BTB）进行分支预测，使用乱序执行和内存重排序缓存（ROB）来缓解由于数据相关和执行时间长造成的流水线阻塞，使用寄存器重命名和物理寄存器堆的形式消除假相关，如图 3-5 所示。

在多核处理器出现前，大多数的晶体管都用来使得一个核中的指令流执行速度更快，例如增大数据高速缓存容量、更智能的指令调度、分支预测、数据预取（prefetching）等。同等面积下，更多的晶体管意味着晶体管将更小，从而具有更高的主频。在多核处理器时代，人们转而将多余的晶体管数量用来为处理器增加更多的核，而不是用来实现复杂的逻辑以加速单指令流（乱序和其他复杂的数据、指令猜测逻辑）。如果使用多核系统，多个核并行计算不同的元素。这样设计的处理器核由于面积限制，结构会更加简单。假设它只有原来 75%的性能，理论上双核处理器最高能达到原来单核处理器 1.5 倍的性能（由于数据相关等实际因素，通常往往达不到 1.5 倍）。

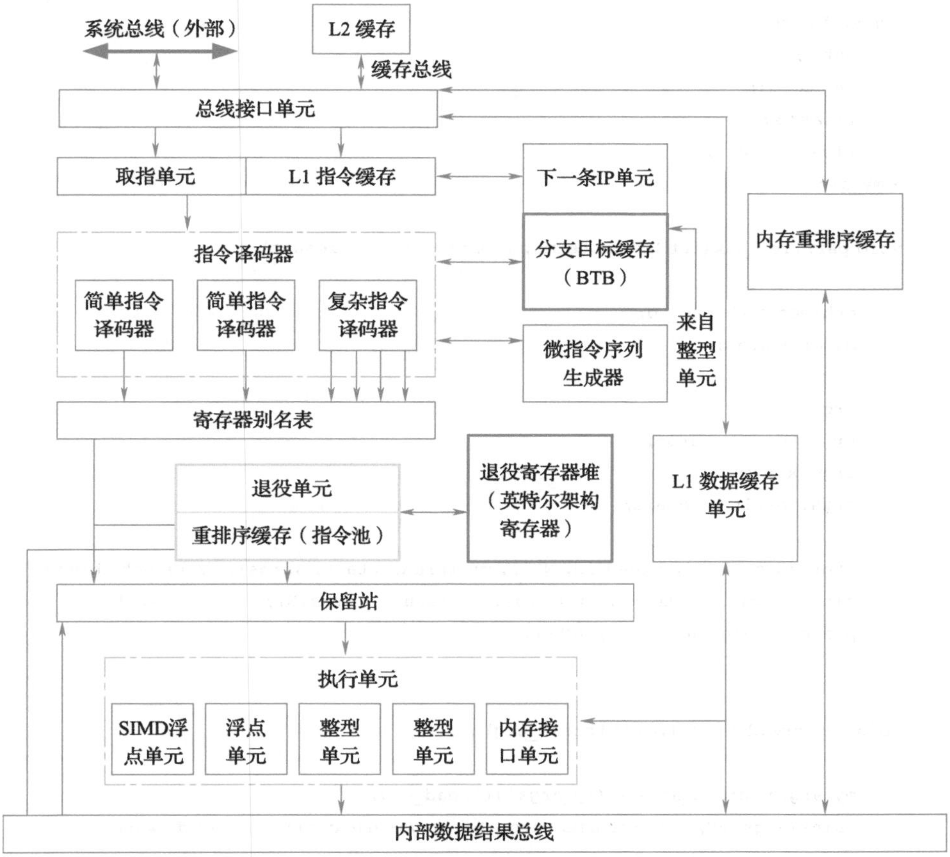


图 3-5　奔腾 4 的指令级并行架构

## 3.4 通过实例说明线程级并行

图 3-3 中的程序没有并行性，如果不加改动，使用 gcc 编译成可执行程序后，它将只会使用两个处理器核中的一个，以单线程执行。那么这样的执行速度将变为原来的 75%。我们可以使用 pthread 技术创建另一个线程来利用并行，将 N 次计算分为相等的两份，分别给两个线程执行，如图 3-6 所示。这样就能利用两个核的速度优势了。

```
typedef struct {
    int N;
    int terms;
    float* x;
    float* result;
} my_args;

void parrllel_six(int N, int terms, float* x, float* result)
{
    pthread_t thread_id;
    my_args args;

    args.N = N/2;
    args.terms = terms;
    args.x = x;
    args.result = result;

    pthread_create(&thread_id, NULL, my_thread_start, &args); // launch thread
    sinx(N-args.N,  terms,  x + args.N,  result + args.N);   // do work
    pthread_join(thread_id, NULL);
}

void my_thread_start(void* thread_arg)
{
    my_args* thread_args = (my_args*)thread_arg;
     sinx(args->N, args->terms, args->x, args->result);      // do work
}
```

图 3-6　使用 pthread 实现并行的示例

此外，还可以通过放置循环标记的方式指导编译器进行优化。图 3-7 中展示了一个示例，其中使用了“for all”循环标记，这是一种为方便大家理解但实际不存在的数据并行语言。程序员通过放置数据并行的标记，告知循环体内部的数据依赖情况、变量的共享情况等，让编译器自动编译生成可并行的代码，在这个例子中各次循环间不存在数据相关，编译器将根据可用的核数生成相应的多线程代码。

具体讨论多核处理器的并行。当处理器有 4 个核的时候，每个核都拥有自己的取指、译码、计算单元，以及保存上下文的部件；当有 16 个核时也是类似，同时拥有多个指令流。

```
void sinx(int N, int terms, float* x, float result)
{
     // declare independent loop iterations
     forall (int I from 0 to N-1)
     {
          float value = x[i];
          float numer = x[i] * x[i] * x[i];
          int denom = 6; // 3!
          int sign = -1;

     for (int j=1; j <= terms; j++)
     {
      value += sign * numer / denom;
      number *= x[i] * x[i];
      denom *= (2*j+2) * (2*j+3);
      sign *= -1;
     }

     result[i] = value;
     }
}
```

图 3-7 使用循环标记实现并行的示例

前文提到的 sin 函数的泰勒展开代码的一个有趣特性是，每一个循环是彼此独立的，因此编译器将根据可用的核数生成相应的多线程代码。这个代码的另一个特性是，代码的每一次迭代做的事情都是一样的（都是计算一个输入数字的 sin 函数值），因此可以在处理器里添加算术逻辑部件（ALU），以便并行地进行这些重复的计算。

为了分摊一个指令流控制多个运算单元的开销，研究者们提出了 SIMD。当不使用 SIMD 时，多个 ALU 难以同时被使用，即造成了资源的浪费，而 SIMD 能够同时利用全部的 ALU 单元，因此“分摊”了复杂度和费用。为了实现 SIMD，将控制逻辑修改为：同样的指令向所有的运算单元发出广播信号，这样减少了一个指令流对多个运算单元的控制开销。

```
ld r0, addr[r1]
mul r1, r0, r0
mul r1, r1, r0
st addr[r2], r0
```

图 3-8 计算 sin($x$) 程序部分汇编指令示例

使用标量指令集和标量寄存器，处理器一次可以处理数组中的一个数据。图 3-8 的汇编指令代码来自 sin 函数的泰勒展开 C 语言代码。

以上的汇编代码实现了 $x^3$ 的运算，并将结果存入内存。使用标量寄存器写标量程序，每个寄存器和操作指令都只能操作一个数据，所以一次循环只能计算一个 sin 函数值。如果使用向量寄存器和向量指令集，可以以如下方式编写代码。通过使用 C 语言可用的内联函数，调用向量指令和向量寄存器编写向量程序（见图 3-9），一次加载 8 个字节，即 256 位的数据，其他的操作也是一次对 8 个字节的数据同时生效，因此可以在一个循环内算出 8 个 sin 函数值。

```
#include <immintrin.h>

void sinx(int N, int terms, float* x, float* result)
{
    float three_fact = 6; //3!
    for (int i=0; i<N; i+=8)
    {
        __m256 origx = _mm256_load_ps(&x[i]);
        __m256 value = origx;
        __m256 numer = _mm256_mul_ps(origx, _mm256_mul_ps(origx, origx));
        __m256 denom = _mm256_setlps(three_fact);
        float sign = -1;

        for (int j=1; j <= terms; j++)
        {
            // value += sign * numer / denom
            __m256 tmp = _mm256_div_ps(_mm256_mul_ps(_mm256_setlps(sign), numer), denom);
            value = _mm256_add_ps(value, tmp);

            numer = _mm256_mul_ps(numer, _mm256_mul_ps(origx, origx));
            denom = _mm256_mul_ps(denom, _mm256_setlps((2*j+2)*(2*j+3)));
            sign *= -1;
        }
        _mm256_store_ps(&result[i], value);
    }
}
```

图 3-9　使用向量指令和向量寄存器改写 sin 函数的泰勒展开代码

上述使用向量指令的内联汇编 C 语言代码可以编译成如图 3-10 的汇编代码，它们的含义是：①从内存中加载以 x[i] 为首的 8 个 int 类型数据到 xmm0 寄存器中；②将 8 个数据对应相乘的结果存在 xmm1 寄存器中；③xmm1 中的数据再和 xmm0 中的 8 个数据一一对应地相

```
vloadps xmm0, addr[r1]
vmulps xmm1, xmm0, xmm0
vmulps xmm1, xmm1, xmm0
...
vstoreps add[xmm2], xmm0
```

图 3-10　向量汇编指令示例

乘，得到的结果是 $x^3$；④将 8 个数据的三次方写回。一条 vmulps 指令可以完成多次乘法。

在引入了单指令多数据流之后，以 16 个 SIMD 的核为例，与上文中的 16 核相比，每个核里的 ALU 从 1 个变成了 8 个，能够支持单指令多数据流，一个执行周期能输出 8 个值。

现代编译器能够识别循环迭代间是否独立，每次循环做的操作是否相同，还能自动生成多核并行的代码和使用向量指令来确保核内的 SIMD 正常运行。

在含有条件语句的情况下如何并行呢？图 3-11 右侧给出了一个含有 if-else 语句块的代码示例，左侧是 8 个 ALU 随时间变化的执行图。在该示例中，输入为数组 A 中的元素，输出为数组 result。if 和 else 语句块中都有对 x 进行赋值的代码，但每次二者中仅有一个被执行。

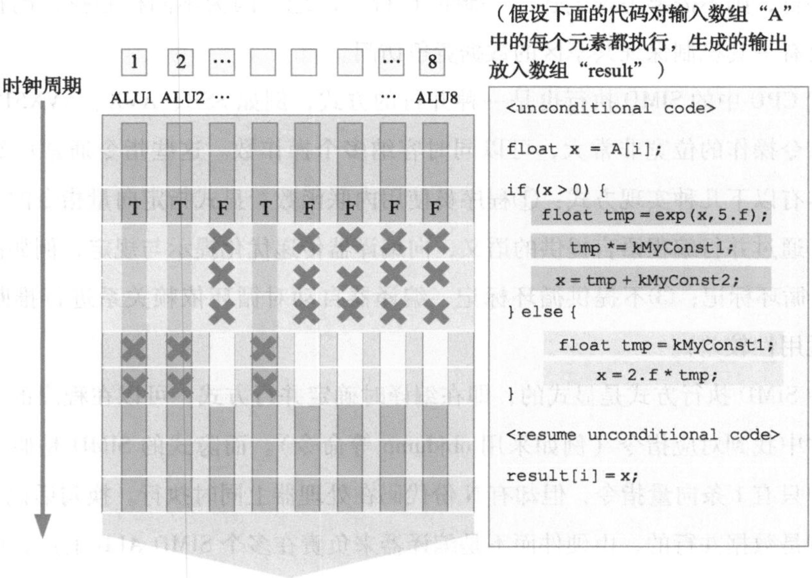


图 3-11　含有条件语句的 SIMD 执行示例

图 3-11 左侧给出了一个并行执行该代码块的可行方案。要想实现并行，所有的 ALU 都要执行 if 和 else 语句块中的代码，并对输出结果进行掩码操作，将正确的值赋给 x，放弃一些错误的计算值。在分支之后，程序将以峰值性能继续运行。由此可见，

ALU 做的工作并不都是有用的。最差的情况下仅能达到峰值性能的 1/8（假设只有 if 语句，且 8 个 ALU 中只有一个满足条件，那么 8 个 ALU 计算得出的 8 个结果只有一个是有用的）。

从以上的讨论中可以引出一个概念，即指令流一致性（instruction stream coherence），或者叫“一致的执行”（coherent execution）。这实际上指的是并行执行的结果要与串行执行的结果保持一致。这对于并行执行的效率来说是非常重要的，如果并行程度高导致执行结果可能出错，则不得不降低并行度，从而使硬件没有得到充分利用。

要注意区分“指令流一致性”和后面要讲的“高速缓存一致性”这两个概念，指令流一致性保证的是结果不出错，而高速缓存一致性保证的是不同 CPU 核心的高速缓存中的内容保持一致。由于 ALU 级别的并行是同一组指令在执行，修改的是同一组寄存器变量，而数据在共享时会产生竞争，所以需要考虑一致性问题。对于不同 CPU 核心间的并行，则不需要考虑上述“一致的执行”问题，因为不同核心执行的指令流不一样，也有一套机制保证共享区的数据竞争访问。

现代 CPU 中的 SIMD 执行也是一种并行的方式，例如 SSE、AVX、AVX512 等向量指令，指令操作的位宽非常大，可以同时容纳多个操作数。这些指令通常由编译器生成，具体有以下几种实现方式：①程序员使用内联函数，显式指定向量指令的类别及操作数；②通过并行编程语言提供的语义，向编译器传递优化提示与规定，例如前面讲到的 for all 循环标记；③不提供循环标记，编译器自动对循环依赖关系进行推断（非常难，且适用性较差）。

这种 SIMD 执行方式是显式的，即在编译时确定并行方式，可以在程序的二进制可执行文件中找到对应指令（例如采用 objdump 等命令）。而隐式的 SIMD 是假设在二进制程序中只有 1 条向量指令，但却有 N 份代码在处理器上同时执行。换句话说，硬件接口本身就是数据并行的，由硬件而不是编译器来负责在多个 SIMD ALU 上用相同的指令序列处理不同的数据。

现代 GPU 的 SIMD 宽度从 8~32 不等，这些差异可能会造成很大的问题，一些程序在设计时可能没有考虑那么大的并行度。最差的情况，串行程序只能利用 SIMD 宽度为 32 的机器的峰值性能的 1/32。图 3-12 是现代 CPU 和 GPU 并行结构的两个示例。

最后来对并行处理做一个总结，现代处理器中的并行执行方式有以下几种。

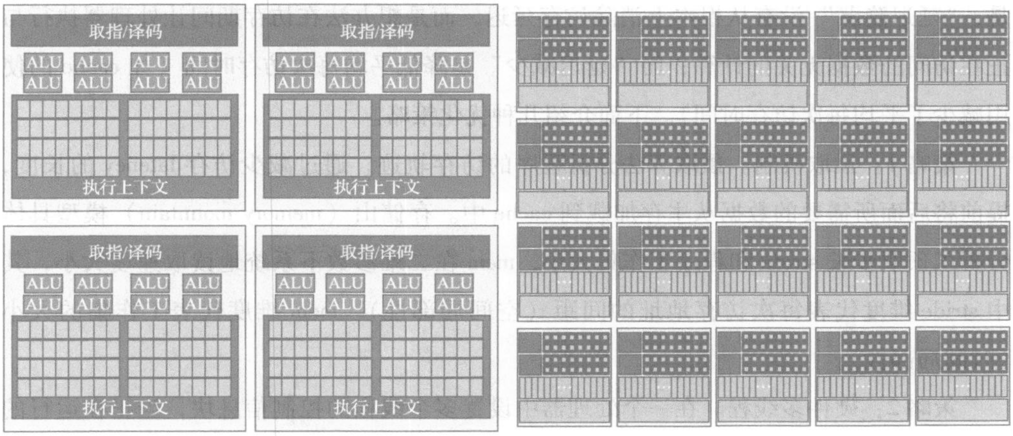


图 3-12 现代 CPU 和 GPU 的并行结构

注：CPU 以 Intel Core i7 为例，4 核心，每个核心拥有 8 个 SIMD 算术逻辑单元；GPU 以 NVIDIA GTX 1080 为例，20 个核，每个核中有 32 个 SIMD 算术逻辑单元。

（1）多核：提供线程级并行，每个核上执行完全不同的指令流。软件决定何时创建新线程（例如使用 pthread 库函数手动创建线程）。

（2）SIMD：在一个 CPU 核心内，使用相同的指令流控制多个 ALU 执行。这对于数据并行的负载来说是非常高效的设计，因为它不仅实现了数据的并行处理，还实现了控制代价的摊销，即省去了同一套控制代码的取指、译码等开销，可以显式地在编译器端做向量化（显式 SIMD），也可以隐式地由硬件做向量化，通常在运行时确定。它的一个缺点是，依赖需要在执行前确定（由程序员显式指定或由编译器隐式推断）。

（3）超标量：在单指令流中发掘指令级并行的潜力，并行处理单核单指令流中的不同指令，对程序员透明，由硬件自动地、动态地进行。

接下来讨论与 CPU 的内存访问相关的问题。由于 CPU 的频率远高于存储系统，当 CPU 访问主存时需要等待，这将极大地降低 CPU 的使用效率，因此现代计算机大都使用了由多级高速缓存、主存储器、磁盘存储器组成的存储层次系统。

## 3.5 延迟隐藏和延迟减少

为了提高 CPU 的效率，需要尽可能地减少存储停顿时间。减少存储停顿时间的思路可以归结为延迟隐藏（latency hiding）和延迟减少（latency reducing）。二者的区别是，“延迟隐藏”没有从根本上消除访存延迟，而是想办法在访存期间让处理器执行与正在访问的数据无关的计算；而“延迟减少”是降低平均每次访存时间（如 cache 的使用减少了平均每次访存时间）。下面介绍几种优化策略。

策略 1：预取机制。预取算法分析程序的访存轨迹，通过减少访存 latency 的长度，提前将后面所需要的数据从主存加载到 cache 中。存储山（memory mountain）模型具体分析了预取步长 stride 和程序工作集大小，mem 在二维参数下系统地读取速度大小，其中 stride 维度代表每次访存地址的间距（空间局部性），mem 维度代表工作集的大小（时间局部性）。

策略 2：硬件多线程。在一个处理器中设置多个线程的控制信息块，当正在运行的线程出现停顿时，切换到另一个线程工作来利用这段停顿的时间。这种方式在整体上减少了 CPU 执行所有任务的总时间，但可能延长了单个任务的完成时间。通过多线程来减少停顿的原理是，在同一个核心上交错处理多个线程以隐藏停顿。值得注意的是，与预取类似，多线程是一种隐藏延迟的技术，而不是实际缩短了延迟。如图 3-13 所示，当前一个线程停顿时，切换到下一个线程继续执行。

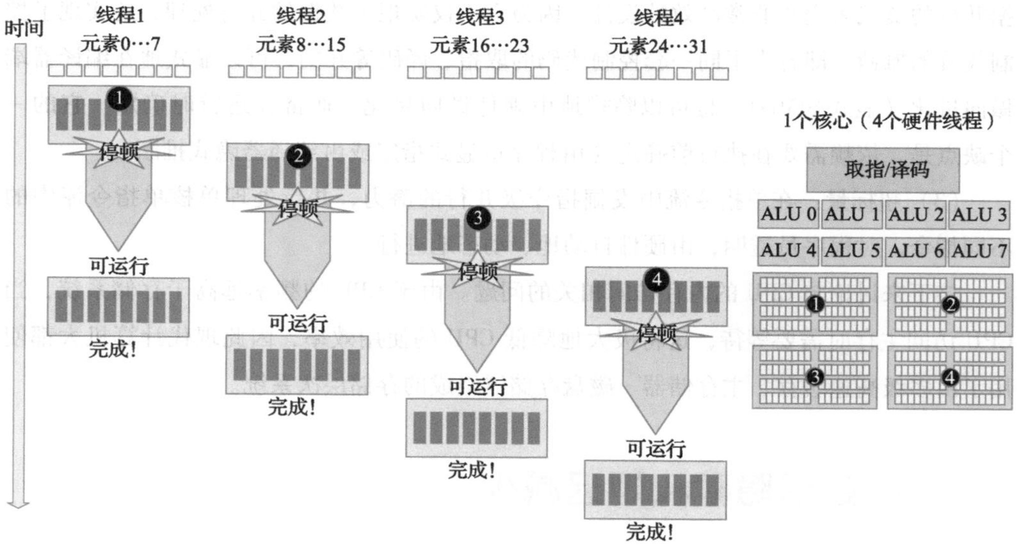


图 3-13　利用多线程隐藏延迟

对于面向吞吐量的系统而言，尽管从单个线程的角度来看完成时间增加了，但多线程增加了整个系统的吞吐量。以图 3-13 中的线程 1 为例，在经过一段时间停顿后，线程已得到所需要的资源，进入就绪状态，但此时处理器正在执行另外的线程，因此线程 1 仍需等待处理器，这就增加了单个线程的运行时间。

由于程序代码中存在的数据及控制依赖关系，单线程中所能发掘的指令并行潜力是有限的。为了发掘有限的指令级并行潜力而单纯强化乱序执行和分支预测，以至于处理器复杂度和功耗急剧上升，有时候是得不偿失的。因此，现代微处理器多采用硬件多线程技术来挖掘线程间的并行潜力。

硬件多线程是指在处理器中开辟几份线程状态，当线程发生切换时，处理器切换到对应的线程状态执行，即可迅速完成。对于支持硬件多线程的处理器而言，需要为每个线程提供单独的通用寄存器组、程序计数器等资源。线程切换时，只需要激活对应的硬件，而不必与存储器交换数据，从而大大节省了由上下文切换带来的开销。

多线程的优势在于，可以更有效地利用单个核心的计算资源。利用多线程技术，不仅可以隐藏访存延迟，还可以填充超标量架构的多个功能单元，尤其是当一个线程没有足够的指令级并行时多线程技术的效果会更加显著。但与此同时，利用多线程技术也需要不可避免地付出一些代价。首先，需要额外的存储开销来保存线程的上下文，如硬件多线程需要额外的硬件资源。其次，单个线程的运行时间增加了。但我们通常只关心整个并行应用的吞吐量，从总体上看执行时间还是大幅缩短了。最后，多线程技术严重依赖存储带宽（memory bandwidth）。更多线程需要更大的工作集，使得每个线程分到更少的 cache 空间。这同样带来了更频繁的访存，当然，多线程技术可以在一定程度上隐藏访存的延迟。

对于一个多核处理器芯片，假设它共有 16 个核心，每个核心共有 8 个 SIMD ALU 单元，每个核支持 4 个线程。整个芯片总共允许 64 个并发的指令流，其中的 16 个可以同时运行，剩余 48 个在各个核心的执行上下文中等待。该芯片最多支持 512 个并发的指令流，这也是它的延迟隐藏能力上限，如果内存延迟过大，或访存指令占比过大，极端情况下所有的线程都在执行上下文中等待，处理器将停顿。

下面以 NVIDIA GTX 480 为例，介绍 GPU 的结构。在图 3-14 中，该 GPU 共有两个执行单元，每个执行单元里有一个取指译码部件和 16 个 ALU，此外还有 128kB 的执行上下文和 16kB+48kB 的共享内存。在一个执行单元中，16 个 ALU 共享一个控制逻辑，每个 ALU 在一个周期内能够完成一个加法或（流水化的）乘法运算。指令一次操作 32 份数据（称为一个 warp），这也可以理解为一个线程一次发射宽度为 32 的向量指令。由于执行上下文最多支持 48 个 warp 交叉着并发运行，因此一个核最多能并发处理 48×32＝1536 份数据。

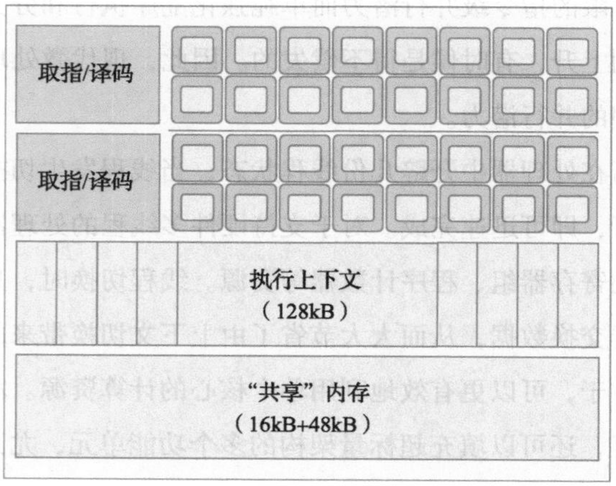


图 3-14　NVIDIA GTX 480 核心

为什么明明 GPU 只有 16 个 SIMD ALU，一个 warp 却包含了 32 份数据呢？这是因为此处 ALU 运行的频率是芯片剩余部分时钟频率的两倍。芯片剩余部分每经过一个时钟周期，这 16 个 ALU 则经过了两个时钟周期，处理了 32 份数据。但对程序员来说，它就像一个宽度为 32 的 SIMD 运算。一个核心拥有 32 个 ALU，且能并发处理 1536 份数据，由于该 GPU 共有 15 个这样的核，所以共有 480 个 ALU，能并发处理 23 040 份数据。

**例题 3-2**　一个核心内有两个执行单元，为什么可并发处理的元素数不翻倍？

解答：

因为可并发处理元素数是由可并发允许的 warp 数量决定的，与实际的执行单元数量无关，也就是说，48 个 warp 在交叉使用 2 个执行单元。

□

下面我们对 CPU 和 GPU 的架构进行对比，结果如图 3-15 所示。CPU 通常使用更多的面积来实现更大的高速缓存，从而使支持的线程数变少。它的内存带宽大小一般，主要依赖高速缓存和硬件预取提高性能。而 GPU 通常使用更多的面积实现更多的核心，从而使高速缓存变小；GPU 通常具有非常大的内存带宽，主要依靠多线程提升性能。

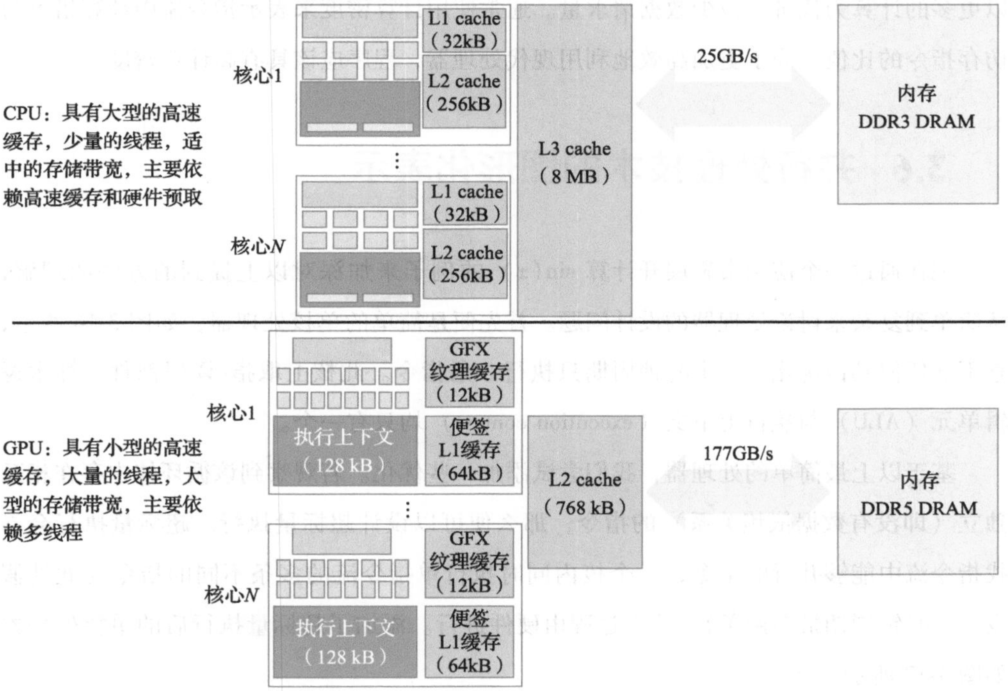


图 3-15　CPU 与 GPU 存储层次结构的对比

接下来来做一个吞吐量实验，对两个大数组 $A$ 和 $B$ 进行点积，并将结果存放在数组 $C$ 中。由于一次乘法需要两次读取和一次写入共三次访存，且各次乘法间不存在数据依赖，所以该运算可高度并行。

主频为 1.2 GHz 的 GTX 480 GPU 在一个时钟周期内能做 480 次乘法，需要大约 6.4 TB/s 的带宽，但它实际只有 177 GB/s 的带宽。而 4 核、2.6 GHz 主频的 Intel i7 Gen 4 CPU 与之同性能，内存带宽为 25 GB/s。这意味着 GPU 使用了 177/6400 = 2.8% 的效率，却实现了 CPU 的 177/25 = 7.08 倍的性能。

从以上示例中也可看出，内存带宽是有限的，如果处理器请求数据的速率过高，内存系统将满负荷运行并成为系统的瓶颈，变得不能隐藏延迟了。在面向吞吐率的系统中，克服带宽限制已经成为应用开发者的共同挑战。由于带宽是一个关键的资源。高性能的并行程序将会合理安排计算，以尽可能少地从内存中访问数据。例如，利用线程内的时间局部性，提高数据的重复利用率或在线程间共享数据等。高性能的并行程序甚至以更多的计算为代价，减少数据请求量。通常使用计算密度来表示指令流中计算指令与访存指令的比值。为了更加高效地利用现代处理器，程序应该具有高计算密度。

## 3.6 并行处理技术的图形化表示

现在通过一个使用泰勒展开计算 sin(*x*) 的例子来加深对以上提到的方法的理解，从简单到复杂来讨论处理器的设计问题。首先便是简单的单核处理器，如图 3-16 所示，它不加任何其他优化，一个时钟周期只执行一条指令。此核上取指/译码部件、算术逻辑单元（ALU）与执行上下文（execution context）均只有一个。

基于以上最简单的处理器，我们尝试添加一些优化。若观察到该循环体中存在相互独立（即没有数据依赖关系）的指令，那么便可以设计超标量执行。超标量执行会寻找指令流中能够并行的指令，一个核内同时执行单指令流的多条不同的指令（此处假设一个时钟周期最多两条），这个过程由硬件进行。添加了超标量执行后的单核处理器如图 3-17 所示。

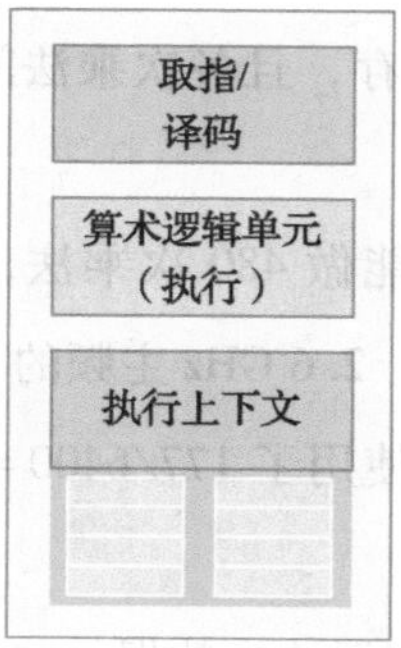


图 3-16　简单的单核处理器

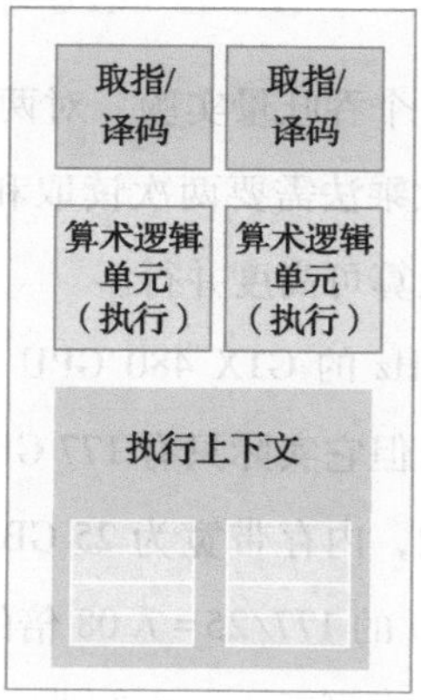


图 3-17　添加了超标量执行后的单核处理器

以上的两个模型均为单核处理器，毫无疑问，将单核升级为多核仍然是很有效的提升程序性能的方式，简单的双核处理器如图 3-18 所示。对于多核处理器而言，由于普通的程序并不会默认地运行在两个核上，因此需要程序员从软件层面手动地通过 pthread、for all 循环标记等手段实现多核并行。

可以将上文提到的超标量与多核结合起来，即在每个时钟周期每个核都能最多执行两条指令，如图 3-19 所示。

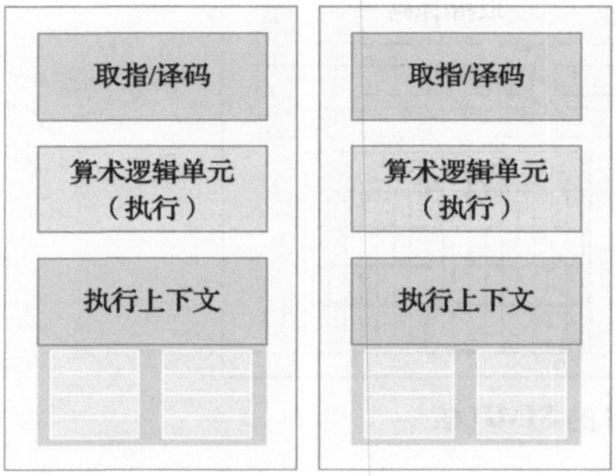


图 3-18 简单的双核处理器

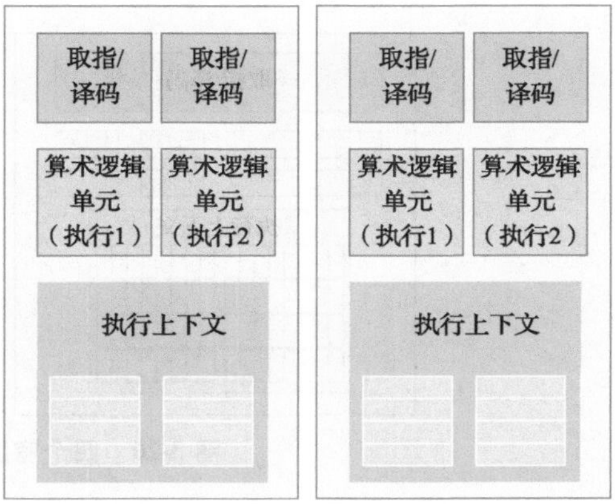


图 3-19 超标量多核处理器（结合超标量与多核）

在多核的基础上，可以观察到程序会执行同一个循环体的多次迭代（操作相同而数据不同），因此能够继续实现优化。可以使用上文提到的同时在多个迭代的执行中共享指令流的方法，即 SIMD，如图 3-20 所示。

即使进行了上文的各种努力，仍然会存在问题：内存指令的延迟太长，而此处的程序开头有 value=x[i] 这一访存指令，因此在运行刚开始便会存在长时间的停顿。其中一种解决方案是隐藏延迟，即从内存加载数据的时候转去执行其他迭代的计算指令。这引出了多线程处理器的概念，为每个线程开辟一个执行上下文，遇到停顿（如出现访存的情况）则切换到其他线程进行计算等操作。结合以上的所有技术，可以得到一个由四个宽度为 8 的 SIMD 且支持多线程的核组成的处理器。每个核在每个时钟周期内执行一条宽度为 8 的 SIMD 指令，在遇到流水线停顿的情况下还可以切换到另一条指令流，其中每个执行上下文对应一个线程，如图 3-21 所示。

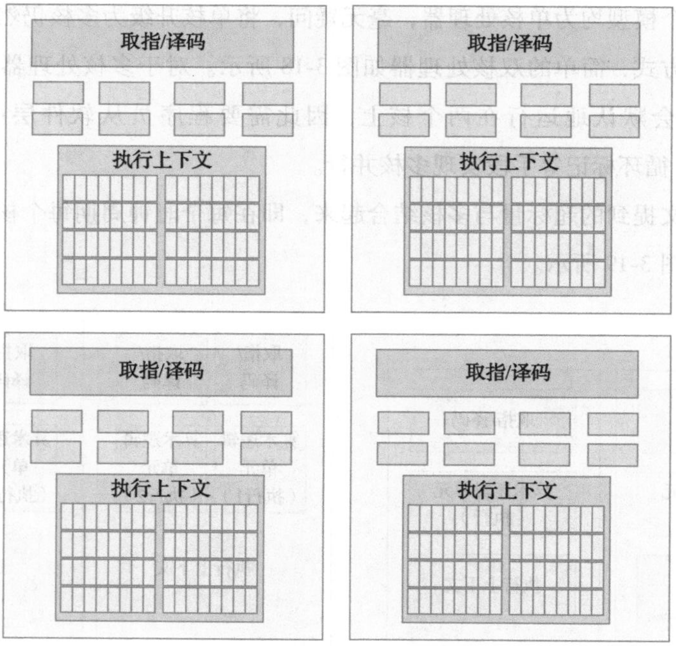


图 3-20　四个宽度为 8 的 SIMD 核

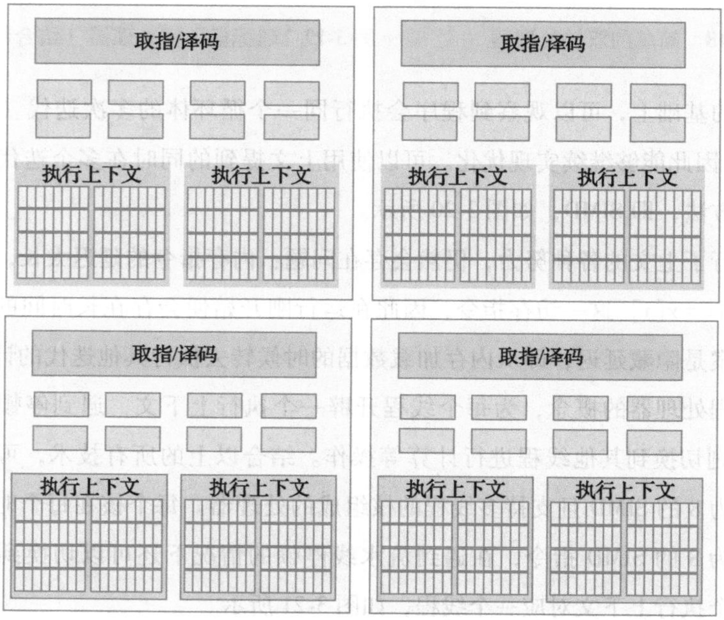


图 3-21　多线程 SIMD 处理器

综上，把所有东西全部连接起来，一个四核、超标量执行（其中一个为标量、另一个是宽度为 8 的 SIMD）、支持多线程的处理器总览如图 3-22 所示。

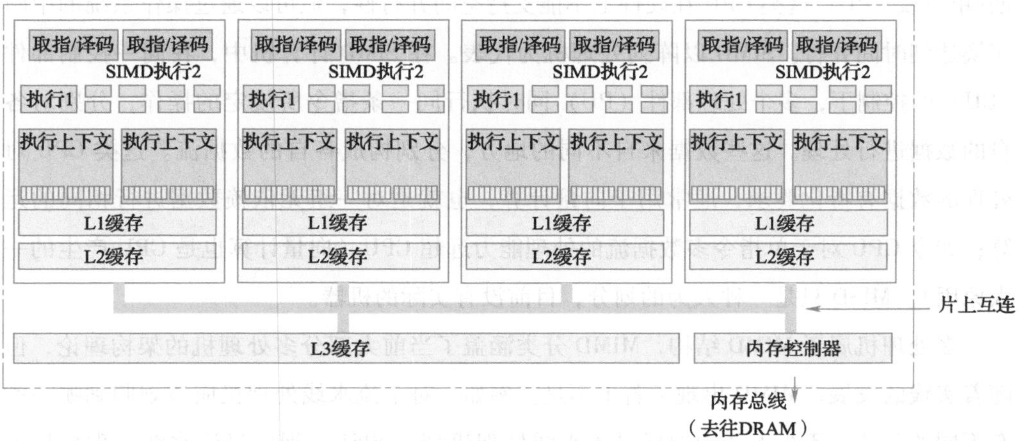

图 3-22　最终的处理器示意

在此情况下，每个核在每个时钟周期内执行至多两条（宽度为 8 的 SIMD 或标量）指令，并且在遇到流水线停顿的情况下可以切换到另一条指令流。

## 3.7　费林分类法

费林分类法（Flynn's taxonomy）按照指令流和数据流的多倍性进行分类，它是迈克尔·弗林（Michael Flynn）于 1966 年提出的。弗林分类法中定义，指令流（instruction stream）是计算机执行的指令序列，数据流（data stream）是由指令流调用的数据序列，多倍性（multiplicity）是在系统最受限的部件上同时处于同一执行阶段的指令或数据的最大数目。

指令流和数据流也映射着 CPU 控制单元和执行单元两方与数据存储器的交互关系。设指令流和数据流的映射关系为二维参数，可以得到下面所述的 4 种计算机系统结构：①单指令流单数据流（single instruction stream single data stream，SISD）；②单指令流多数据流（single instruction stream multiple data stream，SIMD）；③多指令流单数据流（multiple instruction stream single data stream，MISD）；④多指令流多数据流（multiple instruction stream multiple data stream，MIMD）。

SISD 是传统的顺序处理计算机。SISD 模型描述了最基础的串行 CPU 架构，单周期/单总线 CPU；这类 CPU 在硬件上不能支持空间并行性，但可以通过操作系统的中断切换达到时间并行。SIMD 以阵列处理机为代表。在 SIMD 计算机中，在同一控制部件（CU）的控制下，多个处理部件（PU）同时执行同一条指令所规定的操作，分别对各自的数据进行处理。这些数据来自不同的地方，分别构成各自的数据流。这类 CPU 对处理的数据有特化要求，通常用于向量计算，也就是对一组无依赖数据进行相同的运算；如今 GPU 对于单指令多数据流的处理能力远超 CPU（向量计算也是 GPU 产生的一大原因）。MISD 只是一种人为的划分，目前没有实际的机器。

多处理机属于 MIMD 结构，MIMD 分类涵盖了当前大部分多处理机的架构理论，但随着实践的发展，MIMD 出现了若干不足。例如，对于流水线处理机应该划归到哪一类有不同的看法，不少人认为把标量流水线处理机划入 SISD，把向量流水线处理机划入 SIMD 比较合适。MIMD 在理论上亦有不足，一是 MIMD 确实太粗了，在实际应用中一般不笼统地说某系统是一个 MIMD 系统；二是 MIMD 是目前并行处理系统中最常见、使用最广泛的系统，内部又出现了众多细分。

**例题 3-3** 试分析“以前喜欢一个人；现在喜欢一个人”这句话有几种可能的含义，然后分析为什么弗林分类法是四种结构。

解答：

“喜欢一个人”有两种解释，一种是喜欢独处，一种是喜欢除了自己以外的某个人，“以前”和“现在”将时间维度一分为二，根据组合原理，“以前喜欢一个人；现在喜欢一个人”这句话有以下 4 种可能的含义：①以前喜欢独处，现在喜欢独处；②以前喜欢独处，现在喜欢除了自己以外的某个人；③以前喜欢除了自己以外的某个人，现在喜欢独处；④以前喜欢除了自己以外的某个人，现在喜欢除了自己以外的某个人。注意，第④种情形中，现在喜欢的人未必是以前喜欢的那个人。类似地，弗林分类法在两个维度上考查计算机系统的结构，一个维度是计算的主体和客体，指令是主体，数据是客体，指令和数据将这个维度一分为二；另一个维度是并行度，串行和并行将这个维度一分为二。两个独立的维度分别被一分为二，就形成了四种结构。

□

## 3.8 指令级并行

指令级并行（instruction level parallelism，ILP）的实现手段主要有两种，一是资源重复，重复设置多个处理器部件，同时执行相邻或相近的多条指令；二是流水线技术（pipeline），即指令的重叠执行。本节从下面 3 个方向介绍 ILP 技术。

### 3.8.1 流水线技术

指令流水线技术分为两种。一种是**指令内流水线**（pipelining within instruction），即把处理器内部的功能器件流水线化，如浮点运算器这一器件就可以划分为求阶差-对阶-尾数相加-规格化，这种方式的流水线对于一条指令来说是透明的，指令本身没有被拆分。另一种是**指令间流水线**（pipelining between instructions），把指令的执行过程按照流水方式进行处理，把一条指令的执行过程分解为若干个子过程，每个子过程在独立的功能部件中执行，如五段流水线的分步——取指-译码-执行-访存-写回，这种划分会对 CPU 的物理划分产生影响。当指令间流水线对指令功能段划分后，会相应地对 CPU 物理部件进行划分，从而形成专用的功能分区，这些功能分区的集合称为**多重功能处理部件**（multiple functional units）。指令间流水线导致的结果就是指令的**重叠执行**（overlapped execution）。在同一时刻，CPU 的不同部件执行的可能是不同指令，在流水线被充满的情况下，会有多个指令同时在 CPU 上处理。

### 3.8.2 指令的动态调度

首先要介绍按序执行（in order execution）：如果某条指令在流水线中被停顿了，则后面所有的指令也都停止了前进。如果系统中有多个功能部件，那么这些部件很可能因为没有指令可处理而处于空闲状态，导致系统效率低下。

```
DIV.D  F4, F0, F2
ADD.D  F10, F4, F8
SUB.D  F12, F6, F14
```

图 3-23 汇编代码示例

考虑如图 3-23 所示的例子，ADD. D 指令与 DIV. D 指令关于 F4 相关，导致流水线停顿。SUB. D 指令也因此受阻，而实际上它与流水线中的任何指令都没有关系。这是按序流出和按序执行带来的局限性。如果可以不要求按程序顺序执行指令，那么就能够进一步提高性能。

乱序执行即指令的执行顺序与汇编程序顺序不相同，乱序执行是对动态调度的结果的描述，动态调度则是对一系列在程序执行过程中的指令调度算法的统称。具体的动态调度算法有 Tomasulo 算法、记分牌算法、动态分支预测算法等。

### 3.8.3 多发射技术

前面说的方法都是尽可能减少流水线停顿和资源浪费，尽可能使每条指令所需的时钟周期数（CPI）达到 1，而多发射执行（multi-issue execution）技术则是改良流水线，使得流水线的 CPI 尽可能比 1 小。图 3-24 展示了多发射流水线与单发射普通流水线的区别。

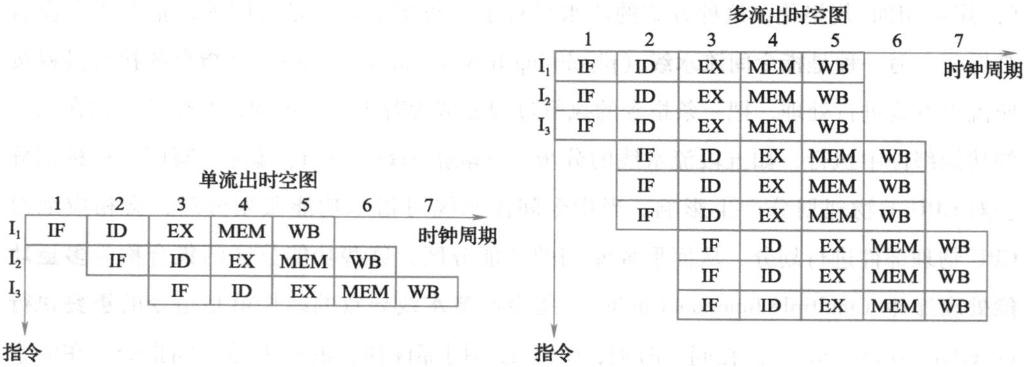


图 3-24 多发射流水线与单发射普通流水线的区别

多发射技术主要分为下列三种。

（1）超标量处理流水线（superscalar processing）超标量在每个时钟周期流出的指令条数不固定，依应用程序的具体情况而定，不过有个硬件决定的上限，如果这个上限为 $n$，就称该处理器为 $n$-发射。超标量通过重复设置多份硬件来提高并行最大上限。

（2）超流水线（superpipelining）前面介绍的指令间流水处理机中，是把一条指令的执行过程分解为取指令、译码、执行、访存、写回 5 个流水段。如图 3-25 所示，如果把其中的每个流水段进一步细分，例如，分解为两个延迟时间更短的流水段，则一条指令的执行过程就要经过 10 个流水段。这样，在一个时钟周期内，取指令、译码、执行、访存、写回等各段都在处理各自的两条指令。这种在一个时钟周期内能够分时流出多条指令的处理机称为超流水线处理器。

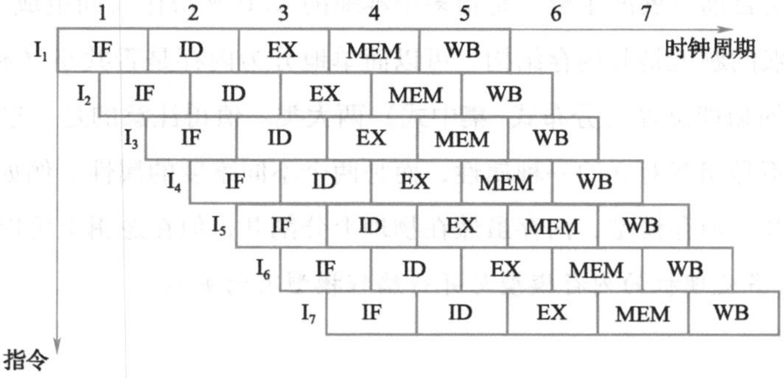


图 3-25　超流水线技术示意

（3）超长指令字（very long instruction word，VLIW）技术是另一种多指令发射技术。与超标量不同，它在指令发射时不需要进行复杂的冲突检测，而是由编译器全部安排好。在编译时，编译器找出指令之间潜在的并行性，并通过指令调度把可能出现的数据冲突减少到最少，最后把能并行执行的多条指令组装成一条很长的指令。这种指令字经常是一百多位到几百位，超长指令字因此得名。

## 3.9 并行计算机系统的分类

并行计算机系统可以通过区分处理器与内存的组织关系、处理器间的通信方式（本地与远程）等来区分，可以分为向量计算机、多处理机、多主机、大规模并行处理计算机等 4 类。

### 3.9.1 向量计算机

向量计算机面向向量型并行计算、以流水线结构为主的并行处理计算机，采用先行控制和重叠操作技术、运算流水线、交叉访问的并行存储器等并行处理结构，对提高运算速度有重要作用。

### 3.9.2 多处理机

多处理机是目前发展的主流，是指多个本地的 CPU 来协作共同组成一个计算系统。多处理机的天然问题就是其内存结构，可以简单地分为内存是否共享（私有内存-共享内存）和内存的物理位置（分布式-集中式）两大类。值得注意的是，这里内存的共享性与物理分布不是相互对立的一种属性，而是两个不同维度的属性。例如，NUMA 架构就是分布式的共享内存模型，内存虽然在物理上分割开，但在逻辑上可以全部访问到。

**例题 3-4** 多处理机的内存模型与并行编程模型有何关系？

解答：

并行编程模型也可以分为消息传递模型和共享内存模型。通常，设计编程模型是用来匹配计算机架构的。例如，共享内存架构用共享内存编程模型，分布式内存用消息传递模型，但是编程模型并不受机器或者内存架构的限制，消息传递模型也可以用在共享内存模型机上（如单机使用 MPI），共享内存模型也可以用在分布式内存架构的机器上（如对机器内存划分全局内存空间）。

□

### 3.9.3 多主机

前面提到的方式至少都是内存的物理载体在本地，而多主机（multicomputers）这一层来到了通过网络协调多个计算机实体进行协同工作，形成一个计算系统。多主机有两种组成形式。①非对称形式：由前端（用户交互和 I/O 设备）和后端（并行任务）组成，即不同的计算机分工不同，如网格计算（grid computing）；②对称形式：所有的计算机有相同的功能，如集群计算（cluster computing）。

### 3.9.4 大规模并行处理计算机

大规模并行处理（massive parallel processing，MPP）计算机是如今各个超级计算机的组成方式，即通过超大规模的硬件资源、高速专用网络来组成为了追求超高性能的计算机。它的基本构成可以是上述三种模式的任意组合，但它的特殊之处在于为了追求高性能而使用巨量的硬件资源和维护成本。

# 3.10 并行结构的类型

## 3.10.1 单处理器的并行结构

单处理器分为标量处理器、向量处理器、单指令多数据等类型。标量处理器在同一时间内只处理一条数据（整数或浮点数），即标量指令，它是 SISD 处理器。向量处理器也称为阵列处理器，能够同步进行综合数据的运算操作，即对多个标量组成的向量指令进行操作，是一种 SIMD 处理器。SIMD 计算机包括多个独立的处理器，每一个都有自己的局部内存，可以用来存储数据。例如，有 $n$ 个数据流，所有的处理器都在单一指令流下工作，每个处理器根据单一的指令分别处理一个数据流。在此过程中，所有的处理器同时对不同数据流进行逐步处理，在不同的数据上执行相同的指令。

## 3.10.2 多处理器的并行结构

多处理器并行结构分为对称多处理器（SMP）、分布式内存多处理器及两种多处理器结构的复合。

对称多处理器是具有统一地址空间共享存储器的处理器系统，有两种实现方式，一是各处理器之间以及处理器与共享内存之间通过总线连接，二是通过网络进行连接。提供服务的处理器通过全局共享内存交换消息和数据，通信效率高。数据存储在共享存储器上，可被所有处理器访问。但是这种结构也有一定限制，它的硬件成本高；由于多个处理器共享内存，处理器数量增加会导致内存争用，因此系统中处理器数量受到限制，可扩充性差；此外，由于共享内存机制，一旦发生内存错误将直接影响整个系统。

分布式内存多处理器结构则是由多个拥有独立内存的处理器组成的，各个处理器之间没有直接的信息和数据的交换，但是可以通过高速通信网络连接来实现不同处理器与各自的内存形成的节点间的信息交互。这种结构避免了 SMP 的许多缺点，如内存争用发生概率明显小于 SMP；某节点的内存错误也不会影响其他节点的正常运行等。此外，运用此结构还可以集成大规模并行处理器。

然后是复合上述两种多处理器结构形成的共享内存处理器集群。在这种结构中，多个基于总线的对称多处理器系统通过网络接口连接到共享的网络上，各个 SMP 系统内部通过总线共享内存，各 SMP 系统之间通过网络实现节点间的通信。这种结构的系统集成了两种结构的优点，在一定程度上避免了内存争用，某节点的内存错误同样不会对整体造成很大影响。当处理器数量非常多时，也可以形成大规模并行处理器系统。

为了进一步提高性能，可采用多核处理器的并行结构。多核处理器是指在一枚处理器中集成两个或多个完整的计算引擎（即处理器核心）。此时处理器能支持系统总线上的多个指令，由总线控制器提供所有总线控制信号和命令信号。通过多核处理器芯片，并行应用的性能可以“横向扩展”，即通过划分任务，利用多个核心使任务更高效地被完成。

还有继续提高性能的方法。例如，连接 GPU 加速器的多核处理器就可以实现性能的进一步提高。通过 PCIe 连接 GPU 加速器，对于图像处理很适用，因为像素与像素之间相对独立，GPU 提供大量的核心，可以并行处理很多像素，这使得处理吞吐量得到了提升，因而通过连接 GPU 的方法实现多核处理器，提高了处理器的性能。

由于分立 GPU 的多核处理器存在性能问题，通过融合的 GPU 来实现多核处理器将更有助于性能提高。其性能难题是由于 GPU 驻留在 PCIe（高速串行计算机扩展总线）上，因此需要直接存储器访问（DMA）将数据从 CPU 的系统内存传输到 GPU 的设备内存以执行工作。因此，将 CPU 和 GPU 功能“融合”到单个硅芯片上来消除 PCIe 对 GPU 的访问，可解决这些问题。在这种融合的处理器中，文字处理和网页浏览等标量负载使用 x86 内核，而矢量工作负载（如并行数据处理）使用 GPU 内核。这样的架构能够缓解传统上限制独立 GPU 性能的基本 PCIe 限制，可以提高以前因 PCIe 传输而成为瓶颈的应用程序的性能。

最后，如果集成上述的对称多处理器与融合 GPU 多核处理器，可以得到两种结构共同的优点。在共享内存处理器集群的基础上对各个节点的处理器连接融合 GPU，即可集成两种结构，使得并行处理系统得到 GPU 的性能支持，提高系统性能。

### 3.10.3 处理机结构创新的历史

最初没有将流水线技术应用于处理机结构中，在这种无流水线技术的处理机结构中，有多个处理器执行单元，但是不构成流水线结构。典型例子是 CDC6600，它引入记分板（score boarding）技术，是第一个大规模使用多个功能单元的处理器。

后来人们将流水线技术加入处理机结构中，根据处理机指令的不同可以将其分为标量处理机与向量处理机。其中一种标量处理机的特点是水平控制，表示指令各位置有特定功能，在水平方向上分别表示取指、译码、执行三种功能，因此标量处理机具有水平控制的特点。典型例子是 FPS AP-120B，其为科学计算阵列协处理器，是第一台商业宽指令机，具有手工编码的向量算术库，使用软件流水和循环展开技术，是早期的 VLIW 机。

此外，另一种早期的标量处理机的特点是仅在上一条指令完成执行后才发出下一条指令。它对指令的顺序执行决定了它只能在上一条指令执行完成后才从存储器中取出下一条指令。典型例子是 CDC7600 与 IBM360/91，其中 IBM360/91 运用保留站实现高性能处理器微架构的动态指令排程与乱序执行。

而向量处理器可以分为“寄存器-寄存器”结构与“存储器-存储器”结构两种类型。其中，寄存器-寄存器结构用于分组处理方式。在向量的分组处理方式中，对向量长度 $N$ 没有限制，但组的长度 $n$ 却是固定不变的。寄存器-寄存器结构的向量处理机设置了能快速访问的向量寄存器，用于存放源向量、目的向量及中间结果。使运算部件的输入、输出端都与向量寄存器相连，就构成了“寄存器-寄存器”型操作的运算流水线。典型的寄存器-寄存器结构的向量处理机有美国的 CRAY-1、中国的 YH-1 巨型机。

而存储器-存储器结构用于纵向处理方式。向量指令的源向量和目的向量都存放在存储器中，运算的中间结果需要送回存储器。流水线运算部件的输入和输出端都直接（或经过缓冲器）与存储器相连，从而构成存储器-存储器型操作的运算流水线。

可以认为标量处理是特殊的向量处理，它的指令只有向量指令的某一部分，即标量形式的指令，为整数或浮点数，故标量处理所使用的寄存器是整数寄存器与浮点寄存器。而向量处理使用的是向量指令，在向量寄存器上执行，向量寄存器可处理整数或浮点数的集合，向量处理属于 SIMD。另外，向量单元各部分之间可以进行流水线式工作。

为了提高向量处理的性能，可以进行向量链接，即采用链接技术，加快一串向量指令的执行。向量链接也是需要条件的，当前一条指令的结果寄存器是后一条指令的源寄存器且不存在任何其他冲突时，才可以用链接技术来提高性能。要进行链接执行的向量指令的向量长度必须相等，且当一条向量指令的两个源操作数分别是两条先行指令的结果寄存器时，先行的两条指令产生运算结果的时间必须相等，即要求有关功能部件的通过时间相等。

数据并行结构运用到 SIMD，接下来以 ILLIAC-IV 阵列计算机的结构为例来介绍 SIMD。如图 3-26 所示，ILLIAC-IV 阵列计算机共有 64 个 PE，由控制器 CU 统一控制。系统由一台 B6700 作为宿主机进行管理，每个 PE 有自己的局部内存 PEM，容量为 2k 字，字长为 64 位。每个 PE 拥有 4 个 64 位寄存器，分别用作累加器、操作数寄存器、数据路由寄存器和通用寄存器。此外，尚有 1 个 16 位变址器和 1 个 8 位方式寄存器，后者用来存放 PE 屏蔽信息。这是一种闭螺线阵列，每个 PE 只能与 4 个近邻的 PE 直接相连。

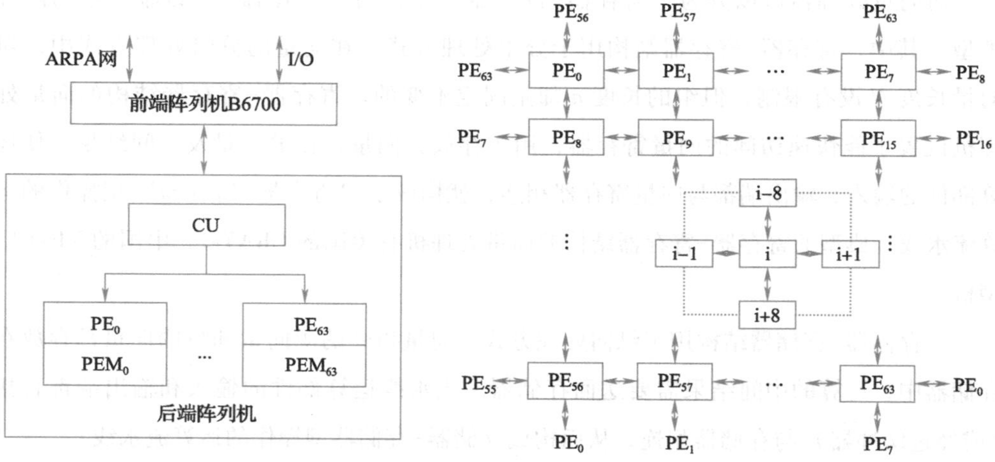


图 3-26　ILLIAC-IV 阵列计算机结构

关于 SIMD 的应用，还有连接机（connection machine），它是有完整的硬件与软件的数据并行计算系统。1988 年，Tucker 在其论文中展示了该系统的硬件组成，其中，一号到四号的前端计算机系统给该系统软件提供开发和执行环境。它们通过 4×4 的交叉点交换机连接一号到四号程序装置，每一个程序装置控制高达 16 384 个独立进行并行运算的处理机。下方是高性能的数据并行 I/O 系统，它连接着处理机和外围的大型存储单元及图像化展示设备。连接机的中心是并行处理单元，由许多处理机组成，每个单元有几千 bits 的内存。这些处理机在处理内存中数据的同时，还可以与逻辑连接的其他处理机交换信息。这样，连接机的硬件设施就可以支持并行数据编程的模型。

数据流架构是一种直接对比传统冯·诺依曼架构或控制流架构的计算机架构。在这个架构下，计算被表示为依赖关系图，指令存放在内存中，直到操作数准备好，多个操作被分发给多个处理器，令牌携带下一条给处理器的指令标记（tag），并在比对阶段进行标记的比对，若匹配成功则触发执行。数据流架构在概念上没有程序计数器，指令的可执行性和执行完全取决于指令输入参数的可用性，因此指令执行的顺序是不可预测的，即行为是不确定的。

在共享内存系统中，多个处理器核共享计算机系统的内存等资源，能够访问整个物理内存空间。操作系统可以运行在某一些核或者是所有核上，在操作系统看来，内存地址空间是一整个连续的空间，不同的核之间通过读写内存操作进行信息交互。

共享内存系统中仍然需要高速缓存。每个处理器核会将自身需要的数据取到自己的高速缓存中，减少了平均访问延迟。由于每个核心都可以从高速缓存中取数据，因此可以减少对内存的访问，降低平均带宽。一个核中生产者程序产生的数据，可以在核里的寄存器中临时存储，供消费者程序使用后，再写回内存中（根据高速缓存的写策略有不同的写方式）。当多个核心都向内存中进行读写操作时，就会产生高速缓存的一致性问题。

### 3.10.4 多核共享内存模型

上述分析说明了并行相比串行对性能提高的优势，但是并行相对串行并不总是优越的，下面结合串行总线技术进行分析。总线的带宽是单位时钟周期内传输的数据位数，即数据位宽和总线时钟频率的乘积。从逻辑上看，增加位宽和提高频率即可改进总线带宽，但增加位宽使芯片占用的面积增加、功耗加大、布线困难、器件引脚增多。提高频率，使高频信号的匹配传输难度增加、干扰和串扰加大、信号沿变坏、离散加大，进而使时钟同步困难，甚至影响总线的正确时序。串行总线则引脚少、功耗低、信号完整性好，所以现在的高速总线一般采用串行总线，如 HyperTransport 和快速通道互联（quick path interconnect，QPI）总线。但芯片内部的总线一般还是并行总线，这样在芯片上设计就有串-并和并-串转换电路。总之，串行和并行是一对在计算机体系结构设计中需要考虑的对立统一。

设计在芯片上完成还是在芯片外的主板上完成，是一对对立统一。主板级与芯片级设计，因为面积、功耗的约束不同而有较大的差别。在工艺条件的进一步发展下，很多在主板级采用的技术可以转移到芯片设计上来。如将原来多处理器时的SMP结构转移到芯片中，就是多核形式的UMA结构，它们在数学模型上相同，只是在物理模型上不同。再如，将原来内存的交叉存储技术转移到芯片中，可将片上共享高速缓存设计成多体结构。又如，将原来多处理器之间的交换机（switch）转移到芯片中，可作为片上多核的私有高速缓存与多体结构的共享高速缓存的互连网络。最后，就共享存储的层次来说，随着共享层次从内存变为末级高速缓存，高速缓存一致非均匀存储器访问（CC-NUMA）转变为CC-NUCA（cache coherent non-uniform cache access）。

多核对计算机体系结构设计产生了重要影响。正如在1958年设计建造了世界上第一台基于晶体管的超级计算机的西摩·克雷（Seymour Cray）所说："Anyone can build a fast CPU. The trick is to build a fast system"（设计一个计算机系统要比设计处理器部件困难得多）[1]。系统大于部分之和，当作为构建块的多核CPU以一种体系结构组织在一起时，这时计算机系统就拥有孤立的多核CPU节点所不具有的性质，这就是计算机系统的层次涌现性。基于多核CPU设计高效的计算机系统，需注意保持各部件之间的均衡性（balance）[2]。

处理器从单核到多核乃至众核，对计算机体系结构产生影响的关键在于处理器芯片级的聚合计算能力的提高，并由此引起计算能力、存储能力、通信能力之间的平衡度发生变化，而且这种变化对不同数量的CPU核数来说也是不同的。进一步地说，对于高端计算机来说，体系结构的并行层次就有多核、多路、多节点。应用程序如何充分利用多核CPU的聚合计算能力，成为操作系统调度和管理程序、编译器、应用程序都正在集中力量解决的问题。

实际带宽与理论需求之间存在较大差距，这个差距的缓解技术主要有多端口和流水cache。多级cache，即为每个核配置私有的一级cache甚至是私有的二级cache，且将一级cache进一步分离为指令cache和数据cache。可见，围绕指令和数据之间的对立统一，处理器乃至整个计算机的设计以从 ALU 运算器为中心转移到以存储层次为中心。

从多核处理器看，多核处理器的出现使得异构多核成为更值得考虑的一种处理器结构。当前异构多核处理器还只是较多地应用在专用的嵌入式计算机中。限制异构多核处理器应用的一个重要因素是当前的编译器和操作系统还不能充分灵活地支持应用与异构多核之间的映射。破解这一难题，需要三个方面的努力，一是编译器和操作系统技术的进步，二是异构多核的多个处理器核心之间具有明确的功能划分，三是应用能容易地分解为与处理器核心的功能相对应的若干个部分。简言之，耦合是映射的障碍，正交是映射的基础。

从节点的结构看，超级计算机的设计也有同构和异构之分。

多核 CPU 的每个核心一般和单核处理器时的核心功能大体相同，但主频通常降低一些，这是出于功耗的考虑。每个核心有自己的私有 cache，一般在末级采用共享的 cache，核之间的通信和同步通过末级高速缓存实现（本质上是通过执行核心与核心之间的高速缓存一致协议实现的）。每个核心中的 ALU 负责执行一个或多个线程（取决于是否支持 SMT 技术），核心中的寄存器保存线程的状态，核心中还有控制部分负责管理和调度，如分支预测、推测执行等。

GPU 是由硬件实现的一组图形运算单元的集合，这些运算单元完成和像素、光影处理、3D 坐标变换等相关的运算，起到硬件加速的效果。图形运算的特点是大量同类型数据的密集运算，如图形数据的矩阵运算，GPU 的微架构就是面向适合矩阵类型的数值计算而设计的，拥有大量重复设计的计算单元，这类计算可以分成众多独立的数值计算，即大量数值运算的线程，而且数据之间没有类似程序执行的那种逻辑关联性。相对通用 CPU，GPU 将更多的硅面积集中用于 ALU 上，而对开发指令级并行（ILP）较重要的调度逻辑则简单得多，总之，尽管晶体管的数量不少，相对 CPU，GPU 微体系结构的复杂度较低。GPU 的每个运算单元可执行数以千计的线程，这样通过线程级的并行可以隐藏延迟。

与 CPU 和 GPU 不同，FPGA 没有确定的指令集体系结构（ISA），而是提供很多称为查找表（LUT）的细粒度的按位操作的功能单元，由它们可以组织成任意逻辑的电路。FPGA 的一个重要的优点是可以在运行时对 LUT 进行动态配置。相对于 CPU 和 GPU，FPGA 不擅长浮点运算。

与同构和异构相似，通用和专用也是对立统一的。传统的CPU因为丰富的指令集具有较好的通用性，GPU和FPGA的专用性则较为显著。当前的一个焦点问题不是多种体系结构之间是否需要融合，而是如何融合，是在芯片内部还是在外部实现融合。在芯片内部融合是指CPU将GPU或类似FPGA的可重构逻辑等单元整合在芯片内部，并且通过统一的总线控制模式让系统将其识别为一颗处理器。Intel的Sandy Bridge架构酷睿系列处理器，AMD的Fusion将AMD的CPU与ATI的GPU整合在一起，它们均是CPU整合GPU。NVIDIA的麦克斯韦处理器则是GPU主动整合ARM架构CPU单元。

**共享和私有：**以CPU芯片的末级高速缓存的结构为例进行分析。末级高速缓存一般是共享的，这样设计的原因是，高速缓存的共享结构相对私有结构的好处是使处理器核获得更多的片上高速缓存容量，进而有效地降低高速缓存容量缺失。但是私有结构因为容量小一些（它们的和是共享时的容量），用于标记（tag）比较的时间少一些，再加上可以距离处理器核近一些，使得访问时的线延迟小一些，最终的结果是私有结构相对共享结构具有较小的访问延迟。所以，CPU芯片片上高速缓存层次结构只有末级采用共享结构，其余的各级均采用私有结构。

**分布和集中：**分布和集中是一对对立统一的设计方法。与之相对应的一对范畴是本地和远地。CMP中LLC的结构一般是共享的，但也存在着是分布还是集中的问题，即如何应对跨芯片全局线所带来的长延迟问题和如何减少片外失效来增加片上高速缓存的有效容量。片上多核处理器的结构存在着分布和集中两种结构，前者称为分片式（tile）结构，Intel SCC 48-core分片式众核处理器如图3-27所示，后者称为集中式的舞厅（dancehall）结构，如龙芯3A处理器。为方便扩展，众核处理器一般采用分片式结构。

### 3.10.5 多核消息传递模型

在介绍完共享内存模型之后，下面介绍一下消息传递模型。消息传递模型是一种与共享内存模型不同的多处理机模型，处理器之间的通信需要通过显式的消息传递来完成。消息传递模型通过硬件来维护消息收发的缓冲区，消息的发送和接收都是同步的。发送方首先在本地的消息发送缓冲区中创建消息，指定接收地址，也就是接收的进程号，最后发出信息，等待接收方确认。接收方则需要分配本地的消息接收缓冲区，把收

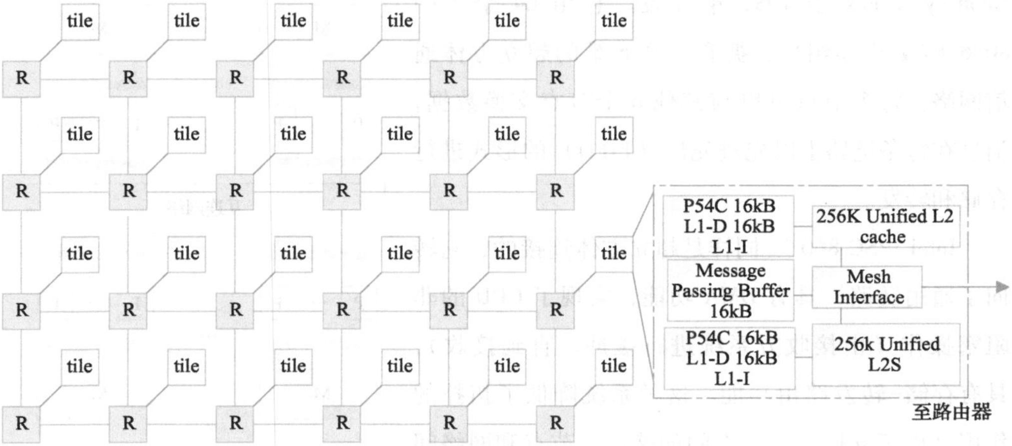


图 3-27　Intel SCC 48-core 分片式众核处理器

到的消息比特流送入缓冲区，验证消息后，向发送方回复确认信息。

共享内存架构有如下优势。

（1）对 SMP 的硬件兼容，易于编程，尤其是通信模式比较复杂或者动态变化时。如果熟悉 SMP 模型，开发应用会变得容易，只需要注意那些影响性能的关键访问。

（2）降低了通信开销，对于较小的消息可以更好地利用带宽，这是因为隐式通信和内存映射在硬件层面实现保护，而不是通过 I/O 系统。硬件控制的高速缓存可以缓存一部分数据（无论是共享的，还是私有的），来减少远距离的通信。

分布式内存架构具有如下优势：硬件更简单，可扩展性更强。通信是显式的，同步很自然地与消息发送相关联，减少了不正确同步引发错误的可能性。

前面讲到的 SMP 系统属于共享内存系统，而集群系统是消息传递系统的一种。集群是由一系列独立的计算机节点封装成的集合体。集群研究的出发点是通过共享封装和资源来分摊节点成本，减少网络开销，降低通信带宽的需求，减少总延迟，在更小的空间实现更高的并行度，增加节点性能。集群的每一个节点都是完整的系统，相比传统并行计算机更容易融入已有的网络系统中，且价格更低。如今的可扩展的并行系统通常构建成 SMP 集群，如图 3-28 所示，即集群系统的节点就是 SMP 系统。

下面介绍并行计算机系统发展的一些实例。

CalTech Cosmic Cube[3] 是第一个分布式存储、消息传递系统，由 Charles Seitz 和

Geoffrey C Fox 于 1981 年开发。它由 64 个 Intel 8086/87 处理器组成，拥有一个 6 维的超立方体通信网络，每个节点可以与其他 6 个节点交换数据，消息在每条链路上以先进先出（FIFO）的形式进行存储和转发。

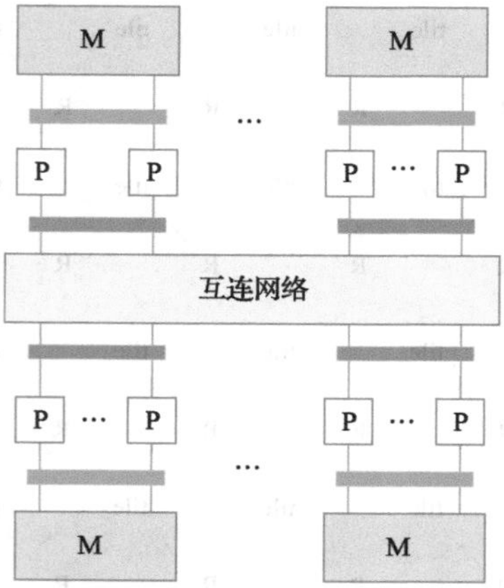


注：M 表示内存，P 表示处理器。
图 3-28　集群系统的典型结构

Intel iPSC 860[4] 同样是超立方体连接的，它转向了通用链路，具有 DMA 功能，实现了 CPU 的非阻塞操作（由接收方系统进行缓冲，直到接收），具有存储-转发路由功能。这种系统降低了拓扑的作用（由于支持任意节点间的路由，节点和网络间的接口是影响通信时间的主要因素），简化了编程。由于拓扑限制减少，允许更丰富的设计空间。

Intel Paragon[5] 是 DARPA 项目的成果，采用 Inte i860 处理器和 2 维网格网络，具有 8bit、175MHz 的双向连接。ASCI Red[6] 是第一台具有 TFLOP 级运算能力的计算机。

Thinking Machine CM-5[7] 是 Thinking Machines 公司于 1993 年制造的第一个大规模并行计算系统，支持消息传递，采用分布式内存。它由 SaprcStation 重新封装而成，每块主板上有 4 个，并且使用胖树网络，通过控制网络实现全局同步，但存在诸多硬件设计和安装的问题。

Berkeley Network of Workstations（NOW）[8] 由加利福尼亚大学伯克利分校开发，是一个颇有影响力的集群，具有 100 个 Sun Ultra2 工作站，拥有智能的网络接口，网络接口中有自己的处理器和内存。它采用商用的千兆网络，通用性更强，每条链路上可达 160MB/s 的带宽。每一跳需要 300ns。NOW 的另一项贡献是开发了一种新型无服务器网络文件系统，称为 xFS，文件服务的功能分布在集群的所有节点上，支持可扩展性和单文件层次的高可用性。

Cray T3E[9] 是 Cray 公司于 1995 年发布的第二代大规模并行超级计算机系统，使用 3D torus 互连网络和分布式内存架构。Cray T3E 拥有多达 1024 个节点，采用 3 维 torus 互连网络，每个节点具有 6 个方向的带宽为 480MB/s 的路由单元。Cray T3E 是一种 NCC-NUMA 结构（即高速缓存不一致的非均匀内存访问），硬件不负责维护内存一致性。Cray T3E 提供了一些用于同步的库函数，便于用户通过设置临界区等手段来维护数据一致性。远端内存访问通过消息传递的方式进行。

以下均为计算机集群的例子。

NASA Columbia[10] 超级计算机是 IBM 与 SGI 联合研发的。这个超算的硬件包含了 20 个 SGI Altix3700 的超级集群，总计 10 240 个核心和 1TB 的内存。该架构设计又被称为 NUMAflex 架构，采用 NUMAlink 胖树网络和全共享内存，并且软件上采用了包含 PBS 任务调度功能的 Linux，编译器则选择了 intel 的 Fortran/C/C++。512 个处理器使用“胖树”结构实现互连，从上下两部分同时由各 8 个点延展出树状结构，并最终在中间交汇，使用一对一的方式连接上下两部分，最终这 512 个处理器组成了一个超级集群，20 个超级集群最终组成了 Columbia 计算机。

SGI Altix UV[11] 是 SGI 公司于 2009 年推出的超级计算机架构，将原本在 Altix 4000 中使用的 NUMAlink 互连技术与四核、六核或八核的 intel 至强 7500 处理器相结合，采用可拓展的内存共享的架构，可以将核心数量从 32 扩展到 2048（Intel 至强系列核心）。在架构设计上最多可支持 262 144 个核心，并且在单个系统镜像中支持高达 16 TB 的共享内存。

Red Storm[12] 是为美国能源部的国家核安全管理局高级模拟和计算项目设计的超级计算机架构。Cray 公司根据 Sandia 国家实验室提供的合同建筑规范开发了它，该架构后来被商业化生产为 Cray XT3。Red Storm 是一个分区的、空间共享的、紧密耦合的、具有高性能 3D 网状网络的大规模并行处理机，由 135 个计算机节点机柜组成，包含 12 960 个 AMD Operon dual-core 处理器，采用的 3D 网状网络技术允许堆叠机柜，从而将这些负责计算或负责维持 Linux 服务的机柜尽可能多地部署在有限的空间内。

Blue Gene[13] 是 IBM 的一个项目，旨在设计运行速度达到每秒千万亿次浮点运算性能的超级计算机，同时满足尽可能低的功耗。BG/L 是这个项目产出的三个系列超算中的第一代，后两代分别为 BG/P 和 BG/Q。该设计实现了一个拥有 65 536 个 PowerPC 核心的计算机集群，其中每 32 个核心对应一个 I/Onode，并且一层一层地组成了 32×32×64 的 3D 网络。

TSUBAME[14] 超级计算机部署于东京工业大学，诞生于 2006 年。TSUBAME 1.0 使用了一个 Infiniband 网络连接了 655 个 Sun Fire X4600 服务器用于计算，其中每个 X4600

服务器都包含 8 个双核 AMD 800/850 CPU 及 32GB 的内存，总计 11 088 个核心和 21TB 的内存。它还接入了 CSX600 加速器（引入了 SIMD 向量计算）来加速运算，也接入了 42 台 X4500 服务器作为存储服务器，提供了 1PB 的存储空间。

TSUBAME 2.0[15] 是在 2008 年诞生的第二代 TSUBAME 超级计算机，这台计算机加入了 GPU，将两个 CPU 和三个 GPU 组合成一个计算结点（node），然后将 30 个结点组合成一个 Rack，最后 58 个 rack 组成了完整的系统，总共包含 2952 个 CPU 和 4264 个 GPU。GPU 的引入大幅提升了 TFLOPS 算力分数（每秒能进行多少次浮点运算），最终总计 2420 TFLOPS 中有 2196 TFLOPS 都是 GPU 提供的，也影响了后续的超级计算机设计的路线。

K 计算机[16] 以日语单词/数字“kei”（“京”）命名，意思是 10 千万亿（$10^{16}$），是由富士 Fujitsu 制造的超级计算机，安装在日本神户的理化学研究所计算科学研究中心。K 计算机基于分布式内存架构，拥有 80 000 个 CPU，共 640 000 个核心，浮点运算速度达到了 8.6 PETAFLOPS。K 计算机的互连架构被称为 Tofu，该架构是一个 6D 网状的互连结构，优点是高性能、高拓展性和容错能力。所谓 6D 就是两层的 3D 网络，首先是 abc 这层网络可以将 12 个 CPU 连接成一个较大的节点，然后这些节点再依据 xyz 这一层网络连接在一起组成最后的系统，其中 xyz 这一层是可以进行拓展的。因此相较于 3D 网络，这种网络的拓展性增加到了 12 倍。

ORNL Titan[17] 也被称为 Cray XK7，总共包含 18 668 个节点，每个节点上包含和一个 AMD Opteron CPU 和一个 NVIDIA K20x GPU，然后按照 3D 网络的结构连接起来，最终该计算机的浮点计算分数达到了 20 Peta 以上。IBM Summit 计算机包含 4608 个节点，每个节点上都包含两个 POWER 9 处理器和 6 个英伟达 V100 GPU，并且使用胖树结构将节点连接起来。最终 Summit 达到了最高 200 PETAFLOPS 和 3.3 EXAOPS。

## 3.11 本章小结

现代处理器在不同程度上采用的三个主要思想如下：

(1) 使用多个简单的处理器核而不是单一复杂的处理器核。这是因为当处理器核的复杂程度到达一定量级时，线程级并行所带来的收益要大于指令级并行。

（2）将指令流处理的开销分摊到多个 ALU 上，即 SIMD。这能以很小的额外开销为代价，大幅提升计算能力。

（3）使用多线程来更充分地利用处理器资源（即隐藏访存延迟，尽可能充分使用可用的计算资源）。

由于现代芯片通常具有较高的计算性能，其对数据供应的需求非常高，CPU 和 GPU 上的许多应用程序都是带宽敏感的。GPU 体系结构和 CPU 体系结构在提高计算吞吐率上的思想是一致的，但 GPU 将这些理论运用到了极致。

## 3.12 思考题

1. 延迟隐藏和延迟减少有何区别？是否有办法同时做到延迟隐藏和延迟减少？

2. 如果忽略工艺的差别，早期的大型机和现在的微处理器在系统结构上有何本质区别？

## 参考文献


［1］Seymour_Cray［EB/OL］.（2012-07-01）［2023-09-22］. http://en.wikipedia.org/wiki/Seymour_Cray.

［2］ZHU M F, XIAO L M, RUAN L, et al. DeepComp: towards a balanced system design for high performance computer systems［J］. Frontiers of Computer Science in China, 2010, 4（4）: 475-479.

［3］SEITZ C L, FOX G C, SOLAR: A distributed network of microcomputers for large-scale computation［J］. Communications of the ACM, 1985, 28（7）: 808-817.

［4］MCCOOL R R, SALPETER M M. The Intel iPSC-860 hypercube［J］. IEEE Computer, 1992, 25（2）: 31-42.

［5］GU C, LI J, FAN Q. Parallel computer system based on hypercube network and its applications［J］. Journal of Electronics（China）, 1996, 24（3）: 1-8.

［6］STERLING T. The ASCI RED machine: a petaflops supercomputer［C］//Proceedings of the 1997 ACM/IEEE conference on Supercomputing（SC'97）. New York: ACM, 1997: 1-18.

［7］HILLIS W D. The connection machine［M］. Cambridge: Massachusetts Institute of Technology

Press, 1989.

[8] OUSTERHOUT J, CHERITON D R, MASON B. The berkeley network of workstations project [J]. IEEE Network, 1994: 8 (1): 28-41.

[9] BAKER M B, DEHNERT J C, FESTER R A, et al. Cray T3E: A high-performance parallel computer [J]. IEEE Computer Society, 1993, 26 (11): 28-38.

[10] DUNBAR J. NASA advanced supercomputing division [EB/OL]. (2015-06-26)[2023-09-22]. https://www.nas.nasa.gov/hecc/resources/columbia.html.

[11] KLEKOCIUK A, VICK K, BRUNST H. The SGI Altix UV-a shared memory architecture for scaling to thousands of cores and terabytes of memory [C]//Proceedings of the 2010 International Conference on Parallel Processing Workshops. Washington DC: IEEE Computer Society Press, 2010: 417-423.

[12] STERLING T, ELBERT S, HITTINGER J, et al. Red storm: Changing the computational science landscape [C]//Proceedings of the 2004 ACM/IEEE Conference on Supercomputing (CD-ROM). Washington DC: IEEE Computer Society Press, 2004.

[13] ADIGA N R, BLUMRICH M A, CHEN D, et al. Blue Gene/L: A scalable, distributed system for large-scale simulation [C]//Proceedings of the 2002 ACM/IEEE Conference on Supercomputing. Washington DC: IEEE Computer Society Press, 2002: 1-22.

[14] TAKAHASHI D, MATSUOKA S, SATO M, et al. An architecture for petascale-class computing: the TSUBAME 1.2 supercomputer [C]//Proceedings of the 2006 IEEE International Conference on Cluster Computing. Cambridge: IEEE, 2006: 1-10.

[15] SATO M, SEKIGUCHI T, MARUYAMA N, et al. Tsubame 2.0: enabling data-intensive high-performance computing with petascale memory [J]. IEEE Micro, 2010, 31 (5): 48-57.

[16] BOKU T, LIAO W C, NAKAMURA Y, et al. The K computer and beyond [J]. Supercomputing Frontiers and Innovations, 2014, 1 (1): 6-20.

[17] HACK J, ROMERO J, PROKOPENKO A, et al. Launch of the OLCF-4 supercomputer: Titan [C]//Proceedings of the Conference on High Performance Computing Networking, Storage and Analysis. New York: ACM, 2012: 1-11.

# 第 4 章

# 计算性能模型和存储性能模型

## 4.1 引言

并行计算的目的在于使得应用程序获得较高的加速。本章将涵盖性能测度（执行时间、加速比、效率）、屋脊线（roofline）模型、平均存储访问时间（AMAT）模型、并发存储访问时间（C-AMAT）模型、并发感知的局部性（CaL）模型、并行计算的三个基本定律（阿姆达尔（Amdahl）定律、古斯塔夫森-巴西斯（Gustafson-Barsis）定律、孙-倪（Sun-Ni）定律）和三种并行计算的模型（PRAM、BSP、LogP）。这些性能模型能够帮助用户理解计算机系统的行为，都属于计算概念谱系中算礼的范畴。

什么是性能（performance）？在计算领域中，性能就是表现。从广义上，性能被定义为以下两个要素：计算要求，即需要做什么，由计算问题转化而来；计算资源，即需要权衡完成这样的计算任务需要的成本是多少，计算资源之间的相互作用，例如使用较少的硬件资源，可能会消耗较多的时间资源，这些开销需要权衡。从定性分析的角度来看，性能与解决问题花费的资源成反比，即资源消耗越低意味着性能越好，其中资源包括硬件和能源等，这些资源最终可以通过货币衡量。

为什么要关注性能？这是因为性能本身是衡量计算要求是否被满足和满足的程度的指标，换言之，性能指标可以衡量任务被完成得怎么样，即是否高效地完成。人们通过评估性能来了解需求和资源之间的关系，并根据性能的表现来决定是否改变、如何改变已有的“解决方案”（solution）来完成任务或达到目标。性能指标是“解决方案”如何满足计算要求以及满足的程度的决策的反映，例如某一种“解决方案”消耗了多少的硬件资源、时间和能源，这一性能评估是对这种“解决方案”的反映。英国发明家、科学管理的先驱者，第一台计算机的发明者（并非电子计算机）查尔斯·巴贝奇曾说：“设计引擎最常见的困难是希望尽可能地缩短执行计算的时间”，这里所说的“缩短执行计算的时间”可以换言之为“提高性能”。也就是说，通过性能这一指标，可以很好地让设计者更直观地感受这一设计是好是坏。

本书主要讨论的是在并行基础上的性能评估。提高性能是并行性存在的目的，当我们使用了一种并行技术进行计算时，期望这种技术可以提高性能。如果使用了一种并行技术而性能并不会提升，那这种并行技术就是不必要的。也就是说，不能为了并行而并行，而要为了提高性能而并行，一切无用的并行都是要被舍弃的。并行处理包含了并行计算所需要的技术支持，例如并行需要硬件、网络、操作系统、并行库、编程语言、编译器、算法等工具的支持。在这些技术的支持下，并行必须能够提高性能，而性能这一指标用来量化回答是否提高了性能和提高多大性能的问题。

但我们必须清楚，实际所能达到的性能与预想的性能总是存在差距，而我们希望做的就是尽力缩小这一差距。不妨思考以下两个问题：如果每个处理器的运算速度为 $k$ MFLOPS，即 1s 能进行 $k$ 百万次浮点操作，$p$ 个这样的处理器能表现出 $k \cdot p$ MFLOPS 的性能吗？如果在一个处理器上处理一个任务需要 100s，使用 10 个处理器同时处理任务就能将时间缩短到 10s 吗？答案显然是不能，影响性能的因素有很多，每个因素都需要单独理解，每个因素之间又会相互作用。解决一个问题可能会产生另一个问题，一个问题可能掩盖了另一个问题。问题大小的拓展、系统环境的拓展都会改变并行的状态，因此评估并行系统的性能是一个复杂的事情，我们需要去了解整个性能空间（performance space）。

## 4.2 并行执行时间效率模型

时间（time）是计算机系统中的一个基本量，性能问题的本质是时间问题。设计计算机系统的目的就在于使得问题能在尽可能短的时间内被求解。因为人类在寿命和耐心等方面的有限性，时间是一种稀缺资源，时间开销的来源是一个重要问题，它需要并行计算领域和计算机系统软硬件的各方面、各层级从事开发和设计的人员去思考。

一个并行程序的执行时间可能用于以下部分：①“必不可少的计算”（essential computation），也就是串行程序解决同样的问题实例时所需的计算；②进程间交互（inter-process interaction），进程之间以通信的方式进行交互，通信的内容包括中间结果、同步命令、一致性命令等；③空闲等待（idling/waiting），处理器单元可能因为多个原因而停顿

（stall），也就是处于空闲等待状态，原因包括负载不均衡、同步、存在串行成分；④额外计算（excess computation），解决一个问题的最快的串行程序可能很难，甚至不可能被并行化（parallelization），这时往往选择基于一个性能较差但易于并行化的串行程序去开展并行化，那么此时得到的并行程序与最快的串行程序相比，一般需要更多的计算，这多出来的计算是一种额外计算。即使能够基于最快的串行程序进行并行化，并行程序仍然有可能产生额外计算，原因是在串行程序上，有些计算中间结果可能被复用，但在并行程序中，由于多个进程是在多个处理器上被执行的，有些计算中间结果不能被复用，需要在各个处理器单元上分别重新计算得到这些数据，这些计算是因为数据复用机会的丧失导致的，也是一种额外计算。

**例题 4-1** 考虑一台所有处理器都以 100 MIPS（million instractions per second，每秒可以执行的百万条指令数）的速度运行的计算机，此时它执行的负载是“50%的 ALU 指令、20%的 Load 指令、10%的 Store 指令、20%的分支指令”。假设指令的缺失率是 1%，数据的缺失率是 5%，高速缓存块大小是 32B。假设采用“分配写+写回”策略，且平均一次读缺失需要一次高速缓存块传输，平均一次写缺失需要两次高速缓存块传输，一次是将最新的高速缓存块加载进来，一次是将脏块替换出去（这是为了计算方便而做的一种简单化的假设，因为对于写缺失来说，未必每次都需要将脏块替换出去，很多时候替换出的是非脏块，而替换非脏块直接丢弃即可，不消耗总线带宽）。机器提供峰值带宽为 250MB/s 的总线，在 50%的峰值带宽下，这台机器能够容纳多少处理器？每个处理器的带宽需求是多少？

解答：

每秒钟发射 100M 条指令，其中 1%缺失，每次缺失需要取回 32B，所以指令缺失导致的流量为

$$100M\times1\%\times32B=32MB/s$$

每秒钟发射 100M 条指令，其中 20%为 Load 指令，Load 数据缺失率为 5%，每次缺失需要取回 32B，所以 Store 数据缺失导致的流量为

$$100M\times20\%\times5\%\times32B=32MB/s$$

每秒钟发射 100M 的指令，其中 10%为 Store 指令，Store 数据缺失率为 5%，每次缺

失需要取回 32B 且放回 32B，所以 Store 数据缺失导致的流量为

$$100M\times10\%\times5\%\times(32B+32B)=32MB/s$$

综上，每个处理器的带宽需求为 96MB/s，峰值带宽的一半为 125MB/s，为了使得带宽消耗不超过峰值带宽的一半，总线只能容纳 1 个处理器，因为两个处理器的带宽需求之和会超过峰值带宽的一半。

□

上例中，将处理器的带宽需求看成一个静态的固定的值，没有考虑处理器与存储系统（由总线、内存控制器和存储体组成）之间以反馈的形式呈现的动态交互作用。实际上，随着总线带宽趋于饱和，处理器需要更长的时间才能获得总线的使用权，在处理器看来存储系统变慢了，于是处理器的流水线因为数据饥饿而发生停顿（称为存储停顿），处理器的带宽需求也相应地降下来了，过了一段时间之后存储系统的带宽争用得到缓解，数据供应给处理器，处理器的流水线重新启动，如此周而复始。

**例题 4-2** 考虑一台以 100MHz 的速度运行的计算机，理想的 CPI（即存储系统的延迟为 0 时的 CPI）为 1，执行的负载是“50%的 ALU 指令、20%的 Load 指令、10%的 Store 指令、20%的分支指令”。假设指令的缺失率是 1%，数据的缺失率是 5%，高速缓存块大小是 32B。假设高速缓存缺失代价为 20cycle。忽略 store 的写回影响。假设高速缓存缺失期间，存储系统将一直被占用以处理高速缓存缺失对应的请求。试求单处理器时存储系统的利用率，并求总线最多可以容纳的处理器数量。

解答：

对于单处理器，指令缺失将会使得 CPI 增加

$$1\%\times20cycle=0.2cycle$$

Load 指令对应的数据缺失将会使得 CPI 增加

$$5\%\times20\%\times20cycle=0.2cycle$$

根据假设，Store 指令对应的数据缺失对 CPI 的影响可以忽略不计。综上，CPI 变为 1.4，平均来说，一条指令有 1 个 cycle 用于计算，0.4 个 cycle 用于访存，存储系统的利用率为

$$0.4/1.4\times100\%=28.6\%$$

处理器的行为可抽象为“计算（$Z$）+等待总线（$W$）+占用总线（$S$）”。我们使用 tick 作为绝对的时间单位。由上面计算得知实际的 CPI 为 1.4，其中 $Z$ 占 1（换算成 50 tick），$S$ 占 0.4（换算成 20tick），总线利用率为 28.6%。对第二个处理器而言，它计划占用总线的时间为 $S$，在这段时间内的每一个 tick 上总线有一定的概率（概率为 28.6%）已经被第一个处理器占用，队列长度的期望为 0.286，于是就产生了等待时间 $W$，$W=0.286S$，也就是 5.72 tick。

设 $R(n)$ 为有 $n$ 个处理器时完成一个存储请求的时间，则 $R(n)=W(n)+S$，且 $R(1)=S$，每个处理器完成一条指令平均需要的时间为

$$T(n)=Z+R(n) \tag{4-1}$$

$n$ 个处理器的系统中，总的指令吞吐率为

$$X(n)=n/T(n) \tag{4-2}$$

队列长度的期望为

$$Q(n)=X(n)R(n) \tag{4-3}$$

等待时间 $W(n)=S\cdot Q(n-1)$。所以，

$$R(n)=S(1+Q(n-1)) \tag{4-4}$$

联立式（4-1）~式（4-4），编制程序，可求得数值解。通过如图 4-1 所示的计算代码，求出各个参数在 $n\in[1,15]$ 范围内的数值。

$n$ 个处理器的总线利用率 OCC（occupancy）为

$$\mathrm{OCC}(n)=\frac{n\cdot S}{T(n)} \tag{4-5}$$

$n$ 个处理器共同占用总线时，相对于单个处理器单独占用总线时的减速比 SLO（slowdown）为

$$\mathrm{SLO}(n)=\frac{T(n)}{T(1)} \tag{4-6}$$

计算结果见表 4-1。

```
S = 20
Z = 50
class test():
    DataR = [0,S]
    DataW = [0]
    DataT = [0]
    DataQ = [0]
    DataX = [0]
    def R(self,n):
        if len(self.DataR) <= n:
            self.DataR.append(self.W(n) + S)
        return self.DataR[n]
    def W(self,n):
        if len(self.DataW) <= n:
            self.DataW.append(S * self.Q(n-1))
        return self.DataW[n]
    def Q(self,n):
        if len(self.DataQ) <= n:
            self.DataQ.append(self.X(n) * self.R(n))
        return self.DataQ[n]
    def X(self,n):
        if len(self.DataX) <= n:
            self.DataX.append(n/self.T(n))
        return self.DataX[n]
    def T(self,n):
        if len(self.DataT) <= n:
            self.DataT.append(Z+self.R(n))
        return self.DataT[n]
    def Generate(self,n):
        for i in range(n+1):
            print(i)
            print("R")
            print(md.R(i))
            print("W")
            print(md.W(i))
            print("T")
            print(md.T(i))
            print("Q")
            print(md.Q(i))
            print("X")
            print(md.X(i))
            print("------------")
md = test()
md.Generate(15)
```

图 4-1　计算代码

表 4-1　计算结果

| $n$(个) | $R(n)$ | $W(n)$ | $T(n)$ | $Q(n)$ | $X$ | OCC | SLO |
|---|---|---|---|---|---|---|---|
| 1 | 20.000 | 0.000 | 70.000 | 0.286 | 0.014 | 0.286 | 1.000 |
| 2 | 25.714 | 5.714 | 75.714 | 0.679 | 0.026 | 0.528 | 1.082 |
| 3 | 33.585 | 13.585 | 83.585 | 1.205 | 0.036 | 0.718 | 1.194 |
| 4 | 44.108 | 24.108 | 94.108 | 1.875 | 0.043 | 0.850 | 1.344 |
| 5 | 57.496 | 37.496 | 107.496 | 2.674 | 0.047 | 0.930 | 1.536 |
| 6 | 73.487 | 53.487 | 123.487 | 3.571 | 0.049 | 0.972 | 1.764 |
| 7 | 91.412 | 71.412 | 141.412 | 4.525 | 0.050 | 0.990 | 2.020 |
| 8 | 110.499 | 90.499 | 160.499 | 5.508 | 0.050 | 0.997 | 2.293 |
| 9 | 130.155 | 110.155 | 180.155 | 6.502 | 0.050 | 0.999 | 2.574 |
| 10 | 150.043 | 130.043 | 200.043 | 7.501 | 0.050 | 1.000 | 2.858 |
| 11 | 170.011 | 150.011 | 220.011 | 8.500 | 0.050 | 1.000 | 3.143 |
| 12 | 190.002 | 170.002 | 240.002 | 9.500 | 0.050 | 1.000 | 3.429 |
| 13 | 210.001 | 190.001 | 260.001 | 10.500 | 0.050 | 1.000 | 3.714 |
| 14 | 230.000 | 210.000 | 280.000 | 11.500 | 0.050 | 1.000 | 4.000 |
| 15 | 250.000 | 230.000 | 300.000 | 12.500 | 0.050 | 1.000 | 4.286 |

吞吐率的实际意义是当有 $n$ 个处理器共用总线时，在时间 $T(n)$ 内，内存系统自身刚好串行地处理了 $n$ 次指令的访存请求。占用率则是具体计算了在时间 $T(n)$ 内，内存系统真正处在工作状态的比例。这个原因也解释了吞吐率和占用率在公式中存在的关系，即

$$\mathrm{OCC}(n)=n\cdot S/T(n)=X(n)\cdot S$$

即吞吐率与占用率成正比。我们可以从理论上分析出吞吐率的最大值：对于内存系统来说，接受请求是一个串行的过程，当总线占用率达到 1 时，内存系统会不停息地每 $S$ tick 完成一条访存请求，这时吞吐率达到最大值 $1/S$（本例中为 $1/20=0.05$）。

总线占用与吞吐率的联系如图 4-2 所示。当总线被完全占用时，总线在时间段 $0\sim5S$ 的平均吞吐率为 $5/(5S)$，即 $1/S$；当总线部分占用时，在时间段 $0\sim5S$ 的平均吞吐率为 $4/(5S)$，小于 $1/S$。

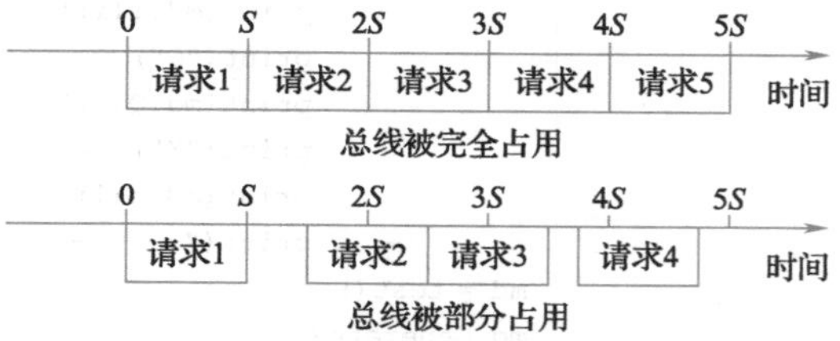


图 4-2　总线占用与吞吐率的联系

总线占用率变化如图 4-3 所示。在本题的情景下，当 $n=7$ 或 8 时，总线占用率接近 100%，也就是说总线最多可以容纳 7~8 个处理器核同时工作。

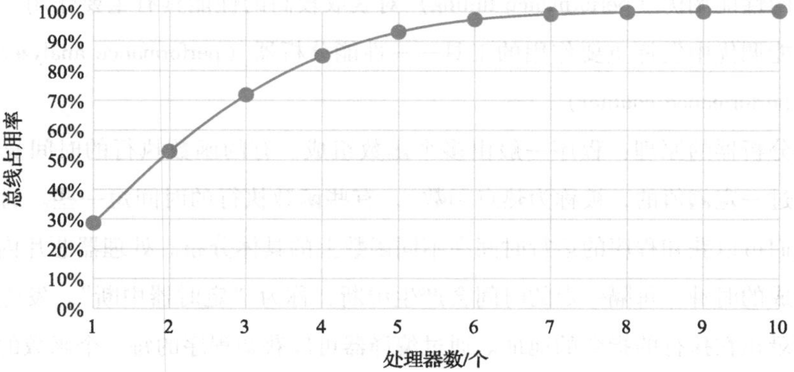


图 4-3 总线占用率变化

观察减速比曲线，如图 4-4 所示，可以看到多个核共享总线后对每个核的影响，因为共享时概率性地排队等候，不可避免地造成单核平均性能的下降。当饱和时，单核完成一条访存指令的时间变成了独占时的 2 倍；而当饱和后，随着核数的增加，访存时间呈直线上升（上升速度取决于 $S$）。

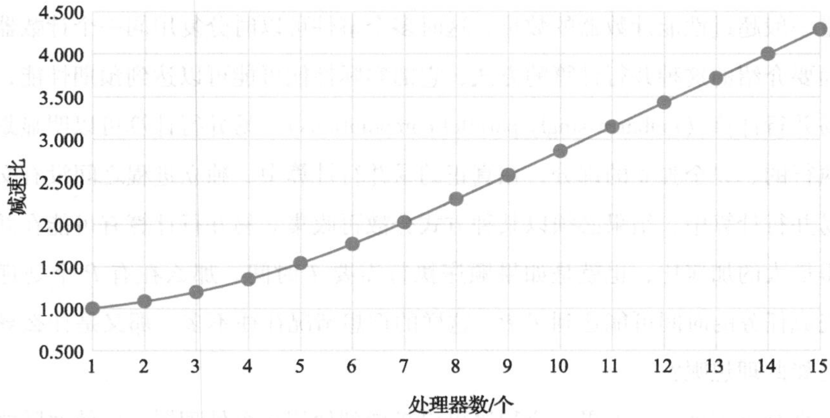


图 4-4 减速比曲线

当总线被占满后，可以看到 $R(n)$、$W(n)$、$T(n)$、$Q(n)$ 都在随着 $n$ 的增大以恒定速率增长，这是因为新的访存命令到达内存系统时要等待的概率是 1，也就是一定要进入队列，这就会给所有核的平均执行时间增加了 1 个 $S$ 的时间。

□

程序的性能调优（performance tuning）对获取较高的性能具有重要作用。下面介绍两种在性能调优中发挥重要作用的工具——性能分析器（performance analyzer）和性能计数器（performance counter）。

性能分析器的原理：程序一般由多个函数组成，有的函数执行的时间长一些（执行时间超过一定阈值的，被称为热点函数），有些函数执行的时间短一些。通过性能分析器，我们可以获知程序的运行时间在不同函数上的具体分布。处理器芯片内部有晶体振荡器构成的时钟，每隔一定的时间会产生中断，称为“定时器中断”。发生定时器中断时，记录正在执行的指令的地址。通过编译器可以获知程序的每一个函数的机器指令对应的地址范围。这样结合起来，就可以知道每次定时器中断时正在执行的函数，进而可以估计出每个函数花费的时间在全部运行时间中的比例。

性能计数器的原理：性能分析器是为了发现热点函数，性能计数器则是为了探究热点函数的形成原因，即热点函数执行时间较长是由于什么性能事件（如 L1 高速缓存缺失、L2 高速缓存缺失、L3 高速缓存缺失、TLB 缺失、分支误预测等）造成的。性能计数器是若干个计数寄存器的集合。各种性能事件都可以被性能计数器记录下来。性能事件的数量一般超过性能计数器的数量，这时多个事件可以时分复用同一个计数器。

下面要介绍的这种并行计算的方式，它的实际性能可能可以达到预期性能，这种方式名为易并行计算（embarrassingly parallel computations）。易并行计算可以明显划分为可以同时执行的、完全独立的部分，在真正的易并行计算中，独立进程之间没有交互；而在近似易并行计算中，结果必须以某种方式分散再收集。易并行计算有可能在并行的平台上获得最大的加速比，也就是如果顺序执行需要 $T$ 时间，那么在有 $P$ 个处理器的情况下，完成任务的时间可能达到 $T/P$。这样的理想情况往往不多，那又是什么导致情况并非总是如此理想呢？

程序具有可扩展性，如果一个程序可以扩展到使用多个处理器，而效率随之增长多倍，我们就称这个程序具有扩展性。但我们如何评估扩展性？请思考以下的问题：当一个程序扩展到使用 $n$ 个处理器和使用 $2n$ 个处理器时，所表现出来的可扩展性是线性的吗？答案是否定的。因为我们很难保证将 $n$ 个处理器上的任务平均划分为两半交给 $2n$

个处理器，并且这些程序之间会存在错综复杂的依赖关系，这是在多次划分后难以解决的。当然，这只是依赖直觉进行的定性分析，还需要性能指标来进行定量分析。还有一个问题，如果我们仍然使用的是 $n$ 个处理器，但问题的规模变大了，也就是每个处理器需要运行的程序变大了，这时效率是否保持不变呢？这些问题我们需要应用性能指标来回答。

可扩展性是一个优秀的性质，我们要让并行的程序是可扩展的。再形象地解释一下什么是可扩展性：如果用户用一台计算机解决了一些问题，当用户买了第二台计算机，用户只需要一半的时间就可以解决这些问题，或者说单位时间内可以解决两倍数量的问题。两台计算机构成的系统如果有两倍性能或者吞吐量，这就是可扩展性。首先要让并行的架构具有可扩展性，处理器的数目、内存的架构、互连网络都是可扩展的，也就是计算资源的增加；计算问题也是可扩展的，问题的大小是可扩展的，即问题的规模是可以不断增加的，在不同的问题规模下，并行计算的加速比会有不同的曲线；计算的算法是多种多样的，计算内存访问比和计算通信比是可扩展的，我们需要尽量减少这两点的开销而尽量使得资源专注于计算。可扩展性的实现需要并行编程的模型和工具，将在第 5~6 章进行介绍。

并行应用难以扩展的因素有很多，如单个处理器的串行性能、关键路径（跨处理器的计算之间的依赖关系）、瓶颈（一个处理器停顿）、并行算法的开销（某些任务在并行下需要更多操作）、通信开销（通信时间占总时间的比例上升）、负载不均衡（等待最慢的处理器）、投机损失（并行执行 $A$ 和 $B$，最终只用到了 $A$）等。下面将对影响并行应用可扩展性的因素进行逐条分析。

首先是关键路径（critical path）。关键路径是指设计中从输入到输出经过的延时最长的逻辑路径。在并行应用中，关键路径是一长串相互之间存在依赖关系的操作的链条，它是并行可扩展性最主要的限制因素，也是并行性能提升的阻碍之一。如何判断关键路径？如果无论如何增加处理器数量，并行应用的性能都停滞在一个相对固定的值，那么说明此时存在着限制性能的关键路径，需要找到这条/这些关键路径，并对其进行优化。优化的方法包括通过修改算法，改变任务分配的方式，尽可能消除较长的依赖链、移除关键路径上的操作来切断依赖链等。

其次是瓶颈（bottleneck）。当只有少量处理器繁忙而其他处理器空闲时，表明系统出现了瓶颈。瓶颈有如下几种典型情况，首先是多对一进行数据归约，在一个处理器上计算之后，进行一对多的广播。另一种情况是一台处理器根据请求来分配任务，这时其他处理器要等待分配的结果，于是出现瓶颈。瓶颈的出现和处理器之间的通信有关，可以通过使用更高效的通信模型、采用主从分层机制等方法进行改进。所谓主从机制，即逻辑上规定一个主进程，用于将数据发送给各个进程，再对各个进程所计算的结果进行收集。

再次是算法开销。对于同一个问题，可以用不同的串行算法来计算，但不同算法的开销不尽相同。当处理器数量为 1 时，所有并行算法都退化为串行算法。相比于串行算法，所有并行算法都会引入额外的操作，即并行开销，包括通信和同步等操作，还有操作系统、链接库、并行语言等带来的开销。研究并行算法的出发点在于，最好的串行算法可能无法并行化，或者无法较好地并行化。例如，一些关于树和图的算法不具备良好的可扩展性，难以并行化。想要尽可能地提升性能，需要选择开销最小的算法变体，或者采用两阶段算法，以加强并行性。最终的落脚点还是性能，并行化是否实现了更高的性能，一定要和最佳实现的串行算法做比较。

性能的评价指标之一是程序运行时间。串行运行时间 $T_{seq}$ 是问题规模和架构的函数，并行运行时间是处理器数量和并行架构的函数。并行性能最终受到算法和架构的双重影响，即分别在软件和硬件层面受到影响。

可扩展性是指并行算法实现与处理器数量和问题大小成比例的性能增益的能力，即给定并行算法时，如果随并行系统规模增大而适当增加问题的规模，使并行系统的性能与其规模成线性比例增长，则称并行系统是可扩展的；运行于一台给定的并行系统上的并行算法，当系统的规模与算法的规模按比例增加时，系统的性能也按一定的比例提高，则该并行算法是可扩展的。下面给出性能的度量和公式。

$T_1$ 是给定问题在单一处理器上的执行时间，$T_p$ 是在 $p$ 个处理器系统上的执行时间。$S_p$ 称为加速比（speedup），是单处理器的执行时间和 $p$ 个处理器的执行时间的比值，它的表达式如下：

$$S_p = T_1/T_p \tag{4-7}$$

$E_p$ 称为效率，它是加速比与处理器数量的比值，它的表达式如下：

$$E_p = S_p/p \tag{4-8}$$

$C_p$ 称为开销，为处理器数量和并行执行时间的乘积，一般称为核时它的表达式见式（4-9）。高性能计算资源通常以核时来计价。

$$C_p = p \cdot T_p \tag{4-9}$$

**例题 4-3** 试用图形表示计算机系统的效率。

解答：

画出处理器数量为 1 时的空间与时间图（见图 4-5），矩形面积即为此时的核时，有

$$C_1 = 1 \cdot T_1 = S_{ABCD} \tag{4-10}$$

再画出处理器数量为 $N$ 时的空间与时间图，此时的核时为

$$C_N = N \cdot T_N = S_{abcd} \tag{4-11}$$

相对处理器数量为 1，当处理器数量为 $N$ 时，理想的加速比为 $N$，即

$$S_{N,\text{ideal}} = N \tag{4-12}$$

相对处理器数量为 1，当处理器数量为 $N$ 时，实际的加速比为

$$S_{N,\text{real}} = T_1 / T_N \tag{4-13}$$

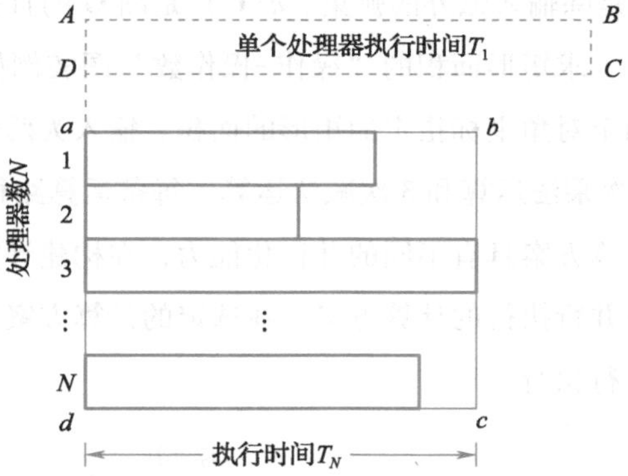


图 4-5　计算机系统效率的图形化表示

计算机系统的效率为

$$E_N = \frac{S_{N,\text{real}}}{S_{N,\text{ideal}}} = \frac{T_1 \cdot 1}{T_N \cdot N} = \frac{C_1}{C_N} = \frac{S_{ABCD}}{S_{abcd}} \tag{4-14}$$

可见，计算机系统的效率为上下两个矩形的面积之比，如图 4-5 所示。

□

并行算法应当是开销最优的，即使得处理器数量和并行执行时间的乘积最小。另外，当处理器数量为 1 时，$T_1 = T_p = C_p$，$E_p = 100\%$。

并行效率分析是并行算法发展的一个关键，包括对并行化一个特定算法的效率的估计，以及对某类问题求解的最大可能加速比的估计（即求解一个问题的所有并行方法的效率估计）。这与本书所提出的“算势”概念密切相关，即某种理想状态或条件下最大的潜在计算能力。

“操作-操作数”图模型可用于描述所选求解问题算法中的信息依赖关系。为了简化问题，可以假设：①任何计算操作的执行时间都相同且等于 1；②计算设备之间的数据传输是即时进行的，没有任何时间消耗。

“操作-操作数”图将算法执行的操作集和操作之间存在的信息依赖关系表示为一个有向无环图 $\boldsymbol{G}=(V,\boldsymbol{R})$，其中 $V=\{1,\cdots,|V|\}$ 是图顶点的集合，代表正在执行的算法操作，$\boldsymbol{R}$ 是弧（有向边）的集合。仅当操作 $j$ 使用执行操作 $i$ 获得的结果时，弧 $r(i,j)$ 属于图 $\boldsymbol{G}$。没有入边的顶点可用于分配输入操作，没有出边的顶点可用于输出操作。$\overline{V}$ 是除输入弧外的弧集。$d(\boldsymbol{G})$ 是图 $\boldsymbol{G}$ 的直径，即最大路径的长度。

求矩形面积的“操作-操作数”图实例如图 4-6 所示。该图对应的算法用于计算由两个对角坐标指定的矩形的面积。输入为两个对角顶点坐标，共 4 个输入数，需要进行 4 次乘法运算和 3 次减法运算。每条运算路径之间相互独立，因此易于并行化。不同的计算方案具有不同的并行化能力，在构建计算模型时必须充分分别考虑，然后选择最适合并行执行的计算方案。在选定的计算方案中，算法操作之间应当没有路径，因此可以并行执行。

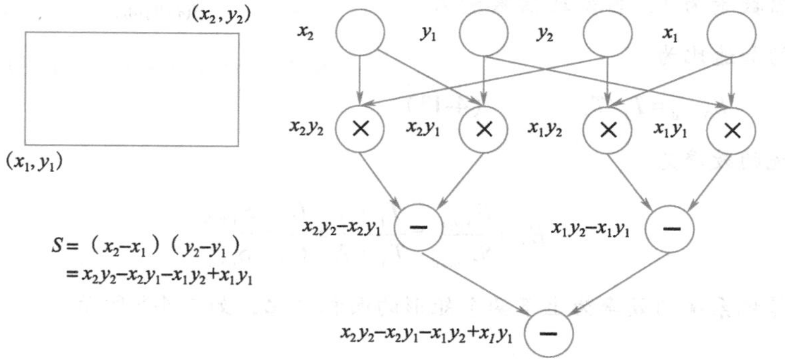


图 4-6 “操作-操作数”图实例

假设给定 $p$ 个处理器用于执行一个算法，为了并行执行计算任务，需要确定以下集合内容（即调度方案 $H_p$）。

$$H_p=\{(i,P_i,t_i)\},\quad i\in V \tag{4-15}$$

式中，$i$ 为计算指令的编号；$P_i$ 为执行指令 $i$ 的处理器编号；$t_i$ 为执行开始时间。

调度过程需要满足以下要求：①不能分配一个处理器同时执行不同的指令；②在开

始执行指令前，所需的操作数必须已经计算完成。

我们使用以下公式来评估并行执行时间。并行算法模型可以描述为一个与“操作-操作数”图和调度算法有关的函数，$A_p(\boldsymbol{G},H_p)$。

当开始时间设置为 0 时，并行算法的执行时间由调度中最大的时间值（即最后一个操作的结束时间）决定。

$$T_p(\boldsymbol{G},H_p)=\max_{i\in v}(t_i+1) \tag{4-16}$$

当这个最大时间值最小时，当前调度被称为最优调度，并行算法的执行时间为

$$T_p(\boldsymbol{G})=\min_{H_p}T_p(\boldsymbol{G},H_p) \tag{4-17}$$

在调度达到最优后，算法执行时间还与“操作-操作数”图的结构有关，通过不断地改进计算方式，减少相关，可以进一步降低并行算法的执行时间。

$$T_p=\min_{G}T_p(\boldsymbol{G}) \tag{4-18}$$

当“操作-操作数”图的结构达到最优时，执行时间便只与处理器数量有关。当不限数量的处理器用于执行该并行算法时，最小执行时间 $T_\infty$ 如式（4-19）所示。拥有无限数量处理器的计算机系统通常被定义为并行计算机。

$$T_\infty=\min_{p\geqslant 1}T_p \tag{4-19}$$

我们还要计算在特殊情况下，仅使用一个处理器时的算法执行时间。

$$T_1(\boldsymbol{G})=|\overline{V}| \tag{4-20}$$

优化相关关系后，得到顺序算法的执行时间为

$$T_1=\min_{G}T_1(\boldsymbol{G}) \tag{4-21}$$

再次调整，得到最好的顺序算法的执行时间 $T_1^*$ 的计算公式，如式（4-22）。构建这样的估计是分析并行算法的一个重要角度，因为它能用于评估并行所带来的影响。

$$T_1^*=\min T_1 \tag{4-22}$$

下面给出并行执行时间计算的 5 个定理。

定理 1：相关图中的最长路径决定了并行算法的最小执行时间，即

$$T_\infty(\boldsymbol{G})=d(\boldsymbol{G}) \tag{4-23}$$

定理 2：假设在算法的“操作-操作数”图中，每一个输入节点都能通过一条路径到达某一个输出节点，且每个节点的入度不超过 2，那么并行算法的最小执行时间将由

式（4-24）计算得出，其中，$n$ 是“操作-操作数”图中的输入边数量。

$$T_{\infty}(G)=\log_2 n \tag{4-24}$$

定理 3：如果使用的处理器数量减少，算法执行时间的增加量与处理器减少的比率成比例，即存在

$$q=cp,\quad 0<c<1$$

有

$$T_p \leqslant cT_q \tag{4-25}$$

定理 4：无论使用多少处理器，并行算法执行时间的上界估计满足式（4-26）。

$$\forall p \Rightarrow T_{\infty}<T_p<T_{\infty}+\frac{T_1}{p} \tag{4-26}$$

定理 5：如果处理器数量大于 $T_1/T_{\infty}$，算法执行时间与最小执行时间 $T_{\infty}$ 之间的关系满足式（4-27）。如果处理器数量更少，算法执行时间不会超过给定数量处理器核的最小计算时间的两倍，即满足式（4-28）。

$$p \geqslant T_1/T_{\infty} \Rightarrow T_p \leqslant 2T_{\infty} \tag{4-27}$$

$$p<T_1/T_{\infty} \Rightarrow \frac{T_1}{p} \leqslant T_p \leqslant 2 \cdot \frac{T_1}{p} \tag{4-28}$$

经过以上分析，当选择算法计算模式时，必须使用有着最小可能直径的图，见定理 1。并行执行的高效处理器数量是由 $T_1/T_{\infty}$ 决定的，见定理 5。并行算法的执行时间受到定理 4 和定理 5 所述的限制。

衡量并行算法效率的特性之一是加速比。当一个并行算法的串行执行的时间比上使用了 $p$ 个处理器后得到的执行时间，可以得到加速比。加速比的计算公式如式（4-29），其中 $n$ 的值表示的是算法所处理的问题的复杂度，也可以被理解为输入问题的规模大小。

$$S_p(n)=\frac{T_1(n)}{T_p(n)} \tag{4-29}$$

衡量并行算法效率的特性之二是效率。处理器使用并行算法解决问题的效率通过式（4-30）来计算，它是加速比与处理器数目的比值，这个效率值表示这个并行算法的执行时间的平均分值。在此时间内，处理器完全被用于解决问题，而非做其他的附加工作。

$$E_p(n)=\frac{T_1(n)}{p \cdot T_p(n)}=\frac{S_p(n)}{p} \tag{4-30}$$

需要注意以下几点。超线性的加速比可能会在以下的情况出现。

（1）存在串行程序执行与并行程序执行的差别。例如，当一个问题在单个处理器上被解决，而这单个处理器的随机存储器（RAM）似乎不足以存储所有正在被处理的数据，而并行算法使用多个处理器时，这些处理器的 RAM 就有可能足够存储这些需要的数据，因此带来超线性的加速比。

（2）当问题解决算法的复杂度相对于正在处理的数据规模具有非线性依赖时，例如复杂度为 $O(n^2)$ 等。

（3）当并行方法和串行方法之间的计算方案存在区别时。由于并行计算效率的标准之间是存在冲突的，因此在某一标准上（加速比或效率）提高了并行计算效率的方案，可能会在另一个标准上降低并行计算效率，例如提高了加速比的并行方案很有可能会降低它的效率。

衡量并行算法效率的特性之三是计算开销，一般也被称为核时，由式（4-31）给出。

$$C_p = p \cdot T_p \tag{4-31}$$

联立加速比和核时的计算公式可以得到此时的开销为 $C_p = \frac{p}{S_p}T_1 = \frac{T_1}{E_p}$，于是开销最低的并行算法的开销与最快的串行算法执行时间成正比。

下文以计算部分和为例，展示上述三个特性如何能够衡量并行算法的效率。部分和计算是一个简单的问题，也叫前缀和问题，即求数列的前 $n$ 项和。当 $n$ 等于数列长度时，则是所有已知值的求和计算，这是一般归约问题的特殊情况，见式（4-32）。

$$S_k = \sum_{i=1}^{k} x_i, 1 \leqslant k \leqslant n \tag{4-32}$$

首先是顺序求部分和，对一系列数值元素的顺序求和，顺序求部分和的“操作-操作数”图如图 4-7 所示。这一标准的顺序求和算法只允许严格的串行执行而不能并行。图中的横坐标表示数据规模，$x_i$ 表示数值序列中的

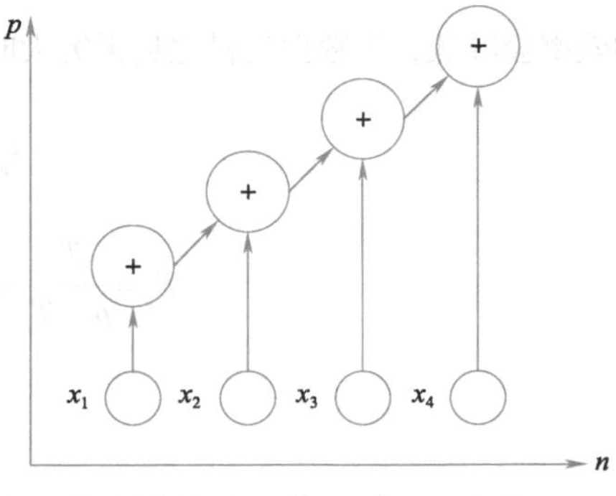


图 4-7 顺序求部分和的“操作-操作数”图

值，圆圈中有一个加号表示执行加法操作，输入的箭头表示执行加法的操作数。

接下来介绍级联求和方案，如图 4-8 所示，这一方案用“操作-操作数”图表示，是一种树形结构。该图也可以表示为 $G_2=(V_2,R_2)$，$V_2=\left\{V_{i1},\cdots,V_{il_i},0\leqslant i\leqslant k,1\leqslant l_i\leqslant\frac{n}{2^i}\right\}$表示端点，意为从底层往上，一共有 $k+1$ 层，第 $i$ 层一共有$\frac{n}{2^n}$个端点。$\{V_{01},\cdots,V_{0n}\}$ 表示输入操作，也就是 $x_1\sim x_n$。$\{V_{11},\cdots,V_{1\frac{n}{2}}\}$ 是第一次迭代，即第一次求和后的结果。$R_2=\left\{(V_{i-1,2j-1},V_{i,j}),(V_{i-1,2j},V_{i,j}),1\leqslant i\leqslant k,1\leqslant j\leqslant\frac{n}{2^i}\right\}$是图中的弧的集合，图 4-8 中的弧都是从下层指向上一层。

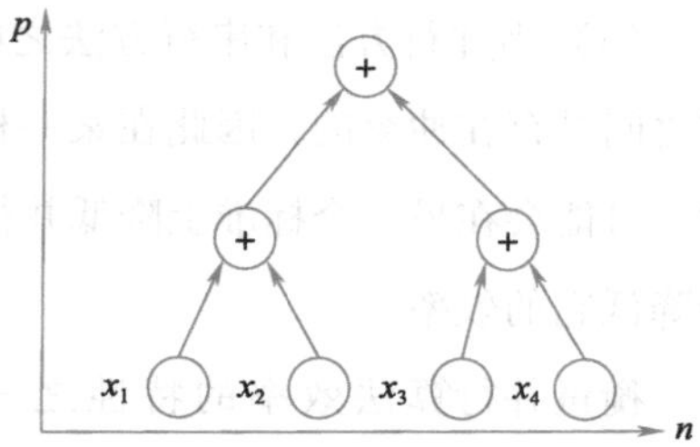


图 4-8　级联求和方案的“操作-操作数”图

根据级联求和方案的树形结构的特点，可以得到 $k=\log_2 n$。在这样的结构中，一共需要执行 $K_{\text{seq}}=\frac{n}{2}+\frac{n}{4}+\cdots+1=n-1$ 次加法。当我们使用了级联求和的并行处理方案以后，所需的总时间则是 $K_{\text{par}}=\log_2 n$。根据上文中的分析，可以得到这个级联求和方案的加速比 $S_p$ 和效率 $E_p$，如式（4-33）与式（4-34）所示。我们设定使用的处理器是数据规模的一半，即 $n/2$，这也是执行级联求和方案所需的处理器数目的最小值，因为第一次迭代需要同时计算 $n/2$ 个值。并行的级联求和方案的最小执行时间与定理 2 中的参数计算机估计的一致，即为 $\log_2 n$。当可求和的数目增多时，处理器的效率会降低，当数据规模趋近无穷大时，这一方案的效率会下降至 0，见式（4-35）。

$$S_p=\frac{T_1}{T_p}=\frac{n-1}{\log_2 n} \tag{4-33}$$

$$E_p=\frac{T_1}{p\cdot T_p}=\frac{n-1}{p\cdot\log_2 n}=\frac{n-1}{\frac{n}{2}\cdot\log_2 n} \tag{4-34}$$

$$\lim_{n\to\infty}E_p=0 \tag{4-35}$$

**例题 4-4**　在给定 $p$ 个处理器核心的情况下，计算系统的加速比相对单处理器时一定小于 $p$ 吗？

解答：

不一定。超线性的加速比可能会在以下的情况出现：①当一个问题在单个处理器上被解决，这单个处理器的内存可能不足以存储所有正在被处理的数据，但是当并行算法使用多个处理器时，这些处理器的内存就有可能足够存储这些需要的数据，因此带来超线性的加速比；②当问题解决算法的复杂度相对于正在处理的数据规模具有非线性依赖时，例如复杂度为 $O(n^2)$ 等；③当并行方法和串行方法之间的计算方案存在区别时。 □

采用修改的级联方案需要分为两个阶段计算部分和。在第一阶段，所有要汇总的值被细分为 $n/\log_2 n$ 个组，每组有 $\log_2 n$ 个元素，然后通过顺序求和算法为每个组计算值的总和。在第二阶段，可以应用传统的级联方案，获得独立组的 $n \cdot \log_2 n$ 个值的总和。

如果使用 $p=n/\log_2 n$ 个处理器，第一阶段的执行需要 $\log_2 n$ 个并行操作，第二阶段的执行需要 $\log_2(n/\log_2 n) \leqslant \log_2 n$ 个并行运算，使用 $p_2=(n/\log_2 n)/2$ 个处理器。

对于 $p=n/\log_2 n$ 个处理器，这种求和方法的特征在于以下值，它是两个阶段并行操作数的上界：

$$T_p = 2 \cdot \log_2 n \tag{4-36}$$

修改后的级联方案的加速和效率由式（4-37）定义：

$$S_p = \frac{T_1}{T_p} = \frac{n-1}{2 \cdot \log_2 n} \tag{4-37}$$

$$E_p = \frac{T_1}{p \cdot T_p} = \frac{n-1}{2 \cdot \dfrac{n}{\log_2 n} \cdot \log_2 n} = \frac{n-1}{2n} \tag{4-38}$$

对于这种求和方法的效率，可以获得渐近非零估计：

$$E_p = \frac{n-1}{2n} \geqslant 0.25, \quad \lim_{n\to\infty} E_p = 0.5 \tag{4-39}$$

修改后的级联算法是开销最优的，因为计算开销与顺序算法执行的时间成正比，由式（4-40）表示：

$$C_p = p \cdot T_p = \frac{n}{\log_2 n} \cdot 2\log_2 n = 2n \tag{4-40}$$

在标量计算机上，所有部分和的计算可以通过具有相同运算次数的传统顺序求和算法来完成。在并行执行中，级联方案的显式使用不会带来理想的结果。高效的并行化需要新的方法，以此来开发新的面向并行的算法而后达到解决问题的目的（在顺序编程中甚至没有类似的方法）。

该算法从 $\log_2 n$ 个并行操作中获取结果。在计算开始之前，创建汇总值的向量 $\boldsymbol{S}$ 的副本（$\boldsymbol{S}=\boldsymbol{x}$），然后在每次求和迭代 $i(1\leqslant i\leqslant \log_2 n)$ 时，通过将向量 $\boldsymbol{S}$ 向右移动 $2^i-1$ 个位置，形成辅助向量 $\boldsymbol{Q}$（将由于移动而释放的左侧位置设置为零值）。算法迭代通过向量 $\boldsymbol{S}$ 和向量 $\boldsymbol{Q}$ 求和的并行运算完成，如图 4-9 所示。

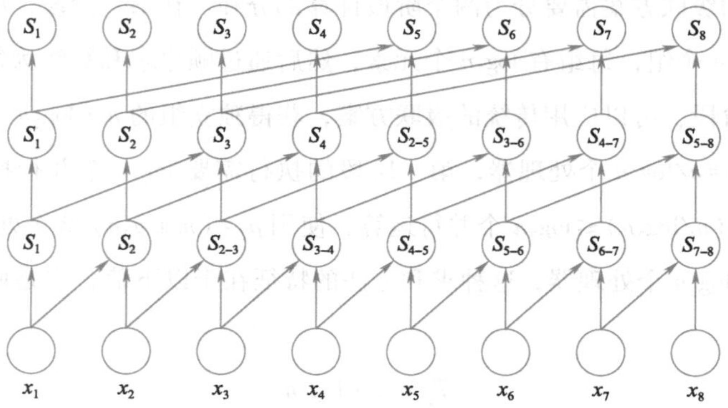


图 4-9 求所有部分和算法的过程

在该算法中，已执行标量操作的总数定义式如下：

$$K_{\text{seq}} = n \cdot \log_2 n \tag{4-41}$$

必要的处理器数量由汇总值的数量定义式如下：

$$p = n \tag{4-42}$$

并行算法的加速比和效率通过以下方式估算：

$$S_p = \frac{T_1}{T_p} = \frac{n}{\log_2 n} \tag{4-43}$$

$$E_p = \frac{T_1}{p \cdot T_p} = \frac{n}{p \cdot \log_2 n} = \frac{n}{n \cdot \log_2 n} = \frac{1}{\log_2 n} \tag{4-44}$$

想要估计并行计算的效率，需要知道加速比和效率的最佳值（最大可能值）。在实际问题中，可能无法为所有耗时的计算问题提供理想中 $S_p=p$ 的加速比和 $E_p=1$ 的效率。

# 4.3 可扩展定律

并行计算机系统在可扩展性（scalability）方面存在着一些不以人的意志而转移的客观规律，它们包括阿姆达尔定律、古斯塔夫森-巴西斯定律、孙-倪定律。

## 4.3.1 阿姆达尔定律

由于在执行的计算中存在顺序计算的部分，而这部分无法并行化，因此可能无法实现最大可能加速 $S_p=p$。设 $f$ 是应用数据处理算法中顺序计算的部分，如果使用 $p$ 个处理器，加速比受到式（4-45）的限制，这就是阿姆达尔定律[1]。

$$S_p \leqslant \frac{1}{f+(1-f)/p} \leqslant S^* = \frac{1}{f} \tag{4-45}$$

由阿姆达尔定律可以看出，如果选择更合适的并行化方法，顺序计算的部分可能会大大减少。在很多问题中，$f=f(n)$ 是关于 $n$ 的递减函数。在这种情况下，由于要解决的问题的计算复杂性增加，固定数量的处理器的加速比可能会增加。此时，加速比 $S_p=S_p(n)$ 是参数 $n$ 的递增函数。

可扩展性指的是在处理器核增多、问题规模增大时，并行算法实现成比例性能增长的能力。阿姆达尔定律适用于问题大小固定，且算法具有很强的扩展能力的情况（即当处理器数量无限大时，算法执行时间趋近于 $1/f$，其中 $f$ 为算法中的串行计算占比）。在阿姆达尔定律中，加速比的上界取决于计算中的串行执行时间，而不是处理器数量。但这通常并不实用，因为处理器的利用效率不高。

**例题 4-5**　假设一个程序完成固定量的负载 $W$，这个负载的一部分（占比为 $s$）必须串行化，其余部分能被 $p$ 个处理器并行执行，且并行执行的开销为 $a$。试从极限和导数的角度理解 Amdahl 定律，并给出考虑了各种不同的并行度后推广的 Amdahl 定律表达式。

解答：

假设 $T_1$ 是一个处理器所花费的时间，则 $p$ 个处理器所用的时间 $T_p$ 由两部分构成：①占比为 $s$ 的那部分和单处理器时一样，执行时间不变；②占比为（$1-s$）的那部分被 $p$

个处理器并行执行，执行时间变为原来的 $1/p$，所以

$$T_p = a + T_1\left(\frac{s}{1} + \frac{1-s}{p}\right) \tag{4-46}$$

随着 $p$ 增大，$T_p$ 趋近于一个定值：

$$\lim_{p\to\infty} T_p = a + T_1 s \tag{4-47}$$

这就是 Amdahl 定律。考查 $T_p$ 关于 $p$ 的变化率：

$$T'_p = -T_1 \frac{1-s}{p^2} \tag{4-48}$$

可知导数为负值，且随着 $p$ 的增大，导数逐渐趋向于 0。考虑到并行度不仅可以为 1 和 $p$，还可以为 $2,3,\cdots,p-1$。

一个程序完成固定量的负载 $W$，这个负载的一部分（占比为 $f_1$）必须串行化，占比为 $f_i$ 的部分能被 $i$ 个处理器并行执行（$i=2,\cdots,N$）。

若 $N<p$，则有充分多的处理器可用，程序并行化之后所用的时间 $T_p$ 为

$$T_p = a + T_1 \sum_{i=1}^{N} \frac{f_i}{i} \tag{4-49}$$

若 $N>p$，对于部分比例的负载则没有充分多的处理器可用，最大的可用硬件并行度为 $p$，程序并行化之后所用的时间 $T_p$ 为

$$T_p = a + T_1\left(\sum_{i=1}^{p} f_i + \sum_{i=p+1}^{N}\left\lceil \frac{f_i}{p}\right\rceil\right) \tag{4-50}$$

□

### 4.3.2 古斯塔夫森–巴西斯定律

许多实际问题注重求解精度，而精度的提升往往导致计算量的大幅提升。例如，使用有限元方法进行结构分析或者用有限差分方法求解天气预报中的计算流体力学问题，粗网格只需要较少的计算量，而细网格则需要较多的计算量以获得较高的精度。在天气预报中求解四维偏微分方程时，如果每个物理方向（$x,y,z$）的格子距离减少至 1/10，并以同一幅度增加时间步，相当于格点增加到原来的 10 000 倍，也就是工作量增加到原来的 10 000 倍。

古斯塔夫森和巴西斯提出了“固定时间的加速比”的概念[2]，即当机器规模增大

时，使用扩大问题规模的方法来获取加速比的改善。问题规模扩大可使扩增的资源处于忙碌状态，从而实现较高的系统利用率。

我们定义 $g$ 为串行计算占并行程序执行时间的比例，即

$$g=\frac{\tau(n)}{\tau(n)+\pi(n)/p} \tag{4-51}$$

式中，$\tau(n)$ 为串行部分执行时间；$\pi(n)$ 为并行计算部分的执行时间和。

由此可以得到串行算法执行时间 $T_1$ 和并行算法执行时间 $T_p$ 的计算公式，即

$$T_1=\tau(n)+\pi(n) \tag{4-52}$$

$$T_p=\tau(n)+\pi(n)/p \tag{4-53}$$

使用引入的值 $g$，可以得到

$$\tau(n)=g(\tau(n)+\pi(n)/p) \tag{4-54}$$

$$\pi(n)=(1-g)p(\tau(n)+\pi(n)/p) \tag{4-55}$$

使用上式，加速比估计值可以表示为

$$S_p=\frac{T_1}{T_p}=\frac{\tau(n)+\pi(n)}{\tau(n)+\pi(n)/p}=\frac{(\tau(n)+\pi(n)/p)[g+(1-g)p]}{\tau(n)+\pi(n)/p} \tag{4-56}$$

式（4-56）经过简化后就得到了古斯塔夫森-巴西斯（Gustafson-Barsis）定律。

$$S_p=g+(1-g)p=p+(1-p)g \tag{4-57}$$

考虑以上因素后，根据古斯塔夫森-巴西斯定律得到的加速比估计值也被称为可扩展加速比。这一性质可用于衡量问题复杂度增加时的并行算法效率。

古斯塔夫森-巴西斯定律与可扩展性定律适用于问题规模能够随着处理器数量的增大而增大，且可扩展性较差的情况。此时加速比可表示为 $S_p=1+(p-1)f_{\text{par}}$，与处理器数量有关。当处理器数量增大时，问题规模随之增大，从而使可并行部分的规模增大，进而提升加速比。当问题规模增大时，该算法的并行效率能够保持或提升。

图 4-10 和图 4-11 分别给出阿姆达尔定律和古斯塔夫森-巴西斯定律的示意图，通过对比可以看出两个定律在可扩展性的讨论中对问题规模和执行时间的假设不同，并能清晰地看出古斯塔夫森-巴西斯定律“固定时间”的特点。当处理器数量增加时，阿姆达尔定律的假设是工作量不变，即问题规模不变。而古斯塔夫森-巴西斯定律的假设是

通过扩大问题规模，使执行时间不变。

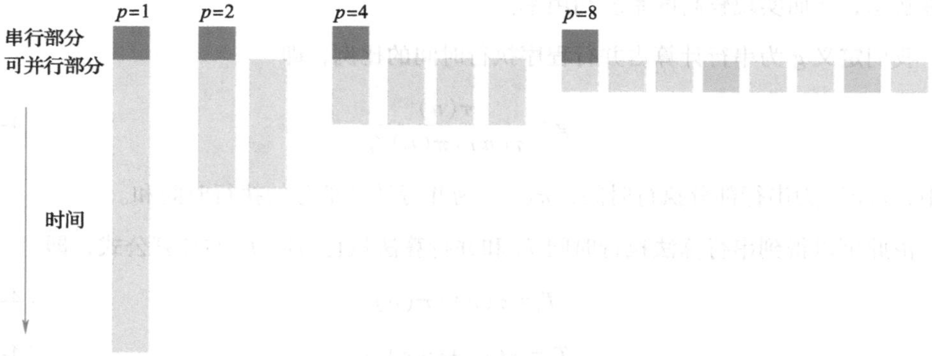


图 4-10　阿姆达尔定律示意图

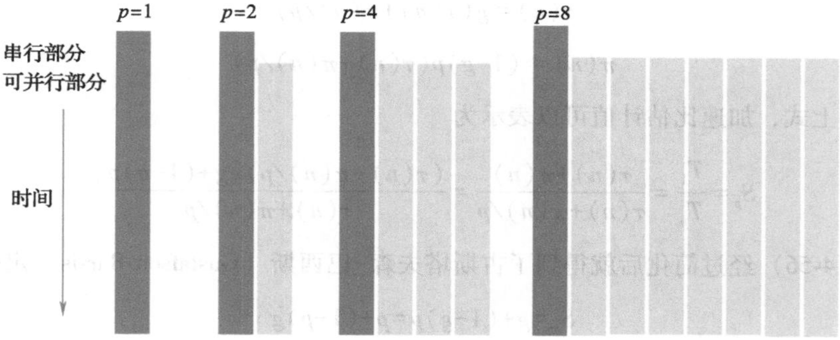


图 4-11　古斯塔夫森-巴西斯定律示意图

### 4.3.3　存储受限的扩展定律（孙-倪定律）

1990 年，密歇根州立大学的博士生孙贤和（现为伊利诺伊理工学院计算机科学系教授）与倪明选［现为香港科技大学（广州）创校校长］在超算领域著名会议 Supercomputing 上提出了一种存储受限的（memory-bounded）并行加速模型，统一并扩展了阿姆达尔定律与古斯塔夫森-巴西斯定律。该模型后被称为孙-倪定律（Sun-Ni law）[3]。

孙-倪定律是一种存储受限加速模型，它指出随着计算能力的增加，问题大小的相应增加受到系统内存容量的限制。如式（4-58）所示，$W_1$ 表示问题串行执行时间，$W_N$ 表示问题并行执行时间，$G(N)$ 表示当内存容量扩大 $N$ 倍时，问题规模扩大的倍数。

当问题规模与系统无关时，$G(N)=1$，该加速比等同于阿姆达尔定律。如果当内存扩大 $N$ 倍时，问题规模也扩大 $N$ 倍，即 $G(N)=N$ 时，该加速比等同于古斯塔夫森-巴西斯定律。当应用为科学工程类别时，问题对计算的需求量增长快于对内存的需求量，所以 $G(N)>N$，也就是说该类应用在计算能力增加后得到的加速比 $S_N^*$ 比固定时间使问题规模增大带来的加速比还要大，表达式如下：

$$S_N^* = \frac{W_1 + G(N) W_N}{W_1 + \frac{G(N)}{N} W_N} \tag{4-58}$$

阿姆达尔定律、古斯塔夫森-巴西斯定律和孙倪定律这三个加速模型都提供了一个指标来分析并行计算的加速。阿姆达尔定律侧重于减少解决固定大小问题的时间，指出问题（算法）的顺序部分限制了随着系统资源的增加可以实现的总加速比。古斯塔夫森-巴西斯定律表明，构建大型并行系统是有益的，因为如果问题规模扩大以保持固定的执行时间，加速可以随系统规模线性增长。然而，由于内存访问延迟通常成为影响应用程序执行时间的主要因素，应用程序可能无法扩展到满足时间限制的大小。孙-倪定律则按照系统的内存容量，不是运行时间来限制问题的大小，而是阿姆达尔定律和古斯塔夫森-巴西斯定律的推广。

通过以上分析，可以得出可扩展并行算法的定义。当处理器数量增加时，如果一个并行算法能够在保持现有处理器利用效率水平的前提下进一步提升加速比，那么该算法被称为可扩展的并行算法。

当处理器数量增加时，由于需要组织处理器间必要的交互，完成同步等额外操作，算法的总开销 $T_0$ 也随之增加。它等于处理器数量 $p$ 乘以并行算法执行时间 $T_p$ 再减去串行算法执行时间 $T_1$，即

$$T_0 = pT_p - T_1 \tag{4-59}$$

由式（4-60）可以得到并行算法执行时间 $T_p$ 的另一种表达形式与其对应的加速比。

$$T_p = \frac{T_1 + T_0}{p} \tag{4-60}$$

$$S_p = \frac{T_1}{T_p} = \frac{pT_1}{T_1 + T_0} \tag{4-61}$$

通过式（4-62）可以得到，处理器的利用效率为

$$E_p = \frac{S_p}{p} = \frac{T_1}{T_1 + T_0} = \frac{1}{1 + T_0/T_1} \tag{4-62}$$

由式（4-62）可以得到，当问题复杂度为常数时，随着处理器数量 $p$ 增加，总开销 $T_0$ 增加，从而导致效率 $E_p$ 降低。当处理器数量 $p$ 固定时，问题复杂度 $T_1$ 增加，处理器利用效率 $E_p$ 可能增加。当处理器的数量增加时，在大多数情况下，可以通过提高问题复杂度来达到需要的效率水平。

设 $E$ 为执行程序的目标效率值，当它为常数时，通过对上述效率公式进行变形可以得到 $T_0$ 与 $T_1$ 的关系，从而能够计算出问题规模需要扩大的程度。

$$\frac{T_0}{T_1} = \frac{1-E}{E} \tag{4-63}$$

$$T_1 = KT_0, \quad K = E/(1-E) \tag{4-64}$$

问题复杂度与处理器数量的关系 $n=F(p)$ 被称为等效率函数[4]。提出等效率函数的目标是量化可扩展性，这一公式可以量化问题规模需要增加多少才能在更大的机器上保持相同的效率。效率的计算公式是 $T_1/(p \cdot T_p)$，其中 $T_1$ 是串行计算的开销，$T_p$ 是使用 $p$ 个处理器之后的并行处理开销。$T_p$ 由计算开销、通信开销和空闲时间组成。如果方程不存在解，则表示在等效率定义的意义下，问题是不可扩展的。

并行系统的可扩展性是衡量其使用更多处理器提高速度的能力的度量。下面以 $n$ 个数字之和为例讨论并行系统的可扩展性。假设在 $p$ 个处理器上对 $n$ 个数字进行加和，设 $p=4$、$n=16$，计算 16 个数字之和。如图 4-12 所示，首先将 16 个数字均匀分为 4 组，然后分配给 4 个处理器；4 个处理器将获得的 4 个数字进行求和；随后 1 号处理器将求好的和发给 0 号处理器，3 号处理器发给 2 号处理器；2 号处理器汇总了 8 个数据的和之后发送给 0 号处理器，最后在 0 号处理器上完成 16 个数字相加。这个过程伴随着计算开销和通信开销。

根据以上的例子，推广到 $p$ 个处理器计算 $n$ 个数据之和的情况，可以得到以下的公式：

$$T_{\text{par}} = \frac{n}{p} - 1 + 2\log_2 p \tag{4-65}$$

$$\text{Speedup} = \frac{n-1}{\frac{n}{p} - 1 + 2\log_2 p} \approx \frac{n}{\frac{n}{p} + 2\log_2 p} \tag{4-66}$$

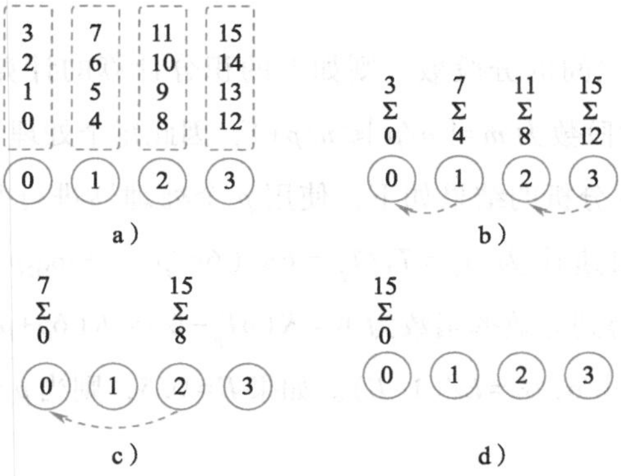


图 4-12 由 4 个处理器完成 16 个数据求和的过程

$$\text{Efficiency} = \frac{S}{p} = \frac{n}{n+2p\log_2 p} \tag{4-67}$$

式中，$T_{\text{par}}$ 为用 $p$ 个处理器并行计算 $n$ 个数据之和消耗的时间；$n/p$ 为第一次均匀分组需要的加法次数；$2\log_2 p$ 为后续合并求和的操作要进行 $\log_2 p$ 次的加法和 $\log_2 p$ 次的移动（图 4-12 中的 b、c、d），最后一次加法无需移动，因此额外减 1。而使用一个处理器顺序求和的开销为 $n-1$，加速比公式即是串行计算开销/并行计算开销。效率的公式由加速比与处理器个数的比得出。图 4-13 展示了不同数据规模及不同处理器数目下的不同并行效率，可以看出，数据规模较大时的效率较高。

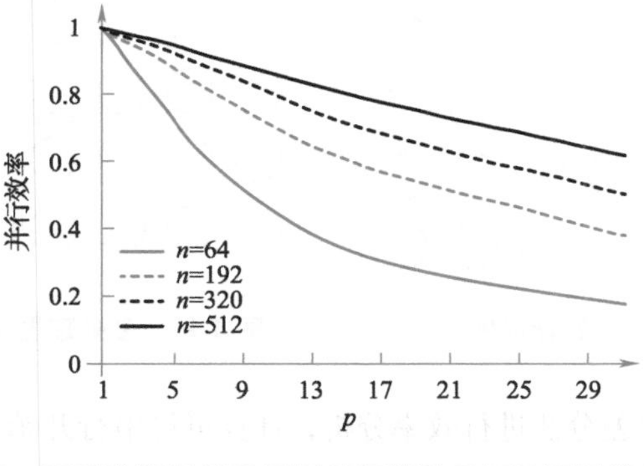


图 4-13 不同数据规模及不同处理器数目下的不同并行效率

另一个例子是通过积分计算常数 π。要计算此积分，要使用矩阵法进行数值积分，这需要循环计算。若使用并行的思想，循环可以在处理器之间分配并计算，再将计算得到的部分和相加。

假设 $n$ 是 $[0,1]$ 之间的分段数，则如上的积分计算的计算复杂度是 $W=T_1=6n$，每个处理器需要计算的段数为 $m=\lceil n/p\rceil\leqslant n/p+1$，因此每个处理器计算的复杂度是 $W_p=6m=6n/p+6$。进行效率分析的结果如下，使用 $p$ 个处理器进行并行计算消耗的时间是 $T_p=6n/p+6+\log_2 p$，加速比为 $S_p=T_1/T_p=6n/(6n/p+6+\log_2 p)$，效率为 $E_p=S_p/p=6n/(6n+6p+p\log_2 p)$，得到等效率函数为 $W=K(pT_p-W)=K(6p+p\log_2 p)$，且 $T_1=W=6n$，得出 $n=[K(6p+p\log_2 p)]/6$，$K=E/(1-E)$。如果 $E=0.5$，则当 $p=8$ 时，$n=12$；当 $p=64$ 时，$n=128$。

有限差分法广泛用于偏微分方程的数值求解，让我们考虑以下的问题，假设 $N=2$，每个节点的计算方法是 $X_{i,j}^{t+1}=w(X_{i,j-1}^t+X_{i,j+1}^t+X_{i-1,j}^t+X_{i+1,j}^t)+(1-w)X_{i,j}^t$。每个处理器对网格的 $(n/\sqrt{p})\times(n/\sqrt{p})$ 的矩形子区域进行计算，每次迭代后都需要执行同步。单个节点的计算依赖如图 4-14 所示，多处理器按子区域并行计算如图 4-15 所示。

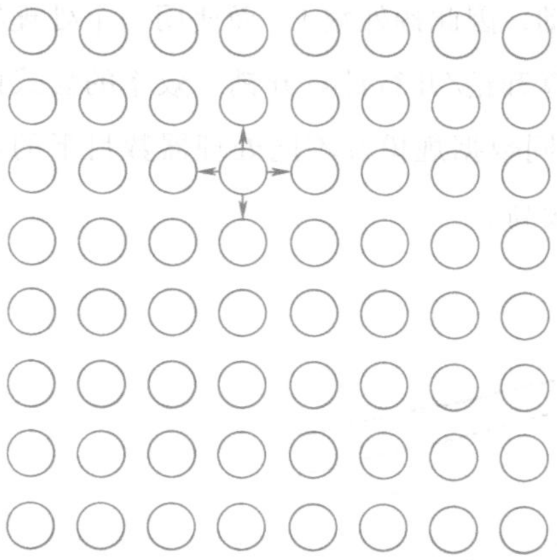

图 4-14　单个节点的计算依赖

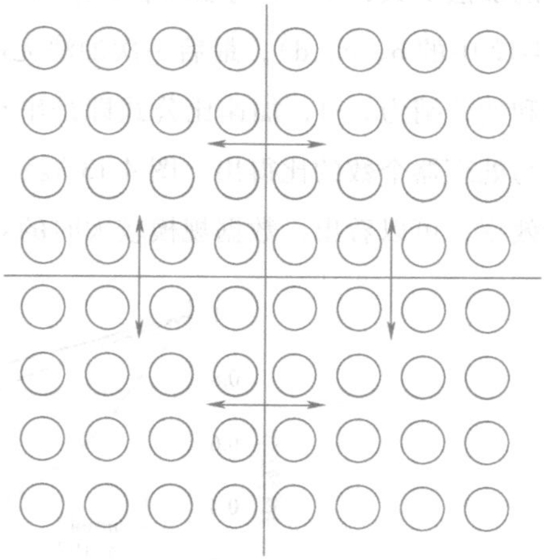

图 4-15　多处理器按子区域并行计算

对上述的并行有限差分法进行效率分析，计算可得串行开销 $T_1=W=6n^2M$，其中 $M$ 是迭代的次数，$p$ 个处理器的并行计算开销 $T_p=6Mn^2/p+M\log_2 p$，因此计算得到效率为 $S_p=T_1/T_p=6n^2/(6n^2/p+\log_2 p)$，根据等效率函数 $W=K(pT_p-W)=Kp\log_2 p$，可以算出 $n^2=Kp\log_2 p/6$，$K=E/(1-E)$。通过与矩形法计算得到的 $n=[K(6p+p\log2p)]/6$ 对比，

有限差分法的数据规模 $n$ 与处理器数目 $p$ 之间的函数是$\frac{1}{2}$次幂，而矩形法的 $n$ 与 $p$ 之间的函数关系是 1 次幂，这表示若要能在相同的更大的机器上保持相同的效率，有限差分法的问题规模需要增加的部分小于矩形法，于是得出有限差分法比矩形法更具可扩展性。

在计算并行处理开销时，我们提到了通信开销，下面将详细介绍数据通信的方式。处理器之间传输数据所需的时间定义了并行算法执行持续时间的通信开销。描述数据通信时间的基本参数由以下值组成：启动成本（$t_s$）表征准备传输消息的持续时间，网络中的路由搜索等，这个时间通常被称为通信操作的延迟；每跳传输时间（$t_h$）给出了在两个相邻处理器（这里的“相邻”指的是通过物理数据通信通道连接）之间传输控制数据的时间，数据头可以包含系统信息、错误检测数据块等；每字节传输时间（$t_b$）是沿着数据通信通道传输一个字节的时间，此传输的持续时间由通信信道带宽定义。

关于上述通信操作的复杂性估计，有必要估计所用关系的参数值，以便在实践中应用上述模型。在这方面，有时使用更简单的方法来计算数据通信的时间开销是合理的。此类最著名的方案之一是 Hockney 模型，它根据以下等式估计两个处理器之间的通信持续时间：$t_{comm}(m)=t_s+mt_b$。该模型是所有模型中最简单的，可以初步分析通信操作的时间开销。模型的公式可以抽象为 $t_{comm}(m)=\alpha+m/\beta$，其中 $\alpha$ 是数据通信网络的延迟（即 $\alpha=t_s$），$\beta$ 是网络带宽（即 $\beta=R=1/t_b$）。

简要做一个总结，该部分将计算模型描述为“操作-操作数”图，可用于描述所选问题求解算法中存在的信息依赖关系。Paracomputer 作为具有无限数量处理器的并行系统的概念，它的提出是为了更简单地构建理论估计。为了估计并行方法的效率，本书讨论了诸如加速、效率、开销和等效率等广泛使用的标准。为了演示模型的应用和并行计算分析的方法，我们思考了求部分和的问题、数值积分的问题和有限差分法。为了估计效率特性的最大可能值，我们讨论了阿姆达尔定律、古斯塔夫森-巴西斯定律和孙-倪定律，最后给出了等效率函数的概念。

## 4.4 并行计算模型

一般地，计算模型是对计算机硬件结构的抽象，是硬件与软件之间的桥梁。特殊地，并行计算模型是对并行计算机硬件结构的抽象，是并行计算机硬件与软件之间的桥梁。并行计算模型抓住了主要矛盾，提高了计算机的可理解性。硬件设计者在开展工作时只需考虑并行计算模型，无须考虑更复杂的软件特性；软件设计者在开展工作时只需考虑并行计算模型，无须考虑复杂的硬件特性。

接下来介绍三种重要的并行计算模型，其中 PRAM（Parallel RAM）模型是一个基本的并行模型，BSP（bulk synchronous parallel）模型将计算区域与通信隔离开来，LogP 模型用于研究分布式存储系统，专注互连网络。此外，Roofline 基于对供数能力（内存带宽）和运算强度的分析，将在后续内容中介绍。

### 4.4.1 PRAM 模型

并行随机存储机器（parallel random access machine，PRAM）模型[5] 是基于共享内存的多处理器模型，具有无限数量的处理器和无限的本地内存，每个处理器都知道自身的 ID，拥有无限共享内存，在共享内存中输入和输出，存储单元可以存储任意大的整数，每条指令占用单位时间，指令在处理器之间同步。关于 PRAM 的复杂度测量，对于每个单独的处理器，时间复杂度即执行的指令数，空间复杂度即访问的内存单元数；对于整个 PRAM 而言，时间复杂度是运行时间最长的处理器所用的时间，硬件需求是运行处理器的最大数目。该模型的技术问题是如何激活处理器及如何访问共享内存。

为了激活处理器，处理器 $P_0$ 将处理器的总数目 $p$ 存入指定的共享内存单元，每个活跃的 $P_i(i<p)$ 开始执行，消耗 $O(1)$ 的时间复杂度，当 $P_0$ 停止时，所有处理器停止。处于运行状态的处理器通过 FORK 指令显示激活其他处理器，形成一个树状结构，因此消耗的时间为 $O(\log p)$。

根据上述介绍的特点，我们可以看出 PRAM 模型是一个理论模型，在现实中是不可行的。因为处理器和内存之间的互连网络需要非常大的面积，互连网络上的数据路由需要的时间与网络的规模成正比。在上述的理想情况下，算法的设计者可以忽略通信问题，只关注并行计算。现实中存在可以在有度有边界的网络上模拟任何 PRAM 算法的算法，用于为 PRAM 模型设计通用算法，并在可行网络上进行仿真。

下面讨论 PRAM 模型的细节。它是与全局共享内存单元通信的同步处理器的集合包含了一组编号的处理器 $P_i$，一组具有索引的存储单元 M[i]，每个处理器 $P_i$ 都有自己的无限本地内存并知道它的索引，每个处理器可以在单位时间内访问任何共享内存单元。PRAM 算法的输入和输出包含 $N$ 个不同项。一条 PRAM 指令包含 3 个同步步骤：读取（获取输入数据）、计算和写入（将数据保存回共享内存单元），通过存储单元的写入和读取实现数据交换。根据之前介绍的复杂度分析，结合 PRAM 的具体定义，可以得到如下复杂度：时间复杂度即 $P_0$ 计算所用的时间，空间复杂度即访问的内存单元数。PRAM 模型适用于并行算法，自然的想法是 $N$ 个处理器上每个周期的操作数至多为 $N$，这一模型的强大之处在于所有访问都在一个时间单位内实现，同时它非常简单，通过抽象所有通信或同步开销来保持较低的复杂性和正确性开销。PRAM 模型直观地表现了程序员对并行计算机的看法，但忽略了较低级别的体系结构约束和细节，例如内存访问争用和开销、同步开销、互连网络吞吐量、连续性、速度限制和链路带宽等。

下面主要介绍四种 PRAM 模型分类：①独占读独占写（exclusive read exclusive write，EREW）模型是指在同一时间内，一个内存地址只能被一个处理器读或写，即禁止多个处理器同时读写同一个内存地址；②并发读独占写（concurrent read exclusive write，CREW）模型允许多个处理器同时读取同一内存地址，但在同一时间内只能由一个处理器写入同一个内存地址；③独占读并发写（exclusive read concurrent write，ERCW）模型允许多个处理器同时写入同一内存地址，但在同一时间内只能由一个处理器读取同一个内存地址；④并发读并发写（concurrent read concurrent write，CRCW）模型允许多个处理器同时读写同一内存地址，即在同一时间内，多个处理器可以同时读写同一内存地址。四种模型可以按灵活程度排序为 CRCW>(ERCW、CREW)>EREW。也就是说，CRCW 模型最为灵活，EREW 模型最为严格。

在 CRCW 模型中，允许多个处理器同时读写同一个内存地址，因此需要规定一种共享内存写入的方式，以避免写入冲突。常见的有四种模式，第一种是 COMMON 模式，它要求所有同时写入同一个地址的处理器必须写入相同的值，否则会发生写入冲突。第二种是 ARBITRARY 模式，当多个处理器同时写入同一个地址时，系统会随机选择一个处理器，将其值写入寄存器。第三种是 PRIORITY 模式，系统根据处理器的优先级来决定哪个处理器的值可以被写入。第四种是 COMBINING 模式，系统会对这些值进行某种组合操作后再写入，例如求和、求最小值或求最大值等。其中，COMMON-CRCW 模式是最常用的一种共享内存写入方式。表 4-2 列出了 EREW 模型和 CRCW 模型在常见算法中的复杂度对比。

表 4-2 EREW 模型和 CRCW 模型在常见算法中的复杂度对比

| | EREW | CRCW |
|---|---|---|
| Search | $O(\log n)$ | $O(1)$ |
| List Ranking | $O(\log n)$ | $O(\log n)$ |
| Prefix | $O(\log n)$ | $O(\log n)$ |
| Tree Ranking | $O(\log n)$ | $O(\log n)$ |
| Finding Minimum | $O(\log n)$ | $O(1)$ |

### 4.4.2 BSP 模型

BSP 模型是一种设计并行算法的桥接模型，介于硬件和编程模型之间，由哈佛大学的 Leslie Valiant 发明。它采用单程序多数据（single program multiple data，SPMD）编程模型，支持直接内存访问和消息传递语义，并能够预测性能。为了方便使用 BSP 模型，牛津大学开发了 BSPlib 库，提供了一系列函数和工具，帮助程序员在 BSP 模型下进行并行编程。BSP 计算由一系列超级步（super steps）组成。在每个超级步中，处理器使用本地可用的数据执行计算，并发出通信请求。处理器在超级步的结束处进行同步，此时已发出的所有通信请求均已完成。BSP 模型的性能可以通过超级步的执行时间和通信代价来估计及预测。

计算机由三个组件组成：首先是一组“处理器-内存”对，其中每个处理器都与一个内存对应。这些处理器可以独立地执行计算任务，并在需要时访问其对应的内存。其次是一个点对点传递消息的通信网络，使处理器之间能够交换数据和协调计算任务。通信网络通常采用低延迟和高带宽的拓扑结构等。最后是一种高效的栅障同步机制，用于同步所有处理器的计算和通信。在所有处理器完成其当前超级步的计算和通信任务之后，才能进入下一个超级步，从而保证 BSP 模型的正确性和性能。

超级步分为三个阶段：计算、通信和同步。在计算阶段中，每个处理器利用本地存储的数据独立地执行计算任务，无须进行通信。在通信阶段中，处理器之间进行数据交换来扩大可使用的数据规模。在同步阶段中，处理器等待其他处理器完成计算和通信，以便进入下一个超级步。当一个处理器到达栅障（barrier）时，它会等待其他的处理器也到达栅障，再向下进行。超级步的计算、通信与同步示意如图 4-16 所示，在两个超级步之间有一个同步栅障，每一个超级步中的多个处理器会依次在同步栅障处等待其他处理器。

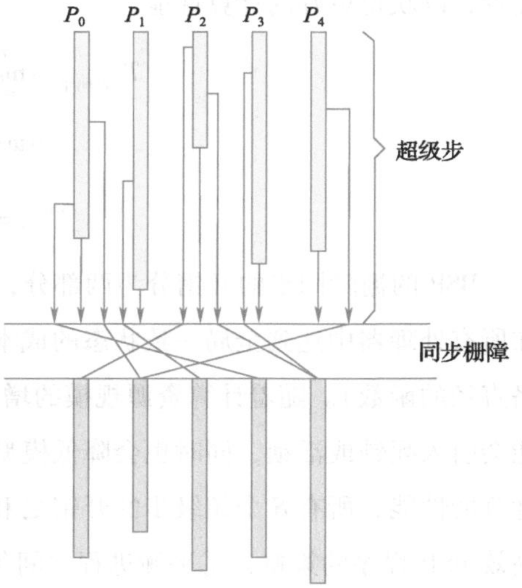

图 4-16 超级步的计算、通信与同步示意

从垂直角度看 BSP 模型，它由一系列超级步组成，每个超级步中包括了本地计算、通信和栅障同步。从水平角度上看 BSP 模型，也就是分析超级步内部，可以看作固定数量的虚拟处理器之间的并发，处理数据没有特定的顺序，并且出于简化设计的考虑放弃了局部性原理，通常用 $P$ 来表示处理器的数目。图 4-17 表示了虚拟处理器内部进行本地计算，处理器之间进行全局通信的过程，栅障在其中保证通信的同步。

在 BSP 模型中，$p$ 表示处理器数量，$l$ 表示栅障同步延迟，即实现栅障同步所需的时间和代价。栅障同步的延迟越小，处理器就可以更快地进行同步和进入下一个超级步。用 $g$ 表示通信开销，它代表每个字的通信代价。用 $s$ 表示处理器速度，以处理器每秒可以执行的浮点操作数（FLOPS）为单位。“h-relation 通信”指的是在单个超级步中，任何处理器发送和接收的消息数量不超过 $h$，它可以帮助限制通信开销和提高性能。BSP 模型不区分发送 $h$ 条长度为 $m$ 的消息与发送 $m$ 条长度为 $h$ 的消息，因为两者的开销都是 $mgh$。

超级步的耗时可以用式（4-68）和式（4-69）计算得到，其中 $w$ 为最大计算时间，$g$ 等于网络带宽的倒数，$h$ 表示最大消息数，$l$ 表示同步时间。程序总耗时等于各超级步的耗时累加。根据这些公式，可以预测 BSP 计算的性能，并根据性能参数调整系统配置，以获得更好的计算性能。

$$\begin{aligned} T_{\text{superstep}} &= \max_{i=1}^{p}(w_i) + g \cdot \max_{i=1}^{p}(h_i) + l \\ &= w + g \cdot h + l \end{aligned} \tag{4-68}$$

$$T_{\text{total}} = \sum_{s=1}^{S} T_{\text{superstep}} \tag{4-69}$$

BSP 的栅障同步的开销分为两部分，包括处理器计算步骤完成的时间的变化，以及在所有处理器中达到全局一致状态的成本开销。这些开销由参数 $l$ 捕获（$l$ 的下界是网络直径的函数）。随着计算资源规模的增加，同步成为主要的瓶颈。如果去除同步，可能会引入死锁或活锁，同时也会降低模型的简单性。因此，需要权衡同步的代价和并行计算的性能，所有 $S$ 个超级步的开销之和见式（4-70），根据此式，可以得到用于编写高效 BSP 程序的策略：①平衡进程之间每个超级步的计算，用 $W$ 来表示所有处理器中计算时间的最大值；②平衡进程之间的通信，用 $H$ 来表示数据扇入/扇出的最大值；③最小化超级步的数量，以此可以减少栅障的数目。

$$W + H \cdot g + S \cdot l = \sum_{s=1}^{S} w_s + g \cdot \sum_{s=1}^{S} h_s + S \cdot l \tag{4-70}$$

我们使用如图 4-17 所示的实例介绍 BSP 性能模型的具体使用，拉普拉斯等式的数值解可以由式（4-71）得到，用程序进行计算，求解代码如图 4-18 所示，可将其转化为对矩阵元素不断迭代更新，每轮迭代中将元素值更新为周围 4 个元素的平均值。

$$U_{i,j}^{n+1} = \frac{1}{4}\left(U_{i-1,j}^{n} + U_{i+1}^{n} + U_{i,j-1}^{n} + U_{i,j+1}^{n}\right) \tag{4-71}$$

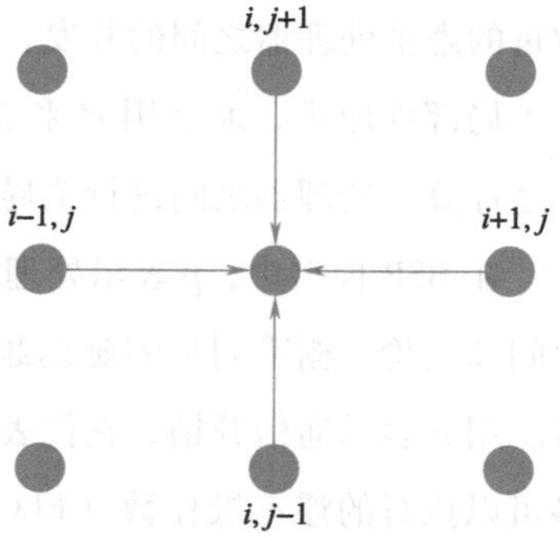

图 4-17　拉普拉斯等式求解示例

为了并行化该过程，可以将数据分为不同的条带。我们重合数据边界以保证超级步在计算过程中不会向其他超级步请求数据，而是在计算完成后进行通信，再将最近值更新给远端服务器。它的伪码如下所示，当计算的条带不位于左右边界时，在计算完成后需要将左列和右列的最新值分别传递给相邻处理器。这样，最大消息量 $h$ 等于向相邻处理器传输的最大消息量 $2N$，由于更新值需要 4 次计算（3 次加法和 1 次乘法）算出，最大计算时间 $w$ 等于 $4N^2/p$。超级步的耗时可由式（4-72）得出。

$$T_{\text{superstep}}=\frac{4N^2}{p}+2g\cdot N+l \tag{4-72}$$

```
for j = 1 to jmax
    for i = 1 to imax
        unew(i, j) = 0.25* (U(i-1,j) + U(i+1,j) + U(i,j-1) + U(i,j+1))
    end for
end for
if me not 0 then
    bsp_put (to the left)
endif
if me not NPROCS -1 then
    bsp_put (to the right)
Endif
bsp_sync()
```

图 4-18　拉普拉斯等式求解代码

## 4.4.3　LogP 模型

大规模并行处理（massively parallel processing，MPP）结构将处理器和存储分为每一个节点，在节点处计算完毕再通过互连网络传输。LogP 模型是面向这种分布式存储、点对点传输的系统的并行计算模型。LogP 模型没有讨论拓扑结构，也没有给出一致的编程模型。

LogP 模型由加利福尼亚大学伯克利分校的 Culler 提出。该模型将并行计算机抽象为处理器和通信两个部分。处理器 $P$ 使用高性能的微处理器、大容量的 DRAM 和高速缓存。通信部分具有较大的延迟 $L$（数百个时钟周期）、有限的带宽（仅占内存的 1%~5%）、显著的开销（10~100 个时钟周期，在双方都有，与拓扑结构无关）和有限的容量。在编程模型方面，同样没有一致的看法，应当根据具体应用场景来选择合适的编程模型。

如图 4-19 所示，LogP 模型表示处理器（processors）间消息传递的效率取决于三个因素：发送一个（小）消息所需的延迟 $L$，处理器在发送或接收消息时产生的开销

（overhead），以及连续发送或接收消息之间的间隔（$g$，它等于带宽的倒数）。其中，带宽受限于延迟 $L$ 与消息间隔 $g$ 的比值。

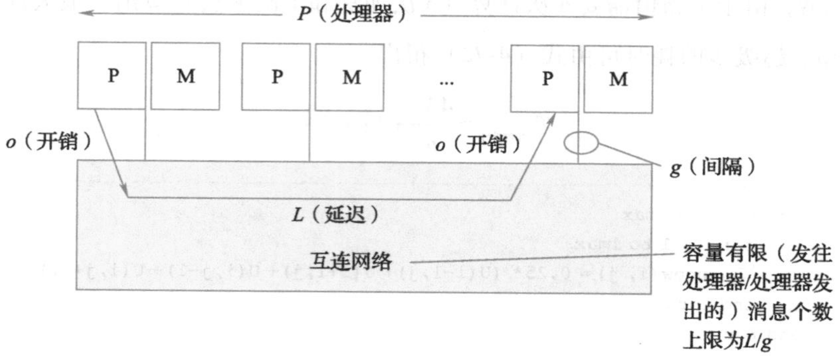


图 4-19 LogP 模型示意

在 LogP 模型中，消息从一个处理器传递到另一个处理器所需的总时间可以用公式 $L+2o$ 计算。由于消息传递的效率取决于多个因素，因此很难建立一个应用间消息传递时间的计算模型。但我们可以使用类似 BSP 中的方法来尝试建立，只需要把收发消息间隔改为 $L+2o$（处理器间通信耗时）即可。

在超级步的计算中，参数 $P$ 起作用吗？实际上当处理器数量变化时，计算时间、消息数量和同步时间都会发生变化。这是因为处理器数量的增加会影响处理器之间的通信和同步效率，从而影响整个并行计算的性能。

网络的有限容量是指任何试图传输超过该数量数据的尝试都会使处理器停顿。LogP 模型并没有涉及消息大小的问题，甚至它将所有消息都假定为小的。并且，它也没有考虑网络的全局容量问题。

LogP 模型的优势可以从以下示例中得到。假设我们需要将 $N$ 个数据映射到 $p$ 个处理器上。这将涉及数据分割和分配策略，需要考虑负载平衡和通信开销等因素。一方面是处理器内部的计算成本和负载平衡，需要考虑算法和应用程序的性质，以及每个处理器的处理能力和数据访问开销等因素。另一方面是处理器之间的通信成本和负载平衡，需要考虑通信模式和通信量等因素，以及网络拓扑结构和传输协议的性质。LogP 模型对处理器和网络性能进行特征化，从而不需要考虑网络内部的细节，而只需要将其看作黑盒。

利用上述的 LogP 模型，我们可以设计更加有效率的广播算法（broadcast algorithm）。图 4-20a 是一个具有 8 个处理器（$p=8$）广播系统的最优广播树（optimal broadcast tree），它的信息从源到目的地所需的时间 $L=6$，处理器发送信息的间隔为 $g=4$，处理器接收或发送消息所需的处理开销 $o=2$。这样的结构之所以是最优的广播树，是因为两层树形结构耗时最长，很显然需要两层以上的结构；而第三层的第一个节点的传播时间需要 $10(2o+L)+10=20$ 的时延，因此第二层的最长时间节点控制在 22 为最优情况，其余的节点交由第二层的节点来广播告知信息。

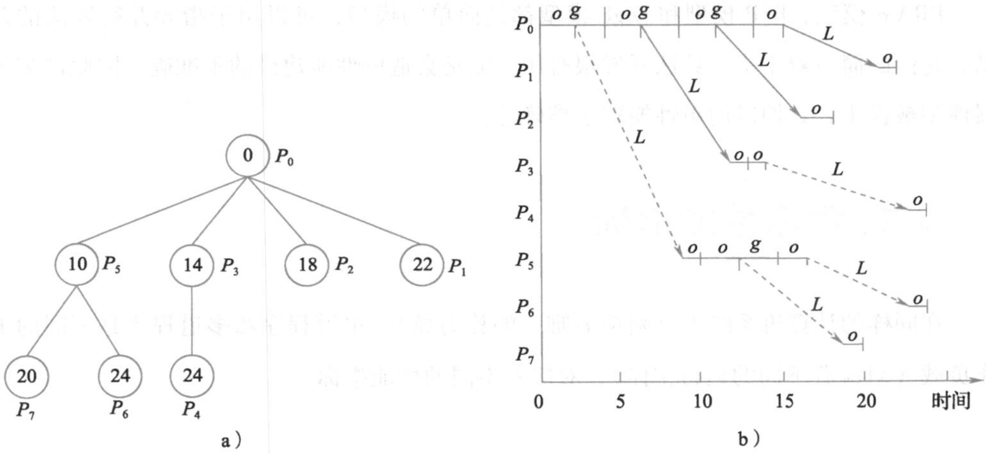


图 4-20 向 $p-1$ 个处理器广播数据

图 4-20b 展示的是每个处理器在这次广播中的信息传播的细节。和图 4-20a 的视角不同，图 4-20b 绘制了每一部分的时间开销（根据 LogP 模型中的定义）是怎样表现在实例中的，可以让读者以时间为轴对 LogP 模型有更详细的认识。

通过以上对定义和实例的分析，我们可以对 LogP 模型的优缺点进行分析。优点是简单，只有 4 个参数，方便理解和记忆，因此可以方便地指导算法开发，尤其是通信相关的算法。事实上这个模型也已经被用于分析许多集合通信算法（collective communication algorithms）。但该模型仅能在非常低的层次获得准确的分析，例如机器指令层级，当用它来分析更多实用的、使用了协议层（例如 TCP/IP）的通信系统，分析的结果就不再准确。因此 LogP 模型衍生出了许多的变种，它的系列模型有 LogGP、LogGPC 和 pLogP 等，这些模型更准确但是表达也更加复杂。

BSP 模型是 PRAM 模型的推广，前者所具有的特点是超级步中的进程可以有不同的计算时间，明确考虑了通信和同步成本。PRAM 模型不会产生编程模型，而 BSP 模型有一些实现。BSP 模型和 LogP 模型也有许多不同之处，LogP 模型中的通信具有“本地”视图，基于每次传输的性能进行分析；BSP 模型中的通信具有“全局”视图，基于整个程序的性能进行分析。LogP 模型有一个术语（$o$）表示通信开销，BSP 模型和 LogP 模型之间的关系可以用 LogP+barrier-overhead = BSP 表达，这两个模型都可以有效地互相模拟对方。

PRAM 模型、BSP 模型和 LogP 模型都是简单的模型，可以用于指导并行算法的开销，它们的简单对于指导算法开发很有用，但是会造成性能建模的不准确。因此许多扩展模型被提出，它们以简单性换取了准确性。

## 4.5 程序性能指标

在同样的计算机系统上（对应着唯一的算力场），单道程序和多道程序是不同的工作负载（对应着不同的运行主体），对应着不同的性能指标。

### 4.5.1 单道程序工作负载的性能指标

在计算机系统的设计、优化和测试过程中，评估系统性能是一项非常重要的任务。其中一个关键指标是系统的运行速度，如何定义系统的速度，以及如何测量系统的运行速度呢？在物理中，物理意义上的速度通常以米每秒（m/s）为单位来定义。那么迁移到计算机系统的核心——CPU 上，由于其内部结构的复杂性和多样性，计算机系统通常使用 MIPS 指标来定义系统的速度。

计算机系统 MIPS 是通过对计算机系统进行基准测试得出的，测试时通常使用一系列标准测试程序，然后测量系统在执行这些测试程序时的平均指令执行次数。计算机系统的 MIPS 值越高，代表着计算机系统能够在单位时间内执行更多的指令，也就意味着计算机系统运行速度更快。

要注意的是，在使用 MIPS 衡量 CPU 速度时，要保证双方所运行的程序指令完全相同，否则无法客观地衡量系统性能。例如，CPU $A$ 和 CPU $B$ 分别为 $X$ 程序编译。当我们在 CPU *A* 上运行 *X* 程序时，需要执行 1 万条指令，耗时 2s。当我们在 CPU *B* 上运行 *X* 程序时，只需要执行 5000 条指令，耗时 1.5s。此时无法判断哪个 CPU 的性能更好，因为虽然二者执行的都是程序 *X*，但编译后其实际执行的指令在数量和内容上都是不同的。

在上述情境下的评估问题可以使用处理器性能公式来解决。如式（4-73）、式（4-74）和式（4-75）所示，程序运行需要的时间 = IC · CPI · CCT，其中 IC（instruction count）表示程序的指令总数，CPI（cycles per instruction）表示每条指令所需的时钟周期数，CCT（clock cycle time）表示每个时钟周期的持续时间。

$$\text{程序运行需要时间} = \text{程序运行需要的时钟周期数} \times \text{每时钟周期的时间长度} \tag{4-73}$$

$$\text{程序运行需要时间} = \frac{\text{程序运行需要的时钟周期数}}{\text{时钟主频}} \tag{4-74}$$

$$\text{程序运行需要时间} = \text{IC} \cdot \text{CPI} \cdot \text{CCT} \tag{4-75}$$

可以看出，CPU 的执行时间受到许多因素的影响，如 IC、CPI 和 CCT 等。而计算机系统结构可以通过这些因素影响 CPU 的性能。

CPI 受存储器延迟、IO 延迟等因素影响。CPI 的高低取决于指令的类型和执行过程中所需的资源。指令类型分整数指令、浮点指令和访存指令等。不同类型的指令具有不同的 CPI，因此对于不同类型的指令，CPU 的执行时间也会有所不同。

CCT 受高速缓存组织、功耗预算等因素影响。CCT 的长短主要取决于 CPU 的硬件实现和设计。其中，高速缓存组织和容量对 CPU 性能影响最大。CPU 的高速缓存能够有效减少访问内存的时间，提高指令的执行速度。此外，功耗预算也是一个重要的考虑因素，过高或过低的功耗预算都会对 CPU 的性能造成影响。

IC 是指令数的数量，它受到软件和硬件两方面因素的影响。操作系统的运行和编译器的选择都会对 CPU 的性能产生影响。操作系统会占用一定的 CPU 资源，而不同的编译器对于相同的代码生成的指令数也会有所不同。

不同类型的指令一般具有不同的 CPI。因此，在进行性能优化时，需要对 CPU 执行的指令类型进行分析，以便选择最佳的优化策略。在计算这些参数时，也根据指令类型的多样化而有了新的公式：

$$\text{CPU-clock-cycles} = \sum_{i=1}^{n} \text{IC}_i \times \text{CPI}_i \tag{4-76}$$

$$\text{CPU-time} = \left(\sum_{i=1}^{n} \text{IC}_i \times \text{CPI}_i\right) \times \text{clock-cycle-time} \tag{4-77}$$

## 4.5.2 多道程序工作负载的性能指标

对于多线程的工作负载来说，“每个时钟周期执行的指令数”（instructions per cycle，IPC）不是一个准确、可靠的性能指标。IPC 可能会引起误导性的结论，因为：①在多线程环境下存在不同的执行路径和线程交错，每次执行的指令数量可能不同；②在不同的微体系结构中，执行的自旋锁循环指令数量可能会有所不同，而自旋锁循环指令不会对总体执行时间产生影响，但会影响 IPC。因此，我们需要寻找其他性能指标来衡量多线程工作负载的性能。

针对多程序的工作负载，可以使用以下两个性能指标。

（1）系统吞吐量（system throughput，STP）：这是指在一定时间内处理的任务数或数据量。较高的 STP 表明系统具有更高的处理能力。式（4-78）和式（4-79）中的 $T_i^{SP}$ 和 $T_i^{MP}$ 分别指第 $i$ 个单程序模式（即程序独立运行）和多程序执行（即程序与其他程序共同运行）下的执行时间。

$$\text{STP} = \sum_{i=1}^{n} \text{NP}_i = \sum_{i=1}^{n} \frac{T_i^{SP}}{T_i^{MP}} \tag{4-78}$$

（2）平均归一化周转时间（average normalized turnaround time，ANTT）：这是指每个任务的平均处理时间。ANTT 是一种更加全面的性能指标，考虑了任务的处理时间和等待时间，因此更适合评估多程序工作负载的性能。ANTT 是一种量化用户在多程序执行中相对于单程序执行所感知到的减速的归一化周转时间指标。ANTT 值越低，意味着多程序执行相对于单程序执行所感知到的减速越小。

如式（4-79）和式（4-80）所示，ANTT 可由 NTT 计算得到。NTT 与“归一化进程数”NP 是互为倒数的，即 $\text{NTT}=\frac{1}{\text{NP}}$。归一化进程数是一个反映系统并行度的指标，它代表了在多程序执行中相对于单程序执行所占用的处理器数量。需要注意的是，ANTT 是一个“越低越好”的指标，而不是一个“越高越好”的指标。ANTT 值越小，表示系统的性能越好。

$$\mathrm{NTT}_i = \frac{T_i^{\mathrm{MP}}}{T_i^{\mathrm{SP}}} \tag{4-79}$$

$$\mathrm{ANTT} = \frac{1}{n}\sum_{i=1}^{n}\mathrm{NTT}_i = \frac{1}{n}\sum_{i=1}^{n}\frac{T_i^{\mathrm{MP}}}{T_i^{\mathrm{SP}}} \tag{4-80}$$

## 4.6 存储系统的性能指标

1994 年，时任美国工程院院长威廉·沃尔夫（Williams Wulf）和他的博士生莎莉·麦基（Sally A. McKee）正式提出了存储墙（memory wall）问题[6]，揭示了计算机的数据运算能力和数据访问能力的差距在逐年增大的规律，指出计算机必须要增强存储系统的性能，否则计算机性能将受限于存储延迟。截至 2024 年，30 年过去了，存储墙问题仍然存在，且随着应用的数据密集程度增加，有愈演愈烈的趋势。

存储系统性能是计算机系统中至关重要的因素之一。在现代计算机系统中，存储系统是储存数据的地方，也往往是整个计算机系统的性能瓶颈。通过度量存储性能，并对存储系统进行优化，可以显著提高计算机系统的性能，加快计算任务的执行速度。

要度量存储系统性能，需要考虑以下要求：

（1）与 CPU 性能有密切关系但又独立的指标。存储性能与 CPU 性能有很大关系，但也需要一些独立的指标来度量内存性能。这些指标包括延迟、吞吐量、带宽等。

（2）提供整个存储系统的性能及每个存储层次结构的性能。存储系统通常由多个层次结构组成，包括 CPU 高速缓存、存储控制器、主存储器等。度量存储性能时，需要考虑每个层次结构的性能及整个存储系统的性能。

（3）覆盖现代存储系统的复杂性。现代存储系统非常复杂，需要考虑诸如存储类型、存储映射、存储架构等因素。度量存储性能时，需要对这些因素有一定的了解。

（4）简单易用、易于理解。度量存储性能的工具和方法应该尽可能简单易用，让用户可以轻松地理解存储性能的结果。

### 4.6.1 平均存储访问时间

现代计算机系统采用了很多技术去应对存储墙问题，其中相当一部分是挖掘和利用局部性。平均存储访问时间（average memory access time，AMAT）至今仍是工业界和学术界表征存储系统性能的通用工具，它的表达式如式（4-81）所示，其中 $H$ 表示高速缓存的命中延迟，MR 表示高速缓存缺失率，AMP 表示平均缺失代价。AMAT 能够较好地反映局部性被挖掘利用的情况。

$$\mathrm{AMAT} = H + \mathrm{MR} \cdot \mathrm{AMP} \tag{4-81}$$

并发技术是近年来变得越来越重要的技术。但是并发技术在延迟隐藏方面的作用无法被 AMAT 反映。也就是说，并发技术在存储系统中有没有用或有多少作用，在 AMAT 的评估下不得而知。AMAT 限制了并发技术在存储系统中的发展。尽管存在表征并发性能力方面的不足，但作为表征存储系统性能的工具，因为简单易用，AMAT 被 David Patterson 等在所著的计算机体系结构教科书[11] 中使用，发挥了贯穿全局、审视各种优化技术的作用。

## 4.6.2 存储延迟与存储带宽

存储延迟（memory latency）是指存储系统响应一条处理器访存指令的时间，这段时间是从 CPU 执行一条访存指令时的访存阶段开始，经过存储层次系统响应，一直到 CPU 获取到目标数据为止所经历的时间。这个时间可以使用真实时间单位为单位（例如 100 ns），也可以使用 CPU 的时钟周期为计数单位（例如 100 cycles）。

存储带宽（memory bandwidth，$b$）与有效带宽（effective bandwidth，$b_{\mathrm{eff}}$）是两个需要区分的重要概念。首先，这两种带宽都是统计概念，它们表征的都是数据输送或获得的速度；其次，它们二者的区别在于是否考虑数据从存储层次系统传输到 CPU 所花费的时间（称为传输时间 $T_1$）。存储带宽 $b$ 衡量的是存储系统向外输出数据的速度。如果发送 $V$ 大小的数据需要花费 $T_s$ 的时间，那么有：

$$b = \frac{V}{T_s} \tag{4-82}$$

有效带宽 $b_{\mathrm{eff}}$ 被计算时算上了从内存到 CPU 之间的传输时间，是 CPU 端接收数据的速率，对于 CPU 端，接收 $V$ 大小的数据需要的总时间为 $T=T_s+T_1$，则

$$b_{\mathrm{eff}} = \frac{V}{T_s+T_1} = \frac{V}{\dfrac{V}{b}+T_1} \tag{4-83}$$

使用极限分析上面的公式，当发送数据量很大（large data volume）时，传输时间忽略不计，$b_{eff}$ 趋近于 $b$；当数据量很小（low data volume）时，$b_{eff}$ 趋近于 0。

那么，当 CPU 因为访存（等待数据返回）而出现了运算部件的停顿时，我们就将这段停顿时间简称为存储停顿时间（memory stall time）。注意，这里的停顿不是存储系统的停顿，而是由存储访问而引起的处理器流水线的停顿。处理器在执行访存指令等待返回结果的这段时间，被称为存储访问时间（memory access time）。处理器的运算部件因为高速缓存缺失导致长延迟存储访问，操作数没有被及时地供给，而指令之间存在数据依赖和控制依赖，当指令窗口（instruction window，IW）和重排序缓冲（reorder buffer，ROB）被用尽之后，处理器将不能继续执行下一条指令。

**例题 4-6** 对于运行在给定计算机系统上的程序，试比较程序的存储停顿时间与存储访问时间的大小。

解答：

对于给定的程序和计算机系统，存储访问时间一般大于存储停顿时间。这是因为①存储访问绝大部分都能在高速缓存命中时，指令窗口和重排序缓冲不会被用尽，处理器流水线不会停顿；②即使存储访问有相当一部分发生了高速缓存缺失而必须访问长延迟的内存，这时如果指令窗口中的指令之间没有数据依赖和控制依赖，那么处理器仍然可以继续执行指令，没有发生停顿；③只有当存储访问有相当一部分发生了高速缓存缺失而必须访问长延迟的内存，且指令窗口中的指令之间有数据依赖和控制依赖时，处理器流水线才会发生停顿。

□

**例题 4-7** 消防系统由消防栓和消防水管连接组成。试以消防系统为例，说明延迟与带宽的概念。

解答：

在火灾发生后，消防员打开了消防栓（此时刻记为 $T_1$），水从消防水管尾部的喷头开始喷出（此时刻记为 $T_2$），每秒钟喷出 $B$ 升，则称（$T_2-T_1$）为延迟，称 $B$ 为带宽。延迟的值取决于消防栓的水压和消防水管的长度，带宽的值取决于消防栓和消防水管的口径。在其他因素不变时，消防栓的水压越高，延迟越低。在其他因素不变时，消防水管的长度越小，延迟越低。因此，如果希望尽快开始灭火，则选择水压较高且较靠近火源的消防栓。如果希望能应对较大的火势，则需要较大的带宽，也就是需要较大口径的消防栓和消防水管。

□

例题 4-8 假设一个 64B 的数据块从一个处理器传输给另外一个处理器，通信网络的启动开销是 2μs，传输带宽为 20MB/s，试求这一远程操作的总延迟。如果数据块的大小为 32B、128B，总延迟分别会发生怎样的变化？

解答：

总延迟 $L$ 与启动时间 $L_0$、数据块大小 $n$、带宽 $B$ 具有以下关系：

$$L=L_0+\frac{n}{B} \tag{4-84}$$

数据传输带宽为

$$B_{实际}=\frac{n}{L}=\frac{n}{L_0+\dfrac{n}{B}} \tag{4-85}$$

当数据块大小为 32B 时，代入可知总延迟为 3600ns，数据传输带宽为 8.89MB/s；当数据块大小为 64B 时，代入可知总延迟为 5200ns，数据传输带宽为 12.31MB/s；当数据块大小为 128B 时，代入可知总延迟为 8400ns，数据传输带宽为 15.24MB/s。可见随着数据块的增大，数据传输带宽越来越接近传输率 $B$。

当数据块大小 $n_{\frac{1}{2}}=L_0 \cdot B$ 时，数据传输带宽达到传输率 $B$ 的一半。在本例中，这个值为 40B。当数据块大小为无穷大时，$B_{real}$ 等于 $B$，所以 $B$ 也被称为渐进数据传输率（asymptotic rate），记为 $B_\infty$，可见 $B_{real}$ 已经考虑了延迟的大小。

□

### 4.6.3 单位时钟周期完成的存储访问数量

单位时钟周期完成的存储访问数量（average memory accesses per cycle，APC）[7] 是表征计算机存储系统性能的一个重要指标，它反映了平均每个时钟周期内所执行的存储访问次数。每个存储层次都有自己的 APC 值，例如 L1、L2 和 L3 高速缓存，以及主存储器，都有自己的 APC，可以依次表示为 $APC_1$、$APC_2$、$APC_3$ 和 $APC_M$。这些值可以用来评估不同存储层次的性能和整个存储系统的性能。对数据密集型应用来说，APC 值显著影响 CPU 性能。如式（4-86），APC 被定义为，在某个存储层次中，完成的存储访问请求数（$M$）除以活跃的存储访问周期总数（$T$），$T$ 中已经移除了那些存储器空闲的时钟周期。

$$\mathrm{APC}=M/T \tag{4-86}$$

使用 APC 有下面几个方面的好处：①使用 APC 值可以将存储性能的评估与 CPU 性能的评估分开，有助于识别系统中存在的瓶颈，并在适当的地方进行优化；②APC 值可以帮助理解整个存储系统的性能，进而进行优化和调整；③更好地匹配计算能力和存储性能，了解 APC 值有助于匹配计算能力和存储性能。这意味着可以通过优化存储访问模式来提高系统性能，并且可以为不同类型的应用程序配置不同的存储系统资源。

一个应用是否为数据密集型，也可以通过 APC 对 IPC 的影响大小来定义，例如，可以规定，当应用的 APC 与 IPC 的相关系数大于一定阈值（如 0.9）时，可以称其为数据密集型应用（data-intensive application）或存储密集型应用（memory-intensive application）。

### 4.6.4 并发平均存储访问时间

并发平均存储访问时间（concurrent average memory access time，C-AMAT）[8] 是指在计算机系统中多个并发进行的存储访问的平均存储访问时间。它考虑了同一处理器的并发存在的多个访问带来的“利”与“弊”，“利”是并发访问之间可以隐藏延迟，“弊”是并发访问之间可能因为争用资源而产生排队延迟。C-AMAT 考虑了这些利弊，因此 C-AMAT 更准确地反映了并发引起的延迟隐藏对存储系统性能的影响。

C-AMAT 引入了“纯粹缺失”（pure miss）的概念。如果一个时钟周期上只有高速缓存缺失而没有高速缓存命中，则这个时钟周期被称为纯粹缺失周期（pure miss cycle），在这个时钟周期上处理器将因为得不到任何数据供给而陷入流水线停顿。C-AMAT 的公式可以表示为

$$\text{C-AMAT}=\frac{H}{C_H}+\text{pMR}\cdot\frac{\text{pAMP}}{C_M} \tag{4-87}$$

式中，$H$ 为高速缓存命中延迟；$C_H$ 为命中存储请求的并发度；pMR 为纯粹缺失率；pAMP 为平均缺失代价；$C_M$ 为纯粹缺失并发度。

式（4-87）以最有限的参数同时表征了存储访问的局部性和并发性，同时表达了AMAT和MLP所表达的信息。式中的5个参数给出5个解决存储墙问题的新方向。C-AMAT是一个分析工具，它给出了规整的数学表达式和逻辑证明。

图4-21给出了一个示例来解释纯粹缺失和命中周期的概念，而其中对应的最长访问时间、平均存储访问时间、并发存储访问时间则如图4-22所示。图4-20中有5个不同的存储访问在时间上交叠发生（称为“并发”）。每个访问的前3个时钟周期为高速缓存查询延迟及命中后的数据传输延迟。如果访问没有在高速缓存中命中，则会有一个大小不确定的缺失代价。缺失代价的大小取决于最终在何处获得了数据。访问3和访问4在高速缓存缺失，其他的访问均在高速缓存命中。访问3有3个周期的缺失代价，访问4只有1个周期的缺失代价。如果从并发存储的角度去看，只有访问3包括2个纯粹缺失周期。尽管访问4有1个缺失周期，但是由于该周期与访问5的命中周期重叠在一起，因此这个周期不是纯粹缺失周期。因此，这5个存储访问的纯粹缺失率为0.2，远远小于传统的缺失率0.4。之所以要忽略与命中访问完全重叠的缺失，是因为这些缺失不会引发处理器的停顿。在有其他数据得到命中的情况下，处理器可以继续进行计算。由式（4-87）可以得到，C-AMAT是8/5 = 1.6周期/访问；而由式（4-81）得到的AMAT是3+0.4×2 = 3.8周期/访问。C-AMAT与AMAT的差就是并发存储的贡献。在这个简单例子里，并发使存储速度增加了一倍。

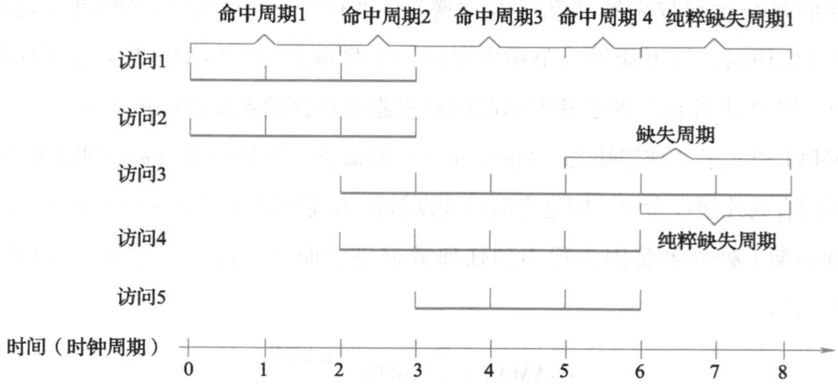


图 4-21　并发的多个存储访问在不同时钟周期上的交叠情形

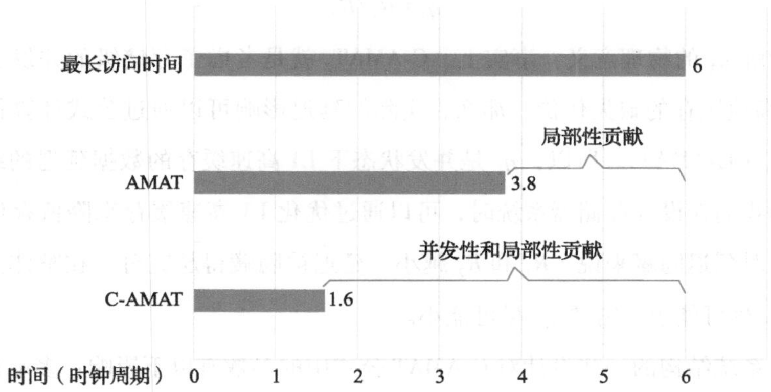


图 4-22 上一图场景中对应的最长访问时间、平均存储访问时间、并发存储访问时间

C-AMAT 是可以分存储层次递归表示的，与 AMAT 一样，C-AMAT 也可以扩展到存储器层次结构的下一级。默认的 C-AMAT 是 $\text{C-AMAT}_1$。C-AMAT 的平均未命中惩罚可以递归地扩展到存储层次结构的下一层。式（4-88）展示了 $\text{C-AMAT}_1$ 到 $\text{C-AMAT}_2$ 的关系：

$$\text{C-AMAT}_1=\frac{H_1}{C_{H_1}}+\text{pMR}_1\cdot\eta_1\cdot\text{C-AMAT}_2 \tag{4-88}$$

其中，

$$\text{C-AMAT}_1=\frac{H_1}{C_{H_1}}+\text{pMR}_1\cdot\frac{\text{pAMP}_1}{C_{M_1}} \tag{4-89a}$$

$$\text{C-AMAT}_2=\frac{H_2}{C_{H_2}}+\text{pMR}_2\cdot\frac{\text{pAMP}_2}{C_{M_2}} \tag{4-89b}$$

$$\eta_1=\frac{\text{pAMP}_1}{\text{AMP}_1}\cdot\frac{C_{m_1}}{C_{M_1}} \tag{4-89c}$$

在式（4-89c）中，$C_M$ 表示纯粹缺失并行度，$C_m$ 表示普通缺失并行度。L2 上发生的高速缓存缺失数为 $C_m$，而未命中数对 L1 性能的影响为 $C_M$。请注意，这里引入了一个新参数 $\eta_1$，$\text{C-AMAT}_2$ 对处理器核心所感受到的 $\text{C-AMAT}_1$ 的影响被 $\text{pMR}_1$ 和 $\eta_1$ 削减；$\text{pMR}\cdot\eta_1$ 是并发对减少平均存储访问时间做出的贡献。$\eta_1$ 是由两个参数 $R_1$ 和 $R_2$ 计算而来的，其中 $R_1$ 表示纯粹缺失周期占缺失周期的比例，$R_2$ 表示纯粹缺失（pure misses）占全部缺失（misses）的比例。$\eta_1$ 的计算公式为

$$\eta_1 = R_1 / R_2 \tag{4-90}$$

如何理解 $\eta_1$ 的物理意义？事实上，$\text{C-AMAT}_2$ 就是考虑了存储级的并发引起延迟隐藏之后 L2 高速缓存的缺失代价。那么，实际的延迟影响可以通过公式计算得出实际延迟影响为 $\eta_1 \cdot \text{C-AMAT}_2$。所以，$\eta_1$ 是并发状态下 L1 高速缓存的数据延迟的缩减器。这意味着，当我们在设计存储器系统时，可以通过优化 L1 高速缓存来降低存储器系统的访问延迟。对延迟隐藏来说，$R_1$ 和 $R_2$ 越小，延迟被隐藏得越充分。在整体上，为了保证 $\text{C-AMAT}_1$ 尽可能小，需要 $\eta_1$ 尽可能小。

计算机系统结构的一些设计对 C-AMAT 公式中的参数有以下影响：多端口高速缓存（multi-port cache）、多体高速缓存（multi-banked cache）及流水线高速缓存技术可以提高 $C_H$；对于纯未命中并发度 $C_M$，使用非阻塞高速缓存、预取技术可以提高 $C_M$。乱序执行、多发射流水线、同时多线程（simultaneous multi-threading，SMT）、多核处理器（chip multi-processors，CMP）技术可以增加 $C_H$ 和 $C_M$。

APC 用于度量存储系统的吞吐量（也称为通量），它和传统的每时钟周期执行的指令数有很大的不同。它主要关注的是存储系统活跃的时钟周期（memory-active cycles）。同时，APC 还可以通过重叠模式实现并发数据访问，这也是它和 IPC 的主要区别之一。相比之下，C-AMAT 则是一种分析和优化工具。它不依赖 5 个参数来决定它的值。事实上，C-AMAT 与 APC 是互为倒数的关系。

$$\text{C-AMAT} = \frac{1}{\text{APC}} \tag{4-91}$$

### 4.6.5 存储级并行性

存储级并行性（memory level parallelism，MLP）[9] 用于度量计算机存储系统中平均同时处理的内存请求数量。如式（4-92），内存活跃周数数量为 $T$（在 $T$ 的每个周期内至少存在一个未完成的长延迟的主存访问），$\text{MLP}_i$ 代表在第 $i$ 个周期中，内存系统的平均未完成访问数量。

$$\text{MLP} = \sum_{i=1}^{T} \frac{\text{MLP}(t)}{T} \tag{4-92}$$

MLP 可以从主存层次推广到其他存储层次上，表示存储并发度（concurrency，C）。

C-AMAT 是一种分析工具和测量方式，考虑了内存访问的平均延迟和并发性或并行性，提供了更准确的系统整体内存性能估计，但 MLP 只是一种测量方式。尽管 MLP 直接表征了存储访问的并发性，但没有同时表征存储访问的局限性，损失了 AMAT 所具有的信息，但 C-AMAT 同时考虑了局部性和并发性。C-AMAT 和 C 之间的关系将在下节论述。

### 4.6.6　并发感知的局部性

存储访问的局部性（locality）是一个重要概念。提出这一概念的论文是“Locality principle revisited：A probability-based quantitative approach”，该论文被评为 2012 年分布式处理国际会议（IPDPS）最佳论文。存储访问的局部性用 $L$ 表示，如式（4-93）所示，它指的是当地址 $A$ 被访问时，$A$ 附近的地址在将来被访问的概率。但这里的“将来”是以数据访问为单位的，主要关注事件顺序，而忽略了具体时序。此外，并行场景中的事件重叠也是一个需要考虑的因素。

$$L=P(\exists X_n \text{ 在 } A \text{ 的邻域内} \mid X_0=A, n<N) \tag{4-93}$$

并发感知的局部性（concurrency-aware locality，CaL）[10] 是对局部性的一个扩展，用于测量在地址 $A$ 被访问后的一段时间内，附近地址被访问的次数。其中，附近地址指的是在同一高速缓存行中的地址。假设 $g$ 个高速缓存行在时长为 $T$ 的时间窗口内被访问，各高速缓存行的访问记录分别用 $S_1,S_2,\cdots,S_g$ 表示，CaL 的定义如式（4-94）所示，它等于访问集大小的条件期望除以每个组存储的数据量大小。

$$\text{CaL}=\frac{E(G\text{ 集的大小} \mid X\in G, G\in\{S_1,S_2,\cdots,S_g\})}{\text{每个组存储的数据量大小}} \tag{4-94}$$

CaL 的计算方法如式（4-95）所示，其中，$N$ 为访存次数，$g$ 为高速缓存行数量，$K$ 为高速缓存行大小。

$$\text{CaL}=\frac{N}{g\cdot K} \tag{4-95}$$

由于大多数处理器中高速缓存行大小 $K$ 为固定值，所以通常使用重用感知的局部性（reuse-aware locality，RaL）[10] 指标，用于测量高速缓存行在一段时间内的平均被访问的次数。

$$\text{RaL}=\frac{N}{g} \tag{4-96}$$

接下来介绍 CaL 的优势，表 4-3 中考虑了 5 个并发访问的一个实例。对于 5 个并发访问，存在且仅存在 7 种访存序列。第 1 种是 5 个访问分别访问了不同的高速缓存行。第 2 种是有 2 个访问面向同一个高速缓存行，其余 3 个访问分别面向其他 3 个不同的高速缓存行。第 3 种是有 3 个访问面向同一个高速缓存行，其余 2 个访问分别面向其他 2 个不同的高速缓存行。第 4 种是有 2 个访问面向一个高速缓存行，另外 2 个访问面向另外一个高速缓存行，剩余的 1 个访问单独面向一个高速缓存行。第 5 种是有 4 个访问面向同一个高速缓存行，剩余的那个访问单独面向另一个高速缓存行。第 6 种是有 3 个访问面向同一个高速缓存行，剩余的那两个访问面向另一个高速缓存行。第 7 种是全部访问都面向同一个高速缓存行。

表 4-3　RaL 与 $L$ 及带宽的对比

| 访存序列 | 模式（Pattern） | RaL | $L$ | $B$ |
|---|---|---|---|---|
| 1 | <1>，<1>，<1>，<1>，<1> | 1 | 0 | 5 |
| 2 | <2>，<1>，<1>，<1> | 5/4 | 2/5 | 4 |
| 3 | <3>，<1>，<1> | 5/3 | 3/5 | 3 |
| 4 | <2>，<2>，<1> | 5/3 | 4/5 | 3 |
| 5 | <4>，<1> | 5/2 | 4/5 | 2 |
| 6 | <3>，<2> | 5/2 | 1 | 2 |
| 7 | <5> | 5 | 1 | 1 |

表的右侧列出了 RaL、$L$ 和访问块数量三个指标，可以看出 RaL 和 $L$ 都能很好地指示访存序列的局部性。但对比访存序列 4 和 5、6 和 7 时，由于访存序列 5 和 7 访问的缓存行数量明显更少，局部性也应该更好。使用 CaL 指标时能够很好地进行区分，但使用 $L$ 指标却不能，因为它们的值是一样的。

如式（4-97）所示，CaL 与下一级存储带宽 $B$ 的乘积等于 4.6.3 节中提到的 APC。这一结论可以由 $\mathrm{APC}=N/T$ 和 $B=g\cdot K/T$ 两个式子得到。

$$\mathrm{APC}=B\cdot \mathrm{CaL} \tag{4-97}$$

CaL 与 AMAT 也存在着类似的等式关系。如果所有的操作都是串行化的，那么总耗时为 $N\cdot \mathrm{AMAT}$，当用 $C$ 表示并发度时，有

$$\sum_{i=1}^{T} C_i = N \cdot \text{AMAT} \tag{4-98}$$

代入 APC=$N/T$ 后可得

$$\sum_{i=1}^{T} C_i = T \cdot \text{APC} \cdot \text{AMAT} \tag{4-99}$$

由 $C=\sum_{i=1}^{T} C_i$ 可得

$$C = \text{APC} \cdot \text{AMAT} = B \cdot \text{CaL} \cdot \text{AMAT} \tag{4-100}$$

最后可得

$$\text{AMAT} = \frac{C}{B \cdot \text{CaL}} \tag{4-101}$$

式（4-101）说明：①在带宽 $B$ 和并发度 $C$ 不变时，若要提高 CaL，可以降低 AMAT；②在 CaL 和并发度 $C$ 不变时，提高带宽 $B$ 可以降低 AMAT。综合起来，CaL 是 $B$ 的替代品，在带宽稀缺时可以发挥作用。

注意到

$$\text{C-AMAT} = \frac{\text{AMAT}}{C} \tag{4-102}$$

联立式（4-101）和式（4-102）可得

$$\text{C-AMAT} = \frac{1}{B \cdot \text{CaL}} \tag{4-103}$$

## 4.7 基准测试

### 4.7.1 基准测试的定义和分类

基准测试（benchmarking）是一种用来衡量计算机性能的方法，是指运行精心选择的一组应用程序对计算机系统进行性能测试和评估。不同于基于性能模型的理论分析，基准测试这种方法是实际地在计算机系统上运行程序。一般来说，有如下 4 种类型的基准测试程序。

（1）核心测试（kernels） 这些测试使用非常小的程序片段来测试计算机系统的性能。这些测试旨在评估计算机硬件的能力，例如处理器速度、内存带宽等。

（2）玩具程序（toy programs） 这些测试通常是从编程入门课程中选取的较短程序，例如快速排序算法。它们旨在测试计算机的一些基本功能，如循环和逻辑运算。

（3）合成基准测试（synthetic benchmarks） 这些测试是为了模拟真实应用程序的行为和性能而编写的虚假程序。它们通常由计算机专业人员设计和编写，以便测试计算机在特定任务或情境下的性能。

（4）真实应用程序（real applications） 这些测试使用实际的应用程序来测试计算机的性能。它们提供了最真实的测试结果，因为它们反映了真实世界的使用情况。常见的真实应用程序包括视频编辑器、图形处理器、游戏等。

使用这些不同类型的基准测试可以帮助评估计算机在不同任务和情境下的性能表现。这些测试可以用于选择最佳硬件和软件配置，也可以用于比较不同计算机的性能差异。

### 4.7.2 基准测试运行的规范

在进行基准测试时，测试运行的条件也非常重要，因为这些条件可以影响测试结果的准确性和可靠性。以下是一些在编译和源代码方面的基准测试运行条件规范。

（1）编译器选项（compiler flags） 在进行基准测试时，需要使用同一种语言的同一种编译器和相同的编译器标志来编译测试程序。这可以确保测试程序在运行时具有相同的编译器优化和代码生成选项。

（2）源代码（source code） 通常情况下，基准测试需要使用原始的、未修改的源代码来运行测试程序，以确保测试结果的可重复性和可比性。在某些情况下，允许对源代码进行修改，但必须保证修改后的版本与原始版本产生相同的输出结果。

通过遵守这些基准测试运行条件，可以保证测试结果的准确性和可靠性，并确保不会因为测试条件的不同而导致测试结果出现误差。同时，这些条件也有助于提高基准测试的可重复性和可比性，使得不同的测试结果可以进行有效的比较和分析。

### 4.7.3 基准测试程序组的要求

基准测试程序组（benchmark suite）是由一组基准测试程序组成的集合，用于测试计算机系统的性能和能力。在多核时代，一个基准测试程序组一般需要满足以下要求。

（1）包括多线程应用程序（multithreaded applications）　大量的应用程序具有更高的算力需求，需要多线程等并行技术，共享内存的片上多处理器（chip multiprocessors，CMP）已经非常普及，因此一个基准测试程序组需要包含一些多线程应用程序的基准测试。

（2）包括新兴工作负载（emerging workloads）　未来的处理器设计将满足新兴应用程序的需求，因此一个基准测试程序组应该能够代表这些新兴应用程序的工作负载，以确保测试结果具有实际意义。

（3）具备多样性（diversity）　应用程序越来越多样化，它们在各种不同的平台上运行，并适应不同的使用模式。因此，一个基准测试程序组需要包含各种类型的应用程序和测试用例，以确保测试结果的准确性和可靠性。

（4）使用先进技术（state-of-the-art techniques）　一个基准测试程序组不仅需要代表新兴应用程序，还需要使用先进的技术和方法来测试计算机系统的性能和能力。这样可以确保测试结果的准确性和可靠性，并且可以为未来的技术和应用程序做好准备。

通过满足这些要求，一个基准测试程序组可以提供可靠和准确的测试结果，并帮助计算机系统开发人员和用户选择最佳的硬件和软件配置，以满足不同应用程序的需求。

### 4.7.4　基准测试的开发者

目前学术界和工业界存在着多个致力于开发基准测试的组织，下面介绍几个主要的标准。

标准性能评估公司（standard performance evaluation corporation，SPEC）是一个非营利性组织，致力于开发和推广计算机系统性能测试基准（benchmark）和工具。该组织成立于 1988 年，由多个计算机厂商和研究机构组成，其目标是为计算机系统提供一组标准化的性能测试基准，以便用户可以比较不同计算机系统的性能和能力。SPEC 主要关注计算机系统的整体性能，涵盖了多个领域，如计算密集型应用程序、通用业务应用程序、数据库应用程序、Web 服务器应用程序等。它开发的基准测试套件旨在模拟实际应用程序的工作负载，并提供可靠和准确的测试结果，以便用户选择最佳的计算机系统和配置。

PARSEC 是一套使用广泛的并行应用程序基准测试套件，它由 Intel 和普林斯顿大学开发并维护。PARSEC 旨在提供一组具有代表性的多线程和多进程应用程序，以便测试和评估计算机系统的性能和能力。PARSEC 基准测试套件包括 13 个应用程序，涵盖了多个领域，如图形图像处理、多媒体、计算机视觉、生物信息学、网络搜索等。PARSEC 基准测试套件旨在提供一组通用的、有代表性的并行应用程序，以便用户可以测试和评估不同计算机系统的性能和能力，包括多核、多处理器、集群和云计算环境等。PARSEC 基准测试套件的设计原则是真实性、可扩展性和可重复性，以确保测试结果的可信度和可重复性。PARSEC 基准测试套件已被广泛应用于学术界和工业界，成为测试和评估并行计算系统性能和能力的重要工具之一。

### 4.7.5 性能测试结果的总结

性能测试完成后，需要对测试结果进行总结，以便评估和比较不同系统的性能。一般来说，有以下几种方法可以对测试结果进行总结。①简单方法：比较测试套件中程序执行时间的算术平均值，这种方法非常简单，但是不能反映不同测试用例的重要性和复杂度；②替代方法：为测试套件中的每个测试用例添加一个权重因子，并使用加权算术平均值进行比较，这种方法可以更好地反映不同测试用例的重要性和复杂度，但需要事先确定权重因子的取值；③标准化方法：将测试结果标准化到一个参考计算机上进行比较。这种方法可以消除不同系统之间的硬件和软件差异，但需要确定一个合适的参考计算机。选择哪种方法来总结性能测试结果取决于具体情况，需要根据测试目的、测试套件和测试环境来进行选择。

## 4.8 性能评估方式

### 4.8.1 Roofline 模型

性能模型具有以下用途：①依据性能模型，识别性能瓶颈，推进软件优化；②确定优化空间上限，即评估与机器功能相关的表现，进而对算法优化提出需求；③预测未来机器/架构的性能，这包括合理制订采购机器的规格，以及用于软硬件协同设计以确保未来的架构符合计算需求等。

当建立性能模型时，需要考虑许多不同的因素，这些因素都影响应用程序的运行时间。有些因素涉及应用程序的特性，有些因素涉及机器的特性，有些因素则同时涉及两者。显然，不需要在分析每个应用程序时把所有因素都考虑在内。可能产生影响的因素有很多，性能模型通常将系统概念化为受到这些因素中的一个或多个支配。

建立性能模型之前，先引入计算复杂度和数据移动复杂性两个概念。计算复杂度指求解算法的时间复杂度。假设运行时间与操作的数量相关，用户参数化地定义他们的算法、求解器、内核，将操作的数量作为这些参数的函数，证明运行时间与这些参数相关。例如，DAXPY 函数实现将一个双精度浮点向量的每个元素乘以标量的值，再与另一个向量相加，最后写回，即 $Y=aX+Y$，这个函数的时间复杂度是 $O(n)$。用户想知道的问题是，时间复杂度表示中的常数，为什么没能达到时间复杂度中的理想常数扩展。

另一个概念是数据移动复杂性。假定运行时间与访问的数据量相关联，数据访问量很容易计算，但数据的移动就比较复杂，因为它要求对高速缓存的行为有一定的理解。强制数据以数组的大小进行移动是一个好的初始猜测，但需要针对有限高速缓存容量的影响进行改进。

因为数据移动和运算通常以不同速度进行，定义“机器平衡度”（machine balance degree，MBD）为峰值双精度浮点运算速度（peak double precision FLOPS）和峰值带宽（peak bandwidth）的比值，如式（4-104）所示。

$$\text{MBD}=\frac{\#\text{peak double precision FLOPS}}{\#\text{peak bandwidth}} \tag{4-104}$$

定义“算术强度”（arithmetic intensity，AI）为浮点操作数目（FLOPS performed）和数据移动量（data moved）的比值，如式（4-105）所示。

$$\text{AI}=\frac{\#\text{FLOPS performed}}{\#\text{data moved}} \tag{4-105}$$

算术强度小于机器平衡的是访存密集型程序，访存带宽利用率较高；算术强度大于机器平衡的是计算密集型程序，有较好的数据重用率与数据局部性，浮点性能较高。

例题 4-9　我们可以用重用感知的局部性（RaL）的概念衡量“存储层次之间一次数据块移动平均可以满足多少次数据访问”，即 $\mathrm{RaL}=N/g$，其中 $N$ 表示数据访问的次数，$g$ 表示被访问的数据块的数量。请尝试推导算术强度 AI 与 RaL 之间的关系。

解答：

可以推得算术强度 AI 与 RaL 的关系，如式（4-106）所示。

$$\mathrm{AI}=P\cdot\mathrm{RaL}\cdot\frac{1}{K}\tag{4-106}$$

公式中的参数 $P$ 是运算操作次数（#computing operations performed）与数据访问次数（#data accesses）的比值，它表示每次数据访问平均可以满足多少次运算操作，其中 $K$ 为数据块的大小。

$$P=\frac{\#\text{computing operations performed}}{\#\text{data accesses}}\tag{4-107}$$

详细推导过程如式（4-108）。

$$\begin{aligned}P\cdot\mathrm{RaL}\cdot\frac{1}{K}&=\frac{\#\text{computing operations performed}}{N}\cdot\frac{N}{g}\cdot\frac{1}{K}\\&=\frac{\#\text{computing operations performed}}{\#g\cdot K}\\&=\frac{\#\text{computing operations performed}}{\#\text{data moved}}\\&=AI\end{aligned}\tag{4-108}$$

□

另外，可以引入运算深度（computational depth）的概念。串行机器会因为局部性和函数调用产生延迟与开销，并行机器在同步、点对点通信、归约和广播方面也会产生类似的开销。这些开销在高并发或小问题时会占主导地位。因此，可以按“运算深度”，也就是算法依赖链的最大深度对算法进行分类。

在分布式内存中，通信是通过处理器之间发送消息进行的，消息传递时间可能受到多个因素的限制，例如开销（发送/接收消息的 CPU 时间）、延迟（时间消息在网络中，可以隐藏）、消息吞吐量（发送消息的频率）、带宽（发送大消息的速率）等。网络架构和竞争的相互作用进一步限制了带宽和延迟。这些因素可以通过 $N$（数据规模）

和 $P$（处理器数目）对使用分布式内存的算法施加不同程度的压力。

Roofline 模型专注于在吞吐量受限机制下运行的处理器。因此，在如上的指标中，Roofline 模型主要关注浮点操作数量、高速缓存数据移动，以及内存数据移动这三个指标。LogP 模型则考虑 MPI Send 和 MPI Wait 两个指标。LogGP 模型涉及 MPI Message Size、MPI Send：Wait ratio 和 MPI Wait 三个指标。LogCA 模型涉及 PCIe data movement 和 Depth 两个指标。需要根据系统的实际需求选择具体使用哪个模型。

从历史上看，许多性能模型和模拟器跟踪延迟来预测性能，在过去的 20 年中出现了许多延迟隐藏技术，如乱序执行（硬件发现并行性以隐藏延迟）、硬件流预取（硬件推测加载数据）、海量线程并行（独立线程满足延迟-带宽乘积）等。有效的延迟隐藏导致了延迟限制计算的机制向吞吐量限制计算的机制的转变。

Roofline 模型是一个面向吞吐量的性能模型，它跟踪速率而不是次数。该模型通过利特尔法则（Little's law）得到增强：在一个稳定的系统（$L$）中，长期的平均顾客人数等于长期的有效抵达率（$\lambda$）乘以顾客在这个系统中平均的等待时间（$W$）。在评估系统性能的情况下，利特尔法则表现为并发的数据量=延迟×带宽。另外，Roofline 模型独立于 ISA 和物理架构，可以适用于 CPU、GPU、TPU 等。

人们希望始终获得最佳浮点运算性能（FLOPS），然而有限的数据局部性和带宽限制了性能。如果假设理想的处理器/缓存和冷启动（数据开始存放在 DRAM 中），那么运行时间取决于浮点运算时间和数据移动时间中较大的那个。

$$\text{Time} = \max\begin{cases}\#\text{FP ops}/\text{peak GFLOPS} \\ \#\text{Bytes}/\text{peak GB/s}\end{cases} \tag{4-109a}$$

将公式进行变形，可以发现，浮点计算速度除了受到浮点运算峰值速度的制约，还进一步受到算术强度与访存带宽的制约。

$$\frac{\text{Time}}{\#\text{FP ops}} = \max\begin{cases}1/\text{peak GFLOPS} \\ \#\text{Bytes}/\#\text{FP ops}/\text{peak GB/s}\end{cases} \tag{4-109b}$$

$$\frac{\#\text{FP ops}}{\text{Time}} = \max\begin{cases}\text{peak GFLOPS} \\ (\#\text{FP ops}/\#\text{Bytes}) \times \text{peak GB/s}\end{cases} \tag{4-109c}$$

$$\text{GFLOPS} = \min\begin{cases}\text{peak GFLOPS} \\ \text{AI} \times \text{peak GB/s}\end{cases} \tag{4-110}$$

使用算术强度作为 $x$ 轴绘制 Roofline 边界，可以看到纵坐标是可达到的浮点操作速率，横坐标是算术强度（单位为浮点操作数/字节数）。对横纵坐标都取对数，可以得到直观的绘图，从而可以根据摩尔定律推断性能。机器平衡度在图 4-23 中表现为折线的转折点。

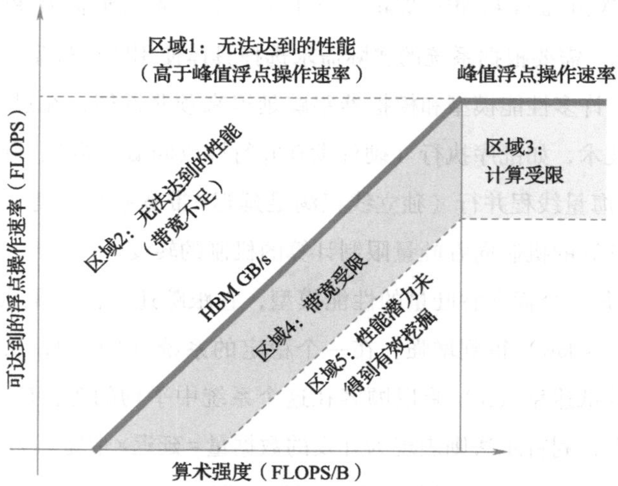


图 4-23　Roofline 模型的 5 个区域（见彩插）

如图 4-23 所示，Roofline 模型的图像大致可以分为 5 个区域，区域 1 和 2 是程序无论如何都无法达到的性能，因为它意味着超过了计算机的峰值计算性能/访存带宽。算术强度（AI）小于机器平衡的程序会受到内存带宽的限制，算术强度大于机器平衡度的程序会受到峰值算力的限制。如果程序性能远离 Roofline 曲线，则需要考虑优化算法提高性能，使其达到粉色或者蓝色区域。

典型的机器平衡度是 5～10FLOPS/B，即每个双精度浮点数对应 40～80 个 FLOPS，以充分利用计算能力。机器平衡是技术提升与成本投入的结果，这里的提升空间并不大。

STREAM 测试中的 Traid 操作为每次迭代进行 2 次浮点操作，以及 24B 的数据移动，此时算术强度为 0.083FLOPS/B，显然受到了内存的限制。相反，在 7-point constant coefficient stencil 中，每次迭代进行 7 次浮点操作，每个点需要 8 次内存操作，包括 7 次读和 1 次写。高速缓存可以缓冲大部分操作，但每个点至少需要 1 次读内存和 1 次写内存。此时，算术强度为 0.44FLOPS/B，仍然受到内存限制，但浮点操作速率已经是前者的 5 倍。

真正的处理器拥有多个存储层次，包括寄存器、L1/L2/L3 高速缓存、MCDRAM/HBM（KNL/GPU 设备内存）、DDR（主存储器）、NVRAM（非易失性存储器）等。应用程序可能在每个层次上都具有局部性，不同的数据移动意味着不同的算术强度。此外，每个存储层次都具有各自不同的带宽。

想要绘制一张多个存储层次叠加的 Roofline 图像，需要测量各个层次的带宽和每个存储级别的算术强度。尽管循环嵌套可能导致多个算术强度和多个边界（FLOPS、L1、L2、DRAM 等），但性能受其中最小值的约束。

使用 NUMA 系统会对性能带来一定的影响。Cori 的 Haswell 节点由 2 个至强（Xeon）处理器构建，每个处理器都附有内存。互连结构允许远程内存访问，但速度较慢。不正确的内存分配可能导致超过 2 倍的性能损失。

首先对于核内的性能进行建模。现代 CPU 使用多种技术来增加每个内核的 FLOPS，如下：

（1）融合乘加。$w=xy+z$ 是线性代数中的常用操作，处理器可以使用融合乘加（FMA），而不是单独的乘法指令和加法指令。浮点处理单元（FPU）将乘法和加法在单个流水线中进行链接，使处理器可以在一个时钟周期内完成 FMA 操作。

（2）向量指令。使用处理器厂商提供的向量指令，可以将相同的操作应用于 2、4、8、16 个元素。例如 $x[0:7]\times y[0:7]+z[0:7]$，向量化的浮点运算单元每个周期可以完成 8 个浮点操作。

（3）深流水线。FMA 的硬件非常重要，将单个 FMA 分解为几个较小的操作，并对它们进行流水线处理，有助于提高核心频率。在此场景下，利特尔法则同样适用，达到最大吞吐量需要 FP_Latency×FP_bandwidth 的独立指令。

如果每条指令都是 ADD（而不是 FMA），性能将在 KNL 上下降 50%或在 Haswell 上下降 75%。同样，如果没有向量指令，性能将在 KNL 上再下降 87.5%，在 Haswell 上下降 75%。浮点除法可能表现更糟，缺少线程将使 KNL 上的性能降低 98.43%。如果定义基于指令混合的核内性能上限，以 Haswell 为例，它是 4 发射架构，但只有 2 个浮点数据通路，那么想要获得最佳性能，则要求 50%的指令是浮点操作。若以 KNL 为例，它是 4 发射架构，拥有 2 条浮点数据通路，则需要 100% 的指令是浮点操作才能获得最佳性能。非浮点操作指令会削弱指令发射带宽，并将性能拉至 Roofline 以下。

接着，对高速缓存对性能的影响进行建模，如图 4-24 所示。简单地看，可以只使用强制缺失（即首次访问未命中）来确定算术强度的边界。但是，按写分配的高速缓存会导致算术强度的上限降低；而缓存容量失效（即由于高速缓存容量限制被替换出的块被再次访问）可能会给算术强度的上限带来进一步削减，乃至将计算能力受限转变成访存受限。

$$\mathrm{AI}=\frac{\#\mathrm{FLOPS}}{\#\mathrm{compulsory\ misses}+\mathrm{write\ allocates}+\mathrm{capacity\ misses}} \tag{4-111}$$

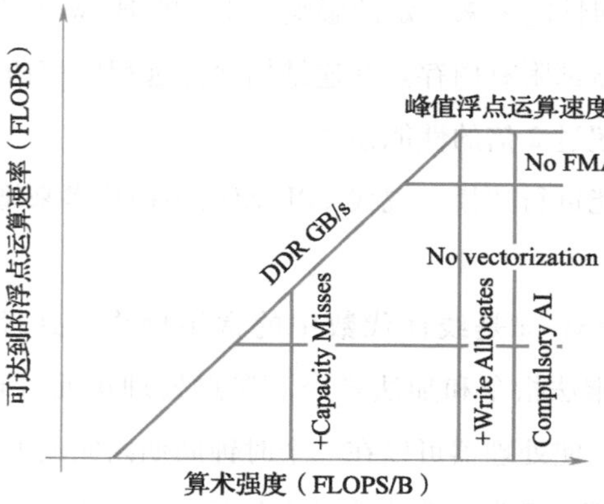


图 4-24　高速缓存对性能的影响

为了提高性能，采取的一般策略大致有三类。一是最大化内核性能，从而提高计算能力上限，例如让编译器进行矢量化。二是最大化内存带宽，提高访存能力上限，例如采取 NUMA 感知分配。三是最小化数据移动，从而增加算术强度的上限。这三类策略分别改善了 Roofline 图像的“屋顶”“房檐”以及横坐标的上限。

在为真实的系统构建 Roofline 模型之前，有非常多的问题需要回答。这些问题可以归为三类。一是目标机器的属性，诸如浮点运算能力峰值、FMA 指令和向量指令的支持、DDR 带宽等，这类问题可以通过基准测试（benchmark）得到答案。二是应用程序执行中的属性，诸如数据移动的规模、浮点运算的规模、是否可以向量化等，这一类问题可以利用专门的工具测得。三是内核的基本属性，其受硬件约束，如受算术强度的上界的约束。这类问题需要理论上的计算或者推导。为了回答上述问题，我们需要引入新的工具。

为了建模，需要对节点的特征有足够的了解，而制造商所声称的“营销数字”可能具有欺骗性。例如，引脚带宽和真实带宽有所区别，针对 AVX 的 Turbo 模式、编译器在高算术强度的循环上失效等。美国劳伦斯伯克利国家实验室（LBL）开发了基于经验的 Roofline 工具箱（empirical roofline toolkit，ERT），用于测量建立 Roofline 模型所需的 CPU/GPU 系统特征。这些特性包括峰值浮点操作速率和每个存储层次的带宽。

是否可以使用性能计数器进行检测呢？使用性能计数器表征应用程序可能会出现如下问题：生产环境下处理器中的浮点操作计数器可能损坏或丢失；向量化/掩码会使计算浮点操作数目变得复杂；记录 load 和 store 不会捕获缓存重用，而计算高速缓存未命中不会考虑预取器。DRAM 计数器（即 Uncore PMU 计数器）可能是准确的，但它是特权模式的，因此名义上在用户模式下不可访问，需要供应商（例如 Cray）和计算中心（例如 NERSC）批准的操作系统/内核更改。

出于以上原因，为了测量系统的特征，不得不将一些工具拼凑使用。许多已知的工具被用于在 NERSC 的 Cori（KNL、HSW）上工作，如使用 Intel SDE（引脚二进制检测+仿真）创建软件浮点操作数目计数器、使用 Intel VTune 性能工具（NERSC/Cray 批准）访问非核心计数器。这些工具组合可以准确测量浮点操作数目（HSW）和 DRAM 数据移动（HSW 和 KNL），因此 NESAP（NERSC KNL 应用程序准备项目）使用它来测量 Cori 上应用程序的特征。

LIKWID 是一个面向性能的程序员和管理员的工具套件，提供易于使用的封装来测量性能计数器。它适用于 NERSC 生产系统，优点在于最小开销低于 1%，可在分布式内存中扩展（MPI 友好），且可以快速、高层次地获得系统特征。但 LIKWID 不提供详细的时序分解或优化建议，且受到硬件性能计数器实现质量的限制（可能会记录垃圾输入/垃圾输出），因此只能作为其他工具的补充。

系统工程师想要得到一个集成的解决方案，就必须编写 VTune、SDE 和绘图工具。这样的好处是工具可以正确工作，并且有利于 NESAP 的应用准备。但缺点在于，这会强迫用户学习多种工具并手动解析和绘制输出、强迫用户在应用程序中检测感兴趣的例程，而且缺乏与编译器/调试器/反汇编的集成。LIKWID 运行速度快、容易使用，但受到与 VTune/SDE 相同的限制。ERT 可以刻画浮点操作数目和存储带宽（包括高速缓存和 DRAM），可与 MPI、OpenMP 和 CUDA 交互，但要求用户手动解析和合并输出。

Intel Advisor 是一个用来进行并行性能优化、性能建模的工具，它具有自动化 Roofline 建模的能力。Intel Advisor 的功能包括：自动检测应用（每个循环嵌套/函数中取一个点）；计算每个函数的浮点操作数目和算术强度；包含掩码的 AVX-512 支持；集成高速缓存模拟器（多层次 Roofline/多个算术强度）；自动对目标系统进行基准测试（计算上限）；与现有 Advisor 功能完全集成。

Intel Advisor 中有两种不同的 Roofline 形式，分别是层次 Roofline（Hierarchical Roofline）与缓存感知的 Roofline（Cache-Aware Roofline）。层次 Roofline 的原始模型包括 L2、L3 高速缓存和 DRAM，可以为每个内核定义多个带宽上限和多个算术强度。它的性能边界是浮点操作数目和内存截距的最小值（原始单指标 Roofline 的叠加）。缓存感知的 Roofline 定义多个带宽上限，但只使用单个算术强度，即只考虑 L1 高速缓存中的数据移动。随着高速缓存局部性的下降，性能从一个带宽上限下降到恒定算术强度下的另一个较低上限。

一些工具使用的 Roofline 模型是层次的，一些使用的是高速缓存感知的。因此，用户需要对其中的差异有所了解。需要知道的是，高速缓存感知 Roofline 模型已集成到生产版 Intel Advisor 中；层次 Roofline（缓存模拟器）模型的评估版本也已集成到 Intel Advisor 中。两种模型的异同见表 4-4。

表 4-4　两种 Roofline 模型的异同

| 层次化 Roofline | 高速缓存感知 Roofline |
|---|---|
| 可以捕捉高速缓存的影响 | 可以捕捉高速缓存的影响 |
| AI 中的数据移动是低层次高速缓存过滤后的 | AI 中的数据移动是提交给 L1 高速缓存的，包括非临时 store |
| 多个 AI（每级存储都有一个） | 只有一个 AI |
| AI 依赖于问题规模（容量失效会降低 AI） | AI 独立于问题规模 |
| 内存/缓存/局部性效应被视为 AI 下降 | 内存/缓存/局部性效应被视为性能下降 |
| 需要性能计数器或高速缓存模拟器才能正确测量 AI | 需要静态分析或二进制仪器来测量 AI |

以 STREAM 为例，每 2 个 flop，对应 2 个 8B load 和 1 个 8B store，代码示例如图 4-25 所示。

```
#pragma omp parallel for
for(i=1;i<N;i++){
    z[i] = x[i] + alpha* Y[i];
}
```

图 4-25　STREAM 代码示例

算术强度 = 2 FLOPS/24B = 每字节 0. 08 FLOPS，其中不存在高速缓存重用，因为对于任何增量，迭代 $i$ 不会触及与迭代 $i$+delta 关联的任何数据。这使得在此例中 DRAM 的 AI 等于 L1 的 AI，如图 4-26 所示。

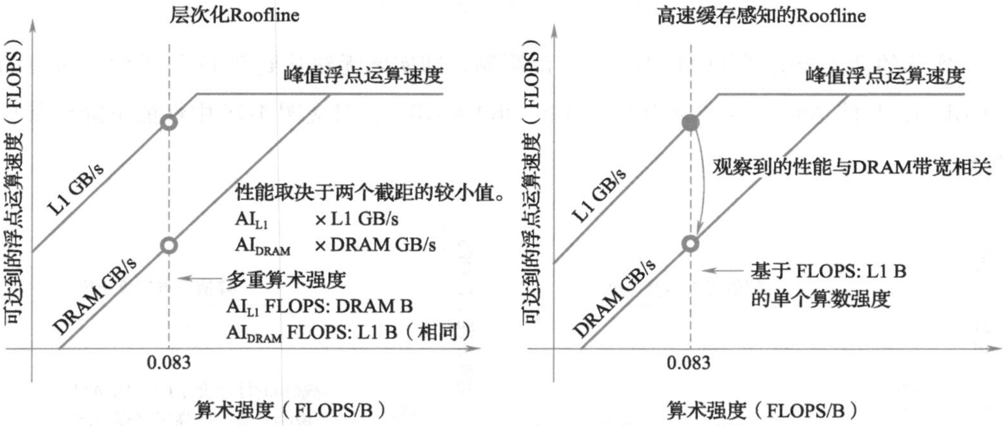


图 4-26　STREAM 在两种 Roofline 模型下的表现（见彩插）

但在另一个例子 7-point Stencil 应用中，情况又有所不同，代码示例如图 4-27 所示。每 7 个 FLOPS 对应 7 个 8B load 和 1 个 8B store，总计 64B，因此算术强度 = 7FLOPS/64B = 0. 11FLOPS/B。其中存在适中的缓存重用，比如 old[ijk] 在后续 i、j、k 迭代中被重用，old[ijk−1] 在 i 的后续迭代中被重用，old[ijk−jStride] 在 j 的后续迭代中被重用等。这导致 DRAM 的算术强度大于 L1 高速缓存的算术强度。

```
#pragma omp parallel for
for (k=1; k<dim+1; k++) {
for (j=1; j<dim+1; j++) {
for (i=1; i<dim+1;i++){
    int ijk = i + j*jStride + k*kStride;
    new[ijk] = -6.0*old[ijk]
                    + old[ijk-1]
                      + old[ijk+1]
                      + old[ijk-jStride]
                      + old[ijk+jStride]
                      + old[ijk-kStride]
                      + old[ijk+kStride] ;
}}}
```

图 4-27　7-point Stencil 代码示例

实际的性能会受到其中较小的一个的限制，即实际无法达到 0. 11 算术强度对应的 L1 GB/s，只能达到 0. 44 算术强度对应的 DRAM GB/s，对应图 4-28 中性能下降到紫色坐标点。

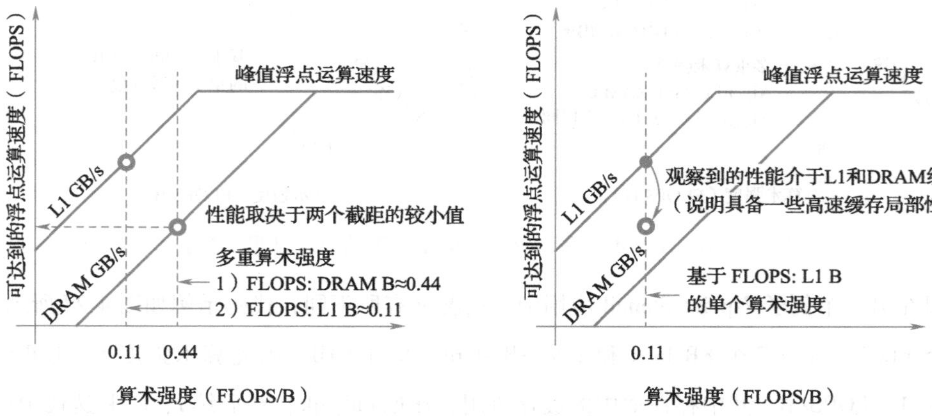


图 4-28　7-point Stencil 小问题规模时的 Roofline 图像（见彩插）

而在问题规模扩大时，容量失效降低了 DRAM 的算术强度，这使得 AI 横坐标左移，此时 L1 GB/s 仍受到 DRAM 限制，但可以观察到，相对于问题规模较小时，问题规模扩大时的性能更贴近 DRAM 线，可以得知高速缓存局部性降低了，如图 4-29 所示。

实际上，可观察到的性能受限于瓶颈资源，且一直处于 Roofline 图像中的高速缓存线之下。

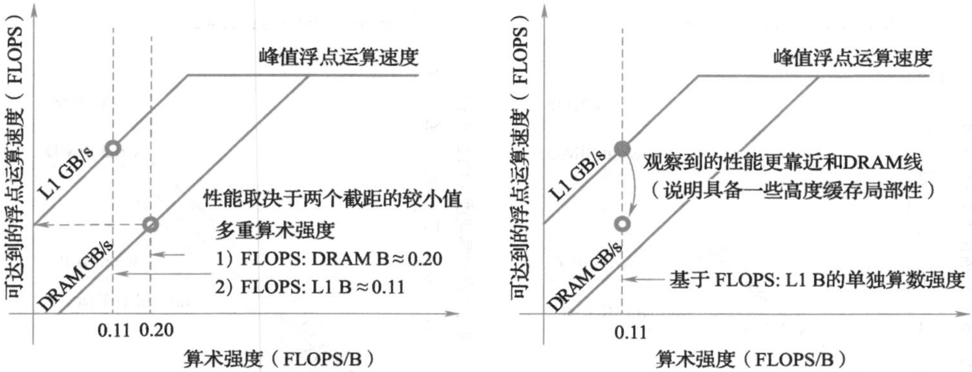


图 4-29　7-point Stencil 大问题规模时的 Roofline 图像（见彩插）

下面给出了一些 Roofline 模型在实际应用中的例子。

当矩阵中的绝大多数元素都是 0 时，该矩阵被称为稀疏矩阵。通常的算法仅在非零值上进行存储和操作拥有性能优势，在稀疏问题上很难充分利用硬件性能。因此，需要大量元数据来重建矩阵结构，并用一些特殊的格式来存储非零元素，这些格式也就是稀疏格式。

SpMV，即稀疏矩阵向量乘操作。计算 $\boldsymbol{y}=\boldsymbol{Ax}$，其中 $\boldsymbol{A}$ 是稀疏矩阵，$\boldsymbol{x}$ 和 $\boldsymbol{y}$ 是稠密向量。SpMV 的挑战在于，它具有非常低的算术强度，通常小于 0.166 FLOPS/B。另外，SpMV 难以利用指令级并行（ILP），因为稀疏矩阵操作不利于流水线或超标量。SpMV 同样难以利用数据级并行（DLP），因为它不利于 SIMD。为 SpMV 建立 Roofline 模型，这是一个双精度的 Roofline 模型。在算术强度一定时，核内优化和 DRAM 优化都影响着浮点运算性能。假设存在 $i$ 种核内优化（用 $1,\cdots,i$ 表示），$j$ 种 DRAM 优化（用 $1,\cdots,j$ 表示），将任意一种核内优化和 DRAM 优化组合，则最大浮点运算性能表现受限于其中较弱的那种。

$$\text{GFLOPS}_{i,j}(\text{AI})=\min\begin{cases}\#\text{InCore GFLOPS}_i\\ \text{StreamBW}_j\times\text{AI}\end{cases}\tag{4-112}$$

FMA 指令是 SpMV 操作所固有的，它限制了浮点运算速率的下限。SpMV 的浮点操作比例约占 12%~25%，算术强度不超过 0. 166。从图 4-30 中可以看出，SpMV 的算术强度低于所有 4 个处理器的脊点，因此大多数优化涉及存储系统。

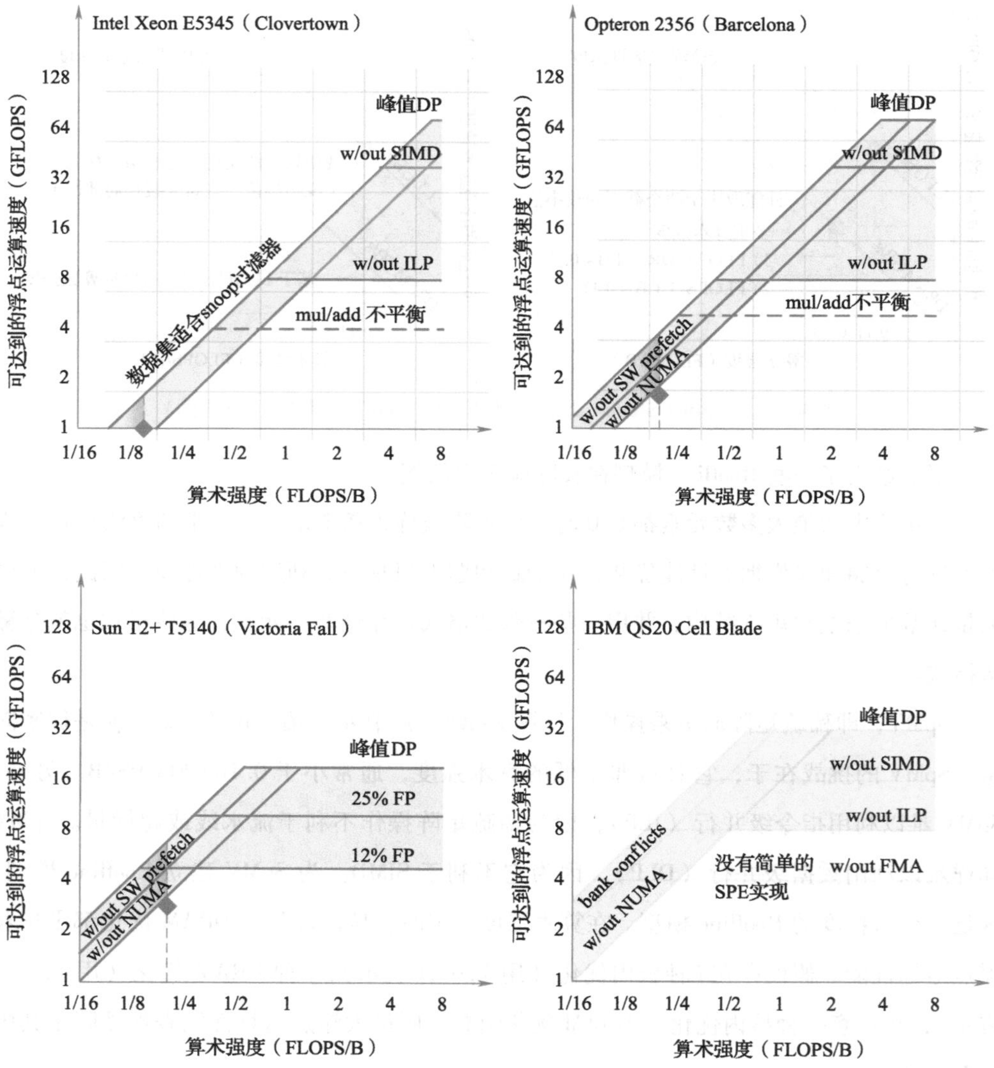


图 4-30　受限于算术强度，未优化的 SpMV 性能明显较低

在 NUMA 结构下，开启软件预取，使得所有的内存通道都得到利用，此时浮点运算性能得到提升，如图 4-31 所示。

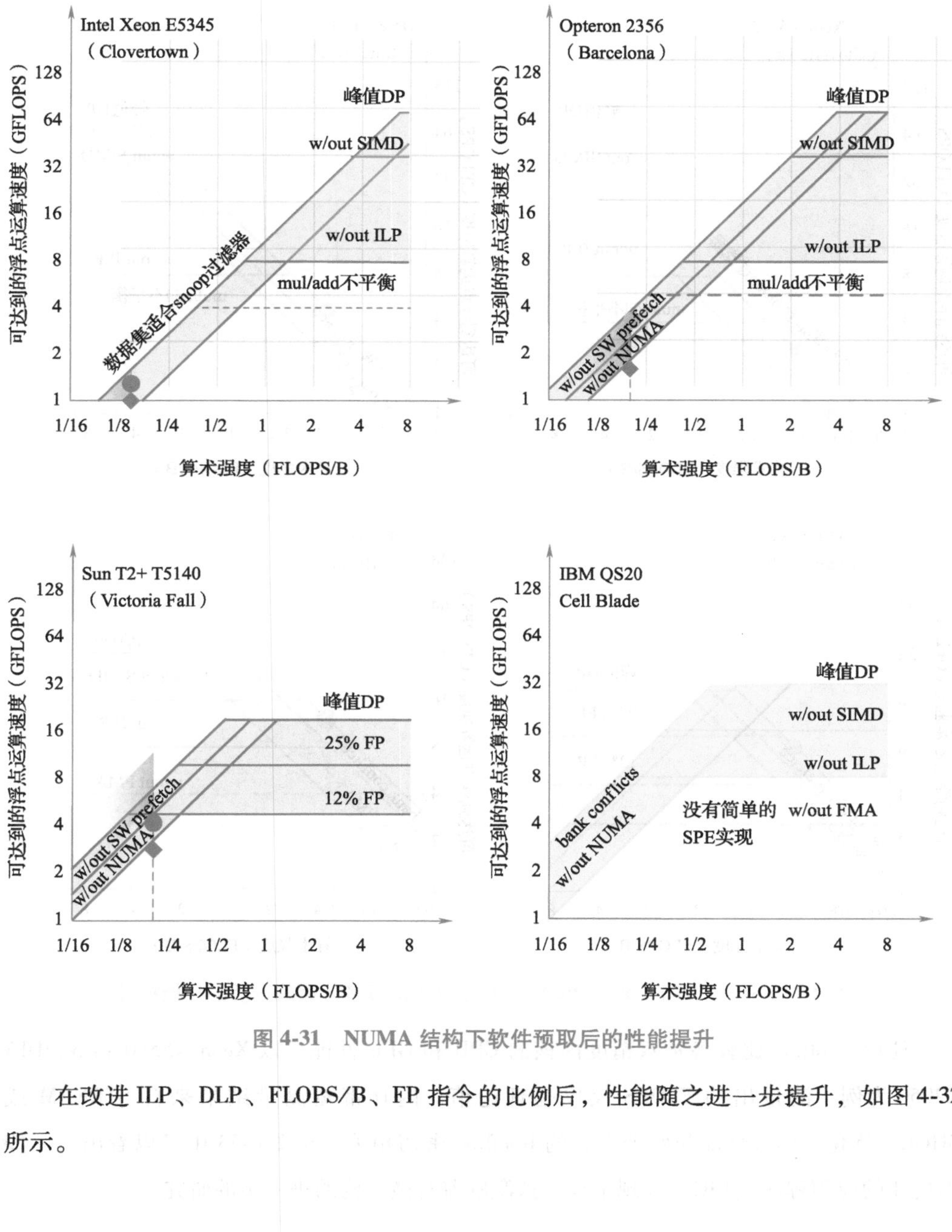


图 4-31 NUMA 结构下软件预取后的性能提升

在改进 ILP、DLP、FLOPS/B、FP 指令的比例后，性能随之进一步提升，如图 4-32 所示。

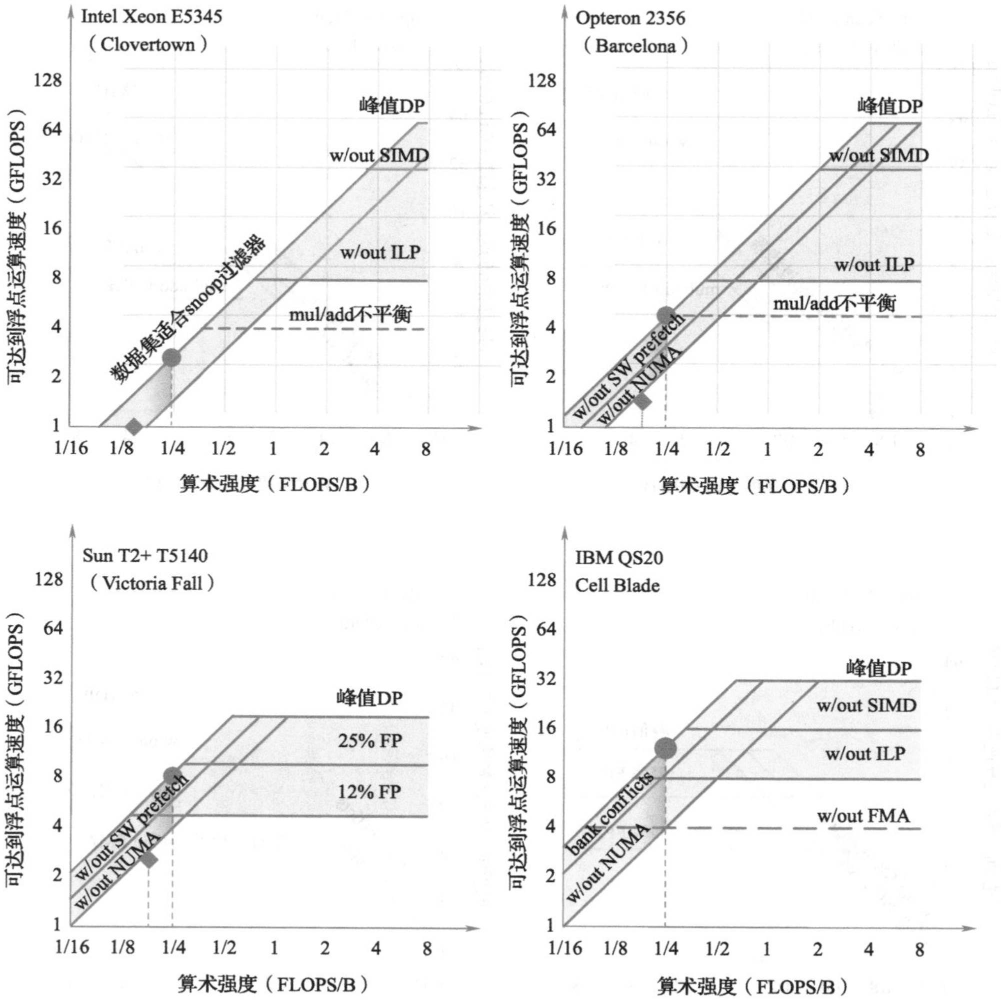


图 4-32　ILP、DLP、FLOPS/B、FP 指令比例等多方面改进后的性能提升

使用 Roofline 比较各种双精度内核的 CPU 和 GPU 性能，以 Xeon X5550 和 NVIDIA C2050 为例。测量出的 FLOPS 仅仅是理论值；内存带宽测量结果来自 STREAM 或 SHOC。优化的内核性能与两个平台的 Roofline 密切相关。从图 4-33 中可以看出，一些不规律的应用程序（PIC）表现不佳，这激励着对微架构的进一步的研究。

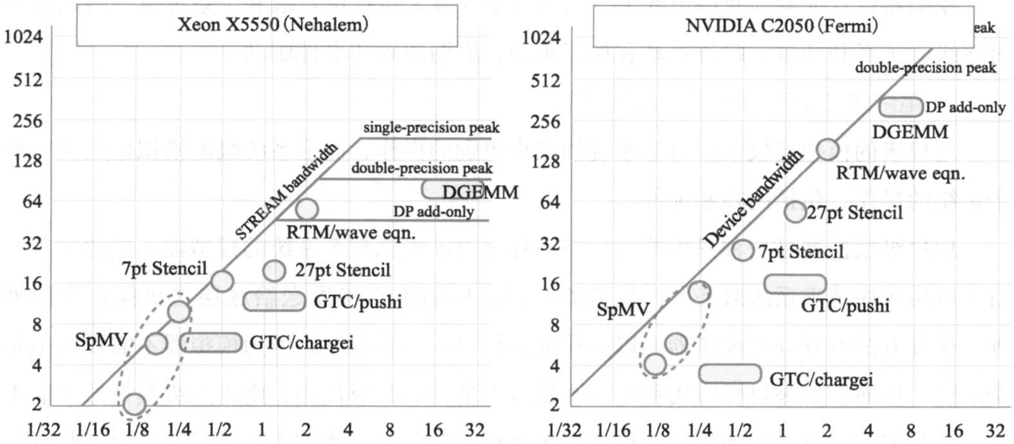


图 4-33 不同应用程序在 CPU 和 GPU 平台上的表现

在本章的最后，我们回顾一下利特尔法则（Little's law），队列中平均任务数=平均任务抵达率×平均任务处理时间。在衡量系统性能时，利特尔法则为，容量=吞吐量×延迟。将利特尔法则应用于内存，考虑一个具有 100GB/s 带宽和 100ns 内存延迟的 CPU。利特尔法则指出，我们必须向内存子系统进行 10KB 的并发访问，即独立内存操作，才能达到最佳性能。由此产生两种解决方案，一是使用多核或多线程来满足必要的 MLP；二是以流方式进行内存访问，以便利用预取器。

将利特尔法则应用于 FPU，考虑一个有 2 个 FPU 的 CPU，每个 FPU 有 4 个时钟周期的延迟。利特尔法则指出，我们必须实现 8 路指令级并行（ILP）才能充分利用机器。由此产生两种解决方案，一是依靠乱序执行挖掘跨循环迭代的并行性；二是将代码进行循环展开，以进行 8 个独立的浮点运算操作。请注意，简单地展开相互依赖的操作（例如归约）并不会增加 ILP，它只是分摊了循环开销。

### 4.8.2 模拟器

模拟（simulation）是一种常用的计算机性能评估方法。模拟与仿真（emulation）是两种不同的模型建立方式。仿真是通过模拟目标系统的外部可观察行为，以匹配现有目标系统的行为，从而模拟目标系统，而模拟则涉及建模目标系统的底层状态。所以，模拟器（simulator）和仿真器（emulator）是两种不同的模拟工具。

模拟器设计通常涉及以下 5 个方面的类别区分，包括用户级和全系统级、功能级和时序级、仿真和插桩、踪迹驱动和执行驱动、周期驱动和事件驱动。

### 1. 用户级和全系统级模拟器的区别

用户级的模拟器仅模拟目标系统的用户级别的操作，而全系统级的模拟器则模拟整个系统的操作，包括内核和硬件。

用户级模拟器是一种只模拟目标应用程序而不模拟整个系统的模拟器。这意味着当目标应用程序请求系统服务时，模拟器会将这些请求直接发送给底层主机操作系统处理。这种方法的好处是模拟器可以更快地运行目标应用程序，因为模拟器不需要模拟整个系统。然而，如果目标应用程序需要执行大量的系统级代码，则用户级模拟器可能不足以满足需求。这是因为用户级模拟器无法模拟特权模式和外围设备等系统级别功能，因此无法正确模拟系统级别代码的执行。

相比之下，全系统级模拟器可以模拟整个计算机系统，包括特权模式和外围设备等系统级别功能。这使得全系统级模拟器能够更准确地模拟目标应用程序的执行，因为它可以模拟所有与目标应用程序相关的系统级别代码。然而，全系统级模拟器通常需要更高的计算资源和更长的运行时间，因为它需要模拟整个系统。因此，全系统级模拟器更适合用于研究和测试需要完整系统环境的情况。

### 2. 功能级和时序级模拟器的区别

功能模拟器是一种只模拟目标计算机系统功能的模拟器。它不考虑目标系统的实际执行时间，只关注目标系统的行为是否正确。这使得功能模拟器可以更快地运行，并且可以提供更多的测试用例。然而，功能模拟器无法提供目标系统的实际性能信息，因为它不考虑执行时间。

与之相反，时序级模拟器是一种模拟目标系统的实际执行时间的模拟器。它可以提供目标系统的实际性能信息，因为它模拟了目标系统的实际执行时间。然而，由于它需要模拟目标系统的实际执行时间，因此定时模拟器的运行速度较慢。此外，由于它需要模拟系统的时序，因此在实现和验证方面比功能模拟器更加复杂。

### 3. 仿真（emulation）和插桩（instrumentation）的区别

仿真通过修改目标系统的指令集并在模拟器中运行来模拟系统。插桩是在目标系统上运行一个辅助程序，用于监视系统的行为并记录性能数据。仿真器更适合用于系统的复杂性评估，而插桩则更适合用于性能分析和优化。

仿真会对每条指令进行解码，同时调用功能和时序模型。这是一种自然的选择，尤其当被仿真的指令集与宿主机不同时更甚。使用仿真的模拟器有 gem5、Flexus 和 MARSS 等。仿真方法具有很强的可移植性，但速度较慢。对于复杂的核心，仿真方法的速度最高只能达到 200 千条指令/s（kilo instructions per second，KIPS）。

与此相反，插桩方法是在被仿真的二进制代码中添加插桩调用，由宿主机执行功能仿真。如果时序模型很快，则这种方法的速度也很快。此方法可以消除对功能模型的需求，因为复杂指令计算机（CISC）下的指令集会十分复杂。使用该方法的模拟器有 CMPSim、Graphite 和 ZSim 等。

#### 4. 踪迹驱动和执行驱动的区别

踪迹驱动（trace-driven）的模拟器使用踪迹信息来模拟系统行为，以踪迹文件作为模拟器的输入。踪迹驱动模拟的特征在于将处理器端的访问请求固化下来，这一方面提高了模拟的便利性，使得踪迹驱动的模拟速度较快，另一方面则带来了一个缺点，即不能刻画处理器与存储系统之间的动态交互关系。执行驱动的模拟器则在模拟器内部对进行指令的整个执行过程进行了模拟。踪迹驱动的模拟器更加精确，但也更耗时。

#### 5. 周期驱动和事件驱动的区别

周期驱动的模拟器在固定的时间间隔内执行指令，而事件驱动的模拟器在系统事件发生时执行指令。事件驱动的模拟器更加精确，但更加复杂。

**例题 4-10** 踪迹驱动的模拟与执行驱动的模拟的联系和区别是什么？在何时结果会显著不同？

解答：

踪迹驱动的模拟与执行驱动的模拟最基本的区别在于，前者没有反馈，后者有反馈。前者假设一个特定执行时的事件顺序，这个顺序与要模拟的系统上的执行顺序未必一样。正是因为这样，前者模拟速度较快，精度较低。

当存储和通信的操作的时间影响进程间交错执行的顺序时，踪迹驱动的较低精度就比较明显。造成这种情况的往往是争用，例如细粒度的同步发生时，存储和通信的结果会影响哪一个进程获得锁，又如，任务到进程的分配方案是动态的（会随着进程间操作交错顺序的改变而改变）。

□

下面将以 ZSim 模拟器为例详细介绍如何对一段代码进行插桩。插桩代码示例如图 4-34 所示。ZSim 模拟器使用了动态二进制翻译（Pin）。Pin 是一个用于 IA-32、x86-64 指令集，特别是 MIC（many integrated core）架构的动态二进制检测框架。

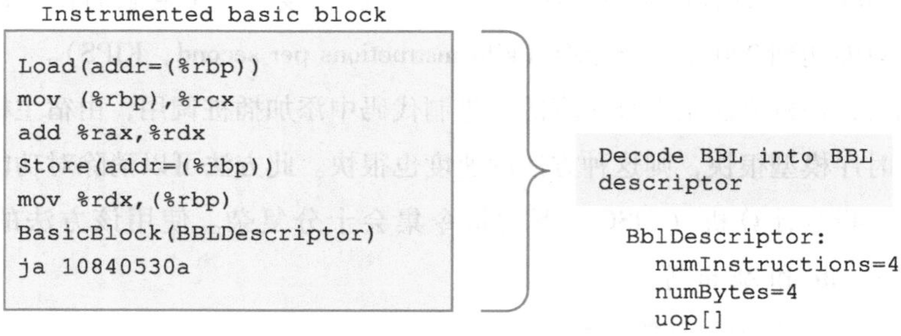


图 4-34　插桩代码示例

使用包含大部分静态信息的 BBL 描述符可以模拟核心活动，因为 BBL 描述符是一种针对二进制代码的静态分析技术，它通过识别代码块并提取其特征来描述代码的行为。与动态分析技术相比，BBL 描述符不需要在运行时执行代码，因此可以更快速地分析程序的行为。由于核心活动通常涉及一些常见的代码块和操作，因此 BBL 描述符可以识别这些代码块并生成相应的模拟结果。通过使用 BBL 描述符来模拟核心活动，可以帮助开发人员更快速地识别潜在的问题和漏洞，并加快程序开发和测试的进程。

在指令解码阶段，CPU 将 x86 指令分解为微指令，以便 CPU 能够理解并执行它，并将它们映射到特定的功能单元端口和寄存器。每个微指令都具有不同的延迟，这取决于它们执行的操作和 CPU 的设计。另外，每个微指令都有一个 src/dst 对，它决定了指令执行的源和目标。在这个过程中，CPU 使用微码 ROM 存储器来存储微指令，并使用控制单元来选择和执行它们。因此，指令解码对于 CPU 的性能和操作的准确性至关重要。

为了实现内存系统的操作，计算机需要使用地址来定位数据和程序的存储位置。通常情况下，计算机内存被分为多个地址空间，每个地址空间都有其特定的用途和限制。为了模拟内存系统的操作，我们可以使用地址模拟技术。地址模拟是一种计算机模拟技术，它模拟了计算机内存系统的操作，并使用地址来定位数据和程序的存储位置。

为了进行仿真，指令驱动核心对基本块进行模拟，将单个指令的多个阶段合并为一个仿真阶段，从而提高仿真效率。在每个仿真阶段中，指令驱动核心维护一个单独的时钟，以确保所有操作以正确的顺序和时间执行。这种技术对于计算机系统的设计和测试非常有用，可以帮助工程师更好地理解和优化计算机系统的性能与行为，仿真代码示例如图 4-35 所示。

```
BasicBlock(BblDescriptor)
{
  foreach uop{
    simulateFetch(uop);
    simulateDecode(uop);
    simulatelssue(uop);
    simulateExecute(uop);
    simulateCom mit(uop);
  }
}
```

```
simulatelssue(uop){
  addUopToRob(curRobCycle, uop); .
  if(rob.isFull()){
    nextRobA vailCycle = rob.advance();
  }
}
```

图 4-35 仿真代码示例

在计算机体系结构模拟器中，Timing Core 是用于模拟处理器时序的硬件模块。在模拟器中，Timing Core 负责模拟处理器的时序行为，以保证模拟器的执行正确性和精度。Timing Core 通常由多个逻辑模块组成，这些模块模拟了处理器内部各个部件之间的时序关系，例如时钟、时序延迟、同步和异步重置等信号的处理。Timing Core 还负责对处理器内部的各种事件进行同步和协调，以确保在正确的时间和顺序下执行指令和传输数据。通过模拟处理器的时序行为，Timing Core 可以准确地模拟处理器的行为和性能，从而帮助开发人员和研究人员分析和优化计算机体系结构。总的来说，Timing Core 在计算机体系结构模拟器中扮演着至关重要的角色，它为模拟器的正确性、精度和性能提供了关键的支持和保障。

在计算机体系结构中，trace 驱动和执行驱动都是用于验证和测试处理器性能和正确性的技术。trace 驱动是一种基于处理器执行轨迹的测试方法，它记录了处理器在执行过程中产生的指令序列、数据流和控制流等信息，并将其保存到 trace 文件中。trace 文件可以用于分析处理器的执行行为和性能，例如检测指令缓存、数据缓存的命中率、分支预测的准确率等。trace 驱动常常用于性能分析和优化领域，可以帮助开发人员找出系统的瓶颈，提高处理器的性能和效率。

执行驱动是一种基于处理器执行的测试方法，它通过向处理器发送指令序列和数据，模拟处理器执行过程，并检查处理器是否正确地执行了指令和处理数据。执行驱动通常包括两个部分——测试程序和测试框架。测试程序负责生成指令序列和数据，并将其发送到处理器上执行，同时负责检查处理器的执行结果是否正确。测试框架则负责控制测试程序的执行，并收集处理器的执行结果，以便于分析和检查。执行驱动常用于处理器的验证和测试领域，可以检测处理器是否满足指令集的规范要求，是否正确地执行指令和处理数据，以及是否能够处理各种异常情况。

trace 驱动主要分为三个阶段，包括 trace 收集、trace 浓缩、trace 处理。trace 收集指确定某些工作负载应用，收集运行时访问内存的记录。trace 浓缩指从全量数据中去掉一些不必要的冗余数据。trace 处理指跟踪被馈送到模拟系统行为的过程。

踪迹收集系统结构及方法如图 4-36 所示，软件层面包括操作系统、编译器、汇编器、链接器、加载器、模拟器，硬件层面包括微代码解释、额外的硬件探测。

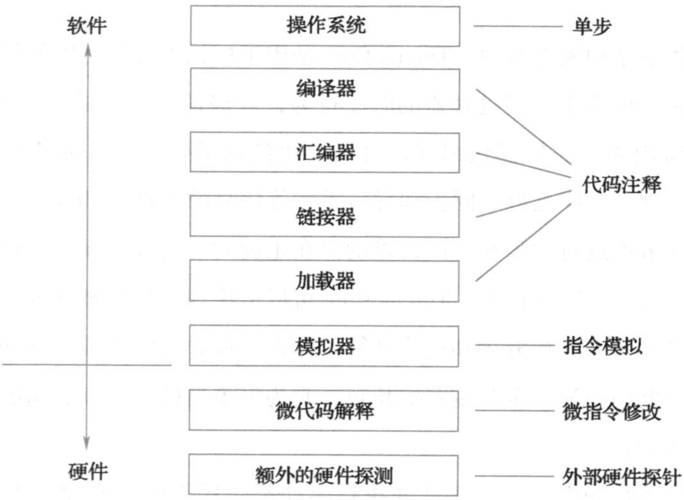


图 4-36　踪迹收集系统结构及方法

模拟器传统的执行方式是取一条指令，解码一条指令，执行一条指令，速度很慢。作为改进的执行方式，对于每条指令，模拟器会进行预先解码，然后存在一个表中，等执行时从表中查找并执行，这样可以省去解码的时间，提升了执行的速度。作为一种更高效的方式，模拟器每次将一个代码基本块转换成并解码，如果发现无分支则将两个基本块连接起来。在执行时，模拟器可以直接按基本块来执行，提高速度。

静态代码注释（static code annotation），也称为代码注释或源代码注释，是一种软件开发实践，涉及向源代码添加注释或元数据，以提供有关代码行为、目的或设计的额外信息。这些注释可以用于传达关于函数的输入和输出参数、前置条件、后置条件、副作用、错误条件或性能特征的信息。它们还可以用于记录代码的设计模式、依赖关系或架构决策。静态代码注释可以是形式化的或非形式化的。形式化注释通常使用特殊的语法或标记语言来表示，例如 JavaDoc、Doxygen 或 Python 的 docstring 格式。此外，非形式化注释可以采用常规注释、TODO 注释或内联注释的形式，结构比形式化注释少。静态代码注释具有多种优点，包括提高代码的可读性和可维护性、帮助调试和测试、提供自动生成文档的功能、促进代码的重用。

当进行系统调试或性能分析时，生成的 trace 文件往往非常大，这可能导致存储和处理上的问题。为了解决这个问题，需要采取一些方法来压缩和精简 trace 文件。其中一种方式是使用 trace 压缩技术，可以将 trace 文件进行压缩，从而减小其占用的存储空间。另外一种方法是仅保留重要事件，例如内存事件等，从而减少 trace 文件的体积。

此外，也可以使用 trace 采样的方式来减小 trace 文件的大小。trace 采样有两种常见的方式：均匀采样和用 simpoint 进行阶段采样。均匀采样是指在 trace 文件中以固定的时间间隔采集一定数量的事件，从而得到一部分采样数据，这种方式可以在保证采样数据覆盖全面的前提下，降低 trace 文件的大小。使用 simpoint 进行阶段采样会将 trace 文件分为多个阶段，每个阶段包含一组连续的事件，然后只对每个阶段的开头事件进行采样，从而得到较小的采样数据集。这种方式适用于在 trace 文件中存在重复事件和循环结构的情况，可以更准确地分析系统性能。

在模拟器中，有两种主要方法可以对系统行为进行建模，即周期驱动和事件驱动。周期驱动的仿真涉及通过以离散步骤或周期推进时间来对系统行为进行建模。在每个周期中，模拟器评估系统的状态，并根据一组预定规则计算下一个状态。此方法通常用于具有常规、可预测行为的系统，例如时钟或执行重复性任务的计算机。事件驱动的仿真通过在离散事件发生时做出响应来对系统的行为进行建模。在此方法中，模拟器维护事件队列，并按事件发生的顺序处理它们。每个事件都会触发一组更新系统状态的操作。此方法通常用于具有更复杂或不可预测行为的系统，例如流量系统或计算机网络。

周期驱动和事件驱动都有其优点和缺点，对于它们的选择取决于所建模系统的具体要求。周期驱动仿真通常实现起来更简单、更快捷，但可能不适合具有更复杂、更不可预测行为的系统。事件驱动仿真可以对更广泛的系统进行建模，但实现起来可能更复杂，并且可能需要更多的计算资源。

全系统仿真涉及对整个系统（包括其所有组件和交互）进行建模，以评估其性能或行为。与任何模拟一样，全系统仿真也存在可能影响结果准确性的误差源。D-cache 和 I-cache 的缓存访问平均准确率在 10%以内，存在差异可能是由于更激进的预取策略。L2 缓存的错误平均约为 20%，这是 L1 缓存和虚地址转换的原因。分支未命中的误差在 26%以内，并且准确率随着 MPKI 的增加而提高。由于 I-TLB 未命中率极低，平均误差为 72%，但随着 MPKI 的增加，精度有所提高。由于单个 64 条目的 TLB 用于加载和存储，因此 D-TLB 未命中会显示出较大的误差，这可能有利于某些工作负载，也会损害其他工作负载。为了尽量减少这些误差源的影响，必须仔细设计和验证仿真模型，使用适当的数值方法和算法，并仔细考虑输入数据和模型参数的不确定性和可变性。

微体系结构模拟器是一种可以模拟处理器的（包括指令集、寄存器、流水线等）模拟器。与微体系结构模拟器不同，全系统模拟器是一种可以模拟整个计算机系统（包括处理器、内存、I/O 等）的模拟器。全系统模拟器的设计目标通常不是完全精确地模拟每个微体系结构组件的行为。相反，它的目标是提供足够准确的结果以评估整个系统的性能或行为。这意味着全系统模拟器通常会使用一些折中方案，例如简化或逼近某些微体系结构组件的行为，以便更快地完成模拟。此外，通过模拟获得的微体系结构统计数据也需要谨慎使用。这是因为这些统计数据可能会受到多个因素的影响，例如模拟器的精度、模拟所使用的工作负载，以及模拟的时间范围等。如果这些因素没有得到充分的验证和控制，就不能完全依赖这些统计数据来做出重要的决策。因此，在使用全系统模拟器时，需要认真考虑这些因素，以确保得出的结论具有足够的准确性和可靠性。

模拟中存在规范和抽象错误并不一定意味着模拟不准确。当仿真不能准确反映被仿真系统的规格或要求时，就会发生规范错误；当仿真过度简化或省略系统行为的某些方面时，就会发生抽象错误。但是，即使存在这些类型的误差，仍然可以在仿真结果中保持高度的准确性。减轻规范错误和抽象错误影响的一种方法是根据实际数据或基准仔细验证仿真。通过将仿真结果与经验数据进行比较，可以识别并纠正由于被仿真系统的规范错误或抽象错误而导致的任何不准确性。此外，结合领域专家的反馈还有助于识别和纠正仿真中的错误，确保仿真准确反映真实系统的行为。

此外，重要的是要认识到仿真通常用于探索或预测目的，而不是用于精确预测。在这些情况下，准确捕获所研究系统基本特征的仿真即使包含一定程度的规范错误或抽象错误，仍可能足以提供有价值的见解或为决策提供信息。总体而言，虽然规范错误和抽象错误可能会影响仿真的准确性，但可以使用一些策略和方法来减轻其影响并保持仿真结果的准确性。

为了应对这些挑战，研究人员应仔细评估，在仿真的不同方面之间的权衡，例如性能、准确性和灵活性。确定需要准确有效地建模的关键特征，还要考虑简化或近似对仿真结果的潜在影响，这一点至关重要。此外，还需要努力捕捉新兴工作负载的行为，这些工作负载正变得越来越复杂和多样化。这需要对所使用的仿真模型和技术进行持续的重新评估，以及研究人员、领域专家和行业从业者之间的密切合作。

随着交互式工作负载在仿真中增多，对其使用的设备进行准确建模至关重要。这有助于最大限度地减少运行时的错误并提高整体仿真性能。为了实现这一目标，需要更新和改进现代模拟器，以包括交互式工作负载中使用的更复杂的设备模型。总体而言，推进最先进的仿真技术需要多学科方法，来自不同领域的研究人员需要共同努力应对所涉及的许多挑战。

经验是我们在过去的实践中积累的知识和技能，是我们解决问题和做决策的基础。但是，如果我们只停留在经验的层面上，不去尝试新的想法和方法，就会限制我们的创新和进步。

创新是基于经验的新思想、新方法和新技术的创造性应用。创新需要实验来验证其有效性和可行性，而实验是科学进步的重要手段之一。通过实验，我们可以验证假设、发现规律、验证理论，从而推动科学的发展和进步。

然而，未经证实的实验和坏的想法可能会导致严重后果，因为这些实验可能会产生错误的结论和误导性的数据。同样，未经证实的实验和好的想法结合也可能会导致错误的结论和误导性的数据，因为想法可能没有经过足够的测试和验证。因此，我们需要健全的实验设计和执行，以确保实验结果的可靠性和有效性，并避免误导性的结论和数据的出现。

### 4.8.3 需要避免的4个陷阱

在进行性能评估时，健全的实验方案是至关重要的，但是还需要创造力和勤奋。我们应当学习如何设计出完备的实验方案，并得到正向的反馈。方案设计有四个陷阱（pitfall）需要注意。

（1）以偏概全。例如，实验本身应该面向所有种类的计算机，而你的实验中仅包含了某种特殊类型的计算机。实验本身应该测试整个测试集合，但是你的实验却只测试了其中一个。忽视实验效果，你发现A比B的效果好，但你的同伴却认为B比A好。忽视Linux环境变量，无意地改变了你未知的环境变量，实验结果会发生很大变化。忽略堆的大小，改变堆的尺寸就可以改变你实验的输出结果。忽视探查器偏差，不同的分析工具可能会得出相互矛盾的结论。

（2）不相称。例如，应该使用移动端设备（如手机设备），而你却使用传统服务器设备运行实验。应该要测试GC性能，而你却测试计算基准的性能。一般的优化想要达到10%的提升都非常困难，但若将实验的不恰当性改正，就会得到很大程度的优化。不恰当性体现在实验的方法、数据的选取、数据的分析方法、指标的选取等方面。实验方法与实验目的分离自然难以得到理想的实验结果。数据的选取也至关重要，对同一测量对象的多组数据，是选择最值、还是选择平均值等来表示其最终数据，得到的结果可能不尽相同，当然也没有哪一种数据绝对更好的结论。为了符合恰当性，我们应该根据实验目的、实验具体条件等来选择数据，或是使用最大值，或是使用平均值，或是加入置信区间来选择数据。数据的分析方法也是导致不恰当性的一方面原因，对不同的数据集应采用适宜的数据分析处理方法。例如，当数据集中的数据分布较为集中时，采用取平均值的做法是恰当的；当存在远远偏离其他数据的某些数据点时，采用平均值的做法是不恰当的，这样的分析方法会掩盖真实的数据分布情况，使得少数点的不正常分布影响数据集整体的分布。所以，当数据集分布呈现“长尾延迟”时，取平均值是不恰当的数据分析方法，我们在确定数据分析方法之前，需检查数据分布的形状。

指标的选取也会造成不恰当，若指标与实验目的不匹配，或者难以评判事物优劣，则其属于不恰当的指标。

（3）不一致。它的定义为在不同的环境下进行实验比较A与B两者，违背了单一变量原则，不能得到正确的实验结果。同样，不一致性也是难以察觉的，对于两个系统某方面的比较，应该保持系统的负载、运行环境、测量指标、硬件指标等额外因素皆保持一致，这通常难以完全实现。

（4）不可复现。它的定义为他人不能复现该实验，这使得识别不可靠的实验变得更加困难。不可复现性也不是显而易见的，因为其关乎实验的细节，忽略任何偏差或者任何细节，都可能导致复现时难以得到相同的结果。

总的来说，上述的四个陷阱会对实验各个方面造成影响。虽然目前没有解决这四个陷阱的万能方案，但是通过创新与辛勤投入，我们可以克服这些困难。

## 4.9 本章小结

本章介绍了计算与存储性能的常见性能模型。从执行时间的角度介绍了并行执行时间效率模型，从可扩展性的角度介绍了阿姆达尔定律、古斯塔夫森-巴西斯定律和存储受限的扩展定律（孙-倪定律）。在存储性能评估中，本章解释了延迟和带宽的概念，介绍了 APC、C-AMAT、MLP 和 CaL 等评价指标。此外，本章还介绍了并行计算模型、程序性能指标、基准测试和 Roofline 模型等内容。

## 4.10 思考题

1. 阿姆达尔定律、古斯塔夫森-巴西斯定律和孙-倪定律各自的侧重点是什么？
2. 评测存储系统的 C-AMAT 相比于 AMAT 有哪些改进。
3. 从 4.8.2 节中提到的模拟器 5 大设计要点出发，调研 3~5 种常见的模拟器。

## 参考文献

[1] AMDAHL G M. Validity of the single processor approach to achieving large scale computing capabilities [C]//Proceedings of the spring joint computer conference (AFIPS'67, Spring). New York: Association for Computing Machinery, 1967: 483-485.

[2] GUSTAFSON J. Reevaluating Amdahl's law [J]. Communications of the ACM, 1988, 31 (5): 532–533.

[3] SUN X H, NI L M. Another view on parallel speedup [C]//Proceedings of the 1990 ACM/IEEE Conference on Supercomputing. New York: ACM, 1990: 324-333.

[4] GRAMA A Y, GUPTA A, KUMAR V. Isoefficiency: measuring the scalability of parallel algorithms and architectures [J]. IEEE Parallel & Distributed Technology: Systems & Applications, 1993, 1 (3): 12-21.

[5] FORTUNE S, WYLLIE J. Parallelism in random access machine [C]//Proceedings of the 10th Annual Symposium on Theory of Computing. New York: ACM, 1978: 114-118.

[6] WULF W A, MCKEE S A. Hitting the memory wall: Implications of the obvious [J]. ACM SIGARCH computer architecture news, 1995, 23 (1): 20-24.

[7] WANG D, SUN X H. APC: A novel memory metric and measurement methodology for modern memory systems [J]. IEEE Transactions on Computers, 2014, 63 (7): 1626-1639.

[8] SUN X H, WANG D. Concurrent average memory access time [J]. Computer, 2014, 47 (5): 74-80.

[9] CHOU Y, FAHS B, ABRAHAM S. Microarchitecture optimizations for exploiting memory-level parallelism [C]//Proceedings of 31st Annual International Symposium on Computer Architecture. Cambridge: IEEE, 2004: 76-87.

[10] LIU Y, SUN X H. CaL: extending data locality to consider concurrency for performance optimization [J]. IEEE Transactions on Big Data, 2017, 4 (2): 273-288.

[11] Hennessy J L, Patterson D A. Computer architecture: a quantitative approach (6th ed.) [M]. Morgan Kaufmann Publishers Inc. 2019.

# 第 5 章
# 共享存储结构与编程

## 5.1 引言

并行计算包括四个基本步骤：①问题分解（decomposition），即将问题（problem）分解为一组任务（task）；②任务分配（assignment），即将任务分给进程；③进程协调（orchestration），即进程间通信和同步；④进程映射（mapping），即将进程映射到处理器上。

在多处理器单一地址空间系统中，高速缓存通过可观的命中率减少访存延迟，从而获得一定的性能提升，但是多处理器给共享数据的高速缓存带来了高速缓存不一致的问题。不一致性问题的根源在于共享对象可能存在多个副本。解决不一致性问题的方案称为一致性协议。高速缓存一致协议的关注对象是高速缓存行，协议的内容是考查高速缓存行的状态，然后分别在每一种状态下分析可能的各种请求，再分别在不同的请求场景下为应对不一致采取各种措施。状态转换图是协议的一种表现形式。

高速缓存一致性（cache coherence）对支持共享存储模型来说具有重要意义。维持高速缓存一致性的机制影响着共享存储多处理器中的通信，也决定着存储系统如何在处理器核心、多级高速缓存、内存之间以怎样的方式通过消息进行数据传递。维持高速缓存一致性的机制的设计，一方面决定程序执行的正确性，因此它是一个关键的正确性问题；另一方面由于高速缓存一致性协议本身带来一定的通信流量，影响系统通信体系结构的带宽和延迟（尤其是争用延迟），因此它同时是一个攸关性能的问题。

基于侦听的扩展方法需要将每一次存储请求广播给所有的处理器高速缓存，而基于目录的一致性方案通过目录结构维护拥有每个数据块副本的处理器的信息就可以避免这种广播。同时，与大多数侦听协议不同，基于目录的一致性不依赖任何特殊的互连网络。基于目录的扩展方法在20世纪70年代后期提出，最初的目录结构是不可扩展的，因为采用的是集中式的目录，所以随着处理器数量的增加它很快就成为一个瓶颈。后来很多机器逐渐采用分布式的目录及分布式存储的体系结构来克服这种限制，这种结构称为高速缓存一致的非统一存储访问结构（cache coherence non-uniform memory access，CC-NUMA），它具有以下特点：

（1）高速缓存一致的全局可寻址存储（cache-coherent globally addressable memory），使系统具备硬件支持的高速缓存一致性和存储同一性，为程序员提供单一系统映像，对达到循环级并行化代码的高性能和兼容早期系统意义重大。对程序员来说，最直观的感受是，单一地址空间能够非常轻松地提供高级编程语言所需要的指针，而更一般地说，单一地址空间可以消除传统的基于 MPI 消息传递的并行计算机编程存在的数据划分和动态负载均衡这两个棘手问题，同时可以改善对自动并行化编译器、标准操作系统、多道程序设计、并行应用的增量式调优等的支持，从而使得单一地址空间机器比消息传递机器更易于使用。

（2）具有潜在的性能可扩展性。在多处理器系统中，采用分布式存储，可允许系统开发局部性。对处理器来说，所有的私有数据和指令，以及部分的共享数据和指令，都可以分布在处理器本地。对这些数据和指令的引用避免了远地访问带来的较长延迟，同时减少了对互连网络带宽的需求。

（3）可以基于芯片层次、主板层次、系统层次等结构，来探索（explore）并利用（exploit）多层次的并行性，对于高性能科学计算和商业事务计算的软硬件资源及服务的利用有重要意义。

## 5.2 共享存储体系结构的类型

多核共享内存（shared memory multiprocessors，SMP）主要有 3 种类型：①基于多端口，每个处理器和内存之间都有一条独立的数据通路；②基于总线，多个处理器和内存之间通过一条总线进行数据传输；③基于高级互连网络，多个处理器和内存之间有一个比总线高级的互连网络。

在基于总线的 SMP 中，总线承担了所有的读写流量，所有的处理器共享总线。这一模型属于一致内存访问（uniform memory access，UMA），特点是处理器访问每一块内存的时间都相等。这些内存可能分为多个内存模块，彼此地址空间交错。在这个模型中，每个处理器核都有它私有高速缓存，引入了存储层次结构，需要解决数据一致性问题。

在基于交叉开关的SMP中，每个处理器和每一片内存间都有专门的通路。对于交叉开关来说，只要同时闭合多个交叉节点（crosspoint），多个不同的端口就可以同时传输数据。从这个意义上来说，交叉开关在内部是无阻塞的，因为它可以支持所有端口同时线速交换数据。但它的开销也十分庞大，因为需要为每个处理器和I/O控制器复制内存总线，每个处理器都有直接路径访问内存，需要多组存储器或使用交错存储器。

交错存储的特点是使用交错内存，内存地址依次分配给每个内存条。例如，在具有两个存储体的交错系统中（假设为字寻址存储器），如果逻辑地址32属于存储体0，则逻辑地址33将属于存储体1，逻辑地址34将属于存储体0，依此类推。当有$n$个存储体并且存储位置$i$驻留在存储体中时，交错存储器被称为$n$路交错。基于交叉开关的SMP结构也属于一致内存访问（UMA），仍然可能存在高速缓存一致性问题。基于交叉开关的SMP结构的优点是带宽是线性拓展的，整个结构中没有共享链接；而缺点是所使用的网络是交换式多级互连网络，复杂度较高。

基于“Dance Hall”的SMP是更一般意义上的基于互连网络的SMP，之所以称这种结构为“Dance Hall”（舞厅结构），是因为在这种结构下，整个内存就如同一块舞池，每个处理器都能在其中“起舞”（访问内存）。互连网络将处理器连接到内存，内存是集中式内存（一致存储器访问）。这个互连网络决定了这个结构的性能：这一网络结构包括从总线到交叉开关的连续演进过程中的各种结构；通过这个网络，内存带宽变为可扩展的，内存和处理器在物理上是分离的。与上述结构相同，它仍会有高速缓存一致性的问题。于是，还有一个共享高速缓存的结构，减少了一致性问题并提供了细粒度的数据共享。

分布式共享存储体系结构在计算机体系结构中的定位如图5-1所示。从为程序设计者提供编程所基于的存储视图的角度，多处理器计算机可分为消息传递和共享存储两种类型，两者的本质区别是，前者每个处理节点的存储器是单独编址的，后者所有处理节点的存储器是统一编址的。大多数MPP和机群系统属于前者，但以Origin2000/3000[1]为代表的一些计算机则属于后者。

无cache的多处理节点，由于每个存储单元在系统中只有一个备份，这类系统不存在高速缓存一致性问题，属于共享存储类型，如并行向量机CRAY-XMP及早期的一些分布式共享存储系统（BBN公司的Butterfly）等。

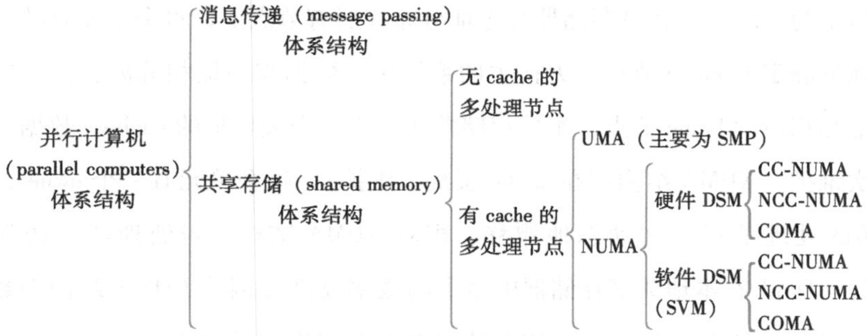


图 5-1　分布式共享存储体系结构在计算机体系结构中的定位

有 cache 的多处理节点按存储器访问的延迟是否同一，分为 UMA 和 NUMA，前者主要是 SMP，多见于工作站及 Intel、AMD 公司的多核 CPU；后者按实现方式的不同，有硬件和软件之分。软件 DSM 又称为 SVM（shared virtual memory），其实质是用软件把消息传递系统中分布于各节点的多个独立编址的存储器组织成一个统一编址的共享存储空间，主要问题是难以获得令人满意的性能[2]。与硬件实现的共享存储系统相比，软件 DSM 中较大的通信和共享粒度（通常是存储页，而硬件 DSM 中是高速缓存行）会导致伪共享及额外的通信。此外，基于机群的软件 DSM 中通信开销很大。

Kai Li 提出软件 DSM 的概念[3]。软件 DSM 的实质是在松耦合的计算机系统中，通过软件模拟紧耦合的高速缓存一致性协议，无须借助硬件支持即可为程序员和应用程序提供与直觉相一致的共享存储视图。按照共享的粒度，软件 DSM 分为基于页面或基于对象的 DSM。

软件 DSM 方面的研究工作集中在两个方面[4]：①通过放松存储一致性要求，减少由维护存储一致性导致的通信开销[5]；②减少 DSM 中的伪共享，如提出基于对象的 DSM[6]，这种方法以对象为粒度，从根本上解决了伪共享问题，但需要先对程序进行移植。又如文献［7-8］提出基于传统虚存降低共享粒度的方法，即通过将同一物理页面的不同偏移映射到不同线性页面对应的偏移地址，以减小共享粒度来降低伪共享的影响，但这种方法浪费了大量的线性地址空间。文献［9］做出的一个判断是，用于高性能计算的软件 DSM 无法实现它的预定目标。

无论是硬件实现的 DSM，还是软件实现的 DSM，存储器都可以组织成 NUMA 和 COMA 的结构。前者称为基于宿主（home-based）的系统，后者称为无宿主（homeless）

的系统。基于宿主的系统中，共享存储器静态地分布在所有节点上，每个单元有唯一的地址以及由该地址确定的 home 节点。无宿主的系统中，数据与地址相分离，任一单元没有固定的地址和相应的 home 节点，本地存储器相当于一个大容量的 cache，数据一致性也在这一层次维护（NUMA 结构则在 cache 层次上维护）。每个单元有一个 owner，而 owner 可在不同的处理节点之间动态地漂移，相对 NUMA 结构，当处理器的访问在 cache 中缺失时，COMA 在本地共享存储器中命中的概率较高（因为 COMA 结构中数据块在内存层次可以存在多个副本，而 NUMA 结构在内存层次只能存在一个副本，也就是按地址分布的 home 节点上），缺点之一是访问本地内存未命中时，需要复杂的操作来确定缺失单元的 owner 所在的位置。

由于 CC-NUMA 具有良好的可编程性和性能可扩展的优势，研究人员提出了多种结构设计，随着近几年多核 CPU 的发展，基于多核 CPU 的 CC-NUMA 成为一种主流的系统结构。同时还有一些问题需要进一步研究，例如：①现有处理器在硬件层次支持高速缓存一致性的规模是有限的；②已提出的目录协议（directory protocol）在存储开销、性能、实现复杂度方面各有利弊；③应用的种类更加多样，在海量数据存储和处理的背景下，工艺制程水平进一步提高，单个处理单元（processing element，PE）性能和分布式的 PE 数量的增加，这些都对相应的互连结构、目录结构、主板结构提出了更高的要求。

## 5.3 并行编程模型

### 5.3.1 抽象与实现的区别及其实例

在理解并行编程模型时，需要区分抽象与实现这两个概念。抽象通常指程序员层面使用的某种 API 接口，在调用接口编写程序时，不用关心接口具体的实现方式，只关心输入和输出是否符合预期，抽象关心整体的可行性。而真正关心接口内部的实现原理，需要考虑物理特性，实现的方式有很多种，从中选取最合适的一种来实现相应的接口，关心具体如何去做。

许多学习者都存在把抽象和实现相混淆的问题，所以本节使用实际的代码示例进行说明，并结合原理介绍。展示代码之前，首先介绍 SPMD 和 ISPC 这两个专业术语。单程序多数据（single program multiple data，SPMD）将同一程序复制到各个处理器上，而将不同的数据分布在不同的处理器上。这样在系统中各处理器均运行相同的程序，但对不同的数据执行操作。英特尔单程序多数据编译器（Intel SPMD program compiler，ISPC）是 C 编程语言的一种变体的编译器，具有单程序、多数据编程的扩展。在 SPMD 模型下，程序员编写的程序通常看起来是一个常规的串行程序，然而执行模型实际上是许多程序实例在硬件上并行执行。

如图 5-2 所示，这段经典的代码，把 sin(x) 使用泰勒公式展开，$\sin(x)=x-x^3/3!+x^5/5!-x^7/7!+\cdots$。函数共 4 个参数，x 是输入数据的数组指针，result 是输出结果的数组指针，N 是代表 x 和 result 数组的长度，terms 是泰勒展开的级别。该函数共包含两层循环，第一层循环是对输入数组进行遍历，每循环一次求出一个 terms 级的泰勒展开。第二层循环是对一个数进行 terms 级泰勒展开。该函数的总体功能会对输入数组中的每个数带入 sin(x) 做 terms 级别泰勒展开，并把结果放到 result 指向的数组中。

```
void sinx(int N, int terms, float* x, float* result)
{
    for (int i=0; i<N; i++)
    {
        float value = x[i];
        float number = x[i] * x[i] * x[i];
        int denom = 6;  // 3!
        int sign = -1;

        for(int j=1; j<=terms; j++){
            value += sign * munber / denom;
        number *= x[i] * x[i];
        denom *= (2*j+2) * (2*j+3);
        sign *= -1;
        }
    result[i] = value;
    }
}
```

图 5-2　正弦函数计算串行代码

使用 ISPC 编程时，使用 uniform 关键字声明的变量在编译时会进行一致性同步，在调用 sin(x) 函数时，for 循环中的代码会以 programCount 路并行的方式被执行（见

图 5-3)，每一路为一个实例，所有的实例执行完成时函数返回。在一次循环中，编译器会把 programIndex 等于 0～programCount 的指令合并成一条 SIMD 指令，然后并行执行。

```
export void sinx(
    uniform int N,
    uniform int terms,
    uniform float* x,
    uniform float* result)
{   // 假设 N %programCount = 0;
    for(uniform int i=0; i<N; i+=programCount)
    {
        int idx = i + programIndex;
        float value = x[idx];
        float number = x[idx] * x[idx] * x[idx];
        uniform int denom = 6;  // 3!
        uniform int sign = -1;
        for(uniform int j=1; j<= terms; j++)
        {
            value += sign * number / denom;
            number *= x[idx] * x[idx];
            denom *= (2*j+2) * (2*j+3);
            sign *= -1;
        }
        result[idx] = value;
    }
}
```

图 5-3　sin(x) 并行代码 1（ISPC code）

并行运行示意如图 5-4 所示，在执行 sin(x) 计算过程中，运行到并行程序前，是串行执行；当运行到并行程序处，启动的各个实例并行执行；全部执行完成后，后面的代码再次恢复串行执行。

在执行过程中，有三个关键要素，包括 2 个变量和 1 个关键字，其中变量“programCount”是并行执行的实例数量，变量“programIndex”是当前实例的 id，关键字“uniform”是使所被修饰的变量对所有实例相同的一种修饰语。在 programCount = 4 的例子中，程序实例的交错分配如图 5-5 所示，它展示了输出数组与实例 id 的对应关系。因为图 5-3 的代码每次 for 循环时 i+programCount，所以每个实例对应的 result 数组序号每次跳跃 4。相邻 id 的实例所对应的 result 数组也是相邻的。

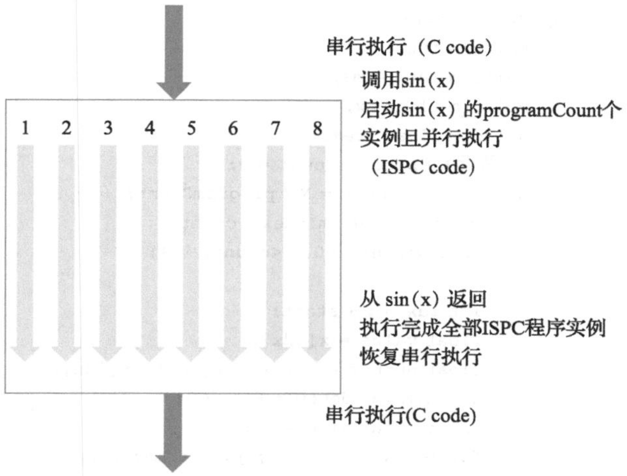


图 5-4　并行运行示意

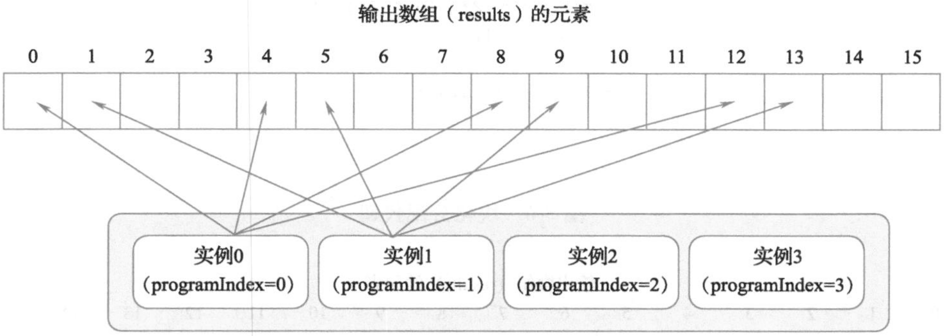


图 5-5　程序实例的交错分配（一组 ISPC 程序实例，在该示例中，一个组包含 4 个实例）

在支持 SIMD 的 CPU 上，可运行 ISPC 编译器编译的 SPMD 程序。通过 ISPC，在支持 4-wide vector SSE 指令的 CPU 上，programCount = 4；在支持 8-wide AVX vector 指令的 CPU 上，programCount = 8。ISPC 编译器支持多核间的并行，从而可通过增加核数或 vector unit size 来提升性能。以上提到的交错分配从直觉上判断似乎并不满足局部性，在具体分析其效率前，不妨先考虑 ISPC 计算 sin(x) 的另一种版本——块化处理元素与实例的对应关系。相对于交错分配的版本，每一个实例所处理的变量对应一个连续的内存空间，因此称为块化分配方式，块化分配代码如图 5-6 所示，块化分配的内存分配如图 5-7 所示。

```
export void sinx(
    uniform int N,
    uniform int terms,
    uniform float* x,
    uniform float* result)
{   // 假设 N %programCount = 0;
    uniform int count = N / programCount;
    int start = programIndex * count;
    for(uniform int i=0; i<count; i++)
    {
        int idx = i + start;
        float value = x[idx];
        float number = x[idx] * x[idx] * x[idx];
        uniform int denom = 6;  // 3!
        uniform int sign = -1;
        for(uniform int j=1; j<= terms; j++)
        {
            value += sign * number / denom;
            number *= x[idx] * x[idx];
            denom *= (2*j+2) * (2*j+3);
            sign *= -1;
        }
        result[idx] = value;
    }
}
```

图 5-6　块化分配代码

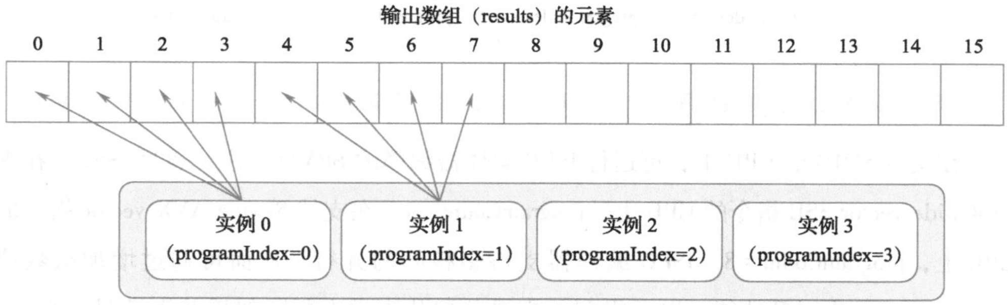


图 5-7　块化分配的内存分配

了解两种不同的分配方式之后，现在分析二者的效率问题。首先在此提出并强调局部性原理（locality）的概念。局部性有两种常见的形式，即时间局部性（temporal locality）与空间局部性（spatial locality）。时间局部性指被访问过一次的存储器位置很可能在不久的将来被再次访问，空间局部性指一个存储器位置被访问了一次，在不久的将来很可能访问其附近的另一个存储器位置。要注意的是，局部性原理是在时间维度上的一个概念，即无论是时间局部性或是空间局部性都隐含着一条时间线，也就是要着眼于不久的将来数据是否被再次访问，空间局部性并不意味着内存分配与时间无关。在局部性原理的基础上，为了分析块化分配与交错分配二者的性能差距，需要在空间的维度上加上一条时间维度，用来表示局部性原理中的“不久的将来”。交错分配和块化分配的内存使用时间如图 5-8 和图 5-9 所示。

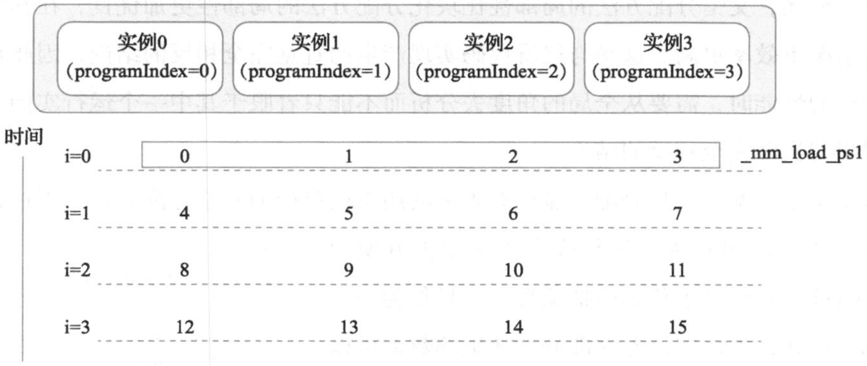


图 5-8　交错分配的内存使用时间

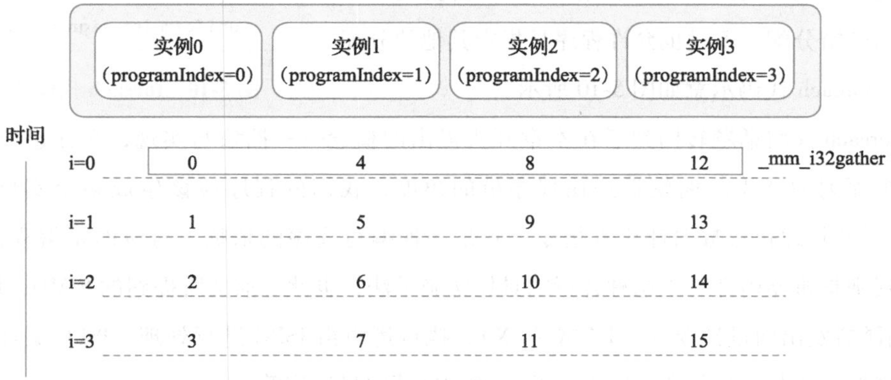


图 5-9　块化分配的内存使用时间

可以看到，虽然交错分配方法的每个实例内部使用的数据不是连续的，但由于并行处理，在同一时间，4 个实例处理的是相邻的数据；而反过来看块化分配方法，块化分配在单个实例中看上去处理的是连续的数据，但将目光投向整个并行计算，在同一时间被处理的数据反而是间断的。

单个“packed load”指令集指令可以轻松的同时取出一段连续空间内的数据，如图 5-8 中，方框即为_mm_load_ps1 同时取出了位置为 0、1、2、3 的所有数据。而若需要同时取出间断的数据，则需要用 gather 指令来解决这一问题，gather 是一种更复杂、代价更高的 SIMD 指令，并且只在 2013 年之后的 AVX2 上可用，如图 5-9 中方框即为_mm_i32gather 同时取出了位置为 0、4、8、12 的所有数据。

综上所述，交错分配方法的局部性比块化分配方法的局部性更加优良，在其他条件相同的情况下效率更高。这是与仅看代码实现产生的直觉完全相反的结论，因此在分析并行计算的性能时，需要从全局的角度去分析而不能只着眼于其中一个运行实例，否则容易得出与实际完全相反的结论。

除了交错分配与块化分配，显然有更多的还未被讨论的复杂分配方式。不过在实际实现的方式上，ISPC 为程序员提供了一个更方便的语句 foreach，它提高了代码的抽象程度，只作为一个循环标记存在，告诉编译器这部分循环里的数据可以并行化处理。而在实现层面上，ISPC 会将循环迭代自动地分配到不同的实例。目前的 ISPC 会实现一个静态的交错分配，不过也允许程序员指定其他的分配方式，foreach 代码示意如图 5-10 所示。

```
foreach (i = 0 ... N)
 {
    float value = x[i];
    float number = x[i] * x[i]
* x[i];
    uniform int denom = 6;
  // 3!
    uniform int sign = -1;
```

图 5-10　foreach 代码示意

foreach 又将话题转回到了在本章开头提出的概念——抽象与实现，在此也应该对其有更深刻的认识。抽象就是在程序员的角度，我们的程序应该生成多个实例，即 SPMD，并行地执行数据计算等指令，它是一种编写程序的依据，对应的是编程模式；而实现则是机器内部对于这种并行的具体实施手法，也就是前文所提到的 SIMD，即 ISPC 编译器发出向量指令（SSE4 或 AVX），执行逻辑由 ISPC 进行处理。ISPC 编译器处理条件控制流与向量指令的映射问题（通过屏蔽向量通道等）。

ISPC 语言有时需要技巧，SPMD 抽象与 uniform 的使用让程序细节实现并不那么直观。图 5-11 是错误处理方式举例，现在考虑 ISPC 中数组求和的问题。

在图 5-11 中，由于 sum 是一个 uniform float，即每个实例都共用同一个 sum，用常见的 eax、rax 等寄存器来存储，而 x[i] 不是一个 uniform 元素，即每个实例独占一个 x[i]，用 SIMD 寄存器来存储，在没有原子操作或是加锁的情况下，在 sum+=x[i]处自然会出现“compile-time type error”错误，一个有效的解决方法是让每个实例都计算各自的一个 partial sum(非 uniform)，然后使用原语操作 reduce_add() 函数将不同实例的 partial 加起来形成 sum，如图 5-12 所示。

```
export uninform float sumall1(
    uniform int N,
    uniform float* x)
{
    uniform float sum = 0.0f;
    foreach (i =1 ... N)
    {
        sum += x[i];
    }
    return sum;
}
```

图 5-11 错误处理方式举例

```
export uninform float sumall2(
    uniform int N,
    uniform float* x)
{
    uniform float sum;
    float partial =0.0f;
    foreach (i =1 ... N)
    {
        partial += x[i];
    }
    // 该函数来自 ISPC math liberary
    sum = reduce_add(partial);
    return sum;
}
```

图 5-12 使用 reduce_add() 来计算 sum

ISPC 组抽象都是使用 SIMD 指令在单核上完成的，也就是说，以上的所有代码都只能在处理器的单核上完成。针对这个问题，ISPC 使用另一种抽象“task”来完成多核处理。

上文提到了三种并行编程模型，分别是数据并行模型、共享存储模型（即共享存储多处理器）和消息传递模型。它们呈现给程序员的通信抽象不同，不同的编程模型会影响程序员编写程序时的思维方式。从程序员的角度看，数据并行模型这类程序只有一个进程在执行，但是同时有多组数据在计算，这些数据是自动分配的，不需要程序员干预。从程序员的角度看，消息传递模型包含了多个进程，并且每个进程拥有独立的控制线，可以执行不同的程序代码，可以实现控制并行和数据并行，数据和负载需要程序员显式分配给每个进程。在共享存储模型中，各进程可以通过访问公共存储器中的共享变量而实现通信。共享存储模型和数据并行相比，相同点在于拥有全局命名空间；共享存储模型和消息传递模型相比，相同点在于多线程和异步。这三种模型对应了三种机器架构，是硬件对低层软件的抽象，通常反映了硬件实现的能力。接下来讨论通信（communication）与协作（cooperation）这两个重要概念。

### 5.3.2 通信与协作

并行应用的实现需要整个系统级的通信与协作。在一个抽象出来的并行应用中，最上层（最抽象）的是编程模型。它是描述并发、并行或独立计算的抽象，是描述交流的抽象。从上至下的第二层是编译器和并行运行时间。抽象与编译器之间的接口（interface）是编程语言、库或原语等，原语意为执行过程中不可被中断的程序段。从上至下的第三层是操作系统层，编译器与操作系统之间的接口是应用程序接口（API），操作系统能通过调用 API 来使用编译器。最底部一层是微体系结构，这是硬件实现的部分，微体系结构与操作系统之间的接口是硬件架构，操作系统是用户与硬件实现之间的接口。

根据 ISPC（Intel SPMD program compiler）编程模型，描述并行计算进行抽象的主要用途有二，其一是为了找到可同时执行的操作，即真并行（true parallelism）；其二是找到独立的工作，可独立运行的工作具有并行的潜力。在进行了抽象以后，使用 ISPC 编程语言编写程序，例如调用 ISPC 函数等，随后使用 ISPC 编译器编译形成可执行文件，使用包含了 AVX 向量指令集的单核 CPU 来运行这个可执行文件。基于 AVX 向量指令集，程序可以在 CPU 的 SIMD 单元上运行。如此一来，在这一模型下，程序员编写的程序看起来是一个常规的串行程序，但执行模型实际上是多个程序实例在硬件上并行执行。ISPC 程序的生成过程如图 5-13 所示。

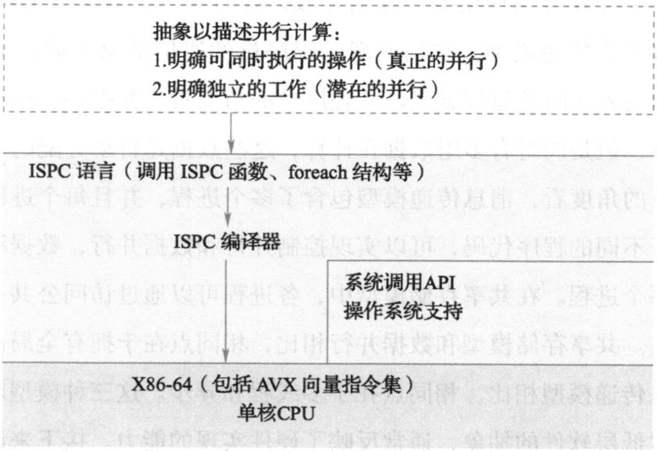


图 5-13　ISPC 程序的生成过程

接下来从通信的层面介绍 3 种抽象模型——共享地址空间模型、消息传递模型和数据并行模型。

第一种是共享地址空间模型，它基于共享地址空间（shared address space）的交流，意为线程间通过读写共享的变量进行交流，我们可以将共享变量比作一个大公告板，任何进程都可以在上面分享和读取消息。以图 5-14 中的两个线程共享地址空间进行交流为例，展示进程间如何通过共享地址空间进行交流。线程 1 定义了 int 类型的变量 x，然后新建线程 2，使得线程 2 运行 foo 函数并传入了 x 的地址作为形参，最后一句为修改变量 x 的值为 1；线程 2 执行 foo 函数，函数内容为当 x 等于 0 时，进入一个无限循环，直到 x 不等于 0 时打印 x 的值。当共享的 x 地址空间的值，也就是 x 的值从 0 变为 1 时（这是线程 1 做的改变），线程 2 立刻就能捕捉到改变，并将修改后的非 0 值打印在输出屏幕上。

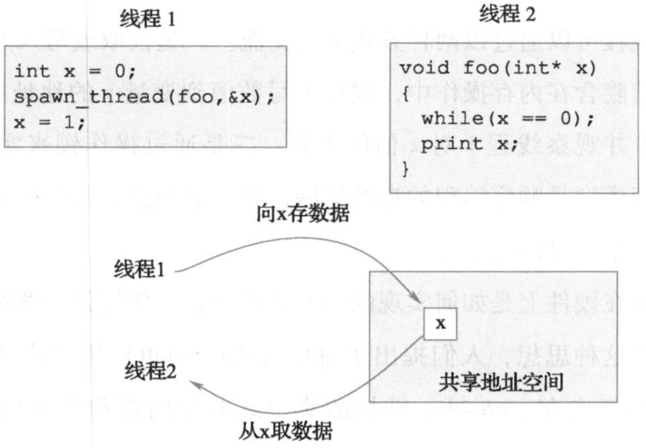


图 5-14　两个线程共享地址空间进行交流（向 x 存数据、从 x 取数据为通信操作）

同步原语也是通过共享变量来实现的，只不过这个共享变量有点特殊，人们通常称之为锁（lock）。以图 5-15 中两个线程使用锁进行同步为例，线程 1 初始化 int 型的 x 变量为 0，初始化一个锁，名为 my_lock，新建一个线程运行 foo 函数，将地址作为形参传入 x 和 my_lock；当线程 1 想要修改 x 的值时，首先会对 my_lock 进行上锁操作，如果上锁成功了，则继续修改 x 的值，修改成功后再将锁解开。线程 2 想要修改 x 的值，也会先请求上锁，如果上锁成功了，则继续修改 x 的值，修改成功后再将锁解开。锁是一个共享地址的变量，规定锁为某个值时为上锁状态，为某些值时是解锁状态，一个线程请求上锁之前，会先读取这个锁的值，如果处于上锁状态，则将这个线程挂起，等待锁的值变为解锁状态后再尝试请求上锁。当占用锁的线程完成自己的修改后，会主动解锁。操作系统使用锁来实现同步。

```
Thread 1
int x = 0;
Lock my_lock;

spawn_thread(foo, &x, &my_lock);

my_lock.lock();
 x++;
my_lock.unlock();
```

```
Thread 2
void foo(int* x, Lock* my_lock)
{
    my_lock->lock();
    x++;
    my_lock->unlock();
    print x;
}
```

图 5-15　两个线程使用锁进行同步

总结一下，线程可以通过以两种方式进行交流。一是读取或写入共享变量，这样一来，线程间的通信隐含在内存操作中，线程 1 写数值到变量 x 的地址中，稍后，线程 2 读取变量 x 的地址并观察线程 1 对 x 值的更新。二是通过操作锁来实现进程之间的同步。共享地址空间模型是顺序编程的自然扩展，到目前为止，我们所有的讨论都假设了这些进程之间有一个共享的地址空间。

共享地址空间在硬件上是如何实现的呢？关键思想是任何处理器都可以直接访问任何内存位置。基于这种思想，人们提出了舞厅（dance-hall）集中式共享内存，还有总线结构的集中式共享内存、crossbar 结构的集中式共享内存和多阶段网络结构的集中式共享内存，这些结构在之前的章节中有所介绍，在此不再赘述。但是，只满足任何处理器都可以访问任何内存位置这一点还不够，在此基础上还需要考虑每个处理器访问内存所需的时间是否过长。有一种叫作对称多处理器（symmetric multiprocessor，SMP）的结构应运而生，这种结构能够使所有处理器访问不在高速缓存中的内存地址的开销相同，换言之，每个处理器能访问内存的任意地址并且开销相同。高速缓存的存在引入了不一致的访问时间，我们后续进行讨论。

下面介绍商用芯片中的共享地址空间。英特尔 i7 的芯片是 4 核的，如图 5-16 所示。最上面是内存控制器，内存控制器连接着 4 个核，每个核访问内存都需要通过内存控制器（见图 5-17）；在 4 个核中间是用于多核调度的队列硬件结构；下方是共享的 L3 高速缓存，每个核也与 L3 高速缓存直接相连；芯片之间的互连是环状的。

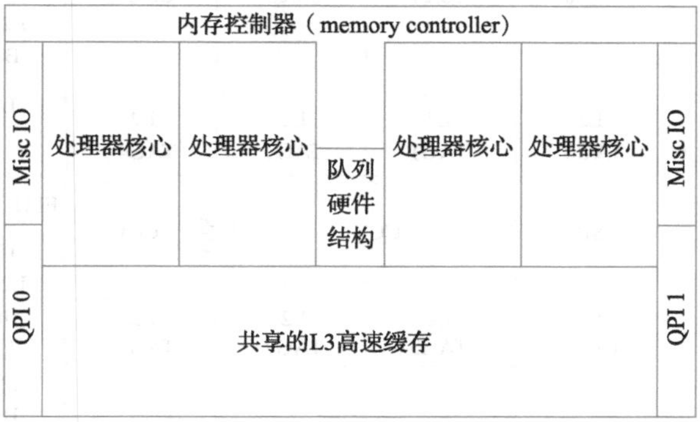


图 5-16　英特尔 i7 芯片图示

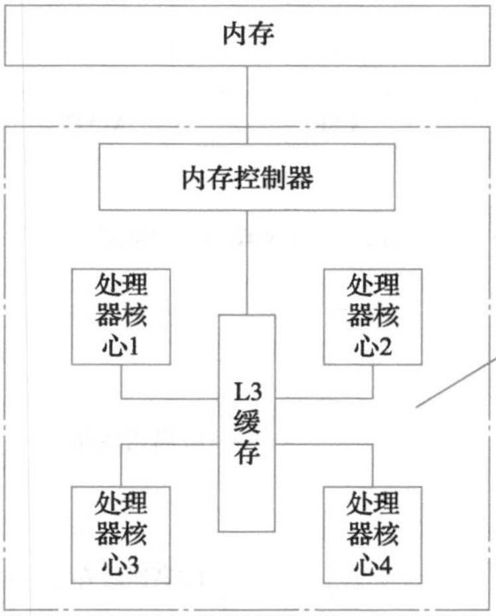


图 5-17　每个核都与内存控制器相连，访存需要通过内存控制器

Sun Microsystems 的 Ultra SPARC T2 微处理器是 SPARC 系列的成员，是 Ultra SPARC T1 的后继产品，是一款 8 核处理器芯片，芯片版图如图 5-18 所示。它使用的共享内存管理结构是交叉开关，交叉开关在芯片中与处理器核晶片（die）面积相当。每个处理器通过交叉开关，直接连接到每一块 L2 高速缓存上，再通过 L2 高速缓存连接到内存上，Sun Niagara2 芯片原理图如图 5-19 所示。

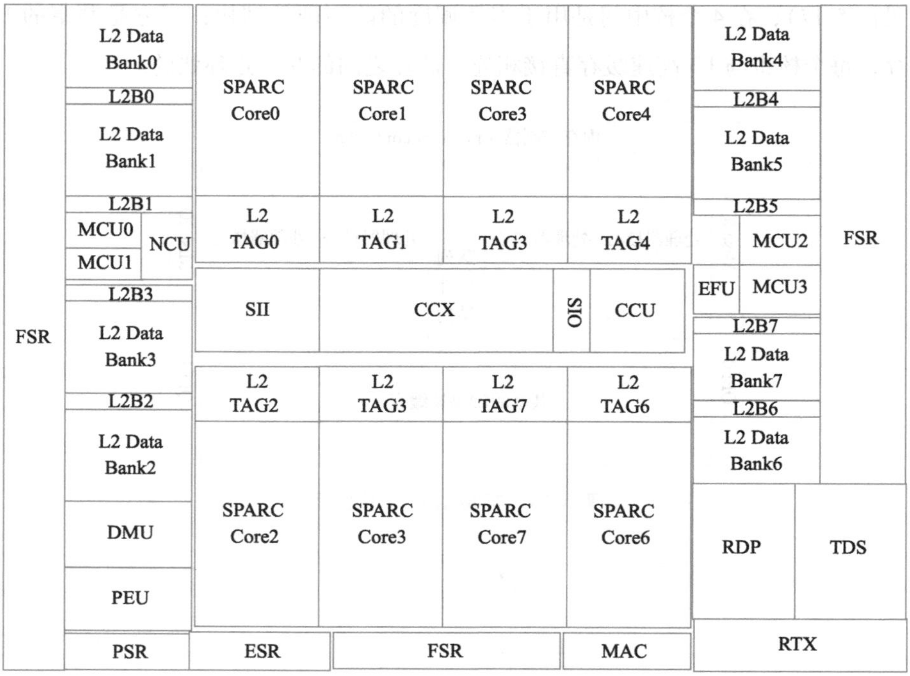


注：图中 CCX 为交叉开关。

图 5-18　Sun Niagara2 芯片版图

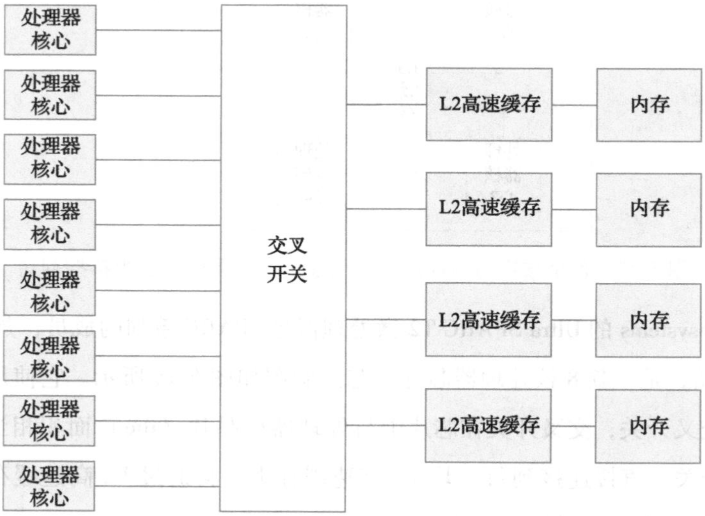


图 5-19　Sun Niagara2 芯片原理图

另一个共享内存地址空间的硬件架构就是 NUMA（non-uniform memory access），NUMA 架构在前面的章节具体介绍过，每一个处理器核心在物理层面都有紧邻自己的一片内存，这些分布式的内存在逻辑上相连并可以被所有核访问。这种架构的独特之处在于其访问紧邻自身的那片内存区域的速度明显快于访问其他内存片。

一个统一访存时间的系统架构存在着可扩展性（scalability）的问题。SMP 结构的机器可扩展性较差，是因为所有处理器都共享系统总线，因此当处理器的数目增多时，系统总线的竞争冲突迅速加大，系统总线成了性能瓶颈。SMP 架构的优点是处理器核心能以同样的延迟访问所有存储地址；但缺点是总线在同一时刻只能被最多一个处理器核心使用，在一个处理器核心使用总线时，其他处理器如果有访存请求则必须等待，直至正在使用总线的处理器核心的请求被完成。

相比之下，NUMA 结构更易于拓展，因为每个核心在访问自己物理临近的内存时延迟低、带宽高；也正因为这个特性，在开发 NUMA 架构机器上的程序时，需要充分利用程序的局部性，将更热点的数据放在离处理器更近的内存上来减少访存延迟。如图 5-20 所示，由于两个区域之间由一条通信线连接，这是一个轴对称的结构，核存同侧的访问比核存异侧的访问少跨过中间的总线，访问时间出现了不一致。AMD HyperTransport（HT）和 Intel QuickPath Interconnect（QPI）等总线技术曾被推出并用于片间互连。

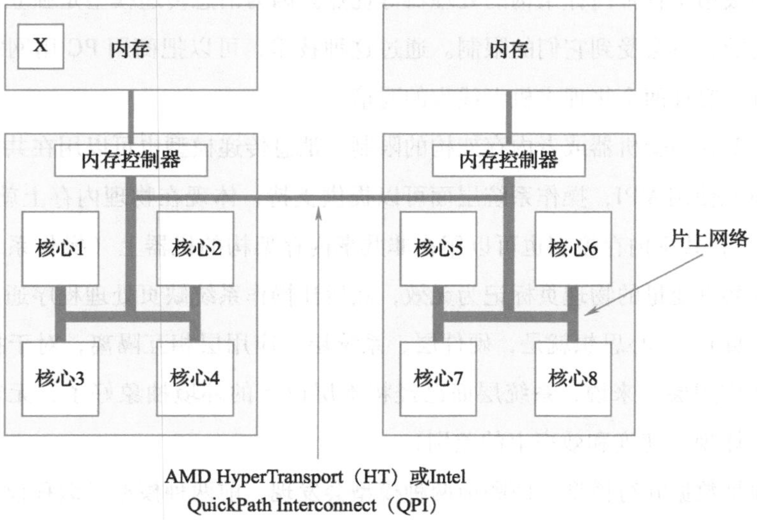


图 5-20　NUMA 示例

共享内存模型具有以下特征：①在通信上，线程可以读写相同地址的共享变量，并且在此基础上，设置专门的同步锁变量来保证线程的同步和沟通；②在编程上，这种模型的视角始终都是单个处理器，只是这种单处理器逻辑下所访问的变量可能被其他处理器更改而达到通信的效果（NUMA 架构在编程时要考虑程序的局部性来保证系统性能）；③在硬件实现上，需要耗费大量资源来保证通信效果（主要就是访存的效率），同时也要精心设计硬件组合结构，因此依靠这种模型组成的超级计算机造价昂贵。

第二种是消息传递模型。消息传递模型中，进程的信息交互依靠 MPI（一种消息传递函数库），它是一个标准规范接口，与实现语言无关，通信中的各个进程的内存空间是私有的，两个进程之间想要交换信息只能通过调用相关语言的 MPI 库。在通信模型中，每个进程有自己的 ID，在调用 send、receive 函数时指明发送、接收的对象即可进行信息交互。

尽管 MPI 属于 OSI 参考模型的第 5 层或者更高，它的实现可能通过传输层的 sockets 和传输控制协议（transmission control protocol，TCP）覆盖大部分的层。通过集群中构建的互连网络，各个节点机器只需要通过通信模块就可支持这个信息交换协议，不需要改变自身存储系统的架构。MPI 使用消息传递模型构建并行协议，使它拥有广泛可移植性，以及能被用于各种内存架构的处理器等优点。因为消息传递模型是独立于网络速度和内存架构的，不会受到它们的限制。通过这种技术，可以把商用 PC 用网络连接成大型的并行机，实现两个物理主机上线程的通信。

编程模型并不受机器或者内存架构的限制，消息传递模型也可以用在共享内存模型机上（如单机使用 MPI，操作系统层面可以提供支持，体现在物理内存上就是对 buffer 的读取写入），共享内存模型也可以用在非共享内存架构的机器上（操作系统虚拟页映射，将存有共享变量的物理页标记为无效，然后让操作系统缺页处理程序通过互连网络重定向物理页）。核心思想就是，硬件层、系统层、应用层相互隔离，对于抽象出来的编程模型（应用层）来说，系统层面已经将本层以下的环境抽象好了，无须关心具体实现（只是体现在速度和效率上的差别）。

第三种是数据并行模型。回顾前两种模型会发现，前两种模型是编程模型强加给程序编写一种范式：共享内存虽然没有规则上的变化，各个线程可以读写访问所有的共享地址，但会受到物理实现的影响（每次访问内存的代价可能不一样）；消息传递模型则有着高度的规范性，所有的交流都要遵循信息交互规则、调用提供的函数。对于数据并行模型来说，此模型对编程模式有着刚性的要求，因为该模型下每个任务要在给定的数据结构（数组等）的不同分区（数组的各个子集区域）上执行相同的操作，这就要求编程时对数据的划分和组织要高效独特。

数据并行模型过去多指同时对一个数组中的每个元素进行相同的操作。采用这种模型的有：①20 世纪 80 年代使用 SIMD 的超算；②connection machine（CM-1，CM-2），拥有数千个处理单元和一个指令译码单元的计算机；③cray supercomputers，即向量处理器，运行形如 add（$\boldsymbol{A}$，$\boldsymbol{B}$，$n$）的指令完成向量 $\boldsymbol{A}$ 和向量 $\boldsymbol{B}$ 上 $n$ 个元素的分别相加；④Matlab 中的向量操作，如向量相加 $\boldsymbol{C}=\boldsymbol{A}+\boldsymbol{B}$（$A$、$B$、$C$ 分别是维数相同的 3 个向量）。

现在，数据并行模型演进成 SPMD。这种数据并行模型可以抽象成 map（function，collection），表示把“function”分别地、独立地应用到“collection”中的每一个元素上。Function 可以是一段复杂的逻辑，而不仅限于一条指令，这是 SPMD 和 SIMD 的关键区别。“map”操作在把“function”应用到每一个元素上后返回，是一种隐式的同步。

下面举例如何尝试把一段程序定义成 map（function，collection）模型。图 5-21 的代码求 x 数组中所有元素的绝对值，然后存储到 y 数组中。由于处理每个元素的过程是独立的，因此我们可以把循环体视为“function”，把 foreach 结构视为“map”。ISPC 并没有直接定义“把一段程序应用到数组中的所有元素上”的语义，而是通过提供数组中每个元素的索引来间接地提供这样的语义功能。因此，collection 是 x 和 y 数组，而是 x 数组、y 数组及隐式定义在它们中的索引规则。在相同的数组上定义不同的索引逻辑规则是不同的 collection。

如图 5-22 所示，求 x 数组中所有元素的绝对值，然后把每个元素存储两遍到 y 数组中。这显然和例 1 所示数据并行模型不同。如果我们把 collection 单纯定义为 x 和 y 数组，则无法区分两个例子中的数据并行模型。因此，collection 一定由索引逻辑规则来定义。

```
// main C++ code;
const int N = 1024;
float* x = new float[N];
float* y = new float[N];
// 初始化 x 的 N 个元素

absolute_value(N, x, y);
```

```
// ISPC code: export void
export void absolute_value(
    uniform int N,
    uniform float* x,
    uniform float* y)
{
    foreach (i = 0, 1, …, N)
    {
        if (x[i] <0)
            y[i] = -x[i];
        else
            y[i] = x[i];
    }
}
```

图 5-21　在 ISPC 下，求 x 数组中所有元素的绝对值，然后存储到 y 数组中

```
// main C++ code;
const int N = 1024;
float* x = new float[N];
float* y = new float[2*N];
// 此处初始化 x 的 N 个元素

absolute_repeat(N, x, y);
```

```
// ISPC code: export void
export void absolute_repeat(
    uniform int N,
    uniform float* x,
    uniform float* y)
{
    foreach (i = 0, 1, …, N)
    {
        if (x[i] <0)
            y[2*i] = -x[i];
        else
            y[2*i] = x[i];
        y[2*i+1] = y[2*i];
    }
}
```

图 5-22　求 x 数组中所有元素的绝对值，然后把每个元素存储两遍到 y 数组中

数据并行模型不假定每个 function 调用的先后顺序。如图 5-23 所示，这个程序删除数组 x 中的负数，然后存储到数组 y 中，最终运行结果是不确定的，因为多个不同的 function 可能会写相同的内存地址。由于不规定各个 function 调用的先后顺序，因此程序运行结束后数组 y 中的数据是不确定的。数据并行模型并不原生支持同步语义。

为数据并行提出一种更精细化的模型定义：stream programming model，其中使用“stream”和“kernel”替换原来的“collection”和“function”。与之前的“collection”不同，“stream”要求数组中的每一个元素都能被独立处理，即任何两个元素之间不存在相关性。与之前的“function”不同，“kernel”要求执行的操作是无副作用的，仅在单个元素范围内进行操作，即 kernel 在执行过程中涉及的输入输出以及局部变量都需要是私有的。图 5-24 是使用 stream programming 模型编写的求数组 x 每个元素绝对值的程序。注意 absolute_value 函数的参数为 float（上文所使用的例子中均为 float *），因此在

这个例子中，absolute_value 函数仅能在单个元素范围内进行操作，不可能读写到其他位置的元素。

```
// main C++ code;
const int N = 1024;
float* x = new float[N];
float* y = new float[N];
// 此处初始化 x 的 N 个元素
shift_negative(N, x, y);
// ISPC code: export void
export void shift_negative(
    uniform int N,
    uniform float* x,
    uniform float* y)
{
    foreach (i = 0, 1, …, N)
    {
        if (i >= 1 && x[i] < 0)
            y[i-1] = x[i];
        else
            y[i] = x[i];
    }
}
```

图 5-23 删除数组 x 中的负数，然后存储到数组 y 中

```
// main C++ code;
const int N = 1024;
stream<float> x(N);    // 定义 collection
stream<float> y(N);    // 定义 collection
// 此处初始化 x 的 N 个元素

// 映射函数 absolute_value 到
// streams(collections) x, y 上
absolute_value(x, y);

void absolute_value(float x, float y)
{
    if (x < 0)
        y = -x;
    else
        y = x;
}
```

图 5-24 使用 stream programming 模型编写求数组 x 每个元素绝对值的程序

stream programming 的优点在于每个 function 是无副作用的，其输入输出是确定的。确定性的数据流对于编译优化具有如下好处：①输入输出数据的存储位置是确定的，我们可以使用预取来减小访存延迟；②生产者消费者之间的局部性是已知的，如果我们能确定某些数据马上就会被使用到，则可以通过指导缓存的替换策略，使这些局部性较好的数据保留在缓存中，从而实现降低延迟和节省内存带宽的优化效果。

然而，stream programming 同样具有一些缺点。回顾图 5-22，我们会发现无法使用 stream programming 模型重写图 5-22，因为一个 kernel 需要同时写数组 y 中的两个元素，而 absolute_value（在图 5-22 中为 absolute_repeat）函数的接口每次只允许传入数组 y 中的一个元素，因此我们需要定义额外的操作。如图 5-25 所示，定义 stream_repeat 先把输入复制一次，然后使用 absolute_value 函数，从而达到和图 5-22 中操作相同的效果。因此，在使用 stream programming 时，有时不得不定义更多复杂的操作应对某些复杂的逻辑。

```
const int N = 1024;
stream<float> input(N/2);
stream<float> output(N);
stream<float> tmp(N);

// 通过将所有元素复制两倍将流长度增加一倍
steam_repeat(2, input, tmp);

absolute_value(tmp, output);
```

图 5-25　添加 stream_repeat 操作，以使用 stream programming 模型实现"求 x 数组中所有元素的绝对值，然后把每个元素存储两遍到 y 数组中"

gather 和 scatter 是并行编程中常用的语义，图 5-26 是 gather 和 scatter 模型和 ISPC 中的等效实现，其中 stream_gather（input，indices，tmp_input）对应 tmp = input[indices[i]]语句。

```
将 absolue_value 映射到 gather 产生的流上：
const int N = 1024;
stream<float> input(N);
stream<int> indices;
stream<float> tmp_input(N);
stream<float> output(N);

stream_gather(input, indices, tmp_input);
absolute_value(tmp_input, output);
```

```
将 absolue_value 映射到 scatter 产生的流上：
const int N = 1024;
stream<float> input(N);
stream<int> indices;
stream<float> tmp_output(N);
stream<float> output(N);

absolute_value(input, tmp_output);
steam_scatter(tmp_output, indices, output);
```

```
ISPC 等效写法：
export void absolute_value(
    uniform float N,
    uniform float* input,
    uniform float* output,
    uniform float* indices)
{
    foreach( i = 0 , ... , N) {
        float tmp = input[indices[i]];
        if( tmp < 0)
            output[i] = -tmp;
        else
            output[i] = tmp;
    }
}
```

```
ISPC 等效写法：
export void absolute_value(
    uniform float N,
    uniform float* input,
    uniform float* output,
    uniform float* indices)
{
    foreach( i = 0, … , N) {
        if( input[i] < 0)
            output[indices[i]] = -input[i];
        else
            output[indices[i]] = input[i];
    }
}
```

图 5-26　gather 和 scatter 语义在 stream 模型和 ISPC 中的等效实现

gather 实现从一个集合中抽取出想要的元素。gather( R1, R0, mem_base) 表示复制 mem_base[ R0[ i ] ] 到 R1[ i ] 中。AVX2 支持 gather，AVX512 支持 scatter。GPU 中存在硬件实现的 gather 和 scatter，但其开销仍然大于读写连续向量。

数据并行模型要求使用严格定义的程序结构，以便简化编程和利用先进的优化技术。它的基础结构是 map（function，collection）：把 function 同时应用到大量数据上进行独立运算。各个函数的运行是独立的，它们之间没有通信也没有同步，它们的调用顺序是不确定的。确实有许多简单的操作可以通过这一种模型实现，但是实际上，很多现代的数据并行编程语言并没有强制要求使用这一种严格的模型。它们采用了类似于 C 语言语法的灵活性和熟悉性，而不是严格的函数形式的安全性，这也是这些并行语言系统被广泛采用的原因。

### 5.3.3 通信层面三种并行编程模型的特点

共享存储模型（共享地址空间模型）是非结构化的通信，意思是共享存储编程模型的通信是隐含在对共享存储器的访问（取数和存数）中的，并不是节点之间的直接信息交换。该模型使用一种自然的编程方式，共享地址空间，便于自底向上的工程设计，处理机对共享地址空间的访问接口抽象接近串行运算，编程比较容易。这种编程模型也存在不足，一是在这种通信模型中，不同的线程之间没有直接联系，而是通过共享变量来进行交互，但共享变量在必要情况下还需通过加锁或同步被保护在临界区内。这样，当共享变量数量较多，并且涉及多种不同线程对象的交互时，这种管理就会变得非常复杂，极容易出现死锁等问题。二是在前面的讲解中也有提到，一个统一的访存时间的系统架构存在着可扩展性的问题。SMP 结构的机器可扩展性较差，原因是所有处理器都共享系统总线，因此当处理器的数目增多时，系统总线的竞争冲突迅速加大。如果总线性能较差，所有核的访问就要一起受到影响，但是引入 NUMA 结构就可以解决这个问题。

消息传递模型将所有通信结构化为消息，通过进程之间的消息传递来实现数据共享和进程同步。从开发层面讲，它通常比共享地址空间更难得到第一个正确的程序。这是因为在这种模型中，程序员需要显式地处理通信问题，显式的域分解是消息传递模型的一大难题，其目标是将数据对应的操作限定在指定的处理器上进行。在编写消息传递程序时，无法渐近地将代码从串行模式转换为并行模式，也对开发造成了一定的困难。但从使用层面讲，该模型通常有助于编写第一个正确的、可扩展的程序。它使用 MPI 库来实现信息交互，这使它拥有广泛可移植性，以及能被用于各种内存架构的处理器等优点。因为消息传递模型是独立于网络速度和内存架构的，所以不会受到它们的限制。

数据并行模型将计算结构化为集合上的大型“映射”。上面的讲解中提到，并行模型演化成 SPMD 可以抽象成映射：map（function，collection），数据并行模型不假定每个 function 调用的先后顺序，所以会导致用于存储结果的共享的地址空间中的数据是不确定的，在下次迭代时从该共享地址空间加载输入所得到的数据也是不确定的，因此其严重限制了映射迭代之间的通信。所以，我们的性能优化目标是保持迭代的独立处理，得到更精细化的模型定义：stream programming model，从而解决上述问题。现代实践鼓励而不是强制这种结构。鼓励是因为数据并行模型使用严格定义的程序结构，以便简化编程和利用先进的优化技术。虽然函数式思维是好的，但编程系统应该提供一些有助于提高性能的更灵活的结构，而不是被过于严格的结构限制了性能，因此也不强制实践使用。

### 5.3.4 混合编程模型

在现代并行结构的编程中，我们采用混合编程模型来获得各种编程模型的优点，互补各自的缺点，从而达到提高性能的目标。

一种实践是在集群的多核节点中使用共享地址空间编程，在节点之间使用消息传递编程，这样的结构使得集群同时具备了共享存储和分布式存储体系结构的特点，从而充分利用上述两种模型的优势：共享存储模型的编程效率与分布式存储模型的可扩展性。这样的编程模型在实践中是非常常见的一种编程模型。它的优势在于，既有共享地址空间模型在多核节点内部高效运行的便利性，又满足外部各节点之间显示通信的需求，结合了进程级的粗粒度并行（消息传递并行）和线程级的细粒度并行（共享地址空间编程）。

另一种实践是在数据并行编程模型中支持内核中的共享内存风格同步原语。这样的数据并行编程模型限制了每次迭代之间通信的形式，从而保证迭代的独立处理，避免用于加载输入和存储结果的共享地址空间中数据的不确定性。在未来，CUDA、开放计算语言（open computing lauguage，OpenCL）还有望将这样的结构进一步推广，将数据并行编程模型扩展到更多的核，同时结合共享地址空间编程模型，使在相同核内运行的线程之间能够成功通信。

下面介绍一种混合了各种编程模型的实际应用——美国洛斯阿拉莫斯国家实验室（Los Alamos National Laboratory）的 Roadrunner。它在 2008 年时是世界上最快的计算机。它的特点是采用由多种类型结构集群而成的节点（cluster node），不同类型结构使用不同的编程模型，它一共有 3240 个节点。它的一个 cluster node 有 4 个 IBM Cell CPU，每个 IBM Cell CPU 内有 8 个核，每个核分别连接各自的存储单元，IBM Cell CPU 由 4 个独立的 PCIe×8 连接到服务器上。服务器由两个 AMD CPU 组成，每个 AMD CPU 内含两个核，两个 AMD CPU 共同连接服务器的存储单元，服务器存储单元的大小等于 4 个 IBM Cell CPU 存储单元大小的总和。这样的混合节点可以实现每个节点 400GFLOPS 以上（每秒 4000 多亿次浮点运算）的通信性能。

最后，对本节做一个小结。本节介绍了并行编程模型，编程模型是程序员所看到的机器的概念模型，是计算模型的具体化，它与编程语言是相对应的。本章的编程模型有助于读者认识并行编程的结构，这些编程模型也为读者认识实际上的编程实现提供了抽象模板。编程模型所做的相关规定反映了并行处理的真实运作机制和其中的通信代价，这在运用不同的编程模型的机器中有不同的表现：在共享地址编程的机器中，需要硬件支持以保证任意处理机可以访问任意共享内存地址；在消息传递编程的机器中，可能需要硬件支持以加快消息的发送、接收及缓冲。关于性能的权衡与提升，我们既希望编程模型中信息交互的抽象距离足够小，以保证预期的性能；又希望编程模型不受特定范围的通信距离的限制，从而实现编程模型和相关代码的可移植性；又考虑到现实的机器在不同的范围内会进行不同种类的通信，这种情况下该机器所适用的编程模型也有所差别。因此，在现实中，我们可能需要综合考虑多种编程模型，可以采用上面提到过的混合编程模型，但要注意优化时多关注实践执行情况，而不仅关注抽象的设计。

## 5.4 并行处理的流程

### 5.4.1 思路和实例

在了解复杂领域科学计算问题的解决方案之后，下面讨论应如何解决这些问题。若要成功高效地完成该任务，需要人与机器相互配合协作。在人工方面，需要领域科学家提供代码服务，然后由性能调优研究员对代码进行性能优化，最后交由平台移植工程师研究求解共性算子以增强代码的可移植性与灵活性。在机器方面，需要开发高性能计算软件栈，在硬件的配合下将人工编写的代码转化为机器代码，从而使机器能够根据人的指令解决复杂领域科学计算问题。在最初，工业界开发了编译器作为高性能计算软件，帮助用户将指令编译成机器代码，其中运用到局部性原理、循环变换、数据渗透、向量、高速缓存、众核等。

至此，是否可以进一步实现高性能计算的自动化与智能化？若将数学库、通信库、应用领域框架与自动调优代码生成功能加入软件栈中，让机器自动实现共性算子的生成，便可以减轻人工工作量，由机器代替平台移植工程师的工作。若再进一步，通过将智能调优协议、新能知识库和性能检测工具集加入软件栈中，形成智能调优器，帮助机器自动执行性能优化，就能使得高性能计算更加自动化与智能化。此后只需要领域科学家提供代码服务即可，其他的工作将由机器完成。讨论到这里，想必我们都已清楚自己肩上的责任，如何扩展、优化高性能计算软件栈，将是需要认真研究的问题。

回顾之前讲到的三种并行编程模型。对于共享地址空间，加载和存储非本地内存数据的通信是非结构化的，编写程序符合自然的风格，程序结果运行正确，但是性能不好。对于消息传递，将所有的通信结构化为消息，通常比共享地址空间更难获得第一个正确的程序，但结构化有助于获取第一个可扩展的程序。对于数据并行模型，使计算结构化为集合上的一个大型映射，假设一个可以存取的地址空间，但该模型严重限制映射迭代之间的通信，现在的设计鼓励但不强制使用这种结构。

图 5-27 是将三维海洋体积离散为二维网格表示的切片示意图，将海洋演化时间离散化为 $\Delta t$，这样便可以并行计算海洋演化的动态情况，更小的 $\Delta t$ 和更高分辨率的切片可以提供更高的精度。

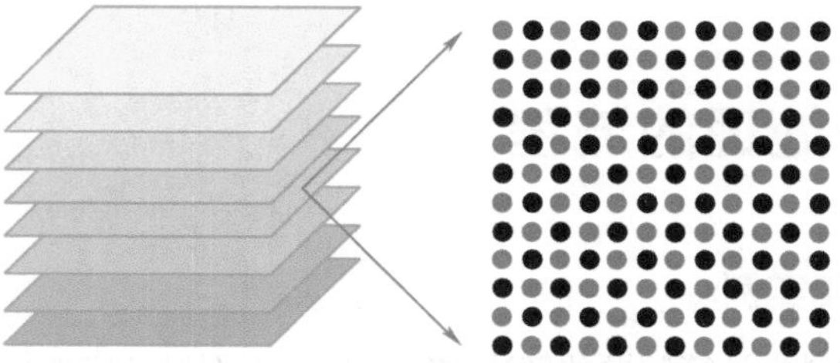

图 5-27　三维海洋体积离散为二维网格表示的切片示意图

创建一个并行程序时，应考虑三步。第一步，确认可以被并行执行的任务；第二步，对可以并行执行的任务进行合理的分隔；第三步，管理公共数据如何访问、交互、同步。下面介绍一个实例：对一个图片做两步处理，第一步是将一个 $N \times N$ 像素的图片中每个像素的亮度翻倍，第二步计算所有亮度值的平均值。显而易见，如果顺序执行，耗时约为 $2N^2$。下面看并行计算是什么样子，如图 5-28 所示，第一种并行方式是第一步按行并行执行将像素亮度值翻倍，一共有 $P$ 个并行，所以耗时为 $N^2/P$。第二步还是每个像素串行相加，耗时为 $N^2$。

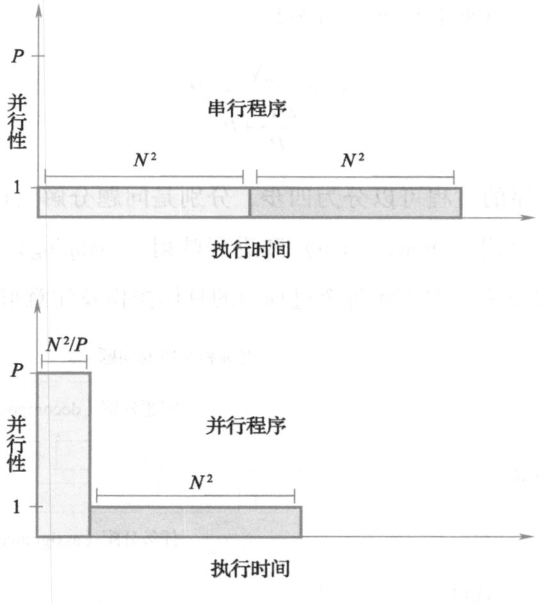


图 5-28　串行和并行执行的时间对比（第一种并行方式）

第一种并行方式的加速比 $S_P$ 见式（5-1）。

$$S_P \leqslant \frac{2N^2}{\dfrac{N^2}{P}+N^2} < 2 \tag{5-1}$$

在第二种并行方式中，第一步按行并行执行将像素亮度值翻倍，一共有 $P$ 个并行，所以耗时为 $N^2/P$。第二步也按行并行相加，最后把每行的和相加，求出所有像素亮度的和，耗时为 $N^2/P+P$，当 $N$ 远大于 $P$ 时，加速比趋近于 $P$，如图 5-29 所示。

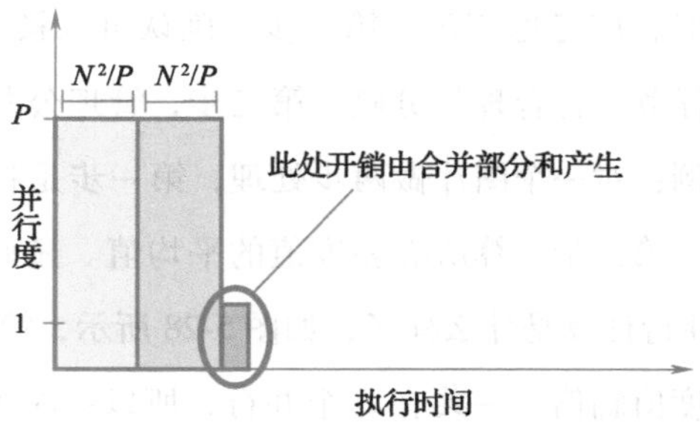


图 5-29 串行和并行执行的时间对比（第二种并行方式）

第二种并行方式的加速比 $S_P$ 见式（5-2）。

$$S_P \leqslant \frac{2N^2}{\frac{2N^2}{P}+P} < P \tag{5-2}$$

创建一个并行程序的过程可以分为四步，分别是问题分解（decomposition）、任务分配（assignment）、协调（orchestration）和进程映射（mapping）。并行程序的创建过程如图 5-30 所示，接下来依次讲解每个过程中的具体操作及注意事项。

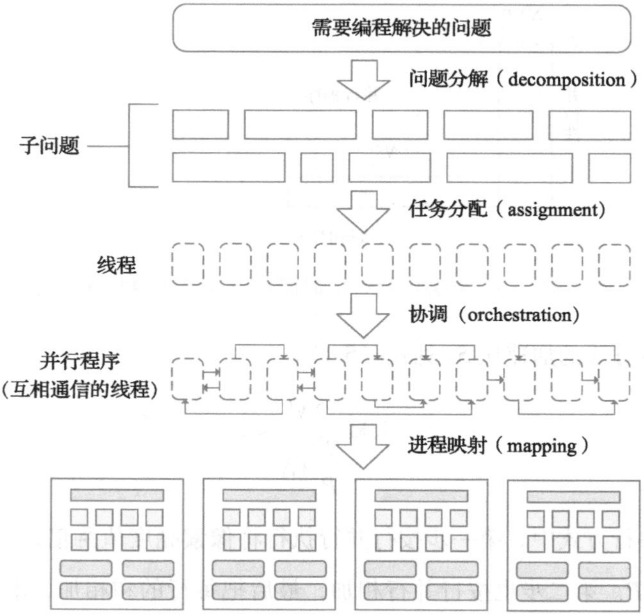


图 5-30 并行程序的创建过程

### 5.4.2 问题分解

顾名思义，问题分解是将一个问题拆解成多个子问题（任务），供之后的并行计算来分别解决。但是进行问题分解时一定要注意，问题分解不能是静态发生的，也就是说编程者在执行的过程中需要实时检测判断是否有新的任务可以被分解出来。编程者需要解决的问题往往是复杂的而且是多阶段的，在不同阶段编程者能够看到的问题其实是不同的，而且往往受到其他因素影响，例如分布式应用往往受到网络状态的影响。因此问题分解需要是动态的，每时每刻都有新的任务被识别出来。在问题分解的过程中要遵循一个原则，即至少要创造出足够多的任务来让机器上的所有执行单元保持忙碌。这个过程的关键是识别任务间的依赖关系。

那么一般是谁来负责进行这个问题的分解呢？在大多数情况下，都是工程师在写代码的时候进行问题分析和分解，从而进行并行的程序设计。这个过程通常包括将具体的问题抽象成算法问题，然后将算法问题按照依赖性分解成多个子问题，这个过程需要耗费的时间和精力非常大，就像之前提到问题分解需要是动态的，因此往往需要工程师反复执行、测试和修改程序，从而确保最终的并行可以在提高性能的同时获得正确结果。与此同时，如何进行自动化的问题分解也是非常具有挑战性的问题。目前主流的研究方向是研究一个能够分析程序并且识别出依赖关系的编译器，研究者已经成功实现了对简单循环的自动化并行编程，但是针对复杂通用代码的“神奇的并行编译器”还没有被研发出来。

### 5.4.3 任务分配

线程是计算机调度的最小单位，因此当编程者将问题分解成多个任务之后，需要将这些任务分配给线程，从而使任务在计算机里调度执行。可以将任务视为要做的事情，线程就是完成这些事情的工人。这些线程要按照一定的规则进行任务分配。分配目标是，平衡工作负载，尽可能让所有的线程负担差不多；减少通信代价，例如依赖关系很强的两个任务可以考虑在一个线程中交替执行。这个过程可以是静态的，也可以是在执行过程中动态决定的。任务分配通常不需要工程师来进行，而是交给编程语言来实现。

### 5.4.4 协调

协调是将分配好的线程协调组织起来，主要分为四个部分：搭建线程间通信、如果必要添加同步操作来保留线程间的依赖关系、组织设计内存中的数据结构、调度任务。协调中的决策过程会受到机器微架构参数的强烈影响，例如在目标机器上的同步如果是非常昂贵的（比如分布式的集群），编程者可能会少用一些同步的操作。

### 5.4.5 进程映射

进程映射就是将进程映射到实际的硬件执行单元，其不仅局限于 CPU。列举三种常见的例子：通过操作系统，可以将 pthread 映射到一个 CPU 核心的硬件执行上下文；通过编译器，将程序中的实例映射到向量指令操作；直接通过硬件，CUDA 就可以直接分配 threads 给 GPU 核心。我们在做这些映射时通常会遵循一些原则来实现较优的性能，例如将相关的互相协作的线程分配给相同的处理器，从而最大化局部性，同时通过数据共享来减少通信和同步可能带来的额外开销。另一个决策案例是，将两个瓶颈不相同的线程分配给同一个处理器核心，例如一个线程的瓶颈在于内存带宽不足，另一个线程则主要受限于计算单元的速度，此时两个线程就可以互相利用不同的资源来交替执行，这样能够更高效地利用目标机器的资源。

现考虑用高斯-赛德尔（Gauss-Seidel）方法求解一个（$N$+2）×（$N$+2）网格上的偏微分方程。每一个元素都根据式（5-3）迭代，直到收敛为止。迭代示意如图 5-31 所示。

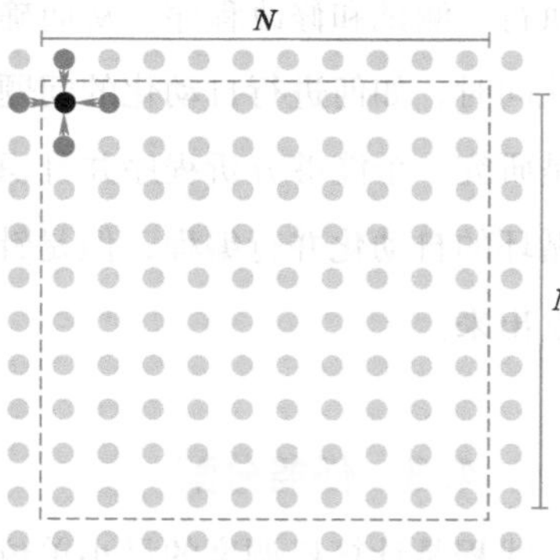


图 5-31 迭代示意

$$A[i,j]=0.2(A[i-1,j]+A[i,j-1]+A[i,j]+A[i+1,j]+A[i,j+1]) \tag{5-3}$$

在此不加证明地指出 Gauss-Seidel 方法最终收敛到的数值与迭代的顺序无关，图 5-32 是顺序迭代实现代码，它从左往右、从上往下依次更新节点的值，并在所有节点产生变化的绝对值之和的平均值 diff 小于一定程度时停止算法。

```
const int n;
float* A;                                   // 假设其为(N+2)*(N+2)的网格(二维数组)
void solve(float* A) {
    float diff, prev;
    bool done = false;
    while (!done) {                         // 最外层循环:迭代
    diff = 0.f;
    for (int i=1; i<=n i++) {               // 遍历更新非边界点
        for (int j=1; j<=n; j++) {
            prev = A[i,j];
                A[i,j] = 0.2f * (A[i,j] + A[i,j-1] + A[i-1,j] + A[i,j+1] + A[i+1,j]);
            diff += fabs(A[i,j] - prev);    // 计算变化量
        }
    }
    if (diff/(n*n) < TOLERANCE)             // 若收敛则退出循环
        done = true;
    }
}
```

图 5-32 顺序迭代实现代码

现在需要对该代码进行并行处理，前文中提到，第一步是问题分解，通常由程序设计师来完成。在分解问题的过程中，首先需要考虑各个数据之间的依赖关系。此处在一次迭代内元素的处理顺序是从左往右、从上往下，因此所有的元素 A[i,j] 都使用了本次迭代的新值 A[i-1,j] 和 A[i,j-1]，而其余三个值使用的是上次迭代后的旧值。在最直接的层面，A[i,j] 和 A[i-1,j] 与 A[i,j-1] 肯定有数据依赖，不能并行计算；而进一步推广 A[i-1,j] 和 A[i,j-1] 的依赖关系，可以很容易得到以下结论：对于 A[x,y]，满足 i+j<x+y 的所有 A[i,j] 都不能与其并行计算。综上所述，所有在对角线上的元素可以进行并行计算，如图 5-33 所示。

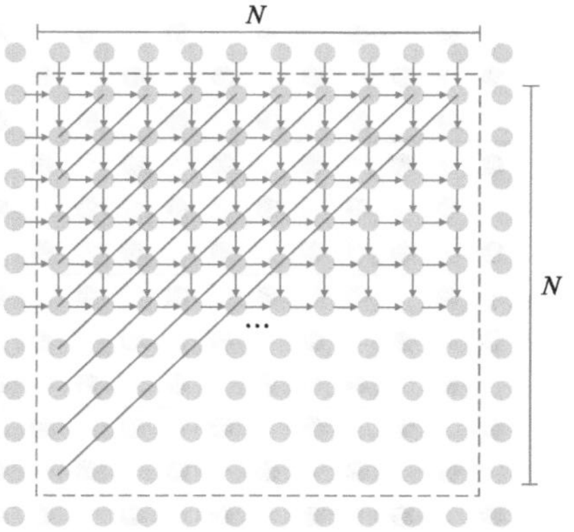


图 5-33 对角线并行计算

这样的并行找到了特定迭代方法对应的一种存在的并行处理模式，使问题的并行计算成为可能，它将同一条对角线上的网格元素计算划分为任务，并行地更新值，并且在对角线上的所有值都更新完毕后转移到下一条对角线。但这样的并行方式有很明显的问题：首先，相

互独立的工作十分难以发掘；其次，最初和最后的并行程度远小于中间的并行程度；最后，这样的并行计算模式会引入频繁的同步，因为每条对角线都必须在上一条对角线完全更新后才可以开始执行。

但通过上文的证明，对于这种迭代方式，并行程度已经被发掘到了极致，要想解决这些问题，需要更换从左往右、从上往下这一迭代顺序。观察 A[i,j] 的依赖关系，不难发现其只和相邻的节点有依赖关系，因此可以想到将迭代方式换成隔一个元素更新一次，最终把跳过的元素进行更新。如图 5-34 所示，首先更新所有的红色节点，当红色节点更新完后，更新所有的黑色节点，一直重复直到收敛。不难发现，每一次红色节点迭代使用的都是上次迭代的旧值，而每一次黑色节点迭代使用的都是这一次产生的新值，因此黑色节点之间、红色节点之间，都没有依赖关系。

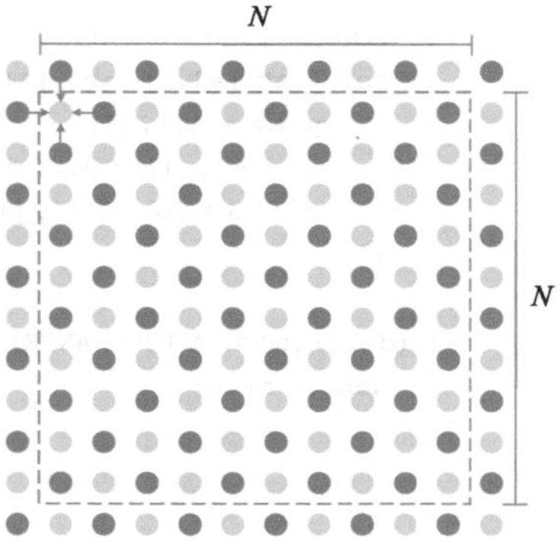


图 5-34 交错迭代示意图（见彩插）

既然任务分解已经完毕，现在就来到了任务分配阶段。理想情况下当然是所有红色节点和黑色节点都并行最优，但是很难找到如此多处理器的运行载体。现考虑有四个处理器的情况下，任务分配的两种方法：交错分配和块化分配（见图 5-35）。这两种分配方式也在前文中提到，但此处所有数据的处理都是间断的，对于局部性的考虑也不太明确，那么到底哪一种的效率更高呢？事实上，这与系统的架构有关。

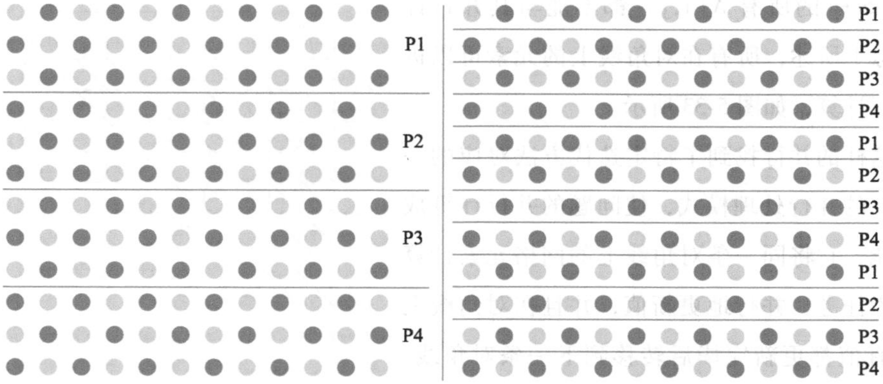


图 5-35 块化分配（左）与交错分配（右）（见彩插）

图 5-36 是抽象概念上的并行执行示意图，上述两种分配都符合这一图例。其中，红色与黑色的箭头代表了每个实例之间需要进行数据交换的部分。

对于消息传递的系统而言，以 P2 为例，为了计算 P2 的第一行数据，每一次都需要 P1 向 P2 传递消息，而为了计算最后一行数据，每一次都需要 P3 向 P2 传递消息。在块化分配的方式之下，每次执行对于 P2 而言都需要接受 2 次消息，发送 2 次消息；而在交错分配的方式下，由于 P2 会运行 3 次，需要接收 6 次消息，发送 6 次消息。因此，在消息传递的系统中，块化分配的效率会优于交错分配的效率，它减少了消息传递的次数。

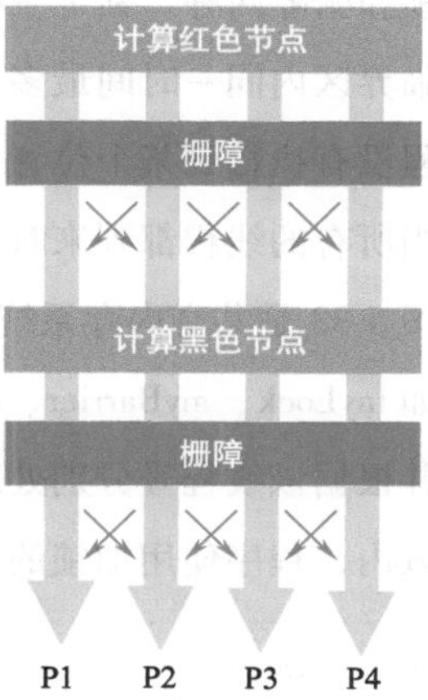

图 5-36 执行抽象图（使用栅障进行同步）（见彩插）

而共享内存的系统会更加复杂，它需要锁等同步手段防止线程之间互相干扰。图 5-37 是共享内存对此任务的实现代码（只放出了红色节点的更新，黑色节点同理）。代码中使用了 for_all 循环标记分解任务，而用一个原语 reduceAdd 防止更新 diff 时出现同步问题。而 for_all 默认在所有并行执行完毕后才转入下一次执行。

```
void solve(float* A) {
    bool done = false;
    float diff = 0.f;
    while (!done) {
        for_all (red cells (i, j)) {                    // 任务分解:独立的网格元素构成独立任务
            float prev = A[i, j];
            A[i,j] = 0.2f * (A[i, j] + A[i, j-1] + A[i-1, j] + A[i, j+1] + A[i+1, j]);
            reduceAdd(diff, abs(A[i, j] - prev)); //协调:由系统处理(内置通信原语:reduceAdd)
        }  //协调:由系统处理(for_all 块的结尾是隐式等待所有线程,然后返回顺序控制)

        if (diff/(n*n) < TOLERANCE)
            done = true;
    }
}
```

图 5-37 共享内存实现代码

使用共享内存系统编写求解程序时，程序员需要做显式的同步操作。常见的同步原

语有锁和栅障两种。锁是一种互斥访问机制，线程只有在获得锁后才能进入临界区，保证了临界区内同一时间最多只有一个线程。栅障是一种同步机制，保证了任一线程在所有线程没有执行到某个位置前，不能继续执行，就像在那个位置设置了一个“栅障”，只有当所有的线程都到来时，才能一起继续执行。

图 5-38 是共享内存系统的一个求解程序示例，程序中有所有线程都可以访问的变量，如 myLock、myBarrier、done 和 diff。每个线程通过 getThreadId 函数获取自己的线程号，并根据该线程号分别处理不同行的数据，这是典型的 SPMD 型程序。在最后一个标记区域内，程序使用加锁的方式对 done 和 diff 进行累加。

```
int      n;                                // 网格大小
bool     done = false;
float    diff = 0.0;
LOCK     myLock;
BARRIER myBarrier;                         // 全局变量(所有线程可以访问)

float* A = allocate(n+2, n+2);             // 分配网格


void solve(float* A) {                     // solve 函数被所有线程执行 (SPMD 方式)

    int threadId = getThreadId();
//对每个 SPMD 实例来说,线程号(threadId)的值是不同的,使用该值去计算获得实例的工作区间
    int myMin = 1 + (thread * n / NUM_PROCESSORS);
// 每个线程计算出其应处理的一行元素范围,并负责其更新
    int myMax = myMin + (n / NUM_PROCESSORS);
    while (!done) {
        diff =0.f;
        barrier(myBarrier, NUM_PROCESSORS);
        for(j = myMin to myMax){
            for(i = red cells in this row){
                float prev = A[i,j];
                A[i,j] = 0.2f * (A[i,j] + A[i,j-1] + A[i-1,j] +A[i,j+1] + A[i+1,j]);
                lock(myLock);
                diff += abs(A[i,j] - prev);
                unlock(myLock);
            }
        }
        barrier(myBarrier,NUM,PROCESSORS);
        if (diff/(n*n) < TOLERANCE)  // 检查收敛,所有线程得到相同结果
            done = true;
        barrier(myBarrier,NUM,PROCESSORS);
    }
}
```

图 5-38　加锁的共享内存型求解程序

下面将结合示例说明互斥访问的必要性。在上述程序中，每个线程都执行三个操作：①读取 diff 的值到寄存器 r1；②把寄存器 r2 的值加到 r1 上；③将 r1 中的值存到 diff 中。那么如图 5-39 所示，有一种交叉执行的情况可能出现，假设 diff 的初始值为 0，r1 的初始值为 1。初始时，线程 T0 和 T1 先后执行操作①，读取 diff 的值到寄存器 r1，两个线程读取的值都为 0。接着两个线程先后执行操作②，寄存器 r1 的值都为 1。最后两个线程先后将 r1 中的值写回，执行操作③。这时发现最终存到 diff 中的值不是 2，而是 1，这是因为两个线程的三个操作整体上是交错执行而不是顺序执行，需要保证它们执行的原子性。

| T0 | T1 | |
|---|---|---|
| r1←diff | | T0读取value0 |
| | r1←diff | T1读取value0 |
| r1←r1+r2 | | T0设置它的r1值为1 |
| | r1←r1+r2 | T1设置它的r1值为1 |
| diff←r1 | | T0存储1入diff |
| | diff←r1 | T1存储1入diff |

图 5-39　临界区竞争示意

保护原子性的机制主要有以下三种：①在临界区起始和结束位置使用 lock/unlock 操作，保证线程互斥访问；②使用一些编程语言提供的原子性程序块标记；③使用硬件支持的具有原子性的修改操作原语。

在上述程序示例中，临界区设置在双重 for 循环的内部，也就是说，每计算完一个新元素，都要进行锁的获得和释放操作。频繁的锁操作将带来很多的额外开销，此外，多个线程对一个锁的竞争将导致长时间的排队，造成性能上的浪费。

图 5-40 介绍了一个示例，每个线程中新增了一个 myDiff 变量，用于存放该线程计算的局部变化和，每个元素计算完成后，先将计算结果与旧元素的差值累加到 myDiff 变量上，线程结束时再用加锁的方式将 myDiff 变量累加到全局变化和 diff 中。由于 myDiff 是线程的局部变量，线程内更新时无须加锁。该优化将加锁频率从一次迭代中每个元素一次减少为每个线程一次，极大地减少了锁操作数量。

接下来介绍基于栅障的同步原语，栅障是一种保守的描述依赖的方式，它将计算分成了不同的阶段，只有当栅障前所有线程的所有计算操作都完成后，才能一起开始栅障后的计算。

```
int     n;                                          // 网格大小
bool    done = false;
float   diff = 0.0;
LOCK    myLock;
BARRIER myBarrier;
float* A = allocate(n+2, n+2);                      // 分配表格空间
void solve(float* A) {
    int threadId = getThreadId();
    int myMin = 1 + (thread * n / NUM_PROCESSORS);
    int myMax = myMin + (n / NUM_PROCESSORS);
    while (!done) {
        float myDiff = 0.f;
        diff =0.f;
        barrier(myBarrier, NUM_PROCESSORS);
        for(j = myMin to myMax){
            for(i = red cells in this row){
                float prev = A[i,j];
                A[i,j] = 0.2f * (A[i,j] + A[i,j-1] + A[i-1,j] + A[i,j+1] + A[i+1,j]);
                myDiff += abs(A[i,j] - prev); // 计算每个线程的部分和
            }
        }
        lock(myLock); // 现在每个线程仅需要加锁一次,而不是每个元素(i,j)一次
        diff += myDiff;
        unlock(myLock);
        barrier(myBarrier,NUM,PROCESSORS);
        if (diff/(n*n) < TOLERANCE)             // 检查收敛,所有线程得到相同结果
            done = true;
        barrier(myBarrier,NUM,PROCESSORS);
    }
}
```

图 5-40　针对加锁频率的优化

如图 5-41 所示，在前面的程序示例中，共设置了三个栅障。第一个栅障设置在全局变化和 diff 清零后、for 循环开始前，要求线程的清零操作都完成后再开始下一轮循环，否则将出现某些算得快的线程已经将 myDiff 累加到 diff 中，其他线程才刚开始初始化，又将 diff 置零的情况。第二个栅障设置在检查收敛的 if 语句前，需要将所有的 myDiff 累加完成后才能进行收敛判断。第三个栅障设置在检查收敛的 if 语句后，需要确保所有的线程都完成收敛检查才能继续执行。这主要是为了防止在不满足收敛条件时，执行快的线程在下一轮循环开始时将 diff 置零，从而导致执行慢的线程错误判断收敛条件而提前终止。

```
int     n;               // 网格大小
bool    done = false;
float   diff = 0.0;
LOCK    myLock;
BARRIER myBarrier;

// 分配表格空间
float* A = allocate(n+2, n+2);

void solve(float* A) {
    int threadId = getThreadId();
    int myMin = 1 + (thread * n / NUM_PROCESSORS);
    int myMax = myMin + (n / NUM_PROCESSORS);

    while (!done) {
        float myDiff = 0.f;
        diff =0.f;
        barrier(myBarrier, NUM_PROCESSORS);
        for(j = myMin to myMax){
            for(i = red cells in this row){
                float prev = A[i,j];
                A[i,j] = 0.2f * (A[i,j] + A[i,j-1] + A[i-1,j] +A[i,j+1] + A[i+1,j]);
                myDiff += abs(A[i,j] - prev);
            }
        }
        lock(myLock);
        diff += myDiff;
        unlock(myLock);
        barrier(myBarrier, NUM, PROCESSORS);
        if (diff/(n*n) < TOLERANCE)   // 检查收敛,所有线程得到相同结果
            done = true;
        barrier(myBarrier, NUM, PROCESSORS);
    }
}
```

图 5-41 使用栅障进行同步的共享内存型求解程序

同样，也可以通过优化减少栅障的数量。如图 5-42 所示，优化后的程序使用长度为 3 的 diff 全局数组代替 diff 全局变量，从而将栅障数量减少到 1。该程序仅在检查收敛的 if 语句前设置栅障，用户需要完成该轮计算（假设计算红色节点），并将上上轮的 diff 清零（仍为红色节点的计算结果，经上轮栅障保证，关于此结果的运算均已完成），才能进行收敛检查。其核心思想是通过对两轮迭代分别采用不同的 diff 变量以消除依赖，这是一种常见的并行编程技术。

```
int     n;                                     // 网格大小
bool     done = false;
LOCK     myLock;
BARRIER myBarrier;
float    diff[3];                              // 全局 diff,但是有三个拷贝

//基本思想:通过在连续的循环迭代中使用不同的 diff 变量来消除依赖;通过增加工作集(footprint)换取依赖的降低(这是一种常见的并行编程技术)。
// 分配网格空间
float* A = allocate(n+2, n+2);

void solve(float* A) {
    float myDiff;                              // 线程局部变量
    int index = 0;                             // 线程局部变量

    diff[0] = 0.0f;
    barrier(myBarrier, NUM_PROCESSORS);        // 只一次: 仅为初始化

    while (!done) {
        myDiff = 0.0f;

        // 执行计算 (累计本地 diff 进 myDiff)

        lock(myLock);
        diff[index] += myDiff;                 // 原子地更新全局 diff
        unlock(myLock);
        diff[(index + 1) %3] = 0.0f;
        barrier(myBarrier, NUM, PROCESSORS);
        if (diff[index]/(n*n) < TOLERANCE)
            break;
        index = (index + 1) %3;
    }
}
```

图 5-42　针对栅障数量的优化

栅障是一种简单、保守、粗粒度的依赖保证手段。将依赖关系具体化能够发现更多的并行性，从而提高性能。如图 5-43 所示，生产者-消费者模型不需要让两个线程通过栅障实现同步，只需要在数据产生时标记位置即可。

对比数据并行和共享地址空间两种编程模型，二者在同步和通信方面有所不同。数据并行模型的同步由一个单独的逻辑线程来控制，但 for all 循环迭代的并行化可以由系统来实现（栅障以隐式形式处于 for all 循环体的末尾）；而共享地址空间模型的同步是通过互斥机制和栅障实现的，没有一个专门的逻辑线程来控制。互斥机制被用于共享变量，而栅障用于计算的不同阶段之间。数据并行模型的通信可以通过隐式的加载和存储

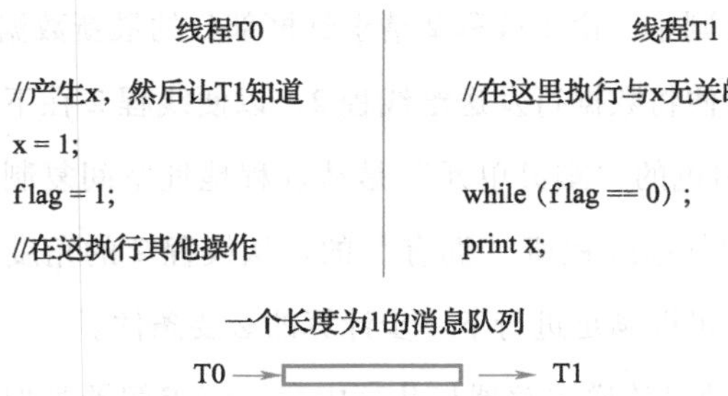


//产生x，然后让T1知道

//在这执行其他操作

//在这里执行与x无关的操作
while（flag == 0）;

一个长度为1的消息队列

图 5-43 生产者-消费者模型示意

来实现，这种通信方式类似于共享地址空间模型，另一种方式是通过特殊的内置原语实现，便于满足更复杂的通信模式；共享地址空间模型的通信是通过对共享变量的隐式加载和存储来实现的。

接下来将给出一种求解器的消息传递表示：每个线程拥有自己的地址空间，线程间通过发送和接收消息来进行通信和同步。消息传递求解器模型中的线程间通信实例如图 5-44 所示。图 5-44 中有 4 个线程，网格化的数据被划分为 4 块，每块分别驻留在其中一个线程的地址空间中，也就是每个线程的私有数组。

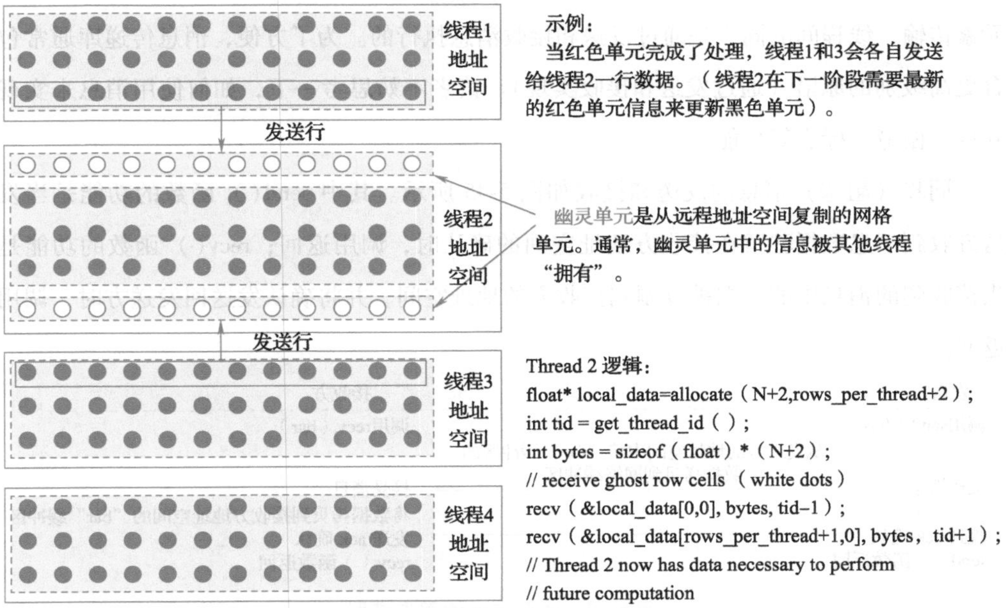

线程1
地址
空间
发送行
线程2
地址
空间
发送行
线程3
地址
空间
线程4
地址
空间
示例：
当红色单元完成了处理，线程1和3会各自发送给线程2一行数据。（线程2在下一阶段需要最新的红色单元信息来更新黑色单元）。
幽灵单元是从远程地址空间复制的网格单元。通常，幽灵单元中的信息被其他线程“拥有”。
Thread 2 逻辑：
float* local_data=allocate（N+2,rows_per_thread+2）;
int tid = get_thread_id（）;
int bytes = sizeof（float）*（N+2）;
// receive ghost row cells （white dots）
recv（&local_data[0,0], bytes, tid-1）;
recv（&local_data[rows_per_thread+1,0], bytes，tid+1）;
// Thread 2 now has data necessary to perform
// future computation


图 5-44 消息传递求解器模型中的线程间通信（见彩插）

同时，数据需要拥有副本。由于线程 2 请求红框部分的最新数据，在这些数据处理完成后，线程 1 和线程 3 便将数据行发送给线程 2，以便线程 2 在下一个阶段更新黑色单元的数据。图 5-44 中白色的“幽灵单元”是从远程地址空间复制的网格单元，可以说幽灵单元中的信息是被其他线程所“拥有”的。从线程 2 的角度看，接收了来自线程 1 和 3 的数据之后，才可以满足进行下一步计算的必要条件。

高斯-赛德尔迭代的消息传递求解器与共享内存空间求解器类似，但通信由显式的消息发送与接收来实现。在计算开始之前，先与邻居线程以消息收发的形式交换“幽灵”数据行。在得到所需数据之后，线程便进行计算，这与共享地址空间求解器类似。计算完成后，每个线程把 myDiff 的计算结果发送给 0 号线程进行汇总，计算结果在 0 号线程完成相加。随后 0 号线程对结果是否满足预设条件进行判断，最后把汇总的结果发送给其他所有线程。

对于以上消息传递式求解器的例子，需要注意以下几点。在计算过程中，数组索引是相对于每个线程的本地地址空间，而不是全局网格坐标。线程间的通信是通过查看和接收消息来实现的。线程间的数据传输是批量传输（即一次传输整行数据）而非单个元素传输。线程间的同步是通过发送和接收消息执行的。为了方便，消息传递库通常包含更高级别的原语（通过发送和接收实现）。读者不妨思考一下，如何使用消息来实现互斥、栅障、标志等功能。

同步（阻塞）消息的发送和接收如图 5-45 所示。其中 send( ) 函数的功能是当发送方收到消息数据驻留在接收方地址空间的确认时，调用返回；recv( ) 函数的功能是当接收到的消息中的数据被复制到接收方的地址空间，并将确认发送回发送方时，调用返回。

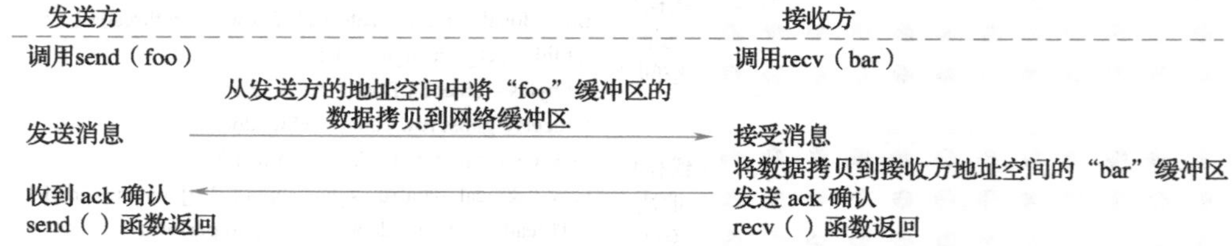
发送方
接收方
调用send（foo）
调用recv（bar）
从发送方的地址空间中将“foo”缓冲区的数据拷贝到网络缓冲区
发送消息
接受消息
将数据拷贝到接收方地址空间的“bar”缓冲区
收到 ack 确认
send（）函数返回
发送 ack 确认
recv（）函数返回

图 5-45　消息传递的同步模型

但如果上述提到的消息传递求解器使用同步的发送/接收机制，就会存在一个严重的问题，即可能产生死锁。两个线程相互发送消息，请求对方的数据，但都会一直等待对方发回确认信息，send( ) 无法返回，造成死锁。一种解决方法是，先由偶数序号的线程进行消息发送和接收，再由奇数序号的线程进行消息发送和接收。由于一个线程只和序号相邻的两个线程通信，在这种情况下，线程之间不会再产生死锁。

消息发送和接收也可以通过异步（非阻塞）方式实现，如图 5-46 所示。在异步方式下，send( ) 调用后可以立即返回。提供给 send( ) 的缓冲区不能通过调用线程修改，因为消息处理与线程执行同时发生，调用线程可以在等待消息发送的同时执行其他工作。与同步方式不同，recv( ) 用来发布将来接收消息的意图，也可以立即返回。而确定发送/接收的实际状态则使用 checksend( ) 和 checkrecv( ) 来实现，调用线程可以在等待接收消息的同时执行其他工作。

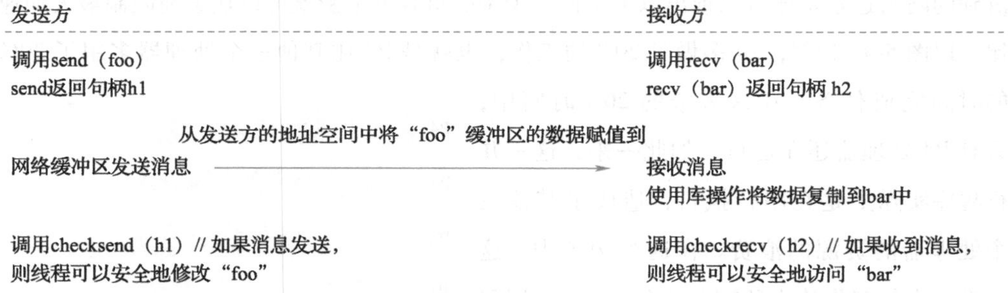
发送方
接收方
调用send（foo）
send返回句柄h1
调用recv（bar）
recv（bar）返回句柄 h2
从发送方的地址空间中将“foo”缓冲区的数据赋值到
网络缓冲区发送消息
接收消息
使用库操作将数据复制到bar中
调用checksend（h1）// 如果消息发送，
则线程可以安全地修改“foo”
调用checkrecv（h2）// 如果收到消息，
则线程可以安全地访问“bar”

图 5-46　消息传递的异步模型（见彩插）

注：红色文本中的操作与线程是并发执行的。

最后，对本节内容做一个简短的总结。本节介绍了创建并行程序的各个方面，即问题分解、任务分配、协调和进程映射。简要讨论了几类不同的求解器模型。接下来的内容将深入探讨如何在每个阶段做出正确的决定。

## 5.5 并行编程优化

下面将从负载平衡、局部性、通信和竞争的方面来讲述并行编程的优化。并行编程的优化是一个不断迭代的过程，它需要对问题分解、任务分配、进程协调和进程映射不断地优化。当想要让一个程序并行执行时，需要对该程序进行分解，分解出独立的、可并行的部分。如何分级对并行程序的优化有很大影响。分配指的是如何给并行执行的程序分配资源，我们总是希望程序在运行时能达到负载平衡，每一个并行的程序的负载都大致相同。协调的主要内容有通信、同步机制和任务调度，优化它的主要目的是减少通信和同步的开销，保持数据访问的局部性。程序员可以使用锁和栅障来进行协调，操作系统使用通信原语进行协调。

### 5.5.1 静态分配与动态分配

实现负载均衡对提高并行效率至关重要。在理想情况下：所有的处理器在程序运行的过程中始终在计算，它们的计算同时开始，又同时结束。在这种情况下，工作流达到了完美的平衡。而在实际的并行程序运行过程中，很难达到上述的完美平衡。回顾之前讲到的阿姆达尔定律可以推出以下结论：少量的负载不平衡就可以显著地限制最大加速比。以图 5-47 为例，P4 多做了 20%的工作，也就是 P4 比其他三个处理器多用了 20%的时间完成任务。在这多余的 20%时间中，只有 P4 处理器还在运行。如此一来，这一并行程序实际上是在串行执行，造成了其他三个处理器的资源的浪费。在这个例子中，这一部分串行工作约占所有工作的 5%，根据阿姆达尔定律可以计算得出此时的最大加速比为 $1/S = 1/5\% = 20$，此时即使增加再多的线程，也无法超出这一加速比。

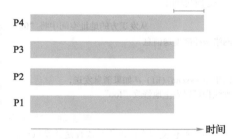


图 5-47 少量负载不平衡限制最大加速比的示例

任务分配可以分为静态分配和动态分配。静态分配指的是线程的工作任务是预先分配的，但不一定是在编译时决定的。分配的算法大抵取决于运行时间参数，例如输入数据的规模，可供分配的线程的数目等，在取得了这些参数以后，对每个线程的工作进行分配。若把线程比作工人，数据规模比作工作总量，则静态分配类似于在工作前根据已知工作总量和工人数目，为每个工人平均分配工作量。静态分配有两种分配模式：按块（blocked）分配和交错（interleaved）分配，如图 5-48 和图 5-49 所示，这两种模式的区别主要在于分配的粒度不同，按块分配将任务分解的粒度更大，交错分配则相反。静态分配的优点主要在于简单，并且几乎没有运行时间的开销，因为在运行之前就已经分配完毕。

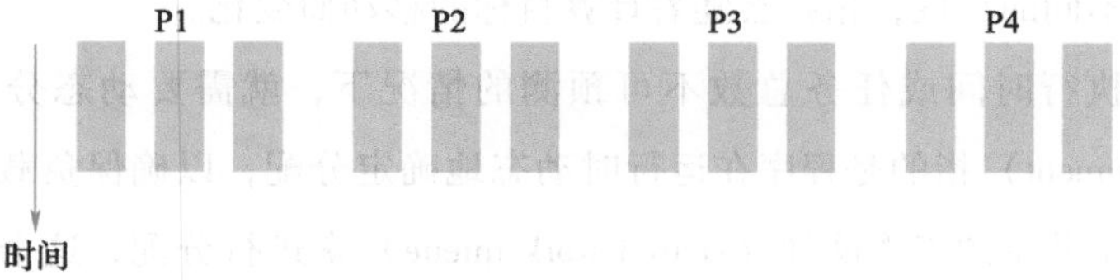


图 5-48 给每个处理器静态分配 3 个开销相同的工作任务

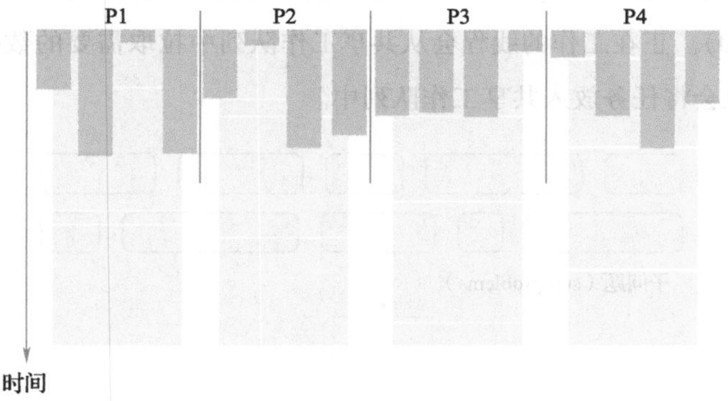


图 5-49 给每个处理器分配平均执行时间相同的工作任务

静态分配适用于以下情形：当工作的执行时间和工作量是可预测的，程序员就可以提前做好分配。举一个最简单的例子，假设已经知道所有的工作任务的开销相同，现在有 12 个任务等待被执行，有 4 个处理器可以执行任务，很容易能想到如下的分配方案：给每个处理器分配 3 个工作任务。即使每个工作并不是开销相同的，但只要知道了执行时间的统计信息，例如平均时间开销，只需要给每个处理器分配平均执行时间相同的任务，同样可以进行静态分配。

有一种模式介于静态分配和动态分配之间，称为半静态分配（semi-static）。这种模式的分配适用于任务的近期开销是可预测的，在这种情况下，可以使用最近的历史来预测近期的未来。对于使用半静态模式进行分配的应用，这些应用会周期性地进行配置并调整分配，在两次调整之间的这段时间，分配是静态的。天文学中的 $N$ 体模拟（$N$-body simulation）是对粒子动力系统的模拟，即在模拟过程中移动时会重新分配粒子，如果运动缓慢，则不需要经常重新分配，这就是一个半静态分配的应用例子。自适应网孔（Adaptive mesh）为 $N$ 体模拟提供了动态编程的环境，它可以根据要求在不同的区域提供不同的精度，拓扑会随着计算目标的移动而变化。

在任务的执行时间或任务总数不可预测的情况下，就需要动态分配。动态分配（dynamic assignment）指的是程序在运行时动态地确定分配，以确保负载分布良好。动态分配使用一个共享的工作队列（shared work queue）来进行分配，这个队列里存储了一系列待完成的任务，假设这些任务是彼此独立的，即它们之间不存在依赖。并行任务被划分成若干个子问题（sub-problems），然后被放入共享工作队列中，再分配给若干个线程（见图 5-50）。正在工作的线程会从共享工作队列中拉取需要的数据，如果产生了新的工作任务也会将任务放入共享工作队列中。

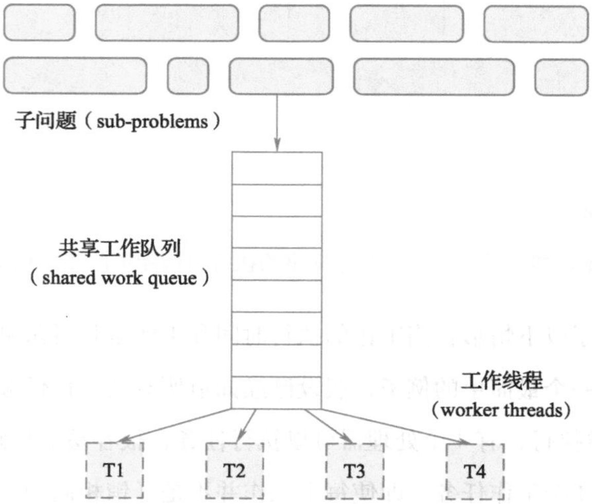


图 5-50　动态分配的过程

考虑图 5-51 所展示的程序，这个程序对从 0 到 N 的每个数都检测是否是素数，检测的具体工作就是调用检测函数。它的并行化的版本是加入了 counter 作为共享变量，所有线程都需要使用锁访问该变量，然后按照任务粒度获取本次需要计算的数字范围（从每次 1 个数字到每次 10 个数字），这个大小对应着任务划分的粒度。

这个程序是对多个任务长度未知的任务队列的一个抽象：相当于每调用一次 test_primality()，传入要检测的数就是一个最小粒度的任务号（这个任务号对应的任务量取

串行程序（独立的循环迭代）

```
int N = 1024;
int* x =new int[N];
bool* prime = new bool[N];

// 在此处初始化x的元素

for  (int i=0; i<N; i++)
{
  // 未知执行时间
  is_prime[i]=test_primality (x[i]) ;
}
```

并行程序

（SPMD由多线程执行实现，共享地址空间模型）

```
int N = 1024;
// 假设分配仅由一个线程执行
int* x =new int[N];
bool* is_prime = new bool[N];

// 在此处初始化x的元素

LOCK counter_lock;
int counter = 0;// 共享变量

while (1) {
  int i;
  lock (counter_lock) ;            |
  i = counter++;                   |—— atomic_inc (counter) ;
  unlock (counter_lock) ;          |
  if (i >= N)
    break;
  is_prime[i] = test_primality (x[i]) ;
}
```

图 5-51 素数检测程序

决于要检测的数字，不同的数字的开销不同。如果使用最朴素的检测方式，遍历去除每个数的方法，对于数字 6，程序只需要遍历到 2 就知道 6 不是素数，任务结束；但是对于数字 7，程序就要遍历 2~6 才能得到 7 是素数，完成任务）。

在这个抽象下，假设任务数 $N$ 远多于线程数，那么从一个线程的视角来看，就是这个线程不断重复“访问临界区变量 counter 获得本次计算的数字 $n$—执行任务—再次访问”的过程；相比于串行执行的程序下，出现了访问临界区的开销。这里就存在任务分配粒度的讨论（见图 5-52）。

对于过细的粒度（一次分配一个数字），结果是消耗大量的访问临界区等待的时间。细粒度带来的好处，就是任务尽可能的小，这样的一个任务队列向各个线程分发任务时能尽可能地平衡工作量。

增大粒度，线程同步的消耗（访问临界区变量）减小，这里每次分配 10 个数字，那么访问临界区的平均次数就减少到原来的 1/10。潜在的问题是，任务的粒度变大了，两个线程分配的工作量就可能相差极大，容易出现单个线程工作时间远超其他线程的情况。

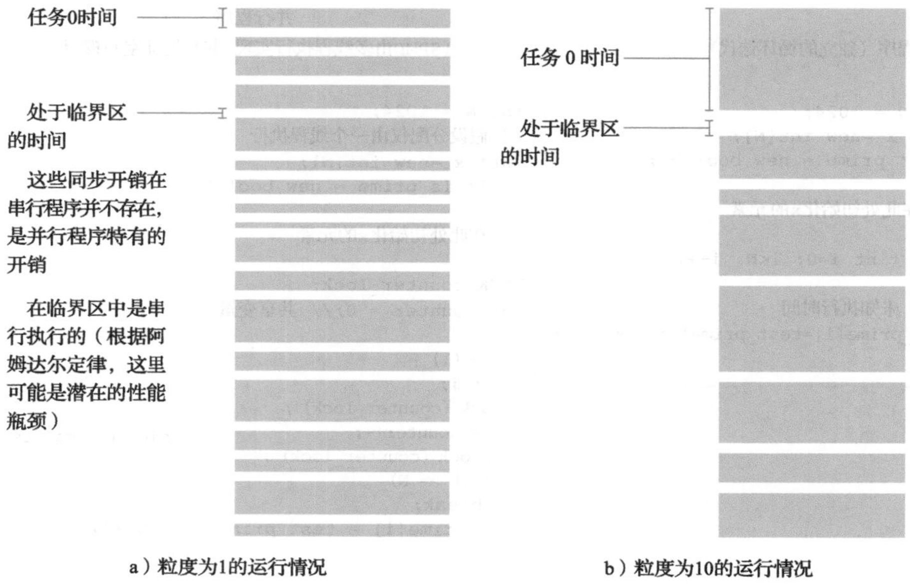


图 5-52　任务分配粒度的讨论

因此，规划任务划分的大小（也就是粒度）是一个需要平衡的问题。更细粒度的任务意味着更好的负载均衡，因为细小的任务易于按量平均分配，不会出现某个任务远超其他任务的大小而造成被分到的线程工作时间急剧延长的情况；但细粒度划分会造成在工作总量不变情况下任务数增加，附带着任务管理的开销会增大，这个开销逐渐成为不可忽视的一部分性能损失。因此，理想的粒度划分是一个取决于具体任务集、物理资源数量和状态的复杂问题，无法找到一个通用的划分方式。

下面给出使用队列的情况下几种更优化的调度方式，同时，使用这些方式的前提是给出一个机制来尝试预估任务的开销，这种预估算法本身也会给管理者带来额外的消耗：①把大的任务“切碎”：把大任务切割成更小的任务群，这种方式本质上是想减小任务划分的粒度，整体上增加了任务数总量，所以会增加同步开销；而且这种方式不是通用的，因为总有些长任务是有串行依赖关系、不可再分的；②在各个任务相互独立情况下，总是优先分配长任务给空闲的线程（见图 5-53）。

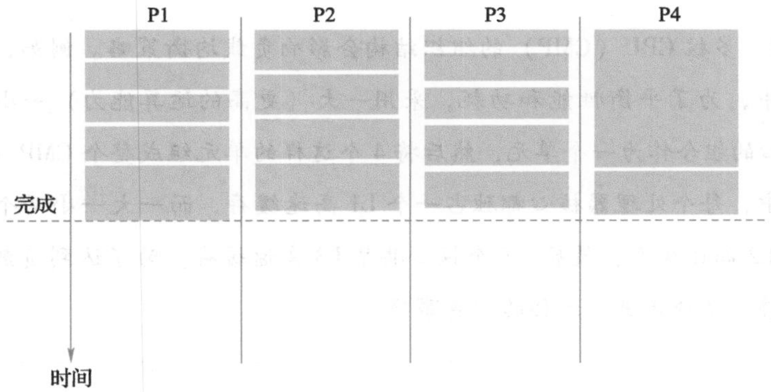


图 5-53　长任务优先分配

在这种分配方式下，被分配到长任务的线程后续处于空闲机会减少，再次被分配的概率就减少了。总体上看，执行长任务的线程执行的总体任务较少，但工作量与其他线程大致相同。但这种方式要注意解决饥饿问题，防止短任务长时间得不到响应。

可以改进队列，即以线程为主体，每个线程单独开一个任务缓冲队列（原来是所有线程共用一个队列）。让每个线程拥有独立的缓冲队列的好处是队列中的任务可以进行二次调度；缓解了单任务队列时所有线程共同访问一个临界量造成的性能瓶颈。在一个线程处理完自己队列里的任务后，可以从其他队列调度任务由自己执行，达到负载均衡（见图 5-54）。

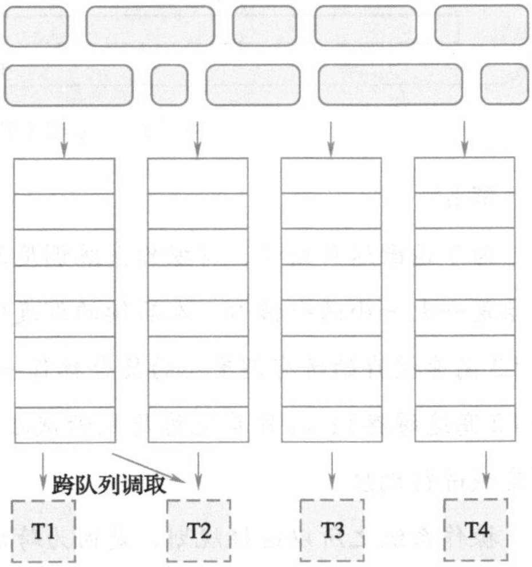


图 5-54　分布式队列

改进带来的新问题：①跨队列调取别的线程的任务时有额外的调度开销（用于通信和同步），这种开销不会在线程每次执行新任务都发生，只有当发生负载不均衡时才会触发跨队列调取机制，导致开销；②跨队列调取任务功能实现的挑战：当发生负载不均衡时，空闲线程应该从哪个线程调取任务？调取的量是多少（如果每次只取一个任务就会频繁出现线程空闲的现象造成大量调取开销）？

**例题 5-1** 多核 CPU（CMP）的组织结构会影响负载均衡策略。例如，一种 8 核心的 SoC 架构中，为了平衡性能和功耗，采用一大（更高的运算能力）一小（更低的功耗）两个核心的组合作为一个单元，然后将 4 个这样的单元组成整个 CMP（见图 5-55）。在这个设计中，每个处理器核心都独占一个 L1 高速缓存，而一大一小两个处理器核心会共享一个 L2 高速缓存，最后，8 个核心共享 L3 高速缓存。为了达到负载均衡，需要进行进程迁移，试分析进程迁移的注意事项。

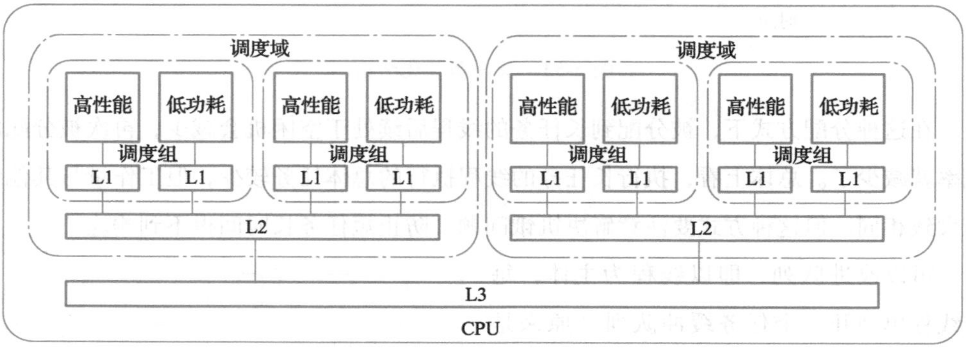


图 5-55　多核 CPU 的调度组和调度域

解答：

为了适配这种设计，将操作系统调度的最小单位称作**调度组**，在这个例子中每个调度组是一大一小两个核心，在后续的调度中这两个核心的任务总是会同时被调度；将共享 L2 高速缓存的所有调度组的集合称作一个**调度域**（在这个例子中 2 个调度组共享一个 L2 高速缓存）；操作系统总是先尝试在一个调度域内中进行任务调度，后尝试跨越调度域进行调度。

操作系统之所以这样规划，是因为跨调度域的负载均衡需要额外清除目标处理器核心所使用的 L2 高速缓存，而在调度域内部调度任务只需要清除对应核心的 L1 高速缓存，因此应当尽量减少跨越调度域的调度操作。

□

对于单任务队列模型，即当有一个任务需要执行时，选择一个空闲的 CPU 来承接。但是在操作系统的调度中一个任务可能不会一次执行完，会重复进入队列，这就存在同一任务两次交付给不同的核的情况。由于 CPU 使用了高速缓存，一个任务在不同 CPU 上运行，程序信息反复装载进私有高速缓存，每新到一处，高速缓存往往都是“冷”的，执行效率必然大打折扣。

所以，采用每个 CPU 有一个任务队列的模型，任务就可以只在同一个 CPU 的队列中。在通常情况下，这个任务只会被同一个 CPU 处理，直至完成。这时任务的信息总是在一个高速缓存内，可以充分利用程序的局部性，减少高速缓存缺失次数。

在生产者-消费者模型中，如果控制同一个核的两个线程交替生产-消费，在使用多队列模式后，生产者生产出的任务会存放在本地队列中，再由后续消费者直接从本地队列取出，大大增加了空间局部性。

前面讨论的任务队列都是假设完全独立、没有依赖关系的。但是队列中也允许存在有依赖关系的任务组。只要任务组内部不存在循环依赖关系，那么任务队列（包含任务管理程序）可以通过记录依赖关系来决定是否将一个任务分发出去，交付给线程或线程的局部队列；当然这些逻辑都会增加管理开销。含有依赖关系的任务池如图 5-56 所示。

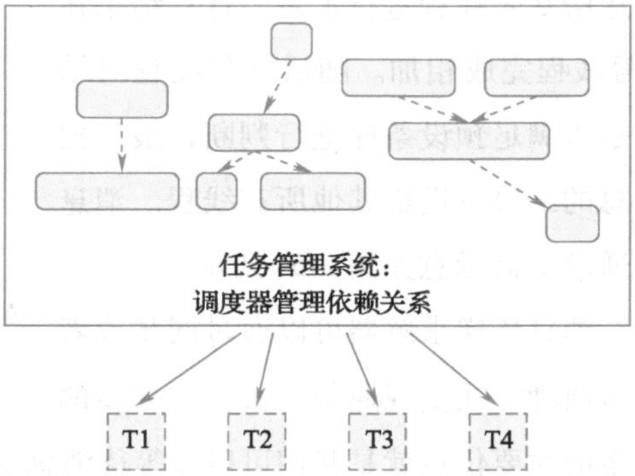

图 5-56　含有依赖关系的任务池

通过上面的讨论，本节的核心问题就是实现更好的负载均衡与其导致的额外开销之间的权衡。设计者总是想要保持各个处理器处于同时工作、同时空闲的一致状态（即负载均衡），但是为了达到这个状态，需要付出一些额外开销（包括调度逻辑、通信成本、任务预估等）。

事实上，静态分配与动态分配之间不是二元对立的关系，而是存在着一系列组合、融合的选择。可以说，静态与动态选择的倾向取决于系统对负载工作信息的掌握情况，因为实际情况中，各个任务大小不可能完全一样，系统也不能准确知道任务的大小。因此，开发运用对负载项的预测评估技术，尽可能地提前、准确地知道即将分配的任务的属性就很重要；当理想情况下，如果系统提前预知一切的信息，当然可以完全使用静态分配（真正的额外开销为 0），随着不可预测的信息的增加，系统只好增大动态分配的比重。

上文主要讨论的是如何将“工作”分配给合适的“计算主体”（包含线程、进程等），主要目的是通过平衡工作负载来降低整体的开销，而且更进一步地讨论了如何权衡动态和静态的工作分配的优劣势。接下来开始讨论另一个新的问题，即如何降低“计算主体”之间的通信成本。

回顾前文提到过的消息传递求解器，我们可以通过消息传递求解器运用显式的消息发送和接收来实现。在计算开始之前，先与邻居线程以消息收发的形式交换“幽灵”数据行。在得到所需数据之后，线程便进行计算，这与共享地址空间求解器类似。计算完成后，每个线程把计算结果发送给 0 号线程进行汇总，计算结果在 0 号线程完成相加。随后 0 号线程对结果是否满足预设条件进行判断，最后把汇总的结果发送给其他所有线程。消息传递求解器示意如图 5-57 所示。

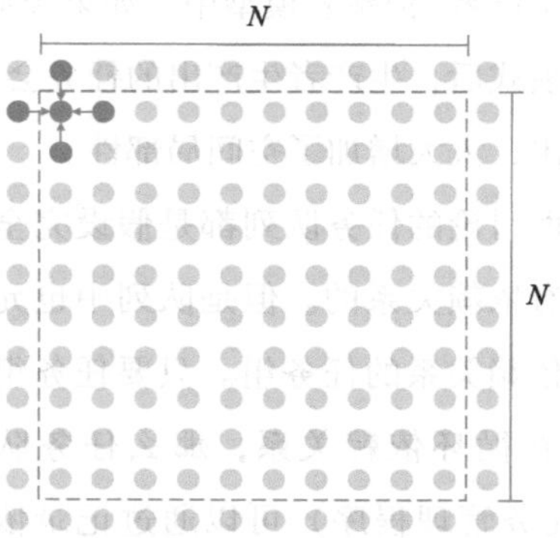
N
N
A[i,j] = 0.2 * (A[i,j] + A[i,j−1] + A[i−1,j]+ A[i,j+1] + A[i+1,j]);

图 5-57 消息传递求解器示意

消息传递求解器可以通过同步或者异步两种方式实现通信。其中，异步的方案的主要优点就是我们可以在等待消息发送或者消息接收时同步进行其他的工作，通过 checksend( ) 和 checkrecv( ) 来查询发送和接收的状态。

### 5.5.2 延迟与带宽

通常使用两种数据评估通信性能延迟和吞吐量（带宽）：延迟描述的是一个操作完成需要多少时间，例如一辆车从 $A$ 城开往 $B$ 城需要 40h，延迟为 40h；吞吐量则是指一段时间内能够执行多少次操作，例如内存提供给 CPU 数据的吞吐量为 25GB/s。通信性能的优化主要从这两方面出发。

如果同一时刻只能有一辆车在高速公路上行驶，从出发站 $A$ 城到目的站 $B$ 城需要用时 40h，那么并发度只有 1/40。如果对应一个指令，假设一个指令有 4 个 cycle，则并发度就是 1/4。如果改为流水线的方式，对应高速公路的例子，可以多增加一些高速公路车站，例如多加车站使原有的高速工作变成了 10 个段，那么这条高速公路上就同时可以有 10 辆车了，这样做延迟同样是 40h，但是并发度变成了 10/40。对于指令，我们可以将执行一个指令分成多个更小的段，例如分成 4 段，即每个 cycle 为一段。那么延时是 4 个 cycle，并发度就是 4/4 = 1。

类比 $A$ 城到 $B$ 城高速公路的例子，将全程的 4000km 高速公路分割为 4000 段，每段 1km，车速为 100km/h。假设每段只能容纳 1 辆车，那么这段高速公路同时能容纳 4000 辆车，每小时可以有 100 辆车进入高速公路，100 辆出高速公路。如果每辆车按 1 个人算，那么并发度为 100 人/h。同理，如果改成每段 500m，车速为 100km/h。那么这段高速公路同时能容纳 8000 辆车，每小时可以有 200 辆车进入高速公路，200 辆出高速公路。如果每辆车按 1 个人算，那么并发度为 200 人/h。

在非流水线通信模型中，从源端发送 $n$ 比特数据到目的端的耗时为 $T(n)=T_0+\frac{n}{B}$。其中 $T(n)$ 是把 $n$ 比特发送到目的端的总时间，$T_0$ 是传输延时，$n$ 代表要传输的比特数，$B$ 是传输的带宽。而最终的有效传输带宽为 $n/T(n)$，有效传输带宽依赖一次传输的数据大小。而更常见的是多段流水线式的计算方法，如图 5-58 所示。

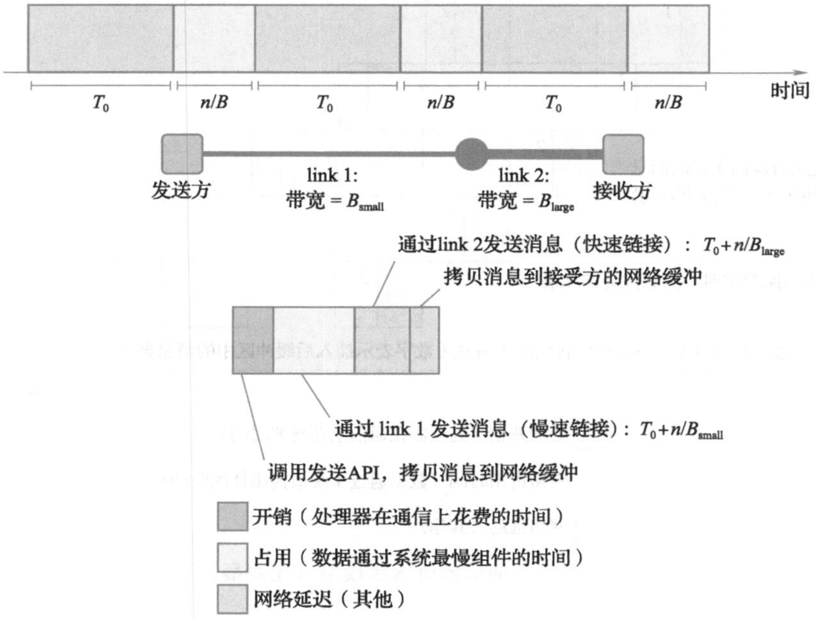


图 5-58 通信的常见模型（见彩插）

从图 5-58 可以得出：

全部通信时间 = 发送数据到网络的时间 + 在 link 1 传输的时间 + 在 link 2 传输的时间 + 接受者接受并缓存的时间

在流水线通信模式中，假设发送者的本地网络缓存可以缓存两条消息，第一条消息可以经过发送者的缓存直接发送到链路 1（link 1）中；第二条消息则需要等待第一条消息进入链路 2（link 2）时，才能被发送到链路 1 中，它需要在发送者缓存中等待一段时间；第三条消息需要等待第二条消息发送到链路 2 中，才能被发送到链路 1 中，它需要在发送者网络缓存中等待一段时间；发送第四条消息时，发送者缓存会占满，此时往后，发送的消息进入发送者网络缓存的时间间隔变大，第四条消息需要等待腾出发送者缓存空间才能进入（见图 5-59）。前 4 个消息借助发送者缓存这种可以连续发送的情况称为 burst，可以达到很高的占有率。

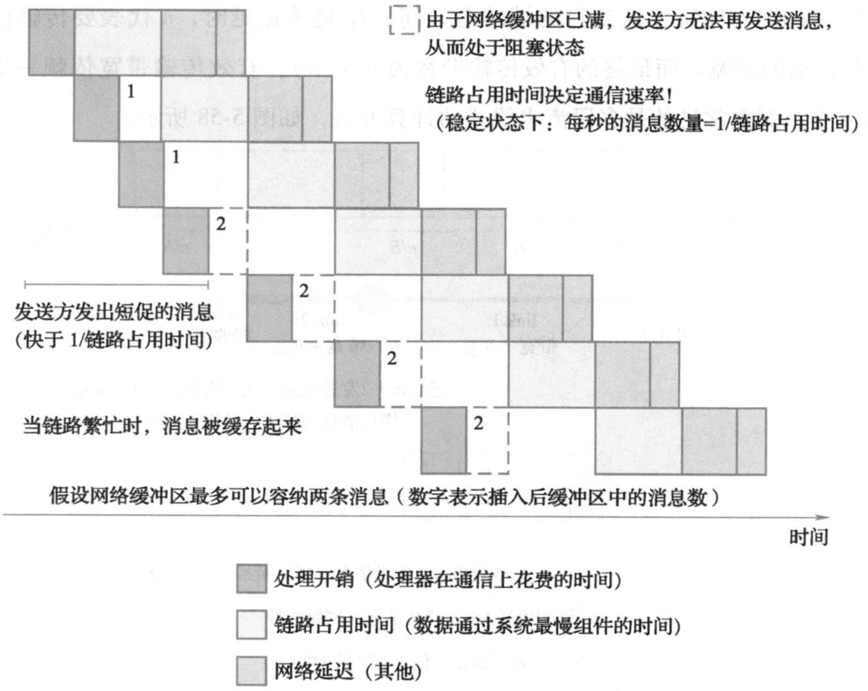
由于网络缓冲区已满，发送方无法再发送消息，从而处于阻塞状态
链路占用时间决定通信速率！
（稳定状态下：每秒的消息数量=1/链路占用时间）
1
1
2
2
2
2
发送方发出短促的消息
（快于 1/链路占用时间）
当链路繁忙时，消息被缓存起来
假设网络缓冲区最多可以容纳两条消息（数字表示插入后缓冲区中的消息数）
时间
处理开销（处理器在通信上花费的时间）
链路占用时间（数据通过系统最慢组件的时间）
网络延迟（其他）

图 5-59　通信的流水线模型（见彩插）

从图 5-59 可以得出：

真正的通信花费 = 发送数据到网络的时间 + 在链路 1 传输的时间 + 在链路 2 传输的时间 + 接受者接受并缓存的时间 − 重叠时间

重叠时间指的是在通信的流水线模型中时间重叠的部分。

对于存储层次结构（见图 5-60）中，有一个非常普遍的关于通信的思考：通信存在于处理器和它的高速缓存之间，每条访存指令都会访问高速缓存，产生数据的通信；通信存在于处理器和本地内存之间，当多级高速缓存均缺失时，数据访问就会指向内存，从内存中获取需要的数据；通信存在于处理器和远端内存之间，现在已提出的分布式内存系统中，借助硬件，从本机可以直接访问另一台主机的内存，进行读取和写入操作。

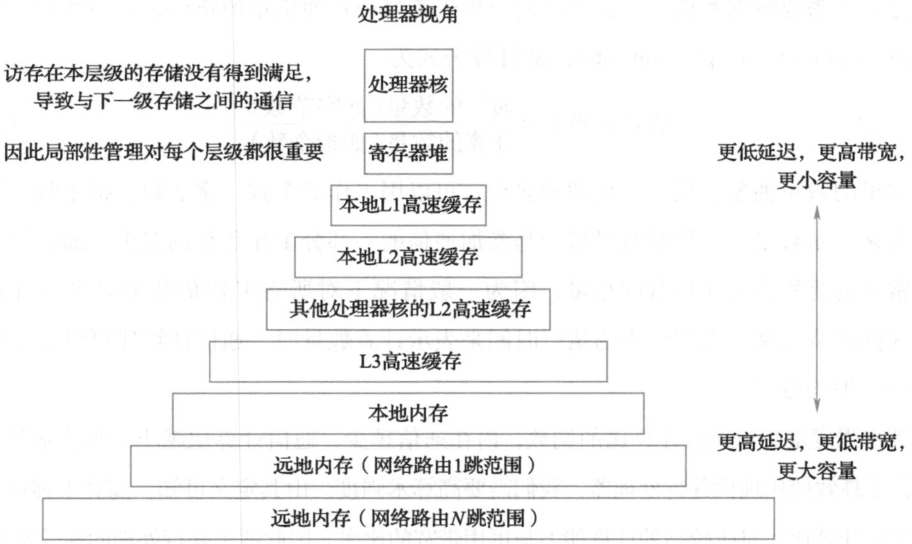


图 5-60　存储层次结构

## 5.5.3　内在通信与人为通信

前面说到，为了进一步优化并行编程，需要减少通信代价，本书也介绍了一些通信方式及相关概念，下面究其根本，讨论通信发生的原因。

发生通信主要有两方面原因，一是内在（inherent）原因，二则是人工（artifactual）原因。首先看内在原因，大多数并行算法都需要在控制流之间进行通信，从而共享数据。这通常是因为要对某些计算步骤的结果进行合并处理，所以通信对并行算法而言是基本的、不可或缺的。因此，相比于串行算法来说，通信是并行算法引入的额外消耗。

在前面介绍过的消息传递模型中，“幽灵单元”的发送就是一种内在通信。回顾“幽灵单元”发送的过程，总的来说就是任务分配后的某一线程在进行数据计算之前，需要请求获得邻居线程的最新数据副本，“幽灵单元”就是从远程地址空间复制的网格单元，该线程只有在接收了来自邻居线程的数据后，才可以进行下一步计算，邻居数据的变化将直接影响该任务的数据。

当然，也存在不需要通信的情况。若程序可以被分解成为并发执行的任务，而这些任务之间不需要共享数据，则不需要通信。这类问题往往被称为“尴尬并行”，意思是任务之间不需要数据通信。下面介绍两个用于衡量内在通信量的指标，其中通信计算比（communication-to-computation ratio）的计算公式为

$$\text{通信计算比}=\frac{\text{通信的数量(如字节数)}}{\text{计算的数量(如指令数)}} \tag{5-4}$$

这里的数量抽象指代工作负载的多少，可以用工作的个数、字节数、指令数、执行时间等来表示数量，通信的数量指的是参加通信的一部分工作负载的多少，而计算的数量通常指的是所有工作负载的总量，因为一般情况下对所有工作负载都要进行计算操作。根据带宽定义，当用计算的执行时间来表示计算数量时，通信计算比可以表示任务所需要的平均带宽。

算术强度定义为通信计算比的倒数，内在通信越少、通信计算比越小，则算术强度越大。为了高效使用现代并行处理器，我们需要高算术强度。由其定义可知，高算术强度意味着低通信计算比，对应较高的计算能力与可用带宽的比率，因此适于并行处理的高效实现。

利用上述指标，找到恰当的方法减少内在通信，从而优化并行编程。其中的一种方法是使用好的任务分配。分别计算块划分与交错划分两种分配方式的算术强度，用 $N$ 表示一维上的工作负载数量，$P$ 表示处理器数量，可以计算出块划分每个处理器的算术强度正比于 $N/P$，交错划分的算术强度为 1/2。一般情况下，$N$ 远大于 $P$，所以块划分的算术强度远大于交错划分，这也意味着块划分更大程度地减小了内在通信，更有利于并行编程的优化。

上面提到的是在一维上进行任务分配，若在二维上对 $N\times N$ 网格进行块划分，均分的每一块由一个处理器对其进行计算。若对这样的 $N^2$ 个工作，一共有 $P$ 个处理器对其

进行处理，则可以计算每个处理器的计算数量为 $N^2/P$，每个处理器的通信数量正比于 $N/\sqrt{P}$，则算术强度正比于 $N/\sqrt{P}$。与一维块划分的算术强度 $N/P$ 相比，可以看到，随着 $P$ 的数量增加，二维块划分逐渐获得更好的通信扩展。这是因为随着 $P$ 增大（$P>1$），意味着划分的任务块增多、处理器增多，进而需要更多的通信，但是二维块划分的算术强度始终大于一维的，且 $P$ 越大，两者差距越大。因此，二维块划分具有更好的通信扩展能力，它兼顾了较大的算术强度。若只看二维块划分本身，则随着 $P$ 增大，算术强度减小，通信开销就相对增大，$P$ 与通信开销之间的关系是次线性的，通信开销与 $\sqrt{P}$ 相关。由前面介绍内在通信的概念可知，并行计算的某线程只有在接收了来自邻居线程的数据后，才可以进行下一步计算，因此在进行二维块分配后，每个处理单元在进行计算前需要获得二维上的邻居处理单元的共享数据，这实现了算法的二维局部性。

接下来，通过对比来介绍另一种通信——人为通信。在上面所讲到的内在通信是为了执行算法所必须在处理器之间传递信息的一种通信。特定的任务划分有特定的内在通信形式。同时在讨论内在通信时，理想化地假定高速缓存具有足够大的容量，假定信息传递具有足够小的粒度。然而在人为通信中，讨论的是并行系统的现实实践，其中会包含各种现实的、非理想化的系统执行细节。所以人为通信就是除了内在通信以外的所有具体的通信。人为通信范围很广，下面给出几个人为通信的例子。

当系统的信息传递粒度最小时，会导致系统传递的数据比所需要传递的更多。例如，当程序需要加载一个 4B 的浮点值，系统却从内存中取出将一整个 64B 的将高速缓存行填满的数据。

当系统有某些操作规则时，这些规则可能导致不必要的通信。例如，程序要存储 16 个连续的 4B 值，这需要从内存加载完整的 64B 缓存行用于存放这 16 个数，然后将它们存到存储器中，在这些操作之间必然存在着人为通信。

当分布式存储中数据分布不合理时，也会导致人为通信。这是因为不合理的分布下，可能发生数据并没有位于最常访问它的处理器的附近的情况。

有限的复制能力也会导致人为通信。这是因为，当高速缓存太小而不能缓存某些处理器所要访问的数据时，这些被替换出去的数据会多次与处理器通信。

在了解了通信产生的原因之后，将通信缺失作为一种高速缓存缺失（cache miss，

Cs）的类型，我们可以总结 Cs 的四种模型。高速缓存缺失意味着查找的数据不在高速缓存中（或在高速缓存中但是不可用），它主要分为冷缺失（cold miss，也称强制性缺失，compulsory miss）、容量性缺失（capacity miss）、冲突性缺失（conflict miss）、通信性缺失（communication miss）。冷缺失发生在程序刚启动时，数据都不在缓存中，所以第一次访问数据必定发生缺失，这是连续编程中不可避免的一种缺失。容量性缺失是由于程序运行所需的存储容量大于高速缓存的容量，导致不能把所有数据都装入高速缓存中，某数据被替换出去后再次被访问时所引发的失效。这是可以避免的，通过增大高速缓存的容量即可减少容量性缺失。冲突性缺失是不同的内存块映射到同一个高速缓存组导致的。这是因为高速缓存的管理策略不当，可以通过加强高速缓存与内存的相联度，或者改变应用程序中的数据访问方式来避免这种冲突。通信性缺失是由并行系统中的内在和人为通信产生的，它是一种新的缺失类型。

图 5-61 所示为高速缓存缺失类型随层次水平和数据流量的变化。当数据流量极小时，随着层次水平增加，缺失都主要是冷缺失；当数据流量稍大时，随着层次水平增加，缺失则都主要是内在通信导致的缺失。数据流量继续加大，流量就主要是因高速缓存容量限制所产生的流量（包括冲突），这里面会发生的缺失包括了容量性缺失和冲突性缺失。由高速缓存的分级结构特性可知，随着高速缓存层次水平增加，级别升高，离 CPU 就越远，所需要执行的数据操作就越少，因而流量减小。所以，随着层次水平增加，对应的数据流量下降，其中，不同的层次水平分别表示不同层次的高速缓存组。

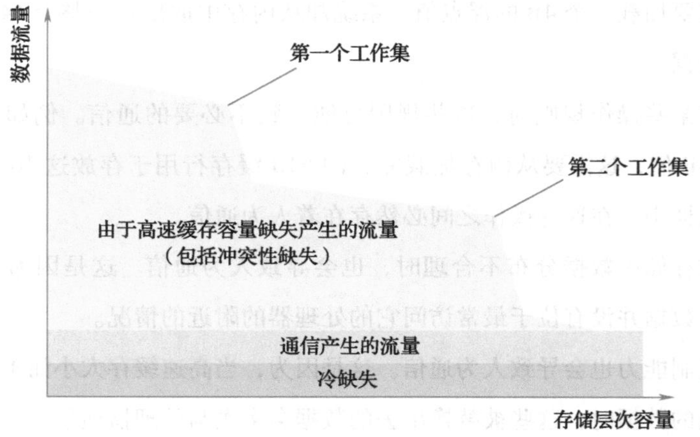


图 5-61　高速缓存缺失类型随层次水平和数据流量的变化

# 5.6 减少通信的技术

## 5.6.1 利用时间局部性

如图 5-62 所示，遍历 1 个二维数组，对每个元素进行操作，相加每个元素上下左右四个元素的值，然后更新中间元素的值。假设按行遍历，每个高速缓存行容量可以容纳 4 个元素，高速缓存总容量为 6 行，即共能存储 24 个元素。在更新图中红点所示元素时，需加载其上下左右的四个元素，而这 4 个元素分别位于 3 个高速缓存行中，也就是蓝色方框标识的部分。当处理完第 1 行的 $N$ 个元素后，高速缓存中存储了蓝色方框所示的 6 个高速缓存行，如图 5-63 所示。

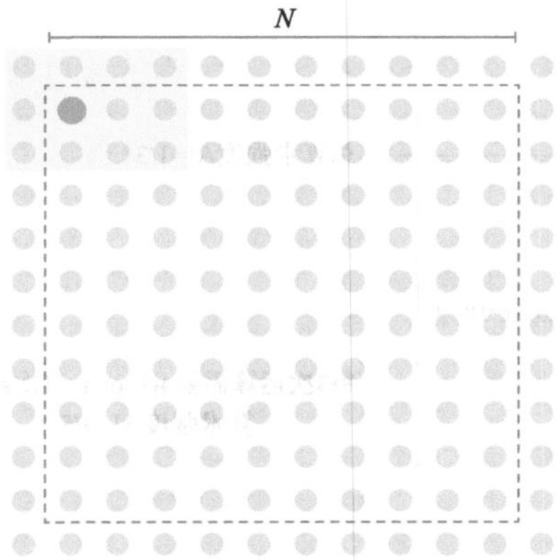


图 5-62 处理完第 1 个元素时，高速缓存中保存 3 个高速缓存行（蓝色部分，见彩插）

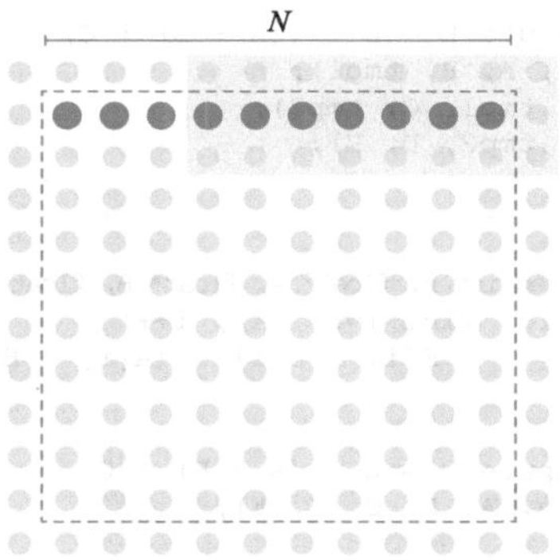


图 5-63 处理完第 1 行元素时，高速缓存中保存 6 个高速缓存行（蓝色部分，见彩插）

然后开始处理第 2 行，此时由于容量缺失，图 5-62 中存储的 3 个高速缓存行已经被替换，此时再次造成了缺失。在这个例子中，每处理 4 个元素后，都需要重新加载 3 个高速缓存行。

在工作集大于高速缓存容量时，容易造成容量缺失，从而降低性能。在高速缓存容量不变的前提下，通过改变遍历方法可以减少容量缺失。

通过合并多次循环利用高速缓存的时间局部性。如图 5-64 所示，上面的方框展示的是模块化的编程方法，每个函数中只进行一种简单的操作，复杂操作通过调用和组合多次简单操作来实现。这种模块化的方法能简化编程，但计算密度不高，进行 C[i] = A[i]+B[i] 操作时，执行了 3 次访存操作和 1 次加法操作，计算密度只有 1/3。下面的方框的做法性能更高，因为它利用了时间局部性，计算密度更高，每次加载数据后执行多个操作，减少了访存操作（因为数据非常大概率还在缓存中）。

```
void add(int n, float* A, float* B, float* C) {
        for (int i=0; i<n; i++)
                C[i] = A[i] + B[i];
}

void mul(int n, float* A, float* B, float* C) {
        for (int i=0; i<n; i++)
                C[i] = A[i] * B[i];
}

float* A, * B, * C, *D, *E, *tmp1, *tmp2;

// assume arrays are allocated here

// compute E = D + ((A + B) * C)
add(n , A, B, tmp1);
mul(n, tmp1, C, tmp2);
add(n, tmp2, D, E);
```

每次运算需要2次load，1次store 算术强度AI=1/3（add）

每次运算需要2次load，1次store 算术强度AI=1/3（mul）

总算术强度AI=1/3

```
void fused(int n, float* A, float* B, float* C, float* D, float*E) {
        for (int i=0; i<n; i++)
                E[i] = D[i] + (A[i] + B[i]) * C[i];
}

// compute E = D + (A + B) * C
fused(n, A, B, C, D, E);
```

每3次运算需要4次load，1次store 算术强度AI=3/5

图 5-64　通过合并多次循环实现提高计算密度

提高计算密度还可以通过共享数据的方法。把在同一时间操作同一数据的线程组调度到相同的处理器上，减少数据传输开销。CUDA Thread Block 是利用这种技术的例子。同一个 Thread Block 中的 thread 通常需要合作执行一个操作，所以 GPU 实现上总是把属于同一个线程组的现场调度到相同的 GPU 核上。

## 5.6.2　利用空间局部性

通信粒度可能造成额外的人为通信开销，因此需要仔细考虑。通信粒度包含数据传输的粒度和处理高速缓存一致性时的粒度。

通信粒度造成的额外通信开销如图 5-65 所示。对于顶部和底部的元素，局部性较好，每加载一个高速缓存行，其中的四个元素都会被使用到。但对于最左两列和最右两列的元素，每加载一个高速缓存行，四个元素中只有一个会被使用，另外三个属于额外的开销。

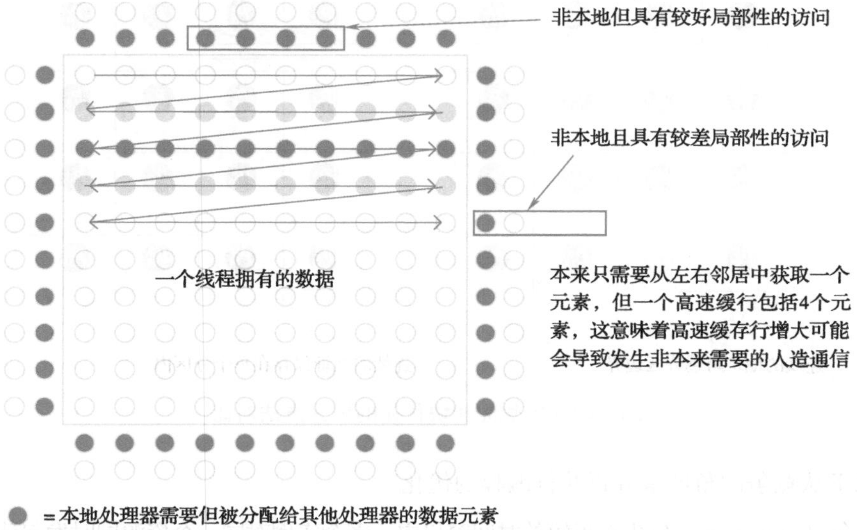


图 5-65 通信粒度造成的额外通信开销（见彩插）

在处理高速缓存一致性时产生的额外开销如图 5-66 所示。全部数据被分作两部分，处理器 $P_1$ 处理左半边，处理器 $P_2$ 处理右半边。处理数据时不需要使用到另一半边的数据。根据高速缓存行划分的方法，高速缓存行中的数据分别来自两部分。由于处理高速缓存一致性的粒度是高速缓存行，因此当在一个 CPU 中写了该高速缓存行后，该高速缓存行在另一个 CPU 中会无效，但实际上两个 CPU 使用的并不是同一个数据，仅是因为它们存在于同一个高速缓存行。

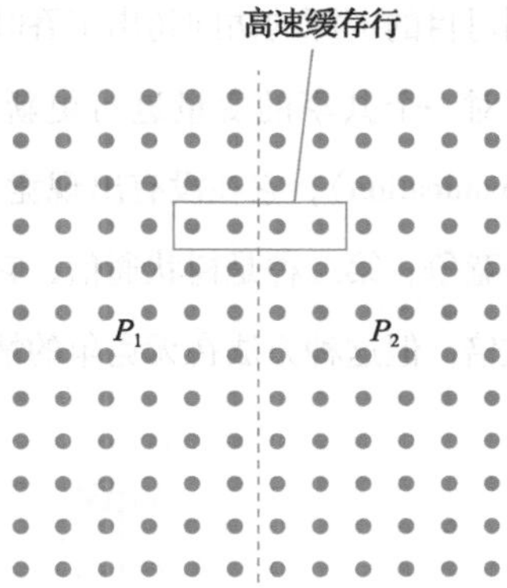


图 5-66 在处理高速缓存一致性时产生的额外开销

如何减少这种人为造成的通信开销呢？可以让每个线程处理的数据在地址上都是连续的。行优先和块优先的划分方法对比如图 5-67 所示，在二维矩阵的视角上直接进行划分，则连续地址可能跨过了不同线程的边界；在块优先的视角上，每个小块内的地址是连续的。

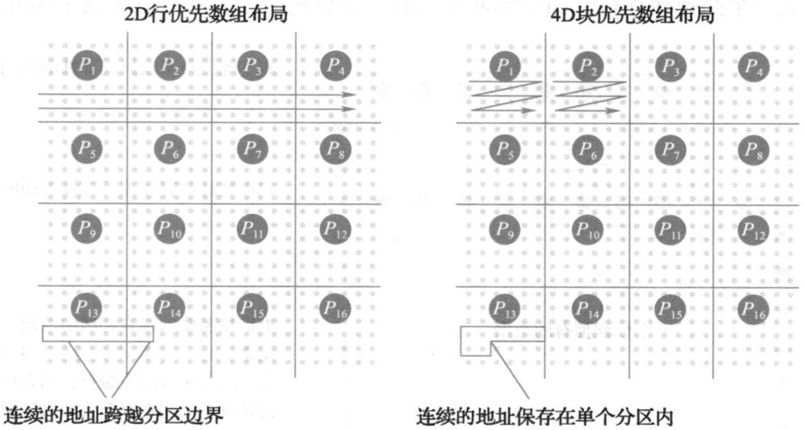


图 5-67　行优先和块优先的划分方法对比

以下从竞争的角度来分析并行编程的优化。

竞争（contention）发生在很短的时间窗口内，多个实例对同一个资源同时发起请求的情况。资源能以指定的吞吐量进行一系列的操作，如内存访问、信息交流等。当竞争发生时，说明对目的资源的访问超出了吞吐量，可以称其为访问热点（hot spot）。一个简单的例子是同时对一个共享的变量进行更新操作，有两种常见的通信方式，第一种是简单通信（flat communication），它在没有出现竞争时会有良好的性能，时延低，但对竞争敏感，容易产生大量竞争；第二种是树状通信，它减少了竞争，因为对于中间节点而言，吞吐量变成了原来的数倍，但这种方法在无竞争的情况下反而增大了时延。两种通信方式对比如图 5-68 所示。

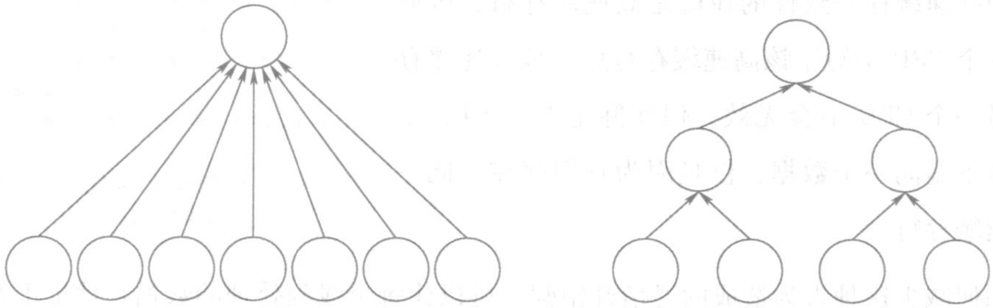

图 5-68　两种通信方式对比

改善任务队列结构可以减少竞争。对每一个线程都单独维护一个工作队列（见图 5-69），在通常情况下，每次从自己的队列中取任务来执行，若产生了新的任务，也将其置入队列之中；当自己的局部队列为空时，再从其他的队列中“窃取”其他线程的任务来执行。这样既减少了在共享队列中出现同时对队列进行存取操作的情况，又保证了负载平衡。虽然这也在从其他线程队列中取任务时引入了额外的开销，但此开销只有在负载不均衡时才会存在。

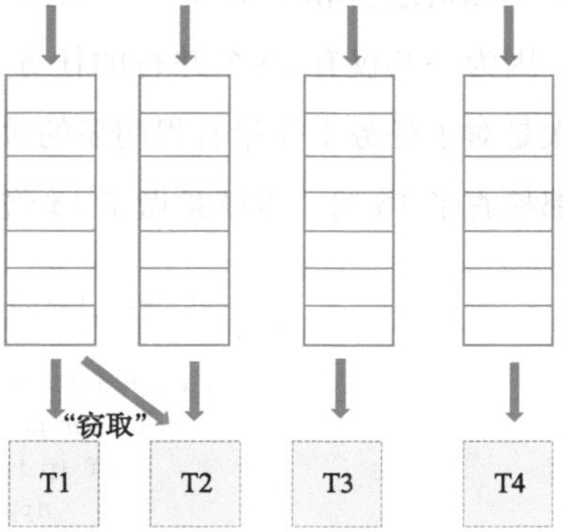


图 5-69　独立的工作队列

考虑一个具体的例子：创建一个拥有 16 个单元格（cell）的 2D 网格，在这上面放置 $10^6$ 个散点，现在需要统计每个单元格里有几个点，并记录对应的点的编号（见图 5-70）。这样的模型一般用于简单的聚类算法，若对于给定的一系列点，需要找到与它们相距不超过 R 的点的集合，可以首先建立距离为 R 的单元格，然后只需查询该点所属的单元格周围的单元格即可。

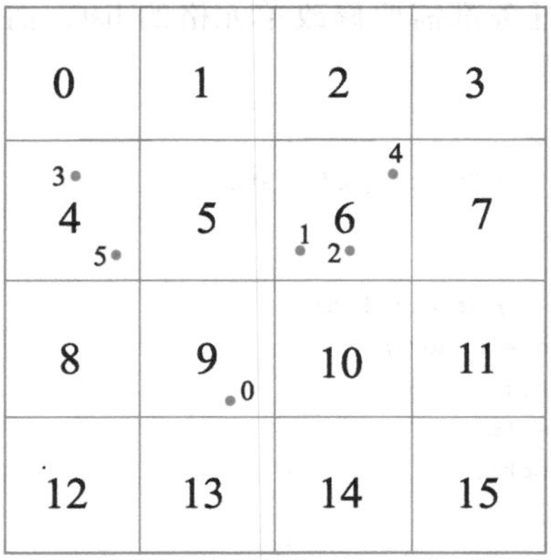


| Cell序号 | 散点数量 | 散点序号 |
|---|---|---|
| 0 | 0 | |
| 1 | 0 | |
| 2 | 0 | |
| 3 | 0 | |
| 4 | 2 | 3，5 |
| 5 | 0 | |
| 6 | 3 | 1，2，4 |
| 7 | 0 | |
| 8 | 0 | |
| 9 | 1 | 0 |
| 10 | 0 | |
| 11 | 0 | |
| 12 | 0 | |
| 13 | 0 | |
| 14 | 0 | |
| 15 | 0 | |

图 5-70　散点网格算法

此问题的输入为若干个点的坐标及单元格之间的距离，输出为每个单元格内部的点的编号。显然，实现这样的操作有很多种算法，但这些算法并非都有很好的可并行性。

第一种算法以单元格为单位来划分任务，每一次对单元格进行循环，检查所有的点是否在其内部，若位于内部，则将此点加入集合之中，在检查完所有的点后，继续对下一个单元格进行相同的操作（见图 5-71）。这样的方法缺陷很明显：首先是并行不充分，因为一共仅有 16 个并行的任务，但通常需要更多的独立任务才能充分利用 GPU；其次是对于任务工作量有很明显的效率问题，这是因为相对于传统算法，此算法对每个点都检查了 16 遍，也就是做了 15 倍的额外工作。

```
list cell_lists[16];          // 2D array of lists
{
for each cell c;              // in parallel
    for each particle p;      // sequentially
        if (p is within c);
            append p to cell_lists[c];
}
```

图 5-71　对 cell 划分算法

第二种算法以点为单位来划分任务，通过上锁的方式防止多个任务对数组进行修改。每一次对一个点进行检查，计算出属于哪一个单元格后上锁，将自己加入对应单元格的集合后再解锁（见图 5-72）。这样的好处显然是并行程度大大提高了，但也面对巨量的竞争问题。这样的竞争主要来源于所有任务都需要修改单元格的 list，而只要修改单元格就一定会对同一个锁进行访问。

```
list cell_list[16];         // 2D array of lists
lock cell_list_lock;
{
for each particle p;        // in parallel
    c = compute cell containing p;
    lock(cell_list_lock);
    append p to cell_list[c];
    unlock(cell_list_lock);
}
```

图 5-72　对点划分单锁算法

第三种算法对第二种算法进行了最简单的优化，将锁从 1 个变成 16 个，对每个单元格分别维护一个锁，这样临界区就被划分为了 16 块，平均情况下能够将竞争的概率缩小为 1/16（见图 5-73）。

```
list cell_list[16];      // 2D array of lists
lock cell_list_lock[ 16];
{
for each particle p;     // in parallel
    c = compute cell containing p;
    lock( cell_list_lock[c]);
    append p to cell_list[c];
    unlock(cell_list_lock[c]);
}
```

图 5-73　对点划分多锁算法

上述算法以点为单位划分，但这样分割出来的任务又显得太多。考虑到这一点，第四种算法将整个并行划分为 $N$ 个部分块（至少与 GPU 中负责执行并行计算的 SMX 核的线程块数量相等），在最后执行合并操作（见图 5-74）。每个线程块中的线程都只更新同一个部分块，这实现了更快的同步，竞争平均下降到了 $1/N$，并且由于其使用局部块变量执行（局部块变量在 CUDA 共享内存中），每次同步带来的开销也变少了。当然，这也引进了一些额外的开销，如最后将 $N$ 个部分块合并的操作，以及需要储存 $N$ 个块表而不是 1 个，空间开销也变多了。

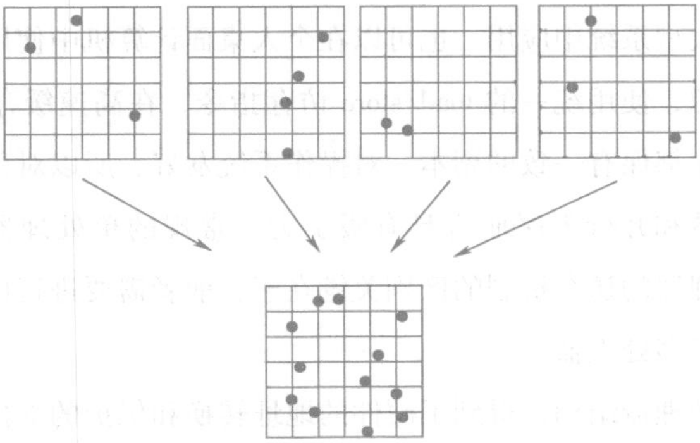

图 5-74　部分块划分+合并算法

最后是一种数据并行合并的方式，它先计算出每个点在哪一个 cell 之中（可以用点划分的并行，也可以使用部分块划分+合并算法），但储存的是一个“点-单元格”映射数组，A[i]=j 表示第 i 个点在第 j 个单元格之中。随后，该算法将此数组按照单元格从小到大排序，最后对每个单元格查找其在数组中的起点和终点（本质是对数组索引的迭代，可以并行处理），这一区间的点即为在单元格中的所有点编号（见图 5-75）。

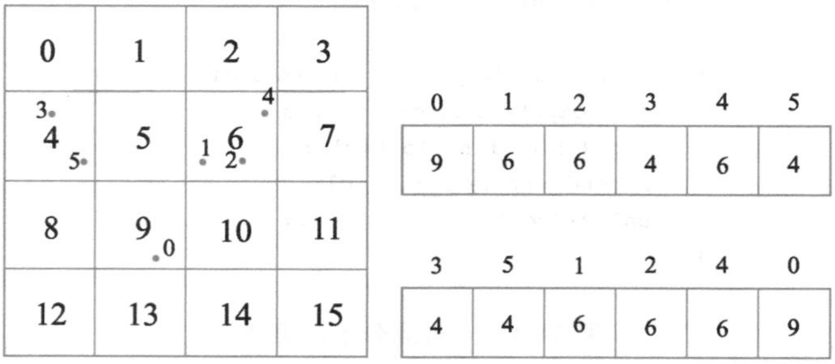


图 5-75　合并算法示意

## 5.7　共享内存体系结构

接下来介绍共享存储器多处理器及相关的编程。在多核芯片中，存储器通常在多核之间以集中式的方式共享，大多数（并非全部）的架构是对称多处理器。这种系统的工作方式是所有处理器可以共享一个存储器并平等访问。对称多处理器的架构主导了服务器的市场，既在大型系统中应用，也可以在个人桌面计算机中使用。因为这种架构能够细粒度地共享资源，使用统一的 load/store 访存指令，在高速缓存中的数据能够自动移动，所有高速缓存都保有一致的副本，对操作系统友好，所以对称多处理器对于需要大量吞吐量的服务器和并行程序而言具有吸引力。常规的单处理器访问数据（读写）的机制与对称多处理器的访存机制的区别关键在于：前者需要进行内存层次的扩展，才能使得内存能够支持多处理器。

共享内存的多处理器结构，得到了硬件的地址转换和保护的支持，而且可以使用共享的内存缓冲区进行消息传递，由于这不需要操作系统的参与，因此能有非常高的性能。这一结构的重点是要支持一致的共享地址空间。集中式共享存储器多处理器的基本结构是每个核连接了一个私有的高速缓存，所有的私有高速缓存再连接到共享高速缓存上，最后连接到内存。经过发展，内存系统已经有了许多不同的结构，例如通过总线共享内存的结构、“舞厅”结构及分布式共享存储器（distributed shared memory）。

讨论完基于共享内存结构的并行计算模型之后，接下来讨论共享内存结构的高速缓存及其一致性（cache coherence）的问题。众所周知，在整个存储系统中，高速缓存在任何情况下都起着非常关键的作用，它的存在可以减少平均数据访问时间，并且减少对共享互连的带宽需求。但是对于有多个处理器的并行系统，每个处理器的私有高速缓存会产生如下问题：变量的副本可以存在于多个缓存中；一个处理器的写入可能对其他处理器不可见，这将使得其他处理器继续访问它们私有缓存中的旧值。以上的问题称为缓存一致性问题，需要采取措施以保证修改的可见性。

人们尝试以下措施来保证高速缓存的一致性，重点落在了基于总线的集中式内存上。首先想到的是共享缓存，而不是让每个处理器保有自己的缓存，这会带来明显的好处，例如能够实现跨处理器的低延迟共享和预取，让所有处理器共享工作集，并且不会带来一致性的问题，因此也不会有错误共享。但是负面影响也很明显，共享的缓存意味着所有的处理器都会向该缓存发出读写请求，这会带来很高的带宽需求，以及会存在访存冲突的问题；同时，共享缓存意味着缓存的大小将会远远大于私有缓存，会因而增大命中和缺失的延迟。在 20 世纪 80 年代中期，几个处理器通过连接板连接，如今，多个处理器统统构建在片上，可以用于小型系统或运算节点。其次是“舞厅”式的共享内存结构，它已经不再流行，因为在这一结构下，所有的处理器与缓存的距离都是一样的远。最后是分布式内存，它是如今构建可扩展系统的流行方式，本书将在稍后的内容中进行详细讨论。

在并行处理中还有以下的处理器-内存结构，对称多处理器和分布式共享存储器。对称多处理器的特点是核心数少，以统一的内存延迟共享单个内存。分布式共享内存结构的特点是内存分布在处理器之间，具有非统一内存访问和延迟，处理器通过直接或非直接交换连接，即多跳互连网络连接。

对于一个满足一致性的内存系统，该系统应该能够满足以下要求：在读取某一位置的数据时，应该返回最新写入的值（由任何进程写入）。这一要求在单处理器的正常运行过程中很容易实现，但是当涉及处理器与 I/O 部件之间的交互行为时，一致性要求就不是那么容易了，I/O 设备的一些操作可能会导致一致性问题，例如 DMA 操作，但是这些 I/O 设备的操作并不频繁，因此可以用软件的方式解决。当进程在不同的处理器上运行时，希望数据都是一致的，就仿佛是多个进程在一个处理器上交错运行一样。一致性问题在多处理器系统中更为关键，这一问题是影响性能的关键，必须被视为基本的硬件设计问题。

在上文中根据直觉得出一致性必须能够满足：读取指令返回的值必须是最后写入的值。但这一“最后”的定义尚不明确。在顺序执行的任务中，“最后”是根据程序的顺序定义的，而不是时间顺序。程序的顺序即呈现给处理器的机器语言中的操作顺序，“后续指令”也是以类似的程序的顺序定义的。在并行情况下，程序的顺序在进程内定义，但是需要理解不同进程之间跨进程的顺序。出于以上需求，必须定义有意义的语义来实现缓存的一致性。

于是本书给出一些主要的定义，以及如何从单处理器向多处理器扩展。内存操作（memory operation）定义为对某一内存地址的一次读、一次写或一次“读—修改—写”的访问操作，并假定每一次的操作都符合原子性。发射（issue）定义为一个内存操作离开处理器的环境并进入内存系统——缓存或缓冲区等。执行（perform）指处理器根据自己后续的内存操作的执行状态来判定当前内存操作是否已被执行。对于一个写入操作，当处理器的一个后续读取操作返回了该写入或它后续的写入操作的值时，处理器认为这个写入操作已经执行；对于一个读取操作，当处理器发出的后续写入不会影响这个读取操作返回的值时，处理器认为这个读取操作已经执行。以上定义针对单处理器，在多处理器中定义保持不变，只需要将上述提到的处理器理解为多个处理器中的一个处理器。此外，还定义了完成（complete），其指的是所有处理器执行结束，而且不同处理器的操作仍需保持有序。

假设存在一个共享内存，它没有缓存，对一个位置的每次读取和写入都访问相同的物理位置。内存对该位置的操作强加顺序，从给定处理器到该位置的操作是按照程序顺序进行的；从不同处理器到该位置的操作顺序有一些交错，但保留各个程序内部的顺序。在这样的定义下，“最后”意味着保持上述特性的假设序列顺序中的最新数据。为了使上述的串行顺序一致，所有处理器必须以相同的顺序监测到对该位置的写入。但请注意，在真实的系统中从未真正构建总体的顺序，甚至不希望内存或任何硬件监测到所有的操作序列，其中，从指令层面看到的执行顺序也并非实际的发生顺序，但是程序应该表现得像执行了某些串行指令一样。

因此，可以得到关于一致性的定义。如果对于任何内存位置，所有处理器上的操作都能被序列化，即存在一个所有处理器都同意的操作顺序，这个顺序与每个处理器上实际观察到的操作执行结果一致，那么称该内存系统是一致的。其中：任何特定进程发出的操作按照该进程发出的顺序进行；读取返回的值是串行顺序中最后一次写入该位置的值。此外，还有两个必要的功能：写入传播，写入的值必须对其他处理器可见；写入序列化，所有处理器看到写入位置的顺序应该相同，例如若某处理器在 $W_2$（写入 2 位置）之后看到 $W_1$（写入 1 位置），则另外一个处理器就不应该在 $W_1$ 之后看到 $W_2$。只有写操作需要序列化，读操作不需要类似的序列化，因为读取对其他进程不可见。

接下来讨论如何使用总线来实现缓存一致性。对于单处理器系统而言，这种缓存一致性建立在两个基础之上，一是总线事务，二是缓存中的状态转移图。单处理器的总线事务主要有三个阶段：首先进行仲裁，然后传输命令或地址，最后进行数据传输。所有设备都观察着地址，其中一个设备发出该地址信号。单处理器的缓存状态由状态机表示，实际上每个块都是一个有限状态机，直写（write-through）和写不分配（write-no-allocate）有两种状态：有效和无效；写回（write-back）缓存还有一个状态：已修改，即“脏”块。多处理器在某种程度上扩展了总线事务和缓存中的状态转移以实现一致性。

利用总线可以实现基于侦听的一致性（snooping-based coherence）。它的基本理念是，总线上的事务对所有处理器都是可见的，处理器可以窥探或监控总线，并对相关的事务采取行动，例如更改状态。这种一致性实施的协议的具体实现是：缓存控制器接收来自双方的输入，包括来自处理器的请求和来自窥探者的总线请求和响应。控制器在任何一种情况下，都采取零个或多个动作，包括更新状态和相应数据或生成新的总线事务。该协议是分布式算法，利用状态机实现，状态机中包括状态集、状态转换图及动作。一致性的粒度通常是缓存块，就像在缓存中按块分配，从缓存中传输及传输到缓存中皆是按块进行传输。

缓存的写有多种策略，在直写策略下，缓存的一致性是通过对总线的侦听来实现的（见图 5-76）。多处理器系统是单处理器系统的关键扩展，缓存控制器的状态分为窥探、无效及更新缓存。在直写这种情况下没有新的状态或总线事务，其缓存一致性协议分为两大类：基于失效和基于更新的协议。这一策略也满足写入传播，即使在无效的情况下，以后的读取也会看到新的值，因为无效会导致稍后的访问失败，但内存正在进行直写更新。

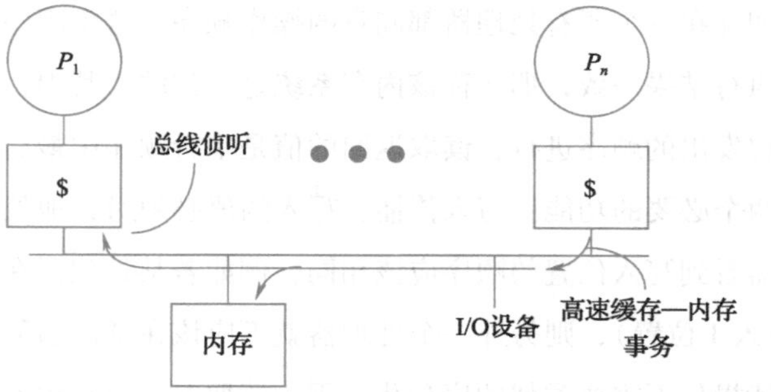


图 5-76　直写高速缓存一致性的实现

直写策略下的状态转移如图 5-77 所示。每个高速缓存中的每个块有两种状态，就像在单处理器中一样，一块的状态可以看作 ***P*** 向量，一个状态是 V，表示有效，另一个状态是 I，表示该缓存块无效。若始终在有效区域进行处理器读操作，则始终保持为有效；若在有效时进行本地的写操作，状态也为有效；但当总线上传来写的信号，则表示该高速缓存被其他处理器修改，于是状态变为无效，在之后的一段时间内其他处理器进行写操作，仍然保持为无效，直到该高速缓存对应的处理器发出读操作请求以后，缓存控制器去找到新的数据取到该高速缓存中，然后状态置为有效，表示数据是最新数据，可供读请求返回。只有在缓存中的块具有硬件状态位，其他块可以视为在该缓存中处于无效或不存在的状态。写入某一缓存将使得其他高速缓存无效，且没有本地状态的更改。处理器可以同时拥有多个块的读取器，但写入会使它们失效。

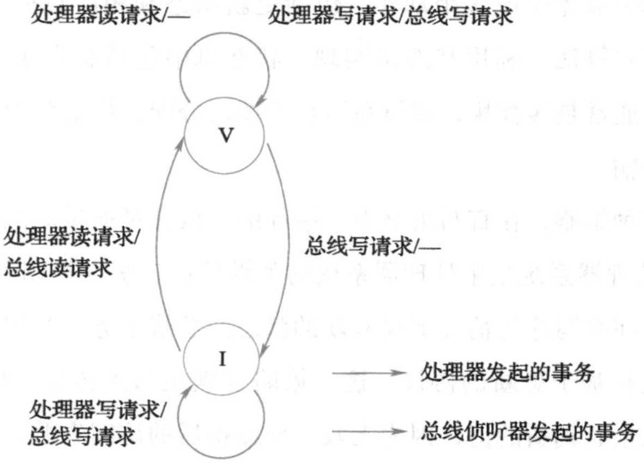


图 5-77　直写策略下的状态转移图

构造一个总体的顺序，使之能够满足程序顺序和写序列化，程序顺序是指操作在源代码中的顺序。现在假设总线事务和内存操作是原子的：一个总线事务的所有阶段在下一个事务开始之前完成；处理器等待内存操作完成后再发出下一个访存指令。假设现在总线活动期间应用了一级缓存的无效。在之后更复杂的系统中我们会放宽这些假设。所有写入都在总线上，且是原子的，按它们出现在总线上的顺序序列化写入。根据以上假设，缓存上的失效顺序也是按照总线顺序发生的。如何插入读操作是个重要的问题，因为处理器通过读操作来查看写入的内容，以此来确定是否满足写入的顺序化。但读取命中可能独立发生，不会出现在总线上或是直接按总线顺序进入。

关于总线上读指令的顺序，可以定义读未命中和读命中两个概念。读未命中出现在总线上，表现为看到对读取地址的最后一次写入仍然在总线上。读命中不出现在总线上，但是读取的值被存放在高速缓存中，这个值可能是此处理器最近写入的值，或者是该处理器最近的读取未命中的值。这两种事务——写和读未命中都出现在总线上，因此读取命中也将值看作遵守一致总线顺序的行为。

为了让访存顺序更具一般性，存在如下的规定。如果操作由同一处理器发出，且 $M_2$ 按程序顺序在 $M_1$ 之后，则内存操作 $M_2$ 在内存操作 $M_1$ 之后。如果读指令生成的总线行为紧随 $W$ 之后，则读取在写入 $W$ 之后。如果 $M$ 生成总线行为，并且写行为在 $M$ 之后，在读取 $M$ 或写入 $M$ 之后进行写入。图 5-78 形象展示了写入如何建立了部分顺序。对于读取的顺序，一般不做限制，写入之间的读取以任何的顺序都可以，只要符合程序顺序。

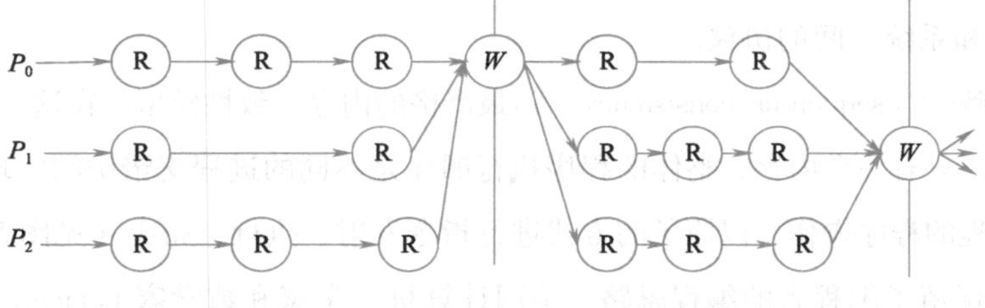


图 5-78　写入建立了部分顺序，读取的顺序一般不做限制

不同的写策略，对于一致性的实现也有不同的优劣影响。直写策略存在以下的问题。首先是高带宽的要求。每个处理器每次的写入都是直接写回内存，每次的写入都会

通过共享的总线和内存。考虑 200MHz、1CPI 的处理器，并假设 15%的指令会进行 8B 的访存，每个处理器每秒生成 30MB 的指令存储量（240MB 的数据量），则带宽为 1GB/s 的内存只能保证支持大约 4 个处理器而不饱和。因此直写策略对于多处理器结构而言不具有性能优势。至于写回（write-back）策略的高速缓存，在这种策略下，大部分的写入都是高速缓存命中的，高速缓存命中不经过总线，因此大大降低了总线带宽的需求，但随之而来的是新的问题：应该如何保证写入传播（对任何缓存中的数据的更改都需要传播到其他缓存副本上）和顺序访存？这需要更复杂的协议，这一协议有很大的设计空间。

内存一致性（memory consistency）模型定义为对同一个地址的写入，应当以相同的顺序对所有处理器可见。问题在于，一次写入应当什么时候变得可见？如何在不同的进程的写入和读取之间建立顺序？这通常使用事件同步（event synchronization）的方法。我们期望内存遵从给定进程发出的、对不同位置的访问的顺序，然后保留不同进程对同一地址访问的顺序。连贯性不能满足以上期望，因为连贯性仅适用于单一的同一个地址。我们需要一个语义清晰的排序模型，能够适用于访问不同的地址，程序员可以根据模型推断出可能的结构，称这样的模型为内存一致性模型。

内存一致性模型指定了来自任何进程的操作相对于彼此执行的顺序的约束，换言之，就是在某个程序看来，其他任何进程的操作顺序都具有一定的约束。人们可以根据这一模型，对任何一个给定的负载，得到可能的返回值顺序。没有内存一致性模型，就无法说明统计分析系统（statistical analysis system，SAS）程序的执行情况。这一模型的引入，让程序员可以推理正确性和可能的结果，让系统设计人员可以使用它来限制，可以由编译器或硬件来进行重新排序的访问数量，以避免造成错误。因此，内存一致性模型是程序员和系统之间的协议。

顺序一致性（sequential consistency）是最严格的内存一致性模型。在这一模型下，仿佛没有缓存，只有一个内存，整体的程序执行顺序是不同的进程交错访问实现的总顺序，维护所有进程的程序操作，以原子的方式进行指令发射、执行、完成（见图 5-79）。这一模型很好地保留了编程者的编程思路。美国计算机科学家和数学家 Lamport 曾这样描述顺序一致性模型：“如果任何执行的结果都相同，就好像所有处理器的操作都按某种顺序执行，并且每个处理器的操作按照程序制定的顺序出现这个序列中，那么多处理器就是顺序一致的。”

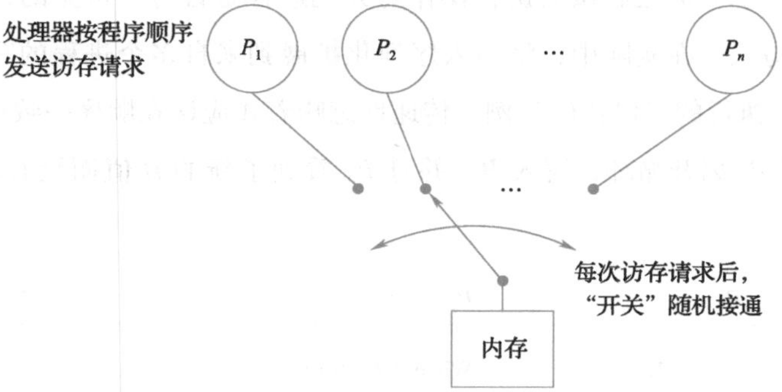


图 5-79 顺序一致性模型

程序顺序就是操作在源代码中出现的顺序，直接将源代码翻译成汇编语言，每条指令最多进行一次内存操作。但是经过编译器编译之后，硬件得到的顺序就与汇编语言呈现出来的顺序有所不同。那程序顺序到底是什么？这取决于我们关注哪一层，以及谁在对程序的输出进行推理。假设程序员看到的顺序为程序顺序。

以图 5-80 中这个例子来介绍顺序一致性模型，从程序中知道 1a→1b 和 2a→2b 是执行顺序。根据顺序一致性模型，可能的输出序列（$A,B$）只有以下三种可能：(0,0)，(1,0)，(1,2)，而不可能出现（0,2）的情况。因为如果 $A=0$，则表示执行顺序是 2b→1a，由 1a→1b 可以得出 2a→1b，但 $B=2$ 表明执行顺序是 1b→2a，二者存在矛盾。

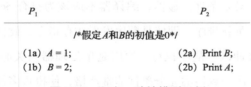

| $P_1$ | $P_2$ |
|---|---|
| /*假定$A$和$B$的初值是0*/ | |
| (1a) $A=1$; | (2a) Print $B$; |
| (1b) $B=2$; | (2b) Print $A$; |

图 5-80 顺序一致性模型示例

为了实现顺序一致性，有两类要求，一是程序顺序——进程发出的内存操作必须在程序顺序中变得可见（对其他进程及自身）；二是原子性，在总体的顺序中，一个内存操作应该在下一个操作发出之前对所有进程完成，需要保证整个流程的总顺序是一致的，就如同图 5-80 中的例子所示。其中，棘手的部分是使写入原子性。

写入原子性，定义为写入操作在总顺序中的位置对于所有进程而言应该是相同的，即当一个进程在写入 $W$ 之后做的访存操作对其他进程是暂时不可见的，直到其他进程也看到了 $W$ 的写入。在实际中，将写入序列化扩展到来自多个进程的写入。以图 5-81 中的三个处理器执行的三段代码为例，传递性意味着 $A$ 应该在顺序一致性的情况下打印结果为 1，如果 $P_2$ 离开循环，写入 $B$，并且 $P_3$ 看到了新的 $B$ 值而没有看到新的 $A$ 值，则会出现问题。

| $P_1$ | $P_2$ | $P_3$ |
|---|---|---|
| $A$=1; → | While（$A$==0）; | |
| | $B$=1; → | While ($B$==0); |
| | | Print $A$; |

图 5-81　写入原子性示例

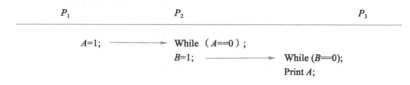

每个进程的程序顺序对所有操作的集合施加了部分顺序，这些部分顺序相互交错，定义了所有操作的总顺序，这个总顺序可能是顺序一致性——顺序一致性没有定义特定的交错。如果程序的执行产生的结果与某些程序顺序接错后产生的总顺序得到的结果相同，则该程序的执行是顺序一致的。如果系统上的任何可能执行是顺序一致性执行，则该系统是顺序一致性的。

顺序一致性所需的充分条件如下：每个进程按程序顺序发出内存操作——发出写操作后，进程等待写入完成，然后发出下一个操作；发出读操作后，进程等待读取完成，并等待读取返回其值的写入完成，再发出下一个操作，即提供写入原子性。以上条件是顺序一致性的充分而非必要条件。显然，编译器不应该为符合 Sc 的顺序重新排序，但实际上，编译器进行了重新排序。即使是顺序发射访存指令，硬件也可能违反，以获得更好的性能，例如写缓冲区、乱序执行。原因是单处理器只关心同一位置上的读写依赖。因此可以看出，顺序一致性的充分条件非常严格，使得很多性能优化措施无效。

现在假设编译器不重新排序，硬件需要机制来检测写入是否完成（读取完成检测很容易），以及确保实现原子性。除了顺序一致性，本书还将在后续介绍更多的存储一致性模型，对于所有的协议和实现，我们将看到它们如何满足连贯性，特别是写顺序化；它们如何满足 Sc 的充分条件（写入完成和写入原子性）；它们如何确保 Sc，但是不通过上述的充分条件。本书还将展示集中式总线互连使得存储一致性更容易。

上文中提到了直写策略的劣势，下面介绍在 Sc 模型下的直写策略。扩展连贯性表现为：对于所有地址的读写未命中都按照总线顺序排序；如果读到写 $W$ 的值，则 $W$ 需要保证已经完成，因为它引起了总线事务。当对任何处理器执行写入 $W$ 时，在总线上的所有先前的写指令都应该已经完成。

一致性的模型需要靠一致性的协议来实现，侦听协议（snooping protocols）具有如下的设计空间。首先，这一协议不需要更改处理器、主存和缓存等硬件，而是通过扩展缓存控制器和利用总线实现的，其中总线的作用是提供顺序性。它是一种专注于写回策略的协议。块的脏状态在此协议里表示独占权，独占即表示只有这一个副本是有效的，这个块的所有者负责根据其他块的请求提供块内数据。侦听协议的设计主要集中在基于无效的协议、基于更新的协议，以及状态机的转换。

所谓的基于无效的协议，即通过控制数据块副本的有效位实现同步。独占意味着可以在不通知任何人的情况下修改数据，即没有总线事务。在写入一个处于独占状态的块之前，必须获得这个块，即使它已经处于有效状态，当进程试图独占式地写入这个缓存块时，也需要产生一个事务，以确保数据的一致性，也就是产生写未命中。写入非脏数据块会生成一个读取独占总线事务，来告诉其他进程即将写入，获得独占权，并执行写入使写入可见。写入非脏数据块的这一行为，可能会在之后的一次读缺失后被发现。当块在写入缓存中更新时，因为是写回策略，此时执行了写入操作。出于总线序列化的原因，一个块一次只能有一个读取独占（read exclusive，RdX）成功。读取行为和读取独占总线事务共同驱动一致性操作，写回事务也是如此，正因为有读取和写回操作，才能不断促进块的数据更新，达到一致性的目的。而内存操作对于一致性来说是偶然的。需要注意的是，不处于修改状态的替换块可以被删除。

所谓的基于更新的协议，指的是写入操作会更新其他缓存中的值，因而产生总线事务。它的优点在于其他处理器不会错过下一次访问，减少延迟。在无效协议中，其他处理器的数据会直接被设置为无效，然后它们会发生缺失并导致更多的总线事务。每次更新使用的是单个总线事务来更新多个缓存数据，这样可以节省带宽。此外，这样的总线事务只传输写入的字而非整个块。然而，它的缺点在于同一处理器的多次写入导致多次更新事务，在失效时，首先写入的处理器获得了独占所有权。

程序行为的基本问题是：一个处理器即将写入的块，在被重写之前是否被其他处理器读取？基于这一基本问题，得到基于无效的策略与基于更新的策略的对比如下。在基于无效的策略之下，如果上述问题的答案是允许，读数据的一方会产生未命中；如果不允许，写入时不会有额外的流量，并清除不会再次使用的副本。在基于更新的策略之下，如果上述问题的答案是允许，且以前有过副本，读数据的一方就不会错过，更新所有的副本使用的是单个总线事务；如果答案是不允许，会存在很多无用的更新，甚至是永远无用的死副本。两种策略的抉择需要查看程序行为和硬件复杂性。在现实的使用场景中，无效协议更受欢迎，有些系统提供两者，甚至混合使用两者。

MSI 是基于写回无效的一致性协议。MSI 中有三种状态：无效（invalid，I）、共享（shared，S）和被修改（modified，M）。处理器发起的事务有两种，PrRd 表示读，PrWr 表示写。总线事务共有三种：BusRd 表示总线读请求，BusRdX 表示总线排他读请求，BusWB 表示总线写请求。协议主要的行为是更新状态，执行总线事务，将值刷新到总线上。图 5-82 展示了 MSI 协议的状态机。其在写入共享块时，已有最新数据，可以使用升级（BusUpgr）而不是 BusRdX。

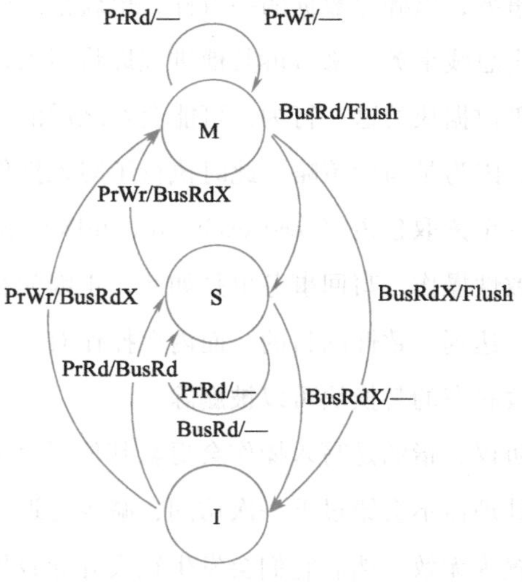


图 5-82　MSI 协议的状态机

在 MSI 协议下，很好地保持了程序的一致性。写入传播清晰，写入的顺序化也顺利实现——出现在总线上的所有写入由总线排序。出现在总线上的读取也是按顺序的。至于那些不出现在总线上的写入，块的两个总线行为之间的写入序列必须来自同一处理器；两个总线行为之间有序；所有处理器的读取都以相同的顺序看到写入。

接下来从一致性的定义的角度分析应该如何实现一致性协议。总线对所有地址的行为施加总体顺序，在行为之间，处理器按程序顺序在本地执行读/写。所以任何执行都定义了一个自然的偏序，若 $M_j$ 在 $M_i$ 之后，如果在同一个处理器上遵循程序顺序，$M_j$ 将会在 $M_i$ 内存操作之后生成总线行为。在两次总线事务之间的段中，来自不同处理器的操作交错形成一致的总体顺序。在上述的段中，处理器 $P$ 观察到的写入顺序如下：来自其他处理器的写操作根据先前总线发射的顺序写入，$P$ 的写入根据程序顺序决定。一致性的充分条件得以满足，包括写完成——可以检测写何时出现在总线上，以及写入原子性——如果读取返回写入的值，则该写入已经对其他人可见，由此可以推断出不同的情况。

从较低的层次来权衡协议的选择时，首先思考这样一个问题：BusRd 在 M 状态下观察，该状态应该进行怎样的转换？这取决于对访问模式的期待。在 S 状态，假设本处理器很快会再读一遍，而不是其他处理器会进行写操作——这适用于大部分读取数据。若是想要迁移数据，多个进程皆读写同一块数据，最好将自己的副本数据块设置为 I 状态，这样就不必在其他进程写的时候被宣告无效。因此，选择直接过渡到 I 状态。Sequent Symmetry 和 MIT Alewife 使用的是自适应的协议，如果选择它们，会影响内存系统的性能。

MSI 协议存在的问题是，当一个处理器反复修改一块数据时，即使没有处理器打算使用这块数据，也需要占用总线来告知其他处理器将副本置为无效，这徒增总线的带宽压力。MESI 应运而生。与 MSI 协议不同的一点是，MESI 添加了 E 状态，即独占（exclusive）。当某个处理器 $P$ 想要读一块数据但发生了读缺失时，将该块取到自己的高速缓存之后设为 E 状态，此后 $P$ 的对这一块的写不会产生总线行为，不会设置其他副本为 I，但其自身会进入 M 状态。BusRd（S）表示在 BusRd 事务上断言的共享线路；Flush 表示如果缓存到缓存共享，只有一个缓存刷新数据（见图 5-83）。在 MESI 协议基础上提出的又一个优化协议是 MOESI，新增一个 O 状态，表示拥有（owned）。

下面讨论一个有趣的问题：当发生数据缺失且不处于 M 状态时，由谁来提供数据？答案是内存或缓存。在原始的伊利诺伊 MESI 中，使用缓存来提供这种数据，称之为缓存与缓存之间的共享（cache-to-cache sharing），因为假定缓存比内存快。但在现代系统中并非如此，因为干预另一个缓存比从内存中获取的开销更大，并且缓存与缓存之间的

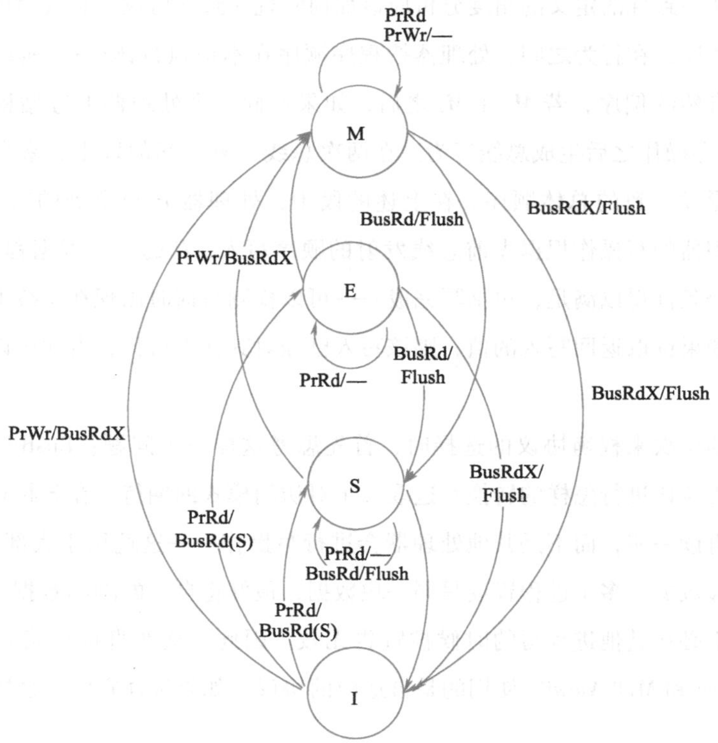


图 5-83　MESI 协议的状态机

注：Flush 表示将缓存中的数据写回到主序并且清除缓存行中的数据。

共享也增加了复杂性，内存必须等待缓存以检测是否需要提供数据，当多个缓存都具备有效数据时需要算法来进行数据选择。但原始的 MESI 对于具有分布式内存的缓存一致机器很有价值，这是因为：从附近的缓存中获取可能比从远程内存中获取更便宜，特别是当在 SMP 节点之外构造时。

还有一种协议叫作 Dragon 写回更新协议（Dragon write-back update protocol），这一协议具备四种状态：独占未修改（exclusive-clean or exclusive，E），表示这个缓存和内存拥有它；共享未修改（shared clean，Sc），表示这个缓存、其他缓存，也许还有内存共享，但这个缓存不是所有者；共享修改（shared modified，Sm），表示我和其他处理器（非内存）共享，这个缓存是所有者。Sm 和 Sc 可以共存于不同的缓存中，只有一个 Sm；独占修改（modified or dirty，D），表示这个缓存修改了，只有这个缓存知道修改的值，没有其他缓存知道。这一协议与上述协议相比的不同是：它没有无效状态，这是因为：如果在缓存中，则不能无效；如果不在缓存中，则可以视为处于不存在或无效状态。该协议引入了新的处理器事件：PrRdMiss 和 PrWrMiss，分别表示处理器读缺失和写未命中。该协议引入了新的总线事务：BusUpd，广播写在总线上的单字，以此更新其他相关缓存。Dragon 写回更新协议的状态机转换图如图 5-84 所示。

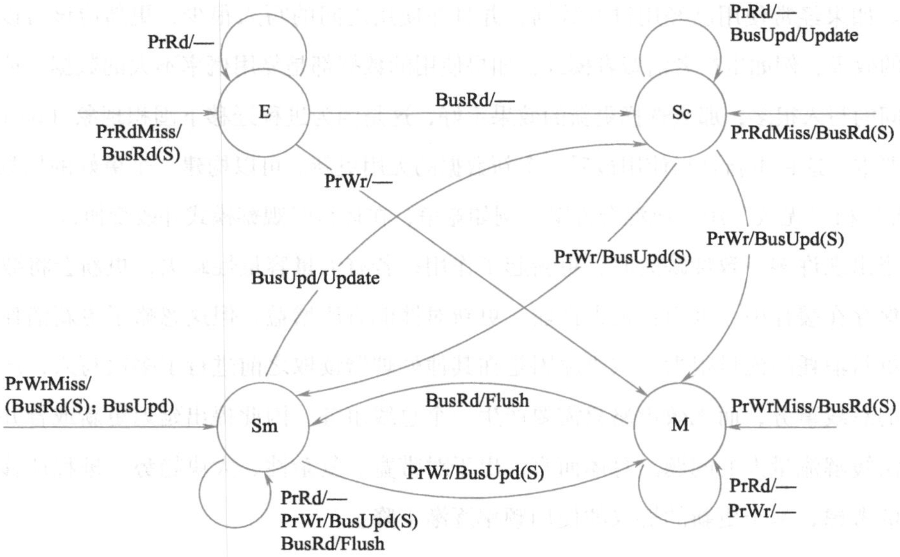


图 5-84　Dragon 写回更新协议的状态机转换图

上述协议中消除了“无效”状态，那么可以消除共享修改（Sm）状态吗？如果在 BusUpd 事务上也更新内存，例如在 DEC Firefly 机器上使用的 Firefly 协议，而 Dragon 协议没有这样做，是否应该广播 Sc 块的替换？允许被替换 Sc 块的最后一个副本进入 E 状态且不生成更新，替换总线事务不在关键路径中，之后更新的新块可能在关键路径中。在控制器获取总线之前，不应在写命中时更新本地副本，可以打乱顺序。对于直写策略，连贯性、一致性还需要考虑很多。介绍了以上的多种协议，如何选择将是一个需要思考的问题。一般来说，协议中有许多微妙的竞争条件，但首先，在逻辑层面说明定量评估。

选择哪种协议的权衡，受性能和组织特征影响，两者的权重影响着决定。权衡既是艺术也是科学，艺术来自设计师的经验、直觉和审美，科学来自工作负载驱动的性价比评估——想要一个平衡的系统，就会避免未充分利用昂贵资源的情况。科学评估的方法是使用模拟器，根据早期经验选择参数（默认 1MB，4 路组相连的缓存，64B 块，16 个处理器，64KB 缓存）。历史上曾经有一个时期较为关注频率而非最终性能，超越体系结构细节，但这不是实际使用场景下真正追求的。

至于选择“更新”还是选择“无效”，多年来争论不休，二者的取舍取决于共享的模式。如果经常使用已经用过的数据，并且在使用之间的写入很少，更新应该可以达到更好的效果，例如生产者消费者模式；如果使用的数据都是复用概率不大的数据，或者读取之间的写入很多，那么选择更新的效果不好，这是因为进程迁移下囤积现象（pack rat）尤为严重，这种更新是只使用最后一个新数据的无用更新。可以构建一个更好的场景，将“更新”和“无效”组合成混合方案，例如竞争，在运行时观察模式并改变协议。

当出现许多一致性缺失时，更新起了作用；若有大量容量性缺失，更新会将数据无用地保存在缓存中，因而会损失性能。更新对性能有所增益，但这忽略了更新消耗的流量。更新消耗的流量很大，主要原因是在其他处理器读取之前进行了多次写入，产生了大量的总线事务，而无效策略只需要产生一个总线事务，因此提出延迟更新或合并更新的方法缓解流量大的问题。总体而言，出于对带宽、复杂性、大块趋势、进程迁移囤积现象的考虑，基于更新的协议的使用频率逐渐下降。

## 5.8 共享内存体系结构编程——OpenMP

OpenMP 是一种用于共享内存并行系统的多线程程序设计方案。介绍 OpenMP 之前，我们来回顾一下前面所讲的并行系统的结构。对于一般的并行结构，可以简化地理解它为许多处理机与许多存储单元构成的结构。这样的结构分为处理机对处理机、处理机对内存单元。其中，在处理机对处理机结构中，每个处理机有其私有的本地内存，这样的结构叫作分布内存模型。在处理机对内存单元结构中，所有的处理机可以访问所有的内存单元，这样的结构叫作共享内存模型。在分布内存模型中，处理机与内存直接相连；而在共享内存模型中，处理机通过互连网络与内存相连，不同的连接方式有不同的优缺点。

下面简要介绍并行编程语言的发展历史。①当向量机盛行时，并行编程语言主要是对循环的注解，例如 IVDEP 指令告诉编译器紧接着的循环没有数据依赖，这个时期的并行编程语言性能很脆弱，但是具有很好的用户支持度；②当 SIMD 机盛行时，数据并行语言非常流行并且取得了成功，如 CMF，* Lisp，C* 等，这个时期，不规则的数据可以进行并行计算，如稀疏矩阵向量的乘积；但是不规则的计算，如分治法与自适应网格的计算性能就不太让人满意；③当共享内存多处理机系统盛行时，基于共享内存模型，产生了 Posix Threads 和 OpenMP 等语言；④当处理机集群盛行时，MPI 成为主导的并行编程工具，这时，SIMD 机和共享内存多处理机系统所使用的并行编程语言映射到 MPPs/Clusters 显得非常困难；⑤加入加速器后，产生了 OpenACC 和 CUDA 语言；⑥云计算中，还有 Hadoop 和 SPARK 等语言。

正式讲解 OpenMP 之前，先回顾共享内存的编程模型。在这种编程模型中，程序是控制线程的集合，线程是一条执行路径，是程序执行时的最小单位，它是进程的一个执行流，是 CPU 调度和分派的基本单位，一个进程可以由很多个线程组成，线程间共享进程的所有资源。这些线程可以通过并行编程语言被动态创建，也可以在代码执行中被创建。每个线程有私有的栈和局部变量，还有一组共享变量，如静态变量、共享公共块或全局堆。对于共享变量，线程通过读写共享变量来进行隐式通信，各线程之间的协作是通过在共享变量上达到同步来实现的。图 5-85 展示了共享内存模型各线程之间的通信与同步，若每个处理单元只有一个线程，$P_n$ 向共享内存中写数据，$P_0$ 读取共享内存中的数据，通过这样间接的方式实现 $P_n$ 与 $P_0$ 的通信。同时在 $P_n$ 写数据、$P_0$ 读数据的过程中，会对临界区共享变量进行保护，保证只有特定的线程对其进行读写，本次读写完成之后，才会进行下一个数据的读取。这样的同步机制实现了线程之间的协作。

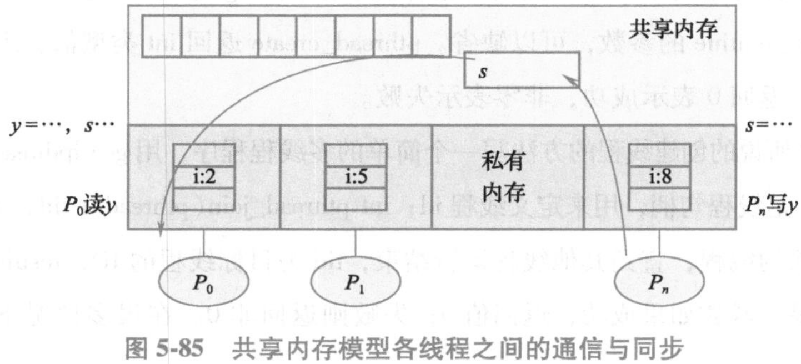


图 5-85　共享内存模型各线程之间的通信与同步

下面介绍用多线程来进行并行编程。编写多线程程序的一个方法是使用 POSIX 线程，POSIX（可移植操作系统接口）标准定义了操作系统应该为应用程序提供的接口标准，是 IEEE 为要在各种 UNIX 操作系统上运行的软件而定义的一系列 API 标准的总称。POSIX 线程是提高代码响应和性能的有力手段。

PThreads 是 POSIX 创建线程的接口，系统通过调用它来创建和同步化各线程，这样的接口应该在例如 UNIX 的 OS 平台上保持相对一致。PThreads 支持系统并行化处理、支持线程的同步，但是没有对通信的显式支持，因为多线程间的通信是通过共享内存隐式进行的，在通信时一个指向共享数据的指针被传递给一个线程。要注意线程同步不仅是一起开始一起结束，而是多线程协同步调，按预定的先后次序运行。当一个线程发出某一功能调用时，在没有得到结果之前，该调用不返回。同时其他线程为保证数据一致性，不能调用该功能。“同步”是为了避免数据混乱，解决与时间有关的错误。实际上，不仅线程间需要同步，进程间、信号间等都需要同步机制。因此，所有“多个控制流，共同操作一个共享资源”的情况，都需要同步。

PThread 库提供了创建线程的函数，可以用在 C、C++、Fortran 等语言中。以 C 语言中的运用为例，int pthread_create(pthread_t *tid, pthread_attr_t *attr, void *(*start_routine)(void *), void *arg)。该函数创建的新线程的 ID 保存在 tid 指向的位置，这个位置也可以存放线程控制相关指令和用来中断；attr 是线程属性，如最小栈大小、优先级等，如果为空，则使用缺省的属性值；新线程从 start_ routine 开始执行，这是该线程要运行的一个函数（该参数是一个函数指针，函数指针的定义方式为：函数返回值类型（*指针变量名）（函数参数列表）；void *(*start_routine)(void *)意思是定义一个指针变量 start_routine，该指针变量可以指向返回值类型为指向未知类型数据的指针的函数，且该函数拥有指向未知类型数据的指针的参数）；arg 是当 start_routine 开始运行时要传递给 start_routine 的参数，可以缺省。pthread_create 返回 int 类型值，表示是否成功创建了线程，返回 0 表示成功，非零表示失败。

运用上文所说的创建线程的方法写一个简单的多线程程序，用 gcc-lpthread 来编译。其中，pthread_t 是线程句柄，用来定义线程 id；int pthread_join(pthread_t tid, void **result)用于阻塞当前的线程，直到其他线程运行结束，tid 为目标线程的 ID，result 用于存放线程的计算结果，函数如果成功，返回值 0；失败则返回非 0。在很多情况下，主线程生成并启动了子线程。如果子线程里要进行大量的耗时的运算，主线程往往将于子线程之前结束，但是如果主线程处理完其他的事务后，需要用到子线程的处理结果，也就是主线程需要等待子线程执行完成之后再结束，这个时候就要用到 pthread_join( ) 方法了。即 pthread_join( ) 的作用可以这样理解：主线程等待子线程的终止。也就是在子线程调用了 pthread_join( ) 方法后，该段代码后面的代码，只有等到子线程结束了才能执行。当 A 线程调用线程 B 并 pthread_join( ) 时，A 线程会处于阻塞状态，直到 B 线程结束后，A 线程才会继续执行下去。当 pthread_join( ) 函数返回后，被调用线程才算真正意义上的结束，它的内存空间也会被释放（如果被调用线程是非分离的）。

回顾数据竞争，当多个控制流共同操作一个共享资源时，可能发生数据竞争。具体来说，当两个处理机（或两个线程）访问同一个变量时，并且其中一个处理机对变量执行写操作，这些访问是并发的，而不是协调同步的，所以这些访问可能会同时发生，这就产生了数据竞争。

为了避免数据竞争带来的数据更新错误，要进行数据同步，其中基本的方法是使用互斥锁 mutexes（mutual exclusion）。使用互斥信号量解决生产者消费者问题的代码示例如图 5-86 所示。

当访问共有的数据结构时，对数据加锁，访问结束后释放锁。运用互斥锁后，各线程就大多能独立工作。锁只对使用它的处理机有用，必须要对该处理机访问的数据进行 acquire/release lock 两个操作，锁才能生效，若是没有这两个操作，其他处理机的锁对该处理机无效。Java 等其他语言已经在词法上限定了同步化的意思，把同步化（synchronization）理解为同步化的方法或代码块。关于锁的优化，可以用信号量来泛化锁，从而允许 k 个线程同时访问共享数据，而不仅限制在一个线程中。这样的操作对有限资源是非常有利的。信号量的使用可以解决经典同步问题。信号量 s 表示资源的数目（非负整型变量），针对不同的问题，s 具有不同的初值和意义。对信号量的操作是 PV 操作，其中 P 操作意为申请，它的动作为：如果 s 非零，那么执行 s=s-1，并立即返回；如果 s 为零，则阻塞该进程，直到 s 变为非零，并且该进程被 V 操作重启。V 操作意为释放，其动作为：先执行 s=s+1，若 s>0，则继续执行，否则重启 P 操作中阻塞的进程之一，然后该进程将 s 减 1，完成它的 P 操作。

```
semphore full = 0;
semphore empty = 1;
semphore mutex = 1;
producer()
{
    while(1)
    {
        //生产产品
        P(empty);  //申请空闲区
        P(mutex);  //申请缓冲区
            向缓冲区运送商品
        V(mutex);  //释放缓冲区
        V(full);   //增加缓冲区产品数量
    }
}
consumer()
{
    while(1)
    {
        P(full);   //等待缓冲区的产品
        P(mutex);  //申请缓冲区
            消费
        V(mutex);  //释放缓冲区
        V(empty);  //消费完,缓冲区的产品减少,增加空闲区
    }
}
```

图 5-86　使用互斥信号量解决生产者消费者问题的代码示例

生产者消费者问题的一种解决方法就使用互斥信号量。该问题具体是一组生产者向一组消费者提供产品，它们共享同一个缓冲区。其中，生产者需要在缓冲区有空闲的情况下传输产品；消费者需要在缓冲区有产品的情况下消费产品，且多个生成者或消费者需要互斥使用缓冲区。

针对上述问题，需要设置两种同步信号量：empty 和 full，其中 empty 表示缓冲区空闲的数量，初始值为 1，full 表示缓冲区存在产品的数量，初始值为 0；还需要设置一个互斥量 mutex，来控制生产者消费者对临界资源互斥访问，初始值为 1。首先确定临界资源为缓冲区，则有伪代码，如图 5-86 所示。

接下来介绍在 POSIX 线程里互斥锁的使用。首先是初始化锁，有两种方式，一种方式是静态方式：pthread_mutex_t mutex_lock = PTHREAD_MUTEX_INITIALIZER，其中

pthread_mutex_t 是一个结构，而 PTHREAD_MUTEX_INITIALIZER 则是一个结构常量的宏。另一种方式是动态方式：int pthread_mutex_init(&amutex,const pthread_mutexattr_t * mutexattr)，其中 mutexattr 用于指定互斥锁属性，如果为 NULL 则使用缺省属性。然后是加锁和释放，分别是 int pthread_mutex_lock(amutex);int pthread_mutex_unlock(amutex)。还有销毁锁：int pthread_mutex_destroy(pthread_mutex_t * mutex)，销毁一个互斥锁即意味着释放它所占用的资源，且要求锁当前处于开放状态。

其次，当我们对多个线程加锁时，可能产生死锁。在多任务系统下，当一个或多个线程等待系统资源，而资源又被线程本身或其他线程占用时，就形成了死锁。例如，对于 1、2 两个线程，1 线程对 a 数据加锁，2 线程对 b 数据加锁，都加锁后，1 线程想对 b 进行操作，2 线程想对 a 进行操作，都访问不了，这就产生了死锁。所以，创造了互斥锁的线程需要通知其他将会使用被锁数据的线程，而且对于不再需要的锁应该及时销毁，不然如果锁发生了内部循环创建锁，则会产生大量没用的锁，浪费堆空间资源。但是死锁也不是那么容易发现的，也不总会重复产生而被人发现，所以需要调试工具来解决死锁的问题。

最后，对多线程编程做小结。POSIX 线程编程是基于 OS 特点的，可以用多种语言来进行代码编写，C、C++、Fortran 都可以，不同的语言需要不同的头文件以使用对应的库。对大多数程序来说，POSIX 线程编程所使用的语言是我们所熟悉的，也很容易编写和阅读。POSIX 线程编程对共享数据的处理非常便捷，它是基于共享内存模型的编程方式。

POSIX 线程编程也存在缺陷，创造线程的开销很大，一个循环的迭代创建就会造成很大开销。其中的数据竞争难以探测，因为它的发生是间歇性的，通常更容易发生死锁，这也是间歇性发生的，给程序带来了隐患。

基于这些缺陷，研究者就把关注点放在了替代它的事务内存（transactional memory）的编程方法。事务内存方法可以将一段代码声明为一个事务，例如向银行账户存钱与取钱的操作可用图 5-87 所示的代码表示。

```
acct = acct + deposit
acct = acct - withdrawal
```

图 5-87 存钱取钱代码示例

我们希望这些操作都是原子的，所以 acct 会被正确地、独立地更新。事务内存的想法是两个线程都继续运行，直到检测到冲突（acct 的 R/W 访问）；那么无论谁位居第二（或之后），都必须退出它们的事务，撤销所有其他的内存更新。事务内存意味着其硬件支持检测这些访问冲突，所以代码只会在有冲突的地方变慢。

而这时候由于人们对并行化编程的要求提高，而编译器可能无法按照所希望的方式进行并行化，编译器可能找不到并行区域，数据依赖关系分析无法确定并行化是否安全；另外，程序粒度不够高，编译器缺乏尽可能实现高级别并行化的信息。人们需要一个显式的编程接口来实现并行编程，这就诞生了OpenMP，这是今天依旧常用的一种并行编程语言，它能解决POSIX的部分缺陷，但不能完全避免。

下面介绍OpenMP相关内容。OpenMP（Open Specification for Multi-Processing）意思是多处理开源标准，在它的官方网站OpenMP. org中包含该API定义、常见问题、报告、讨论等，现今的OpenMP标准仍由ARB（OpenMP架构审查委员会）管理。OpenMP的创造动机是当共享式内存机器架构开始变成主流时，由于PThreads的复杂性，人们希望得到一个通用且能简化编程的接口。OpenMP则是这样一个高级的应用程序接口（API），可用于显式指导多线程、共享内存的并行性。一个使用OpenMP的程序由三部分组成，其中处理器（编译器）指令部分约占80%，它用于提示编译器要对哪部分代码段进行并行化编程；库调用约占19%，通过调用库可以执行某些并行编程所需要的特殊的函数；环境变量声明约占1%，用于提示各项信息，如处理器的数量等，需要全用大写表示，添加到srun中（srun有各种各样的选项来指定资源需求，包括最小和最大节点数、处理器计数、要使用或不使用的特定节点，以及特定节点特征等）。

编译器指令包括并行域（parallel region）相关指令、工作共享（worksharing）相关指令、同步（synchronization）机制、数据共享特性（data-sharing attributes）、孤行指令（orphaning，只由某一线程执行该段代码）。运行环境包括线程数目（number of threads）、线程编号（thread ID）、动态线程分配（dynamic thread adjustment）、内嵌并行域（nested parallelism）、墙时钟计时器（wallclock timer）、锁（locking）等。环境变量包括线程数目（number of threads）、调度类型（scheduling type）、动态线程分配（dynamic thread adjustment）、内嵌并行域（nested parallelism）等。

OpenMP是一个可移植的多线程、共享内存编程标准。它只需要简单的语法便可以实现并行化，在项目程序已经完成的情况下，使用OpenMP不需要大幅度的修改源代码，而只需要加上专用的编译指示（pragma）来指导编译，支持OpenMP的编译器便可以自动将程序进行并行化，并在必要之处加入同步、互斥及通信。若选择忽略这些编译指示，或者编译器不支持OpenMP时，程序又可恢复为通常的程序（一般为串行），代码仍然可以正常运作，只是不能利用多线程来加速程序执行。OpenMP 提供的这种渐进的并行化处理方式降低了并行编程的难度和复杂度，程序员可以把更多的精力投入到并行算法本身，而非其具体实现细节。OpenMP 支持的语言包括 C/C++、Fortran，而支持 OpenMP 的编译器有 VS、GCC、Clang 等，其可移植性很好，广泛用于 Unix/Linux 和 Windows 中。

具体来说，OpenMP 允许程序员将程序分成串行区域和并行区域，而不是 $P$ 个并发执行的线程，这意味着在没有更改代码的情况下，按照代码顺序运行程序，遇到制导语句才开启并行化。允许隐藏堆栈管理，即可以由用户设置如何处理私有变量和共享变量。它可提供同步结构，一定程度上避免数据竞争，防止程序出错。OpenMP 的这些优点使之成为一个成熟且被广泛使用的标准。

OpenMP 不可以实现自动并行化，需要指令制导与编译器支持，不保证加速，受限于处理器数量与程序体量、算法复杂度等，也不能完全避免数据竞争。

关于 OpenMP 的基本定义，给出其架构来形象化理解其作用方式。如图 5-88 所示，OpenMP 作用的最外层是用户层，由终端用户和应用程序组成，其中大部分终端用户通过应用程序与下一层交互，少数用户可以直接与下层交互。下一层是程序层，其中包含指令与编译器、OpenMP 库及环境变量。再下一层则是系统层，与上层程序层交互的是 OpenMP 的运行库，它支持程序层的正确运行；与下层硬件层交互的是操作系统对共享内存与创造线程的支持，它支持 OpenMP 运行库内指令的正常运作，也连接交互底层的硬件实现。最底层是硬件层，它为共享内存模型的互连网络结构，支持整个 OpenMP 的运作。

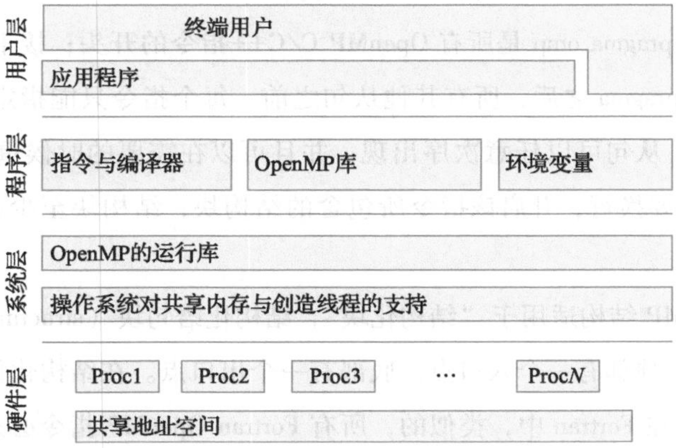


图 5-88 OpenMP 架构示意

从上述的 OpenMP 架构可见，它适用于共享内存的多核架构。可以总结它的三个特点，内存和线程模型自然映射、轻量级的成熟，以及广泛使用。所有线程 T 都可以访问相同的、全局共享的内存；数据可以共享，也可以由各线程私有，所有线程都可以访问共享数据，而私有数据只能由拥有它的线程访问；数据传输对程序员而言是透明的；虽然发生了同步，但基本上是隐式的。

在 OpenMP 程序中的数据是需要标记的，它本质上有两种基本类型：共享与私有。共享数据只有一个数据实例，所有线程可以同时读写该数据，若通过特定的 OpenMP 结构进行保护则可避免多个线程同时读写；对共享数据的所有改动对所有线程都可见，但不一定立即可见，除非采用强制更新等措施。私有的数据则是每个拥有数据的线程都有一份数据副本，其他线程不可以访问这些数据，这些数据的变化仅对拥有数据的线程可见。

OpenMP 始于 1997 年，最初是为那些更精通其科学领域的应用程序程序员（而不是计算机科学）提供的一个简单界面。多年来其复杂性得到了大幅增加，OpenMP 版本说明书的页数（不包括首页、附录或索引）越来越多。完整规范的复杂性是巨大的，所以我们只专注于其中的 16 种结构，这也是大多数 OpenMP 程序员所使用的所谓“OpenMP 公共核心”。本书在后续会详细讲解各种语句的使用。

下面介绍 OpenMP 的基本句法，给出 C 和 C++，以及 Fortran 不同语言环境下的句法使用。OpenMP 中的大多数结构是编译器指令。指令格式在 C/C++中为#pragma omp construct [clause [clause] …]，在 Fortran 中为！$ OMP construct [clause [clause] …]。以 C/C++为例，#pragma omp 是所有 OpenMP C/C++指令的开头；接下来是指令名 construct，它需要在 pragma 之后，所有其他从句之前，每个指令只能指定一个指令名；后面是可选的从句，从句可以任意次序出现，并且可以在需要的时候重复出现（特殊情况除外）；最后需要换行，开启该指令所包含的结构块，结构块至少由一条语句构成，由大括号包围。

大多数 OpenMP 结构适用于“结构化块”，结构化语句块（structured block）由一个或多个语句组成，顶部有一个入口点，底部有一个出口点。在结构化代码块中使用 exit() 是允许的。而在 Fortran 中，类似的，所有 Fortran OpenMP 指令必须以！$ OMP 或 C $ OMP 或* $ OMP 开始；然后是指令名；最后是可选从句。用 C/C++和 Fortran 开启对变量 x 私有化保护的并行域的函数原型和类型存放在库中，需要调用库，在 C/C++中代码为#include <omp. h>，在 Fortran 中代码为 use OMP_LIB。

为了实现并行化编程，OpenMP 提供了开辟并行域（parallel region）的方法。使用制导语句#pragma omp parallel [clause [clause]…] 即可开辟一块并行域，代表着此结构块内的代码是由所有线程同时执行的。在进入并行域之前，便创造好了各个线程，其中包括主线程（Master Thread，线程 ID 为 0）与其所创造的子线程。为了防止程序不满足并行条件而导致出错，可在开辟并行域时使用 if 子句限制并行条件，若条件不满足，则代码被串行执行。

并行域制导语句所常用的子句有 if、private 与 shared，其中 if 用于限制并行编程的条件；private 与 shared 用于设置并行域内所使用到的变量的存储环境，在后面会详细介绍变量的存储环境。图 5-89 展示了 OpenMP 结构化语句块示例。

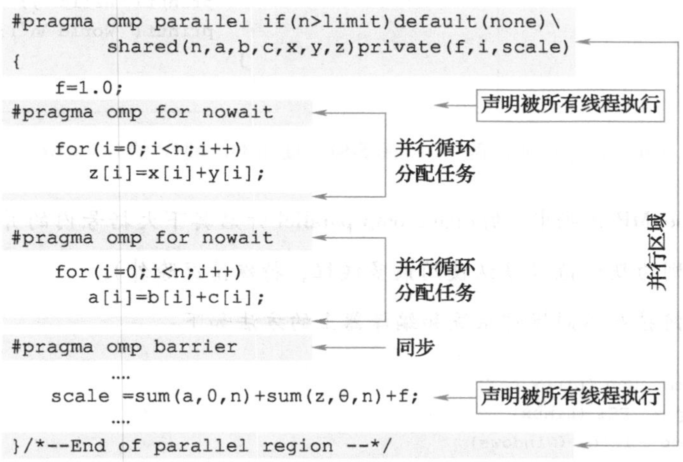


图 5-89　OpenMP 结构化语句块示例

如图 5-89 所示，#pragma omp parallel 及其子句开启了一个并行域；并行域中包含两个工作共享结构（work-sharing construct），由#pragma omp for 及其子句开启，在工作共享结构中，for 循环的每次迭代被分配给不同的线程来执行；在两个工作共享结构后，由#pragma omp barrier 强制程序的各个线程在此处同步；并行域内其他语句需要被每个线程都执行一遍。如此，实现了并行编程。

例题 5-2　请使用上述 C/C++中的 OpenMP 指令格式将下面代码改写成每个线程各自打印 hello world 的多线程程序（见图 5-90）。

解答：

根据 OpenMP 的 C/C++指令格式：#pragma omp construct [clause [clause]… ]，依题意需要各线程并行打印 hello world，则 printf 的两代码行应被纳入并行域内，指令名为 parallel，无其他从句。另外还要注意添加 omp 头文件。得到修改后的并行代码，如图 5-91 所示。

```
#include<stdio.h>
int main()
{
    printf(" hello ");
    printf(" world \n");
}
```

图 5-90　hello world 打印代码示例

```
#include <omp.h>
#include<stdio.h>
int main()
{
#pragma omp parallel
 {
    printf(" hello ");
    printf(" world \n");
 }
}
```

图 5-91　使用 OpenMP 的 hello world 打印代码示例

上述的 OpenMP 代码中，#pragma omp parallel 开启其下大括号内的并行域，若线程数目未指定，则为默认值（默认使用最多线程，特殊情况除外）。

其编译与链接在不同操作系统和编译器上的方法如下：

```
gcc -fopenmp  Gnu (Linux,OSX)
pgcc -mp  pgi  PGI (Linux)
icl /Qopenmp  Intel (windows)
icc -fopenmp  Intel (Linux,OSX)
```

其输出形式多样，取决于操作系统如何调度线程，输出语句可能是交错的，如：

```
hello hello world
world
hello hello world
world
```

□

接下来从原理出发，学习 OpenMP 编程模型：分支合并并行化（fork-join parallelism)，分支（fork）的意思是主线程创造一个并行线程组，合并（join）的意思是当线程组完成并行区域的语句时，它们同步终止，仅留下主线程。分支合并并行化示意如图 5-92 所示。

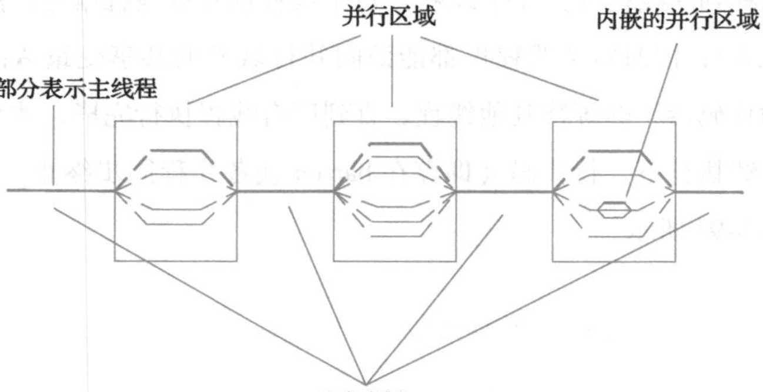


图 5-92 分支合并并行化示意（见彩插）

图 5-92 中，所有的 OpenMP 程序都以一个单一线程——主线程（master thread）开始，主线程的线程 ID 通常为 0，根据代码按顺序执行直到遇到第一个并行区域，主线程（也是最初的线程，红色线）分支形成需要的多线程（新生成的黑色线），并行域结束后，又合并为一个主线程，只存在一个线程时，程序是串行、顺序执行的。在并行的多线程中，每个线程还可以再次分支形成内嵌的并行域，但是内嵌线程需要执行独立性的支持。

OpenMP 也提供了运行时环境，来动态更改用于执行并行区域的线程数，在有可能的情况下尽可能地有效利用已有资源，使并行性逐渐增加，直到满足性能目标，即顺序程序演化为并行程序（这也取决于软硬件实现的支持，或不能动态改变）。OpenMP 可以指定在并行域中创建线程的数量，图 5-93 所示为 4 线程并行域代码示例。

```
double A[1000];
omp_set_num_threads(4);
#pragma omp parallel
{
    int ID = omp_get_thread_num();
    pooh(ID,A);
}
printf("all done \n");
```

图 5-93 4 线程并行域代码示例

其中，omp_set_num_threads( ) 是 OpenMP 运行库函数，用于创建指定数目的线程，在之后开启的并行域中将任务分配给这些线程并行完成。omp_get_thread_num( ) 也是 OpenMP 运行库函数，用于获取当前线程编号（从 0 开始），返回 int 类型值。

在上述代码中，开启的每个线程都获得一份并行域内代码的副本，各自都执行该代码，即从 0 线程到 3 线程（共 4 个线程）每个线程都获取线程编号，然后每个线程调用函数 pooh(ID,A)；同时每个线程也都能访问并行域外的共享变量 A；在每个线程执行完并行域内的代码后，会等待其他线程，直到所有线程执行完毕，才会离开并行域、回到主线程，继续执行下一行代码（即存在 barrier 使各线程同步终止）。创建 4 线程并行域的流程如图 5-94 所示。

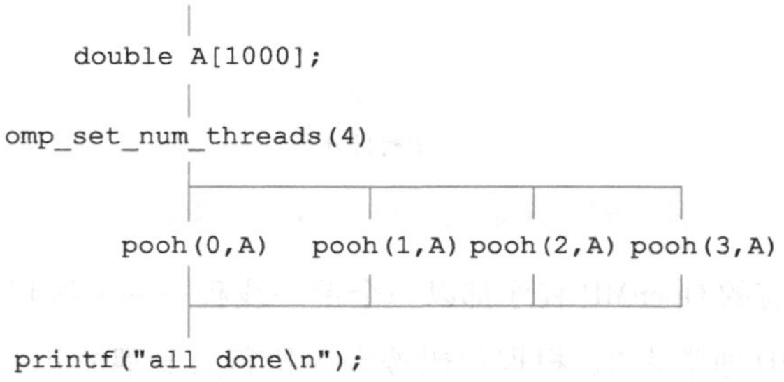
double A[1000];
omp_set_num_threads(4)
pooh(0,A)
pooh(1,A)
pooh(2,A)
pooh(3,A)
printf("all done\n");

图 5-94　创建 4 线程并行域的流程

在真实场景下，真的创建了我们要求的那么多线程吗？答案是否定的，代码执行过程中，系统会隐式地决定创建的线程组，通常会少于代码指定的数量，当一个线程组建立后，系统就不会再缩减线程组的大小了。为了得知具体有多少个线程在工作，可以调用库函数 omp_get_num_threads( )，它返回 int 类型变量，用于获取线程组中实际的线程数，因此可以更清晰地认识上面代码的并行执行过程。获取线程组中实际线程数代码示例如图 5-95 所示。

在该代码中，从 ID=0 到 ID=nthrds-1 共 nthrds 个线程分别并行调用函数 pooh（ID,A）。对于多次循环、迭代的算法而言，采用并行编程的方法能有效地提高计算效率，下面将以求圆周率为例，展示并行算法对程序性能提高的帮助。

```
double A[1000];
omp_set_num_threads(4);
#pragma omp parallel
{
    int ID = omp_get_thread_num();
    int nthrds = omp_get_num_threads();
    pooh(ID,A);
}
printf("all done \n");
```

图 5-95　获取线程组中实际线程数代码示例

用 OpenMP 对串行代码加上制导语句，即可得到并行代码，如图 5-96 所示。

```
#include <stdio.h>
#include <omp.h>
static long num_steps = 100000000;          //迭代步数,该值越大,计算结果越精确
double step;
#define NUM_THREADS 2                        //设置并行计算的线程数目
void main()
{
    int i, nthreads;
    double x, pi, sum[NUM_THREADS];
    step = 1.0 / (double)num_steps;
    omp_set_num_threads(NUM_THREADS);        //设置线程
    #pragma omp parallel                     //并行域开始,每个线程都会执行该区域内代码
    {
        double x;
        int id, i, nthrds;
        id = omp_get_thread_num();           //当前运行的线程编号
        nthrds = omp_get_num_threads();      //当前运行的线程总数
        if (id == 0) nthreads = nthrds;
        double tdata = omp_get_wtime();      //获取代码块执行经过的时间
        for (i = id, sum[id] = 0.0; i < num_steps; i = i + nthrds)
        {
            x = (i + 0.5) * step;
            sum[id] += 4.0 / (1.0 + x * x);
        }
    }
    for (i = 0, pi = 0.0; i < nthreads; i++)  pi += sum[i] * step;
    tdata = omp_get_wtime() - tdata;
    printf("pi=%.16lf in %lf secs \n", pi, tdata);
}
```

图 5-96　OpenMP 并行代码示例

在上述代码中，使用了#pragma omp parallel 开启并行域，将串行的循环迭代算法转化为并行算法。另外，为了计时比较串行算法与并行算法的性能优劣，还调用了 omp 库中的计时函数 omp_get_wtime()。该函数返回代码块执行经过的 wall time（即进程起止所耗墙上时钟时间，也叫 real time，包括其他进程使用的时间片和本进程耗费在阻塞上的时间）。

根据上述代码执行结果，与串行算法的计算时间相比较，可以得出随着线程数目增加，程序运行时间与串行算法的耗时相较有所减少，说明串行算法对程序性能的提升是

有帮助的；但是不同线程数下的并行算法耗时并未按照线程数的变化相应成比例地变化，这是因为并行算法中，各线程之间还需要通信等，会存在并行编程所必需的额外开销，故并不能按照线程数目变化的比例缩减程序运行的时间，这也是经济学中所说的边际效用（marginal utility）。

接下来从共享内存的硬件角度介绍 OpenMP，以及介绍其如何保持存储一致性。对于共享内存结构而言，本书在前面的介绍中有关于其详细的组成结构、结构开销、结构限制、编程方法等，而本章的 OpenMP 就是基于该结构的一种编程方法。

首先回顾一般的共享内存结构，该结构中的处理器都连接到一个共享内存中。若结构追求高性能，那么高速缓存必不可少，它的位置在处理器与互连网络之间。每一个处理器都有其一个或多个私有的高速缓存，其中存放从内存中读取的数据及频繁使用的数据，从而高速缓存能减少平均延迟，这是因为处理机对内存读取相同数据或者写入相同数据时，高速缓存会自动将近期读写的数据复制，而不需要重复多次地访问内存，这一优势在延迟更多、更长的多处理器系统更为显著。对于使用高速缓存的普通单处理器结构，当它访问数据时，加载和存储变成了开销很低的通信。

高速缓存的写机制分为两种，直写模式（write-through）和写回模式（write-back）。直写模式在数据更新时，同时写入缓存高速缓存和后端存储。此模式的优点是操作简单；缺点是因为数据修改需要同时写入存储，数据写入速度较慢。写回模式在数据更新时只写入缓存高速缓存。只在数据被替换出高速缓存时，被修改的缓存行数据才会被写到主存。此模式的优点是数据写入速度快，因为不需要写存储；缺点是一旦更新后的数据未被写入存储时出现系统掉电的情况，数据将无法找回。

但是高速缓存的一个常见问题就是其数据一致性。图 5-97 给出了伪共享示意。首先，$P_1$ 访问内存读取 $u$，其结果存储在 $P_1$ 的高速缓存中；然后，$P_3$ 也读取 $u$，并对 $u$ 进行写操作，将 $u=5$ 改为 $u=7$，由于写回模式，$u$ 值改变，于是将新值存储到内存中；在此之后 $P_1$ 再次读取 $u$，由于其仍存储

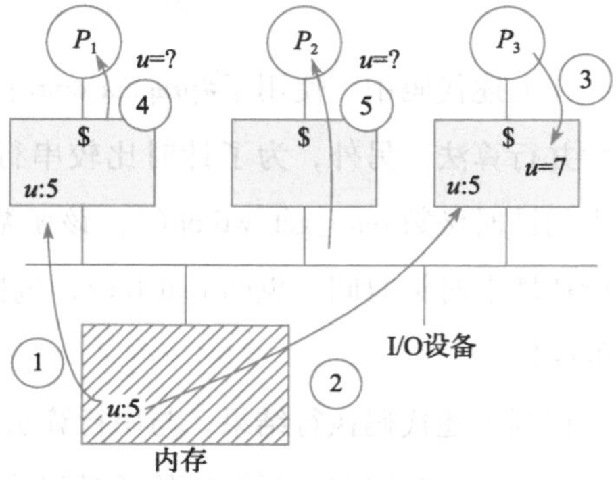


图 5-97　伪共享示意

在高速缓存中，故直接从高速缓存读取，得到 $u=5$；而 $P_2$ 读取 $u$ 是从内存获取，得到的是已更新的值 $u=7$。可以看到，在 $P_3$ 对数据进行改写后，其他处理器会得到不同的数据值。从总线入手解决该问题就是设置一致性协议，使用总线来广播数据改写或数据无效，这些简单的协议有赖于广播媒介的存在。但总线因容量与带宽限制，难以扩展到大型的多处理器系统（例如数百个处理器的系统）。

解决高速缓存一致性问题的一种协议是侦听高速缓存一致性协议（snoopy cache-coherence protocols）。高速缓存控制器窥探总线上的所有事务，如事务涉及当前包含在该缓存中的缓存块，则该事务为相关事务。如果一个修改共享内存的事务出现在总线上，所有的控制器都会检查它们的高速缓存是否有共享块的相同副本。例如，若处理器 $P_n$ 对共享内存的数据进行了修改，该操作在总线上被 $P_0$ 所侦听到，之后 $P_0$ 会修改其私有高速缓存中的对应值，还通过使数值失效、更新数据，或提供数值等方式来确保数据一致性。另外还有许多设计以实现协议对一致性的保护，比如对数据进行封装等。

对简便的内存模型来说，解决一致性问题较为容易，只需要在访问地址时，返回该地址的最新写入值。这在单处理机系统（不含 I/O）很容易实现。而在多处理机系统中难以做到，因而其高速缓存一致性问题越来越普遍，对避免该问题带来的性能影响的要求也越来越高。该问题更正式的说法是顺序一致性。

高速缓存的一致性问题还体现在伪共享（false sharing）中。因为高速缓存中是以缓存行为单位存储的，常见的缓存行大小是 64B。当多个线程修改互相独立的变量时，如果这些变量共享同一个缓存行，就会导致缓存行在不同线程之间“来回晃动”，不同线程对同一缓存行的访问有先后顺序，若某一线程抢先对缓存行内数据进行修改，则原缓存行会被定义为无效，那么另一线程需要重新从内存中读取数据到缓存行中。这就在无意中影响彼此的性能，这就是伪共享。缓存行上的写竞争是运行在 SMP 系统中并行线程实现可扩展性最重要的限制因素。有人将伪共享描述成无声的性能杀手，因为从代码中很难看清楚是否会出现伪共享。

在认识了伪共享后，我们会知道如果用数组来表示标量，用于创建 SPMD 程序，由于数组元素在内存中是连续的，因此会共享缓存行，但是这样会导致可扩展性差。解决方案是填充数组，使一维数组扩展为二维，从而使所用的元素位于不同的缓存行上，避免了伪共享的问题。这个思想可以用于 pi 值的求解，如图 5-98 所示，在多线程计算 pi 值时，需要将各线程的计算结果相加，对该值采用数组存储，对数组进行填充，使之变为二维数组，使得每个线程的计算结果位于不同的独立缓存行中。另外，这种做法减少了伪共享的问题，避免了额外的开销，带来一定程度的性能提升。

```
#include <omp.h>
static long num_steps = 100000;
double step;
#define    PAD       8 // assume 64 byte L1 cache line size
#define NUM_THREADS 2
void main ()
{
     int i, nthreads;
     double pi, sum[NUM_THREADS][PAD];
     step = 1.0/(double) num_steps;
     omp_set_num_threads(NUM_THREADS);
     #pragma omp parallel
     {
                 int i, id,nthrds;
                 double x;
                 id = omp_get_thread_num();
                 nthrds = omp_get_num_threads();
                 if (id == 0)   nthreads = nthrds;
                 for (i=id, sum[id]=0.0;i< num_steps; i=i+nthrds)
                 {
                          x = (i+0.5)*step;
                          sum[id][0] += 4.0/(1.0+x*x);
                 }
     }
         for(i=0, pi=0.0;i<nthreads;i++)pi += sum[i][0] * step;
}
```

图 5-98　消除伪共享代码示意

上面讨论的问题本质是同步问题，同步用于施加顺序约束和保护对共享数据的访问。OpenMP 提供了许多的同步机制，其中在通用核心中就有 critical 与 barrier 两种语句用于同步化。

首先介绍 barrier 语句。barrier 意为栅障，使用时程序中所有线程都要到达某一个点之后才允许任何线程继续执行，即在#pragma omp barrier 代码行处等待所有线程到达。另外 barrier 语句是一个独立运行的编译指示，意味着它与用户代码无关，它不像 critical 一样为代码段划分临界区，它是一个可执行语句。图 5-99 展示了 barrier 语句在 4 线程程序中的使用。图 5-99 中，最先运行到达 barrier 语句位置的线程标志着屏障区（barrier region）的开始，它与之后到达 barrier 语句位置的线程皆在此处等待，直到所有线程都到达 barrier 语句位置，标志着屏障区的结束，此时 4 个线程继续执行下一行代码。

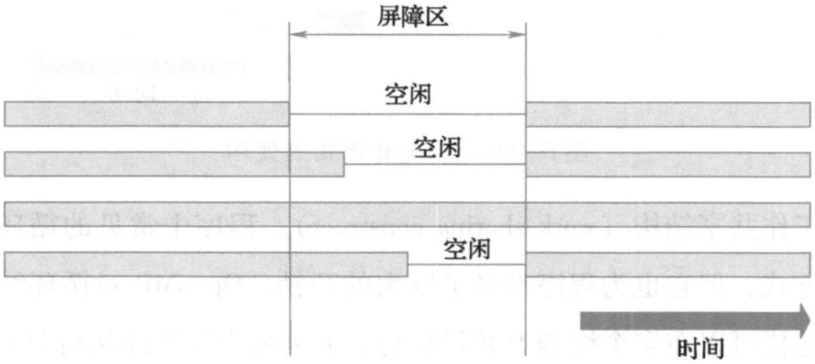


图 5-99 barrier 语句在 4 线程程序中的使用

与 barrier 语句相反，OpenMP 提供了 nowait 子句来避免同步，它常常用在并行域与工作共享循环结构中以避免这两种结构末尾自带的隐式同步。

另一种方法是 critical 语句。critical 是临界的意思，该语句能达到互斥的效果，即同一时刻只能有一个线程进入临界区。使用时在临界区代码段外加上#pragma omp critical，即可建立临界区，对于临界区内代码段线程之间是互斥的。可以给临界区命名，无论它位于代码中的什么位置（可能有许多层嵌套），具有相同名称的临界区都会被串行化（一次只能由一个线程进入）。

运用 critical 语句一样可以消除伪共享带来的影响，对每个线程创建一个标量来存放每个线程的计算结果，而不使用数组，同时使用 critical 划定临界区，在并行域内划定临界区，对求和操作进行保护，使得每次更新不受影响。在 critical 指令开辟的区域入口与出口都没有隐式的栅障。图 5-100 展示了 critical 语句的使用。当一个线程执行临界区代码时，其他要执行临界区代码的线程需等待，直到前一个线程执行完临界区代码，才能进入临界区开始执行其中代码。

使用同步机制虽然能避免数据竞争等问题，但是也存在着很大的开销。要注意最好不将 critical、barrier 等同步语句放入循环中，因为执行同步的开销是巨大的，循环后会严重影响程序效率。

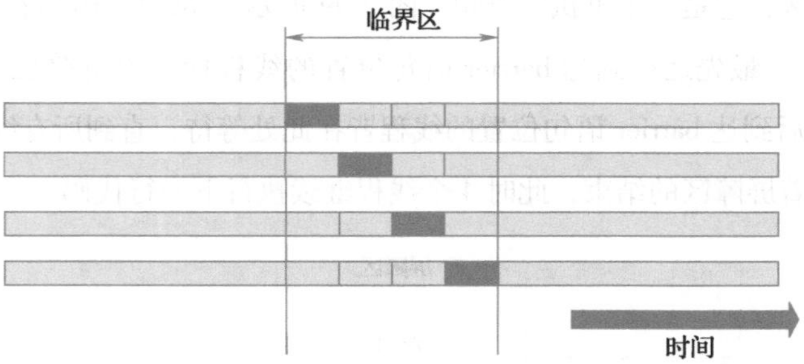


图 5-100　critical 语句的使用

下面介绍工作共享结构（work-sharing construct）。程序中常见的循环结构是我们实现算法的重要方式，但它也为程序带来了巨大的开销。OpenMP 对循环结构进行工作共享，使得循环迭代可以在多个线程上并行执行，大大减少了程序运行时间，提高了程序性能。常见的工作共享结构有#pragma omp for [clause ... ]、#pragma omp sections [clause ... ] 与#pragma omp single [clause ... ]。工作共享结构需包含在并行域内，其中的代码分配给并行域内所有的线程，并由它们分别并行地执行。在工作共享结构的入口没有栅障，这意味着进入工作共享结构没有时间先后的限制；而在结构的出口有栅障，意味着需要等待，直到所有线程完成其分配的工作，才离开工作共享结构。

对 C 语言中的 for 循环结构进行并行化处理的制导语句是#pragma omp for [clause ... ]，该指令在已经建立了并行域的情况下，指定#pragma omp for 后的程序循环的迭代必须由多线程并行执行——将循环分割成多份，分配给各个线程并行执行。在默认情况下，循环的控制索引对各线程而言是私有的。这样的结构仍具有同步机制，执行完自身任务的线程在循环体末尾等待，直到所有线程都完成循环，然后才离开循环体、继续执行下一行代码。图 5-101 分别举例说明了在串行代码、并行域、并行域工作共享循环结构三种编程方式下的代码，它们都能实现 for 循环。但是对比串行与并行程序的性能，再对比程序代码量可见，为了提高程序性能且简化代码，使用并行域工作共享循环结构是三者中最佳的方法。

在工作共享循环结构中，还可以通过 schedule 子句获得设置 for 循环的并行化方法，即如何将工作进行分配。格式为#pragma omp for schedule(type [chunk])，其中有多种类

顺序代码

```
for(i=0;i<N;i++){a[i]=a[i]+b[i];}
```

OpenMP 并行区域

```
#pragma omp parallel
{
        int id,i,Nthrds,istart,iend;
        id =omp_get_thread_num();
        Nthrds =omp_get_num_threads();
        istart =id*N /Nthrds;
        iend =(id+1)*N/Nthrds;
        if (id ==Nthrds-1)iend =N;
        for(i=istart;i<iend;i++){a[i]=a[i]+b[i]:}
}
```

OpenMP并行区域工作共享循环结构

```
#pragma omp parallel
#pragma omp for
        for(i=0;i<N;i++){a[i]=a[i]+b[i];}
```

图 5-101 比较三种编程方式下的循环代码

型，最常用的是 static 与 dynamic，分别是静态分配与动态分配，另外还有 guided、runtime 和 auto。在 static 静态分配中，循环迭代被分成多个任务块（chunk），然后静态地分配给各个线程，如果任务块没有指定大小，则尽可能均匀地划分给各个线程。这种类型多用于程序员能提前确定循环的运行状况的情况下，它的运行时间是最短的，因为这种预分配在编译时已经完成。而在 dynamic 动态分配中，循环迭代被分成任务块形成任务队列，然后动态地分配给各个线程，具体实现是当一个线程完成其上次分配获得的任务块后，又从任务队列中获取另外一个任务块来执行，直到所有 chunk 都被各线程获取并完成。这种类型多用在每次迭代具有不可预测性和高度可变性的情况下，该类型代码的大多数工作在程序运行时完成，包括任务分配，其中需要使用复杂的调度逻辑。

对工作共享循环结构，OpenMP 提供了更简单的代码描述，即可以将并行域与工作共享循环结构的制导语句合并，只需要一行代码#pragma omp parallel for 便可以在开辟并行域的同时创建工作共享循环结构。

对循环体进行并行处理的基本方法是：首先查找计算密集型循环；然后使循环迭代独立，从而使它们可以安全地以任何顺序执行，而不存在循环本身所携带的依赖；最后加上适当的 OpenMP 指令，进行并行化以及进行测试。如图 5-102 所示，为了避免循环体内 j 值相互依赖，在并行编程时将 j 定义为局部变量，由各个线程私有，从而避免了循环依赖。

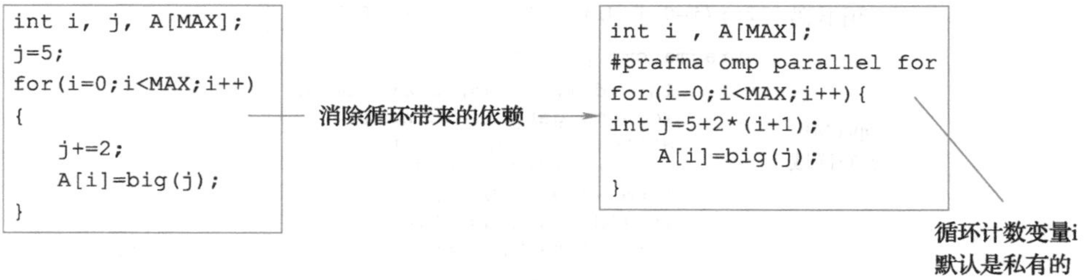


图 5-102　避免循环依赖代码示例

但是对于在循环体外仍需使用的变量，各次循环迭代构成该变量的最终值，这时循环迭代之间存在真正的依赖关系，无法轻易地消除，因此需要用到归约操作（reduction），大多数并行编程环境都支持归约操作。

下面介绍 reduction 子句，它的格式为 reduction（op:list），可以用在并行域或工作共享循环结构中。在工作共享循环结构中的格式为#pragma omp parallel for reduction（op:list）。reduction 子句的作用原理是：list 变量必须在封闭的并行区域中共享，根据 op 创建和初始化每个 list 变量的局部副本，每个线程对变量的更新发生在该局部副本上，局部副本被归约为单个值，并与原始全局值相结合，从而更新全局值。参数 op 为操作（operation）的意思，指定对 list 变量进行哪一种操作。reduction 子句操作符与初始值定义（最初与 list 变量进行操作的量）见表 5-1。

表 5-1　reduction 子句操作符与初始值定义

| C++和 Fortran | |
|---|---|
| 操作 | 初始值 |
| + | 0 |
| * | 1 |
| - | 0 |
| min | 最大的正数 |
| max | 最小的负数 |

| 仅 C++ | |
|---|---|
| 操作 | 初始值 |
| & | 0 |
| \| | 1 |
| ^ | 0 |
| && | 1 |
| \|\| | 0 |

| 仅 Fortran | |
|---|---|
| 操作 | 初始值 |
| . AND. | . true. |
| . OR. | . false. |
| . NEQV. | . false. |
| . IEOR. | 0 |
| . IOR. | 0 |
| . IAND. | All bits on |
| . EQV. | . true. |

如图 5-103 所示，以求圆周率为例展示 reduction 子句的使用。

```
#include <omp.h>
static long num_steps = 100000;
double step;
void main ()
{
    int i;
    double x, pi, sum = 0.0;
    step = 1.0/(double) num_steps;
    #pragma omp parallel
    {
        double x;
        #pragma omp for reduction(+:sum)
        for (i=0;i< num_steps; i++)
        {
            x = (i+0.5)*step;
            sum = sum + 4.0/(1.0+x*x);
        }
    }
    pi = step * sum;
}
```

图 5-103　求圆周率程序中 reduction 子句使用示意

在上述代码中，#pragma omp for reduction(+:sum) 分解循环迭代，并将它们分配给线程，将归约操作设置在 sum 上，每个线程获得一个 sum 的局部副本，局部副本更新后通过 operation（即是加法）加到全局变量 sum 上，最后得到所有线程计算 sum 的结果总和。使用 reduction 的循环结构来计算圆周率的方法与前面计算圆周率的方法相比，因为每个线程的局部 sum 是私有的，因此避免了 false sharing，同时改善了 for 循环的程序性能，与 critical 及数组填充方法的程序性能相近。

前面提到过 OpenMP 对工作共享循环结构也提供了同步结构，在结构最末等待与线程同步，这种同步是隐式的；而制导语句#pragma omp barrier 提供的同步是显式同步。我们知道同步的开销是巨大的，因此为了提高性能，我们需要知道程序中的同步位于何处，还要知道是否可以避开同步机制，以及怎样才能安全地避开同步机制。这在工作共享循环结构中就需要用到 nowait 子句，它的意思是该工作共享循环结构不需要在末尾隐式同步，格式为#pragma omp for nowait。

另外，对于工作共享 for 循环结构还可使用 ordered 子句，它属于 OpenMP 提供的同步机制，ordered 子句指定区域的循环迭代将按串行顺序执行，与单个处理器处理结果顺序一致。

与工作共享的 for 循环结构类似，sections 指令也能将工作拆分、分配给各个线程。sections 指令用于非迭代的多线程共享区，它指定各个 section 代码段分配给一组线程中的部分线程。在 sections 指令开辟的工作共享结构中，有多个独立的 section 指令开辟的代码块，每个 section 指令对应的代码块由一个线程执行一次，不同的 section 代码块由不同的线程并行执行。对于一个线程来说，如果它运行足够快，是有可能执行多个 section 代码块的。

工作共享结构中还提供了只由单个线程执行工作的指令，即 single 指令，它指定区域的代码只能由一组线程中的一个执行。single 指令在处理非线程安全的代码段（如 I/O 和初始化）时非常有用。通常情况下，在 single 区域的末尾有隐式 barrier 用于同步。图 5-104 展示了 single 指令使用时间流程示意。

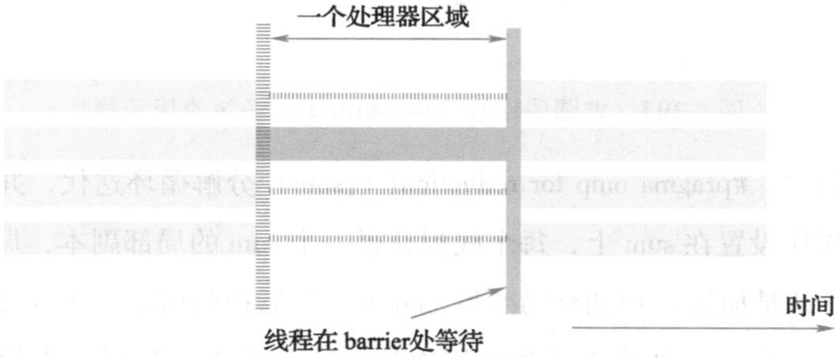


图 5-104　single 指令使用时间流程示意

虽然 single 指令为单线程执行代码提供了可能，但是这种多线程与单线程共存的程序存在着扩展瓶颈。由阿姆达尔定律知，在并行计算中，使用多个处理器的程序的加速比受限制于程序串行部分的执行时间。因此，使用 single 指令的程序加速比也受限于 single 指令区域的代码执行时间。

与 single 指令类似，master 指令也能指定其区域内的代码块由一个线程执行。但是 master 指令指定的唯一线程是主线程，而 single 指令指定的是线程组中任意一个线程，且 master 指令开辟的区域入口与出口都没有 barrier。

在上面我们提到了数据的局部与全局性，关于 OpenMP 程序中的数据存储环境有默认的存储属性。因为 OpenMP 是共享内存编程模型，因此大多数变量是默认共享的。其中全局变量如 Fortran 中的 COMMON blocks、SAVE variables、MODULE variables，以及 C 语言中的文件变量和静态变量，还有动态分配的内存等都是共享的。但也有例外，如并行域中所调用的 Fortran 中的子程序、C 语言中的函数内的栈变量，以及代码块内的自动变量等都是私有的。图 5-105 所示的代码展示了 OpenMP 代码中函数定义与函数调用时数据的存储环境。

```
extern double A[10];
void work(int *index)
{
  double temp[10];
  static int count;
  ...
}
...
double A[10];
int main()
{
    int index[10];
    #pragma omp parallel
    {
            work(index);
            printf("%d\n", index[0]);
    }
}
```

图 5-105　OpenMP 代码中函数定义与函数调用时数据的存储环境

整个程序中 A、index、count 是所有线程的共享变量，temp 则是各个线程私有的变量，这是因为 temp 的定义在函数内部，函数只在并行域内被调用，是被各个线程并行处理的。

介绍了数据的默认存储环境后，OpenMP 程序可以跟串行程序一样，人为改变数据的存储环境。只需要使用子句说明制导语句，便可以达到不同的改变数据存储环境的效果。这些子句有：shared(list)、private(list)、firstprivate(list)、default(none)等，其中参数 list 是用逗号分隔的变量列表。这些子句都可以用在并行域中，private(list)及 firstprivate(list)还可以用在 for 循环结构中。其中，shared 子句用于指定变量为所有线程共享；private 子句用于指定变量为线程局部变量；firstprivate 子句用于指定线程局部存储的变量，且初值是进入并行区之前的值；default 子句用于指定并行域内变量的属性，C++的 OpenMP 中 default 的参数只能为 shared 或 none，default(shared)表示并行区域内的共享变量在不指定的情况下都是 shared 属性，default(none)表示必须显式指定所有共享变量的数据属性。

下面具体介绍 private 子句的使用。private(var)为每个线程创建一个新的 var 的局部副本，该局部副本的值是未初始化的，该变量的原始值在使用 private 子句的并行域之后保持不变。那么什么时候使用原始变量值，什么时候使用局部变量值呢？这个问题为编译器带来了困难。其实，并行域内部的 private 变量和并行域外同名的变量是没有存储关联的。唯一的关联就是，在使用 private 之前要先定义该变量，但是进入并行域后，并行域的每个线程会产生此变量的副本，而且是没有初始化的。如图 5-106 和图 5-107 所示，源文件中调用了外部头文件的函数 work()，外部头文件中将 tmp 定义为全局变量，尽管 work() 只在并行域内被调用，work() 内对 tmp 的赋值是对全局变量的赋值，而不是对并行域局部副本的赋值。

```
int tmp;
void main()
{
    tmp = 1;
    printf("%d", tmp);
    #pragma omp parallel private(tmp)
    {
        work();
        printf("%d", tmp);
    }
    printf("%d", tmp);
}
```

图 5-106　private 子句使用示例 1：源文件

```
extern int tmp;
void work()
{
    tmp = 5;
}
```

图 5-107　private 子句使用示例 2：外部头文件

程序输出为：1000000005。输出 0 值说明在并行域中 tmp 未被初始化，虽调用 work()，但是它只对全局变量起作用；离开并行域后，打印全局变量，因 work() 赋值，tmp 改为 5。由该例可见，并行域内部的 private 变量和并行域外同名的变量没有存储关联。

再认识一下 private 子句的功能扩展 firstprivate 子句，它的功能与 private 子句大致类似，但是添加了设置初始值的功能。子句 firstprivate(var)指定的变量是根据该变量的共享变量值来初始化的，即并行域内的 var 值初始化为并行域之前对 var 的初始化值，但是并行域内的 var 值仍然是局部副本，它与并行域外的同名变量没有存储关联，不会改变并行域外的变量值。

下面介绍 default 子句，它的作用是使程序员为出现在静态范围内的变量定义存储属性。该子句可以用于并行域，也可以用于 for 的工作共享循环结构，静态范围指编译单元的并行域或工作共享循环结构中的代码。C++中该子句的参数有 shared 和 none，其中 default(shared)表示并行域内的共享变量在不指定的情况下都是 shared 属性；default(none)则表示必须显式指定所有共享变量的数据属性，否则会报错，除非变量有明确的属性定义。

上面介绍了 OpenMP 中对循环结构提供的并行化方法，接下来介绍 OpenMP 3.0 为任务分解提供的功能：task，即任务，是独立的工作单位，在 OpenMP 中是为了方便任务分解所使用的制导语句，它为实现更广范围的应用并行化提供了可能。它由要执行的代码和用来计算的数据组成。在 OpenMP 中线程被分配来执行每个任务，遇到 task 的线程可以立即执行该任务，也可以推迟给其他线程执行。

task 结构包括一个结构化的代码块。在一个并行区域内，遇到 task 结构的线程会把代码块及其数据打包执行。task 也可以嵌套，一个 task 可以产生其他 task，因此可以用于递归的情况。通常情况下是让一个线程创建任务，而其他线程在一个栅障处等待并执行任务。

task 结构必须在并行区域内，并且在其外面外需使用 single 子句，防止任务执行多次。single 子句表示其划分的部分代码只由某一个线程执行，single 作用区域的末尾存在栅障，其他线程在此处等待单个线程完成 single 区域代码，然后继续并行执行其他的并行域内代码。虽然在 task 外使用 single 子句会使得只有一个线程执行 task 代码，但是这个线程可以看作产生 task 的线程，在程序运行过程中遇到的 task 结构可能会被立刻执行，称为包括任务(included)；也可能会被放入任务池中由其他线程执行，称为最终任务 (final)。这样的工作原理实现了代码的并行处理。

与 for 循环相比，task 具有动态定义任务的特性。在代码运行过程中，当使用 task

声明任务，该任务就会在一个线程上执行，从而允许该任务与其他任务并行执行。程序可能在某一个任务执行的任何阶段去创建另一个任务。这是一个动态的过程，不同于 for 循环在运行之前为每次迭代分配线程。

结合上述 task 性质，总的来说，task 主要适用于不规则的循环迭代和递归的函数调用等无法使用 for 来完成的情况。

如果希望某个线程等待其他线程完成任务，则可添加#pragma omp taskwait。它的作用是等待，直到当前任务中定义的所有任务完成。它只适用于在当前任务中产生的任务，不适用于其他的任务。因此，task 可能在两个位置完成，一是线程的显式或隐式 barrier 处，二是 taskwait 处，两者都有等待的含义。

task 中数据作用域与 task 相关，而不与线程相关。数据作用域的默认值通常是 firstprivate，因为任务可能会被延迟执行，task 所用变量可能会超出范围，所以用 firstprivate 提前读取 task 外部的变量的初始值用于 task 中该变量的初始化。

之所以说其数据作用域与 task 相关，是因为 task 中的变量可能有不同的默认作用域。task 作用域示例如图 5-108 所示，A 默认为 shared，因为从最内层的并行结构开始，在所有结构中共享的变量在 task 中默认也是共享的；B 默认为 firstprivate，这是因为 task 默认变量为 firstprivate，且下述代码并行域中对 B 没有共享的要求；C 默认为 private，这是因为 C 在 task 内部定义，只适用于该结构内，外部同名变量不影响 C。

```
#pragma omp parallel shared(A) private(B)
{
    ...
    #pragma omp task
    {
        int C;
        compute(A, B, C);
    }
}
```

图 5-108 task 作用域示例

下面介绍 task 使用示例（见图 5-109）。对于斐波那契数列，从定义出发的计算需要多次递归，那么这时 task 的使用就能对程序性能带来极大帮助。

```
int fib (int n)
{
    int x, y;
    if (n < 2) return n;
#pragma omp task shared(x)
    x = fib(n-1);
#pragma omp task shared(y)
    y = fib (n-2);
#pragma omp taskwait
    return (x+y);
}

int main()
{
    int NW = 5000;
    #pragma omp parallel
    {
        #pragma omp single
            fib(NW);
    }
}
```

图 5-109　task 使用示例

在使用 task 求斐波那契数列中所采取的策略是分治法，即将任务不断二分，最终形成二叉树形的任务池。通过递归函数遍历各项任务，求出斐波那契数列。在使用 task 时，通过 taskwait 使得只有二叉树中该任务以下的所有子任务全都完成，该任务才能完成。用于计算斐波那契数列某项值 $F(x)$ 的前两项 $F(x-1)$ 和 $F(x-2)$ 对当前任务而言是私有的，但对其子任务而言是共享的。

在主函数中，并行区域一般由四个线程执行。但 single 区域确保只有其中一个线程执行调用 fib(n)的 print 语句。其中，对 fib(n)的调用会生成由 task 指令指示的两个任务，其中一个任务调用 fib(n-1)，另一个任务调用 fib(n-2)，将这些调用的返回值加在一起即可产生由 fib(n)返回的值。对 fib(n-1)和 fib(n-2)的每个调用会进而生成两个子任务，这两个任务递归生成其他子任务，直到传递给 fib()的参数小于 2。这些在调用 fib(n)时产生的递归调用（即子任务）由线程池中的四个线程并行执行。

每个 task 指令中还有 final 子句，其用于终止任务的递归过程。在每个任务中，使用 final 子句检查 n 的值是否小于等于阈值 THRESHOLD，如果是，则不再递归调用，直接返回当前值。在递归计算中，每次递归会创建两个新的子问题，因此递归深度的增加对最终的运行时间和空间一般都会有显著的影响。代码中定义的阈值为 9，这是一个经验值，本例中综合考虑线程数和计算原理，决定以 9 作为阈值。阈值的设定一般需要在时间和空间复杂度中取得平衡。

整个程序运行过程中，虽然只有一个线程执行 single 指令（因而只有第一个线程调用 fib( )），但是所有四个线程都将参与执行递归生成的任务，因而可以对程序效率起改善作用。

共享内存结构中，数据竞争是不可避免要考虑的问题，而同步机制通过限制程序执行的顺序及对共享数据的访问，可以很大程度地解决数据竞争的问题。OpenMP 提供了许多同步机制，其中高级的同步有 critical、barrier、atomic 和 ordered 等，低级的同步有 flush 和 locks。

atomic 指令只为内存中的数据更新提供互斥，可以理解为轻量级的、特殊的 critical 指令。OpenMP 中的 atomic 指令允许执行无锁操作，而不会影响其他线程的并行执行。这是通过在硬件层面上实现原子性完成的。它与锁不同，锁是通过软件来实现的，它阻塞了其他线程对共享资源的访问。

flush 操作定义一个序列点，线程在该点执行一致的内存视图，即在该点上 flush 指定的变量都要被写回内存，而不是暂存在寄存器中，这样保证多线程数据的一致性。因此，flush 同步机制与高速缓存一致性无关，而是使调用线程的临时视图与共享内存中的视图匹配，它本身并不强制同步。它的使用格式为#pragma omp flush（list），表示对 list 中的变量进行同步，当变量缺省时，表示对线程中所有变量进行同步。

flush 其实隐含于许多 OpenMP 的同步机制中，如显式和隐式的 barrier 中、并行域的入口和出口、critical 区域的入口和出口和使用锁时等，都包含了 flush 的作用。但是在工作共享循环结构的入口和主线程区域的出入口内是没有 flush 存在的。

flush 多用于主从模式下，为线程之间的顺序执行提供数据更新。flush 应用示例如图 5-110 所示。

```
int main() {
    int data, flag = 0;
    #pragma omp parallel num_threads(2)
    {
        if (omp_get_thread_num()==0) {
            data = 42;
            #pragma omp flush(flag, data)
            flag = 1;
            #pragma omp flush(flag)
        }
        else if (omp_get_thread_num()==1) {
            #pragma omp flush(flag, data)
            while (flag < 1) {
                #pragma omp flush(flag, data)
            }
            printf("flag=%d data=%d\n", flag, data);
            #pragma omp flush(flag, data)
            printf("flag=%d data=%d\n", flag, data);
        }
    }
    return 0;
}
```

图 5-110 flush 应用示例

在上面代码中，data 和 flag 两个变量的值会在线程 0 中改变，为了使线程 1 能看到改变后的 data 和 flag，就需要使用 flush 语句使其缓存中的 data 和 flag 值强制刷新。

在 OpenMP 的学习中，我们学习了在共享内存机器上编程的特性，以及共享内存结构对应编程接口该有的语法特性。

对共享内存机器进行编程，可以在一个很大的共享区域中分配数据，而不用担心在哪里分配；对共享内存结构而言，存储层次结构对性能至关重要，由于缓存一致性的要求，它对共享内存结构的影响大。因此，为了性能调优，需要格外关注共享操作。

在共享内存结构中编程，如何规范共享操作、保护共享的数据？对此程序语法应该有下面的特性。锁定对共享变量的访问以实现“读—修改—写”的操作。需要编写无竞争程序来保证程序代码的序列一致性。在硬件层面，体系结构科学家也一直在为数据一致性努力，例如高速缓存通过总线或目录来保持一致性，而且在共享内存机器上没有远程数据缓存。但是编译器和处理器可能仍然会成为障碍，因此我们需要非阻塞写、读预取、把握代码动态等，代码中尽量避免竞争，谨慎使用隔离结构。

最后通过一个神经网络应用的实例理解 OpenMP 为程序性能带来的提升。神经网络应用各部分的程序性能测量结果如图 5-111 所示，它为 Sun Microsystems 提供的应用实例，阅读性能分析器输出可见，大多数的程序耗时与 CPU 占有率在于 calc_r_loop_on_neighbours 函数上，且该函数的调用与被调用皆消耗大量的时间。

性能分析器输出

| Excl. User sec. | CPU % | Incl. User CPU sec. | Excl. Wall sec. | Name |
|---|---|---|---|---|
| 120.710 | 100 | 120.710 | 128.310 | <Total> |
| 116.960 | 96.9 | 116.960 | 122.610 | calc_ r_loop_on_neighbours |
| 0.900 | 0.7 | 118.63 | 0.920 | calc_r |
| 0.590 | 0.5 | 1.380 | 0.590 | _doprnt |
| 0.410 | 0.3 | 1.030 | 0.430 | init_visual_input_on_V1 |
| 0.280 | 0.2 | 0.280 | 1.900 | _write |
| 0.200 | 0.2 | 0.200 | 0.200 | round_coord_cyclic |
| 0.130 | 0.1 | 0.130 | 0.140 | __arint_set_n |
| 0.130 | 0.1 | 0.550 | 0.140 | __k_double_to_decimal |
| 0.090 | 0.1 | 1.180 | 0.090 | fprintf |

调用-被调用函数段

| Attr. User CPU sec. | Excl. User CPU sec. | Incl. User CPU sec. | Name |
|---|---|---|---|
| 116.960 | 0.900 | 118.630 | calc_r |
| 116.960 | 116.960 | 116.960 | * calc_r_loop_on_neighbours |

图 5-111　神经网络应用各部分的程序性能测量结果

再具体测量 calc_r_loop_on_neighbours 函数的耗时，对函数各代码行断点测量运行耗时结果如图 5-112 所示。可以发现 96%的时间用于函数的 for 循环对数据的更新。结合本章所强调的 OpenMP 提供的并行化编程能高效地解决循环次数较多的程序的性能问题，若采用 OpenMP 的工作共享循环结构，有望提升程序性能。

另外，在上述函数中，每一次 for 循环都使用到了 r 值，而并未使用结构中的另外 3 个值。也就是说每一次 for 循环访问高速缓存行，只取出其中 1/4 的数据，另外的 3/4 是无效的。这样的数据访问操作在大规模的程序中会导致额外的内存流量，产生更大的互连压力。同时也是对高速缓存容量的极大浪费，降低了时间局部性。对此，我们可以将数据分为两部分，一部分存放频繁使用的 r 值，另一部分存放少用的其他 3 个值。数据结构改进后的代码如图 5-113 所示，for 循环中所使用的变量改为 V1_R，每次循环只访问 r 值。

```
    struct cell{
      double x; double y; double r; double I;
    };

    struct cell V1[NPOSITIONS_Y][NPOSITIONS_X];
    double        h[NPOSITIONS][NPOSITIONS]
                                       ......
    Excl. User CPU       Excl. Wall
    sec.          %      sec.
                                       1040.   void
                                       1041.   calc_r_loop_on_neighbours(int y1, int x1)
    0.080         0.1    0.08          1042.   {
                                       1043.     struct interaction_strucre *next_p;
                                       1044.
    0.130         0.1    0.13          1045.     for(next_p = JJ[y1][x1].next;
    0.460         0.4    0.47          1046.       next_p != NULL;
                                       1047.       next_p = next_p->next){
 ## 116.290       96.3   121.93        1048.       h[y1][x1] += next_p->strength *
                                                     V1[next_p->y][next->x].r;
    96%的时间都花费在                  1049.
    这一条语句上                       1052.     }
                                       1053.   }
```

图 5-112　对函数各代码行断点测量运行耗时结果

```
double V1_R[NPOSITIONS_Y] [NPOSITIONS_X] ;


void
calc_r_loop_on_neighbours (int y1, int x1)
{
    struct interaction_structure * next_p;


    double sum = h[y1] [x1] ;


    for (next_P = JJ[y1] [x1] . next ;  next P != NULL;
         next_P = next_p->next) {
         sum += next_p->strength *  V1_R[next_p->y] [next_p->x] ;
    }
    h[y1][x1] = sum;
}
```

图 5-113　数据结构改进后的代码

最后使用 OpenMP 对程序进行并行化，如图 5-114 所示。

```
void calc_r(int t)
{

#include <omp.h>

#pragma omp parallel for default(none)\
 private(y1,x1)shared(h,V1,g,T,beta_inv, beta)
 for(y1 = 0; y1 < NPOSITIONS_Y; y1++){
   for(x1 = 0; x1 < NPOSITIONS_X; x1++){

     calc_r_loop_on_neighbours(y1,x1);
     h[y1][x1] += V1[y1][x1].I;

     <statements deleted>

   }
 }
/*-- End of OpenMP parallel for --*/
```

Can be executed in parallel

图 5-114　OpenMP 实现的并行编程代码

## 5.9 实验——OpenMP

### 5.9.1 实验——OpenMP 求 sinx

通过本实验对 sin(x) 函数分别进行单线程、多线程、单指令多数据模型编程，熟悉相关工具和调试方法，测试各种模型的执行效率，结合实验结果深入理解、体会 OpenMP 的工作方式与性能优势。

#### 1. 单线程

OpenMP 求 sinx 单线程代码示例 sinx1. c 如图 5-115 所示。

```
#include<stdio.h>
#define arrN 1000000

void sinx(int N,  int terms,  float* x,  float* result)
{
    for (int i=0; i<N; i++){
        float value = x[i];
        float numer = x[i] * x[i] * x[i];
        int denom = 6;   // 3!
        int sign = -1;
        for (int j=1; j<=terms; j++){
            value += sign * numer / denom;
            numer *= x[i] * x[i];
            denom *= (2*j+2) * (2*j+3);
            sign *= -1;
        }
        result[i] = value;
        // printf("x = %f,  res = %f.\n", x[i],  result[i]);
    }
}

int main(){
    float x[arrN];
    for(int i=0;i<arrN;i++){
        x[i] = 0.1;
    }
    float res[arrN] = {0};
    sinx(arrN,  10,  x,  res);
    return 0;
}
```

图 5-115 OpenMP 求 sinx 单线程代码示例

采用以下命令执行测试：

```
gcc sinx1.c  -o sinx1
perf stat ./sinx1
```

## 2. 多线程

OpenMP 求 sinx 多线程代码示例 sinx2.c 如图 5-116 所示。

```
#include<stdio.h>
#include<pthread.h>
#define arrN 1000000

typedef struct {
int N;
int terms;  float* x;  float* result;
} my_args;

void sinx(int N, int terms, float* x, float* result)
{
    for (int i=0; i<N; i++){
        float value = x[i];
        float numer = x[i] * x[i] * x[i];
        int denom = 6;    // 3!
        int sign = -1;
        for (int j=1; j<=terms; j++){
            value += sign * numer / denom;
            numer *= x[i] * x[i];
            denom *= (2*j+2) * (2*j+3);
            sign *= -1;
        }
        result[i] = value;
        // printf("x = %f, res = %f.\n",x[i],result[i]);
    }
}

void *my_thread_start(void* thread_arg)
{
    my_args* args = (my_args*)thread_arg;
    sinx(args->N, args->terms, args->x, args->result);        // do work
}

void parallel_sinx(int N, int terms, float* x, float* result)
{
    pthread_t thread_id;
    my_args args;
    args.N = N/2;  args.terms = terms;  args.x = x;
    args.result = result;

    pthread_create(&thread_id, NULL, my_thread_start, &args);  // launch thread
    sinx(N - args.N, terms, x + args.N, result + args.N);       // do work
    pthread_join(thread_id, NULL);
}
```

图 5-116  OpenMP 求 sinx 多线程代码示例

```
int main(){
    float x[arrN];
    for(int i=0;i<arrN;i++){
        x[i] = 1;
    }
    float res[arrN] = {0};
    parallel_sinx(arrN, 10, x, res);
    return 0;
}
```

图 5-116　OpenMP 求 sinx 多线程代码示例（续）

采用以下命令执行测试：

```
gcc sinx2.c  -lpthread  -o sinx2
perf stat ./sinx2
```

### 3. 单指令多数据

OpenMP 求 sinx 单指令多数据代码示例 1 sinx3.c 如图 5-117 所示。

```
#include<stdio.h>
// #include<pthread.h>
#define arrN 1000000

extern void sinx(int N, int term, float x[], float result[]);
// extern "C" {
//      extern void sinx(int N, int term, float x[], float result[]);
// }
int main(){
    float x[arrN];
    for(int i=0;i<arrN;i++){
        x[i] = 0.1;
    }
    float res[arrN] = {0};
    sinx(arrN, 10, x, res);
    // for(int i=0;i<arrN; i++){
    //      printf("x = %f, res = %f.\n",x[i],res[i]);
    // }
    return 0;
}
```

图 5-117　OpenMP 求 sinx 单指令多数据代码示例 1

OpenMP 求 sinx 单指令多数据代码示例 2 sinx3. ispc 如图 5-118 所示。

```
export void sinx(uniform int N, uniform int term, uniform float x[], uniform float result[])
{
// assume N %programCount = 0
     // int programCount = 4;
     for (uniform int i=0; i<N; i+=programCount) {
        int idx = i + programIndex;
        float value = x[idx];
        float numer = x[idx] * x[idx] * x[idx];
        uniform int denom = 6;   // 3!
        uniform int sign = -1;
        for (uniform int j=1; j<=term; j++) {
            value += sign * numer / denom;
            numer *= x[idx] * x[idx];
            denom *= (2*j+2) * (2*j+3);
            sign *= -1;
        }
        result[idx] = value;
    }
}
```

图 5-118　OpenMP 求 sinx 单指令多数据代码示例 2

采用以下命令执行测试：

```
ispc sinx3.ispc -o sinx3.o
gcc sinx3.c sinx3.o  -o sinx3
perf stat ./sinx3
```

#### 4. 结果分析

通过实验，单线程、多线程和单指令多数据模型的执行时间分别为 0.075s、0.044s 和 0.014s，可以得出单指令多数据模型中性能提升明显。实际实验过程中，当数组值设置太小时，三种模型的测试结果无明显差别，可能与时间片、高速缓存命中、线程开销这些因素有关，所以要设置一个大小合适的数组长度。

### 5.9.2　实验——OpenMP 求 π 值

使用公式 $\arctan(1)=\pi/4$ 及 $(\arctan(x))'=1/(1+x^2)$。具体求解方法如下：在求解 $\arctan(1)$ 时，通过求解其导数的积分来求解，使用矩形法求解积分。取 $a=0$，$b=1$，

$$\int_a^b f(x)\,\mathrm{d}x = y_0\Delta x + y_1\Delta x + \cdots + y_{n-1}\Delta x \tag{5-5}$$

其中

$$\Delta x = \frac{b-a}{n};\quad y = f(x);\quad y_i = f\left(a + i\cdot\frac{b-a}{n}\right),\quad i = 0,1,2,\cdots,n \tag{5-6}$$

由中点法

$$\int_a^b f(x)\,\mathrm{d}x = \Delta x \sum_{i=1}^{n} f\cdot\left(\frac{x_{i-1} + x_i}{2}\right) \tag{5-7}$$

则有

$$\int_0^1 \frac{1}{1+x^2}\mathrm{d}x = \arctan(1) - \arctan(0) = \arctan(1) = \frac{\pi}{4} \tag{5-8}$$

所以用 for 循环求出不同 $i$ 对应的 $x_{i-1}$ 和 $x_i$ 的中点 $x$，与其对应函数值 $y_i$，将 $y_i$ 累加求和，乘以步长即可得到 π 的近似值。

下面分别用串行方法和四种 OpenMP 并行计算的方法求 π 值，并比较性能。首先给出串行方法求 π 的核心代码（见图 5-119）。

```
for (i = 0; i < num_steps; i++)
{
    x = (i + 0.5) * step; //中点法
    sum = sum + 4.0 / (1.0 + x * x);
}
pi = step * sum;
```

图 5-119　串行方法求 π 代码示例

### 1. 使用 1st SPMD 求 π

SPMD 利用并行域并行化法来实现并行算法，指导句：#pragma omp parallel，该指导句表示它下面的一个结构应该并行执行。1st SPMD 方法求 π 代码示例如图 5-120 所示。

### 2. 使用 1st SPMD padded 求 π

在上述的 1st SPMD 方法中，存在数据独立性问题，当多个数据位于同一高速缓存行时，数据的每次更新会导致高速缓存行被多个线程共享，因而数据不能正确更新。为

```
部分实验代码示例(C 语言)：
#define NUM_THREADS 2 //设置并行计算的线程数目,更改该宏定义求不同线程下的计算结果
……
omp_set_num_threads(NUM_THREADS);       //设置线程
……
#pragma omp parallel                    //并行域开始,每个线程都会执行该代码
    {
        double x;
        int id, i, nthrds;
        id = omp_get_thread_num();      //当前运行的线程编号
        nthrds = omp_get_num_threads();//当前运行的线程总数
        if (id == 0) nthreads = nthrds;
        for (i = id, sum[id] = 0.0; i < num_steps; i = i + nthrds)
        {
            x = (i + 0.5) * step;
            sum[id] += 4.0 / (1.0 + x * x);
        }
    }
```

图 5-120　1st SPMD 方法求 π 代码示例

了解决这个问题，在并行域并行化的基础上对数组加入填充，形成二维数组，模拟 64B 的高速缓存行，所以每个线程的运算结果存储在不同的高速缓存行中，互不影响。访存优化后的 1st SPMD padded 方法求 π 代码示例如图 5-121 所示。

```
#pragma omp parallel
    {
      int i, id, nthrds;
      double x;
      id = omp_get_thread_num();
      nthrds = omp_get_num_threads();
      if (id == 0)nthreads = nthrds;
          for (i = id,sum[id][0]=0.0; i < num_steps; i = i + nthrds)
              {
                  x = (i + 0.5) * step;
                  sum[id][0] += 4.0 / (1.0 + x * x);
              }
          }
      for (i = 0, pi = 0.0; i < nthreads; i++)pi += sum[i][0] * step; //二维数组,各线程结果间互不影响
```

图 5-121　访存优化后的 1st SPMD padded 方法求 π 代码示例

### 3. 使用 1st SPMD critical 求 π

为了各线程数据的独立性，OpenMP 还提供了两种指令对线程间共享的资源进行保护，分别是 critical 及 reduction。首先介绍 critical 指令，它的用法示意如图 5-122 所示。

```
#pragma omp critical [(name)]
{
    <临界区代码>
}
```

图 5-122　critical 指令用法示意

critical 的语义是指在任意时刻只有一个（或是最多一个）线程在执行临界区内的代码，目的是对于临界区内的线程之间共享的资源进行保护。SPMD critical 方法求 π 代码示例如图 5-123 所示。

```
部分实验代码示例(C 语言):
#pragma omp parallel
{
        double x, sum;
        int i;
        int id = omp_get_thread_num();
        int nthrds = omp_get_num_threads();
        if (id == 0) nthreads = nthrds;
        for (i = id, sum = 0.0; i < num_steps; i = i + nthrds)
        {
                x = (i + 0.5) * step;
                sum += 4.0 / (1.0 + x * x);
        }
        #pragma omp critical
        pi += sum * step; //临界区代码
}
```

图 5-123　SPMD critical 方法求 π 代码示例

### 4. 使用并行归约 loop and reduction 求 π

下面介绍 OpenMP 提供的另一种解决数据独立性的方法。reduction 子句的格式为：#pragma omp … reduction（operator：listVariable）。

reduction 子句用于归约变量。在使用时，reduction 将把变量列表中的所有变量进行一个私有的备份，使用特定的初始值，并用此备份进行并行计算，在 for 循环结束后将把变量做归约。使用 reduction 子句可以使每个线程独立地对相同的变量进行操作而不互相干扰，解决多个线程同时对一个数据进行操作的问题。并行归约方法求 π 代码示例如图 5-124 所示。

```
#pragma omp parallel
{
        double x;
    #pragma omp for reduction(+:sum) //对 sum 进行归约
        for (i = 0; i < num_steps; i++)
        {
                x = (i + 0.5) * step;
                sum = sum + 4.0 / (1.0 + x * x);
        }
}
pi = step * sum;
```

图 5-124　并行归约方法求 π 代码示例

对上述串行计算和四种并行计算的实验结果进行对比分析，可以得到表 5-2 所示的程序平均耗时比较。

表 5-2　各种方法求 π 值在不同线程数下的程序平均耗时比较

| 线程数 | 串行 | 1st SPMD | 1st SPMD padded | 1st SPMD critical | 并行归约 loop and reduction |
|---|---|---|---|---|---|
| 1 | 2.1376 | 2.0598 | 2.2888 | 2.1524 | 2.0984 |
| 2 | | 1.4584 | 1.0702 | 1.0552 | 1.0688 |
| 3 | | 1.3192 | 0.6858 | 0.7014 | 0.6976 |
| 4 | | 1.0098 | 0.4988 | 0.5596 | 0.4836 |

由表 5-2 中串行算法与并行算法的比较可知，当 thread = 1 时并行算法的程序耗时与串行算法相近，此时的并行算法等于串行算法。当 thread 数目大于 1，随着 thread 数目增多，程序耗时随之降低，并都小于串行算法（thread = 1）的耗时，所以多线程运算的并行算法在程序效率方面的性能优于串行算法。

比较四种并行方法的程序耗时，可见 1st SPMD 在线程数目增多时的程序耗时明显高于其他三种并行方法，这是因为 1st SPMD 缺少对临界区的保护，存在访问冲突等额外开销。而其他三种方法程序耗时差距较小。由此可见，同样是并行算法，不同的实现方法也会对性能造成不同程度的影响，1st SPMD 对性能的提升小于 1st SPMD padded、1st SPMD critical 及 loop and reduction。因此，为了避免数据非独立性带来的数据错误，同时为了更大限度地提高程序性能，建议选择 1st SPMD 改进后的其他三种实现方法。

当程序线程从 1 变化到 2 时，程序耗时约缩短为原来的 1/2，这说明当程序从串行变成并行时，随着线程数目变化，程序耗时也按照线程变化比例变化。但当线程数从 2 变化到更大值时，增加线程带来的收益相比线程数从 1 到 2 时的收益减小了，这是因为在并行计算的各线程之间存在通信等额外开销。当线程数目继续增多时，开销也相应加大，因此各段线程变化间的性能优化的幅度差距较小、斜率变化不大。

由此可见，并行算法的性能优于串行算法，能大大减小程序耗时；其中 1st SPMD padded、1st SPMD critical 以及 loop and reduction 的性能优于 1st SPMD；且当程序从串行变化为并行时程序性能提升最明显，该优化的幅度大于并行算法中线程数目改变带来的优化幅度。

本次实验通过使用相同的计算原理，改变不同的编程方式来比较串行与并行算法之间的性能优劣，同时也对四种不同的并行实现方法进行比较。最简单的 1st SPMD 可能带来数据错误，因而衍生出其他三种改进方法来避免错误。四种方法是相对独立的，每种方法用特定的方式来规定如何进行并行处理时的任务分配，以及规定各自对临界区保护的方式。因此在本实验中尝试用方法间相互配合来达到更高的性能，最终效果是较差的。

为了进一步提高计算 π 的性能，可以从计算原理入手，选择不同的计算方法，例如欧拉级数，最后比较并确定性能最高的计算原理。也可以再增加循环步数，但是这只能带来结果精度的提高，运行时间会相应增加。当然，还可以使用更高效的 OpenMP 语句或者其他的并行编程语言编写程序，以达到提高性能的目的。

### 5.9.3　实验——OpenMP 求斐波那契数列第 $n$ 项

本实验由斐波那契数列的定义出发，其第 $n$ 位数值计算方法为 $f(n)=f(n-1)+f(n-2)$，通过递归算法将求 $f(n)$ 的问题不断分解为求 $f(n-1)$，$f(n-2)$，…，$f(1)$，$f(0)$ 的值，再逐项相加便可以求出 $f(n)$ 这个值。串行方法求斐波那契数列第 $n$ 项代码如图 5-125 所示。

```
int fib(int n)
{
        int x, y;
        if (n < 2) return n;
        x = fib(n - 1);
        y = fib(n - 2);
        return(x + y);
}
```

图 5-125　串行方法求斐波那契数列第 *n* 项代码示例

这样的算法存在很大的缺点，其一是效率低下，当递归次数较多时，程序耗时长，效率低，算法复杂度达到了 $O(n^2)$；其二是容易爆栈，运行程序时可能会占用内存空间过多，超出规定的内存空间；其三是难于阅读与维护，由递归函数工作原理可知，当递归次数较多时，程序步骤将变得非常复杂烦琐，难以阅读理解代码，也为分析程序运行情况造成了困难。所以，针对第一个缺点，若要提高程序运行效率，可以采用并行算法求斐波那契数列的值。并行方法求斐波那契数列第 *n* 项代码示例如图 5-126 所示。

```
#define THRESHOLD 9
int fib(int n)
{
    int i, j;
    if (n < 2)
        return n;
#pragma omp task shared(i) firstprivate(n) final(n <= THRESHOLD)
    i = fib(n - 1);
#pragma omp task shared(j) firstprivate(n) final(n <= THRESHOLD)
    j = fib(n - 2);
#pragma omp taskwait
    return i + j;
}
……
    omp_set_dynamic(0);
    omp_set_num_threads(4);
#pragma omp parallel shared(n)
    {
#pragma omp single
        printf("fib(%d) = %u\n", n, fib(n));
    }
```

图 5-126　并行方法求斐波那契数列第 *n* 项代码示例

为了进一步提高性能，可以考虑改进算法。其一，储存每次计算的 $F(x)$，在计算 $F(x+1)$ 与 $F(x+2)$ 时都会用到 $F(x)$，因此只需要计算一次，然后开辟内存区域将其储存，便可以由 $F(x+1)$ 与 $F(x+2)$ 两项的求解共享该结果。这样的操作避免了每次迭代都要重新计算两个相邻值，而相邻值之间有重复现象，造成计算的重复与资源的浪费。其二，采用计算公式显式计算斐波那契数列，这样的方法避免了递归与循环，大大缩减了程序运行时间，提高了程序效率。除了对计算方法的改进，也可以考虑更高效的 OpenMP 语句或其他并行处理语言对本实验的计算进行并行化处理，从而提高程序性能。

实验代码及数据如下。

### 1. 串行方法求 π

串行方法求 π 完整代码如图 5-127 所示。

```
#include <stdio.h>
#include <omp.h>
#include <time.h>
static long num_steps = 100000000;//划分积分区间,值越大,划分的区间越多,结果越精确
double step;
void main() {
    int i;
    double x, pi, sum = 0.0;
    step = 1.0 / (double)num_steps;
    clock_t start, stop;
    start = clock();
    for (i = 0; i < num_steps; i++)
    {
        x = (i + 0.5) * step;       //中点法
        sum = sum + 4.0 / (1.0 + x * x);
    }
    pi = step * sum;
    stop = clock();
    double duration = ((double)(stop - start)) / CLK_TCK;
    printf("pi=%.16lf\ntime=%lf s\n", pi, duration);
}
```

图 5-127　串行方法求 π 完整代码

### 2. 1st SPMD 方法求 π

1st SPMD 方法求 π 完整代码如图 5-128 所示。

```
#include <stdio.h>
#include <omp.h>
#include<time.h>
static long num_steps = 100000000;
double step;
#define NUM_THREADS 2 //设置并行计算的线程数目,更改该宏定义求不同线程下的计算结果
void main()
{
    int i, nthreads;
    double x, pi, sum[NUM_THREADS];
    step = 1.0 / (double)num_steps;
    omp_set_num_threads(NUM_THREADS);  //设置线程
    clock_t start, stop;
    start = clock();
#pragma omp parallel                   //并行域开始,每个线程都会执行该代码
    {
        double x;
        int id, i, nthrds;
        id = omp_get_thread_num();     //当前运行的线程编号
        nthrds = omp_get_num_threads(); //当前运行的线程总数
        if (id == 0) nthreads = nthrds;
        for (i = id, sum[id] = 0.0; i < num_steps; i = i + nthrds)
        {
            x = (i + 0.5) * step;
            sum[id] += 4.0 / (1.0 + x * x);
        }
    }
    for (i = 0, pi = 0.0; i < nthreads; i++)  pi += sum[i] * step;
    stop = clock();
    double duration = ((double)(stop - start)) / CLK_TCK;
    printf("pi=%.16lf \ntime=%lf s\n", pi, duration);
}
```

图 5-128　1st SPMD 方法求 π 完整代码

### 3. 1st SPMD padded 方法求 π

1st SPMD padded 方法求 π 完整代码如图 5-129 所示。

```
#include <stdio.h>
#include <omp.h>
#include<time.h>
static long num_steps = 100000000;
double step;
#define PAD 8
#define NUM_THREADS 2
void main()
{
        int i, nthreads;
        double pi, sum[NUM_THREADS][PAD];
        step = 1.0 / (double)num_steps;
        omp_set_num_threads(NUM_THREADS);
        clock_t start, stop;
        start = clock();
#pragma omp parallel
        {
                int i, id, nthrds;
                double x;
                id = omp_get_thread_num();
                nthrds = omp_get_num_threads();
                if (id == 0)nthreads = nthrds;
                        for (i = id,sum[id][0]=0.0; i < num_steps; i = i + nthrds)
                        {
                                x = (i + 0.5) * step;
                                sum[id][0] += 4.0 / (1.0 + x * x);
                        }
        }
        for (i = 0, pi = 0.0; i < nthreads; i++)pi += sum[i][0] * step;
        stop = clock();
        double duration = ((double)(stop - start)) / CLK_TCK;
        printf("pi=%.16lf\ntime=%lf s\n", pi, duration);
}
```

图 5-129　1st SPMD padded 方法求 π 完整代码

### 4. 1st SPMD critical 方法求 π

1st SPMD critical 方法求 π 完整代码如图 5-130 所示。

```
#include<omp.h>
#include<stdio.h>
#include<time.h>
#define NUM_THREADS 2
#define num_steps 100000000

void main() {
        int nthreads;
        double step, pi = 0.0;
        step = 1.0 / (double)num_steps;
        omp_set_num_threads(NUM_THREADS);
        clock_t start, stop;
        start = clock();
#pragma omp parallel
        {
                double x, sum;
                int i;
                int id = omp_get_thread_num();
                int nthrds = omp_get_num_threads();
                if (id == 0) nthreads = nthrds;
                  for (i = id, sum = 0.0; i < num_steps; i = i + nthrds)
                  {
                        x = (i + 0.5) * step;
                        sum += 4.0 / (1.0 + x * x);
                  }
    #pragma omp critical
                pi += sum * step;
        }
        stop = clock();
        double duration = ((double)(stop - start)) / CLK_TCK;
        printf("pi=%.16lf\ntime=%lf s\n", pi, duration);
}
```

图 5-130　1st SPMD critical 方法求 π 完整代码

### 5. 并行归约方法求 π

并行归约方法求 π 完整代码如图 5-131 所示。

```
#include<stdio.h>
#include<omp.h>
#include<time.h>
#define num_steps 100000000
#define NUM_THREADS 2

void main()
{
        int i;
        double x, pi, step, sum = 0.0;
        step = 1.0 / (double)num_steps;
        omp_set_num_threads(NUM_THREADS);
        clock_t start, stop;
        start = clock();
        #pragma omp parallel
        {
                double x;
        #pragma omp for reduction(+:sum)
                for (i = 0; i < num_steps; i++)
                {
                        x = (i + 0.5) * step;
                        sum = sum + 4.0 / (1.0 + x * x);
                }
        }
        pi = step * sum;
        stop = clock();
        double duration = ((double)(stop - start)) / CLK_TCK;
        printf("pi=%.16lf\ntime=%lf s\n", pi, duration);
}
```

图 5-131　并行归约方法求 π 完整代码

### 6. 串行算法计算斐波那契数列

串行算法计算斐波那契数列完整代码如图 5-132 所示。

```
#include <stdio.h>
#include<time.h>
int fib(int n)
{
        int x, y;
        if (n < 2)return n;
        x = fib(n - 1);
        y = fib(n - 2);
        return(x + y);
}

int main()
{
        clock_t start, stop;
        start = clock();
        int NW = 100;
        printf("the NO.%d number in Fibonacci Sequence is %u", NW, fib(NW));
        stop = clock();
        double duration = ((double)(stop - start)) / CLK_TCK;
        printf("\ntime=%f s\n", duration);
}
```

图 5-132　串行算法计算斐波那契数列完整代码

### 7. 并行算法计算斐波那契数列

并行算法计算斐波那契数列完整代码如图 5-133 所示。

```
#include <stdio.h>
#include <omp.h>
#include <time.h>
#define THRESHOLD 9
int fib(int n)
{
    int i, j;
    if (n < 2)
        return n;
#pragma omp task shared(i) firstprivate(n) final(n <= THRESHOLD)
    i = fib(n - 1);
#pragma omp task shared(j) firstprivate(n) final(n <= THRESHOLD)
    j = fib(n - 2);
```

图 5-133　并行算法计算斐波那契数列完整代码

```
#pragma omp taskwait
    return i + j;
}

int main()
{
    clock_t start, stop;
    start = clock();
    int n = 30;
    omp_set_dynamic(0);
    omp_set_num_threads(4);

#pragma omp parallel shared(n)
    {
#pragma omp single
        printf("fib(%d) = %u\n", n, fib(n));
    }
    stop = clock();
    double duration = ((double)(stop - start)) / CLK_TCK;
    printf("time=%f s\n", duration);
}
```

图 5-133　并行算法计算斐波那契数列完整代码（续）

### 5.9.4　实验——Gauss-Seidel 迭代算法的并行实现及其优化

对偏微分方程的求解可以转化为在一个 (N+2)×(N+2) 维矩阵上进行迭代操作，直到收敛。它的原始核心算法为不断地对每个点与周围四个点取平均，并更新当前值。当变化幅度小于阈值时停止迭代。Gauss-Seidel 迭代算法伪代码如图 5-134 所示。

```
for (int i = 1; i <= N + 1; i++) {
    for (int j = 1; j <= N + 1; j++) {
        float prev = A[i][j];
        A[i][j] = 0.2 * (A[i - 1][j] + A[i][j - 1] + A[i][j] + A[i + 1][j] + A[i][j + 1]);
        lock(myLock);
        diff += abs(A[i][j] - prev);
        unlock(myLock);
    }
}
```

图 5-134　Gauss-Seidel 迭代算法伪代码

原始算法存在较多的数据相关，为了加强算法的可并行性，我们改变矩阵单元更新的顺序，将一轮迭代拆分成两轮，使每一轮迭代更新的数据间不存在数据相关。两轮迭代更新示意如图 5-135 所示，两轮迭代分别更新浅点与深点值，每一轮内可以并行执行。由领域特定知识可知，新算法迭代产生解的收敛路径不一样，但解的值与原解近似，且在允许的误差范围内。

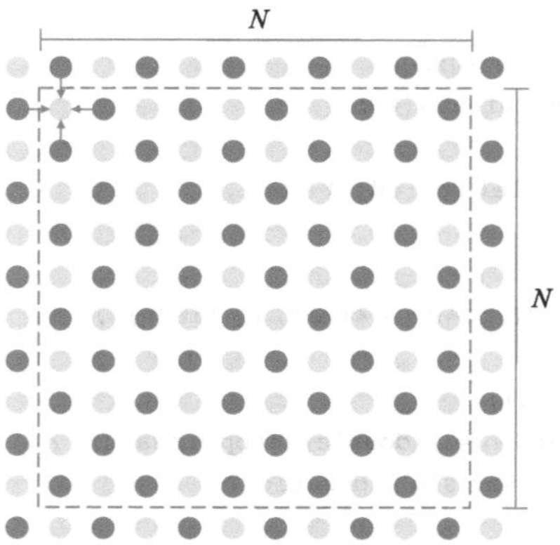


图 5-135　两轮迭代更新示意（见彩插）

可并行的 Gauss-Seidel 迭代算法伪码如图 5-136 所示，该算法伪码展示了每个线程内计算若干行红点值的流程。

```
for (int i = line_start; i < line_end; i++) {
    for (int j = (i + 1) %2 + 1; j < N + 1; j += 2) {// red points
        float prev = A[i][j];
        A[i][j] = 0.2 * (A[i - 1][j] + A[i][j - 1] + A[i][j] + A[i + 1][j] + A[i][j + 1]);
        lock(myLock);
        diff += abs(A[i][j] - prev);
        unlock(myLock);
    }
}
```

图 5-136　可并行的 Gauss-Seidel 迭代算法伪码

在新算法中，我们使用 OpenMP 将程序并行化，由于各数据的更新之间不存在数据依赖，所以可将矩阵数据划分为若干个小块，使用多线程并行处理。为简洁起见，这里将矩阵按行划分，由 4 个线程执行。求解函数代码如图 5-137 所示。

```
void solve() {
#pragma omp parallel num_threads(4)
    {
        int threadId = omp_get_thread_num();
        int threadNum = omp_get_num_threads();
        int myMin = 1 + (threadId * N / threadNum);
        int myMax = myMin + (N / threadNum);
        while (!done) {
            diff = 0;
#pragma omp barrier
            for (int i = myMin; i < myMax; i++) {
                for (int j = (i + 1) %2 + 1; j < N + 1; j += 2) {
                    float prev = A[i][j];
                    A[i][j]=0.2 * (A[i - 1][j]+ A[i][j - 1]+ A[i][j]+ A[i + 1][j]+ A[i][j + 1]);
                    std::unique_lock<std::mutex> lck(mtx);
                    diff += abs(A[i][j] - prev);
                    lck.unlock();
                }
            }
#pragma omp barrier
            if (diff / (N * N) < TOLERANCE)
                done = true;
#pragma omp barrier
        }
    }
}
```

图 5-137　4 线程的 Gauss-Seidel 迭代求解函数代码

### 1. 加锁优化

diff 变量表示每次迭代中所有浅色点位值的变化和，在上面的代码中，每个线程每次对 diff 的递增都需要上锁，这严重影响了并行效率，拖慢了迭代速率。我们可以为每个线程设置一个 myDiff 变量，先统计线程内的累计 diff 递增量，再通过锁机制最终加到 diff 变量上。加锁优化的 Gauss-Seidel 迭代求解函数代码如图 5-138 所示。

```
void solve() {
#pragma omp parallel num_threads(4)
    {
        int threadId = omp_get_thread_num();
        int threadNum = omp_get_num_threads();
        int myMin = 1 + (threadId * N / threadNum);
        int myMax = myMin + (N / threadNum);
        while (!done) {
            float myDiff = 0;
            diff = 0;
#pragma omp barrier
            for (int i = myMin; i < myMax; i++) {
                for (int j = (i + 1) %2 + 1; j < N + 1; j += 2) {
                    float prev = A[i][j];
                    A[i][j]= 0.2 * (A[i - 1][j]+ A[i][j - 1]+ A[i][j]+ A[i + 1][j]+ A[i][j + 1]);
                    myDiff += abs(A[i][j] - prev);
                }
            }
            std::unique_lock<std::mutex> lck(mtx);
            diff += myDiff;
            lck.unlock();
#pragma omp barrier
            if (diff / (N * N) < TOLERANCE)
                done = true;
#pragma omp barrier
        }
    }
}
```

图 5-138　加锁优化的 Gauss-Seidel 迭代求解函数代码

### 2. 栅障优化

继续观察代码，可以发现其中共有三个栅障，它们的作用分别为：①保证所有线程都将 diff 清零后再开始新一轮 diff 累加，防止 diff 被漏加；②保证所有线程的该轮 diff 累加结束后再判断总 diff 是否超出阈值，防止 diff 被漏加；③保证所有的线程都完成 diff 与阈值的比较后再将 diff 清零，防止线程在进行阈值比较时，diff 被置零，从而提前结束。

去掉第一个栅障，观察到的实验结果为：各线程输出的 diff 一致，但比正常值小。去掉第二个栅障，观察到的实验结果为：各线程输出的 diff 不一致。去掉第三个栅障，观察到的实验结果为：3 个线程在第一轮迭代后退出。

我们可以通过消除迭代间依赖的方式，减少不必要的栅障（例如循环首尾的 barrier）。一个改进思路是用 diff 变量数组代替单个 diff 变量，从而将栅障数量从 3 个降为 1 个。栅障优化的 Gauss-Seidel 迭代求解函数代码如图 5-139 所示。在每一次迭代判断 diff 变量是否超过阈值前，设置一个栅障，保证所有线程该轮迭代的 diff 变量已累加完成，下轮迭代的 diff 变量已清零。

```
void solve() {
#pragma omp parallel num_threads(4)
    {
        int threadId = omp_get_thread_num();
        int threadNum = omp_get_num_threads();
        int index = 0;
        int myMin = 1 + (threadId * N / threadNum);
        int myMax = myMin + (N / threadNum);
        diff[0] = 0;
        while (!done) {
            float myDiff = 0;
            for (int i = myMin; i < myMax; i++) {
                for (int j = (i + 1) %2 + 1; j < N + 1; j += 2) {
                    float prev = A[i][j];
                    A[i][j]= 0.2 * (A[i - 1][j]+ A[i][j - 1]+ A[i][j]+ A[i + 1][j]+ A[i][j + 1]);
                    myDiff += abs(A[i][j] - prev);
                }
            }
            std::unique_lock<std::mutex> lck(mtx);
            diff[index] += myDiff;
            lck.unlock();
            diff[(index + 1) %3] = 0;
#pragma omp barrier
            if (diff[index] / (N * N) < TOLERANCE)
                done = true;
            index = (index + 1) %3;
        }
    }
}
```

图 5-139 栅障优化的 Gauss-Seidel 迭代求解函数代码

值得注意的是，diff 数组的长度设为 3，这意味着当前循环与上一循环、下一循环所用到的 diff 变量位于数组的不同位置，从而不存在依赖关系。如果数组长度设置为 2，则会出现某一线程执行到下一次迭代的清零 diff 变量位置时，另一线程仍在判断 diff 变量是否超过阈值。由于长度为 2，这两个 diff 变量在数组中的位置是重合的，会导致线程提前结束。

最后我们对三个版本的程序进行性能对比。在不同线程数下，随着线程数量的增加，两个优化后的算法都在执行时间上有降低，而基础算法由于同步开销大，线程数的增加并不能带来明显的收益。在不同工作集大小下，加锁机制的优化对程序性能的提升最大，栅障优化也有一定的效果。这些优化能够减少线程间由于同步所带来的开销，进一步开发并行程序的潜力。

## 5.10 本章小结

本章介绍了共享存储体系结构与编程方式，在编写并行程序时，可以参照本章介绍的问题分解、任务分配、协调与进程映射四个步骤进行，并从负载平衡、局部性、通信和竞争等方面考虑并行程序的优化。本章在最后以 OpenMP 为例介绍了一些示例，并设计了四个实验。

## 5.11 思考题

1. 试叙述缓存一致性与内存一致性的区别与联系。

2. 为什么缓存一致性对于共享内存体系结构是必要的？试解释一些常见的高速缓存一致性协议，如 MESI 和 MOESI。

3. 在共享内存体系结构中，如何处理数据一致性和内存同步的问题？试讨论一些常见的同步机制和技术，如原子操作和内存栅障等。

## 参考文献

[1] LAUDON J, LENOSKI D. The SGI origin: a CC-NUMA highly scalable server [C] //Proceedings of The 24th Annual International Symposium on Computer Architecture. Cambridge: IEEE, 1997: 241-251.

[2] 胡伟武. 共享存储系统结构 [M]. 北京：高等教育出版社，2001.

[3] LI K, HUDAK P. Memory coherence in shared memory systems [J]. ACM Transactions on Computer Systems, 1989, 7 (4): 321-359.

[4] LESLIE L. How to make a multiprocessor computer that correctly executes multiprocess programs [J]. IEEE Transactions on Computers, 1979, 28 (9): 241-248.

[5] CARTER J B, KHANDEKAR D, KAMB L. Distributed shared memory: where we are and where we should be headed [C] //Fifth Workshop on Hot Topics in Operating Systems (HotOS-V). Cambridge: IEEE, 1995: 119-122.

[6] BAL H E, KAASHOEK M F, TANENBAUM A S. Orca: A language for parallel programming of distributed systems [J]. IEEE Transactions on Software Engineering, 1992, 18 (3): 190-205.

[7] ITZKOVITZ A, SCHUSTER A. Multiview and millipage-fine-grain sharing in page-based DSMs [C] //Proceedings of the Third USENIX Symposium on Operating System Design and Implementation. Berkeley: USENIX Association, 1999: 215-228.

[8] NIV N, SCHUSTER A. Transparent adaptation of sharing granularity in multiview-based DSM systems [C] //Proceedings 15th International Parallel and Distributed Processing Symposium. Cambridge: IEEE, 2001: 10.

[9] TANENBAUM A, STEEN M V. Distributed systems: principles and paradigms [M]. Prentice Hall: Chapter Consistency and Replication, 2002.

# 第 6 章

# 分布式存储结构与编程

## 6.1 引言

本章涵盖SIMD编程、GPU结构、GPU与CPU的联系与区别、CUDA等内容。最初的GPU是负责3D图形显示的专用大规模集成电路，后来引入了可编程硬件，超越了图形处理的范畴，逐渐具有通用数据处理能力，不仅可以执行向量矩阵乘法，还可以像通用CPU那样执行整型计算、逻辑分支等操作，因此变成了通用图形处理器（General Purpose GPU，GPGPU）。可编程是冯·诺依曼体系结构的本质特征，GPGPU显然属于冯·诺依曼体系结构的范畴。

GPGPU与CPU在一般原理上都属于冯·诺依曼体系结构，遵循着“程序存储”（store program）的原理，它们的区别在于：①GPGPU具有更大的（比CPU高1~2个数量级）由超并行SIMD处理带来的并行计算能力；②GPGPU可以同时运行更多的（比CPU高2~3个数量级）线程，但CPU上同时运行的多线程可以执行不同的指令，而GPGPU上运行的多线程必须执行同一指令序列；③CPU的物理地址空间只有一个，各应用程序拥有各自的虚拟地址空间，硬件上维护缓存一致性，程序员在保证程序正确性方面无须考虑缓存的存在，GPGPU的线程的局部存储空间和全局存储空间相互独立，宿主CPU的主内存和GPGPU的设备内存也相互独立。

## 6.2 向量处理机体系结构

目前大量的应用场景均有很高的算力需求，这使提升算力就成为一个重要的目标，向量处理机结构便是众多使能技术中一个重要选项。

### 6.2.1 结构特点

向量处理机设计的基本思想是：两个向量对应的各个分量同时进行运算，产生一个结果向量。向量处理机可以执行向量指令，而一条向量指令对应多个操作，这样的好处是需要从内存中获取的指令数变少了。向量处理机中每个操作的结果都独立于前面的结果，这是因为：①使用长流水线，提高指令执行效率，并且使用编译器来确保操作之间没有关联性；②硬件只需要检测两条向量指令间是否有相关性；③时钟频率较高。

向量指令以明确的模式访问存储器，这样做的优点是：①可有效发挥多体交叉存储器的优势；多体交叉存储器指的是多个独立的存储器体系并行连接在一起，每个存储器体系负责存储一部分数据，这样可以有效提高存储器的带宽，满足向量处理机对大量存储器带宽的需求；②可通过重叠减少存储器操作的延时，可重叠 64 个元素；③不需要数据 cache（仅使用指令 cache）；④在流水线控制中减少了控制相关的冲突。

图 6-1 展现了一款现代向量处理超算的体系结构设计 NEC SX-9。NEC SX-9 采用 65nm CMOS 工艺制造，每个芯片包含 4 个向量处理器。每个向量处理器的频率为 3. 2GHz，提供 1024 个单精度浮点运算单元和 512 个双精度浮点运算单元，能够同时执行 16 条 64 位浮点运算指令。NEC SX-9 采用分层内存体系结构，提供 16GB 的主存和 256GB 的辅存，还有 8TB 的磁盘存储空间，其中每个 CPU 的 DRAM 带宽更是达到 256GB/s。NEC SX-9 是世界上第一台能够达到 1PFLOPS 计算能力的超级计算机，推动了计算机体系结构软硬件技术的进步。

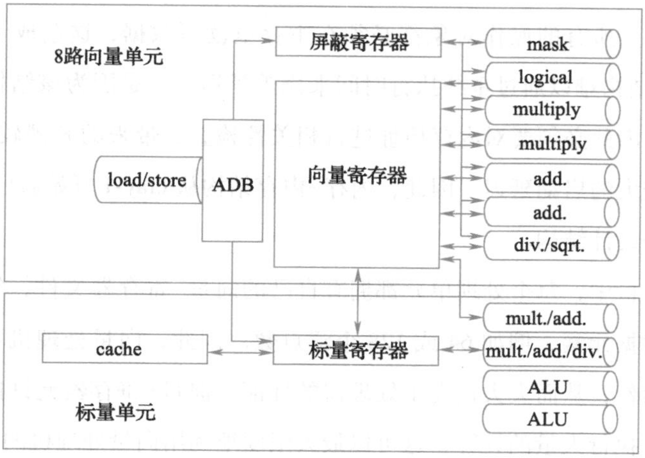


图 6-1　现代向量超算：NEC SX-9（2008）

向量处理机分为两类，第一类是内存-内存（memory-memory）的结构，这种向量处理机中的所有向量操作都是从存储器到存储器，没有经过任何向量寄存器；相反，对于第二类向量-寄存器（vector-register）类型的向量处理机，其处理 load 和 store 指令的方法是将数据在存储器和向量寄存器之间做交换，而其他所有指令都是向量寄存器与向量寄存器之间的操作。1980 年以后，所有的向量处理器都采用了第二种结构。如图 6-2 所示，内存-内存类型的机器会直接对数据进行操作，而向量-寄存器类型的向量处理机会先把数据取到寄存器中，计算操作结束后再存回主存里去。第一台向量机 CDC start-100（1973）就使用了内存-内存结构，而第一台使用向量-寄存器结构的是 cray-1（1976）。

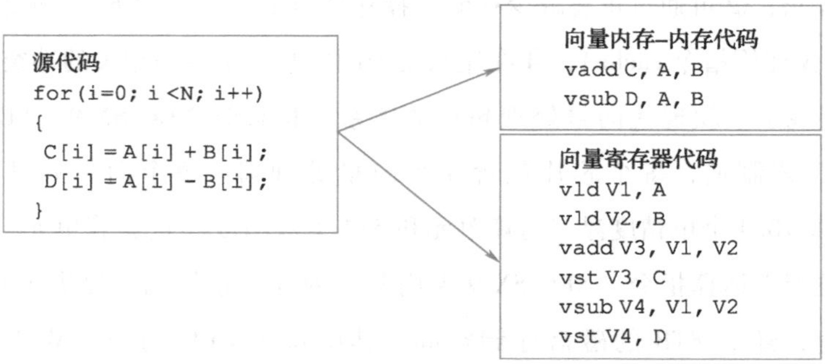


图 6-2　两种基本结构对应的代码

内存-内存结构与向量-寄存器结构相比存在许多缺陷。内存-内存结构需要更多的主存带宽，原因是所有的操作对象都必须在主存里读写数据，这造成了巨大的带宽压力。内存-内存结构难以通过重叠执行时间来掩盖延迟，这是因为该结构的机器直接对内存进行操作，因此必须要对内存地址进行相关性检查，带来的开销较大。内存-内存结构还会造成较大的启动延迟。因此，内存-内存结构从 cray-1 开始就已经不被采用了，后文将忽略这个设计结构。

在向量处理机中，每个处理单元都拥有自己的向量-寄存器文件，每个向量寄存器可以存储多个数据元素，例如 64 或 128 个浮点数。因此，向量处理机可以并行执行多个数据元素的操作，从而大大提高了处理器的性能。向量-寄存器允许向量指令在不访问主存的情况下执行大量的计算，这可以最大限度地利用向量处理机的并行性。

向量处理机的重要特征如下：

（1）向量长度寄存器 Vl 会存储将被访问的向量的长度，向量处理机需要在进行向量运算之前设定。

（2）向量处理机支持操作整个向量寄存器的向量指令，而不是对单个数据元素进行操作的标量指令。向量指令可以并行执行多个数据元素的操作，大大提高了性能。

（3）向量加载/存储单元可以高效地从主存加载和存储整个向量，从而减少延迟并充分利用向量处理机的带宽。向量加载/存储单元通常具有专用的缓存，用于缓存最近访问的向量，还可以指定在 load 或者 store 的时候是否要进行跨步，也就是前后距离多远间隔取出数据。

以向量加法为例子，向量编程模型如图 6-3 所示，在做向量编程时要先设置向量长度寄存器 VL，很容易知道向量的长度为 64，用 setVL 来设置这个数字；然后用 V1 和 V2 寄存器通过 vld 来存储完整的 A 向量和 B 向量；接着对 V1 和 V2 做一个向量加操作，并且将结果存入 V3；最后，就可以将 V3 中的最终结果输出。

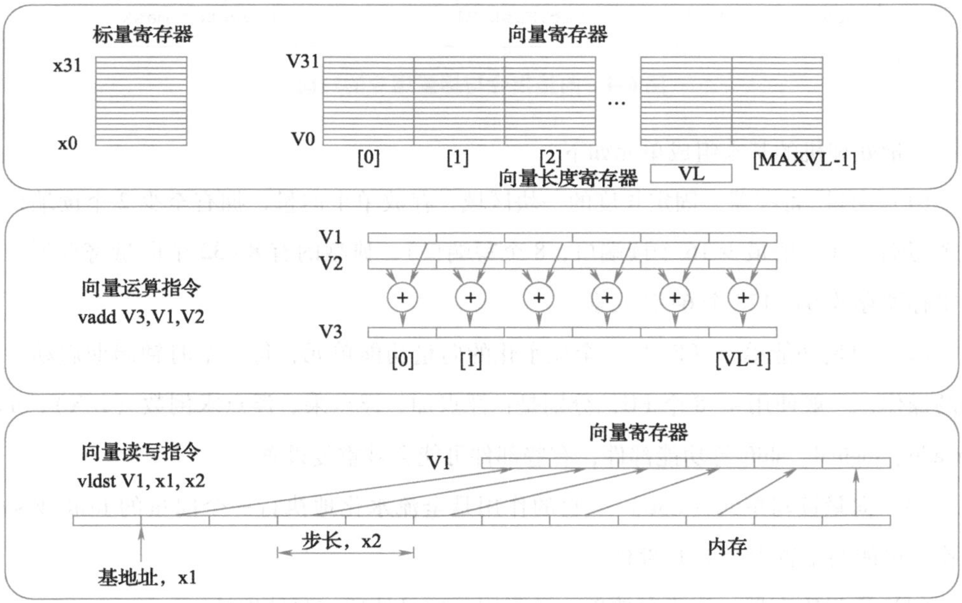


图 6-3　向量编程模型

向量指令集具有以下优点：

（1）压缩指令　一条短短的指令通常编码了多个操作，减少了存取指令的成本，有更好的空间局部性。

（2）表达的信息多　可以让硬件以下述信息为前提运行：同一个指令编码的操作都是互相独立的，用相同的功能部件进行运算，访问共享的寄存器，访问寄存器的方式也跟之前相同类型的指令相同，访问内存时也是连续访问的，而且访问模式也都是相同的。

（3）拓展计算规模　对相同的代码来说，可以实现更多的流水线并行。图 6-4 展示了向量指令与标量指令的对比，可以看出向量指令具有更大的计算规模。

| | Instr. | Operands | Operation Comment |
|---|---|---|---|
| ADDV | V1,V2,V3 | V1=V2+V3 | vector + vector |
| ADDSV | V1,F0,V2 | V1=F0+V2 | scalar + vector |
| MULTV | V1,V2,V3 | V1=V2×V3 | vector × vector |
| MULSV | V1,F0,V2 | V1=F0×V2 | scalar × vector |
| LV | V1,R1 | V1=M[R1..R1+63] | load,stride=1 |
| LVWS | V1,R1,R2 | V1=M[R1..R1+63*R2] | load,stride=R2 |
| LVI | V1,R1,V2 | V1=M[R1+V2i,i=0..63] | indir.("gather") |
| CeqV | VM,V1,V2 | VMASKi=(V1i=V2i)? | comp.setmask |
| MOV | VLR,R1 | Vec.Len.Reg.=R1 | set vector length |
| MOV | VM,R1 | Vec.Mask=R1 | set vector mask |

图 6-4　向量指令与标量指令的对比

向量处理机的基本组成单元如下：

（1）向量-寄存器　固定长度的一块区域，存放单个向量，拥有至少 2 个读端口和一个写端口（一般最少 16 个读端口，8 个写端口），典型的有 8~32 个向量寄存器，每个寄存器存放 64~128 个 64 位元素。

（2）向量功能单元（FU）　全流水化的向量功能单元，每一个时钟周期启动一个新的操作，一般使用 4~8 个 FU，分别是：浮点加、浮点乘、浮点求倒数（1/X）、integer add、logical、shift 等功能部件，有些部件可能会被重复设置。

（3）向量读写单元（LSU）　它的作用是全流水化地执行一个向量的 load 或 store 操作，可能会配置多个 LSU 部件。

（4）标量寄存器　用于存放单个元素用于标量处理或存储地址。

（5）交叉开关　用于连接 FU，LSU 和寄存器。

向量处理机使用深流水线设计来执行向量中元素的计算，这可以让时钟频率更快。并且简化了对流水线的控制，因为向量中的元素互相之间是独立的，不存在依赖关系，因此之前的那些通用流水线中的复杂设计不再需要。图 6-5 展示了向量处理单元的结构。

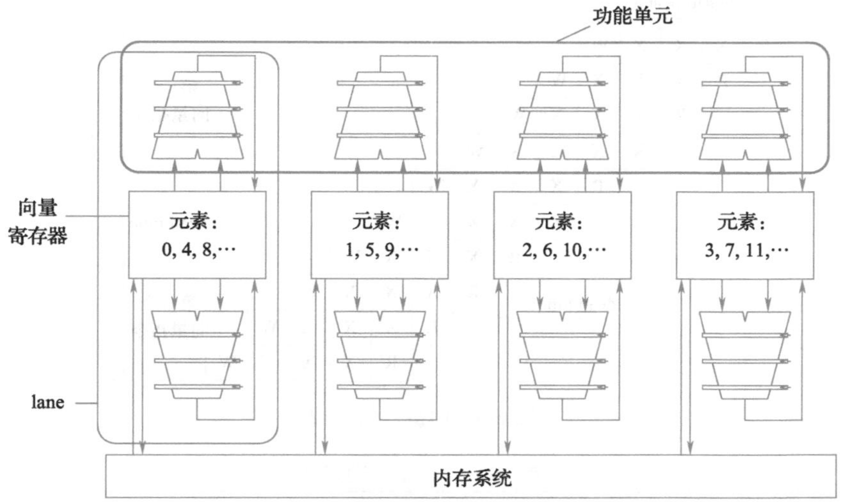


图 6-5 向量处理单元的结构

### 6.2.2 性能分析

如果想要计算向量指令的执行时间，可以用以下方法估算，注意这种近似计算忽略了额外开销，只有在向量长度较长时才是比较合理的。首先介绍几个术语：①convoy，可以在同一个时钟周期开始执行的指令集合；②chime，执行一个 convoy 所花费的大致时间；③initiation rate，功能部件消耗向量元素的速率。当向量长度 n 较大时，chime 大致可以等于 n clocks。因此，当向量长度为 n 时，m 个 convoy 的执行时间为 m · n clock cycles。

两种向量计算启动的性能开销：①功能单元延迟，指的是一个向量元素从读入到计算完后被写出总共需要多久；②死区时间（dead time）或恢复时间（recovery time），当前一个向量计算中每一个元素都被计算完后才能够开始第二个向量计算。但是，如图 6-6 所示，处于 dead time 区域的事件实际上被浪费掉了，即使流水线上有空位进行向量计算也不可以开始第二个向量计算。

不同类型的向量指令的启动延迟也会有所不同，这个是由于功能部件流水线深度的不同所导致的，例如 cray-1 启动延迟见表 6-1。

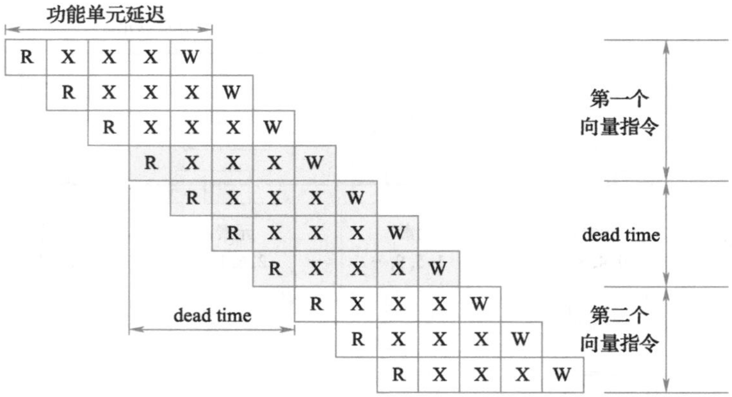


图 6-6　向量启动开销

表 6-1　cray-1 启动延迟

| 操作 | 启动代价 |
|---|---|
| vector load/store | 12 |
| vector multiply | 7 |
| vector add | 6 |

因此，在计算向量指令的延迟时，除了它本身计算所需的时间还需加上启动延迟。

一个向量计算单元可以同时处理的向量元素数量称为路数（lane）。当向量长度与路数的数量刚好相等时，运算效率是 100%，不存在任何的 dead time，除此以外都需要等待上一个向量中所有的元素都计算完成后才可以读入下一个向量，这中间等待的时间都称为 dead time，dead time 的存在会导致运算效率的下降。计算效率示意如图 6-7 所示，如果一个包含 128 个元素的向量，在一个二路的向量单元上进行计算，就需要在上一个向量完成之前等待 4 cycles，而总共的执行所需时间为 64 cycles（每次两个元素），因此运算效率就约为 94%。接下来将会介绍几种加速向量计算的方案。

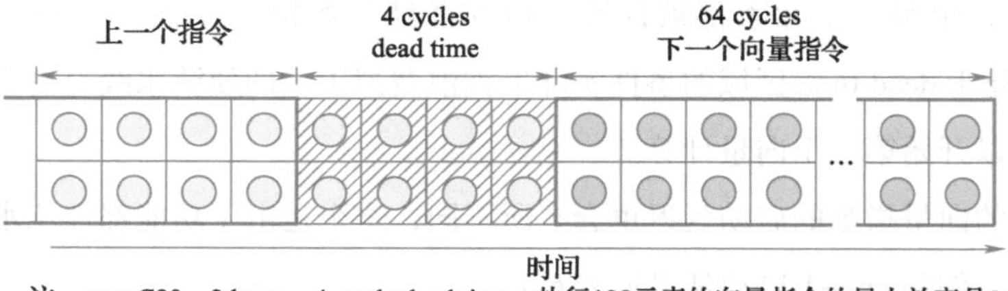


注：cray C90、2 lanes、4-cycle dead time，执行128元素的向量指令的最大效率是94%。

图 6-7　计算效率示意

### 6.2.3　向量指令并行

如图 6-8 所示，由于不同类型的向量指令使用的向量计算单元不同（用不同的形状表示），因此可以同时执行多个不同类型的向量计算。具体而言是在开始计算第一个向量指令之后，在下一个周期执行另一个向量指令进行其他类型的计算，它们使用的计算资源互不依赖互不干扰。这种方式可以覆盖掉很大一部分的向量指令计算时间，进一步加速计算。例如，图 6-8 中 32 元素向量寄存器，八路计算单元的案例，可以最多做到每个周期计算 24 个向量元素。

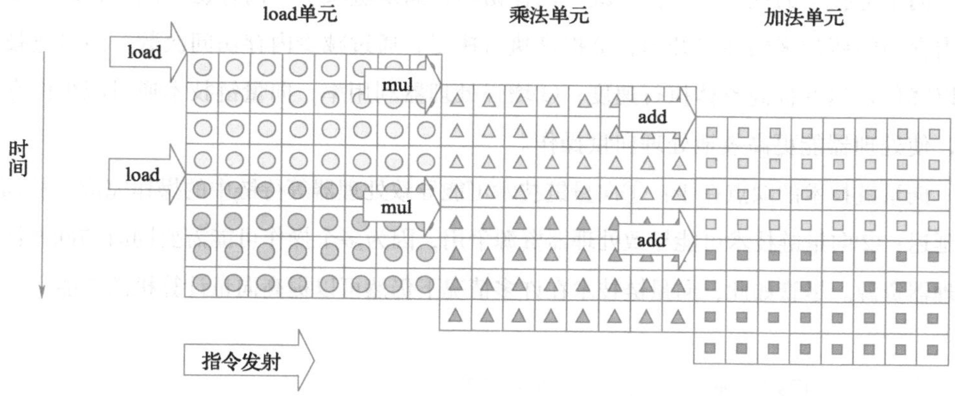


图 6-8　向量指令并行

### 6.2.4　向量链

向量链（vector chaining）允许向量处理器在多个向量操作之间建立数据传递链，类似于 CPU 流水线设计中的前递技术，从而减少内存访问次数，降低访问带来的延迟。向量链技术将一个向量操作的结果直接传递给下一个向量操作，而不需要先将结果写入内存，再从内存读取，减少了开销。图 6-9 是 cray-1 中的向量链设计的案例，可以看到 load 指令不需要将数据存入寄存器中就可以直接给向量乘法器用于接下来的计算，向量加法器也可以直接获取没有被存储的乘法器的输出向量，计算自己的结果。

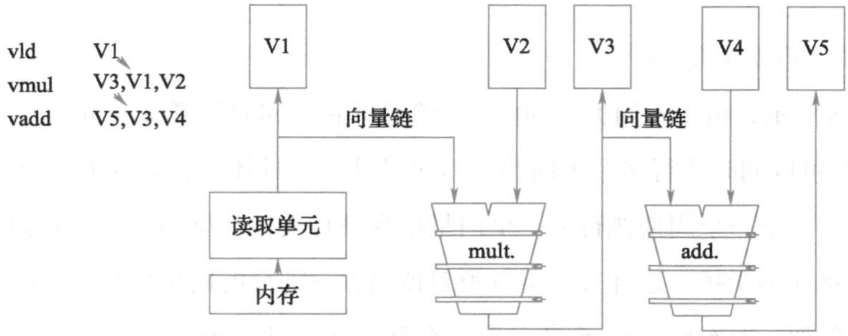


图 6-9 cray-1 中的向量链技术

向量链技术的优点在于：①减少内存访问，向量链减少了内存访问次数，从而降低了内存访问所带来的性能开销；②提高执行速度，通过减少内存访问次数，向量链技术可以降低延迟并提高整体执行速度；③增强处理器利用率，向量链技术通过减少内存访问，使处理器能更高效地处理向量操作。

向量链技术的缺点在于：①向量链技术可能导致处理器等待链中的操作完成，从而增加延迟；②向量链技术可能导致处理器资源争用，因为多个操作可能需要同时访问相同的处理器资源。尽管如此，向量链技术在许多情况下仍然可以提高向量计算机的性能。

## 6.2.5 向量分解 strip-mining 技术

strip-mining 通常被用于处理大型数据集，它可以将较大的问题分解，以匹配处理器的向量寄存器长度。当输入数据的尺寸大于向量处理器的最大向量长度时，strip-mining 技术可将大型问题分解为多个较小的问题，向量计算机可以利用其向量硬件并行性来提高性能。图 6-10 展示了 strip-mining 技术在向量加法上应用的案例，当向量尺寸 N 大于向量加法单元的路数为 64 的时候，向量处理机会先计算 N mod 64 后的值，并先计算这部分数据，然后再依次按照每次 64 个元素进行向量计算的循环。

## 6.2.6 向量条件执行

相对于标量处理器中简单直接的分支跳转语句，由于向量计算机中涉及的 SIMD 技术的特性，处理器的条件分支变得更为复杂，因此提出了向量条件执行（vector conditional execution）技术。这个技术的主要思想是利用掩码向量（mask vector）告诉处理器

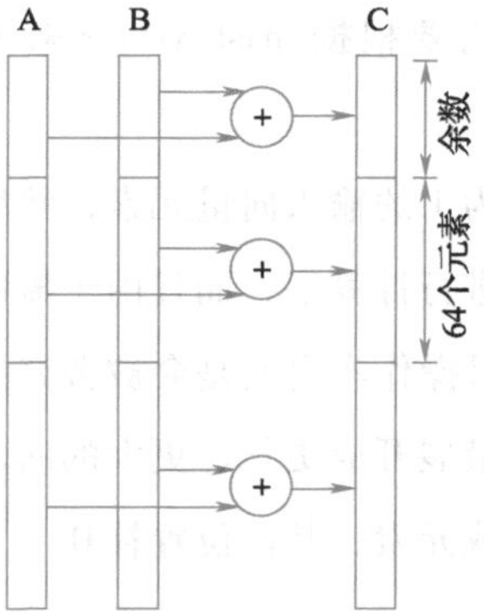


```
for (i=0 ; i<N; i++)
    C[i]=A[i]+B[i];

andi    x1, xN, 63       #N mod 64
setvl       x1           #Do remainder
loop:
vld     v1, xA
sll     x2, x1, 3        #Multiply by 8
add xA, x2               #Bump pointer
vld     v2, xB
add xB, x2
vadd    v3, v1, v2
vst     v3, xC
add xC, x2
sub xN, x1               #Subtract elements
li      x1, 64
setvl   x1               #Reset full length
```

图 6-10 strip-mining 技术在向量加法上应用的案例

选择性地执行向量操作，从而实现事实意义上的分支。掩码向量是一个布尔向量，它的长度与数据向量相同，每个元素表示对应的数据向量元素是否应该执行特定操作。当掩码向量的元素为 true 时，向量操作将在相应的数据向量元素上执行；当掩码向量的元素为 false 时，向量操作将跳过相应的数据向量元素。

以图 6-11 所示的条件向量赋值代码为例，若希望在 A 向量中元素值大于 0 时才进行向量赋值操作，就可以先根据向量值设定 mask vector，然后按照 mask vector 控制执行。

```
for (i = 0 ; i < N ; i++)
    if ( A[i] > 0 ) then
        A[i] = B[i];
```

图 6-11 条件向量赋值代码

用 mask vector 控制执行有简单和复杂两种实现方式：①都进行计算，但是在计算完成后，mask vector 的对应位置如果为 0 就不存入寄存器了；②只执行对应 mask vector 元素为 1 的向量操作，此法实现起来比较复杂，但是能够节约计算成本。

使用 vector-mask 寄存器的缺陷：①简单实现时，条件不满足时向量指令仍然需要花费时间；②有些向量处理器带条件的向量执行仅控制向目标寄存器的写操作，可能会存在除法错误。

## 6.2.7 压缩/展开操作

压缩（compress）和展开（expand）操作分别用于从输入向量中选择性地抽取元

素以创建新向量，以及根据掩码向量将数据元素插入到新向量中。这些操作在处理稀疏数据、数据过滤和数据重组等应用中有很大作用。它们也可以与 mask vector 结合，这样就不需要设计实现 vector-mask 寄存器，而只需要根据 mask vector 来压缩和展开输入向量。

所谓的压缩就是根据掩码向量提取出对应掩码向量为 1 的输入向量元素，然后重新组合成一个新的更小的向量。这样这个向量就可以直接进行计算了，而且由于掩码向量的特性，向量计算操作也没有损失，因为掩码为 0 的向量操作本身就是会被舍弃的。

展开与压缩是反向的，可以将小的向量根据掩码向量展开成更长、更大的向量，展开的基准就是掩码向量为 1 的位置依次从输入向量中选取元素，其他位置补 0。

### 6.2.8 向量归约

向量归约（vector reductions）会将向量元素执行进行聚合操作，通常用于计算向量的总和、积、最大值、最小值等。以总和计算为例，如果想将向量所有的元素加到一起，逐一取和效率很低，因此采用每次将向量的 sum 向量两两相加的方法，每次尺寸都会减半直到只剩下最后一个元素，即最终需要计算的结果，其他的归约计算也是类似的原理。sum 向量归约如图 6-12 所示。

```
// 问题:循环携带对归约变量的依赖
sum = 0;
for( i=0; i<N; i++)
    sum+=A[i];          #循环携带依赖于 sum
```

```
// 解决方案:尽可能重新关联操作,使用二叉树进行归约
// 如下重新排列
sum[0:VL-1] = 0;                             // 向量的 VL 部分和
for(i=0; i<N; i+=VL)                         // 剥离 VL 大小的块
        SUM[0:vl-1] += A[i:i+VL-1];          // 向量和
// 现在在一个向量寄存器中有 VL 部分和
do{
        VL = VL/2;                           // 半矢量长度
        sum[0:VL-1] += SUM[VL:2*VL-1]; // 一半的部分和
} while(VL>1);
```

图 6-12　sum 向量归约

### 6.2.9 存储访问

load/store 向量算子在读入第一个数据时存在 start-up 延迟，读入后续数据时也有这样的延迟，并且由于内存存在内存块就绪时延（bank ready latency）（内存块需要的一段时间来准备接收下一个访问），这个延迟还会被进一步加重。因此，内存需要被设计为能支持向量 load/store 需求的高带宽，而且还需要能够尽快地处理离散的跨内存块的多个访问，具体要求如下：

1）需要支持每时钟周期进行多次加载或存储，能够独立控制到各内存块的地址；

2）需要支持（多个）非顺序加载或存储；

3）需要支持多个处理器共享相同的内存系统，从而让每个处理器能生成其独立的地址流。

#### 1. 内存寻址模式

向量机中，load/store 都是将一组数据批量地在内存和寄存器之间搬运。一般有三种寻址模式：

1）单一寻址（unit stride addressing），又称为等步长寻址。在这种寻址方式中，向量元素在内存中以固定的间隔存储。处理器按照这个间隔顺序访问向量元素。单一寻址是最常见的寻址方式，因为它适用于连续存储的数据。

2）变步长寻址（variable stride addressing）。在变步长寻址中，向量元素在内存中以不等的间隔存储。处理器需要知道每个元素之间的间隔（或称为“步长”），才能正确访问它们。这种寻址方式在访问非连续存储的数据时非常有用，例如访问矩阵的某一列或者其他非规则数据结构。

3）间接寻址（indirect addressing）。间接寻址允许处理器通过索引向量间接访问内存。在这种寻址方式中，索引向量存储了数据元素在内存中的地址。这种寻址方式在访问稀疏数据结构或者需要重新排序数据的情况下非常有用。

#### 2. 交错内存布局（interleaved memory layout）

交错内存布局是一种为了应对向量机中的新需求提出的内存组织策略，旨在优化数据访问性能。在交错内存布局中，数据会被分成多个内存块这与传统内存布局类似，但是这些内存块在物理内存中以交错的方式存储，目的是使处理器可以同时访问多个内存块，从而实现更高的内存带宽利用率。然而，交错内存布局也存在一些问题：①内存碎片，交错内存布局可能导致内存碎片，特别是在处理小型数据集时；②不规则访问模式，对于不规则访问模式，交错内存布局可能无法提供最佳性能。

由于 DRAM 访问存在内存块繁忙时间（bank busy time），采用交错的向量存储布局更有利于数据访问性能提升。例如 cray-1 中的 DRAM 就具有 16 banks，4 cycles 的 bank busy time，访问延迟则是 12 cycles，建议采用交错向量内存布局。

#### 3. 多维数组访问

如果要将数组 B 的每一行与 D 的每一列相乘时，B 会按照行方向去向量化，D 则会按照列方向去向量化并且存入寄存器，当它们被存入寄存器时，这些数据就已经相邻了，后续再访问时就可以进行连续访问。但是此时存在一个问题，那就是内存寻址的步长：数组 B 步长为 1，数组 D 步长为 N（N 为数组行长度）。尽管数组 D 的访问也是单一步长访问，但是由于编译时并不能知道这个 N 数值为多少，因此还是需要采用 non-unit 的访问方式，然后向寄存器中动态更新数组的行长度 N。

#### 4. 定步长访问获得满速带宽需要满足的条件

1）内存系统至少包含与时钟频率匹配的路数×字长（lanes×word）数量的带宽，才能保证每个时钟周期都有资源用于向量计算。

2）内存块的数量应相对增多，以抵消访存延迟的影响，这样才能避免由于 bank latency 引发的阻塞。

3）如果想要超过 1 word per clock 的带宽，就需要更多的 bank，也需要更高的 DRAM 带宽。

#### 5. 内存 bank 冲突

两个或多个指令或数据项尝试同时访问同一物理内存块，这可能导致竞争和较慢的性能。优化方案如下：①循环交换（loop interchange），重新排列循环，减少对同一个内存块的访问；②数组填充，例如让二维数组的不同行位于不同的内存块中，就可以减少内存块冲突的问题。按步长寻址很容易引发这种冲突，也是这种寻址模式的问题所在。

### 6.2.10 分散和聚集

分散（scatter）操作使用 index vector 中给出的 index 乘以步长（使用 CVI 设定），

再加上基址，将稀疏的元素取到一起然后统一计算，这些元素以密集的方式操作完成之后，再用 index vector 分散到稀疏矩阵的对应位置。这些操作无法在编译时完成，因为编译器可能无法预知 index vector 之间是否存在数据相关。

对于一个循环体内将两个数组对应位置元素相加之和赋值给第三个数组的循环，在标量顺序代码与向量化代码中对应的处理不同。在标量顺序执行中，对循环的每一次迭代都将执行两次 load、一次 add 与一次 store 操作，每次操作的对象只是一个元素（见图 6-13）；而在向量化执行中，会将连续的几次迭代同时执行两次 load、一次 add 与一次 store 操作，每次操作的对象是若干个元素（见图 6-14）。从编译角度来看，向量化改变了源代码的执行顺序，需要在编译时对操作顺序进行大规模重排序，需要大量的循环依赖分析，因此在变量之间存在大量依赖关系时，向量化并不一定能提高效率，反而会使性能降低。

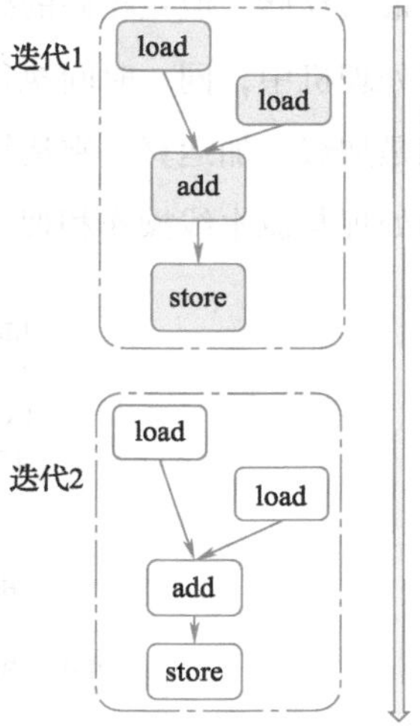


图 6-13 标量顺序执行

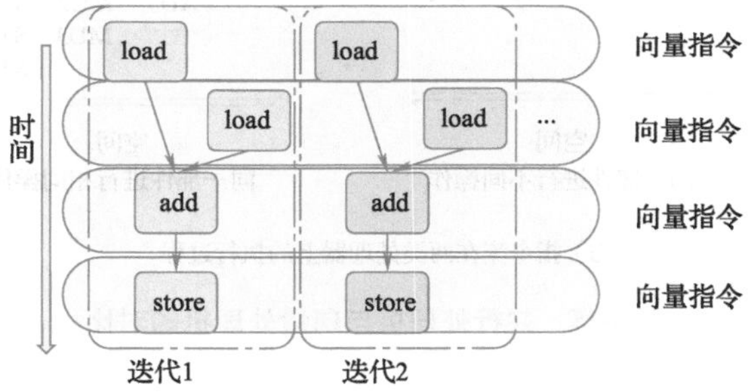


图 6-14 向量化执行

在实现方式上，并行处理机（array processor，又称 SIMD 处理器）与并行向量处理机（vector processor）有显著区别。并行处理机的核心是一个由多个处理单元构成的阵列，用单一的控制部件来控制多个处理单元对各自的数据进行相同的运算和操作；而并行向量处理机相反，它的每个控制部件执行的是不同数据的相同运算和操作。

下面介绍一个简单的对四个元素的数组进行操作的例子。如图 6-15 所示，在并行处理机之中，同一时间所执行的操作是相同的，对各自的数据进行加载、加运算、乘运算，最后存储，但在相同的处理器（空间）上执行的操作是不一样的（见图 6-16）；在向量处理机中，同一时间执行的是不同的操作，如在第四个周期中，四个处理器执行的分别是加载、加运算、乘运算、存储操作，在相同的处理器上执行的操作是一致的，这样的处理与流水线操作相似（见图 6-17）。

```
LD VR ← A[3:0]
ADD VR ← VR, 1
MUL VR ← VR, 2
ST A[3:0] ← VR
```

a）指令流

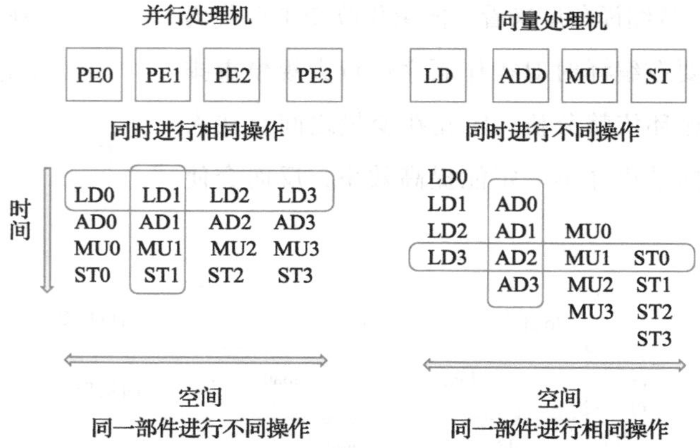


b）指令流在两类处理器上的执行过程

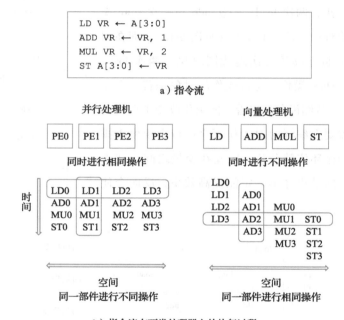

图 6-15　并行处理机与向量处理机的对比

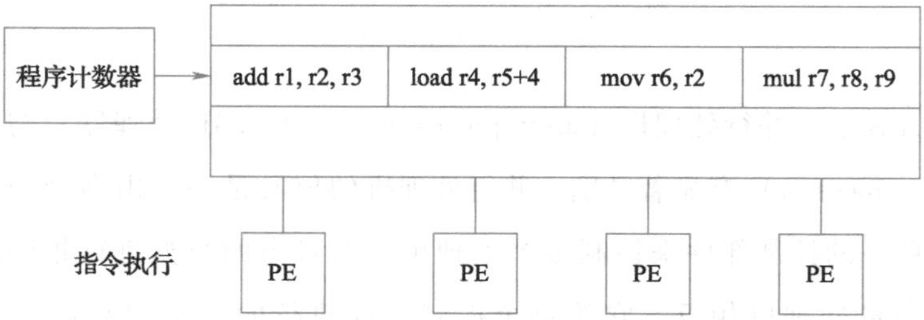


图 6-16　VLIW（多个独立操作封装在一起）

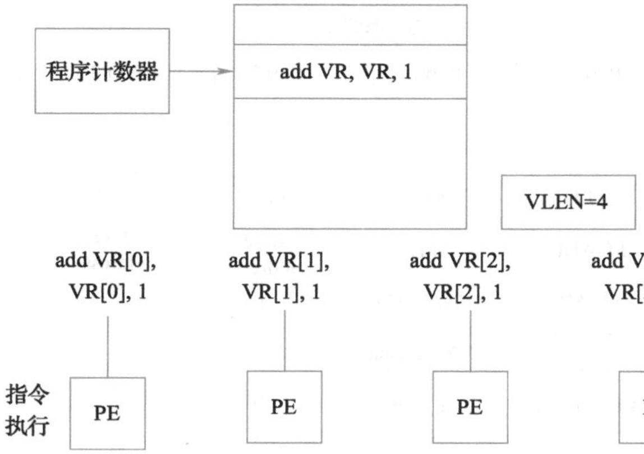


图 6-17 向量处理机：单个操作作用在不同数据元素

以上方法通常都可以使用超长指令字（very long instruction word，VLIW）技术实现，它将多个独立的操作由编译器封装在一起（见图 6-16）。

对于 Packed SIMD 指令的扩展，它将向量加入了已有的微处理器指令集，将 64bit 的寄存器划分为 2×32bit 或 4×16bit 或 8×8bit，例如林肯实验室 1957 年的 TX-2 将 36bit 数据通路划分为 2×18bit 或 4×9bit；更新的设计拥有更宽的寄存器，如 PowerPC Altivec 拥有 128bit 寄存器，Intel SSE2/3/4 拥有 256/512bit 寄存器。相比于向量处理，Packed SIMD 有以下特点：

1）**指令集有限**：它无向量长度控制，因此没有等步长的 load/store 或 scatter/gather 指令，对于单位步长的加载必须对齐到 64bit 或 128bit。

2）**有限的向量寄存器长度**：需要超标量分派来保持乘、加、加载、存储单元繁忙；需要循环展开以隐藏延迟，会增加寄存器的压力。

因此，微处理器有着更全面向量支持的发展趋势，如更好地支持不对齐的内存访问、支持双精度（64bit 浮点）。因此产生了新的英特尔 AVX spec，如图 6-18 所示，它具有 256bit 向量寄存器（可扩展到 1024bit），增加了 gather、scatter 等功能，它可以每周期处理 256bit 的乘、加和 shuffle 操作，每次加载双倍的数据。同时也产生了 ARM 可伸缩向量扩展（SVE），ARM NEON 寄存器包含了 32 个 64bit 寄存器（见图 6-19）。可以通过 cat/proc/cpuinfo 在 Linux 系统上查看 SIMD 支持情况。

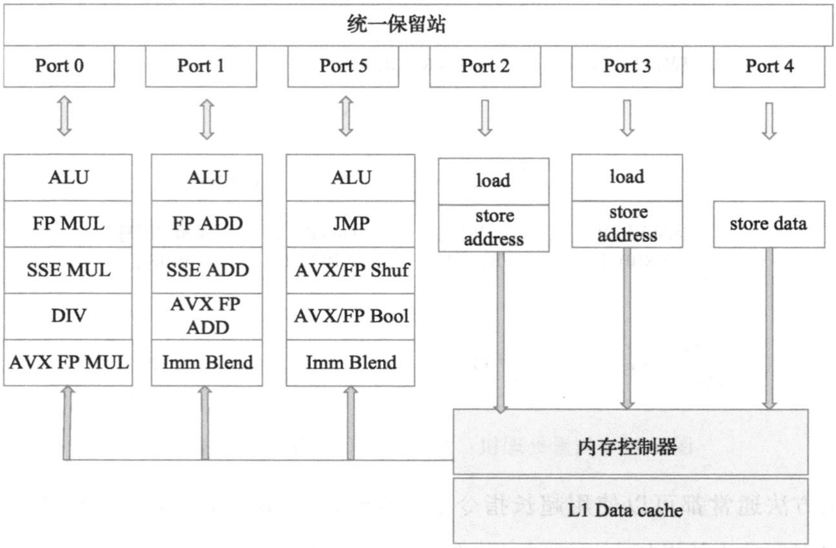


图 6-18　Intel 微体系结构

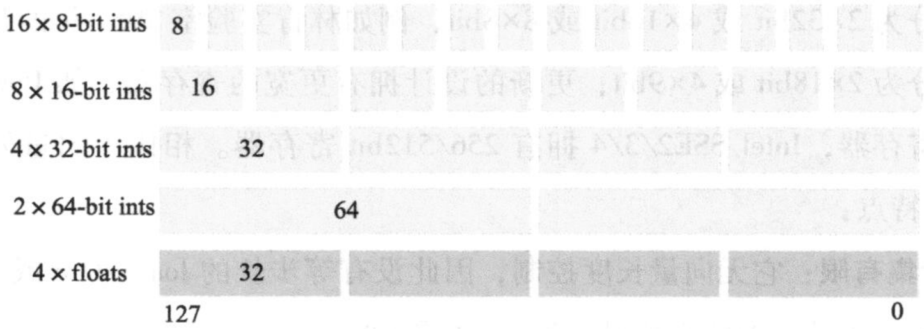


图 6-19　ARM NEON

传统意义上的 CPU 通常拥有取指译码单元、算术逻辑单元（执行单元）、执行上下文、数据高速缓存、乱序执行控制逻辑，以及一些分支预测以提高流水线效率和内存预取等功能。现在要考虑的是，若只着眼于并行计算性能的提升，如何在传统的 CPU 上进行优化？

最直接的设计思路是简化（simplification）。这样的思路将移除所有其他诸如高速缓存、乱序执行、分支预测、预取等处理单元，只保留基本的功能单元，将所有的效率集中于一条单独指令的完成（见图 6-20）。对于典型的 CPU 而言，高速缓存中占据了整个 CPU 将近一半的模面积（die area）。在移除高速缓存等部件的情况下，将节省的晶体管投入到更多份这样的简单处理器中是很自然的想法，这样的并行比传统的多核 CPU 的规模更大，但无限地增大规模显然不现实，需要更加精细的方式进行并行。

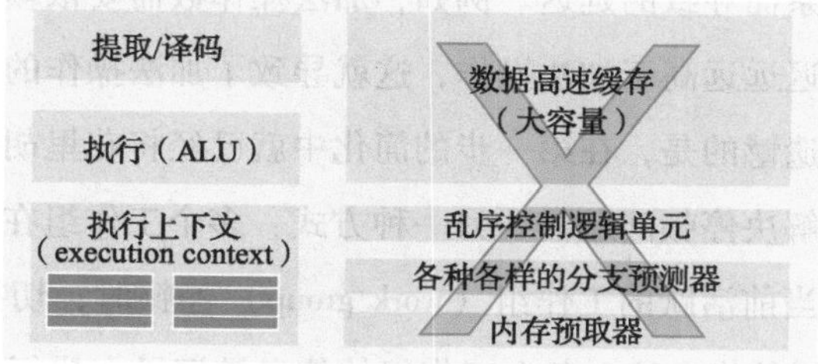


图 6-20 简化模型

考虑经常出现的一种场景：相同的操作（如一些灯光效果、几何变换等）通常作用在许多不同的数据上，同时，许多运算都具有相同的“自然”并行性（如向量加法、稀疏矩阵向量乘法等），这样的并行称为数据并行。在简化的基础上产生了将相同的操作在同一时间作用在不同数据上的思路，这样的思路称为 SIMD。

在 GPU 的设计中具有一个假设：只期望数据并行工作负载，并在芯片设计中最大限度地利用这一点。因为 ALU 非常便宜，这样分摊跨多个 ALU 管理指令流的成本或复杂度可以一定程度减少开销。一个 16 核，宽度为 8 的 SIMD 处理器可以并行处理 128 个操作，同时能实现 16 个独立的指令流同时进行，每个指令流宽度都为 8。

SIMD 的实现方式具体有两种选择。第一种是显式地使用向量指令，每个指令的操作数都是向量，如传统的 x86 SSE 与 AVX、PowerPC AltiVec、Intel Knights Ferry/Corner 均是这样的处理方式，这样的方式称为 SIMD Processing，需要程序员对向量指令与并行操作有足够的理解，并能够分析程序中不同数据的并行关系。第二种是仍使用标量指令，利用隐式的硬件进行向量化，以牺牲更多隐性知识为代价，对程序员更加友好。由硬件决定 ALU 之间的指令流共享，有意从软件中隐藏的共享量，让自动发掘程序可并行部分成为可能（见图 6-21）。当代 GPU 设计均基于此种思路，如 NVIDIA（SIMT

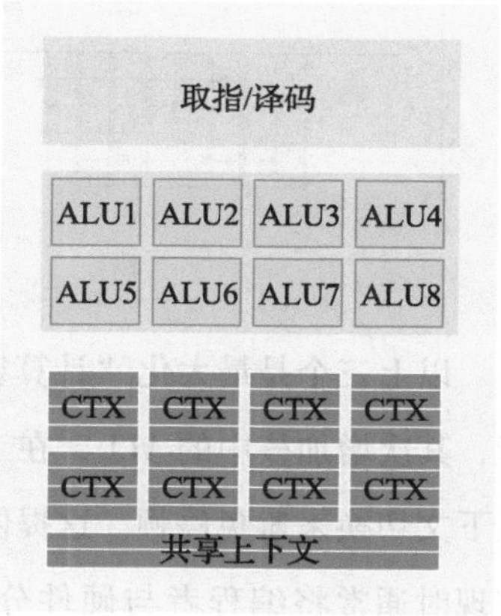


图 6-21 SIMD

warps）、AMD（VLIW wavefronts）。

SIMD 让并行的开销进一步降低，但仍存在处理过程中的停顿（stall）问题，即由于指令流中的依赖关系而导致的延迟。例如，加法操作数需要依赖于已经完成的加载指令，而加载指令的延迟远远高于加法操作，这就导致了加法操作的停顿。这样的问题可以由预取进行优化。遗憾的是，在第一步的简化中就已经将花里胡哨的缓存与隐藏停顿的部件移除了，因此解决停顿问题需要另一种方式：多个工作组在同一核心上的交错处理。它的核心思想是当前活跃的工作组（work group）停顿时，切换到另一个就绪状态（runnable）的 SIMD 组的指令流。各个工作组的信息被记录在执行上下文中。GPU 在硬件中实现此方法，没有额外开销，在理想情况下延迟被完全隐藏，吞吐量实现最大化（见图 6-22）。

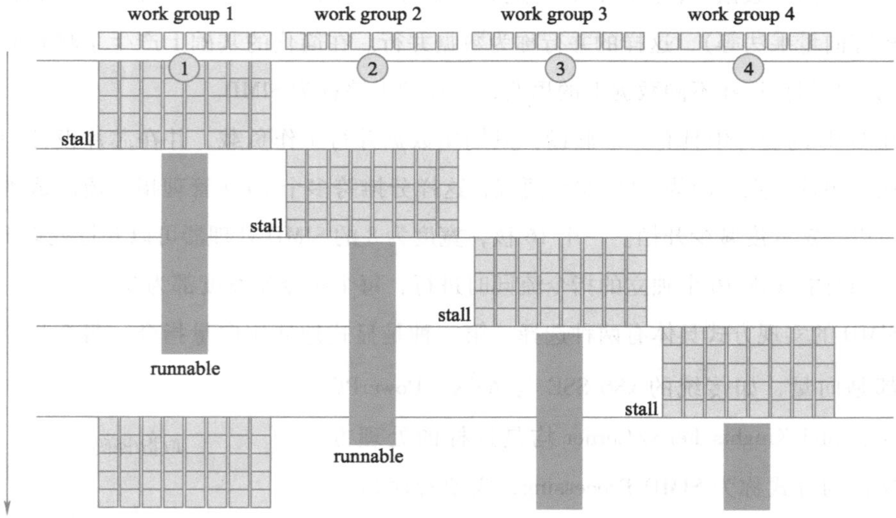


图 6-22 隐藏延迟示例

以上三个是最大化“计算密度”的核心思想，首先使用更多的简单核进行并行运行，其次增加核中的 ALU，在工作组之间共享指令流，最后利用交错执行与无开销硬件上下文切换来避免停顿。这提供了适用于所有价格、算力、性能机制的可扩展设计。在实现时通常将编程者与硬件分离开，使得编程门槛下降。OpenCL/CUDA 编程模型显式地将交错 SIMD 组的概念提出，并且介绍了 SIMD 组之间的同步层次架构。

20 世纪 90 年代中后期，GPU 这个概念逐渐进入人们的视野。GPU 是指带有高性能浮点运算部件、可高效生成 3D 图形的具有固定功能的专用设备让 PC 具有类似工作站的图形功能。用户可以配置图形处理流水线，但不是真正地对其编程。在 2001—2005 年，GPU 越来越具有可编程性（例如新的语言 Cg，它可用来编写一些小的程序处理图形的顶点或像素，是 Windows DirectX 的变体），能够大规模并行（针对每帧上百万个顶点或像素），但非常受限于编程模型。有些用户注意到通过将输入和输出数据映射为图像，并对顶点或像素渲染计算，可进行通用计算。但由于不得不使用图形流水线模型，这对完成通用计算来说是个非常难用的编程模型。在 2006 年，Nvidia 的 GeForce 8800 GPU 支持一种新的编程语言：CUDA。随后业界推出 OpenCL，它与 CUDA 具有相同的设计思路，即针对通用计算，利用 GPU 计算的高性能和存储器的高带宽来加速一些通用计算中的核心（kernels）。它是一种协处理器模型（GPU 作为附加设备），Host CPU 发射数据并行的 kernels 到 GPGPU 上运行。在后续章节中，仅讨论 Nvidia CUDA 样式的简化版本，仅考虑 GPU 的计算核部分，不涉及图形加速部分。

对于通用 CPU 而言，它串行执行快、带有 cache 并且访问存储器延时低，适合执行一些串行的线程。而 GPU 的可拓展的并行执行、高带宽的并行存取性质适合执行大量并行线程。CPU+GPU 异构多核系统基于此思想，利用 CPU 的强控制、弱计算与 GPU 的弱控制、强计算，针对每个任务选择合适的处理器和存储器，提高整体性能。

值得注意的是，虽然 GPU 是一种基于 SIMD 的机器，但它并不使用 SIMD 指令编程，而是使用线程（SPMD 编程模型）进行编程，每个线程执行同样的代码，但操作不同的数据元素，每个线程有自己的上下文（即可以独立地启动/执行等）。在 GPU 中，一组执行相同指令的线程由硬件动态组织成 warp，即一个 warp 是 GPU 中由硬件形成的 SIMD 操作。GPU 使用 SIMT（single instruction multiple thread）模型，其中每个 CUDA 线程的单个标量指令流被分组汇聚在一起，在硬件上以 SIMD 方式执行，如图 6-23 所示。例如，Nvidia 将每 32 个 CUDA 线程分为一个 warp，AMD 将 64 个线程分组到一个 wavefront（见图 6-24）。warp 与 wavefront 是一组相似的概念，它们是一组对不同数据元素执行相同指令的线程，所有线程都在同一个核上运行。

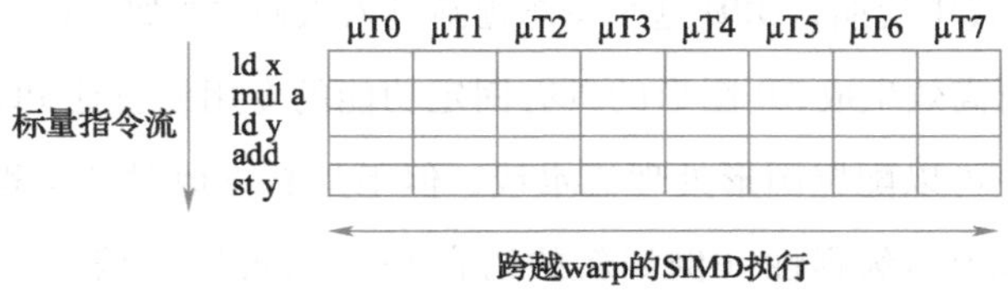


图 6-23　SIMT 模型

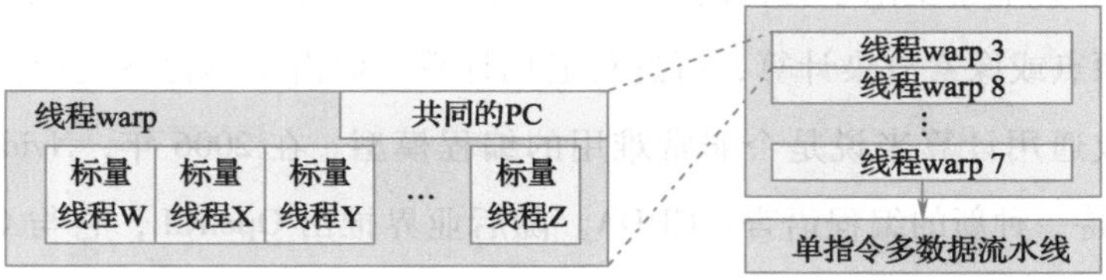


图 6-24　warp/wavefront 组织

在硬件层面，GPU 由多个并行的核构成，每个核包含一个多线程 SIMD 处理器，但没有标量处理器，如图 6-25 所示。在执行过程中，CPU 将整个“网格”发送给 GPU，GPU 在各个核心之间分配线程块（每个线程块只在一个核心上执行）。在整个过程中，内核的数量对于程序员而言是不可见的。

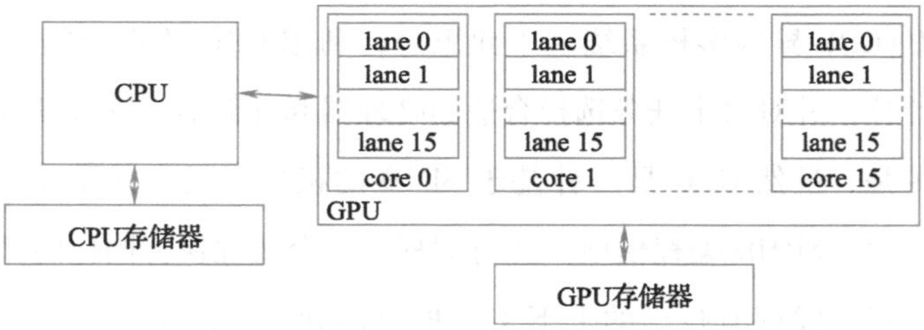


图 6-25　硬件执行模型

在 SIMT 的实现过程中，所有“向量”（实际并非向量，只是一些线程组）的加载和存储都是分散-聚集（scatter-gather）的，因为单个微线程执行的都是标量的加载和存储。GPU 添加硬件来动态合并多个微线程的加载和存储，以模拟向量加载和存储。如果存在不同的控制流，需要加以判断，每个微线程都必须冗余地执行剥离计算，因为没有等效的标量处理器。

在程序员眼中，计算由大量的相互独立的线程（CUDA threads 或 microthreads）完成，这些线程组合成线程块（thread blocks），如图 6-26 所示 GPU 将创建足够的线程块以适应输入向量（Nvidia 中将由多个线程块构成的、在 GPU 上运行的代码称为 Grid，Grid 可以是二维的），程序员也能手动指定线程块的维度。

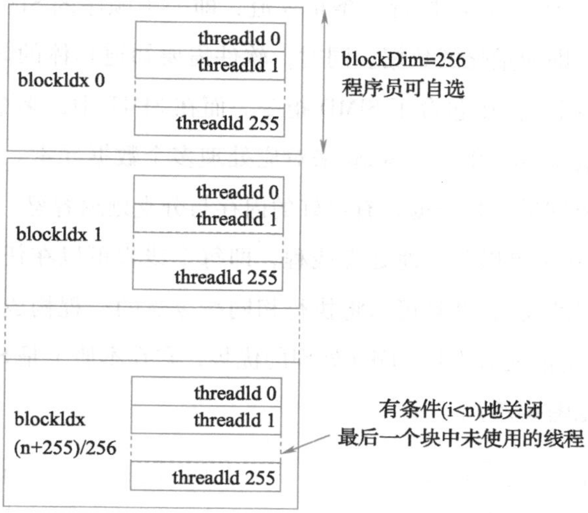


图 6-26　线程块的划分

接下来从 warp 与线程块角度考虑多线程执行的性能问题。在前文中提到，warp 是 GPU 执行程序时的调度单位，是一组对不同数据元素执行相同指令的线程，在机器上以 warp 为单位进行指令执行，如图 6-27 所示，在 PC X 时，warp 0 执行 load 操作，在 PC X+1 时，warp 0 继续执行第二个 load 操作。这样的编程模型也被称作 SPMD，GPU 使用 SIMT 来实现。

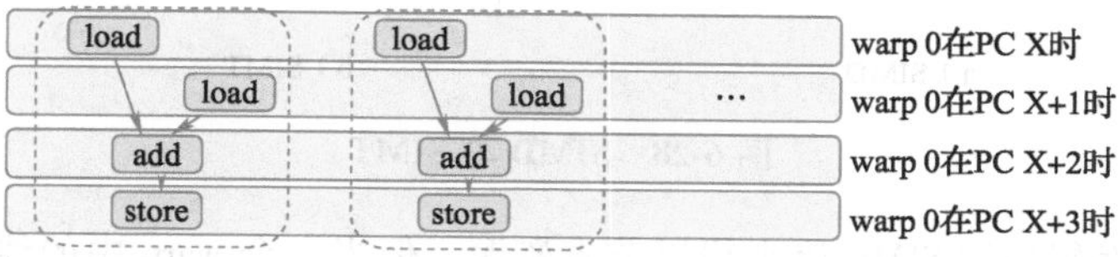


图 6-27　warp 作为执行单位

假设一个 warp 由 32 个线程构成，若有 32k 次循环，那么将会划分出 1k 个 warp，这些 warp 都可以在同一条流水线上交替执行，以隐藏存储器访问和功能部件的延迟。具体来讲，这样分组情况下，所有线程的寄存器值都保存在寄存器文件中，无操作系统上下文切换，可隐藏内存延迟。同时，在此引入线程块的概念，单个线程块包含多个 warp，这些 warp 都映射到同一个核心上。当然，多个线程块也可以在同一个核心上运行。

在传统 SIMD 视角中，每次执行一条指令流，即一串顺序的 SIMD 指令；每条指令对应多个数据输入，即向量化的数据。同时，软件需要知道具体的向量长度。ISA（动态形成的标量-向量指令）中包含了 SIMD 指令。而在 SIMT 中，多个指令流构成线程，这些线程动态地构成 warp，由一个 warp 来对应处理多个数据元素。每个线程都可以单独处理，软件不需要知道向量长度，有更好的内存与分支延迟容忍。

SIMT 主要优点在于可以独立地处理线程，即每个线程可以在任何标量流水线上单独执行（MIMD 处理模式），并且可以将执行相同指令流的线程构成 warp，从而组织为 SIMD 的处理模式，仍能充分发挥 SIMD 处理的优势，它在本质上是 SIMD 硬件上实现的 SPMD 编程模型（见图 6-28）。

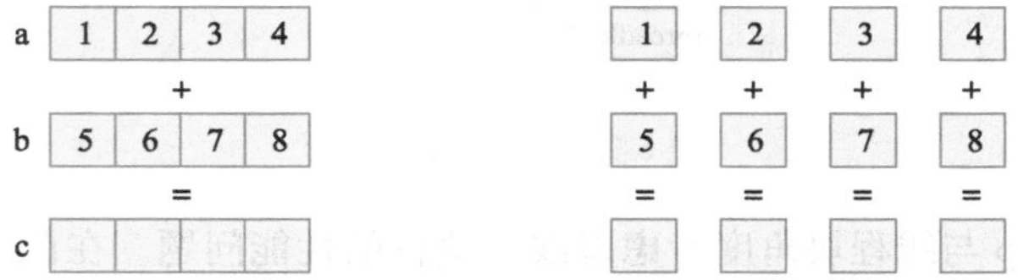


```
_m128 a=_mm_set_ps(4, 3, 2, 1);
_m128 b=_mm_set_ps(8, 7, 6, 5);
_m128 c=_mm_add_ps(a, b);
```

```
float a[4]=[1, 2, 3, 4},
      b[4]={5, 6, 7, 8}, c[4];

//定义一个计算内核
//这是一个细粒度线程执行的操作
{
  int id=...; //my thread ID
  c[id]=a[id]+b[id];
}
```

a）SIMD　　　　b）SIMT

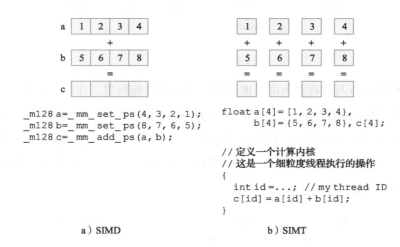

图 6-28　SIMD 与 SIMT

GPU 控制逻辑使用 SIMD 流水线以节省资源，但当一个 warp 中的线程分支到不同的执行路径时，就会产生分支发散（branch divergence）现象，即一个 warp 中的线程不再执行同一种指令（见图 6-29）。与向量结构类似，GPU 使用内部的屏蔽字（mask）来解决这一问题。同时还使用了以下几种方式。

（1）SIMT-Stack　它分为两个部分，分支同步堆栈保存分支的路径地址，保存该路径的 SIMD 路屏蔽字，即指示哪些路可以提交结果。指令标记（instruction markers）管理何时分支到多个执行路径，何时路径汇合（diverge-converge）。

（2）PTX 层　CUDA 线程的控制流由 PTX 分支指令控制及由程序员指定的每个线程的 1-bit 谓词寄存器。

（3）GPU 硬件指令层　控制流包括：分支指令、用于管理分支同步栈的特殊指令、GPU 硬件为每个 SIMD thread 提供堆栈以保存分支的路径、GPU 硬件指令带有控制每个线程的 1-bit 谓词寄存器。

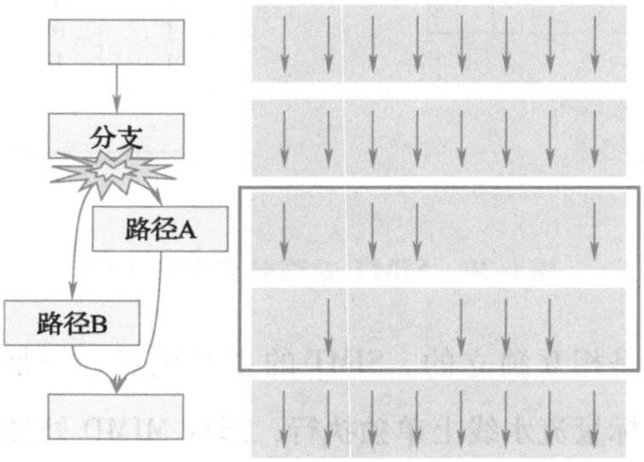


图 6-29　分支发散

硬件跟踪各线程转移的方向，判定哪些是成功的转移，哪些是失败的转移。如果所有线程所走的路径相同，那么可以保持这种 SIMD 执行模式；如果各线程选择的方向不一致，那么创建一个屏蔽向量来指示各线程的转移方向（成功或失败）。继续执行分支失败的路径，将分支成功的路径压入分支同步堆栈，待后续执行。SIMD 路通过执行 pop 操作，弹出执行路径以及屏蔽字，执行该转移路径。完成整个分支路径执行后再执行下一条指令称为汇合。对于相同长度的路径，IF-THEN-ELSE 操作的效率平均为 50%。

通过一个例子来学习 SIMT 是如何处理分支发散的。如图 6-30 所示，每个 warp 拥有一个控制流栈，其中保存了分支的路径地址和该路径的 SIMD 路屏蔽字，该 warp 中的 4 个线程有 3 条选择了 B 分支，1 条选择了 C 分支，通过屏蔽向量来指示它们的转移方向。B 分支执行成功后被压入分支同步堆栈，等待分支 C 的线程执行后，最终 4 个线程汇聚回 D 指令。通过执行 pop 操作，弹出执行路径以及屏蔽字，执行该转移路径。

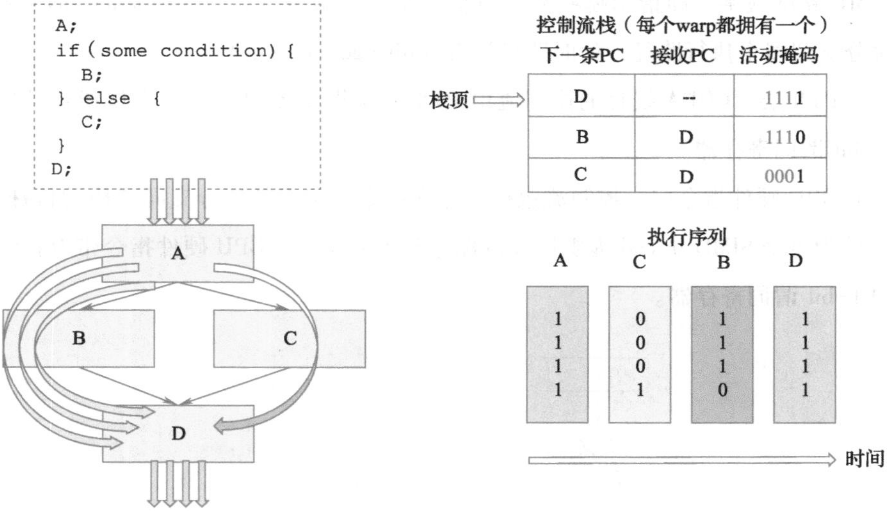


图 6-30　SIMT 处理分支发散示例

要记住每个线程都是相互独立的。SIMT 的主要优点，一是可以独立地处理线程，即每个线程可以在任何标量流水线上单独执行，形成 MIMD 处理模式；二是可以将线程组织成 warp，即可以将执行相同指令流的线程构成 warp，形成 SIMD 处理模式，以充分发挥 SIMD 处理的优势。

执行有用操作的 SIMD 路的比例（即执行活动线程的比例）称为 SIMD 利用率。如果有许多线程，对于那些具有相同 PC 值的线程，可以将它们动态地组织到一个 warp 中，这样可以减少分支发散，从而提高 SIMD 的利用率。

想要动态生成（合并）warp，一种方法是在分支发散之后，动态合并执行相同指令的线程。新的 warp 从那些等待的 warp 中形成，足够多的线程分配到每个分支路径，可能创建完整的新 warp，但 warp 分组的灵活性受到硬件约束（见图 6-31）。线程在硬件中由于寄存器、功能单元等资源限制，无法灵活地移动线程到每一路中。

不同线程中的相同指令使用线程 ID 来索引和访问不同的数据元素。由此产生一个新的问题：当动态地将线程分组，存储器访问该如何处理？与相对简单的固定模式存储器访问不同，动态构成 warp 使得访问模式具有随机性。这导致问题变得复杂，降低了存储器访问的局部性，进而导致存储器带宽利用率下降。

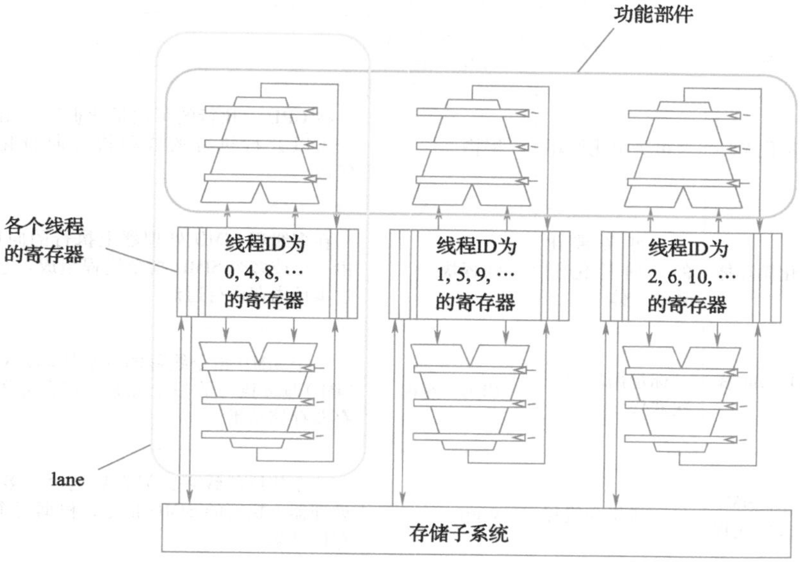


图 6-31 硬件约束限制了 warp 分组的灵活性

理想情况当然是一个 warp 中的所有线程的存储器访问全部命中，且互相没有冲突。但实际情况是，一个 warp 中有些线程的访存会命中，而有些则失效。一个线程的 stall 会导致整个 warp 停顿，带来延迟的增加。需要有相关技术来解决存储器发散访问问题。

NVIDIA GeForce GTX 285 拥有 240 个流处理器，采用 SIMT 执行。通俗地讲，该图形处理器拥有 30 个核心，每个核心拥有 8 个 SIMD 功能单元。

GP100 GPU 拥有 56 个流处理器，每个流处理器拥有 64 路，或者说它具有 3584 个流处理器。在 Pascal GPU 的多线程 SIMD 处理器架构中，64 个 SIMD 路中的每一个都有一个流水线浮点单元、一个流水线整数单元、一些用于向这些单元分派指令和操作数的逻辑，以及一个用于保存结果的队列。64 个 SIMD 通道与执行 64 位浮点运算的 32 个双精度 ALU（DP 单元）、16 个加载-存储单元和 16 个用来计算平方根、倒数、正弦和余弦等函数的特殊功能单元（SFU）交互。

将本章的向量处理机和 GPU 术语做一个总结，见表 6-2，分为四组（从上到下分别为程序抽象、机器对象、处理器硬件和内存硬件），共 13 个硬件术语。

表 6-2　向量处理机和 GPU 术语总结

| 类型 | 描述性名称 | 近似术语 | CUDA/NVIDIA GPU 术语 | 简要解释 |
|---|---|---|---|---|
| 程序抽象 | 可矢量化循环 | 可矢量化循环 | 网格 | 在 GPU 上执行的可向量化循环，由一个或多个可以并行执行的线程块（向量化循环体）组成 |
| | 向量化循环体 | （可条带化的）向量化循环的主体 | 线程块 | 在多线程 SIMD 处理器上执行的向量化循环，由一个或多个 SIMD 指令线程组成。它们可以通过本地内存进行通信 |
| | SIMD lane 操作序列 | 标量循环的一次迭代 | CUDA 线程 | 一个 SIMD 指令线程的垂直切割，对应于一个 SIMD lane 执行的一个元素，根据掩码和谓词寄存器存储结果 |
| 机器对象 | 一个由 SIMD 指令组成的线程 | 向量指令线程 | warp | 一个传统的线程，但它只包含在多线程 SIMD 处理器上执行的 SIMD 指令，根据每个单元掩码存储结果 |
| | SIMD 指令 | 向量指令 | PTX 指令 | 一条跨 SIMD lane 执行的 SIMD 指令 |
| 处理器硬件 | 多线程 SIMD 处理器 | （多线程）向量处理器 | 流式多处理器 | 多线程 SIMD 处理器独立于其他 SIMD 处理器，执行 SIMD 指令的线程 |
| | 线程块调度器 | 标量处理器 | 千兆线程引擎 | 将多线程块（向量化循环体）分配给多线程 SIMD 处理器 |
| | SIMD 线程调度器 | 多线程 CPU 中的线程调度器 | warp 调度器 | 当 SIMD 指令的线程准备执行时，调度和发出它们的硬件单元，包括一个记分牌来跟踪 SIMD 线程的执行 |
| | SIMD lane | vector lane | 线程处理器 | SIMD Lane 在单个元素上执行 SIMD 指令的线程中的操作，根据掩码存储结果 |
| 内存硬件 | GPU 内存 | 主存 | 全局内存 | GPU 中所有多线程 SIMD 处理器可访问的 DRAM 内存 |
| | 私有内存 | 栈或线程本地存储 | 本地内存 | 每个 SIMD 通道私有的一部分 DRAM 内存 |
| | 本地内存 | 本地内存 | 共享内存 | 一个多线程 SIMD 处理器的快速本地 SRAM，其他 SIMD 处理器不可用 |
| | SIMD lane 寄存器 | 矢量 lane 寄存器 | 线程处理器寄存器 | 跨整个线程块（向量化循环体）分配的单个 SIMD lane 中的寄存器 |

# 6.3 SIMD 编程

在应用中，有多种并行形式和并行模型。每种并行模型都针对“基于共享内存的并行编程”中的某一种特定场景，因此不同的并行模型通常共存于同一个应用中，例如，MPI 用于消息传递层次，OpenMP 用于“分支-收集”（fork-join）层次，而 SIMD 编程用于单指令流多数据流层次。本节将介绍 SIMD 编程。

## 6.3.1 SIMD 简介

两个等长的数组的元素分别对应相加，这样的代码片段普遍存在于各类程序中。在标量运算单元中，每次处理第 i 个元素的加法运算，共循环 n 次。由于处理每个元素都是独立的，不存在相关性，因此 n 个元素实际上可以并行执行。向量运算单元可使“循环向量化”，从而并行地处理 n 个元素，大幅缩短运行时间。

这种向量化的方法即称为单指令流多数据流，即一条指令同时操作多个数据元素。表 6-3 展示了 Intel SIMD 指令集扩展，不同的 SIMD 扩展在一次最多能够处理的位宽、一次最多能处理的双精度浮点数个数和一次最多能处理的单精度浮点数个数等方面存在区别。

表 6-3 Intel SIMD 指令集扩展

| SIMD 扩展 | 位宽（bit） | 一次能最多处理的双精度浮点数个数 | 一次能最多处理的单精度浮点数个数 |
|---|---|---|---|
| SSE2/SSE3/SSE4 | 128 | 2 | 4 |
| AVX/AVX2 | 256 | 4 | 8 |
| AVX-512 | 512 | 8 | 18 |

## 6.3.2 实现向量化的几种方法

有多种实现向量化的方法，这些方法在简单性和灵活性之间各具优势。如果希望在编程上尽可能简单，则可以把向量化交给编译器完成。编译器具有灵活性不同的向量化支持：①auto-vectorization，在完全不更改源码的情况下，由编译器自动识别哪些地方可以进行向量化；②auto-vectorization hints，通过在代码中添加#pragma 的编译命令指示编译器向量化特定的代码块；③intel cilk plus array notation extensions，Intel 推出 cilk 标记扩展，供编程人员指定需要优化的地方。

如果希望由编程人员自己决定优化哪里以及如何优化，则可以使用更加灵活的向量化方法：①SIMD intrinsic class，使用 SIMD 原生类，如 F32vec、F64vec 等；②vector intrinsic，使用向量操作的原生函数，如_mm_fmadd_pd( )等；③assembler code，使用向量指令，如[v]addps 等。

### 6.3.3 向量化编译指令

编译器自动向量化可以展开大量的循环成 SIMD 指令，但最好的展开效果通常依赖于编译指令的指导。表 6-4 为 Intel ICC 编译指令举例。

表 6-4 Intel ICC 编译指令举例

| Intel ICC 编译指令 | 语义 |
| --- | --- |
| #pragma ivdep | 忽略可能存在的数据依赖 |
| #pragma vector always | 只要可以总是进行向量化，而不考虑是否可以带来性能收益 |
| #pragma novector | 不进行向量化 |

#### 1. 编译指令的应用场景举例

下面举两个例子例说明表 6-4 中的编译指令的适用场景。

场景一：如图 6-32 的代码段，当 k≥0 时，该代码段不存在 RAW 相关（真相关），因此可以进行向量化展开；但当 k<0 时，存在相关，从而不能向量化。但在编译阶段，编译器并不知道 k 的情况。此时，如果程序员知道 k 恒为非负数，则可以通过添加编译指令的方法指导编译器实现向量化。Intel ICC 提供“#pragma ivdep”指令，以告诉编译器可以放心地忽略可能隐含的数据依赖（见图 6-33）。

```
for(int i = val; i < LEN-k; i++)
a[i] = a[i+k] + b[i];
```

图 6-32 是否存在数据依赖取决于 k 值的代码段

```
If(k>=0)
#pragma ivdep
for (int i=0; i< LEN-k; i++)
    a[i] = a[i+k] + b[i];
if (k<0)
  for (int i=0; i< LEN-k; i++)
    a[i] = a[i+k] + b[i];
```

图 6-33 添加“#pragma ivdep”指导编译器进行向量化展开

场景二：需要指出，并不是对所有能向量化的地方进行向量化后都能得到正面的收益。如果在两行代码之间存在大量数据依赖（同一次循环中的两行代码，而不是场景一中的两次循环中的同一行代码），则不适合进行向量化。在不希望进行向量化时，可以通过添加“#pragma novector”告知编译器不要进行向量化。

### 2. #pragma simd 编译指令

#pragma simd 编译指令的格式如下：

```
C++:#pragma simd [clause [,clause]…]
Fortran:!DIR $ SIMD [clause [,clause]…]
```

（1）#pragma simd 的作用　在不写任何附加 clause 时，该指令会强制进行向量化，而忽略循环中可能存在的数据依赖。如图 6-34 的代码段，由于编译器无法得到各个指针的运行时值，因此无法得知各个指针指向的内存区域是否有覆盖，从而无法得知依赖关系。在这种场景下，编译器会选择不进行向量化。如果程序员希望向量化，则应使用#pragma simd 指令。

```
void addf1(float *a, float *b, float *c, float *d, float *e, float *n)
{
#pragma simd
  for (int i=0; i< n; i++)
    a[i] = a[i] + b[i] + c[i] +d[i] + e[i];
}
```

图 6-34 可能存在数据依赖而无法进行编译器自动向量化的代码段

使用#pragma simd 时，需要遵循以下限制：①必须用于 C/C++中的 for 循环或 Fortran 中的 DO 循环，并遵循 OpenMP 的循环结构规范；②循环变量必须是整型或指针；③循环体中不应该有异常处理相关操作；④只支持操作基本数据类型：8/16/32/64 bits

整型、单双进度浮点数；⑤循环变量需要是能进行递增的数据类型。

（2）clause　介绍#pragma simd 中几个常用的选项参数。①_vectorlength（n1[，n2]…）：标识展开后的向量宽度，图 6-35 和图 6-34 所示场景相同，由于存在数据依赖而无法进行向量化，如果事先确保 off[] 中的值都是大于 4 的，则每 4 个元素可以安全地放在一个向量中进行运算，因此可以添加 vectorlength（4），告知编译器向量化时选择向量宽度为 4 个元素；②_private(v1,v2,…)：每次循环中的私有变量；③_linear(v1:step1,v2:step2,…)：每次循环中 v1 递增 step1，v2 递增 step2……

```
void foo(float *restrict a, float *restrict b, int offmax, int n, int off[n])
{
  for (int k =0; k < n - offmax; k++)
    A[k+off[k]] = a[k] *b[k];
}
```

图 6-35　存在数据依赖而无法进行向量化的代码段

（3）编译指令 simd 和 ivdep 的区别　simd 和 ivdep 的根本区别在于 ivdep 更加严格，它只忽略可能存在但不能肯定的依赖，如果是可以被确定的数据依赖则不能被忽略。而 simd 则忽略所有的依赖，它带来的好处是一些可能不能进行优化的循环也可以向量化，弊端也是显而易见的，即可能使代码出错。

### 6.3.4　向量化过程中的主要挑战

在使用向量化进行优化时，最大的挑战是确保向量化是合法的，所谓“合法的”即使用向量化的运行结果和不使用向量化的结果是相同的。本小节介绍如何通过相关性分析来检查向量化的合法性，以及介绍一些如何处理向量化过程中的障碍的方法。

#### 1. 相关性的定义

相关性这一概念是处理向量化的基础。相关性的形式化定义如下：如果状态 T 和状态 S 满足以下三个条件之一，则状态 T 和状态 S 之间存在相关性：①在顺序处理的程序中，状态 T 发生在状态 S 之前；②状态 T 和状态 S 访问了同一个数据单元“i”；③状态 T 或状态 S 对数据单元“i”的访问为“写”。其中，第三个条件包含三种情况，分别对应三种相关类型，见表 6-5。

表 6-5 三种相关类型

| 状态 T | 状态 S | 相关类型 | 例子 |
|---|---|---|---|
| 写 | 读 | 真相关（flow dependence） | $S_1$：X=A+B<br>$S_2$：C=X+A |
| 读 | 写 | 反相关（anti dependence） | $S_1$：A=X+B<br>$S_2$：X=C+D |
| 写 | 写 | 输出相关（output dependence） | $S_1$：X=A+B<br>$S_2$：X=C+D |

数据相关意味着一种必须遵守的程序执行顺序，只要按照这种执行顺序运行程序，就可以保证结果的正确性。不存在数据相关的两个状态可以乱序执行，即可以并行和进行向量化。

### 2. 循环中的相关性分析

把循环展开有助于分析循环中的相关性。注意，在分析是否可以向量化时，应该针对每一条语句进行分析，考查该语句是否可以向量化，而不是把循环体看作一个整体来考虑。如图 6-36 所示（假设数组 a、b、c 之间都没有重叠），在同一轮中（以 i=0 为例），$S_1$ 和 $S_2$ 存在真相关，在不同轮中，如 $S_1(i=0)$ 和 $S_1(i=1)$ 或 $S_2(i=1)$ 都不存在相关性，因此可以进行向量化。

```
for (i=0; i<n; i++){
S1    a[i] = b[i] + 1;
S2    c[i] = a[i] + 2;
  }
```

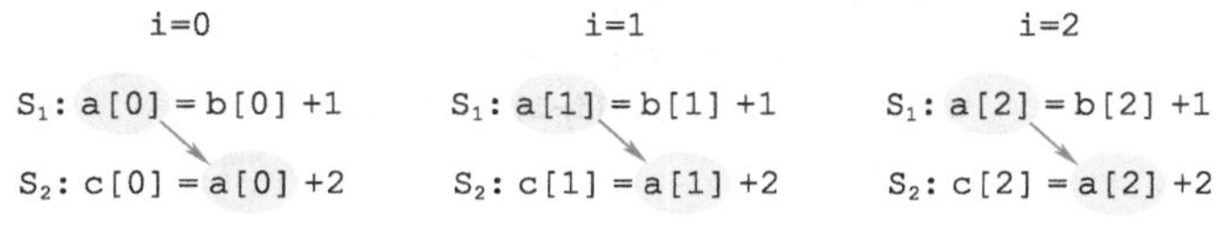


图 6-36 循环体内有相关，但不同迭代轮次之间无相关，可向量化

如图 6-37 所示，循环体内无相关，但不同迭代轮次之间存在相关。$S_2(i=2)$ 读 a[1]，$S_1(i=1)$ 写 a[1]，不能进行向量化，否则会造成结果错误。注意，这里所说的不能向量化是指不能把 $S_1$ 和 $S_2$ 视作一个操作 S 进行向量化。但是，如果把 $S_1$ 和 $S_2$ 分

开到两个循环中，如图 6-38 所示，把 $S_1$ 和 $S_2$ 写到两个循环中先后执行，则可以分别把这两个循环向量化。

```
                    for (i=0; i<n; i++){
            S1          a[i] = b[i] + 1;
            S2          c[i] = a[i-1] + 2;
                    }

        i=1                      i=2                      i=3

S1: a[1] = b[1] +1       S1: a[2] = b[2] +1       S1: a[3] = b[3] +1
S2: c[1] = a[0] +2       S2: c[2] = a[1] +2       S2: c[3] = a[2] +2
```

图 6-37　循环体内无相关，但不同迭代轮次之间存在相关，不可向量化

```
     for(i=0; i<n; 1++){
S1     a[i]= b[i]+ 1;
     }

     for(i=0; i<n; i++){
S2     c[i]=a[i-1] + 2;
     }
```

图 6-38　把 $S_1$ 和 $S_2$ 写到两个循环中先后执行，则可以分别把这两个循环向量化

如图 6-39 示例，对于两层循环，可以把循环展开成矩阵形式，然后通过固定其中一个循环变量的方法分析相关性。

```
for(i=1; i<n; i++){
    for (j=1; j<n; j++){
S1  a[i][j] = a[i][i-1] + a[i-1][j];
    }
}
```

图 6-39　两层循环相关性分析举例

如图 6-40，固定 i 分析内层循环相关性。假设 i=1，则 $S_1$ 可以视作 a[1][j]=a[1][j-1]+a[0][j]，容易发现“a[1][j]”和“a[1][j-1]”为上文提到的典型的“相关结构”，因此内层循环在不同迭代次数之间存在相关性，不能向量化。

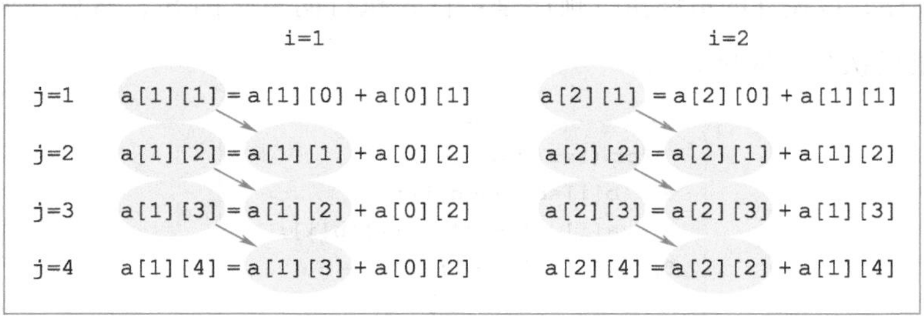


图 6-40　内层循环相关性分析

如图 6-41 所示，固定 j 分析外层循环相关性。假设 j=1，则 $S_1$ 可以视作 a[i][1]=a[i][0]+a[i-1][1]，容易发现“a[i][1]”和“a[i-1][1]”为上文提到的典型的“相关结构”，因此不能向量化。

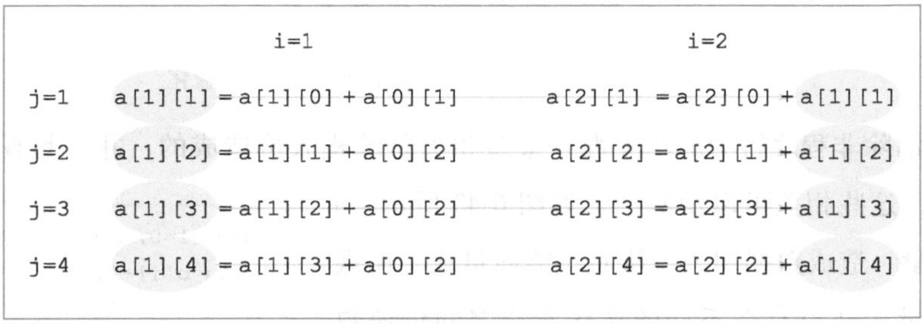


图 6-41　外层循环相关性分析

综上所述，该循环结构不能向量化。

总的来说，通过分析循环内的数据相关来指导向量化。主要思想是在相关性分析图中，如果一个语句没有处在环中，则该语句可以向量化。如果能通过某些技术消除相关分析图中的环，则意味着消除了相关，此时可以向量化。

### 3. 相关性消除技术

本小节介绍消除相关性以实现向量化的几种技术。

（1）分散（distributing）　如果循环体中存在多条语句，某些语句有相关性，某些语句没有相关性，则可以把没有相关性的语句单独提取出来进行向量化，有相关性的语句保留在循环中顺序执行。如图 6-42 所示，语句 $S_2$ 存在相关，语句 $S_1$ 和 $S_3$ 没有相关，则可以把 $S_2$ 保留在循环中，对 $S_1$ 和 $S_3$ 进行向量化。注意，分散之后仍然需要保证 $S_1$、

$S_2$、$S_3$ 的顺序，该循环的最终执行顺序是：首先执行向量化的 $S_1$，然后在循环中顺序执行 $S_2$，最后执行向量化的 $S_3$。

```
  for (i=1; i<n; i++){
S1  b[i]=b[i] + c[i];
S2  a[i]=a[i-1]*a[i-2]+b[i];
S3  c[i]=a[i] + 1;
  }

        ↓

  b[1:n-1] = b[1:n-1] + c[1:n-1];
  for (i=1; i<n; i++){
    a[i] = a[i-1]*a[i-2]+b[i];
  }
  c[1:n-1] = a[1:n-1] + 1;
```

图 6-42　通过分散提取不相关的语言实现向量化

（2）消除非程序行为的相关性　某些相关是编程人员造成的，并不是程序本身的必要行为，这些相关可以消除的。如图 6-43 所示，a 是全局变量，造成数据相关，从而不能向量化。但观察到，变量 a 并没有在不同的迭代轮次之间传递数据：循环体中的第一条语句就写入了 a，也就是说上一次迭代中变量 a 的值并没有传递到下一次迭代，这就是人为造成的相关。通过使用 a′[i] 替换变量 a，从而消除变量 a 的全局性，达到消除循环中的相关性的目的。

```
  for (i=0; i<n; i++){
S1  a= b[i]+1;
S2  c[i]=a + 2;
  }

        ↓

  for (i=0; i<n; i++){
S1  a'[i] =b[i] +1;
S2  c[i]=a'[i]+ 2;
  }
  a=a'[n-1]

        ↓

S1  a'[0:n-1] =b[0:n-1] +1;
S2  c[0:n-1]=a'[0:n-1]+ 2;
    a=a'[n-1]
```

图 6-43　消除非程序行为的相关性

（3）多层循环中的相关性消除　参考前面提到的多层循环相关性分析方法，在某些情况下，当固定（freezing）某一层循环后，语句中的相关性可以被消除。如图 6-44 所示的循环，当固定外层循环时（即把 i 视为定值），内层循环变成了无相关性的循环，从而可以向量化。最终，两层嵌套循环变为一层循环，其中的循环体为一次向量操作，如图 6-45 所示。

```
for(i=1; i<n; i++){
    for (j=1; j<n; j++){
        a[i][j] = a[i][j] + a[i-1][j];
    }
}
```

图 6-44　固定外层循环可消除相关性

```
for(i=1; i<n; i++){
    a[i][1:n-1] = a[i][1:n-1] + a[i-1][1:n-1];
}
```

图 6-45　把两层嵌套循环变为“单层循环+向量”的结构

（4）分组　回顾本书 6.3.3 节，某些相关性和“跨步距离”有关系。例如，第 i+q 次迭代和第 i 次迭代存在相关，但和第 i+1 次到第 i+q−1 次迭代均无相关，则可以通过分组的方法控制向量化宽度小于 q，从而避开数据相关。#pragma simd 可以使用 vectorlength 参数显式指定向量化宽度。

（5）重写算法　可通过重新组织算法逻辑来消除相关性。当算法中存在递归（recurrence）时，往往存在相关，可以尝试把这些递归语句替换成可并行的写法。递归包含以下三种：①自递归，S=S+A[i]；②线性递归，A[i]=A[i−1]+C[i]；③条件值递归，if(A[i]>max)max=A[i]。

## 6.3.5　编译器向量化方式

循环向量化并不总是一种合法的或有益的转换（回顾本书 6.3.3 节，并不是所有场景下向量化都能带来性能提升）。本节介绍一种比较通用、形式化的相关性分析方法，也就是编译器是如何进行自动相关性分析和自动向量化的。编译器在进行向量化的过程中，需要做以下操作以保证向量化是合法的和有益的：①计算相关性，绘制出相关性分析图；②消除分析图中的环；③检查是否可以利用“相关性距离”进行向量化；④检查向量化是否是有益的。相关性分析图可能是无环图，也可能是有环图。

### 1. 无环图中的相关性分析

首先定义前向相关（forward dependence）和后向相关（backward dependence）：假

设语句 $S_1$ 发生在语句 $S_2$ 之前，如果 $S_2$ 读 $S_1$ 的写值，则为前向相关，如图 6-46 所示，处在前向相关中的语句可以进行向量化；如果 $S_1$ 读 $S_2$ 的写值，则为后向相关，如图 6-47 所示，处在后向相关中的语句不可以进行向量化。

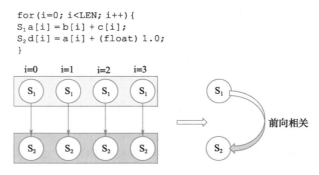

```
for(i=0; i<LEN; i++){
S1 a[i] = b[i] + c[i];
S2 d[i] = a[i] + (float) 1.0;
}
```

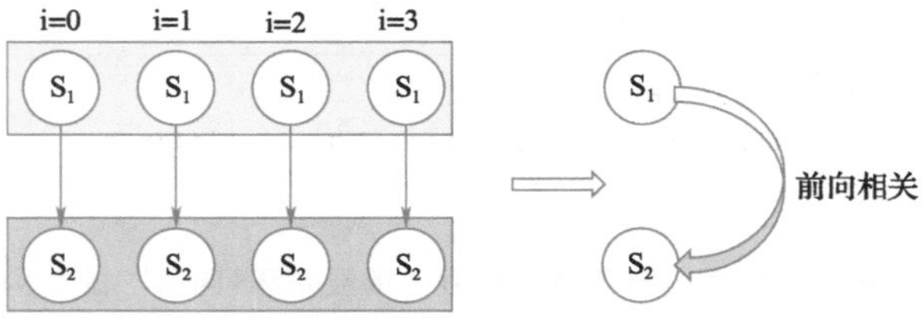


图 6-46　前向相关举例

```
 for (i=0; i<LEN; i++){
S1 a[i] = b[i] + c[i];
S2 d[i] = a[i+1] + (float) 1.0;
}

i=0 S1 : a[0] = b[0] + c[0]
    S2 : d[0] = a[1] + 1

i=1 S1 : a[1] = b[1] + c[1]
    S2 : d[1] = a[2] + 1
```

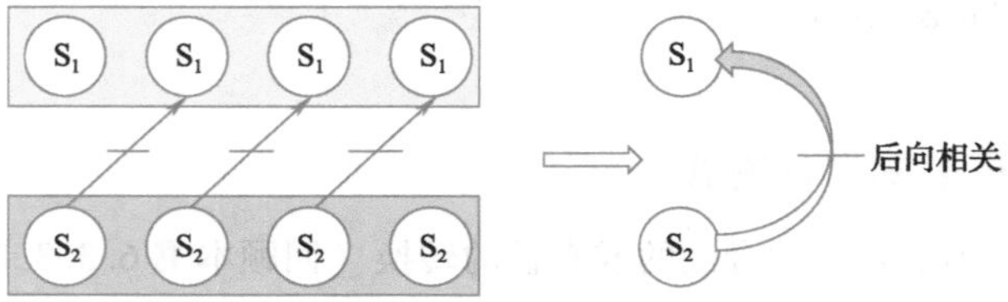


图 6-47　后向相关举例

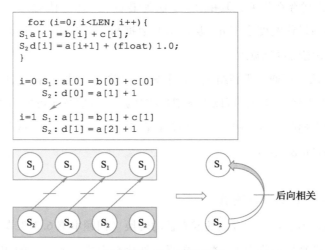

前文提到的结论“没有处在环中的语句可以进行向量化”在这里仍然成立。处在后向相关中的语句确实不能直接向量化，但可以通过重新组织语句实现将后向相关变为前向相关。仍然以图 6-47 为例，交换语句 $S_1$ 和语句 $S_2$ 的执行顺序，没有改变程序行为，但实现了从后向相关到前向相关的转换。仔细分析程序可发现，原始程序中 $S_2$ 希望读取 a 数组的旧值，而 $S_1$ 更新了 a 数组。由于 $S_1$ 更新 a 数组的过程中并没有使用到

语句 $S_2$ 关联的数据，因此完全可以先执行 $S_2$，让其访问 a 的旧值，再更新 a 数组。因此，对于无环图，重排序语句，使后向相关转换成前向相关后，便可以进行向量化。

## 2. 有环图中的相关性分析

有环说明环中的语句相互使用了其他语句更新后的值，因此不能像无环图中那样直接进行简单的语句重排序，否则会改变程序行为。不过，仍然有一些方法对语句进行转化，从而实现向量化。

（1）重调度　如图 6-48 所示，原始代码中，语句 $S_1$ 和语句 $S_2$ 都处在环中。通过合理的重调度，使语句 $S_2$ 从环中释放出来，从而可以向量化 $S_2$。局部向量化当然也能缩短执行时间。

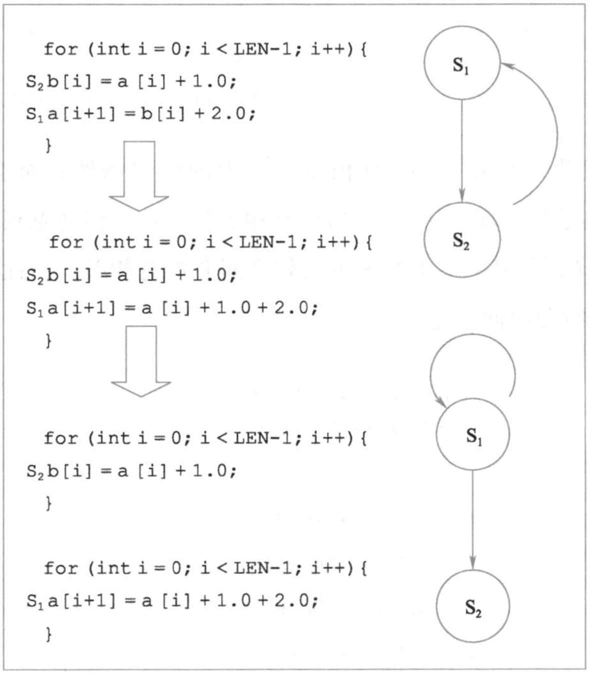


图 6-48　使语句 $S_2$ 从环中释放出来，从而向量化 $S_2$

（2）自相关　如图 6-49 所示，处在“自-反相关”环中的语句可以向量化。具体方法如下：分析语句 $S_1$ 容易发现，更新整个数组 a 只需要数组 a 的旧值，因此可以把数据 a 复制到一个临时数组 tmp 中，然后把语句 $S_1$ 更改为 a[i] = tmp[i+1] +b[i]。如

图 6-50 所示，处在“自-真相关”环中的语句不能用这种方式向量化。

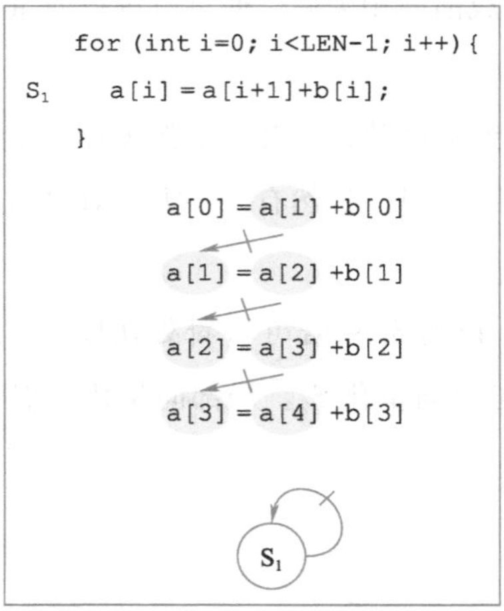
for (int i=0; i<LEN-1; i++){
S1 a[i] = a[i+1]+b[i];
}
a[0] = a[1] +b[0]
a[1] = a[2] +b[1]
a[2] = a[3] +b[2]
a[3] = a[4] +b[3]
S1

图 6-49 处在“自-反相关”环中的语句

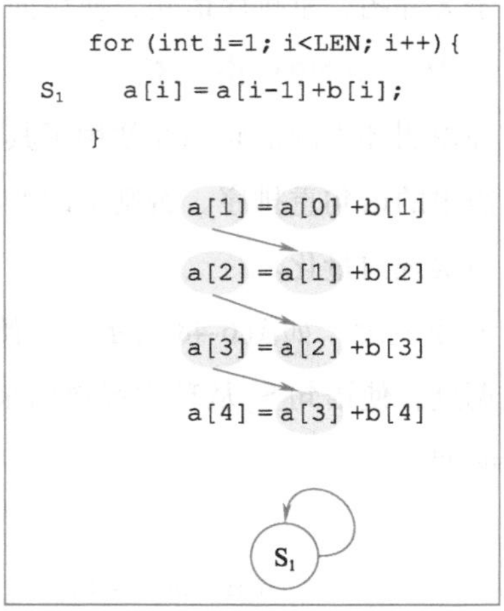
for (int i=1; i<LEN; i++){
S1 a[i] = a[i-1]+b[i];
}
a[1] = a[0] +b[1]
a[2] = a[1] +b[2]
a[3] = a[2] +b[3]
a[4] = a[3] +b[4]
S1

图 6-50 处在“自-真相关”环中的语句

（3）分组向量化 处在“自-真相关”环中的语句仍然有机会可以向量化。如图 6-51 所示，该例子的循环语句处在“自-真相关”环中，但注意到发生相关的语句间隔距离为 4，即一条语句及它后面的 3 条语句之间并没有相关，因此可以使用宽度为 4 的向量对该循环进行分组向量化。

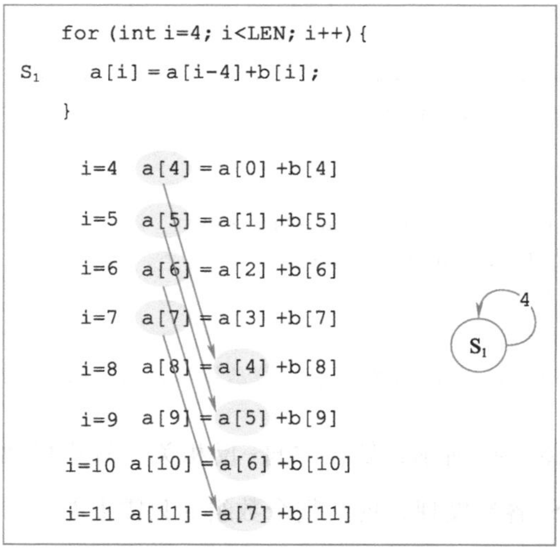
for (int i=4; i<LEN; i++){
S1 a[i] = a[i-4]+b[i];
}
i=4 a[4] = a[0] +b[4]
i=5 a[5] = a[1] +b[5]
i=6 a[6] = a[2] +b[6]
i=7 a[7] = a[3] +b[7]
i=8 a[8] = a[4] +b[8]
i=9 a[9] = a[5] +b[9]
i=10 a[10] = a[6] +b[10]
i=11 a[11] = a[7] +b[11]
4
S1

图 6-51 利用“相关性距离”进行向量化

（4）多重循环向量化　如图 6-52 所示的多重循环中，$S_1$ 语句存在自相关。通过固定一层循环，分析另一层的方法可以发现，外层循环有相关，但内层循环无相关。因此，可以向量化内层循环，然后顺序执行外层循环。

```
for (int i = 0; i < LEN - 1; i++){
  for (int j = 0; j < LEN; j++)
    S1  a[i+1][j] = a[i][j] + (float) 1.0;
}
```

图 6-52　多重循环中的自相关

（5）非递增 1 的迭代变量　上文例子所用迭代变量（i 或 j）均为每次递增 1 的迭代变量。在如图 6-53 所示的例子中，r[i] 的值不确定，因此无法在编译阶段就判断出是否存在相关性。编译器在这种情况下是保守的，默认存在相关而不进行向量化。

```
for (int i = 0; i < LEN - 1; i++){
    S1  a[r[i]] = a[r[i]] * (float) 2.0;
}
```

图 6-53　迭代变量为随机值的循环

### 6.3.6　循环变换

上一节中的技术主要和编译器相关，但编译器为确保正确性，在识别相关性时会非常保守，可能错失向量化的机会。本节总结消除循环中相关性的方法，有如下三种：①循环分发，也叫循环分裂，即手动拆分循环体成两个独立的、先后运行的循环体，这种操作只能由程序员进行，因为编译器不知道在拆分循环后运行结果是否还合法；②重排序，通过调换两条语句的先后顺序，使得后向相关变成前向相关，它和 6.3.5 节中的重调度技术相同；③节点分割，通过加入节点，使得后向相关变为前向相关。例如，在图 6-54a 中，存在 $S_2$ 到 $S_1$ 的后向相关。可以通过添加 $S_0$ 语句使得后向相关变为 $S_0$ 到 $S_1$ 的前向相关和 $S_1$ 到 $S_2$ 的前向相关（见图 6-54b）。

#### 1. 标量展开

对于某些临时变量，为了方便被写成了全局变量（循环内的），可以通过标量展开，即使用循环内私有变量的方法消除相关性。

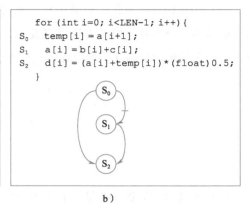

```
   for (int i=0; i<LEN-1; i++){
S1   a[i] =b[i]+c[i];
S2   d[i] = (a[i]+a[i+1])*(float)0.5;
   }
```

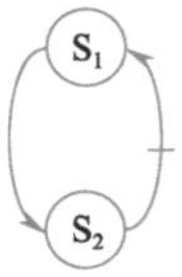


a）

```
   for (int i=0; i<LEN-1; i++){
S0   temp[i] = a[i+1];
S1   a[i] = b[i]+c[i];
S2   d[i] = (a[i]+temp[i])*(float)0.5;
   }
```

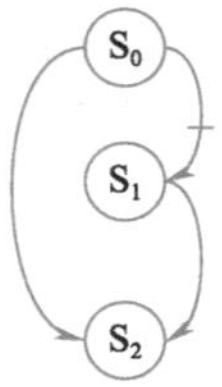


b）

图 6-54　通过添加节点消除后向相关

### 2. 循环剥离

把出现在循环开始或结束位置的特殊情况从循环中提取出来，实现相关消除。如图 6-55 所示，循环只在 i 为 0 时会发生相关，则可以把 i = 0 的情况提取到循环外执行，这样循环内就只剩下无相关的语句了。

```
    for (int i = 0; i < LEN; i++){
S1  a[i] = a[i] + a[0];
    }
```

```
a[0] = a[0] + a[0];
for (int i = 1; i < LEN; i++){
    a[i] = a[i] + a[0];
}
```

图 6-55　只在 i 为 0 时会发生相关，则可以进行循环剥离

### 3. 循环交换

这里的循环交换指交换内外两层循环。在某些情况下，交换内外循环后可以消除内层循环的相关。如图 6-56 所示为内层循环有相关（A[i] = A[i-1]结构）而外层循环无相关的例子。通过交换内外层循环后，内存循环不再有相关，并且代码逻辑并没有改变，结果仍然是合法的。此时，内层可以进行向量化，外层则顺序执行（见图 6-57）。

```
for (j = 1; j < LEN; j++){
  for (i = 1; i < LEN; i++)
    A[i][j] = A[i-1][j] + (float) 1.0;
}
```

图 6-56　内层循环有相关而外层循环无相关的例子

```
for (i = 1; i < LEN; i++){
  for (j = 1; j < LEN; j++)
    A[i][j] = A[i-1][j] + (float) 1.0;
}
```

图 6-57　内层循环无相关而外层循环有相关的例子

#### 4. 归纳变量

当某个变量可以归纳为循环变量的函数时，可以用于消除相关。如图 6-58 所示，s 为产生相关的来源，通过推导不难发现，s 在每次循环中递增 2，因此可以把 s 转换为与循环变量 i 相关的函数。

```
float s = (float)0.0;
for (int i=0; i<LEN; i++) {
    s += (float)2.;
    a[i]= s * b[i]:
}
```

```
for (int i=0; i<LEN; i++) {
    a[i] = (float)2. * (i+1) * b[i];
}
```

图 6-58　归纳变量消除相关

### 6.3.7　数据地址对齐

向量指令通常都是 load/store 128 bit 或 256 bit 或 512 bit，因此数据地址需要是 16 Byte 对齐的。人工指定 16 Byte 对齐可以使用“_attribute_((16))”或“memalign”。当使用了这些对齐操作后，再向函数传递指针参数时，需要告知编译器该指针需要进行地址对齐，使用_assume_aligned_编译指令。

地址对齐与否并不影响功能的正确性，只会影响性能。在地址对齐时，能充分发挥向量化的优势。表 6-6 展示了同一个程序在地址对齐与否时的每次迭代耗时。

表 6-6　同一个程序在地址对齐与否时的每次迭代耗时　（单位：ns）

| | Core 2 Duo | Intel i7 | Power 7 |
|---|---|---|---|
| 对齐 | 0. 577 | 0. 580 | 0. 156 |
| 对齐（id 未对齐） | 0. 689 | 0. 581 | 0. 241 |
| 未对齐 | 2. 176 | 0. 629 | 0. 243 |

### 6.3.8　别名

进行向量化时，编译器需要确保指针相互之间不是“别名”（aliasing），即不同指针指向的内存区域是不重叠的。如果编译器不知道指针之间的别名关系，它仍然会进行向量化操作，但此时需要 $O(n^2)$ 的运行时检查开销，其中 $n$ 为指针的数量。因此，当指针数量特别多时，编译器可能会决定不进行向量化。有两种方法可以用于避免运行时检查，分别是静态/全局数组和“_restrict_”特性。静态/全局数组的地址范围是不重叠的，因此编译器不会检查这一类指针的别名问题。

“_restrict_”关键词用法如“float * _restrict_ a”，用于声明指针指向的地址范围不与其他指针所指范围重叠。对于有这种声明的指针，不会发生运行时别名检查，而程序的正确性将由编程人员负责。注意，在多维数组中，如果使用“float ** _restrict_ a”这样的写法，则只可确定第一维数组不存在别名问题，而第二维数组，即 a[i]所指范围是否重叠是不确定的。

当可能存在别名问题时，可以有三种方法实现向量化：第一，使用静态全局数组；第二，线性访问多维数组（改写 a[i][j]为 a[i * length+j]）或使用_restrict_关键词；第三，使用编译指令，如#pragma ivdep。

### 6.3.9 条件语句

如果循环中包含条件分支，则在需要向量化时必须使用#pragma vector always 编译指令，原因是编译器无法确定在存在条件分支的循环中进行向量化是否能带来性能提升。使用#pragma vector always 编译指令可以使编译器忽略这一情况，直接进行向量化。

### 6.3.10 原生 SIMD 支持

Intel 为 SSE、AVX 等添加原生的 SIMD 语义支持。包含头文件 immintrin.h 即可使用。intrinsic 中添加了新的数据类型并封装了 SIMD 操作。intrinsic 数据类型见表 6-7。

表 6-7 intrinsic 数据类型

| 数据类型 | 含义 |
| --- | --- |
| __m512/__m256/__m128 | 16/8/4 单精度浮点 |
| __m512d/__m256d/__m128d | 8/4/2 双精度浮点 |
| __m512i/__m256i/__m128i | 8/16/32/64 整型 |

SSE 或 AVX VEX.128 intrinsics 使用包含_mm_前缀的函数封装 SIMD 操作，如“_mm_

add_pd(_m128d,_m128d)”。根据所选的 SIMD 属性，编译器自动产生 SSE 或 AVX 的汇编指令。AVX VEX. 256 intrinsic 使用_mm256_前缀。SSE 和 AVX 可以混用，但在切换架构状态时存在一些开销。

以下是使用 intel intrinsic 改写程序的例子。如图 6-59 所示，首先，为了可以使用向量化，需要先添加 $S_0$ 状态并改写 $S_2$ 状态，使后向相关变为两个前向相关。然后，使用 intrinsic 函数和数据类型改写程序（见图 6-60）。循环变量每次加 4，也就是每次向量化处理 4 个元素，而 4 个 int 变量即 128bit，使用前文提到的被_mm_前缀修饰的 intrinsic 函数。

```
    for (int i = 0; i < LEN - 1; i++){
S1    a[i] = b[i] + c[i];
S2    d[i] = (a[i] + a[i+1]) * (float)0.5;
    }
```

```
    for (int i = 0; i < LEN - 1; i++){
S0    temp[i] = a[i+1];
S1    a[i] = b[i] + c[i];
S2    d[i] = (a[i] + temp[i]) * (float)0.5;
    }
```

图 6-59 添加 temp 数组消除影响向量化的相关

```
#include <xmmintrin.h>
#define n 1000
int main() {
_m128 rA1,rA2,rB,rC,rD;
_m128 r5=_mm_set1_ps((float)0.5);
for (i = 0; i < LEN-4; i += 4) {
    rA2= _mm_loadu_ps(&a[i+1]);
    rB= _mm_load_ps(&b[i]);
    rC= _mm_load_ps(&c[i]);
    rA1 = _mm_add_ps(rB, rC);
    rD = _mm_mul_ps(_mm_add_ps (rA1, rA2), r5) ;
    _mm_store_ps(&a[i],rA1);
    _mm_store_ps(&d[i],rD);
}
}
```

图 6-60 使用 AVX VEX. 128 intrinsics 改写程序

## 6.4 CUDA 编程

回顾一下计算单元是如何分层次实现并发的，如图 6-61 所示。首先，可以通过 MPI 等分布式内存模型下的通信接口，以线程为控制单元并发运行多个计算核心

（multi-core）；其次，一个计算节点上通常会存在多个这种多核心处理器。根据线程与内存的亲和性（距离远近），通常有 NUMA（非均匀存储器访问）和 SMP 两种架构，前者常用于大规模的计算机中；最后，分布式内存模型还可以将不同的节点连接起来，组成更大规模更完整的计算机系统。总之，单处理器核心、多核处理器、计算节点、计算机系统四个层次逐级上升，共同实现计算的并发。

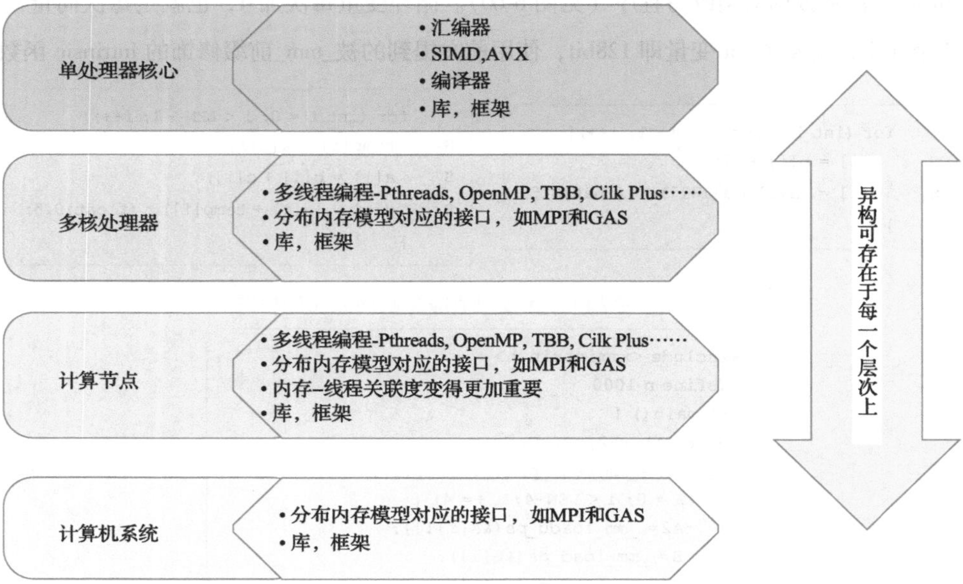


图 6-61　异构并发层次图

## 6.4.1　异构计算的定义

异构是相对同构而言的，指的是参与并发的硬件类型及对应的编程语言或编程方式是不同的。如图 6-61 所示，“异构”可以存在于上文提到的四个层次中的任何一种。

最常见的一种异构系统是 CPU+GPU，其中的 CPU 和 GPU 两种处理单元究竟有什么区别？此处需要区分两个概念：多核（multicore）和众核（manycore）。尽管字面意义上都可以理解为多处理器，但在设计的侧重点上有显著不同。多核处理器是将数量相对比较少但是每个单核非常强大的核心集合起来，意味着单核串行处理速度非常快，但是并发能力差，适合低并发的不易并行化的业务场景；与之相对，众核处理器将数量很多但是性能较差的小核心集成在一起，意味着单核串行处理速度慢，但是能够进行大规模的并发操作，适合高并发的易于并行化的业务场景。

CPU 和 GPU 连接通常有两种方式，一种是 CPU 通过 PCI 接口连接 GPU 设备，另一种是直接将 GPU 和 CPU 集成在同一个芯片上，后者也被称为系统级芯片 SoC。前者常见于台式 PC 主机，例如一般所说的 4090TI 独立显卡就是一个独立的设备，通过插入计算机主板上的 PCIE 插槽来连接到计算机上；后者常见于智能手机或者笔记本电脑的芯片上，制造商将 GPU 和 CPU 集成在一起，并且共享同一块内存。

### 6.4.2 CUDA

CUDA 是 NVIDIA 开发的一种类似 C 的语言和编程环境，可用于异构计算。由于硬件设备被分为 CPU 和 GPU 两个部分，CUDA 的代码也可分为两部分：主机代码和设备代码。通常在主机代码上进行控制管理，控制执行的顺序和内容。主机可以通过调用核函数（_global_）从而在设备上执行某些高并发的计算操作。通常情况下，即使没有 GPU 也可以完成这些计算，因此可以将 GPU 理解为一种加速器。

#### 1. CUDA 的进程管理

CUDA 的进程管理和内存管理都是分层次的，CUDA 最小的控制单元也是线程，但是多个线程会被分组成块（block），块又会被进一步合并为网格（grid）。当调用核函数时，可以给核函数指定执行的规模，由同一个核函数产生的线程都会属于同一个网格，网格中包含的每一个块也都会对应一个 GPU 的执行组，也就是多流处理器（streaming multiprocessor，SM），之后每个线程都会分配给一个流处理器（stream processor，SP）去执行。总而言之，CUDA 会将硬件设备虚拟化，将流处理器虚拟化成线程，将流多处理器 SM 虚拟化成块，并以非抢占的方式在硬件设备上调度，块之间独立执行，直到执行结束才会退出。

#### 2. CUDA 的内存管理

CUDA 的内存管理可以指定内存共享的范围，设备代码直接声明的变量默认是每个线程本地内存所有，不与其他线程共享，但是也存储在设备内存核高速缓存中；而“_shared_”关键字修饰的变量存储在 SM 上的共享内存，也称为 SMem；“_device_”关键字修饰的变量会被所有的设备线程共享，存储在设备内存和高速缓存中（见图 6-62）。

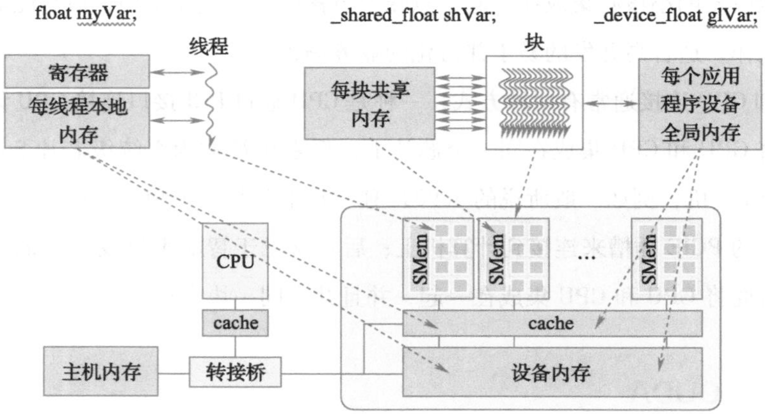


图 6-62　CUDA 不同关键字与存储位置的关系

## 6.4.3　GPU 的并发控制

首先，GPU 通常有许多的核心，例如 4090Ti 就拥有 144 组 SM。如果想充分利用整个 GPU，就需要保持 144 个线程块被持续执行。这时要求 GPU 进行粗粒度的任务调度和内存管理，以块为最小单元来调度。

其次，每一个块内通常包含多个线程，例如 4090Ti 的每一个 SM 都包含 128 个 SP 流处理器。这么多的线程同时执行也需要 GPU 做好调度，而且此时片上的 SMem 内存是共享的，所以需要更细粒度的任务调度和内存管理，以线程为最小单元来调度。

提及并发控制，线程束的概念不可或缺，在前面的 SIMD 编程中已有提及：每 32 个线程执行时，它们会被分为一组，称为线程束，分组的依据主要是 SM 在物理上对 SP 进行了分组。线程束也是多流处理器最小的执行单元，按照单指令多线程（SIMT）的模式执行。

### 1. SIMT 执行

单指令多线程（SIMT）指的是一个线程束内的 32 个线程会共享一个指令单元但是数据单元各不相同，因此这些线程会执行同一条指令，但是会使用各自不同的数据。由于 SIMT 执行，warp 会经常遇到分支发散（branch/warp divergence）的问题。由于线程束中所有的线程必须要同时执行相同的指令，而不同分支中需要执行的指令是不同的。例如有 10 个线程进入了分支 A 而另外 22 个线程都进入了分支 B，此时只能先让 10 个进入分支 A 的线程暂停，然后执行分支 B 里的 22 个线程，最后再执行分支 A。当存在多次分支跳转时，分支发散会带来更严重的影响，本书 6.3 节 SIMD 编程对该问题进行了分析和讨论。

#### 2. 硬件多线程设计

硬件会将线程分配给不同的 SP 执行，并且在一个线程束阻塞的时候切换到另一个线程束执行，这样可以掩盖数据访问所造成的延迟。要特别说明的是，线程束的上下文切换是没有成本的，这是由于即使是不活跃的线程的上下文的信息也已经被存储在片上了。在硬件实现上，通过划分 SM 上的内存空间，来分配给不同的线程，用于存储它们的上下文信息。但是 SM 上的内存空间也是有限的，因此可以加载的线程束数量也是有限的。

### 6.4.4 GPU 的内存管理

#### 1. per-block 共享内存

SM 上的共享内存属于片上内存，也被称为一级高速缓存，延迟比 L2 或主存的速度低一个数量级，带宽也是它们的 4~8 倍。一级高速缓存既可以存储多次被访问的数据来降低访问延迟，也可以作为线程间通信的媒介。线程之间通过函数_syncthreads( )实现同步。线程通过快速交叉网络并行访问共享内存库。因此，如果核函数中有频繁的内存访问，可以通过将数据存储到共享内存上再进行计算来实现加速。

#### 2. 数据传输

需要使用 cudaMalloc 在 GPU 上划分一块内存空间用于存储，cudaMemCpy( )函数会直接调用 DMA 复制引擎，直接进行主机（CPU）内存和设备（GPU）内存之间的数据拷贝，如图 6-63 所示。要尽量让数据拷贝的次数最少，能从设备内存中拿的数据就尽量不从主机上拷贝。这个拷贝需要经过 PCIe，以第二代 PCIe 为例，它的带宽仅有 6GB/s，而 GPU 从自己的 DRAM 中读写的最大带宽是 150GB/s，因此要尽量避免从主机内存拷贝数据。

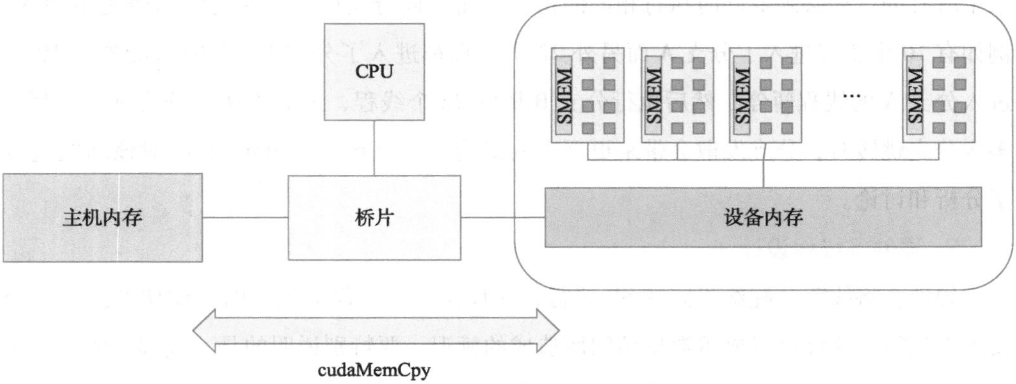


图 6-63 CUDA 数据拷贝执行示意

CUDA 通过以上的方式可以实现三种并行：线程级并行（thread level parallelism）、数据级并行（data level parallelism，DLP）和任务级并行（task level parallelism）。每个线程都是一个完全独立的执行线程，并不依赖其他线程的执行结果。线程有自己独占的数据，线程块之间的数据也是独立的，同时不同的线程块对应着不同的任务，这些数据块也是独立的，并且分散在不同的 SM 上执行。

## 6.4.5 SIMT

图 6-64 以四个加法运算为例展示了 SIMD 和 SIMT 的区别。SIMD 将每组加数视作向量，即多个数据的集合，再将两向量相加，即执行一条指令，得到的结果向量中的每个元素是每个加法运算的结果；SIMT 则是将四个加法运算分别分配给四个线程来执行，每个线程执行相同的指令，输出对应的运算结果。

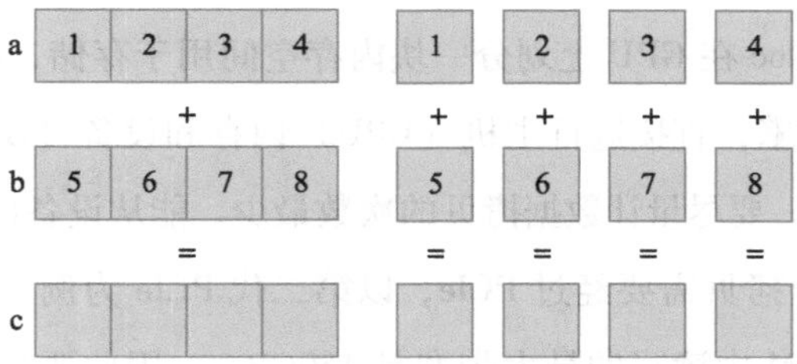


图 6-64 SIMD 与 SIMT 的区别

下面以形象的比喻来理解两者的区别。如果把线程类比为工人、数据类比为砖头，SISD 相当于让一个工人去搬一块砖；SIMD 相当于让一个力气大的工人同时搬多块砖，一次性搬到一个地点；SIMT 则是有很多的机器人来搬砖头，它们不会思考，但是可以接收指令。每一个机器人拿一块砖，只需要发出一个搬运信号，它们便可以同时把砖搬运到相同的地点。

### 6.4.6 CUDA 编程

#### 1. CUDA 的基本概念

CUDA 本质上是一种基于 C 语言的扩展语言，图 6-65 展示了一段 CUDA 的示例代码，可以发现其与 C 语言非常相似。

```
_device_ float filter[N];
_global_ void convolve (float *image) {
_shared_ float region[M];
...
region[threadIdx] = image[i];
_syncthreads()
...
image[j] = result;
}
// 申请 GPU 内存空间
void *myimage = cudaMalloc(bytes)
// 总共 100 个 block,每个 block 有 10 个线程
convolve<<<100, 10>>> (myimage);
```

图 6-65 CUDA 的示例代码

接下来介绍 CUDA 在 C 语言基础上增加的一些扩展，它们能帮助人们在异构环境下完成编程工作。

（1）函数限定符 用于在声明函数时指明函数的可调用位置和实际执行位置，主要包含“_global_”“_device_”和“_host_”三种。如表 6-8 所示，被_global_修饰的函数也称为核（kernel）函数，能够在主机上被调用，在设备上执行；被_device_修饰的函数，只能在设备上执行，也只能被在设备上执行的函数调用；被_host_修饰的函数，只能在主机上执行，也只能在主机上被调用。

表 6-8　不同类型函数行为表

| 函数限定符 | 调用位置 | 执行位置 |
|---|---|---|
| _global_ | 主机（CPU） | 设备（GPU） |
| _device_ | 设备（GPU） | 设备（GPU） |
| _host_ | 主机（CPU） | 主机（CPU） |

（2）变量限定符　用于在声明变量时指明变量的存储位置和可用范围。“_device_”修饰的是在设备端的变量，该变量位于全局内存中，只能在 GPU 上使用，是全局变量；“_constant_”修饰的是在常量存储中的变量，也只能在 GPU 上被使用，此变量一般情况下是只读的，只能通过特定方式进行修改，同样是全局变量。“_shared_”修饰在共享存储中的变量，仅供 block 内的所有线程共享内存，退出 kernel 函数后失效，该变量无法初始化，一般声明在 kernel 函数中。

（3）关键词　gridDim 用于指定网格维度；blockDim 用于指定块维度；blockIdx 用于指定网格内块索引号；threadIdx 用于指定 block 内线程索引号；warpsize 用于指定线程束内线程数量。

（4）内联函数　CUDA 构建了很多内联函数来实现特定功能，例如前文提到的同步函数 _syncthreads，此外还包含数学函数、纹理函数、测时函数、原子函数、存储栅栏函数等。

（5）Runtime API　Runtime API 是 CUDA 提供的 GPU 编程接口，主要用于管理 GPU 设备和在 GPU 上执行并行计算，帮助编程人员更好地实现 CUDA 代码的编程。Runtime API 支持的主要功能见表 6-9。

表 6-9　Runtime API 支持的主要功能

| 功能 | 介绍 | 例子 |
|---|---|---|
| 内存分配 | 精准的内存分配，会返回 GPU 内存的指针 | cudaMalloc()，cudaFree() |
| 内存拷贝 | 精准的内存拷贝，包含主机与设备之间和设备与设备之间 | cudaMemcpy()，cudaMemcpy2D()…… |
| 设备管理 | 用于管理 GPU 设备的使用情况 | udaGetDeviceCount，cudaSetDevice，cudaGetDeviceProperties |
| 并行计算 | 用于在 GPU 上执行、控制、协调并行任务 | cudaLaunchKernel，cudaStreamCreate，cudaStreamSynchronize |
| 异常处理 | 用于处理在 GPU 上运行的代码出现的错误 | cudaGetLastError，cudaPeekAtLastError |
| 其他功能 | 数据变换、内存锁定、映射内存等 | |

（6）kernel 调用　kernel 函数调用就是调用声明为_global_的函数，必须在主机端调用。调用时需要指定线程维度，指定方式为<<Bs，Ts，Ss，Si>>，其中 Bs 指定网格内 block 维度；Ts 指定块内线程维度，这两个维度参数都包含 $x$，$y$，$z$ 三个方向的大小，分别代表一排有多少，一列有多少，高度上有多少。Ss 指定共享存储空间大小，这个存储空间指的是除了静态分配的共享内存，最多能动态分配多少空间；Si 指定流索引号，表示这个核函数在哪个流中，其中 Ss 和 Si 可以为空。以图 6-65 所示的样例代码的第 13 行为例，网格中块的维度为 100，而块中线程的维度为 10，也就是 1 个网格中有 100 个块，1 个块中有 10 个线程，总共有 1000 个线程。

### 2. CUDA 编译

C 语言程序需要被编译成二进制文件才能执行，那么作为异构计算语言的 CUDA 程序是如何被编译且同时在 CPU 和 GPU 两种不同架构的设备上执行的呢？CUDA C/C++ 编写的应用程序会被 NVCC（设备编译器）编译，此时 CPU Code 和 GPU Code 会被分别编译，CPU Code 将会按照普通 C++程序一样的方式被编译，而 GPU Code 则会被编译成一种中间表达代码，通常称为 PTX。使用这种中间表达其实是为了去适配不同的 GPU 架构设计。由于 GPU 更新换代速度较快，而且这种换代可能会涉及架构的大规模变动，会导致二进制代码的格式发生比较大的改变，因此 PTX 还会被按照当前不同的物理设备的架构信息进行再次编译，最终输出匹配目标设备架构的二进制可执行代码，称为 fatbinary 文件，GPU 的驱动就是通过这个文件来执行 GPU 的功能的。图 6-66 展示了 CUDA 的编译流程。

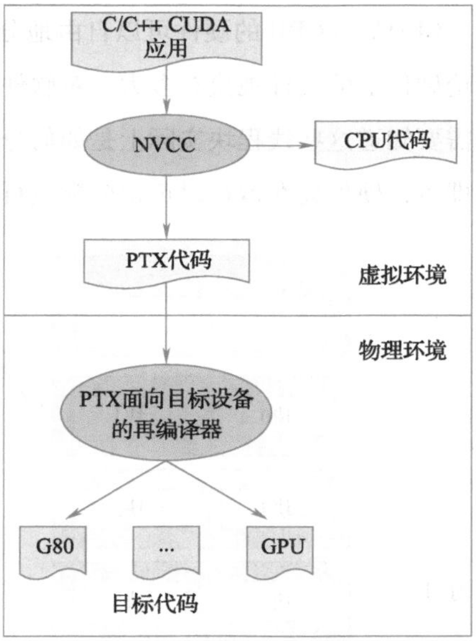


图 6-66　CUDA 的编译流程

### 3. CUDA 编程模型中的线程协作

前文提到，CUDA 遵循 SIMT 的执行原则，同一个线程块中的不同线程所执行的命令相同，但是数据不同，如何决定每个线程所对应的数据的呢？可通过不同线程对应的

Thread Id 来进行数据的分配。在 CUDA 编程中，共享内存中的数据通常会存储为一个数组，称为 thread array。线程组在线程块里的使用方式如图 6-67 所示，其中每个线程根据自己的 thread ID 从线程数组 input[ ] 中取出计算所用的数据。

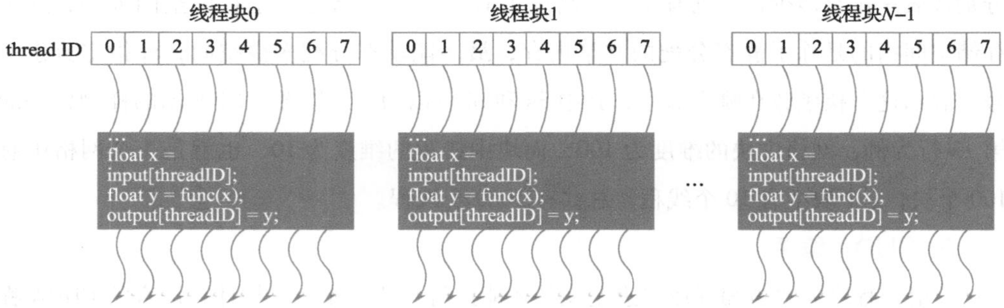


图 6-67　线程组在线程块里的使用方式

CUDA 中 GPU 的硬件可以自由地分配所有的线程块给自己的 SM 核心（见图 6-68）。无论硬件上的硬件规模有多大，对软件来说都是透明的，因此负责 CUDA 编程的工程师不需要知道这些线程块实际上是如何分配的，只需要将实际问题转化为 CUDA 中的线程块即可，硬件会在运行时负责分配执行这些任务。

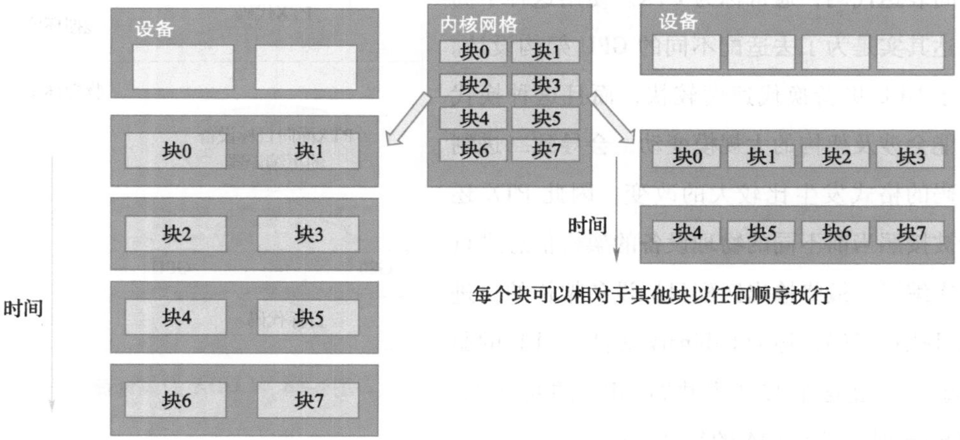


图 6-68　内核向设备自由分配线程块

了解了 CUDA 中的线程协作之后，就可以用 CUDA 来编写程序了。图 6-69 所示的代码是使用 CUDA 实现向量加法代码示例。

```
//计算向量和 C=A+B,A、B、C 都是向量
//每一个线程进行一对数的加法运算,也就是 float+float
_global_ void vecAdd( float* a, float* b, float* c){
    int i = blockIdx.x * blockDim.x + threadIdx.x;
    c[i] = a[i] + b[i];
}
int main(){
    //假设向量尺寸为 N,执行 N/256 个 block,每个 block 中有 256 个线程
    vecAdd<<<N/256, 256>>>(d_a,d_b, d_c);
}
```

图 6-69 使用 CUDA 实现向量加法代码示例

### 4. CUDA 协同控制

CUDA 协同控制主要包括三种：块内线程同步（synchronize）、块间合作（coordinate）与核函数独立执行。块内线程可以通过栅障函数（barrier function）进行同步，例如_syncthreads()。这类函数在调用位置设置了一个栅障，阻拦所有到达这个位置的线程，直到 block 内所有的线程都到达这个位置，这样就实现了一次同步（见图 6-70）。

```
_global_ void vecAdd( float* a, float* b, float* c){
    int i = blockIdx.x * blockDim.x + threadIdx.x;
    c[i] = a[i] + b[i];
    _syncthreads();
    // 保证所有线程在这里都完成了加法操作,然后再继续执行
    // 在这里可以进行其他相关操作
}

int main(){
    ...
    //假设向量尺寸为 N,执行 N/256 个 block,每个 block 中有 256 个线程
    vecAdd<<<N/256, 256>>>(d_a, d_b, d_c);
    ...
}
```

图 6-70 栅障函数在 CUDA 中的使用示例

线程间的合作主要通过原子内存（atomic memory）函数实现。这类函数可以保证同一时刻只有一个线程可以访问某一内存位置，这样可以避免不同线程（尤其是不同块内的线程）之间的冲突访问，从而在并行计算过程中保证内存操作的原子性。CUDA 中常见的原子内存函数有：atomicAdd()、atomicMax() 和 atomicMin() 等，分别对应了加法、求最大值和求最小值的功能。核函数执行本身也实现了协同控制，因为核函数间隐含了一个栅障函数，后面的核函数必须要等待前面的执行完毕才可以执行。

### 5. CUDA 数据管理

（1）设备数据的输入和输出　以向量加法为例，下面的代码展示了输入和输出数据的过程。数据的输入首先需要通过 cudaMalloc( ) 在设备（GPU）的内存中开辟大小为 N 的浮点数数组用来存储要操作的向量。然后使用 cudaMemcpy( ) 函数将主机（CPU）中的数组 host_a、host_b、host_c 分别拷贝到设备上已经开辟好的空间里。接着调用核函数 vecAdd( )进行运算，运算结束后再次调用 cudaMemcpy( )，将设备中的数据拷贝回主机，从而完成数据的输出（见图 6-71）。

```
_global_ vecAdd(...){...}
int main() {
    int N = 256 * 1024;
    float* host_a = malloc(sizeof(float) * N);
    float* host_b = malloc(sizeof(float) * N);
    float* host_c = malloc(sizeof(float) * N);

    ...//再根据需求初始化这三个向量
    float *d_a,*d_b,*d_c;

    cudaMalloc( &d_a, sizeof(float) * N);
    cudaMalloc( &d_b, sizeof(float) * N);
    cudaMalloc( &d_c, sizeof(float) * N);

    cudaMemcpy( d_a, host_a, sizeof(float) * N, cudaMemcpyHostToDevice);
    cudaMemcpy( d_b, host_b, sizeof(float) * N, cudaMemcpyHostToDevice);
    cudaMemcpy( d_c, host_c, sizeof(float) * N, cudaMemcpyHostToDevice);

    //执行 N/256 个 block,每个 block 中有 256 个线程
    vecAdd<<<N/256, 256>>>(d_a, d_b, d_c);

    cudaMemcpy( host_a, d_a, sizeof(float) * N, cudaMemcpyDeviceToHost);
    cudaMemcpy( host_b, d_b, sizeof(float) * N, cudaMemcpyDeviceToHost);
    cudaMemcpy( host_c, d_c, sizeof(float) * N, cudaMemcpyDeviceToHost);
}
```

图 6-71　设备数据传输示例

（2）块共享内存的作用　根据修饰变量的关键字不同，变量对应的内存存储空间也有所不同。在设备端的数据主要分为两类：“_global_”修饰或者没有关键词修饰的全局变量；“_shared_”修饰的 per-block 共享变量。核函数传进来的参数最开始会被存储为全局变量，但是计算时通常会将全局变量存进 per-block 共享变量中，如图 6-72 所示

代码示例所示。这是由于 per-block 共享内存在 SM 内，更靠近核心，读写速度比全局内存更快，因此，存进 per-block 共享变量中可以显著加速计算。但需要注意的是，由于 per-block 共享内存的空间较小，在使用时不要超出实际容量，否则可能会发生内存越界错误，从而导致程序崩溃。因此，在使用共享内存时，请务必确保使用的共享内存大小不超过实际的 per-block 共享内存大小，以确保程序的正确性和稳定性。

```
_global_ void MatrixMultiplication(float *C, float *A, float *B, int m, int n, int k) {
    _shared_ float As[32][32];
    _shared_ float Bs[32][32];
    int i = blockDim.x * blockIdx.x + threadIdx.x;
    int j = blockDim.y * blockIdx.y + threadIdx.y;
    int bx = blockIdx.x;
    int by = blockIdx.y;
    float sum = 0.0f;
    for (int idx = 0; idx < (k + 31) / 32; ++idx) {
        if (i < m && idx * 32 + threadIdx.y < k)
            As[threadIdx.x][threadIdx.y] = A[i * k + idx * 32 + threadIdx.y];
        if (j < k && idx * 32 + threadIdx.x < n)
            Bs[threadIdx.x][threadIdx.y] = B[(idx * 32 + threadIdx.x) * k + j];
        _syncthreads();
        for (int e = 0; e < 32; ++e) {
            if (i < m && j < n)
                sum += As[threadIdx.x][e] * Bs[e][threadIdx.y];
        }
        _syncthreads();
    }
    if (i < m && j < n)
        C[i * n + j] = sum;
}
```

图 6-72　块共享内存使用示例

### 6.4.7　CUDA 与 GPU 硬件之间的映射

一个语言模型在设计时首先要保证结果正确，在此前提下再追求较高的计算性能。因此 CUDA 的编程从业者如果想要获得较高的计算性能，就必须要准确深入地理解 CUDA 代码是如何被映射到 NVIDIA GPU 上的。

CUDA 与 GPU 硬件间的映射关键在于线程、线程束、线程块这三个结构。

（1）线程　CUDA 将计算任务映射为大量可以并行执行的线程，并且硬件动态调度和执行这些线程，在 NVIDIA GPU 看来每个线程都代表着一个 SIMD 中的向量通道（SIMT 可以理解为一种特殊形式的 SIMD）。

（2）线程束　在硬件实际运行程序时，线程束才是真正的执行单位，一个 SIMD 指令通常就是在一个“线程束”内完成执行的。线程束的宽度通常为 32bit，也是 SIMD 的向量逻辑宽度。

（3）线程块　CUDA 中的 kernel 函数实质上是以线程块为单位执行的，每个线程块会被调度给一个 SM 多处理器，如果要提高系统的性能，通常每个 SM 会被分配多个块，从而在其中停顿的时候切换为别的块继续计算。通过线程、线程束、线程块，成功将 CUDA 代码映射到了 GPU 硬件上。

### 6.4.8　深流水线设计

相比于典型的 CPU，GPU 具有更深的流水线。可以将一个复杂的计算任务划分成多个独立的阶段，每个阶段都由不同的处理单元来处理，从而大大降低了不同流水级间的依赖。这也意味着，GPU 的性能表现往往依赖于一个流处理器被分配给了多少线程块。因此，由于一个 SM 上资源是有限的，线程对资源的占用一定程度上会消耗性能。例如，当每个线程块占用更多的寄存器或者共享内存时，单个 SM 能够承载的线程块的数量就更少，性能也就会随之下降。因此，尝试减少寄存器占用来增加片上能够承载的线程块数量也是一种性能优化常用的策略。

为了减少编程者的负担，CUDA 提供了一个简化的功能接口 runtime，能够分配尽可能多的线程块给 SM，但这也是有限制的。例如线程块数量 $B$ 不能大于 8，每个线程块内线程束的数量 $T$ 不能大于 32，同时线程束的总数 $BT$ 不能超过 48。需要注意的是，线程束内永远都包含 32 个线程（$V$），换言之，调度的最小单位从单个线程变成了 32 个线程。而总寄存器数量（$BTV$×每个线程的寄存器数）不能大于 32 768，总共享内存占用（$B$ 块占用内存大小）不大于 49 152/16 384B（共享内存容量/L1 cache 容量）。fermi 架构定义了一个反映占用情况的常量 Occupancy = $BT$/48，其中 48 是线程束数量的上限。

### 6.4.9　GPU 内存

图 6-73 和图 6-74 为 CPU 和 GPU 的架构。可以看出，GPU 明显拥有更多的计算单

元，这意味着数据需求更大，潜在地具有更严重的访存瓶颈。多计算单元的架构从计算瓶颈设备变成了访存瓶颈设备，原因是 GPU 有更多的处理器，但是 socket 只有一个，因此访存性能影响着整个 GPU 系统性能的提升。

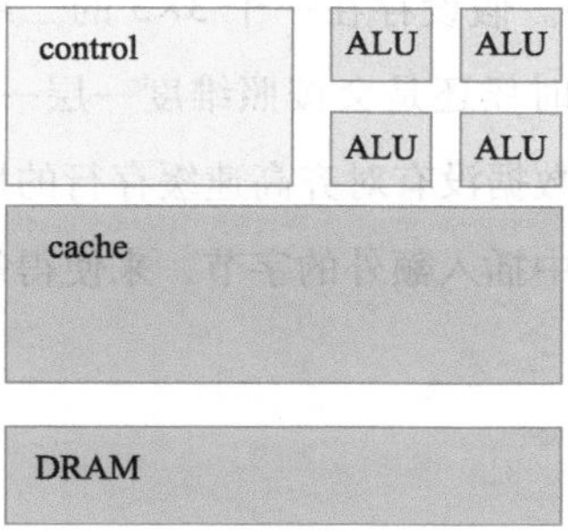


图 6-73 CPU 的架构

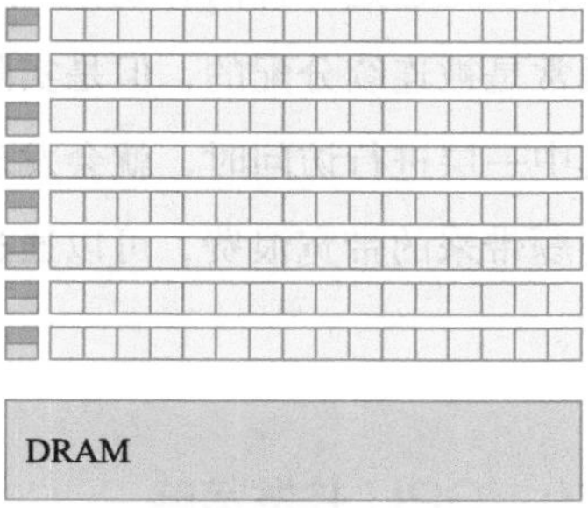


图 6-74 GPU 的架构

GPU 内存也遵循 SIMD 的原则，某种程度上可以说原本所有的处理器就包含一个 SIMD 的内存子系统。由于处理器进行内存读写时最小单位是高速缓存行，而通常高速缓存行会包含多个“字”，图 6-75 以一个高速缓存行包含 4 个“字”为例，展示了这可能会带来的两种负面影响。

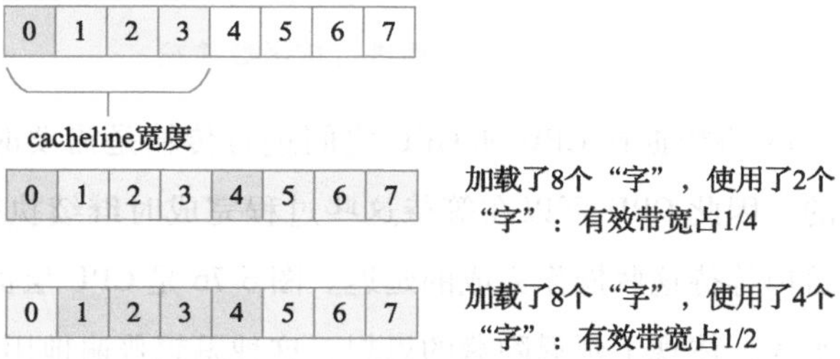


图 6-75 每个高速缓存行包含多个“字”，但每次访问可能只使用其中一部分“字”，且可能存在跨行

1）如果内存访问稀疏，可能会浪费内存带宽。例如，如果访问的两个字位于不同的高速缓存行中，实际需要从内存中取出的数据高达 8 个“字”，有效带宽只有 1/4。

2）不对齐的内存访问也会浪费带宽。如果请求的数据尺寸等于一个高速缓存行，但是却跨越了两个高速缓存行，那么需要把这两个高速缓存行都取进来，这样也会导致一半的内存带宽被浪费。

为了解决上述问题，GPU 提出了一种名为“coalescing”的优化技术，顾名思义是通过合并（coalesce）内存访问来提高 GPU 中的内存访问性能。GPU 中名为“coalescer”的设备会动态地检测内存访问行为然后合并它们。合并时需要遵循两个原则：①内存访问要尽可能连续、密集；②保持内存访问的数据和向量宽度对齐。

结构数据填充也是一种内存访问优化的策略。假设存在一个 3×3 的二维数组，它在内存中通常是被连续分配的，但是实际访问的时候还是会按照维度一层一层地访问。因此，对其中一层进行访问时，就会发现此时的数据没有对齐高速缓存行的尺寸。为了解决这种问题带来的带宽浪费，可以通过在内存中插入额外的字节，来使得每一行数据与内存对齐。

### 6.4.10 GPU 并发策略

核函数并发有两种策略，第一种策略如图 6-76 所示，是比较粗粒度的策略，即通过 CPU 进行连续的核函数执行来覆盖延迟。

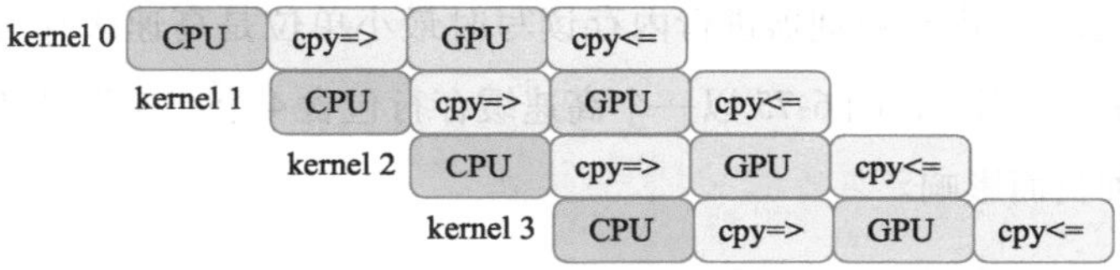


图 6-76　CPU 层面进行核函数并发

注意，cudaMemcpy 将数据在 CPU 和 GPU 之间进行传输是需要时间的，而 GPU 的计算也是需要时间的，因此 CPU 可以在等待这些过程完成时继续执行下一个 kernel 函数，这样就可以覆盖掉等待这些操作完成的延迟。图 6-76 是 CPU 层面进行核函数并发，展示了简化后的流水线，体现了延迟隐藏的思想，这种思想普遍地用在各种并发的场景（例如 CPU 的指令乱序调度）。

第二种策略如图 6-77 所示，可以通过让互相独立的核函数进行一个快速的上下文切换，从而提高并发度。

### 6.4.11 库函数介绍

#### 1. thrust 库

thrust 是一个 C++模板库，为 CUDA 编程提供了高级抽象。它受到 STL 的启发，为

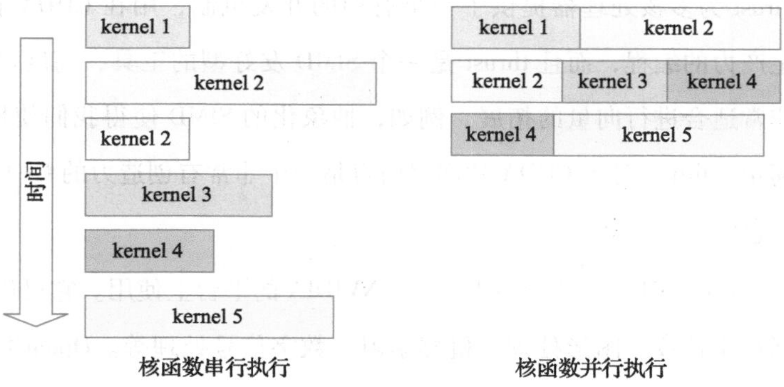


图 6-77 独立核函数的上下文切换并发

CUDA 编程进行了特定的优化，并且提供了一些特殊的功能。这个库有很多重要的函数和数据结构，例如数组 array 以及配套的函数等。这个库极大地减少了管理异构内存空间的成本，而且也集成了 OpenMP 并发编程的后端。图 6-78 的代码就是 thrust 库使用示例。而且 thrust 提供了一个数据结构 saxpy，可以替代核函数的作用。

```
#include <thrust/host_vector.h>
#include <thrust/device_vector.h>
#include <thrust/sort.h>
#include <cstdlib>

int main(void)
{
    //在主机上生成 32000000 的随机数
    thrust::host_vector<int> h_vec(32 << 20);
    thrust::generate(h_vec.begin(), h_vec.end(), rand);

    // 把数据转移到设备上
    thrust::device_vector<int > d_vec = h_vec;

    //在设备上对数字进行排序
    thrust::sort(d_vec.begin(), d_vec.end());

    //把处理完的数据传送回主机上
    thrust::copy(d_vec.begin(), d_vec.end(), h_vec.begin());

    return 0;
}
```

图 6-78 thrust 库使用示例

总之，thrust 为多核处理器提供了一个有用的并发机制，用在 CUDA 和 OpenCL 中可以实现高生产力的编程，而且 thrust 是一个 SIMD 友好型的工具，高度可拓展的算法设计和实现非常适合进行向量的拓展。例如，抽象化的 SIMD 使得我们使用 SIMD 向量更加方便和简单。thrust 对于 CUDA 的部署而言是一个非常有创造力的 C++库。

### 2. OpenCL

OpenCL 可以在 AMD（CPU 和 GPU）及 NVIDIA 的平台上使用。它可以用于多种计算任务，包括科学计算、图形处理、机器学习、数字信号处理等。OpenCL 的并发执行模型基本上是 CUDA 的镜像，但是使用的术语有差别。OpenCL 的任务并发模型非常充实。在 OpenCL 中，设备内核是由运行时动态编译和优化的，以最大限度地利用设备的硬件特性，提高计算性能。

### 3. CUDA 并发编程实例

矩阵乘法计算是 CUDA 计算中具有非常特殊意义的一种计算，尤其是在 AI 领域，矩阵乘法具有不可替代的价值和地位。回顾矩阵乘法中的几个关键定义：①向量（vector），矩阵一般可以理解为是多个向量组成的，向量在程序中表现为一维的数组；②内积，如点积（dot product）：如果向量 $X=(x_1,x_2,\cdots,x_n)$，向量 $Y=(y_1,y_2,\cdots,y_n)$，那么两个向量的点积就是：$x_1y_1+x_2y_2+\cdots+x_ny_n$。点积通常可以用于计算向量之间的夹角，或者向量在某个方向上的投影长度；③矩阵之间的内积就是我们所说的矩阵乘法，如果矩阵 $P=MN$，$P$ 矩阵中的每一个元素的计算公式如下（$M$ 中的第 $i$ 行的每个元素点乘 $N$ 中的第 $j$ 列对应位置的元素，最后将点积结果求和）：

$$p_{ij}=\sum_{k=1}^{n} m_{ik}n_{kj} \tag{6-1}$$

因此，对于两个大小为 1000×1000 的矩阵的乘法来说，需要计算总共 $10^6$ 次乘法以及 1000 次加法。矩阵乘法代码如图 6-79 所示。

以这一段代码为例，接下来将通过以下几步将矩阵乘法进行 CUDA 改写，从而借助 GPU 使矩阵乘法实现高并发运算，大幅减少运算所需的时间。

**步骤一：增加 CUDA 内存传递框架。**

首先，要在 CUDA 中给需要传递的数据划分空间，在本例中需要给两个输入矩阵

*M*，*N* 和一个输出矩阵 *P* 分配空间，使用 cudaMalloc( ) 函数进行操作，同时 sizeInBytes 参数定义划分空间需要包含多少字节。然后，通过 cudaMemcpy( ) 函数将输入矩阵从主机拷贝到已经分配好的设备内存空间中。最后，当计算完成后将计算结果输出矩阵拷贝回主机，这样就完成了一次对 GPU 设备的调用。数据拷贝代码示例如图 6-80 所示。

```
void MatrixMulOnHost(float* M, float* N, float* P, int width)
{
    for (int i = 0; i < width; ++i)
        for (int j = 0; j < width; ++j)
        {
            float sum = 0;
            for (int k = 0; k < width; ++k)
            {
                float a = M[i * width + k];
                float b = N[k * width + j];
                sum += a * b;
            }
            P[i * width + j] = sum;
        }
}
```

图 6-79　矩阵乘法代码示例

```
void MatrixMulOnHost(float* hostM, float* hostN, float* hostP, int width)
{
    int sizeInBytes = width * width * sizeof(float);
    float *devM, *devN, *devP;
    //在设备端申请空间存储 M 和 N
    cudaMalloc((void**)&devM, sizeInBytes);
    cudaMalloc((void**)&devN, sizeInBytes);
    // 在设备端申请空间存储 P
    cudaMalloc((void**)&devP, sizeInBytes);
    // 从主机将 M 和 N 复制到设备端
    cudaMemcpy(devM, hostM, sizeInBytes, cudaMemcpyHostToDevice);
    cudaMemcpy(devN, hostN, sizeInBytes, cudaMemcpyHostToDevice);
    //省略中间调用核函数进行计算
    //将计算完的矩阵从设备复制回主机
    cudaMemcpy(hostP, devP, sizeInBytes, cudaMemcpyDeviceToHost);
}
```

图 6-80　数据拷贝代码示例

**步骤二：实现核函数（kernel function）。**

上面的代码中预留了调用核函数的位置。函数定义时要注意以下三点：①函数限定符为_global_，只有这样这个函数才会被识别为核函数；②return 值永远是 void 型，这是因为设备与主机之间的所有数据传递都必须通过步骤一里的 CUDA 内存传递框架实现，核函数是没办法直接向主机返回任何数据的；③通常我们会用 const 保护不想被改写的输入值，对于想要改写的变量参数就可以不加 const。

接下来需要实现核函数中的具体操作。由于核函数会创建多个线程，每一个线程在执行时只对应一个 *SP*，因此在这个矩阵乘法中，核函数内部要实现的只是结果矩阵 *P* 中一个值的计算。通过每个线程负责一个值，大大提高整体计算并发度。

如式（6-2）和如图 6-81 所示的代码，首先取出线程对应的 id 序号 $t_x$ 和 $t_y$，对应公式中的 $i$ 和 $j$。接下来用一个循环遍历 $k$ 值，devM［$t_y$width+$k$］对应了 $m_{ik}$ 而 devN［$k$width+$t_x$］就对应了 $n_{kj}$，最后进行一次乘法和累加就得到了矩阵 *P* 中一个位置的值，然后存回矩阵 *P* 对应的位置即完成了一个值的计算与存储。

$$p_{ij}=\sum_{k=1}^{n} m_{ik}n_{kj} \tag{6-2}$$

```
_global_ void MatrixMultiplyKernel(const float* devM, const float* devN,
float* devP, const int width)
{
    int tx = threadIdx.x;
    int ty = threadIdx.y;
    //将累计计数变量初始化为 0
    float pValue = 0;
    // 循环乘计算并加和
    for (int k = 0; k < width; k++) {
        float m = devM[ty * width + k];
        float n = devN[k * width + tx];
        pValue += m * n;
    }
    //把结果写到设备内存中,每一个线程有唯一的写入地址下标
    devP[ty * width + tx] = pValue;
}
```

图 6-81　核函数代码示例

**步骤三：在 CPU 的代码中调用核函数。**

调用核函数时除了输入的矩阵等输入参数，还需要在<<>>中给定两个参数指定并

发计算的规模，因此需要定义线程和块来指定一个网格中有多少块，以及一个块中有多少线程。核函数调用代码示例如图 6-82 所示。

```
void MatrixMulOnHost(float* M, float* N, float* P, int width)
{
…
    //设置线程和 block 的执行参数
    dim3 threads(width, width);
    dim3 blocks(1, 1);
    //启动核函数
    MatrixMultiplyKernel<<<blocks, threads>>>(devM, devN, devP, width)
…
}
```

图 6-82　核函数调用代码示例

## 6.5 MPI 编程

MPI 是一个跨语言的通信协议，是一个标准和可移植的通信接口。MPI 为并行通信提供丰富的函数接口，也为并行文件 I/O 访问等提供函数接口。MPI 是支持多程序多数据（MPMD）的编程模型，是一种基于库的系统，可以通过 C 和 Fortran 等语言实现。

### 6.5.1 MPI 在编程模型内的分类定位

并行计算模型可以简单地分为数据并行和任务并行两种。数据并行是指对多个数据块同时进行相同的处理，对应体系结构中 SIMD 的分类；任务并行则是指令和所处理的数据均不同，对应 MIMD 分类。

SPMD 结合了数据并行和任务并行，它在单个操作的层面上没有像 SIMD 那样同步化，这种并行事实上是一种可以架构在其他并行编程模型之上的更“高级”的编程模型。SPMD 通常需要指定任务的执行逻辑，不同的任务可能会根据分支和逻辑关系，执行整个程序的某个部分，不是所有的任务都必须执行整个程序。SPMD 模型采用消息传递或混合编程的编程模型，是当前常见的运行在多核集群系统上的并行计算模型。

在上述模型中，消息传递机制可以用于 SPMD 并行模型（属于 MIMD 分类）。

**例题 6-1** 请辨析 SPMD 和 SIMD 两种模型的区别。

解答：

SIMD 需要对数据流进行指令级别的同步，而 SPMD 是任务级别的数据同步，也就是 SIMD 在每一个指令执行完都要同步数据的状态，但 SPMD 将一组指令作为一个整体，在单指令级别是不需要同步数据状态的（见图 6-83，允许有指令对一份数据没处理完就执行下一个指令）。

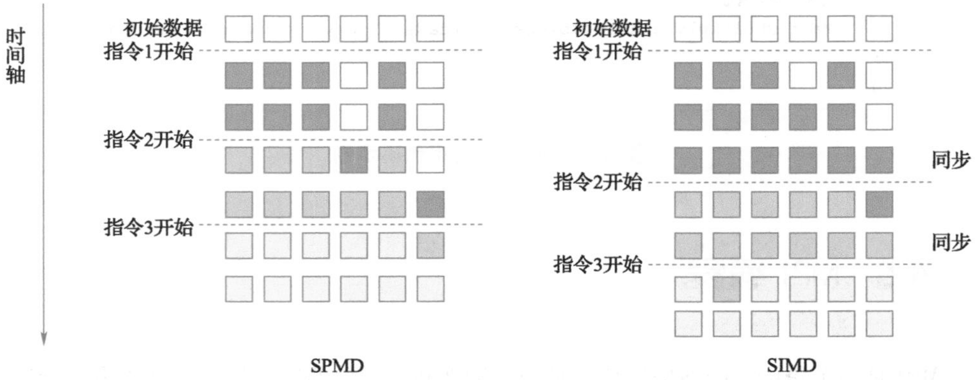


图 6-83 SIMD 和 SPMD 在对数据流操作时的区别

□

## 6.5.2 信息交互模型与通信方式

在信息交互模型中，通信的基本对象是进程，这一点区别于线程并行模型。进程内部可以使用多线程技术，进程间使用通信模型，这两个方面是不冲突的。图 6-84 展示了信息交互模型中进程与线程的关系。跨进程的信息交互涉及同步与数据交换两方面。

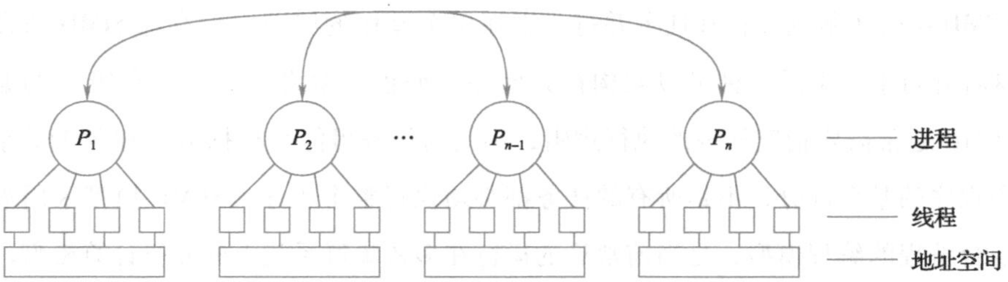


图 6-84 信息交互模型中进程与线程的关系

每个进程是拥有私有的内存空间的，因此在使用信息通信的 SPMD 并行模型中遵守“所有者计算”的规则：每个进程都对自己“拥有”的数据（其实就是存储在私有内存空间的本地数据）进行计算。

**例题 6-2**　进程与线程的关系是什么？线程之间是否需要使用通信模型？

解答：

从操作系统来看，进程是操作系统分配资源的最小单位，线程是任务调动和执行的最小单位。系统在运行时会为每个进程分配内存，但系统不会单独为每个线程分配内存。每个进程都有独立的代码和数据空间，程序切换会有较大的开销。线程之间共享代码和数据，每个线程都有自己独立的栈和调度器，线程之间切换的开销较小。

进程和线程所处的层次结构不同，一个操作系统中可以运行多个进程，而一个进程中可以有多个线程同时执行。创建进程时系统会自动创建一个主线程，操作由主线程完成；当进程中有多线程时，操作由多线程共同执行完成。

同一个进程内部的线程之间没有必要使用通信模型，因为它们共享地址空间；对于不同进程中的线程，它们的通信本质上还是跨越的进程，进程之间使用的是通信模型。

□

消息通信库的实现是为了服务于通信，因此进程的通信需求特点决定了通信库的表现形态。单个进程自身在算法层面存在数据通信的需求，多个进程在组织关系上存在控制信息通信的需求，这些需求塑造了“服务者”——MPI 库的形态；相对地，通信模式反过来决定了程序的行为特点。例如，MPI 针对多个进程之间可能的通信结构提供了聚合通信、广播、点对点等通信形式，这是进程需求对 MPI 的影响；而使用非阻塞通信的程序会额外注意对通信缓存内存的开辟与管理，这是 MPI 对程序行为的影响。

消息传递基础结构会试图支持最常用或最期望的通信形式，MPI 则相应地提供基础功能的函数式访问（这些功能也是最常用的）；MPI 也提供了如图形库、网格库等高层次的抽象形式供扩展程序调用。

消息传递模型的通信方式分为合作型和单边型，在合作型通信（通信和状态同步绑定在一起）中，任意一方内存的任何修改都是在拥有者明确地操作参与下完成的，不会出现本地内存在进程未感知到就被改变的情况，如图 6-85 所示。

单边通信（通信与状态同步解绑）中，一方发起操作（如远程访存）可以不经过另一方进程的感知，进程可以直接与另一进程的存储空间互动，如图 6-86 所示。

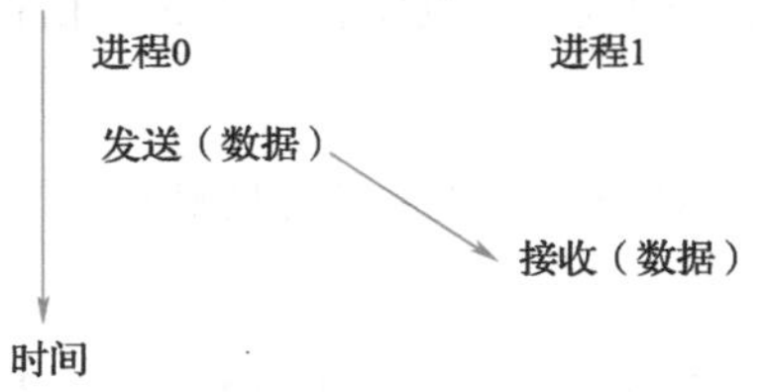


图 6-85　合作型通信示意

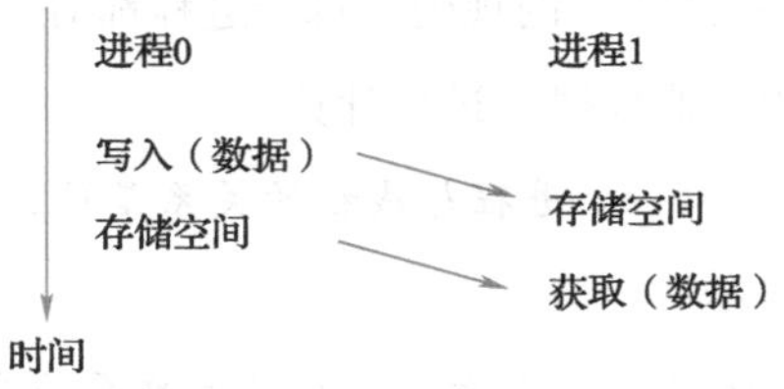


图 6-86　单边通信示意

例题 6-3　合作型通信和单边通信的本质区别是什么？

解答：

在合作型通信中，通信双方必须显式参与信息交换这个过程才能导致内存空间中数据的变化；单边通信则不需要显式参与。

□

MPI 提供点对点通信与群体通信。点对点通信有同步和异步两种方式，主要实现在发送/接收（Send/Receive）或写入/获取（Put/Get）这两对操作中，稍后将详细讲解同步与异步两种方式。对于群体通信，MPI 将若干个进程逻辑划分为组，每个进程可以在组内进行广播、多播、取子集、分散/聚合等方式的通信。

MPI 作为一个扩展的信息交互模型，它不是一个语言或编译器规范，也不是具体实现。MPI 可以用于并行计算机、集群和工作站网络，有着具体语言的实现。MPI 目前功能齐全，可以服务于从终端用户到库开发者、工具开发者的各个层次。MPI 的优势体现在：MPI 体系成熟、易于理解，同时充分匹配了当前主流并行机内部互连网络对处理器的组织关系。目前已有许多基于 MPI 构建的上层应用，生态良好。

例题 6-4　请判断以下说法的正误。①MPI 是一门并行编程语言；②MPI 是一个可以用于并行编程的函数库；③MPI 是用于并行通信的编译器编译规范。

解答：

上述说法均错误，因为 MPI 是一个并行信息交互函数库接口的实现规范，本身不是一个函数库。

□

MPI 被显式地设计为使用函数库的形式，这种形式减少了使用者学习 MPI 的成本。

MPI 发展至今已经推出了 MPI-1、MPI-2、MPI-3 三个版本的规范，在它的诸多实现中，MPICH 是 MPI 规范的最重要的一种实现。MPICH 的开发与 MPI 规范的制订是同步进行的，它最能反映 MPI 的变化和发展。

MPI 具有下列所述的特性：

1）MPI 的通信器结合了通信内容和通信组的结构来确保通信安全性；根据具体实施的不同，MPI 也不同程度地保证了线程安全性。

2）在点对点通信上，MPI 使用了结构化缓冲区和派生数据类型，具有异构性，提供了多模式的点对点通信（标准、同步、就绪、缓存四种）。

3）在集体通信上，MPI 既有预设的集体通信方式，也支持用户定义的通信操作。为此，MPI 通过直接方式或拓扑方式定义了通信子组，且具有大量的数据通路。

4）MPI 具有面向应用程序的进程拓扑结构。基于通信组的构成，MPI 内置了对网格结构和图结构的支持。

5）支持对 MPI 内部的分析。MPI 提供 hook，使得用户通过 hook 来拦截查看 MPI 调用。对于每一个 MPI 函数，MPI 提供类似的 PMPI 函数，这是一种允许工具开发人员拦截对 MPI 函数的调用的机制。许多软件都使用了 PMPI 函数，如性能测试工具 TAU 就使用 PMPI 结构来分析程序。

6）在运行环境上，MPI 支持查询和错误控制。

### 6.5.3 MPI 基本函数

虽然 MPI 函数库提供的函数很多，但是在实际编写 MPI 程序时，常用的 MPI 函数的个数是很少的。常用的 MPI 函数只有 6 个：MPI_Init、MPI_Comm_size、MPI_Comm_rank、MPI_Send、MPI_Recv、MPI_Finalize。MPI 程序调用 MPI 函数的部分需要以 MPI_Init 开始，以 MPI_Finalize 结束。也就是在使用其他 MPI 函数前需要调用 MPI_Init 初始化 MPI 环境，在调用了 MPI_Finalize 后不能再调用 MPI 函数。对于 MPI_Init 函数，需要说明的是，MPI 编程中多个进程在调用 Init 前就已经存在于系统了，因此 Init 不会在此时分配硬件资源和系统资源；在 Init 前，各个进程虽然存在但是无法感知到其他进程的存在，也无法进行通信。每个调用 MPI_Init 的进程会向通信组注册本进程，以使得通信服务可以向其他进程提供通信通路。对于 MPI_Finalize 函数，调用该函数是为了结束当前进程的 MPI 环境，如果不调用该函数，并行程序的结果将不可预知，甚至出错。

MPI_Comm_size 用于获得进程数量，它的函数原语为 MPI_COMM_SIZE（MPI_COMM_WORLD，&NUMPROCS，&IERR)，其中第一个参数指定获得进程数量的通信域，默认为 MPI_COMM_WORLD，通常不需要改变；NUMPROCS 用于存储返回的进程数量 p；IERR 用于返回函数执行是否出现错误。

MPI_Comm_rank 用于获得进程号，其函数原语为 MPI_COMM_RANK（MPI_COMM_WORLD，&ID，&IERR)，其中第一个参数指定获得 rank 的通信域，默认为 MPI_COMM_WORLD，通常不需要改变；ID 用于存储返回的进程号，进程号从 0 开始，在一个有 $p$ 个进程的通信域中，每一个进程有一个唯一的序号（ID 号），取值为 $0\sim p-1$；IERR 用于返回函数执行是否出现错误。

**例题 6-5** 比较图 6-87 所示两个程序的功能，并指出应用了 rank 和 size 函数的改进版本有什么优点。

```c
#include "mpi.h"
#include <stdio.h>

int main( int argc, char *argv[] )
{
    MPI_Init( &argc, &argv );
    printf( "Hello, world!\n" );
    MPI_Finalize();
    return 0;
}
```

```c
#include "mpi.h"
#include <stdio.h>
int main( int argc, char *argv[] )
{
    int rank, size;
    MPI_Init( &argc, &argv );
    MPI_Comm_rank(MPI_COMM_WORLD, &rank );
    MPI_Comm_size(MPI_COMM_WORLD, &size );
    printf( "I am %d of %d\n", rank, size );
    MPI_Finalize();
    return 0;
}
```

图 6-87　rank 与 size 函数的使用示例

解答：

这两个程序每个进程都是在输出控制台输出一行字符串，但前一个版本只会有 $N$ 行“Hello，world!”输出，后一个版本知道是哪个进程输出的，有身份标识，进程本身知道自身的位置。

□

接下来介绍使用在 MPI 通信函数中的几个参数：

（1）数据类型（datatype）　数据类型规定了传输数据基础单位的大小。一般来说，MPI 数据类型会包括实现语言内预定义的数据类型。MPI 数据类型可以递归地定义为：来自语言的预定义数据类型、MPI 数据类型的连续数组、数据类型的跨步块、数据类型块的索引数组、数据类型的任意结构。同时，MPI 也提供自定义数据类型的函数，如构建一个二元组（int，float）的数组，或把按列存储的矩阵的一行也定义成一个自定义结构。使用数据类型的好处是，首先可以把所有数据在 MPI 中按类型进行规范，这样可以支持异构通信：可以支持具有不同内存表示和基本数据类型长度的机器上运行的进程之间的通信，如果有需要，MPI 将提供数据转化接口；其次是可以支持在内存中使用面向应用程序的数据布局，这样可以减少实现时的内存之间的相互复制，也便于利用一些特殊硬件（在分散/聚合通信中尤其如此）。

（2）标签（tag）　标签是一个在发送消息时附带用户定义的整数标记，用来协助接收进程识别信息，通常使用枚举类型。通过指定特定标签，可以在接收端屏蔽消息。使用 MPI_ANY_TAG 标记则表示可接收任何标记类型。tag 有时被称为“消息类型”（message type），但 MPI 将其称为“tag”，以避免与数据类型（data type）混淆。

（3）通信器（communicator）　多个进程可以集合成一个组，每条消息需要在一个上下文中发送，且接收方必须在同一个上下文中接收。这样，一个进程组和上下文一起就形成了一个通信器。在初始的程序中，存在一个默认的通信器 MPI_COMM_WORLD，包含所有初始进程。同样，MPI 也支持用户自定义通信器。

send/receive 这两个函数都是属于通信类型中的合作型通信，数据传播需要发送者和接受者的合作才能继续。但这些合作不一定总是显式地在代码中出现。了解了通信函数中的几个参数之后，下面详细介绍 MPI 基本函数中的 send 与 receive 函数。

MPI_SEND（buf，count，datatype，dest，tag，comm）用于发送数据，它的输入参数：buf 是发送缓冲区的起始地址，count 是发送数据的个数，datatype 是发送数据的数据类型，dest 是目的进程标识号，tag 是消息标志，而 comm 指定了本次的通信器。阻塞模式下的 SEND 函数调用会导致调用者保持阻塞，直到要发送的数据完全准备好，这时缓存区可以被重用。但阻塞结束后不保证信息被接收方收到。

MPI_RECV（buf，count，datatype，source，tag，comm，status）用于接收数据，它的输入参数：buf 是接收缓冲区的起始地址，count 是最多可接收的数据的个数，datatype 是

接收数据的数据类型，source 是接收数据来源的进程标识号，tag 是与发送方消息类型相同标志，comm 指定了本次的通信器。阻塞模式下的 RECV 函数调用使得调用者在 source 和 tag 与发送者匹配、且缓冲区可用的情况下保持阻塞，直到接收完毕或达到 count 规定的大小上限。输出参数 status 是用户程序中分配的数据结构，传入 RECV 函数用于返回本次调用的返回状态和调试信息。

### 6.5.4 MPI 程序执行（以 C on linux 为例）

MPI-1 没有指出应该如何运行一个 MPI 程序，因此 MPI 程序的运行依赖于 MPI 的实现者如何规定。这里以 linux 中的 MPICH 执行 C/C++程序为例。MPICH 在 gcc/G++的基础上构建了支持 MPI 库的并行版编译工具 MPICC/MPIC++，编译源文件时使用命令：

```
mpic++ source.cpp -o ./output.out
```

运行编译完的结果时，MPICH 使用执行工具 mpiexec，SGI 开发的 MPI 使用 mpirun 工具，命令为

```
mpiexec -n <procs> a.out
```

### 6.5.5 MPI 集群通信函数

一个集群通信函数要被通信器中的所有成员进程调用后才能发挥一次作用。当通信器内部有集群通信被调用之后，各个进程需要按照通信器的规定，在通信器的协调下通信。在许多数值算法中，Send/Receive 可以被 Bcast/Recute 代替，从而提高了易用性和效率。在 MPI-1 中，所有集体操作都是阻塞的，而且不使用消息标识。在 MPI-3 中引入了非阻塞集体通信方式，后面介绍的通信函数均是阻塞形式。

集群通信所使用的函数主要包括同步、数据传递、集群性计算这三个类别。集群通信按照通信者的结构可以分为一对多、多对一、多对多这三种类型。一般来说，在一对多通信的模式下，使用集群通信要比使用点对点通信更加高效（具体取决于实现和实例）。

假设在有 $n$ 个进程的通信器中，进程 0 要给其他 $n-1$ 个进程发送 1MB 大小的数据。如果使用点对点通信实现，则代码如图 6-88 所示可以看到：0 号进程需要串行地调用 MPI_Send $n-1$ 次，一个一个地发送给其他进程；0 号进程与其他进程代码执行的区域不一样。

```
if (my_id == 0) then
    do i = 1, ntasks-1
        call MPI_Send(a, 1048576, &
        MPI_REAL, i, tag, &
        MPI_COMM_WORLD, rc)
    end do
else
    call MPI_Recv(a, 1048576, &
        MPI_REAL, 0, tag, &
        MPI_COMM_WORLD, status, rc)
end if
```

图 6-88　点对点通信代码示例

如果使用集体通信的代码实现，则代码如图 6-89 所示，可以看到，0 号进程只需要调用一次 MPI_Bcast 函数；所有进程执行的代码相同，而且代码简洁明了。

```
call MPI_Bcast(a, 1048576, &
        MPI_REAL, 0, &
        MPI_COMM_WORLD, rc)
```

图 6-89　集体通信代码示例

下面分别具体介绍几个重要的 MPI 集群通信函数。

**MPI_Barrier( )** 是一个用于同步的函数，作用是在通信器组通信中创建栅障同步。该函数没有参数。一个进程调用 MPI_Barrier 时，则意味着到达了对应的栅障，进而进入阻塞状态，直到组中的所有进程都进行相同的 MPI_Barrier 调用（即到达了对应的栅障），才统一解除阻塞继续执行，如图 6-90 所示。

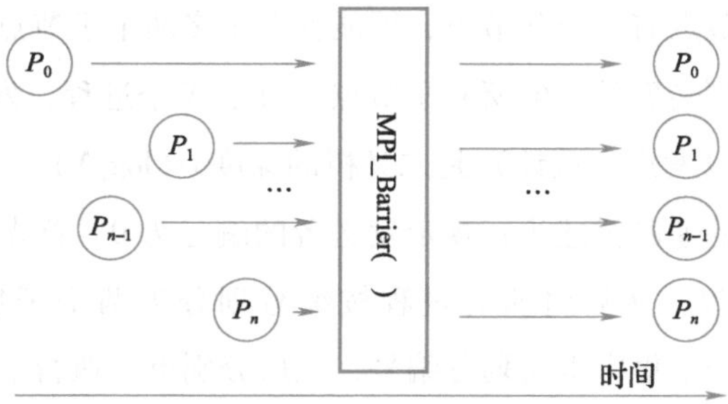


图 6-90　MPI_Barrier 操作示意

MPI_Bcast(buffer,count,datatype,root,comm)函数用于广播，其中的参数 buffer 是缓冲区（无论发送者还是接收者）的起始地址，count 是将发送/接受的数据的个数，datatype 是发送数据的数据类型，root 是指定发送者的 rank，comm 指定了本次的通信器。一个通信器内部所有的进程都要调用这个函数才能令这个函数完成执行，而且要保证传入参数相同。根据函数参数的规定，rank 等于 root 的进程是数据发送者，其他进程则是接收者。该函数会将发送者指定的内存区域的数据“复制”到其他接收者相同的区域。广播操作示意如图 6-91 所示。

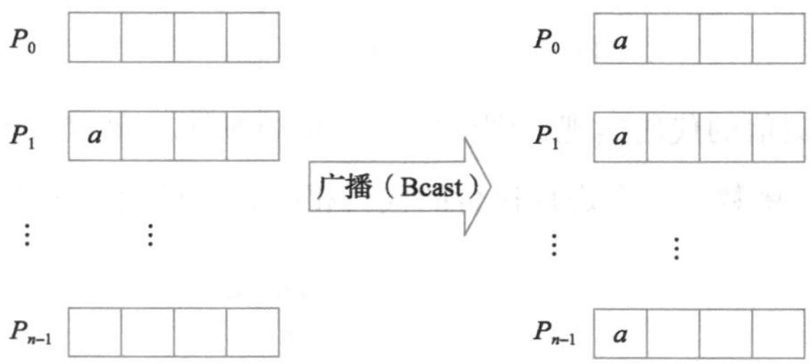


图 6-91　广播操作示意

下面介绍 Bcast 广播算法。Bcast 本质上是广播通信，底层实现一个广播模式常用的广播算法有四种方式，分别是顺序、环状、二叉树、多叉树方式。顺序广播算法中，发送者要把广播的内容依次发送给其他进程，对于 $N$ 个进程，发送进程要进行 $N-1$ 次发送，最大延迟是 $N-1$（即最后收到消息的进程从发送者经过的转发次数）。环状广播算法中，$n$ 号进程收到来自 $n-1$ 号进程的消息后，会立即转发给 $n+1$ 号进程。对于 $N$ 个进程，发送进程要进行 1 次发送，最大延迟是 $N-1$。二叉树广播算法的递归描述为：除发送者外的节点，每个节点有一个父节点，可能存在至多两个子节点；当这些节点收到父节点发来的消息后立刻转发给它的所有子节点。对于 $N$ 个进程，发送进程总共要进行 2 次发送，最大延迟（以发送次数计）是二叉树的深度 $O(\log_2 N)$。

多叉树广播算法的递归描述为：规定发送者的编号为 0，首先 0 号进程将消息传给 $R_x=[(N+1)/2]$ 的进程，然后将所有进程按编号划分为两个子集 $\{0,1,\cdots,R_x-1\}$ 和 $\{R_x,\cdots,N-1\}$，在每个子集中重新划分编号，然后分别重复执行上述操作，直至初始所有 $N-1$ 个进程都收到消息。对于 $N$ 个进程，发送进程总共要进行 $\log N$ 次发送，最大延迟（以发送次数计）是 $O(\log_2 N)$。除了发送次数，算法耗时还受到其他一些因素的影响，这些因素包括：发送过程中两个处理器之间传递一条消息的最大通信延迟、单个处理器进行连续的收发信息操作的最小时间间隔、单个处理器收发一条信息所用时间等。在多数情况下，多叉树比二叉树效率更高（多叉树算法的时间上界约等于二叉树算法的时间下界）。

MPI_Scatter(sendbuf, sendcount, sendtype, recvbuf, recvcount, recvtype, root, comm) 函数用于散播，会将发送者指定的内存区域的数据“平均分配”到包括发送者和其他接收者即所有人的内存区。散播操作示意如图 6-92 所示。它的输入参数 sendbuf 是发送者数据缓存区的首地址，sendcount 指定要平均发送给每个进程的数据数量，sendtype 指定发送者缓存区内数据类型，recvbuf 是接收者数据缓存区的首地址，recvcount 指定接收者从发送者最多接收的数据数量，recvtype 指定接收者缓存区内接收的数据类型，root 是指定发送者的 rank，comm 指定了本次的通信器。

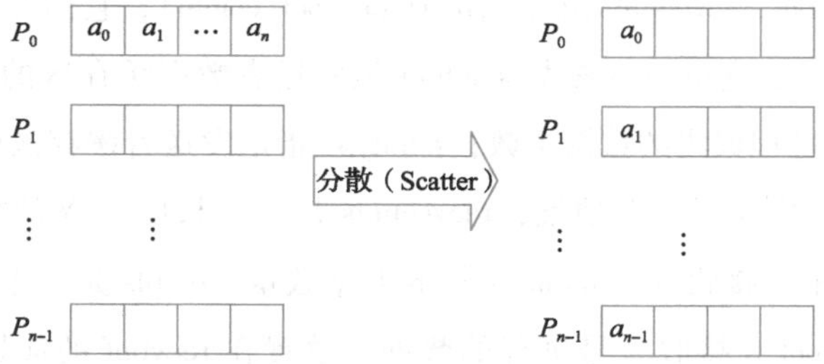


图 6-92 散播操作示意

Scatter 函数还有一个扩展形式 Scatterv，这个扩展是为了解决数据分配过程中只能使用平均分配策略的不足之处。MPI_Scatterv(sendbuf, sendcounts, displs, sendtype, recvbuf, recvcount, recvtype, root, comm)，假设通信器内进程数为 $N$，它的输入参数 sendbuf 是发送者数据缓存区的首地址，sendcounts 是一个长度为 $N$ 的 int 数组，其中的元素 sendcounts[n] 指定要发送给 $n$ 号进程的数据数量，将从 sendbuf[displs[n]] 开始的共 sendcounts[n] 个数据发送给 $n$ 号进程；displs 是一个长度为 $N$ 的 int 数组，displs[n] 是在发送数据给 $n$ 号进程时 sendbuf 的偏移量；recvbuf 是接收者数据缓存区的首地址，recvcount 指定接收者从发送者处最多接收的数据数量，recvtype 指定接收者缓存区内接收的数据类型，root 是指定发送者的 rank，comm 指定了本次的通信器。

MPI_Scatterv 方法相较于之前的 MPI_Scatter 多了两个参数 sendcounts[] 和 displs[]，

并且少了 recvcount。函数通过 sendcounts 和 displs 自由规定了每个进程分多少、从哪里开始分的问题。例如，有数组 $A=\{1,2,3,4,5,6,7,8,9\}$，有三个线程 0，1，2。为了进行某操作，需要给 0 号进程分配{1,2,3}，给 1 号进程分配{3,4,5,6,7}，给 2 号进程分配{4,5,6,7,8,9}。那么传入 MPI_Scatterv 的参数应为：sendcounts={3,5,6}，displs={0,2,3}。

辨析广播与分散，它们最根本的区别是：广播每个进程获得的数据是相同的，分散则可能不同大小、不同内容。

MPI_Gather(sendbuf, sendcount, sendtype, recvbuf, recvcount, recvtype, root, comm)是聚集操作，从某种意义上可以看作 Scatter 的逆向操作。这个函数用于聚集操作如图 6-93 所示。rank 等于 root 的进程是数据输入者，其他进程则是输出者。要集中的数据储存在 recvbuf 中。该函数会将发送者指定的内存区域的数据“按 rank 序号集中”到接收者的内存区中。相似地，Gather 也有改进版本的 Gatherv 函数：MPI_Gatherv(sendbuf, sendcount, sendtype, recvbuf, recvcounts, displs, recvtype, root, comm)，它们有类似的参数。假设通信器内进程数为 $N$，它的输入参数 sendbuf 是发送者数据缓存区的首地址；sendcount 指定要平均从每个进程聚集的数据个数；sendtype 指定发送者缓存区内的数据类型；recvbuf 是接收者数据缓存区的首地址；recvcounts 是一个长度为 $N$ 的数组，指定接收者 root 从 $n$ 号发送者最多接收 recvcounts[n] 的数据数量；displs 是一个长度为 $N$ 的 int 数组，displs[n] 是 root 在接收 $n$ 号进程的数据时放置在 recvbuf 的起始偏移量；recvtype 指定接收者缓存区内接收的数据类型；root 是指定发送者的 rank；comm 指定了本次的通信器。

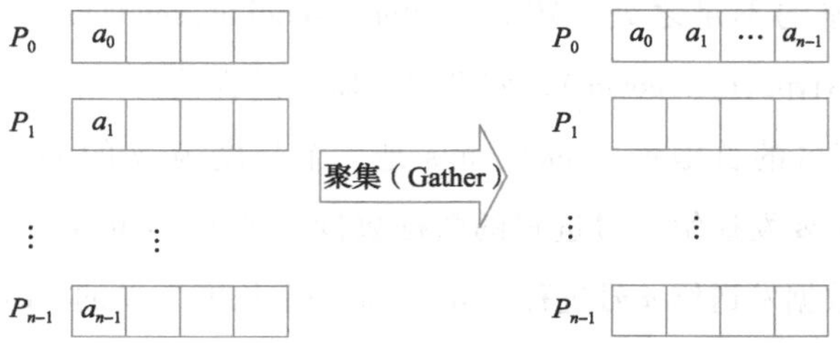


图 6-93 聚集操作示意

MPI_Gatherv 与原函数相比，差别在于 recvcounts 和 displs 两个参数，通过这两个数组参数，Gatherv 可以决定从每个进程接收的大小、接收后放置的位置和顺序。参考以下例子：有三个线程 0，1，2。0 号进程 sendbuf 为{1,2,3}，1 号 sendbuf 为{4,5,6,7}，2 号进程 sendbuf 为{8,9}。如果要获得{1,2,3,4,5,6,7,8,9}，那么传入 MPI_Gatherv 的参数应为：recvcounts={3,4,2}，displs={0,3,7}。

MPI_Allgather(sendbuf,sendcount,sendtype,recvbuf,recvcount,recvtype,comm)把每个进程的数据聚集起来然后复制给每个进程，它的输入参数 sendbuf 是发送数据缓存区的首地址，sendcount 指定发送的数据数目，sendtype 指定发送者缓存区内的数据类型，recvbuf 是接收数据缓存区的首地址，recvcount 指定从每个进程最多接收的数据数量，recvtype 指定接收者缓存区内接收的数据类型，comm 指定了本次的通信器。MPI_Allgather()在结果上和使用 MPI_Gather()+MPI_Bcast()结果等效（见图 6-94）。

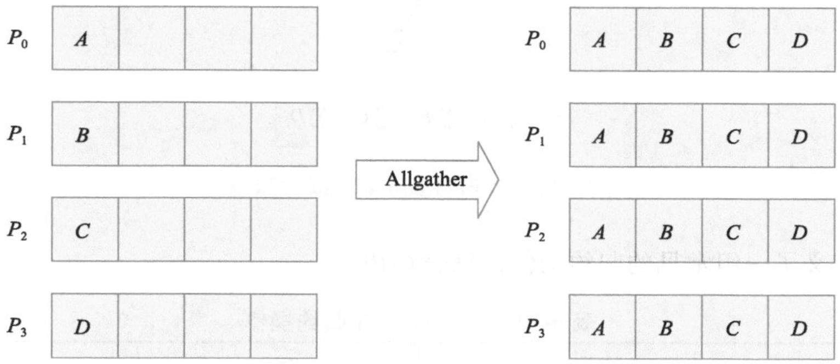


图 6-94　MPI_Allgather()操作示意

图 6-95 为 Bcast、Gather、Scatter、Allgather 四个操作的特征与区别。

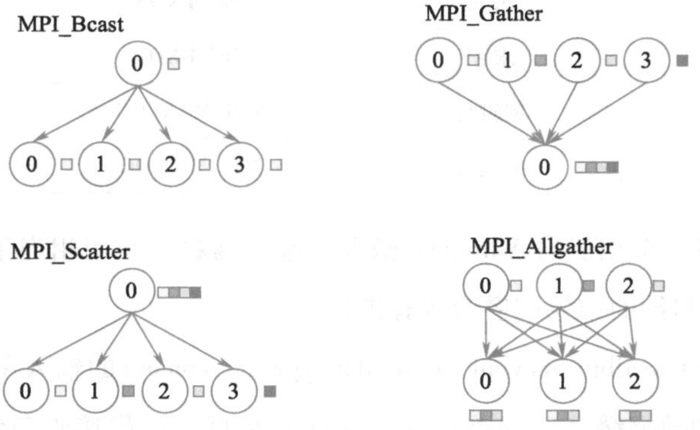


图 6-95　Bcast、Gather、Scatter、Allgather 四个操作的特征与区别

MPI_Reduce( )归约函数会对每个进程提供的一组数据进行一种计算然后将结果存在规定的 root 进程的缓存区中。归约是来自函数式编程的一个经典概念（见图 6-96）。

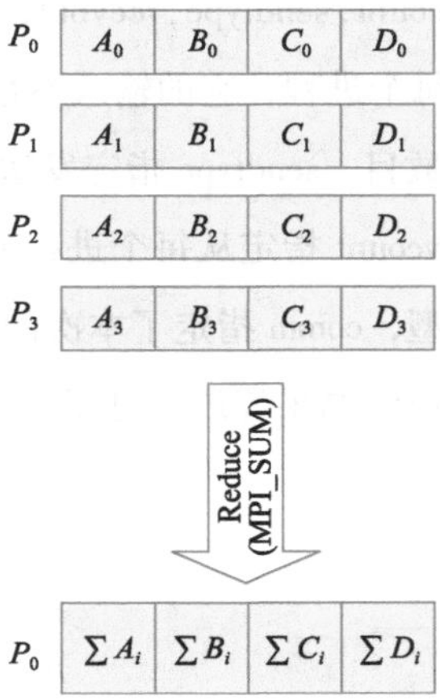


图 6-96　MPI_Reduce( )操作示意

MPI 定义了一组常见的归约操作，见表 6-10。

表 6-10　常见的 MPI 归约操作

| 名字 | 含义 | 名字 | 含义 |
|---|---|---|---|
| MPI_MAX | 最大值 | MPI_LOR | 逻辑或 |
| MPI_MIN | 最小值 | MPI_BOR | 按位或 |
| MPI_SUM | 求和 | MPI_LXOR | 逻辑异或 |
| MPI_PROD | 求积 | MPI_BXOR | 按位异或 |
| MPI_LAND | 逻辑与 | MPI_MAXLOC | 求最大值位置 |
| MPI_BAND | 按位与 | MPI_MINLOC | 求最小值位置 |

MPI 提供了另一个相似的 Allreduce 函数，这个函数的作用相当于调用 Reduce 后再使用 Bcast 函数把归约的结果广播给所有进程。

MPI_Allreduce(sendbuf,recvbuf,count,datatype,op,comm)的输入参数 sendbuf 是每个进程想进行归约的数据缓存区的首地址；recvbuf 是每个进程接收归约完后数据缓存区的首地址，缓冲区大小应为 sizeof(datatype)×count；count 指定 recvbuf 数据数量；datatype 指定要归约的数据的数据类型；op 是要对数据应用的操作；comm 指定了本次的通信器。图 6-97 展示了 MPI_Allreduce( )的操作示意。

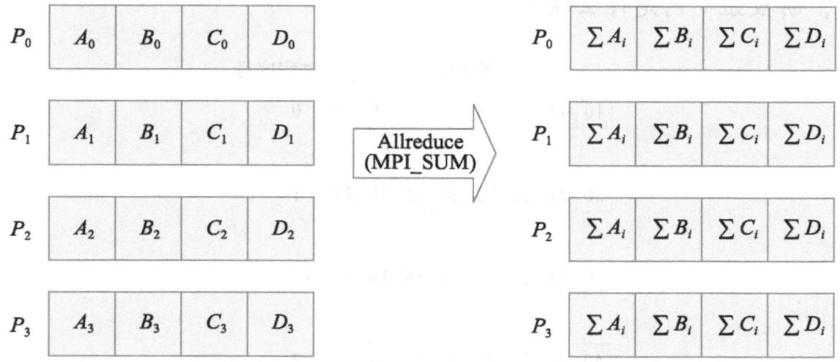


图 6-97　MPI_Allreduce( )操作示意

MPI_Alltoall( )也称为全互换函数，每一个进程都会向通信器内所有其他进程发送消息，每一个进程也都会接收到所有其他进程的消息。如果将每个进程看作一个结点，那么由本次 Alltoall 操作形成的通信图形就是图论中的一个全连通图。该函数完整形式为 MPI_Alltoall(sendbuf, sendcount, sendtype, recvbuf, recvcount, recvtype, comm)，其中，sendbuf 是每个进程的发送数据缓存区的首地址，缓冲区大小应为 sendcount×size(进程数量)×sizeof(sendtype)；sendcount 指定要发给一个进程的数据个数；sendtype 指定发送缓存区内数据类型；recvbuf 是接收数据缓存区的首地址，缓冲区大小应为 recvcount×size(进程数量) ×sizeof(recvtype)；recvcount 指定从每个进程接收的数据数量；recvtype 指定接收缓存区内接收的数据类型；comm 指定了本次的通信器。图 6-98 展示了 MPI_Alltoall( )的操作示意。

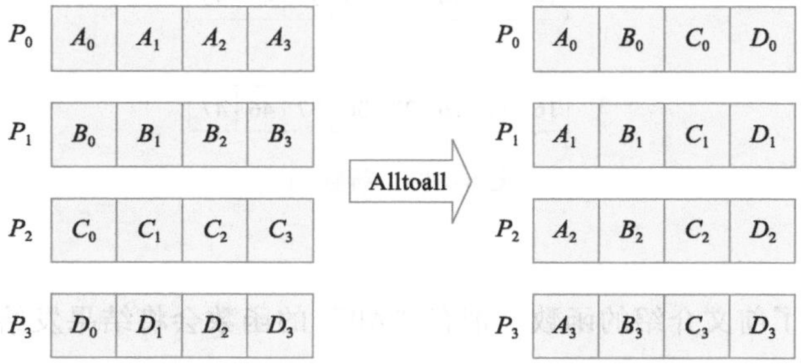


图 6-98　MPI_Alltoall( )操作示意

**例题 6-6** 假设存在 0，1，2，3 这 4 个进程，每个进程有原数组 u，原数组如图 6-99 所示。在执行函数 MPI_Alltoall(u, 2, MPI_INT, v, 2, MPI_INT, MPI_COMM_WORLD)后，新数组 v 内是什么状态？

| 数组u | | | | | | | | 进程序号 |
|---|---|---|---|---|---|---|---|---|
| 10 | 11 | 12 | 13 | 14 | 15 | 16 | 17 | 0 |
| 20 | 21 | 22 | 23 | 24 | 25 | 26 | 27 | 1 |
| 30 | 31 | 32 | 33 | 34 | 35 | 36 | 37 | 2 |
| 40 | 41 | 42 | 43 | 44 | 45 | 46 | 47 | 3 |

图 6-99 原数组

解答：

函数内的参数表明，一个进程要给每个进程发送 2 个 int 型数据，由于总共有 4 个进程，而 u 的长度为 8，所以可以正好将 u 完全分配完。0 号进程获得 u[0]，u[1]；1 号进程获得 u[2]，u[3]；2 号进程获得 u[4]，u[5]；3 号进程获得 u[6]，u[7]。所以得到如图 6-100 所示的新数组。

| 进程序号 | 数组v | | | | | | | |
|---|---|---|---|---|---|---|---|---|
| 0 | 10 | 11 | 20 | 21 | 30 | 31 | 40 | 41 |
| 1 | 12 | 13 | 22 | 23 | 32 | 33 | 42 | 43 |
| 2 | 14 | 15 | 24 | 25 | 34 | 35 | 44 | 45 |
| 3 | 16 | 17 | 26 | 27 | 36 | 37 | 46 | 47 |

图 6-100 新数组

□

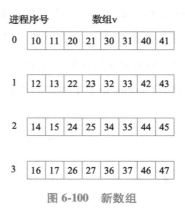

表 6-11 总结了前文介绍的函数。带有“All”的函数会将结果发给每一个参与的进程，而末尾带有“v”的函数版本允许自定义发送的大小和长度。

表 6-11　聚集操作总结

| 类型 | 函数 | 功能 |
|---|---|---|
| 数据移动 | MPI_Bcast | 一到多，数据广播 |
| 数据移动 | MPI_Gather | 多到一，数据汇合 |
| 数据移动 | MPI_Gatherv | MPI_Gather 的一般形式 |
| 数据移动 | MPI_Allgather | MPI_Gather 的一般形式 |
| 数据移动 | MPI_Allgatherv | MPI_Allgather 的一般形式 |
| 数据移动 | MPI_Scatter | 一到多，数据分散 |
| 数据移动 | MPI_Scatterv | MPI_Scatter 的一般形式 |
| 数据移动 | MPI_Alltoall | 多到多，置换数据 |
| 数据移动 | MPI_Alltoallv | MPI_Alltoall 的一般形式 |
| 数据收集 | MPI_Reduce | 多到一，数据归约 |
| 数据收集 | MPI_Allreduce | 上者的一般形式，结果在所有进程 |
| 数据收集 | MPI_Reduce_scatter | 结果散播到各个进程 |
| 数据收集 | MPI_Scan | 前缀操作 |
| 同步 | MPI_Barrier | 同步操作 |

本节从原理和使用两个方面介绍了并行编程模型 MPI。在并行计算开发者的不断努力下，MPI 成了一个成熟的并行编程模型、一个持续发展的信息通信库规范。MPI 在几乎所有平台上均得到了实现，这足以说明它的通用性和便利性；而 MPI 编程简单易用（大部分情况下只需要少量的基本函数即可完成任务），再加上自身文档完整、社区学习资料丰富，这些条件让 MPI 成为极易入门的一个编程模型。

## 6.6 实验——编写 MPI 并行程序

### 6.6.1 编写 MPI 程序并行计算平均值

设计一个并行 MPI 程序，将传统的由单个进程处理的求平均值的工作并行化为多个进程协作完成；通过这种并行化，在处理的数据规模变大时，可减少时间开销。具体要求如下：①在根进程（进程 0）上生成随机数字数组；②将数字分散到所有进程，为每个进程提供相等数量的数字；③每个进程计算其数字子集的平均值；④将所有平均值汇总到根进程，然后根进程计算这些数字的平均值，以获得最终的平均值。并行计算平均值的 MPI 示例代码如图 6-101 所示。

```
#include "iostream"
#include "mpi.h"
using namespace std;
const int length = 4;
int main(int argc, char **argv){
    MPI_Init(&argc,&argv);
    int rank,size;
    MPI_Comm_rank(MPI_COMM_WORLD,&rank);
    MPI_Comm_size(MPI_COMM_WORLD,&size);
    if(rank==0){
        int *Array = (int *)std::malloc(sizeof (int)*length*size);
        int *Recv = (int *)std::malloc(sizeof (int)*length);
        std::srand(time(0));
        double standardAvr = 0;
        for(int i=0;i<length*size;i++){
            Array[i]=std::rand()%1000;
            cout<<Array[i]<<" ";
            standardAvr+=Array[i];
        }
        cout<<endl;
        standardAvr /= length*size;
        cout<<"Standard Avr = "<<standardAvr<<endl;
        MPI_Scatter(Array,4,MPI_INT,Recv,4,MPI_INT,0,MPI_COMM_WORLD);
        double average = 0;
        for(int i=0;i<length;i++){
            average+=Recv[i];
            cout<<"process "<<rank<<" "<<i<<" "<<Recv[i]<<" "<<endl;
        }
        average = average/length;
        cout<<"process "<<rank<<" average = "<<average<<endl;
        double *Gather = (double *)std::malloc(sizeof(double )*size);
        MPI_Gather(&average,1,MPI_DOUBLE, Gather,1,MPI_DOUBLE,0,MPI_COMM_WORLD);
        double FinalAvr = 0;
        for(int i=0;i<size;i++){
            FinalAvr+=Gather[i];
            cout<<"Final avr receive "<<rank<<" "<<i<<" "<<Gather[i]<<" "<<endl;
        }
        FinalAvr = FinalAvr/size;
        cout<<"Final Avr = "<<FinalAvr<<endl;
    }else{
        int *Recv = (int *)std::malloc(sizeof (int)*length);
        //只有进程需要有效的 sendbuf 地址
        MPI_Scatter(nullptr,4,MPI_INT,Recv,4,MPI_INT,0,MPI_COMM_WORLD);
        double average = 0;
        for(int i=0;i<length;i++){
            average+=Recv[i];
            cout<<"process "<<rank<<" "<<i<<" "<<Recv[i]<<" "<<endl;
        }
        average = average/length;
        cout<<"process "<<rank<<" average = "<<average<<endl;
        //只有 root 进程需要有效的 recvbuf 地址
        MPI_Gather(&average,1,MPI_DOUBLE, nullptr,1,MPI_DOUBLE,0,MPI_COMM_WORLD);
    }
```

图 6-101　并行计算平均值的 MPI 示例代码

实验结果：命令行输出如下：

```
570 563 67 446 102 817 347 220 249 170 165 498 692 726 630 92
Standard Avr = 397.125
process 0 0 570
process 0 1 563
process 0 2 67
process 0 3 446
process 0 average = 411.5
Final avr receive 0 0 411.5
Final avr receive 0 1 371.5
Final avr receive 0 2 270.5
Final avr receive 0 3 535
Final avr = 397.125
process 1 0 102
process 1 1 817
process 1 2 347
process 1 3 220
process 1 average = 371.5
process 2 0 249
process 2 1 170
process 2 2 165
process 2 3 498
process 2 average = 270.5
process 3 0 692
process 3 1 726
process 3 2 630
process 3 3 92
process 3 average = 535
```

实验解释：首先，进程 0 在生成数组后直接计算并输出标准的平均值；然后，将数据交付给每个进程后，各个进程会计算自己所得数据的平均值，并传递给进程 0；最后，由进程 0 再次计算得到最终平均值；可以看到，实际计算的平均值和标准值相同，表明数据传递及计算正确。这就是 MPI 的聚集和散播操作。MPI 可以将任务分配给多个进程来实现并行执行，即所谓分配；最后将任务执行结果聚集到一起得到最终的任务结果，即所谓收集。

### 6.6.2 编写 MPI 程序并行计算矩阵向量乘法

通过 MPI 实现一个 $N$ 阶方阵和 $N\times1$ 的向量相乘的计算。使用 $n$ 个进程，生成 $N\times N$ 和 $N\times1$ 的两个矩阵 $A$ 和 $B$，两矩阵相乘得到矩阵 $C$，输入为“进程数 $n$，矩阵规模 $N$”，输出为“生成结果矩阵 $A$ 和 $B$，结果矩阵 $C$”。对于方阵 $A$ 和向量 $B$ 相乘这个过程，可以将 $A$ 按行分解，$A$ 的每一行是一个 $1\times N$ 的矩阵，令这个子阵与 $B$ 相乘，得到一个数值，也就是矩阵 $C$ 的一项。因此，将 0 号进程作为主进程，负责生成矩阵 $A$、$B$，然后向其他子进程分发计算任务，子进程计算部分乘法并返回结果，主进程收集并整合返回结果。并行计算矩阵向量乘法的 MPI 示例代码如图 6-102 所示。

```c
#include <stdio.h>
#include <stdlib.h>
#include <mpi.h>
#define N 12
int main(int argc,char** argv){
    int  myrank, i, j,size, row; /* 定义变量 */
    int a[N][N], b[N],c[N], *tmp_a, *local_sum;
    MPI_Init(&argc,&argv);    /* 初始化 MPI */
    MPI_Comm_size(MPI_COMM_WORLD,&size);
    MPI_Comm_rank(MPI_COMM_WORLD,&myrank);
    row= N/size;
    tmp_a = (int*)malloc(N*row*sizeof(int));
    local_sum = (int*)malloc(row*sizeof(int));
    if (myrank ==0) {
        //进程 0 作为数据持有者生成数据,这里仅按顺序给矩阵赋值
        for (i = 0; i < N; i++) {
            b[i] = i + 1;
            for (j = 0; j < N; j++)
                a[i][j] = i + 1;
        }
        printf("vector a: \n");
        for(int i =0;i<N;i++){
            c[i] = 0;
            for(int j=0;j<N;j++){
                printf("%d\t",a[i][j]);
            }
            printf(" \n");
        }
        printf("vector b: \n");
        for(int i =0;i<N;i++){
            printf("%d ",b[i]);
        }
        printf(" \n");
    }
    //进程 0 向其他进程广播矩阵 B
    MPI_Bcast(b, N, MPI_INT, 0, MPI_COMM_WORLD);
    //按行数等分任务给各进程
    MPI_Scatter(a, N*row, MPI_INT, tmp_a, N*row,MPI_INT, 0, MPI_COMM_WORLD);
    //各进程进行计算
    for(i = 0; i <= row; i ++){
        local_sum[i] = 0;
        for(j = 0; j<N; j++)
            local_sum[i] += *(tmp_a+i*N+j)*b[j];
    }
    /*进程 0 收集*/
    MPI_Gather(&local_sum[0], row, MPI_INT, c, row,  MPI_INT,0, MPI_COMM_WORLD);
    if (myrank == 0){
        /*打印结果*/
        printf("vector result: \n");
        for(int i=0;i<N;i++){
            printf("%d ",c[i]);
        }
        printf(" \n");
    }
    MPI_Finalize();
    return 0;
}
```

图 6-102　并行计算矩阵向量乘法的 MPI 示例代码

在上述代码中，使用了广播函数。由于 $A$ 的每一行都要与 $B$ 相乘，因此 $B$ 向量是所有进程都需要的数据，采用 MPI_Bcast 函数可以直接将 $B$ 的数据分配给所有子进程，这种集体通信方式比依次调用点对点通信 Send 函数速度快、节省资源。

在上述代码中，还使用了 6.6.1 节所提到的“分配与收集”。这里采用各个进程平均分配要计算的 $A$ 的行数，所以代码考虑处理 $N$ 恰好被 $n$ 整除的情况，使用 Scatter 和 Gather 可以一次性将平均分配的数据传送、收集。

运行上述代码，实验结果如图 6-103 所示。

```
vector A:
1    1    1    1    1    1    1    1    1    1    1    1
2    2    2    2    2    2    2    2    2    2    2    2
3    3    3    3    3    3    3    3    3    3    3    3
4    4    4    4    4    4    4    4    4    4    4    4
5    5    5    5    5    5    5    5    5    5    5    5
6    6    6    6    6    6    6    6    6    6    6    6
7    7    7    7    7    7    7    7    7    7    7    7
8    8    8    8    8    8    8    8    8    8    8    8
9    9    9    9    9    9    9    9    9    9    9    9
10   10   10   10   10   10   10   10   10   10   10   10
11   11   11   11   11   11   11   11   11   11   11   11
12   12   12   12   12   12   12   12   12   12   12   12
vector B:
1 2 3 4 5 6 7 8 9 10 11 12
vector result:
78 156 234 312 390 468 546 624 702 780 858 936
```

图 6-103　并行计算矩阵向量乘法实验结果

本实验主要使用 MPI 集体通信实现矩阵向量乘法，需要在掌握点对点通信的基础上了解并学会使用集群通信。实验的实现有很多可以优化之处，例如目前程序只能在矩阵 $A$ 的规模 $N$ 正好能够被进程数 $n$ 整除时才能正常计算，当不满足这个条件时，由于使用 Scatter 函数分发只能平均分配，$A$ 中最后不能整除 $n$ 的几行会被漏掉而无法计算，解决这个问题可以使用派生的 Scatterv 函数来自由分配行数给子进程。

### 6.6.3　编写 MPI 程序并行计算圆周率

本实验的目的是通过编写 MPI 程序实现通过积分思想计算圆周率 $\pi$，锻炼学习者使用 MPI 编程的能力；通过学习对计算问题的并行化方法，进一步训练对并行计算思想的理解。使用 $N$ 个进程，根据下面的不定积分公式式（6-3）计算圆周率 $\pi$。

$$\int \frac{1}{1+x^2}\mathrm{d}x = \arctan x + C \tag{6-3}$$

输入为进程数 $N$，等分数 $n$，输出为对 $\pi$ 的逼近值。实现思想如下数学推导所示：

根据积分公式

$$\int \frac{1}{1+x^2}\mathrm{d}x = \arctan x + C \tag{6-4}$$

有

$$\pi = 4\arctan 1 = \int_0^1 \frac{4}{1+x^2}\mathrm{d}x \tag{6-5}$$

根据朴素的积分思想，可以通过计算以下函数在区间［0，1］与 $x$ 轴围成的封闭图形的面积来计算积分：

$$f(x) = \frac{4}{1+x^2} \tag{6-6}$$

更进一步，可以将这个图形离散化：也就是将积分区间［0,1］分为 $N$ 份，将这个面积转化为 $N$ 个小矩形的面积的和。并行计算圆周率的 MPI 示例代码如图 6-104 所示。

```
#include <stdio.h>
#include <stdlib.h>
#include <cmath>
#include <mpi.h>
#define PI25DT 3.141592653589793238462643
/*计算 f(x) = 4.0 / (1 + x * x) */
double f(double a) {
    return (4.0 / (1.0 + a * a));
}
int main(int argc,char** argv) {
    int n, myid, np, i;          /* 定义变量 */
    double mypi = 0, pi, x, s_time, e_time;
    MPI_Init(&argc, &argv);    /* 初始化 MPI */
    MPI_Comm_size(MPI_COMM_WORLD, &np);
    MPI_Comm_rank(MPI_COMM_WORLD, &myid);
    if (myid == 0) {
        /*进程 0 获得划分矩阵的个数 n*/
```

图 6-104　并行计算圆周率的 MPI 示例代码

```
        scanf("%d", &n);
        s_time = MPI_Wtime();
    }
    /* 进程 0 将 n 进行广播 */
    MPI_Bcast(&n, 1, MPI_INT, 0, MPI_COMM_WORLD);
    for (i = myid + 1; i <= n; i += np) {
        x = ((double) i - 0.5) / (double) n;
        mypi += f(x) / (double) n;
    }
    /*进程 0 归约求和*/
    MPI_Reduce(&mypi, &pi, 1, MPI_DOUBLE,  MPI_SUM, 0, MPI_COMM_WORLD);
    if (myid == 0) {
        /*打印结果*/
        printf("pi is %.16f, Error is %e\n", pi, fabs(pi - PI25DT));
        printf("Wall time = %f\n", MPI_Wtime() - s_time);
    }
    MPI_Finalize();
    return 0;
}
```

图 6-104 并行计算圆周率的 MPI 示例代码（续）

运行上述代码，得到并行计算圆周率实验结果，见表 6-12。

表 6-12 并行计算圆周率实验结果

| 进程数 | 等分数 | 计算值 | 绝对误差 |
|---|---|---|---|
| 4 | 100 | 3. 141 600 986 923 124 9 | $8.333\,333\times10^{-6}$ |
| 4 | 1000 | 3. 141 592 736 923 126 2 | $8.333\,333\times10^{-8}$ |
| 4 | 10 000 | 3. 141 592 654 423 129 2 | $8.333\,361\times10^{-10}$ |
| 4 | 100 000 | 3. 141 592 653 598 130 4 | $8.337\,331\times10^{-12}$ |
| 4 | 1 000 000 | 3. 141 592 653 589 866 8 | $7.371\,881\times10^{-14}$ |
| 8 | 100 | 3. 141 600 986 923 124 9 | $8.333\,333\times10^{-6}$ |
| 8 | 1000 | 3. 141 592 736 923 126 7 | $8.333\,333\times10^{-8}$ |
| 8 | 10 000 | 3. 141 592 654 423 124 7 | $8.333\,316\times10^{-10}$ |
| 8 | 100 000 | 3. 141 592 653 598 120 2 | $8.327\,117\times10^{-12}$ |
| 8 | 1 000 000 | 3. 141 592 653 589 867 7 | $7.460\,699\times10^{-14}$ |

从实验结果可以看到，对区间的划分数是影响计算精度的主要因素，划分数每增加一个数量级，误差会减小 2 个数量级。同时，等分数越多，计算总任务量越大，单个进

程所需的时间会增长，因此增加进程数可以减少单个进程的计算负担。

本次实验的核心在于练习如何对一个问题进行并行划分，从一个适合的角度看待问题，找到可以分治和划分的任务对象，这是实验者从本次实验应该主要学习的知识与经验。通过本次实验，进一步学习使用 MPI 集体通信的相关函数，同时训练学习者的并行思维。

## 6.7 实验——基于 CUDA 并发的矩阵乘法

本实验通过对矩阵乘法这个经典场景的代码进行 CUDA 并发改写，来测试学习者是否掌握了 CUDA 编程的原理和技巧，同时希望学习者能实践理论介绍中提到过的几种优化手段，使 CUDA 代码能拥有更好的性能，这有助于学习者更好地理解 CUDA 的运行原理和性能瓶颈。

实验需要用 C 语言编写实现矩阵乘法，并且编译测试该程序需要的执行时间。接下来要在搭建好的包含 GPU 和对应的 CUDA toolkit 的环境中将程序改写为 CUDA 并发的程序，并且测试执行时间，对比两个执行时间的差别。读者应着重对比两次实验之间的性能差异，并分析差异出现的原因。为了能够体现出使用 CUDA 后明显的性能变化，可能需要考虑增大负载压力或者每次执行多次矩阵乘法。本实验从 C++编写的串行矩阵乘法开始，逐步进行加速和并发优化。首先，用 C++实现串行矩阵乘法，代码如图 6-105 所示。

在代码中，定义了 3 个 100×100 的矩阵 $\boldsymbol{N}$、$\boldsymbol{M}$、$\boldsymbol{P}$，数据使用串行的方式储存成了一维向量，MatrixMulOnHost 中实现了 CPU 上的矩阵乘法，来实现 $\boldsymbol{M}\times\boldsymbol{N}$ 并且将结果存入 $\boldsymbol{P}$ 矩阵中。为了更好地观测运行时间，在一次程序执行中会进行 10 000 次矩阵乘法，从而避免运行时间过短导致无法观测到稳定的准确的运行时间。

下面介绍如何使用 NVIDIA-docker 创建挂载 GPU 的测试环境。NVIDIA-docker 是在 docker 的基础上做了一层封装，通过 NVIDIA-docker-plugin 使硬件设备在 docker 的启动命令上添加必要的参数。NVIDIA-docker 被封装在了 docker 中，因此只要选用 19.03 版本以上的 docker，再使用“--gpus all”就可以挂载 GPU（前提是主机上要有 GPU）。拉取需要的系统镜像后，需要制定一些 NVIDIA driver 的配置，配置命令如图 6-106 所示。

```
#include <stdio.h>
void MatrixMulOnHost(float* M, float* N, float* P, int width)
{
    for (int i = 0; i < width; ++i)
        for (int j = 0; j < width; ++j)
        {
            float sum = 0;
            for (int k = 0; k < width; ++k)
            {
                float a = M[i * width + k];
                float b = N[k * width + j];
                sum += a * b;
            }
            P[i * width + j] = sum;
        }
    return;
}
void printMax(float * M, int width){
    // for (int i = 0; i < width; ++i){
    //     for (int j = 0; j < width; ++j)
    //     {
    //         printf("%f,",M[i*width+j]);
    //     }
    //     printf("\n");
    // }
}
int main(){
    int width=100;
    float M[10000],N[10000],P[10000];
    for(int i=0;i<10000;i++){
        M[i]=i%3*1.0/10;
        N[i]=i%3*1.0/10;
        P[i]=-1;
    }
    printf("*************M************* \n");
    printMax(M,width);
    printf("*************N************* \n");
    printMax(N,width);
    for(int i=0;i<10000;i++)
        MatrixMulOnHost(M,N,P,width);
    printf("*************P************* \n");
    printMax(P,width);
}
```

图 6-105　串行矩阵乘法示例代码

```
docker pull ubuntu:18.04 #拉取 ubuntu image
docker run -itd --gpus all --name cuda -e NVIDIA_DRIVER_CAPABILITIES=compute,utility -e
NVIDIA_VISIBLE_DEVICES=all -v /home/yifeis/Desktop/workspace:/workspace2 ubuntu:18.04
docker container ls
```

图 6-106 NVIDIA driver 配置命令

在经过上一步的操作后，后台就运行 docker 了，需要查询后接入这个环境中。然后可以在这个环境下用 NVIDIA-smi 指令查看是否顺利挂载了 GPU。图 6-107 展示了后台正在运行的 docker 的信息，以及使用 NVIDIA-smi 指令的输出信息。

```
PS H:\cuda_lab> docker container ls
CONTAINER ID       IMAGE        COMMAND        CREATED        STATUS       PORTS       NAMES
e713294bf515   ubuntu:18.04   "/bin/bash"   About a minute ago   Up About a minute
cuda
PS H:\cuda_lab> docker exec -it cuda bash
root@e713294bf515:/# nvidia-smi
Mon Mar  6 14:27:30 2023
+-----------------------------------------------------------------------------+
|NVIDIA-SMI 515.65.01    Driver Version: 516.94       CUDA Version: 11.7     |
|-------------------------------+----------------------+----------------------+
|GPU  Name        Persistence-M|Bus-Id        Disp.A |Volatile Uncorr. ECC |
|Fan  Temp  Perf  Pwr:Usage/Cap|         Memory-Usage |GPU-Util  Compute M. |
|                               |                      |               MIG M. |
|===============================+======================+======|
|  0  NVIDIA GeForce ...  On   |00000000:07:00.0  On |                  N/A |
|34%   32C    P8    14W / 215W |  1005MiB /  8192MiB |      1%      Default |
|                               |                      |                  N/A |
+-------------------------------+----------------------+----------------------+

+-----------------------------------------------------------------------------+
|Processes:                                                                   |
| GPU   GI   CI        PID   Type   Process name                  GPU Memory |
|       ID   ID                                                   Usage      |
|=============================================================================|
| No running processes found                                                  |
+-----------------------------------------------------------------------------+
```

图 6-107 NVIDIA-smi 指令的输出信息

从上面的输出中可以看到，在此环境下挂载了一个 NVIDIA GeForce 的显卡。接下来需要配置 CUDA 的工具链。

下面介绍 CUDA 实现并发优化的步骤。

### 1. CUDA 并发计算

主函数不变。实现并发优化需要先在 MatrixMulOnHost 函数中完成 GPU 上内存的划分和数据的拷贝，然后调用核函数触发 GPU 上的并发计算。这里核函数还只是一个空壳，需要在后续实现。在如图 6-108 所示的代码中，首先调用了 cudaMalloc( )给两个矩阵划分了对应大小的空间；然后用 cudaMemcpy( ) 将输入矩阵拷贝到矩阵中；在核函数计算完毕后，又将输出矩阵拷贝到主机，这样就完成了全部的矩阵乘操作。

```
void MatrixMulOnHost(float* hostM, float* hostN, float* hostP, int width)
{
    int sizeInBytes = width * width * sizeof(float);
    float *devM, *devN, *devP;
    // 在设备端申请空间存储 M 和 N
    cudaMalloc((void**)&devM, sizeInBytes);
    cudaMalloc((void**)&devN, sizeInBytes);
    // 在设备端申请空间存储 P
    cudaMalloc((void**)&devP, sizeInBytes);
    // 从主机将 M 和 N 复制到设备端
    cudaMemcpy(devM, hostM, sizeInBytes, cudaMemcpyHostToDevice);
    cudaMemcpy(devN, hostN, sizeInBytes, cudaMemcpyHostToDevice);
    // 调用核函数进行计算
    dim3 threads(width, width);
    dim3 blocks(1, 1);
    MatrixMultiplyKernel<<<blocks, threads>>>(devM, devN, devP, width);
    // 将计算完的矩阵从设备复制回主机
    cudaMemcpy(hostP, devP, sizeInBytes, cudaMemcpyDeviceToHost);
    return;
}
```

图 6-108　CUDA 矩阵乘法数据拷贝示例代码

接下来实现核函数，该函数描述的是 GPU 上一个线程需要处理的任务，然后用 threadId 变量来区分不同的线程。在如图 6-109 所示的代码中，每一个线程通过一个 for 循环将它所对应的行和列进行一次向量乘法。

此时可以用 nvcc 编译这个代码，并且测试它的运行时间，命令如图 6-110 所示。在实验结果中，可以观察到速度有明显的提升，从原本的接近 30s 减少到了不到 1s（具体数值受到实验平台的影响）。

### 2. 内存共享

将主机中的数据拷贝到设备上的时，实际上数据存储在设备的 global memory 中。可以通过使用存储在共享内存中的数据来加速运算。共享内存优化的核函数示例代码如图 6-111 所示，它展示了如何改写核函数来达到这个目的。

```
_global_void MatrixMultiplyKernel(const float* devM, const float* devN,
float* devP, const int width)
{
    int tx = threadIdx.x;
    int ty = threadIdx.y;
    // 将累计计数变量初始化为 0
    float pValue = 0;
    // 循环乘计算并加和
    for (int k = 0; k < width; k++) {
        float m = devM[ty * width + k];
        float n = devN[k * width + tx];
        pValue += m * n;
    }
    // 把结果写到设备内存中,每一个线程有唯一的写入地址下标
    devP[ty * width + tx] = pValue;
}
```

图 6-109　CUDA 矩阵乘法核函数示例代码

```
nvcc -arch=compute_72 matmul_cuda.cu -o matmul_cuda
time ./matmul_cuda
```

图 6-110　CUDA 矩阵乘法编译命令

```
_global_void MatrixMultiplyKernel(const float* devM, const float* devN,float* devP, const
int width)
{
    _shared_ float Ms[10000];
    _shared_ float Ns[10000];
    int tx = threadIdx.x;
    int ty = threadIdx.y;
    Ms[ty*width+tx] = devM[ty*width+tx];
    Ns[ty*width+tx] = devN[ty*width+tx];
    _syncthreads();
    // 将累计计数变量初始化为 0
    float pValue = 0;
    // 循环乘计算并加和
    for (int k = 0; k < width; k++) {
        pValue +=  Ms[ty*width+k] * Ns[k*width+tx];
    }
    _syncthreads();
    // 把结果写到设备内存中,每一个线程有唯一的写入地址下标
    devP[ty * width + tx] = pValue;
}
```

图 6-111　共享内存优化的核函数示例代码

测试结果显示性能有轻微的提升，效果不明显的主要原因是加速的是取用矩阵数据的过程，但是对于矩阵乘法而言，每个位置只访问一次，因此优化空间不大，瓶颈在于计算过程，而非读取数据过程。

### 3. 内存访问合并

矩阵 $N$ 按行存储，矩阵 $M$ 按列存储，可以让循环遍历的数据位置接近，提高数据存储的局部性。内存对齐优化的核函数示例代码如图 6-112 所示。

```
_global_ void MatrixMultiplyKernel(const float* devM, const float* devN,float* devP, const int width)
{
    _shared_ float Ms[10000];
    _shared_ float Ns[10000];
    int tx = threadIdx.x;
    int ty = threadIdx.y;
    Ms[ty*width+tx] = devM[ty*width+tx];
    Ns[tx*width+ty] = devN[ty*width+tx];
    _syncthreads();
    // 将累计计数变量初始化为 0
    float pValue = 0;
    // 循环乘计算并加和
    for (int k = 0; k < width; k++) {
        pValue += Ms[ty*width+k] * Ns[tx*width+k];
    }
    _syncthreads();
    // 把结果写到设备内存中,每一个线程有唯一的写入地址下标
    devP[ty * width + tx] = pValue;
}
```

图 6-112　内存对齐优化的核函数示例代码

运行上述修改的代码也能看到优化效果，说明这个优化方案能够一定程度上降低访问的延迟。

## 6.8 本章小结

本章的开头从结构和性能分析入手，首先介绍了向量处理机特点和其中运用的多种性能优化技术。然后主要介绍了 SIMD 编程，介绍了实现向量化的几种方法，并简单介

绍了编译器实现向量化的几种代码变换方式。接着介绍了 GPU 结构、并发控制与内存管理，并介绍了 CUDA 库的用法。接着介绍了 MPI 的信息交互模型与通信方式，通过举例介绍了 MPI 中常用的基本函数。最后通过若干 MPI 和 CUDA 的编程实验，加深大家对相关技术的理解。

## 6.9 思考题

1. 以 GPU 和 AI 加速器为例，谈谈指令和执行部件的专用化有什么好处。
2. 本章介绍的 MPI 和第 5 章的 OpenMP 在编程模式上有什么区别？

# 第 7 章

# 并行计算机系统的互连网络

## 7.1 引言

互连网络是并行计算机系统的核心组件，提供了高效的多处理器间的通信方式。在SIMD计算机中，无论是处理单元之间还是处理单元与存储模块之间都需要通过互连网络来进行通信。此外，随着目前机群计算机集成的计算核心数量不断上升，它互连网络的规模也将不断扩大。因此，大规模互连网络的可扩展性能成为并行计算机系统整体性能提升的关键。本章将介绍互连网络分层架构、消息结构与流控制、交换技术、网络拓扑结构与路由协议、面向用户的软件接口等。

互连网络是由交换（开关）元件按照一定的拓扑结构和控制方式构成的网络，实现计算机系统内部多个处理机或功能部件的相互连接。它通过硬件线路实现设备之间的连接，通过交换（开关）构成一对一或者一对多的信息通路，再配以软件，能够实现数据格式定义、转换、打包、发送/接受控制等额外功能。互连网络这一结构用于可拓展的多处理器体系结构，不同于传统的网络互连架构，如基于Internet协议的系统，它的设计更加关注时延、带宽等性能因素。目前的互连网络研究更倾向于大型集群与嵌入式系统的应用。

## 7.2 互连网络的基本概念

本节介绍互连网络基本的分层与概念。

### 7.2.1 互连网络分层架构

互连网络架构可分为物理层（physical layer）、交换层（switching layer）、路由层（routing layer）与软件层（software layer）共四层。物理层规定了消息的具体数据形式，以保证传输双方能互相理解所发送的消息，同时选择消息的同步或异步传输方式；交换层决定具体的数据传输方式（如面向连接的线路交换与无连接的分组交换等），很大程度上决定了路由器的组织与操作方式；路由层关注互连网络的拓扑结构及具体的消息传输路径选择算法，如对于给定目的节点选择输出端口等；软件层为用户提供内核接口，程序员不需要关心互连网络的具体底层物理实现方式便可对算法进行修改，降低了应用的使用门槛，提高了可扩展性。

## 7.2.2　互连网络相关参数

互连网络的基本参数有节点度、节点间距离、网络直径（diameter）、网络规模、等分宽度（bisection）、每个节点的边数（edges per node）、对称性等。

1）节点度：与节点相连接的边数，表示节点所需要的 I/O 端口数，又称连接度。进一步的，节点度=入度+出度，它也反映了一个节点与其他节点的连接程度，通常用 $d$ 表示。

2）节点间距离：网络中两个节点之间相连的最少边数。

3）网络直径：网络中任意两个节点间距离的最大值，通常用 $D$ 表示，它反映了从一个节点传送信息到任何另一个节点所需的时间上界，即网络的延时性，因此网络直径应当尽量地小。

4）网络规模：网络中节点数，表示该网络中所能连接部件的多少，通常用 $N$ 表示。

5）等分宽度：也称对剖宽度，把由 $N$ 个结点构成的网络切成结点数相同（$N/2$）的两半，在各种切法中，沿切口边数的最小值，通常用 $b$ 表示。

6）每个节点的边数：拓扑结构中各节点边数的最大值。

7）对称性：若从任何节点看，网络的拓扑结构都一样，则称该网络为对称网络，这样的网络容易设计和编程。

延迟和带宽是互连网络的两个重要性能参数。带宽是指消息进入网络后数据传输的速率，常用 Mbit/s 等表示，又可细分为：①聚集带宽，网络从一半节点向另一半节点传输时，单位时间内能够传送的最大信息量；②对剖带宽，每秒从最小等分宽度线上通过的最大信息量，等于等分宽度乘以每个通路的带宽。

时延是指网络对消息的处理时间，即消息从一端传输到另一端的总时延，通常由以下部分组成：①传输时延，数据从节点进入通道所需要的时间，通常等于数据量除以链路带宽；②传播时延，数据以电磁波等形式在通道中传播的时间；③处理时延，数据在目的节点由于分析首部、提取数据、校验、查找路由等原因而产生的时间开销；④竞争时延，由于竞争同步问题而排队等待的时间。

**例题 7-1** 简要说明互连网络对计算机系统性能的影响。

解答：

节点的信息交换需要有高带宽支持。而高带宽的实现需要网络、内存和处理器的性能匹配（即不能出现瓶颈）。带宽需要考虑网络接口带宽与对分带宽两种，二者也需要匹配，不要让任何一方成为瓶颈。消息通信有延迟，处理器为等待消息可能陷入停顿，从而影响性能。由于难以通过计算隐藏通信延迟，在许多机器中，通信的开销是一个问题。延迟隐藏是一种以编程复杂度为代价，减小延迟带来的性能影响的技术。例如通信间、计算间的延迟隐藏，预取等技术。

□

图 7-1 是一个网络性能模型，如果将节点和总线间的互连线比作一根出水的水管，那么横截面面积就是其带宽，水从起点流到终点的耗时称为延迟。图 7-1 中主要列出了节点互连带宽和互连线的对剖带宽。对剖带宽指的是用一截面将网络划分为对等的两半时，穿过该截面的最大传输率。对剖带宽越大，网络的通信能力越强。从图中可以看出，互连线的延迟与其长度成正比，而接口延迟除了包括节点的互连带宽之外，还包括从数据源到互连的软硬件接口延迟。

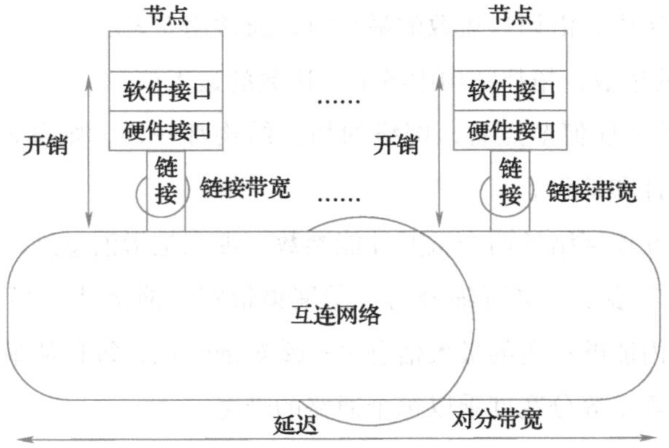


图 7-1 网络性能模型

在设计互连网络时，通常需要从四个层面出发，根据以上参数，分别考虑不同的问题。

# 7.3 互连网络物理层

## 7.3.1 消息结构

当消息被送入网络时，通常会先被分割成多个数据包（packet），每个数据包都有自己的头部（header）、载荷（payload），以及校验和（checksum），其中头部标识了一些包括消息源、目的节点、整个消息的长度（用于分割不同的数据包）等信息，而校验和用于校验发送时与接受时的数据是否一致，若出现问题可通知发送方重新发送。在假设信道可靠性的情况下校验和是不必要的，在一些结构设计中并不会包含校验和，但在现实情况下校验和无疑对网络正常工作有很大作用。对于数据包的载荷部分，在网络中会继续被分割成固定长度的最小流控单位（flow control units，FLITS）。FLITS 可以进一步细分成物理层传输单位（physical units，PHITS），对应相邻网络设备之间的一次传输的物理信道宽度。消息与数据包的大小不是固定的，而 FLITS 与 PHITS 的大小是固定的。物理层的消息结构如图 7-2 所示。

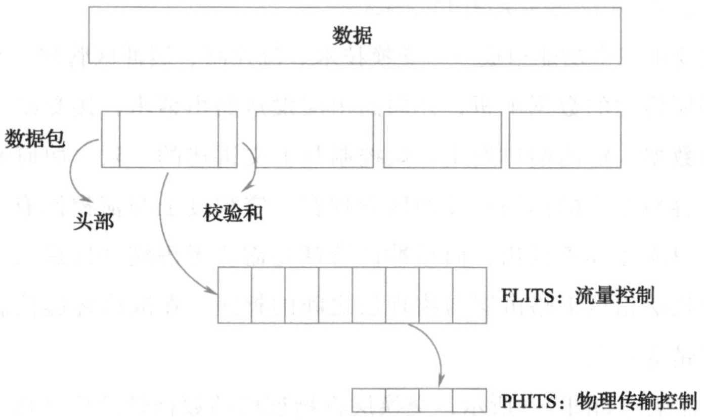


图 7-2　物理层的消息结构

## 7.3.2 物理层流控制

流控制（flow control）指对数据在传输过程中容易出现数据丢失情况的控制。流控制有许多情况，如在传输过程中由于处理速度不同而导致接收端缓冲区已满，而这时继续收到发送端的数据就会出现数据丢失；或者当两个数据同时到达时，都需要请求使用同一缓冲区，因此出现竞争，此时需要决定将通道分配给哪一个数据，没有被分配到通道的数据该怎么处理等。由此可看出，流控制并非单层的问题，而是在物理层、交换层，甚至消息层都需要解决的问题。

物理层的流控制主要关注同步（synchronous）与异步（asynchronous）控制的问题。异步传送不使用统一时钟同步操作，各个处理单元根据需要相互建立动态链接，数据之间的间隙是任意的，因此需要起始终止位等方式作为标识来进行流控制，通常异步方式的控制比较复杂；而同步传送指在数据传送的过程中采用统一的时钟信号，同步方式的控制比较简单，可以连续、顺序地发送和接收数据。关于更多方面的流控制，在交换层的内容中会详细介绍。

## 7.4 互连网络交换层

### 7.4.1 互连网络交换层功能与架构

交换层主要由三个功能组成——交换技术、流控制、缓冲区管理。交换技术指具体如何将物理层传输的数据解析，并向路由层发送路由请求；接受路由层的路由结果后，如何将数据从输出端口发出；流控制与上文讲述的一致，如何解决处理数据在传输过程中容易丢失的问题；缓冲区管理在一定程度上与流控制有关，流控制中的缓冲区管理只需让其不溢出，而缓冲区管理还需要考虑缓冲区最大利用、时间开销等问题。交换层相当于路由层与物理层之间的枢纽，在准确传递信息的同时也需考虑性能与开销等问题。

通用路由器架构如图 7-3 所示，交换层将物理层的数据处理后（图中以虚通道为例，在后文会详细介绍），递交给路由层，路由层通过消息中的目的地址计算出输出端口后告知交换层，交换层将消息进一步处理后从输出端口发给下一个节点。从该过程可以看到，交换延迟（switching delay）是包含了线路延迟（routing delay）与交换层处理数据的时延的。

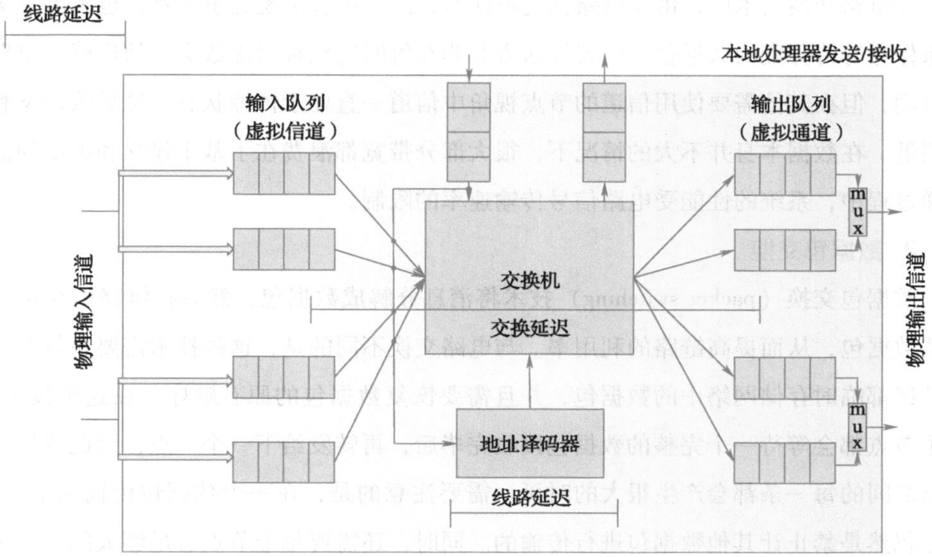


图 7-3　通用路由器架构

## 7.4.2　互连网络交换层技术

### 1. 电路交换技术

最简单的交换层技术是电路交换（circuit switching），这是一种面向连接的交换技术。它先将资源（链接）预先分配给整个消息，链接建立（setup）的信息被发送到网络，整条链路都会被保留，并发送回确认（acknowledge）信号，随后可以进行发送数据，直到发送结束后通道才会结束繁忙状态。电路交换示意如图 7-4 所示，其中，$t_r$ 代表路由（routing）时间，而 $t_s$ 代表交换（switching）时间。

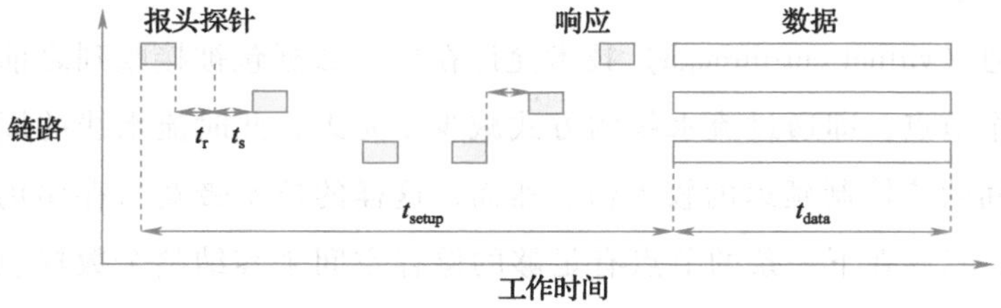


图 7-4　电路交换示意

在电路交换技术中，由于链路预先被保留，因此不会出现竞争问题，也不需要缓冲器来保存等待分配的数据包。但若发送方并非在每时每刻都发送数据，信道就会出现空闲时间，但在其他需要使用信道的节点视角中信道一直处于忙碌状态，这导致带宽利用率很低。在数据本身并不大的情况下，很大部分带宽都浪费在了基于建立和确认的消息传递过程中，系统的性能受电路信号传输速率的限制。

### 2. 数据包交换

数据包交换（packet switching）技术将消息分解成数据包，然后在链路上交错放置这些数据包，从而提高链路的利用率。与电路交换不同的是，这种技术需要在每个节点缓冲区都临时存储网络中的数据包，并且需要恢复数据包的原有顺序。在这种技术中，每个节点都会等待一个完整的数据包接收完毕后，再转发给下一个节点，因此数据包在节点之间的每一条都会产生很大的时延。需要注意的是，在一个数据包传输完毕之前，信道仍然是禁止让其他数据包进行传输的。同时，还需要每个节点有足够大的缓冲区来缓存整个数据包。数据包交换示意如图 7-5 所示，$t_{packet}$ 表示一个数据包从发出到目标接收完的总耗时。

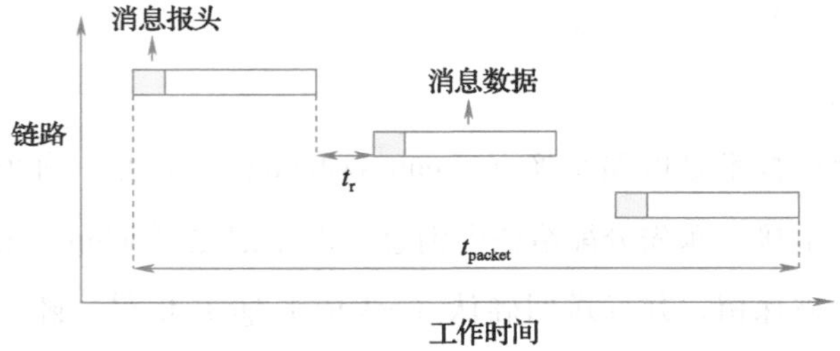


图 7-5　数据包交换示意

### 3. 虚拟直通

虚拟直通（virtual cut-through）技术允许在整个数据包被接收到之前就将数据包传输到下一个节点，即通过流水线的方式减少了延迟，此时流水线的周期是路由器内与路由器间的流控制延迟的较大值。然而，这样的技术带宽与存储仍然以数据包大小为单位，只有在下一条的节点有足够的储存空间来容纳整个数据包的情况下才能继续发送，并且当头部被阻塞时，整个消息都会被缓存。虚拟直通技术示意如图 7-6 所示。

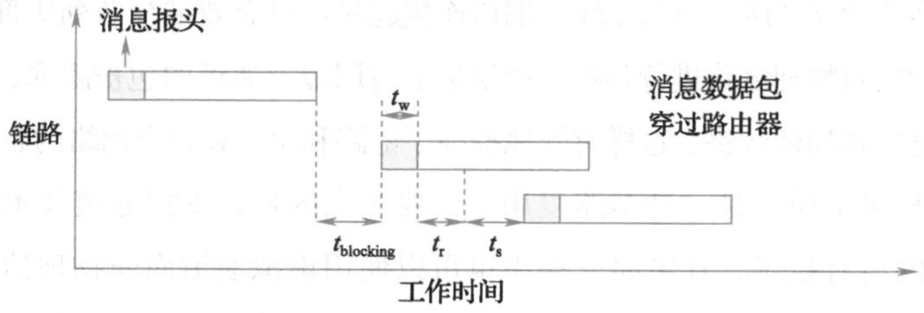


图 7-6 虚拟直通技术示意

### 4. 虫洞交换

虫洞（wormhole）交换技术基于 FLITS 来进行流量控制，对缓冲区大小要求较低。虫洞交换技术允许 FLITS 在当前节点接收到整个包之前就将 FLITS 转移到下一个节点。这样的技术延迟低，可以用更少的缓冲区实现。虫洞交换技术示意如图 7-7 所示，$t_{wormhole}$ 表示在虫洞交换技术下一个数据包从发出到目标接收完的总耗时。

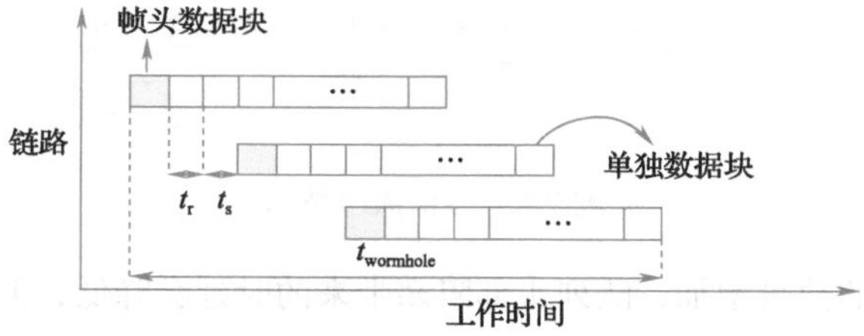


图 7-7 虫洞交换技术示意

虽然虫洞交换技术确实有效利用了缓冲区，但其对带宽的利用反而下降了很多。因为虫洞在信道的占用问题上并没有进行改进，在整个数据包传输完毕前，链路将对该数据包进行保存。若一个数据包的某个 FLITS 被阻塞，该数据包对应的所有链路都会等待阻塞结束，由于一个数据包的 FLITS 可能跨越多个路由器，这样会导致大量空闲的链路，吞吐量大幅下降。

### 5. 虚拟通道

虚拟通道（virtual channels）技术最早是作为避免死锁的解决方案被提出的，但也被用于缓解流量控制中的队列头部阻塞（head-of-line blocking）以提升吞吐量。队列头部阻塞意思是每个输入端口都有一个队列，当队列头部的数据包被阻塞时，即便被停顿的数据包仍然还有资源可以使用，使排在后面的后续数据包停顿。

一个虚拟通道是路由器中的独立队列，多个虚拟通道共享两个路由器之间的同一个物理链路，通过将多个独立的队列与每个输入端口连接起来可以有效减少队列头部阻塞。虚拟通道会在一个周期内对物理链路进行判断，如果某个占用虚拟通道的包被阻塞，其他包仍然可以通过虚拟通道穿越物理链路，这样有效地提高了链路利用率和整个网络的吞吐量。

虚拟通道技术本质上是一种多路复用。需要注意的是，虚拟通道技术几乎可以适用于前文所提到的所有技术，在电路交换中也可以使用虚拟通道而非物理信道来实现，这种技术称为虚电路交换，同时，它也可以改善虫洞交换技术的多链路等待问题。

一个例子如图 7-8 所示。对于路由器 $R_1$、$R_2$、$R_3$，每一个输入输出端口都对应着两个相互独立的虚拟通道，这两个通道共享着同一个物理链路。$A$、$B$ 及箭头表示两个数据包的传输路径，当 $A$ 在 $R_1$ 处被阻塞时，路由器 $R_1$ 对物理链路进行判断，将 $B$ 传输到 $R_2$ 的对应输入端口中，避免了 $B$ 因等待 $A$ 传输而被阻塞的情况。

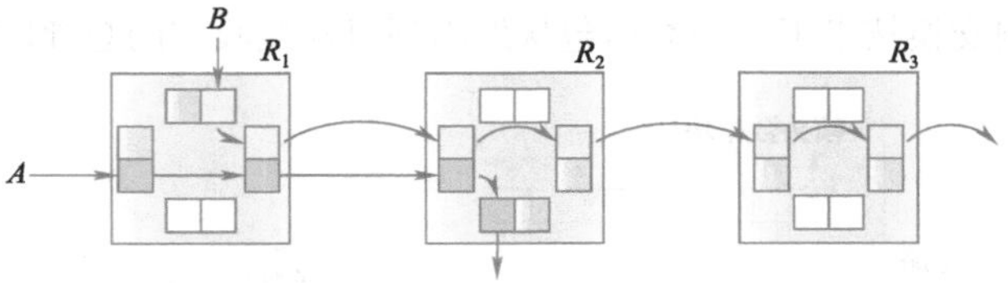


图 7-8　虚拟通道技术

随着虚拟通道的数量增加，队列头部阻塞带来的时延会降低，但由于需要对每个队列进行判断，因此平均每个 FLITS 的时延会上升。同时，在输入端口和输出端口被分成了多个通道的情况下，路由层不能直接将通道信息转换为目的地址信息，因此会提升交换层的处理时延。

## 7.5　互连网络路由层

### 7.5.1　互连网络拓扑结构

互连网络拓扑结构（interconnection network topologies）是互连网络中各个节点的连接方式。对于最简单的结构，总线互连方式（bus）提供了最小的连接数，但并不提供可拓展的性能；而交叉开关互连方式（又称纵横式交换互连方式，crossbar）提供了端口之间的完全连接，但成本和复杂性随着端口数量的增加而呈平方增加。因此，不能仅从最简单的角度考虑节点连接方式问题，网络拓扑是一个重要话题，它的设计需要权衡成本、性能，考虑可靠性、实现复杂性等多方面因素。

网络拓扑结构有多种分类方式，按照控制方式可分为静态拓扑与动态拓扑。顾名思义，静态拓扑是各节点之间有专门的连接通路，在网络运行的过程中其结构无法被改变；而动态拓扑结构在网络运行的过程中可以通过控制信号来对整个通路进行重新组合。网络拓扑结构按照节点组织方式可以划分为直接网络与间接网络，直接网络是节点之间互相直接建立通信连接，而间接网络则存在中间节点、开关等结构。下文将介绍一些最常见的互连网络拓扑结构。

线性阵列结构是一种一维的网格结构，它用 $N-1$ 条链路将 $N$ 个结点连接，每个节点的节点度不超过 2（见图 7-9）。它的直径为首尾节点的距离，即 $N-1$；非端点的节点度为 2，端点的节点度为 1；由于它是线性结构，故不具对称性；找到均分节点总数的一条边即可进行等分，因此等分宽度为 1。关于它的性能，当 $N$ 很大时，线性阵列通信效率较低，因为节点间的通信可能需要经过其他的中间节点。但当节点数很小时，如 $N=3$，结构简单方便。线性阵列结构与总线相似，也存在区别：总线只能同时有两个节点工作，而线性阵列允许多对节点并行工作。

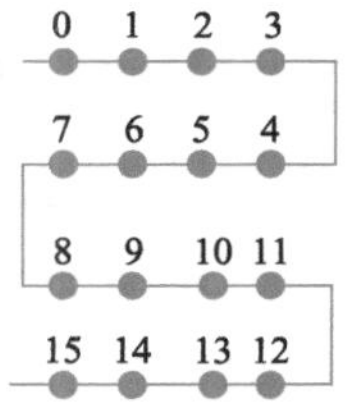


图 7-9 线性阵列结构

环结构分为单向环与多向环，为线性阵列首尾相连得到的结构（见图 7-10）。这样的环是一种对称性结构，无弦环结构的连接度为 2，双向环直径为 $N/2$，单向环直径为 $N$。对环上不相邻的节点进行连接，即连接圆环的弦，即可得到带弦环（见图 7-11），连接弦的操作可能会让环结构丢失对称性。当通过弦将全部节点两两连接时，可以得到全连接环。随着连接度的增加，即弦的增加，网格直径减小，全连接环的直径为 1。

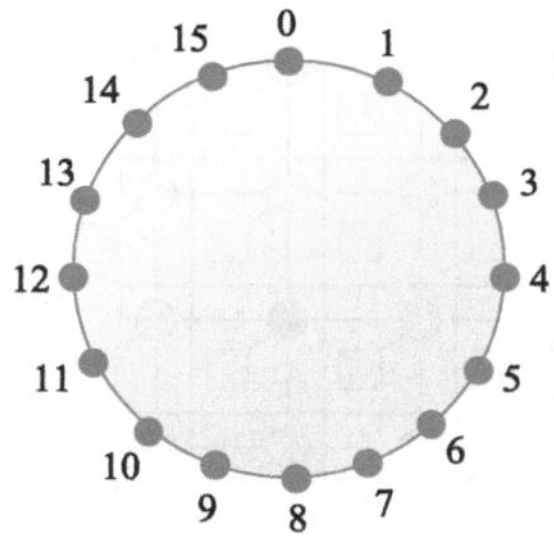


图 7-10 环结构

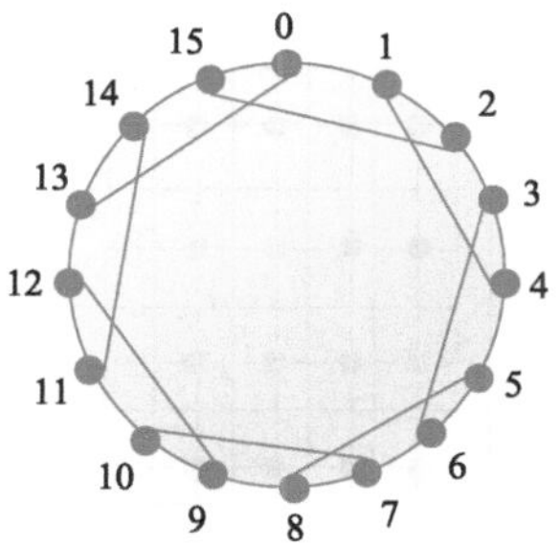


图 7-11 带弦环

星形结构呈中心发散状（见图 7-12），外层节点统一连接到中心节点上，实际上本质是一种只有 2 层的树状结构，中心节点连接度为 $N-1$，直径为 2，因此通信的延迟与代价低，但中心节点繁忙，会出现竞争问题，并且一旦中心节点出现故障，整个网络均会瘫痪。

网孔（mesh）结构通常是以 $n$ 维立正立方体形式出现，当 $n$ 为 2 时为矩阵（见图 7-13），当 $n$ 为 3 时为三维立方体。若以 $k$ 表示维数，$r$ 表示行数或列数，网络规模为 $N=r^k$ 时，内部节点的连接度 $d=2k$，网络直径 $D=k(r-1)$。边界和顶点节点连接度计算则需要根据维度去掉缺失的边数量。对于二维网孔，其节点最大连接度为 4，边界节点连接度为 3，顶点节点连接度为 2，链路数为（$2N-2r$），直径为 $2(r-1)$，具有非对称性，等分宽度为 $r$。

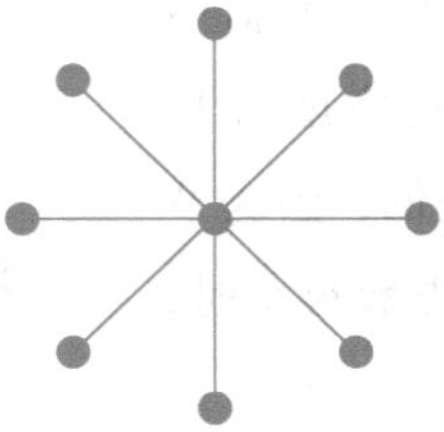

图 7-12　星形结构

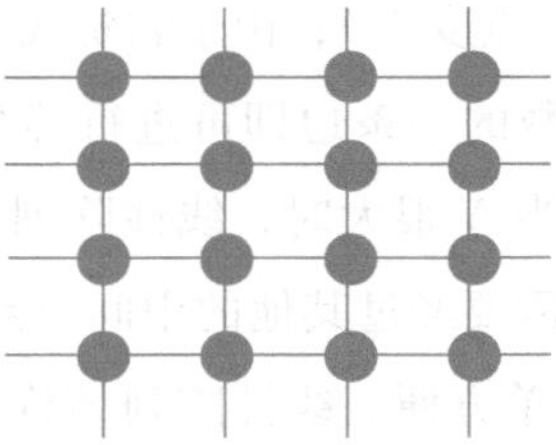

图 7-13　二维 4×4 网孔结构

若把边界和角节点按一定规则回绕连接起来，则会形成不同的拓扑结构。如图 7-14 的二维 Illiac 网格是将网络在垂直方向上环绕，而在水平方向呈蛇状环绕的网孔结构，这种结构使用在 Illiac-IV 型计算机中。它的节点度为 4，链路数为 $2N$，直径为（$r-1$），是常规二维网孔结构的一半，也具有非对称性。

同时，若在垂直方向、水平方向都进行环绕，则形成了 torus 拓扑结构，也称为环网结构（见图 7-15）。它的各项参数计算见例题 7-2。

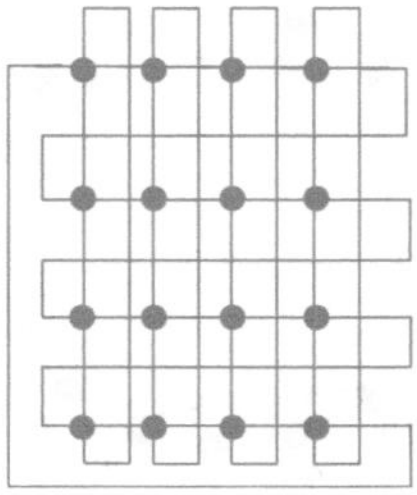

图 7-14　二维 Illiac 网格

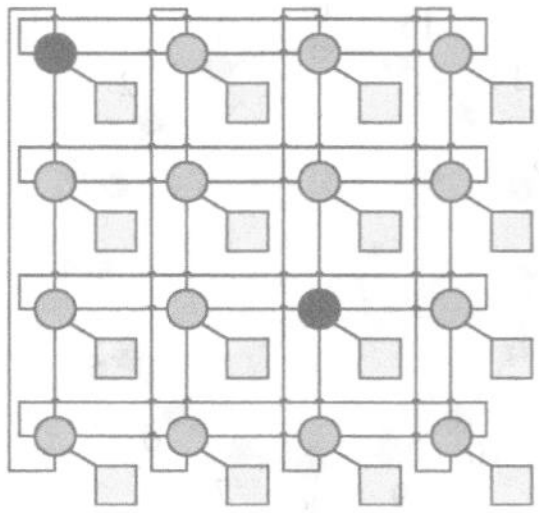

图 7-15　二维 torus 拓扑结构

**例题 7-2** 当其交换元件数为 $N$ 时，试求二维环绕结构的节点度、链路数、直径。

解答：

根据各参数的定义可知，节点度表示与节点相连接的边数，因此在上述二维环绕结构中，由于横向环绕与纵向环绕的存在，每个节点都与 4 条边相连，因此节点度为 4。

链路数表示边的条数，因为两节点间的链路为两节点的共享链路，因此为避免重复，记每个节点伸出两条边，共 $2N$ 条，而拓扑结构最外围两条边上的节点每个节点只伸出一条边，共 $2r$ 条，由于环绕结构存在，横向上多出 $r$ 条链路，纵向上多出 $r$ 条链路，故总链路数为：$2N-2r+r+r=2N$。

直径表示网络中任意两个节点间距离（即边数）的最大值，在二维环绕结构中，距离最大的两点为对角线上的第一个节点与中间位置的节点（若对角线上节点数为偶数，则是对角线上的第一个节点与中间位置节点中较远的一个），因而直径为 $2\lfloor r/2 \rfloor$。

□

将网格拓扑结构进行升维可以得到更高维度的拓扑结构。如图 7-16 所示，立方体为 3D 结构；超立方体是一种二元 $n$-立方体结构，即两个立方体相连，$n$ 表示维度，为四维结构。对于 $n$ 维超立方体，它由 $N=2^n$ 个顶点构成，它的节点度及网络直径也为 $n$，等分宽度为 $N/2$，超立方体具有对称性。

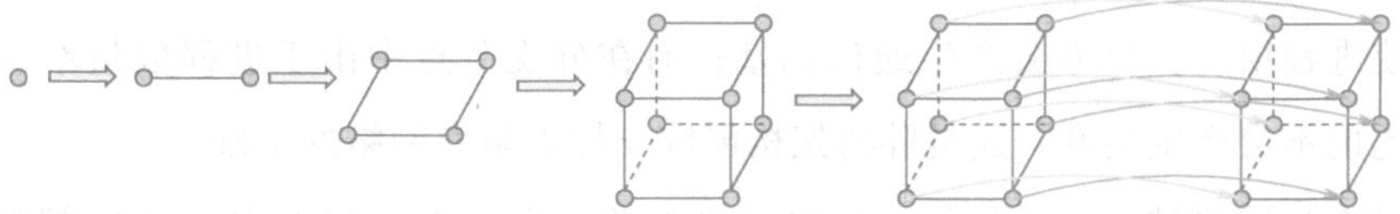

图 7-16 $n$-立方体结构的形成

树形结构由 $N$ 个结点与 $N-1$ 条通路组成，不同于线性阵列结构，它只要求节点的节点度不小于 1。最顶上的一个节点称为根节点，底层节点称为叶结点，在可以进行双向通信的树形网络上，根节点并不唯一。

一种完全二叉树结构如图 7-17 所示，若该结构共有 $h$ 层，则节点总数为 $N=2^h-1$，连接度为 3，直径为 $D=2(h-1)$，即表示叶子节点中最左边的点与最右边的点之间的距离。树形结构由于某个根节点的左右叶子节点数目不一定相同，因此不对称。但只要能找到节点数目可以被平分的一条边，就可以将拓扑结构等分，因此等分宽度为 1。

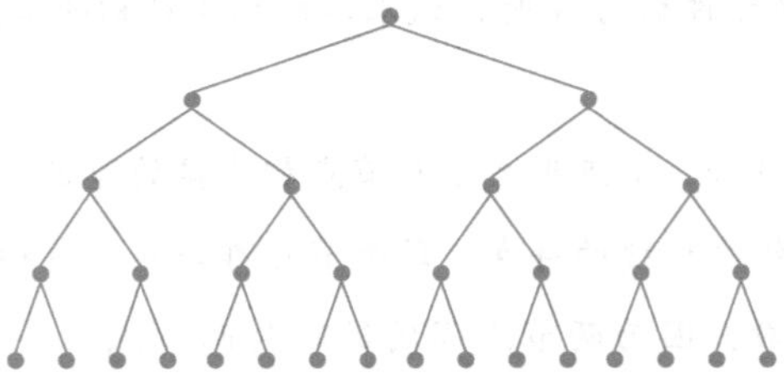

图 7-17 完全二叉树结构

这种结构最显著的特点是连接度是一个常数，容易拓展。与星形结构相似，二叉树的根节点存在性能和安全瓶颈。

树形结构中，在高性能网络、数据中心网络中较早使用也是目前使用最广泛的拓扑是胖树。胖树是一种完全二叉树，但是从根节点到叶节点带宽逐步增加。因此胖树具有高容量的特点，同时在使用最短路径路由时网络是无死锁的，这是胖树网络最大的特点。由于在结构中使用了物理交换机，终端之间并非直接连接，因此胖树结构是间接网络结构。

在传统的树形网络拓扑中，带宽是逐层收敛的，树根处的网络带宽要远小于各个叶子处所有带宽的总和。而胖树网络则更像是真实的树，越到树根，枝干越粗，即从叶子到树根，网络带宽不收敛。越来越粗的根部枝杈表示交换器件增多，因而通信带宽增大，即使进程增多，也不会产生通信拥塞；而在分支节点中由于进程数量本身相对较少，因此也不会产生拥塞。这是胖树架构能够支撑无阻塞网络的基础。

为了实现网络带宽的无收敛，胖树网络中的每个节点（根节点除外）都需要保证上行带宽和下行带宽相等，并且每个节点都要提供对接入带宽的线速转发的能力。

图 7-18 展示了一个二元四层胖树的物理结构，它使用的所有物理交换机都是完全相同的。每个叶子节点就是一台物理交换机，接入 2 台终端；上面一层的每个逻辑节点则由 2 台物理交换机组成；再往上面一层则每个逻辑节点由 4 台物理交换机组成；根节点一共有 8 台物理交换机。

如图 7-19 所示，蝴蝶形拓扑结构其因各节点之间的连接似一只只蝴蝶而得名，为一种间接网络结构。其中处理器或功能部件个数是 2 的幂次，$n=2^k$。交换元件的个数是 $n[\log(n)+1]$，分布在 $\log(n)+1$ 行、$n$ 列的结构中。它的连接呈蝴蝶状，具体实现

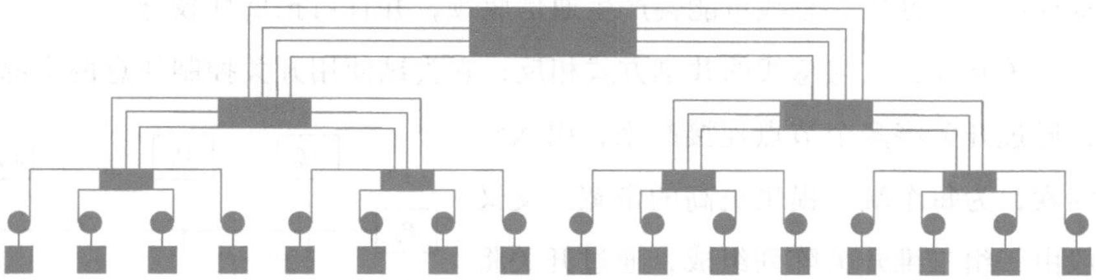

图 7-18　二元四层胖树的物理结构

是 switch(i,j) 与 switch(i-1,j)、switch(i-1,m) 相连，m 由以下方式确定：列序号的二进制表示值以最高位为第 1 位，依次数到第 i 位，将第 i 位取反后代表的数值。后续章节将详细讲解蝴蝶拓扑结构的路由方法。

脉动阵列结构如图 7-20 所示。它是一种用于矩阵乘法运算的网络形式，主要应用于脉动阵列机中。它的核心概念是让数据在运算单元的阵列中流动，以减少访问存储器的次数，并使结构更加规整，布线更加统一，从而提高频率。脉动阵列可以沿多个方向同步传输数据流，实现多维流水线操作。然而，该结构的适用性有限，因为它一般与算法紧密相关。

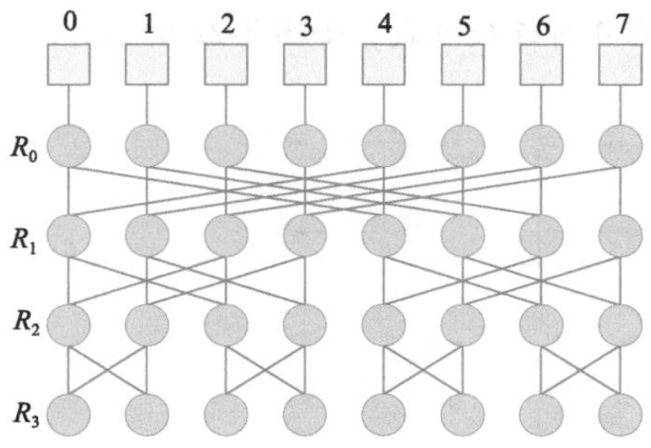


图 7-19　蝴蝶形拓扑结构

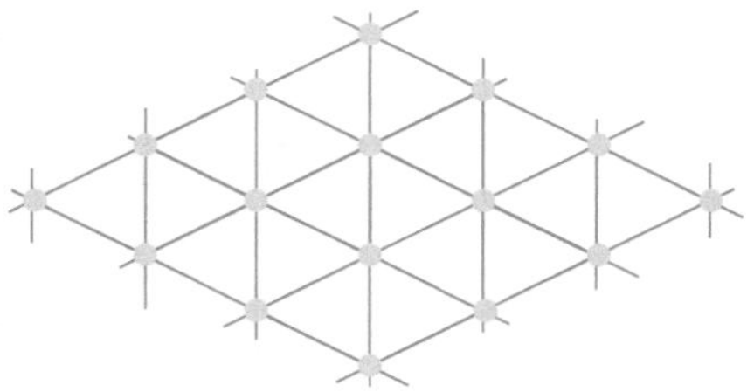

图 7-20　脉动阵列结构

总线互连方式是一种实现多处理机互连的最简单方式。它通过连接多个处理机、存储器模块、I/O 部件等各自的接口部件到一条公共总线上，实现多个部件共享传输介质，任何一个部件发出的信号都可以被连接到总线上的其他所有部件接受。总线结构灵活性很强，可以方便地添加新部件，也可以在使用相同总线的系统之间进行部件交换，这也是它被称为动态拓扑结构的原因。总线具有资源共享性，成本也比较低。但是，正是由于这样的共享性质，总线可能会产生通信瓶颈，并且可拓展性较低。

交叉开关互连方式与总线的共享方式相反，它尝试使用开关控制任意两个部件之间的通信，通过开关将多个节点连接起来，引入空间重复因素，为每个端口提供更高的带宽。交叉开关一般由一组二维开关阵列组成，通过开关将处理机 $P_i$ 与存储器 $M_j$ 连接（见图 7-21）。在使用中需要通过控制开关来实现两个节点之间的链接，阵列总线条数等于行与列数之和，而开关则需要行数乘以列数个。对于处理机与存储器的互连网络中，必然可以使每个处理机都能有一套总线与某一存储器链接，提高系统的带宽。但这样也会出现同时使用某一存储器的冲突，因此在互连网络中还需要设置裁决部件。交叉开关互连方式提供了全连接的通信方式，但在增加节点时，带来的开销与复杂度是平方级别的。

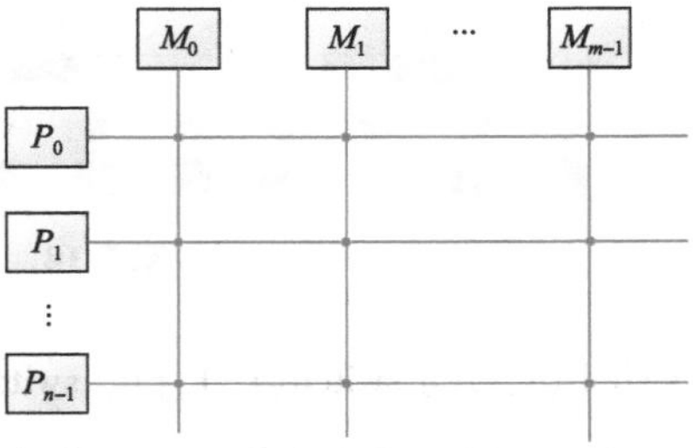


图 7-21　交叉开关互连方式

**例题 7-3**　一个 2 输入 2 输出的交叉开关有几种连接方式？

解答：

一个 2 输入 2 输出的交叉开关存在且仅存在 4 种连接方式，如图 7-22 所示。

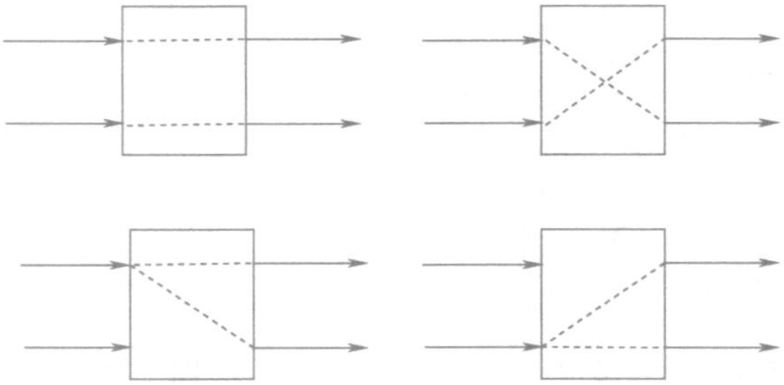

图 7-22　2 输入 2 输出的交叉开关的可能连接方式

□

多级互连网络（multistage interconnection network，MIN）将多个单级互连网络通过交换开关等串联起来，它可以通过改变开关状态来实现不同的连接方式，在 SIMD 和 MIMD 计算机都有广泛的应用。一个 $N=16$ 的多级互连网络如图 7-23 所示，可以看到中间节点存在入度为 1 而出度为 2 的节点，它为交换开关等部件，可以通过控制输出端口来控制整个网络的互连方式。多级互连网络是动态、间接的网络拓扑结构。这种网络的显著特征是它的可拓展性。

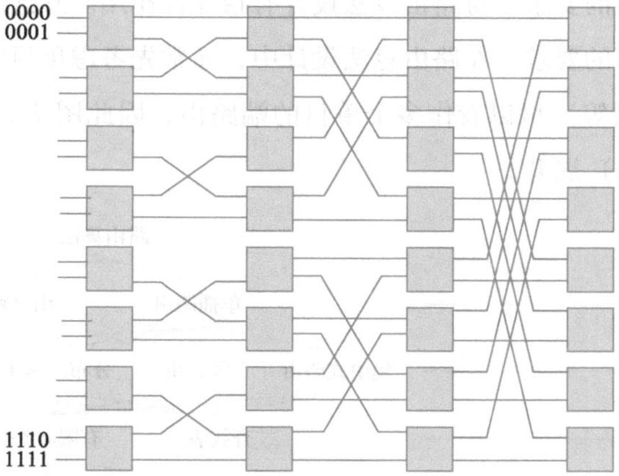


图 7-23　多级互连网络连接方式

## 7.5.2　互连网络路由方式

互连网络路由方式（interconnection network routing）指路由器根据网络拓扑结构选择数据从源端到目的端的路径的方式。控制路由有不同的方式，例如，传统的路由算法中，由每个路由器单独执行路由算法，互相协同完成各自的路由计算，这样能够找到每个节点对应的最优解法，但容易忽略整个网络的协调性，因为网络的通道并非无穷大，由路由器单独完成的路由算法难以实现流量控制而导致等待、竞争等问题；或是由中心化控制器负责路径计算，这样的方法在一定程度上解决了上述问题，但也会引入新的问题，例如计算优先级、通信频率、网络安全可靠性等问题。在设计路由算法时，主要需要考虑两个因素：可靠性与高效性，其中可靠性指能够保证数据能从源端正确地传输到目的端，而高效性指数据从源端到目的端的开销尽可能小。可靠性是设计算法的基本，而高效性是算法的目标，在最坏的期望下，一个路由算法至少需要保证数据在有限时间内可从源端正确完整地发送到目的端。下文将先介绍通用的路由协议结构，并以一些特殊拓扑结构的网络作为例子进行讲解，最后对死锁问题进行一些探究。

### 7.5.3 路由协议结构

路由协议（routing protocols）结构是路由算法的通用设计结构，它表示了不同的环境对路由算法各方面的要求，对路由算法设计有指导性作用。互连网络路由协议指出了对路由算法不同层面的要求。在路由算法设计中，通常先考虑单目的端的情况，多目的端路由（广播、组播等）可以看作多个单目的端路由，因此图 7-24 中的分类均从单播路由（unicast routing）展开。

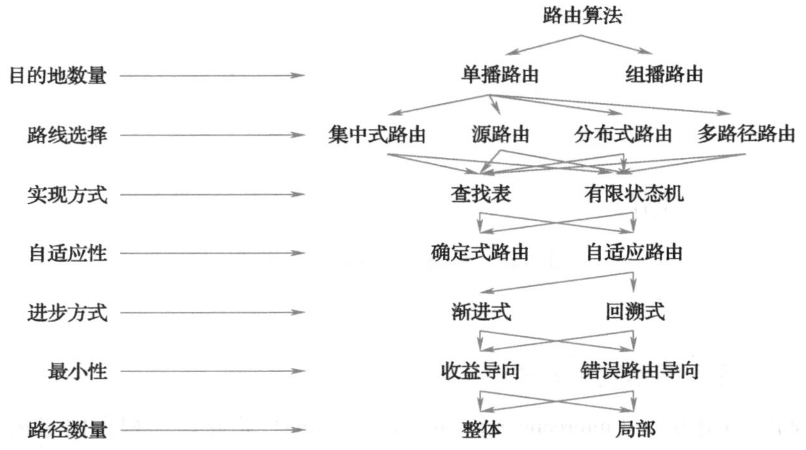

图 7-24 互连网络路由协议

在路由算法的具体实现方式上，主要有查表法（table lookup）与有限自动机法（finite state machine）两种。查表法是最原始、最基础的方法，它在路由器内维护一个路由表，当一个端口有数据到来时，它根据数据的源端与目的端查询路由表，直接选择输出端口；有限自动机法通常与整个网络的拓扑结构有关，它在选择路由时根据一定的算法，从数据携带的信息（如源端、目的端等）计算出输出端口。

确定性路由（deterministic routing）与自适应路由（adaptive routing）是对互连网络适应性进行的区分。确定性路由最终选定的路径由源端和目的端唯一确定，它与网络状态的改变无关；而自适应路由根据运行时互连网络的状态自动改变选择的路径。需要注意的是，此处体现的性质是对网络状态的检测而非网络结构的检测。例如，在动态互连网络之中，对于确定性路由算法而言，它能够检测到网络中节点的增减，并不会因为删除节点而选择已关闭的输出端口，但它并不能检测到网络中各个通路的流量大小和阻塞状况。通常来讲，自适应路由的效率与灵活性会高于确定性路由，但这引入了通信等额外开销。

查表法路由的实现方法显而易见，因此本章以有限自动机路由算法为例，探究各种路由算法的设计与实现。

### 7.5.4　蝴蝶形拓扑结构路由算法

蝴蝶形拓扑结构已在上文提及，它将各个部件的序列号以二进制的形式通过一定方式进行连接，因此它的路由算法也与二进制位表示有关。

蝴蝶形拓扑结构路由路径是由二进制形式的目的节点所在列序号决定的，每次转发，取现存二进制数最高位，如若为 1，则向右边路径转发，若为 0，则向左边路径转发，若左右难以判断（有竖直的连接），则难以判断的方向即为竖直向下方向；且一次转发后，要将此次转发使用到的最高位去除，剩余位用于下一次转发路径选择。从节点到第一个交换元件不算入上述步骤中，直接向下发送。

实际上，蝴蝶形拓扑结构路由算法使用异或操作进行寻址，源列序号的二进制形式与目的列序号的二进制形式逐位异或，得到的结果从高到低各位表示从顶向下各层转发的方向，结果为 0 表示竖直向下转发，1 表示发送给另一个方向的交换元件。

**例题 7-4**　请尝试求解如图 7-25 所示的蝴蝶形拓扑结构的路由中，0 号处理机到 2 号处理机的路由路径。

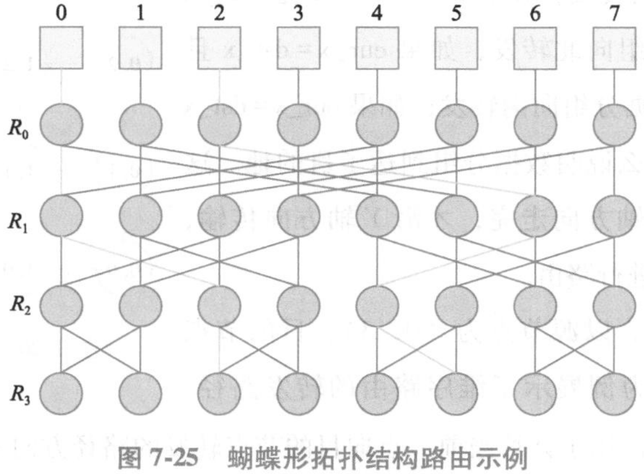


图 7-25　蝴蝶形拓扑结构路由示例

解答：

为了连接0号处理机与2号处理机，只需要将第0列与第2列的连接找出，然后在第2列中各层路由分别竖直向上进行连接，即可达到目的2号处理机。

0号处理机先与其下方的（$R_0$,0）路由器连接。然后由以下方法确定路由转发路径：目的节点所在列序号为2，二进制形式为010。第一次转发，取最高位0，表示向左转发，转发到（$R_1$,0），抛弃该最高位；第二次转发，最高位变为1，向右转发，转发到（$R_2$,2），抛弃该最高位；第三次转发，最高位变为0，向左转发，转发到（$R_3$,2），即到达第2列。最后由该路由器依次垂直向上转发，达到2号处理机。

□

### 7.5.5 维序路由算法

在维序路由（dimension-ordered routing）中，每个数据包一次只在一个维上路由，当在这个维上到达恰当的坐标之后，才按由低维到高维的顺序在另外的维上路由。因为数据包是按照严格的单调的维数变化的顺序在通道内路由，所以维序路由也是没有死锁的（死锁将在下一小节提及）。该路由算法是一种确定性路由算法，只要给定源地址与目的地址，就能唯一确定条路由路径。它将网络中所有路由器都用一个二维坐标（$X,Y$）表示，分组中的地址信息也是用二维坐标（$X,Y$）表示。

设当前路由器的坐标为（cur_x,cur_y），分组中目的地址为（dst_x,dst_y）。如果cur_x< dst_x，则将数据分组向东转发；如果cur_x>dst_x，则将数据包向西转发；如果cur_x=dst_x且cur_y<dst_y，则将数据分组向北转发；如果cur_x=dst_x且cur_y>dst_y则将数据分组向南转发；如果cur_x=dst_x且cur_y=dst_y，那么说明数据分组到达了目的地。这样分组总是先沿$X$轴方向走完，才沿$Y$轴方向传输，按这条确定的路径进行路由。

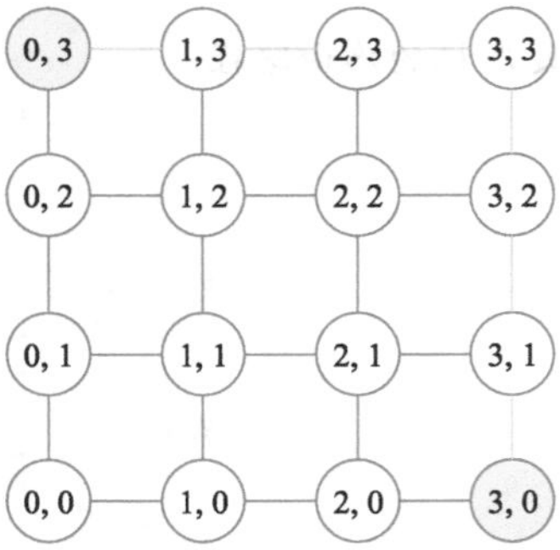

图7-26 维序路由举例

如图7-26所示，以源节点为（0，3）、目的节点为（3，0）的路由为例展示了维序路由的转发路径。式（7-1）~式（7-3）用于计算当前节点向目的节点转发的路径方向$D_{T,i}$，表示坐标$i$维的转发方向，若为-1，表示在该维中当前节点的位置小于目的节点，应往增大的方向转发；若为+1，表示在该维中当前节点的位置大于目的节点，应往减小的方向转发；若为 0，表示在该维中当前节点等于目的节点，应转换到另一维上继续转发或者已经到达目的节点。$k$ 表示二维网络结构的规模，为一维上节点的数目。$d$ 为目的节点坐标，$s$ 为源节点坐标。

$$D_{\mathrm{T},i}=\begin{cases}0 & |\Delta_i|<\dfrac{k}{2}\\ \operatorname{sign}(\Delta_i) & \text{otherwise}\end{cases} \tag{7-1}$$

$$m_i=(d_i-s_i)\bmod k \tag{7-2}$$

$$\Delta_i=\begin{cases}0 & m_i\leqslant\dfrac{k}{2}\\ k & \text{otherwise}\end{cases} \tag{7-3}$$

### 7.5.6　死锁问题

与操作系统中类似，在互连网络中，每个节点都无限等待所占用的缓冲区资源，导致任何节点无法接收数据，也无法发送数据，这种现象称为死锁。同时在此介绍活锁（live lock）概念。活锁指节点并没有完全被阻塞，可能是不断在重复申请信道（缓冲区）、被拒绝、再次申请、再次被拒绝的过程。

如图 7-27 所示，所有路由器都等待着自己输出信道缓冲区空闲，这在没有路由器放弃自己已使用的缓冲区的情况下形成死锁。

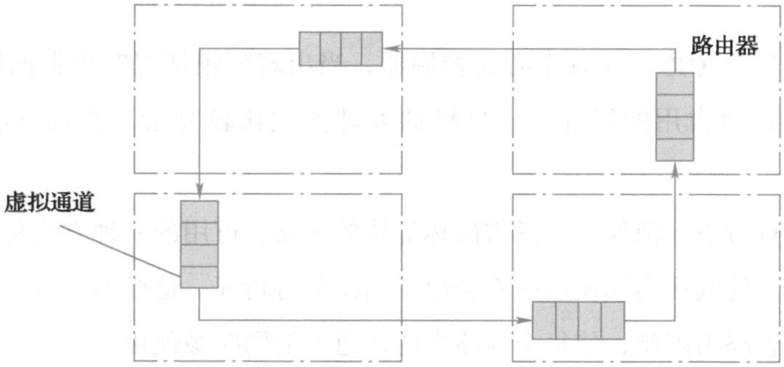


图 7-27　死锁示意

死锁有三个必要条件：①互斥使用，即缓冲区无法同时容纳大量数据，需要先清理之前的数据；②占有且等待，每个节点都不放弃自己使用的缓冲区，而是等待其他缓冲区空闲；③循环等待，由于每个节点都在等待其他的缓冲区空闲，可以从图论角度证明缓冲区之间的依赖关系必然存在环路。死锁的根本原因是缓冲区之间存在依赖关系，三个必要条件同时成立未必产生死锁，但如果消除了三种必要条件中的任意一种，即可消除死锁。

从互斥使用的角度考虑，可以增加虚拟通道的数量。死锁问题与依赖关系如图 7-28 所示，当信道中有 3 条信息在同时循环传递时，对于原网络，$x$ 的数据会占用 $C_2$，$y$ 的数据会占用 $C_3$，$z$ 的数据会占用 $C_1$，导致 $x$ 的数据无法进入 $C_3$ 发给 $z$，$y$ 与 $z$ 的数据同理也无法发送给 $x$ 和 $y$，形成死锁。而在图 7-29 中，将 $C_1$ 变为两个虚拟通道 $vC_1$ 与 $vC_4$ 后，依赖关系由循环变为线性，即解决了死锁问题。引入新的虚拟通道可以消除死锁，但是可能降低带宽。

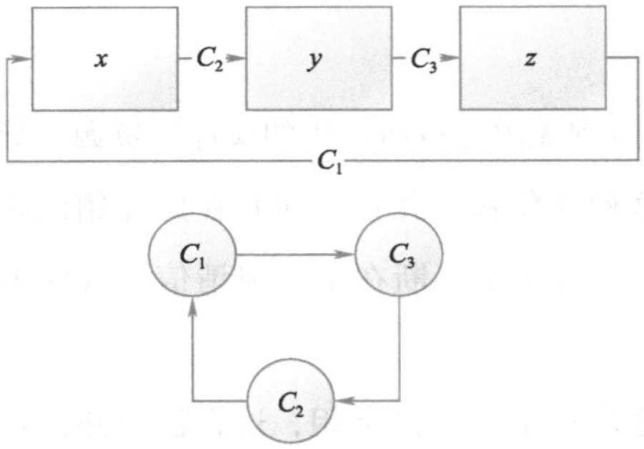


图 7-28　死锁问题与依赖关系

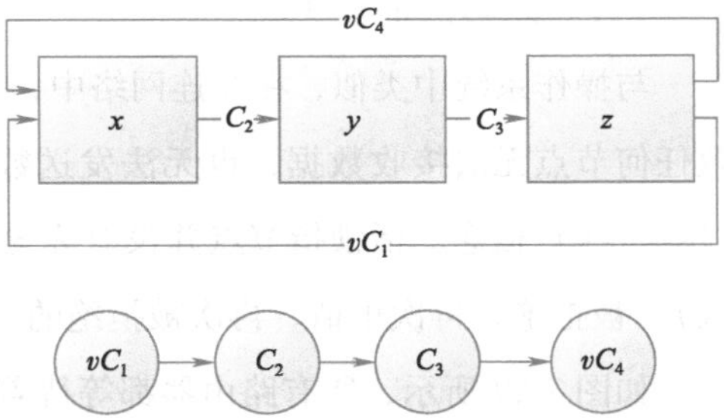


图 7-29　虚拟通道解决死锁问题

从占有且等待考虑，实现中心化控制器，当出现死锁情况时根据网络情况选择个别路由器放弃通道占用的缓冲区，这样的处理方式比较复杂，并且可能改变网络的性质。

从循环等待考虑，消除死锁只需破坏等待的回路，可用的一种方法是在路由算法中设置限制条件，使其在实际使用中不会出现回路等待情况。这样的方法一般需要画出依赖图，随后设置路由限制，使每个环路中的通道不能同时被使用。

# 7.6 互连网络软件层

## 7.6.1 互连网络软件层架构

互连网络软件层（software layer）又称为消息层（message layer），它通常面向计算机集群。计算机集群是一种并行或分布式的系统，它由一组独立的、由互连网络连接的计算机组成，它们作为单独的集成计算资源共同工作，拥有独立的网络硬件与软件，可作为超级计算机的性价比替代选择。

软件层将计算机集群的硬件细节与一部分软件细节对端用户屏蔽，允许用户将整个集群内的多个计算机资源视为一个多处理器资源来运行，这样的技术称为单一系统映像（single system image，SSI）。SSI 技术让计算机集群对于用户和应用而言与单一机器等价，但这也要求软件层需要保证内部资源与信息的准确传输。

软件层结构主要分为三层，如图 7-30 所示，下文将对这三层分别进行介绍。

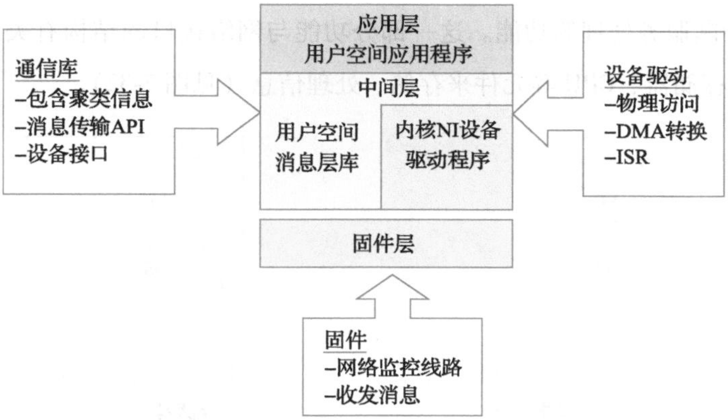


图 7-30　软件层结构

首先是应用层，它将底层细节打包后向用户提供便于操作、修改的函数接口。它主要的作用是将计算机集群看作单一多处理器的系统进行操作，因此用户只需要指定消息的目标处理器而非目标计算机，其中对消息的打包、传输，不同计算机内存读写等操作均对用户不可见，大大降低了编程难度。如图 7-31 所示，用户只需关心具体发送的消息内容、目的处理器，在目的处理器中只需指明接受消息即可。

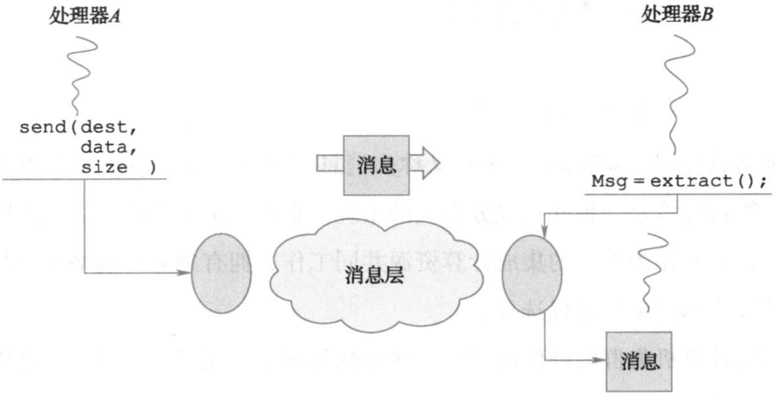


图 7-31　用户操作

其次是中间层，中间层又分为两部分，一部分为用户空间消息层库，它属于网络接口的用户空间，维护集群的信息，拥有消息传输的应用程序接口（application program interface，API）；另一部分为设备驱动，它属于网络接口的内核空间，有物理访问、DMA 传输、中断服务处理等功能。这一部分功能与网络接口的结构有关，通常网络接口中也会存在存储器、CPU 等元件来存储、处理信息（见图 7-32）。

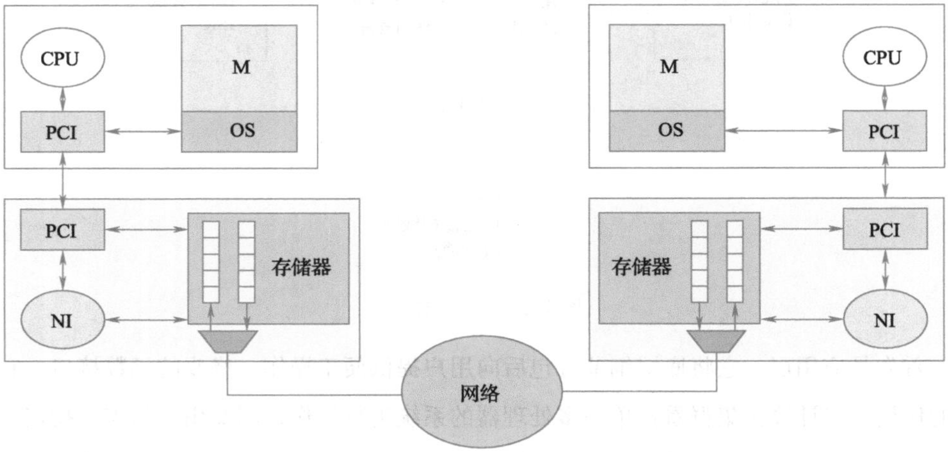


图 7-32　常见 NI 结构

最后是固件层，它主要完成的是监控线路、最终的消息接收和发送等功能。它在用户需要发送信息时，先在用户应用上指定源处理器与目的处理器，然后经过网络接口的加工、存储、计算后，通过网络进行传输，简化来讲就是注入—网络—排出（injection-network-ejection）过程。同时，在这个过程中可以注意到，线路的带宽并非整个网络的性能瓶颈，而是操作系统、用户级应用限制了性能。

### 7.6.2 性能分析

软件层通过不同接口将用户与内核隔开的思想使编程者无须了解底层工作原理，减少了学习成本，让使用更加简便，但也带来了一些额外开销。作为面向计算机集群的技术，它将与 SMP 竞争，因此性能是设计软件层的重要考虑因素。由于 SMP 的开销通常在 1μs 的量级上，面对如此严苛的性能要求，通常在实现软件层时需要使用所能想到的一切技巧来获得性能提升，例如：①只有一个集群用户，避免设备共享的开销；②合作环境，采取更少的防护措施；③使用可靠的硬件，将常见的错误情况优化；④使用智能硬件，不需主机通信。

前文中提到的网络性能分析同样适用于软件层性能分析。通用性能分析图如图 7-33 所示。首先发送端有一段处理时间（如添加头尾、分析地址等），这段时间称为发送端

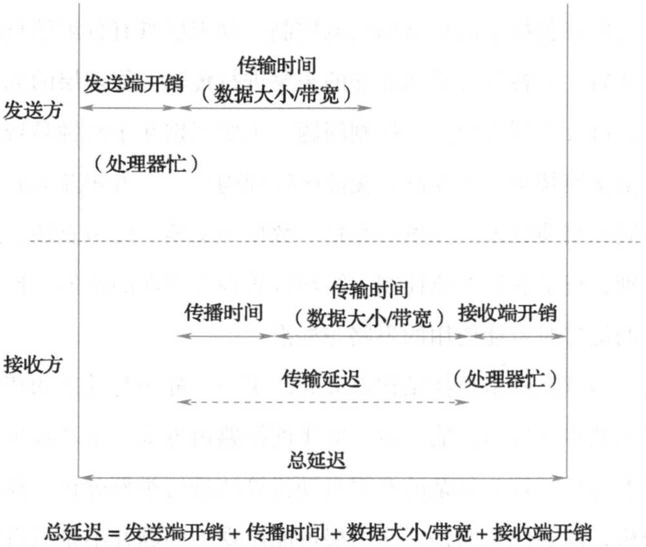


图 7-33　通用性能分析图

开销（sender overhead）；发送端处理结束后，将消息注入网络也需要一定的传输时间（transmission time）；消息在物理介质中有一定的传播时间（time of flight），在接收端同样也会经过传输时间与处理时间。

除延迟之外，软件层也需要考虑其他的因素，如可扩展性——能够支持节点增删、开销与节点数是线性关系；鲁棒性——拥有足够的容错、节点之间的错误不会互相影响、能够接受多条网络路径、网络能够重构、是非阻塞结构等；其他性能指标——除了最简单的时延与带宽外，服务质量（quality of service，QoS）也至关重要，它在不同环境下有不同的要求，例如，用户的请求延迟不能超过一定的时间等。

## 7.7 本章小结

本章的工作主要围绕计算机系统内部多部件的高速互连网络展开。7.2 节讲主要分析了互连网络与传统网络互连架构不同之处，多处理器体系结构的互连网络相对更关注时延、带宽等性能因素，研究更倾向于大型集群与嵌入式系统的应用；将互连网络分为物理层、交换层、路由层与软件层，同时提出了互连网络的基本参数与性能参数。

物理层的相关内容包括了消息结构与流控制。物理层具有分解消息结构的功能，它将完整的数据打散后，为各部分添加独立的头尾进行传输。物理层的流控制主要关注的是网络的可靠性，可分为同步与异步控制问题，主要区别在于时钟是否同步。

交换层功能由交换技术、流控制、缓冲区管理构成，三者相互关联，不可分割。本章提到了五种不同的交换技术——电路交换、数据包交换、虚拟直通、虫洞交换、虚拟通道技术，并分别分析了它们在流控制、缓冲区管理等方面的性能，旨在引导读者理解在分析某种技术的优劣时可能使用的思路与标准。

对于路由层，本章在网络拓扑结构部分介绍了一些静态与动态的拓扑结构，并分析了各个结构对应的基本参数与性能参数。对于网络路由方式，本章提出了通用的路由协议，在具体实现上选择了较为复杂的有限自动机算法进行举例分析；在结尾对网络的死锁问题进行了分析，需要注意的是，路由层可能出现的问题并不是只有死锁问题，但死锁问题的解决提供了一种解决思路——找到出现问题的必要条件并逐一排除。

本章在最后对软件层进行了架构分析与性能分析，软件层主要面向的是计算机集群，主要作用是为不同用户提供不同的接口，降低学习与编程的门槛，这样的思路必然对性能有更高的要求。

## 7.8 思考题

1. 比较虫洞交换与虚拟直通交换在阻塞情况下的带宽利用率。
2. 芯片之间的互连网络与片上互连网络（NoC）是否存在本质区别？

# 第 8 章

# 并行计算机系统的资源调度

## 8.1 引言

本章将介绍资源争用、并发调度、用户体验等内容。有两个重要的概念需要理解和区分：先验（priori）和后验（posteriori）。后验是指必须体验尝试后才知道的信息，例如某种调度措施的效果优劣。先验是先于经验就能知道的，如逻辑或常识。例如，人类的寿命服从正态分布，而不是幂律分布。

随着云计算技术的不断发展，越来越多企业愿意将自己的业务部署在云平台上。当前相当多的数据中心中的资源利用率依旧很低，造成了较大的资源浪费。例如，阿里云2018年的平均CPU利用率只有38.2%[1]。国家相关部门正在大力推进数据中心等基础设施的绿色、高质量发展，要求进一步提升数据中心的资源利用率，助力实现“碳达峰碳中和”目标。因此，进一步提升云计算数据中心的资源利用率是一个值得研究的问题。

云计算系统可以通过同时运行多个应用程序共享系统的资源来提升资源利用率。虽然应用程序的共置能有效地提高资源利用率，但是部署在同一台物理机上的应用程序会争夺共享资源，应用程序间的干扰频繁发生，导致云计算系统的服务质量下降[2-4]。如图8-1所示，每个颜色代表一个应用，应用之间会争夺共享缓存、内存接口等共享资源。应用受到干扰带来的服务速率下降迫使来自客户端的请求排队等候处理，导致应用的服务质量下降。因此，系统的资源利用率与应用的服务质量是一对矛盾。

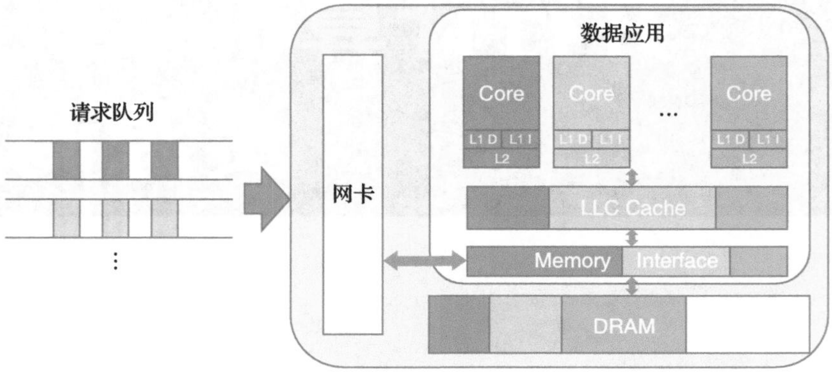


图8-1 多个应用在数据中心混部场景（见彩插）

计算机系统中存在或发生干扰的根源在于：①计算机系统资源的有限性；②应用程序的高并发性；③应用程序之间在使用一种或多种类型的资源时在时空上的争用（contention）。这三个因素相互之间并不独立，而是相互影响。应用程序的高并发性凸显计算机系统资源的有限性。应用程序的高并发性、计算机系统资源的有限性，往往加剧资源争用。但是通过有效的资源调度，一方面，多个应用程序在时空上可以减少重叠，资源争用本身可以被减少，另一方面，多个应用程序对干扰的敏感度的差异被利用，资源争用对用户体验的负面效应可以被减少。

为了保障云计算数据中心的服务质量，可以根据应用程序的特征设定不同的服务质量目标。应用程序可以分为延迟敏感型（latency-critical，LC）和尽力交付型（best effort，BE）两种类型。对于延迟敏感型应用，需要关注用户的请求得到响应的时间，通常为尾延迟。延迟敏感型应用分布在各个领域，如社交媒体、搜索引擎、机器翻译、电子商务等领域。来自其他应用的干扰可能会对延迟敏感型应用产生极具破坏性的影响[5-8]，这是因为当延迟敏感型应用的服务速率小于请求到达速率时，大量请求会排队等待处理，从而导致请求排队时间急剧增加。根据亚马逊的估算，即使终端用户遇到1s的延迟，也让人有放弃交易的冲动，这导致每年会损失16亿美元[9]。而对于尽力交付型任务，每个计算任务的耗时通常较长，用户只关注其计算整个任务的耗时，遭受干扰导致的性能降低并不会带来致命的影响。尽力交付型任务的典型领域有机器学习、数据分析、科学计算等。

在应用共同部署时，系统管理员通常会将延迟敏感型应用和尽力交付型应用共置在一台物理机上进行调度[10]。来自其他应用的干扰可能会给延迟敏感型应用带来致命的影响，导致其请求的尾延迟急剧增高。通常为了保障延迟敏感型应用的服务质量，系统管理员会为系统预留足够的资源以应对应用间的相互干扰和延迟敏感型应用负载的突然增加，这也限制了系统资源利用率进一步的提升。为了同时满足云计算数据中心中的服务质量和提升系统资源的使用效率，需要研究如何量化和降低计算机系统的干扰。

为了减轻应用共置场景下应用之间的干扰，可以使用软硬件的资源隔离技术来消除应用之间在特定资源上的干扰。近年来，处理器厂商积极在当前的商用处理器中增加了资源隔离机制，如Intel的高速缓存分配技术（cache allocation technology，CAT）[11]可以对处理器中的共享末级缓存（last level cache，LLC）进行隔离，Intel的内存带宽分配

(memory bandwidth allocation，MBA)[12] 可以内存带宽进行限流。相应地，开源社区也在积极对这些特性进行支持，如 Linux's resctrl 等。表 8-1 总结了部分共享资源与隔离或分配工具。在本书的资源调度策略实验中，以处理器核心、共享缓存和内存带宽三种类型资源为例进行调度。

表 8-1 部分共享资源与隔离或分配工具

| 共享资源 | 隔离或分配工具 |
|---|---|
| 处理器核心 | taskset |
| LLC 共享缓存 | Intel CAT (Intel's Cache Allocation Technology)[13,12] |
| 内存带宽 | Intel MBA (Intel's Memory Bandwidth Allocation)[13] |
| 磁盘带宽 | Linux's blkio cgroups |
| 网络带宽 | Linux's qdisc[14] |
| 能耗 | DVFS (dynamic voltage and frequency scaling) |

现有的云计算数据中心中的应用具有多样化的资源需求，对系统的资源管理能力提出了很高的要求。DIP 猜想刻画了计算机系统资源管理的三大能力：区分（distinguishing ability，D）、隔离（isolation，I）和优先化（prioritizing，P）是实现实用可计算性的充分必要条件。如果 DIP 猜想成立，要保障计算任务的用户体验，则计算机系统需要具备 D、I、P 三种能力。但到目前为止，DIP 猜想还未得到证明、反证或修正。我们仍需要对其进行研究，进一步精细化 DIP 猜想表述。

基于资源隔离的方法能够有效保护延迟敏感型应用的服务质量，是当前学术界和工业界研究的热点[14]。大量的工作[2,15-19] 已经验证操作系统级和硬件级的资源隔离技术可以有效地消除应用对特定资源的干扰。这些调度策略将关键的延迟敏感型应用与非关键的尽力交付型应用共同部署，通过资源隔离手段保障系统中延迟敏感型应用的服务质量。但是，通过对这些隔离技术的分析，研究发现当应用程序之间的干扰不严重时，使用这些资源隔离技术将资源完全地隔离，反而会使得系统的性能变差。相对于将所有资源进行划分的方法，允许应用之间灵活地共享和隔离资源是一个具有潜力的方案。

同时，在公有云场景中，出于对用户数据安全和隐私的要求，云服务提供商不能获取运行在虚拟机内部的应用信息，只能对租户的虚拟机使用到的物理资源的状态进行收集[20,21]。也就是说，我们无法明确获取到用户运行的应用类型，更加无法获取到延迟敏感型应用的尾延迟等信息。这些关键数据的缺失也导致了过去的研究[20,22,23]大多都基于底层的系统开销数据一视同仁地对待黑盒应用，预测和减轻它们之间的干扰，无法对虚拟机内部的应用类型进行区分，也难以预测根据延迟敏感型应用的服务质量来进行调度。因此，在黑盒场景中区分延迟敏感型应用并保障延迟敏感型应用的服务质量也是一个值得研究的问题。

因此，本章主要研究在高并发的多应用共置的云平台上如何满足用户体验的同时提高资源利用率。本章的主要内容包括：①结合理论与数据验证延迟敏感型应用尾延迟急剧上升的原因，统计分析延迟的分布规律，给出平均延迟与尾延迟之间的联系，推导出 Little's law 的尾延迟拓展形式；②给出系统熵（system entropy，简称 ES）所需的性质和相应的解析表达式，系统熵从系统的角度测度计算机系统的干扰，能够直接横向比较不同资源调度策略和纵向比较使用某种策略前后的用户体验差异；③提出 ARQ 资源调度策略，它结合资源隔离和资源共享的优点，通过资源隔离保障延迟敏感型应用的服务质量，并允许延迟敏感型应用与尽力交付型应用在共享资源区按优先度共享资源。与最新的资源调度策略 PARTIES 和 CLITE 相比，ARQ 策略将尾延迟分别降低了 40.9% 和 29.9%（良率分别提升了 25% 和 20%），将 IPC 提升了 63.8% 和 37.1%，系统熵分别降低了 36.4% 和 33.3%[72]。

本章 8.2 节介绍了量化系统干扰与降低系统干扰的资源调度策略相关工作，包括延迟敏感型应用模型研究，系统干扰量化指标与系统资源调度策略研究，并且对比分析相关工作的优缺点。8.3 节对延迟敏感型应用的延迟特性进行建模分析，给出了 Little's law 的尾延迟拓展形式。8.4 节提出了“系统熵”从系统的角度来量化计算机系统的干扰。8.5 节结合前文对延迟敏感应用、计算机系统的分析，提出了一种资源调度策略用于减少应用之间的干扰。

## 8.2 相关工作

本节介绍量化系统干扰和降低系统干扰的资源调度策略相关工作。

### 8.2.1 延迟敏感型应用延迟测量与建模

本节首先介绍用于测量延迟敏感型应用的基准测试，再介绍延迟敏感型应用尾延迟建模的相关研究。

研究者通常使用尾延迟来衡量延迟敏感型应用的服务质量，而先前的研究工作发现了现有的部分延迟敏感型应用的基准测试（例如，Yahoo Cloud Serving Benchmark[24]，Memtier benchmark[25]，SysBench[26]，wrk[27] 等工具）存在协调遗漏（coordinated omission）问题[28,29]，导致这些测试工具无法测量得到精确的尾延迟。协调遗漏问题产生的原因是，负载生成器被设计为每个连接在受到上一个请求的响应后才开始发送并统计下一个请求，导致部分本应该具有高延迟的请求的测量结果显著低于真实值。

部分新兴的基准测试工具避免或者修正了该问题，但是还有部分应用的基准测试工具仍然存在该问题。例如，Tailbench[30] 和 Treadmill[29] 通过异步的负载发生器使得请求发送和统计不依赖上一个请求来避免该问题；Wrk2[31] 和 mutated[32] 在计算延迟时不仅统计了请求发送到接收的时间段的延迟，还统计了应当发送请求但被阻塞的时间以反映真实的延迟。本章在实验中将采用第二种方法修正实验所使用的 Redis 基准测试工具 Memtier benchmark[25] 和 MySQL 基准测试工具 SysBench[26]。

Little's law[33] 由麻省理工学院 Little J D C 教授于 1954 年提出，它描述了在一个稳定的、非抢占的系统中，顾客数量、到达速率和顾客在系统中花费时间三者的关系。Little's law 同样可以用于描述延迟敏感型应用的平均延迟、未完成的请求数和请求到达速率三个变量之间的关系。延迟敏感型应用的 Little's law 形式如式（8-1）所示，其中 $C$ 为系统中未完成的请求数，$\lambda$ 为请求的到达速率即吞吐量，AL 为请求的被完成的平均延迟。

$$C=\lambda\cdot \mathrm{AL} \tag{8-1}$$

研究者通常使用尾延迟作为延迟敏感型应用性能的衡量指标，但是由于请求的到达时间和服务时间之间复杂的相互作用，目前没有通用的方法来确定平均延迟和尾延迟之间的关系，也没有 Little's law 定律的尾延迟表达。文献［34］在推导过程中假设延迟呈指数分布，但是通过实测发现其模型仍具有较大误差，所以仍需要更精确的模型来描述平均延迟和尾延迟的关系以更加精确地描述 Little's law 的尾延迟表达。

### 8.2.2 数据中心干扰的测度方法

为了衡量计算系统的性能，学术界提出了“通量”（goodput）和“良率”的概念[35]，具体表达式为

$$通量=任务吞吐率\times良率 \tag{8-2}$$

式中，任务吞吐率（throughput）是单位时间完成的任务数（即并发度），与系统的资源利用率密切相关；良率是“保质”（保证服务质量）的任务数占总任务数的比例，也就是能达到尾延迟目标的任务数占总任务数的比例，即“良率=保质任务数/总任务数”。上述指标反映出，如果为了提升任务吞吐率而导致了良率的严重下降，最终不一定会显著提升计算机系统整体的通量。所以，系统设计者和管理者不仅要考虑提升计算机系统中任务吞吐率，还要考虑保证或提高良率。

历史上学术界曾提出了一系列的指标来刻画系统的干扰，它们要么仅关注延迟敏感型或尽力交付型其中一种类型的应用，要么没有统一值域和量纲。文献［36-40］使用受到干扰前和受到干扰后的 IPC 来刻画干扰。但是，对于延迟敏感型应用，用户不关注 IPC，并且 IPC 的变化可能是由其他应用干扰引起的，也有可能是自身负载波动引起的。因此，使用 IPC 来量化延迟敏感型应用的干扰是不合适的。文献［41］建议使用延迟敏感型应用受到干扰后的服务速率来刻画干扰，文献［42-44］使用受到干扰前和受到干扰后的尾延迟来量化延迟敏感型应用的干扰，但不同应用的尾延迟的区间差异很大，无法统一值域。在当前地云计算系统中，往往同时运行着延迟敏感型应用和尽力交付型应用，因此如何系统地量化干扰是一个需要解决的问题。本研究提出的量化方法需要统一不同延迟敏感性和尽力交付型应用程序的干扰，应是具有清晰定义的无量纲量，取值范围为 0~1。

### 8.2.3 资源管理使能技术

近年来，许多商用处理器陆续提供了硬件支持的资源隔离技术（如 Intel[12]、AMD[45] 和 ARM[46]）。本小节以 Intel 高速缓存划分技术（cache allocation technology, CAT）[11] 和 Intel 内存带宽调配技术（memory bandwidth allocation, MBA）[12] 为例，介绍它们的实现原理及特点。

Intel CAT 是一种以路（way）为粒度的末级高速缓存划分工具，它能够通过给定的软件接口按路控制特定线程或逻辑核心能够访问的末级高速缓存空间。Intel CAT 引入了一个充当资源控制标签的服务类（classes of service，CLOS）的中间构造。Intel CAT 将线程或逻辑核心分配至指定的 CLOS，然后通过配置每个 CLOS 的位掩码控制 CLOS 能够访问的缓存路。

诸如 Intel CAT 之类的资源隔离技术会阻碍资源利用率进一步提升[8]，原因之一是现有资源划分工具的粒度太大，与在同一节点共置更多应用的需求不匹配。当前微服务和函数计算等主流的软件架构使得应用变得越来越小[47-48]，且许多主流的微服务仅使用单线程处理任务[49]，使得一台物理机可以部署越来越多的应用。根据阿里云公开的数据，95%的应用使用的处理器核心数都在 1.1 以内；大部分服务器部署的应用数量在 8～25。以当前云服务提供商实际使用的 Intel Xeon Gold 6278C 处理器为例，它单片具有 26 个处理器核心和可按路划分为 11 个部分总容量为 35.75MB 的 LLC。一方面，若按照处理器核心的规模部署对应数量的应用，现有的缓存划分粒度无法满足每个应用都能被资源隔离技术保障。另一方面，由于资源划分粒度过大，单个应用可能无法充分使用被分配的资源，导致资源的浪费。要解决此问题，可以设计更加细粒度的资源划分技术[50]，但是这需要重新设计处理器相关架构，在商业处理器中出现还需要时间；也可以在使用资源隔离技术时设计资源部分共享策略来满足资源利用率需求[20,51-52]。在本书中，通过设计资源的部分共享策略来提升资源利用率的需求。

Intel MBA 工具提供了内存带宽的近似和间接控制，它在每个处理器核心的私有 L2 高速缓存和共享高速互连（与 L3 高速缓存连接）上引入了可编程的速率控制器。Intel MBA 通过软件配置注入至 L2 高速缓存与共享高速互连之间的延迟的大小，间接控制内存带宽。Intel MBA 的配置过程与 Intel CAT 相似，首先线程或逻辑核心与 CLOS 关联，然后为每个 CLOS 配置 10%～100%粒度为 10%的节流值来修改可编程速率控制器的延迟。注入至可编程速率控制器的延迟与配置的节流值一一对应，具体的数值由处理器设计商进行校准。

Intel MBA 工具对内存带宽的控制具有一定的局限性。

1）内存带宽可控制的粒度很粗，通常只能做到 3～5 个挡位的调节[53]。我们使用 Stream 应用程序将内存带宽压到系统的最大值，通过不同的 MBA 配置来对 Stream 应用程序的内存带宽进行限流。

2）存在一个最小的限制带宽，无法对单核实际带宽低于该值的应用进行限制（在 Intel Xeon Gold 6278C 上实测为 2.65GB/s）。

3）影响 LLC 密集型应用性能[12]：由于它在 L2 和 L3 之间施加延迟，对于 LLC 密集型但是不是内存带宽密集型的应用进行限制会影响性能。

结合上述对 Intel MBA 工具的分析，很多工作难以在实际系统中使用。例如，对内存带宽划分的建模工作[54-55]都假设使用内存带宽划分工具管理前后，系统总带宽不变，仅会改变不同应用内存带宽的使用比例，这使得这些工作在现有的物理机器上的调度效果不佳。CLITE[15]虽然使用 Intel MBA 管理内存带宽资源，但是它依旧将内存带宽资源看作可划分的资源进行管理，把应用间可用的内存带宽资源按比例划分，这可能会导致较多的资源浪费。针对这些问题，基于标签的带宽调控机制[56]和 LIBRA[57]研究了在硬件层面的动态调控机制，基于应用的性能模型自适应地调整带宽分配。HyPart[53]结合线程打包、时钟调制和 Intel MBA 三种技术协同调整来弥补 Intel MBA 控制动态范围小的缺点；EMBA[58]通过聚类算法根据内存带宽敏感度对应用进行聚类，然后通过二分搜索加速寻找 MBA 配置。本章介绍的策略通过调整进程可使用的处理器核心数（即线程打包）可以间接控制内存带宽，也通过二分搜索加速寻找 MBA 的配置。

### 8.2.4　资源调度策略

为了减轻共置应用之间的干扰，工业界和学术界提出了一系列的资源调度方法来保障延迟敏感型应用的服务质量，这些方法主要分成两类。第一类方法基于对应用行为特征的分析，推断共置应用可能受到的干扰来给出合理的共置方案。例如，Bubble-Up[59]预测共置应用的干扰带来的性能下降，仅运行低干扰的配对共置，并且禁止延迟敏感应用在高负载期间与其他应用程序共享资源，以保证服务质量；Paragon[44]对应用程序的特征进行分类，避免共置可能相互干扰的应用程序。这一类方法虽然给出了干扰较低的共置配对，但是没有充分利用由于负载波动带来的提升资源利用率的机会。其次，这一类方法依靠预测技术预测不同的共置应用对可能产生的干扰，对预测技术的精确度具有较高的要求。

第二类方法基于应用性能的反馈来调整共置方案。这类方法近期的工作大多使用了软件和硬件的资源隔离技术细粒度地动态调度资源来消除应用在特定资源上的干扰，并基于应用性能的反馈调整应用的资源份额。Heracles[17]、PARTIES[2]、Sturgeon[60]、CLITE[15]、Twig[16] 使用的是基于反馈的闭环的方法，它们根据应用的状态信息（如尾延迟、负载等）在运行时动态地调整各个应用的资源份额。虽然开环算法能在单个决策间隔中找到资源分配方案，相对于闭环算法具有更快的收敛速度，但是算法的输出的结果容易导致延迟敏感型应用服务质量低下。本书提出的调度策略是一种闭环算法。

Heracles[17] 和 PARTIES[2] 使用启发式算法证明了通过资源隔离技术消除应用间干扰的有效性。Heracles 为 Google 在其数据中心中的一次探索，它的资源调度器将一个延迟敏感型应用和多个尽力交付型应用共置于一台机器上，并根据延迟敏感型应用的延迟松弛度和延迟敏感型应用负载率等指标决定是否禁用尽力交付型应用，以及是否需要调整资源。PARTIES 是一种可以同时管理多个延迟敏感和尽力交付型应用的资源管理器，不需任何对应用的先验知识，提升了计算机系统的资源利用率。它以固定时间为间隔计算多个延迟敏感型应用的松弛度，并根据延迟敏感型应用的松弛度来判断需要增加或减少延迟敏感型应用的资源，以确保不会违反延迟敏感型应用的 QoS 目标。但是它在巨大的资源配置空间中，每次仅单步调整一个单位的一种资源，针对负载快速变化的应用反应较慢，影响了延迟敏感型应用的服务质量。

为了加快搜索可行配置的速度，不少工作使用了机器学习的方法来快速搜索配置空间，以寻求更快找到更优的资源分配方案。Sturgeon[60] 使用每个应用在不同输入集、不同资源分配下的性能来训练决策树，在延迟敏感型应用资源缺少或资源充裕时通过决策树来预测满足服务质量要求的资源分配方案，再通过二分法对资源进行进一步地调整逼近最优点。CLITE[15] 使用贝叶斯优化的方法来对资源进行调度，通过在大型配置空间中对少量点进行采样的方法来构建不同资源划分配置的性能模型，以此在配置空间中找到接近最佳的配置，最大化尽力交付型应用的性能。Twig[16] 利用深度强化学习的方法分析了性能监视单元（PMU）数据与尾延迟之间的关系，并以此设计了一个基于深度强化学习的资源管理器。它为每个延迟敏感型应用收集当前时刻的 PMU 数据，输入给强化学习代理，预测下一个周期的资源配置，并根据延迟敏感型应用的 QoS 和功耗计算奖励，反馈给强化学习代理以便进行学习。

这些资源管理器中，Heracles、Sturgeon、Twig 都需要额外的开销以预先了解应用。Heracles 需要预先学习延迟敏感型应用的在不同资源配置下的最大负载信息；Sturgeon 需要预先使用所有的延迟敏感型应用和尽力交付型应用在不同输入下不同配置的性能来训练神经网络；而 Twig 需要将应用共置后，花费较长的时间进行训练其强化学习的网络参数后才能给出合理的配置。这类需要提前对应用进行学习的资源管理器仅适用于管理长时间运行在云平台中的应用，并且不能适应同一应用不同场景的变化。CLITE 不需要预先对应用的行为进行学习就能找到较优的分配方案，但是只要有一个应用的负载发生变化导致不满足尾延迟需求，CLITE 都要重新进行若干采样，寻找分配方案。在运行过程中对配置的采样给延迟敏感型应用的服务质量带来了不确定性，所以 CLITE 仅适用于所有共置应用负载几乎不变化的场景。

对于 CLITE 和 Twig 这类在线进行学习的资源调度器，容易受到在线噪声数据的误导。它们工作的方式是对不同资源配置下相应的尾延迟进行打分来判断分配方案的优劣，并基于历史的分配方案和尾延迟之间的映射建立预测模型，指导后续步骤的资源调度。然而，即使在负载恒定的情况下，应用的服务质量也不仅取决于资源配置，还取决于在队列中等待的未完成的请求数。如果上一步骤的分配方案严重损害了延迟敏感型应用的服务质量，导致队列中存在大量未完成的请求，即使在下一个步骤选择了一个优秀的分配方案，由于队列中存在大量未完成请求，延迟敏感型应用的尾延迟依旧会很高，从而导致资源管理器错误地学习了该分配方案的效果。而 CLITE 和 Twig 为了寻求更优的分配方案，会有一定概率随机选择未知的分配方案进行探索，这加剧了上述情况带来的影响。所以，在本工作的调度器中，没有选择基于机器学习的方法进行调度，而是选择类似于 Heracles 和 PARTIES 工作的逐步试探的调度方法。

资源调度算法对比见表 8-2，它从调度方法、是否支持黑盒场景、是否区分及保障延迟敏感型应用服务质量、是否探索资源共享以提升资源利用率和是否考虑不同类型资源的资源敏感性五个角度对比了与工作相关的一些资源调度策略。从表中可以看出，面向白盒场景设计的资源调度策略普遍考虑了延迟敏感型应用的服务质量，且逐渐通过机器学习的方法考虑资源敏感性，以找到更优的资源分配，但是它们均忽略了在合适的时候共享资源以提升资源利用率。而适用于黑盒场景的资源调度器通常考虑了适当使用资源共享以提升资源利用率，但是由于不能获取应用类型和应用尾延迟信息，往往不考虑延迟敏感型应用与尽力交付型应用的差异。

表 8-2 资源调度算法对比

| 名称 | 调度方法 | 是否支持黑盒场景 | 是否区分及保障延迟敏感型应用服务质量 | 是否探索资源共享以提升资源利用率 | 是否考虑不同类型资源的资源敏感性 |
|---|---|---|---|---|---|
| Heracles[18] | 逐步试探 | × | √ | × | × |
| PARTIES[3] | 逐步试探 | × | √ | × | × |
| Sturgeon[61] | 决策树 | × | √ | × | × |
| CLITE[16] | 贝叶斯优化 | × | √ | × | √ |
| Twig[17] | 强化学习 | × | √ | × | √ |
| Copurt[62] | 逐步试探 | √ | × | × | √ |
| CPA[63] | 逐步试探 | √ | × | √ | × |
| Alita[21] | 逐步试探 | √ | × | √ | × |
| ARQ（本文） | 逐步试探 | √ | √ | √ | × |

本节首先介绍了延迟敏感应用测量、分析与建模的相关工作。由于 Little's law 无法对业界更加关注的尾延迟进行建模，要想用其对应用的尾延迟建模分析，还需要对其进行拓展。然后介绍了干扰的刻画方法，指出了过去的一些指标存在的问题以及本研究提出的量化方法所解决的问题。最后讨论了用于减轻系统干扰的资源调度策略，分别讨论了能采集应用信息、应用尾延迟的白盒场景下的资源调度策略和无法采集应用信息的黑盒场景下的资源调度策略，并分别讨论了这些现有策略的优缺点。

## 8.3 延迟敏感型应用分析与建模

尾延迟是衡量延迟敏感型应用服务质量的关键指标。由于应用逻辑的复杂性以及请求的到达时间和服务时间之间复杂的相互作用，延迟敏感型应用在遭受干扰时可能会导致尾延迟急剧上升。为了更加准确地基于不同类型应用的特征量化干扰，以及设计高效的调度策略以减轻不同类型应用地干扰，本章首先结合理论与数据验证延迟敏感型应用在受到干扰后平均延迟急剧增加的原因，然后研究平均延迟与尾延迟的关系，给出 Little's law 的尾延迟拓展形式。8.3.1 节以 Tailbench 为例，分析了延迟敏感型应用如何处理请求；8.3.2 节介绍了延迟敏感型应用延迟的组成，并基于 Little's law 给出了延迟组成及它们之间的关联；8.3.3 节对延迟敏感型应用中平均延迟与尾延迟的关系进行了分析；8.3.4 节给出了 Little's law 的尾延迟形式。

### 8.3.1 延迟敏感型应用概述

本小节介绍并分析延迟敏感型应用请求的传输和处理路径，以理解延迟敏感型应用及其延迟的特征。

图 8-2 以 Tailbench 为例展示了延迟敏感型应用的服务框架。延迟敏感应用的服务端会与多个客户端建立连接，并处理来自多个客户端的请求。服务端操作系统在接收到来自客户端的请求后，会将其暂存在缓冲区中，排队等待处理。随后，服务端空闲的工作线程会调用 recv 函数从缓冲区中获取并解析待处理的请求。工作线程在解析完请求后，会根据客户端发来的请求内容执行相应的业务逻辑以得到结果。最后，工作线程会调用 send 函数，将得到的结果作为响应发送给相应的客户端。

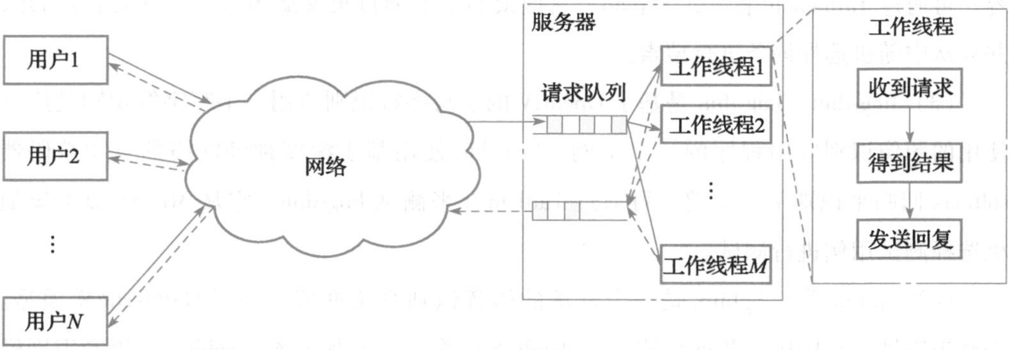


图 8-2 延迟敏感型应用的服务框架（以 Tailbench 为例）

在请求处理的整条链路中，任何一个环节的阻塞都有可能导致高延迟。客户端发来的请求可能在网络中多个位置排队等待，如客户端的发送队列、中转节点的网络路由、服务端网卡缓冲区、服务端操作系统缓冲区等。排除不可控的客户端和网络环境的影响，请求在服务端的延迟主要由网卡接收和发送逻辑、TCP/IP 接收和发送逻辑和业务处理逻辑组成。当服务端由资源争用导致工作线程提供的服务能力不足时，会导致工作线程处理每个请求的速度变慢，并导致其他请求无法及时得到处理而在服务端操作系统缓冲区中排队等待。

下面对本书涉及的延迟敏感应用的负载特征和基准测试工具进行介绍。

（1）Moses[63]　Moses 是一个开源的使用统计方法的机器翻译系统。统计方法的机器翻译系统在当前的机器翻译领域中占主导地位。例如，Google 和 Microsoft 的在线翻译系统、Apple 的 Siri 都是基于统计的机器翻译系统构建。Moses 主要包含两大模块：训练管道和解码器。训练管道用于将原始的预料数据通过训练转换位机器翻译模型；解码器通过训练得到的模型将源语言翻译成目标语言。我们通过 Tailbench 来测试 Moses，它使用 Moses 翻译从 opensubtitles. org 的英语及西班牙语语料库随机选择的对话片段。

（2）Xapian[64]　Xapian 是一个使用 C++编程语言编写的开源搜索引擎，它在许多流行的网站和软件框架中被广泛使用。例如，著名的 Debain 网页和 Doxygen 工具就使用了 Xapian 来作为搜索工具。Xapian 主要包括两大模块：索引模块和检索模块。索引模块负责对内容的索引的建立、更新和删除。检索模块负责响应用户的请求并检索相关内容。可通过 Tailbench 来测试 Xapian，它搜索的索引通过英文版 Wikipedia 的内容构建，并且从中随机选择词条进行搜索。

（3）Img-dnn　Img-dnn 是基于 OpenCV 的手写字符识别应用。手写字符识别是广泛使用的图像识别应用程序的一个示例。Img-dnn 使用基于深度神经网络的自动编码器 softmax 回归来识别手写字符。可通过 Tailbench 来测试 Img-dnn，它从 MINST 数据集随机选择测试用例进行测试。

（4）Sphinx[65]　Sphinx 是一个开源的语音识别系统框架，基于 GMM-HMM 模型。语音识别被广泛应用于各种系统，如 Apple Siri 等语音控制系统。Sphinx 的语音识别模型由特征提取、声学模型、语言模型和语音解码搜索四个部分组成，其中特征提取用于对语音信号的预处理，保留反映语音本质特征；声学模型用于计算语音到音节的概率，语言模型用于计算音节到字的概率；语音解码搜索则通过声学模型和语言模型搜索出概率最大的词串，是一项计算密集型应用。可通过 Tailbench 来测试 Sphinx，它从 CMU AN4 文字数据库中随机选择发音进行计算。

（5）Specjbb[64]　Specjbb 是一个符合行业标准的 Java 中间件基准测试。Java 中间件广泛用于各类业务，通常也具有严格的延迟约束。Specjbb 模拟了一家超市公司的后台系统，用于处理客户订单、付款、发货及库存状态查询日常业务。可通过 Tailbench 来测试 Specjbb，使用了 HotSpot v1.8 用于测试。

（6）Masstree[66] Masstree 是一个内存键值数据库。Masstree 将一层或多层 B+树按照类似于 Trie 树的结构组合而成，可以有效利用现代多处理器的内存层次结构。我们基于 Tailbench 来测试 Masstree，它对雅虎云服务基准测试工具（Yahoo Cloud Serving Benchmark）进行修改以提升延迟测量的精确度，并以 50%的读请求和 50%的写请求的比例进行测试。

（7）MySQL[67] MySQL 是目前最广泛使用的开源关系型数据库。MySQL 可分为服务层和存储引擎层两部分。服务层包括连接器、查询缓存、分析器、优化器、执行器等；存储引擎层负载数据的存储和提取。可选择索引结构为 B+树的 InnoDB 作为存储引擎，Sysbench[26] 测试工具充当客户端来统计和发送请求。

（8）Redis Redis 是目前最广泛使用的开源内存键值数据库。Redis 的索引和数据都存在内存中并可以持久化到磁盘，通过单线程通过 IO 多路复用来接收、解析和处理来自客户端的请求，避免多线程的并发控制问题。我们使用 Memtier Benchmark[25] 测试工具充当客户端的角色来发送和统计请求。

（9）Nginx[49] Nginx 是一款目前最广泛使用的高性能 Web 服务器。Nginx 通过 HTTP 将客户端请求的页面传给客户端，其充分使用异步逻辑从而削减上下文调度开销，实现了更高的并发服务能力。可通过 Wrk2[39] 测试工具充当客户端来发送和统计请求。

### 8.3.2 延迟敏感型应用延迟的组成及影响因素

一个请求的延迟包含在队列中等待的时间和在服务端接受服务的时间。对于延迟敏感型应用，我们可以发现，随着请求到达速率增加，队列的平均长度也在增加，请求的平均排队时间也相应增加。当请求到达速率超出一个阈值后，平均队列长度急剧增加，导致请求的排队时间也呈指数级急剧增加。

图 8-3 以 Moses 应用为例，展示了不同请求到达速率下平均延迟的组成。可以看到随着应用的请求到达速率升高，应用的平均服务时间基本不会发生变化，延迟的急剧上升主要是来自排队时间。当请求到达速率上升时，平均延迟与平均队列长度的增长保持

相同趋势。所以，一个请求的延迟取决于在那个时刻队列的长度和服务器服务速率，并且尾延迟的急剧增长主要来自于排队时间的急剧增长。

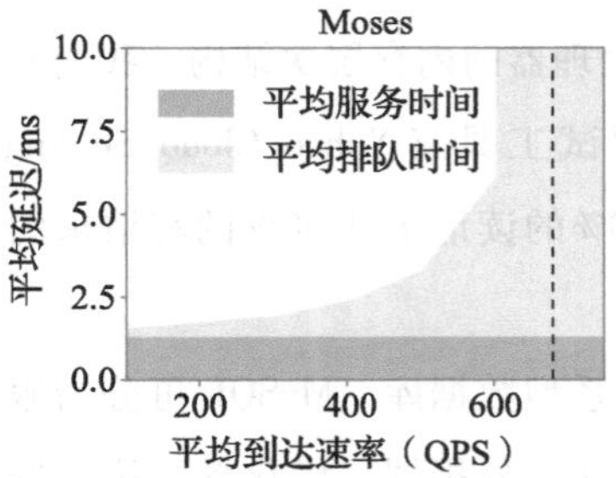


| 请求到达速率 λ（QPS） | 100 | 200 | 300 | 400 | 500 | 600 | 700 |
|---|---|---|---|---|---|---|---|
| 平均队列长度/ms | 0.15 | 0.33 | 0.57 | 0.95 | 1.63 | 0.15 | 1215 |
| 平均服务时间/ms | 1.34 | 1.36 | 1.34 | 1.36 | 1.36 | 1.37 | 1.34 |
| 平均排队时间/ms | 0.22 | 0.39 | 0.63 | 1.08 | 1.95 | 4.71 | 1722.7 |
| 平均延迟/ms | 1.56 | 1.75 | 1.97 | 2.44 | 3.32 | 6.08 | 1724 |

图 8-3 不同请求到达速率下平均延迟的组成（以 Moses 应用为例）

接下来分析延迟敏感型应用到达速率、服务速率与延迟之间的关系。令请求平均服务时间为 $t_s$，单个处理器核心的最大服务速率定义式为 $\mu=\frac{1}{t_s}$。那么服务器拥有多个处理器核心时的最大服务速率为 $n\mu$，其中 $n$ 为处理器核心数。对延迟敏感型应用来说，最大服务速率 $\mu$ 反映了单个处理器核心的性能，值越大代表性能越好。当请求到达速率 $\lambda$ 小于服务器的最大服务速率时，实际的服务速率等于请求到达速率，系统处于稳定状态。当请求到达速率超过最大服务速率时，系统中队列的请求开始累积，系统进入不稳定状态。

在图 8-4 中，横轴为请求到达速率 $\lambda$，单位为每秒请求数（queries per second，QPS），纵轴为平均延迟，不同颜色的线分别对应处理器核心数为 1、2、4、8 时的情形。在图 8-4 中黑色的虚线为对应处理器核心数下服务器的最大服务速率 $n\mu$。当请求到达速率接近于理论最大服务速率时，延迟开始急剧上升。

## 8.3.3 平均延迟与尾延迟的关系

为了研究平均延迟与尾延迟的关系，可测量应用在不同到达速率下的平均延迟和不同百分位尾延迟数据。根据上一节的结论，请求到达速率过大时，处于不稳定状态下的系统中队列会不断累积，无法获取真实的延迟值；而请求到达速率过小时，系统性能的变化对延迟影响很小。所以，本小节将膝点（knee point）附近的数据作为研究对象，

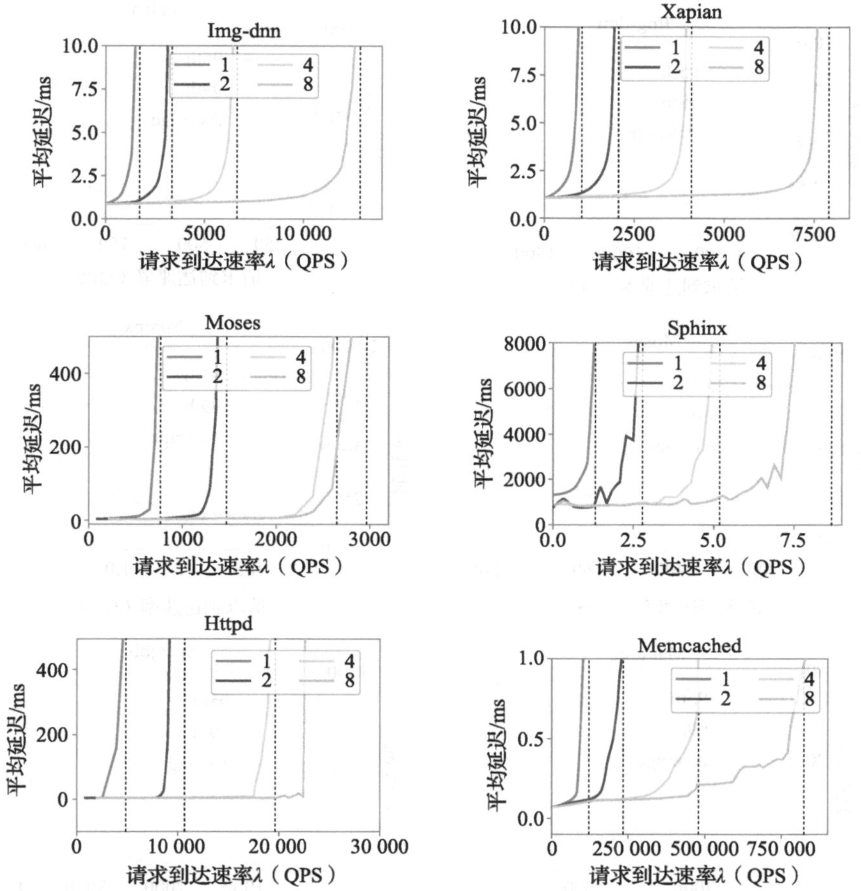


图 8-4　应用请求到达速率与平均延迟的关系（黑色虚线为不同资源下的服务速率，见彩插）

即将尾延迟即将急剧上升和已经急剧上升但未进入不稳定状态的数据点作为研究对象。具体而言，选择系统请求到达速率区间为［0.5$\mu$,$\mu$］的数据点进行研究。

使用式（8-3）来表示平均延迟与尾延迟之间的关系。

$$\mathrm{TL}_p = f(p, \mathrm{AL}) \tag{8-3}$$

式中，$p$ 为尾延迟的百分位，取［0,1）之间的值，AL 为平均延迟，$\mathrm{TL}_p$ 为百分位为 $p$ 的尾延迟。

平均延迟与尾延迟曲线如图 8-5 所示。

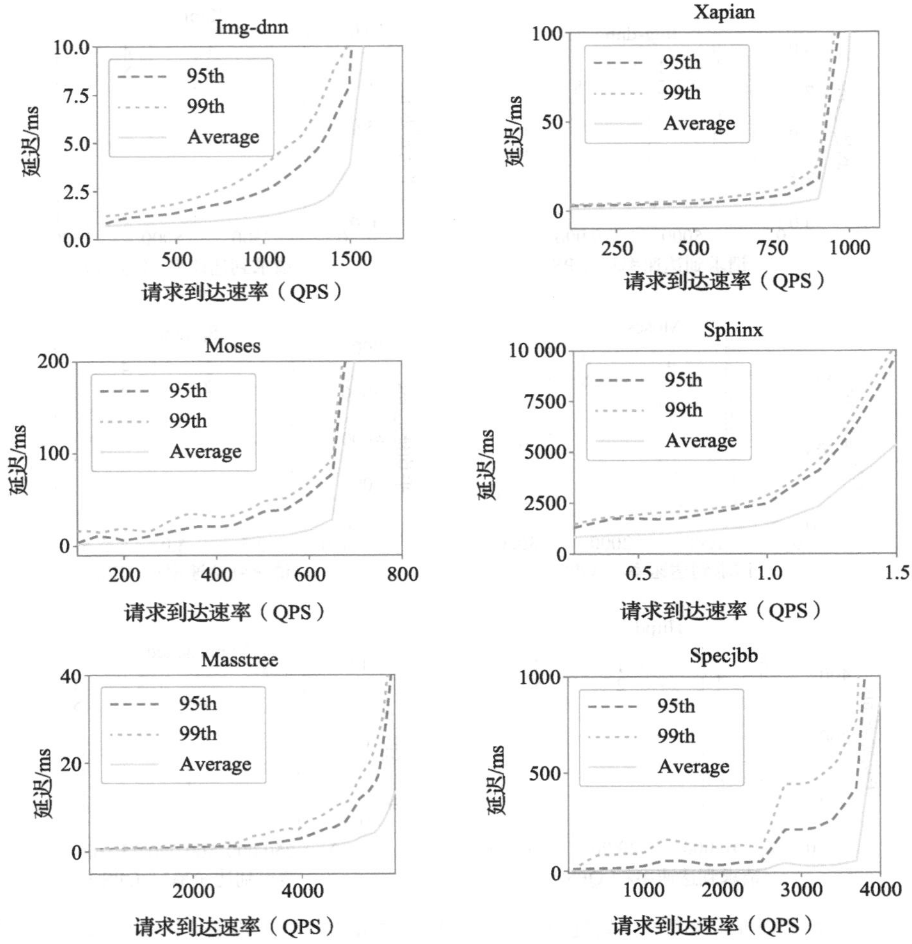


图 8-5　平均延迟与尾延迟曲线

它们的延迟频率直方图如图 8-6 所示，横轴为延迟，纵轴为对应延迟的概率密度。假设延迟呈指数分布[34]，那么平均延迟与尾延迟的关系如式（8-4）所示。

$$\mathrm{TL}_p = -\ln(1-p)\cdot AL \tag{8-4}$$

已知应用的平均延迟，通过该式计算不同百分位下的尾延迟，并与测量得到的实际尾延迟进行比较。图 8-7 展示了各个应用根据上式计算得到在不同 $p$ 值下的尾延迟与测量值的平均相对误差。可以看到，在应用 Xapian 和 Moses 中，平均相对误差分别为

3.3%和 8.0%，Specjbb、Img-dnn 和 Masstree 的平均相对误差高达 53.3%、30.9%和 23.7%，而应用 Sphinx 的平均相对误差高达 80.9%。

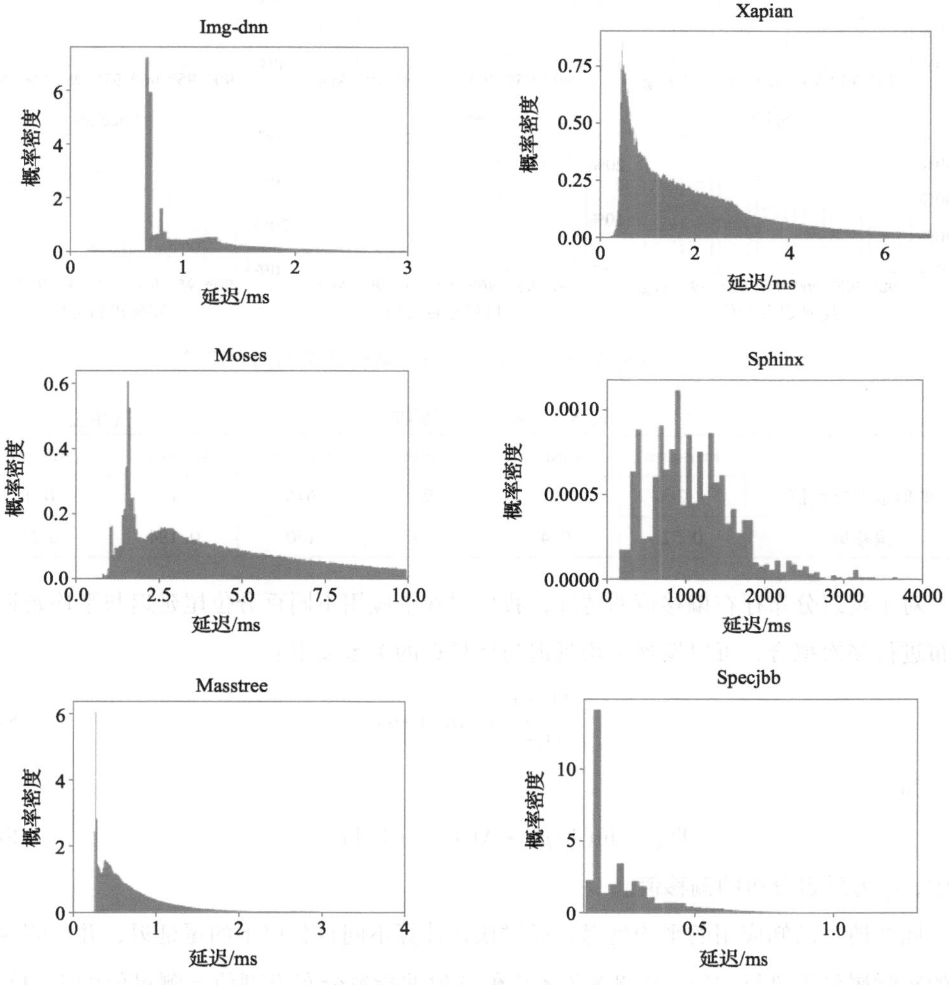


图 8-6　延迟的频率直方图

通过图 8-7 中各个应用延迟的频率分布图，可以发现这 6 个应用的延迟的分布的最左端与坐标轴原点存在一个偏移值，各个应用的偏移值与该应用的平均服务时间 $t_s$ 接近（见表 8-3）。

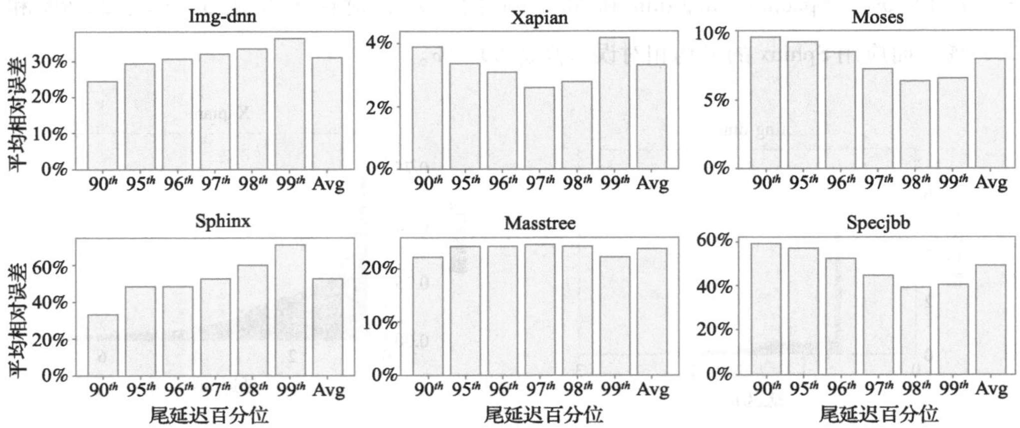


图 8-7　指数分布模型下理论值与测量值的平均相对误差

表 8-3　平均延迟的典型值　（单位：ms）

| | Img-dnn | Xapian | Moses | Sphinx | Masstree | Specjbb |
|---|---|---|---|---|---|---|
| 平均延迟典型值 | 2 | 9 | 9 | 676 | 1 | 0. 4 |
| 偏移量 | 0. 57 | 0. 4 | 0. 9 | 180 | 0. 184 | 0. 11 |

对于延迟分布存在偏移值的情况，我们对 6 个应用不同百分位尾延迟与平均延迟的分布进行多次拟合，可以发现平均延迟与尾延迟的关系如下：

$$\frac{\mathrm{TL}_p - t_s}{\mathrm{AL} - t_s} = -\ln(1-p) \tag{8-5}$$

即

$$\mathrm{TL}_p = -\ln(1-p) \cdot \mathrm{AL} + t_s \cdot (1+\ln(1-p)) \tag{8-6}$$

式中，$t_s$ 为延迟分布的偏移值。

同样地，已知应用的平均延迟，通过该式计算不同百分位下的尾延迟，并与测量得到的实际尾延迟进行比较。图 8-8 为考虑偏移值的指数分布模型值与测量值的平均相对误差，它展示了各个应用根据上式计算得到在不同 $p$ 值下的尾延迟与测量值的相对误差，在 Img-dnn、Xapian、Moses、Masstree 这 4 个应用中，平均相对误差均为 4% 以下，specjbb 的平均相对误差为 6. 7%，但是 Sphinx 中的平均相对误差仍为 28. 89%。

综上所述，在对指数分布模型增加偏移量后，在应用 Img-dnn、Xapian、Moses、Masstree 中，根据平均延迟计算尾延迟的平均相对误差均在 4% 以下，specjbb 的平均相对误差为 6.7%，均能够较为准确地衡量不同百分比尾延迟与平均延迟之间的关系。

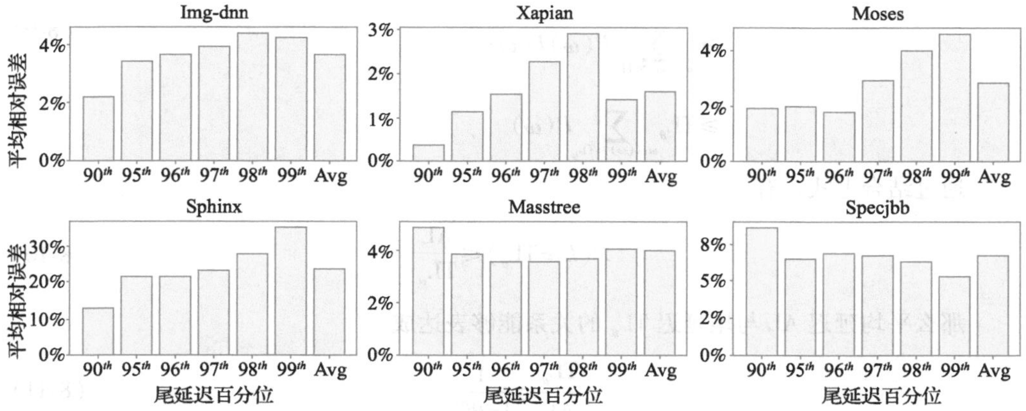


图 8-8　考虑偏移值的指数分布模型值与测量值的平均相对误差

## 8.3.4　Little's law 的尾延迟形式

Little's law 可以描述延迟敏感型应用的平均延迟、未完成的请求数和请求到达速率三个变量之间的关系。本小节，基于对平均延迟和尾延迟之间的关系的观察，给出了面向尾延迟的 Little's law 表达。

对于任意的延迟分布（即使不服从指数分布），设随机变量 $L$ 为只取非负值的请求的延迟，$\theta$ 为百分位点，$\mathrm{TL}_\theta$ 表示百分位点为 $\theta$ 的尾延迟。

令（$\Omega,P$）为一个有限的概率空间，也就是说，$\Omega$ 是一个有限集，$P=\mathrm{Prob}$ 是一个从 $\Omega$ 到区间［0,1］且满足 $\sum_{\omega\in\Omega}P(\omega)=1$ 的映射。$\Omega$ 上的一个随机变量 $X$ 是一个映射 $X$：$\Omega\to\boldsymbol{R}$。通过式（8-6）在像集上定义一个概率空间：

$$P(X=x)=\sum_{X(\omega)=x}P(\omega) \tag{8-7}$$

使用定义来计算 Little's law 的表达。式（8-7）为随机变量 $L$ 大于或等于 $\mathrm{TL}_\theta$ 的概率：

$$P(L\geqslant\mathrm{TL}_\theta)=\sum_{\omega;L(\omega)\geqslant\mathrm{TL}_\theta}P(\omega) \tag{8-8}$$

对于平均延迟 AL，有

$$
\begin{aligned}
\mathrm{AL} &= \sum_{\omega:L(\omega)\geqslant \mathrm{TL}_\theta} P(\omega)L(\omega) + \sum_{\omega:L(\omega)<\mathrm{TL}_\theta} P(\omega)L(\omega) \\
&\geqslant \sum_{\omega:L(\omega)\geqslant \mathrm{TL}_\theta} P(\omega)L(\omega) \\
&\geqslant \mathrm{TL}_\theta \sum_{\omega:L(\omega)\geqslant \mathrm{TL}_\theta} P(\omega)
\end{aligned} \tag{8-9}
$$

通过结合上式，有

$$
P(L\geqslant \mathrm{TL}_\theta) \leqslant \frac{\mathrm{AL}}{\mathrm{TL}_\theta} \tag{8-10}
$$

那么平均延迟 AL 与尾延迟 $\mathrm{TL}_\theta$ 的关系能够表达成

$$
\frac{\mathrm{TL}_\theta}{\mathrm{AL}} \leqslant \frac{1}{1-\theta\%} \tag{8-11}
$$

由于真实应用的延迟分布不规则，可以将延迟拆分成不同的区间来考虑。对于任意的只取非负值延迟分布（即使不服从指数分布），有

$$
\begin{aligned}
E(L) &= \sum_{X(\omega)\geqslant \mathrm{TL}_\theta} P(\omega)L(\omega) + \sum_{X(\omega)<\mathrm{TL}_\theta} P(\omega)L(\omega) \\
&\geqslant \mathrm{TL}_\theta \sum_{L(\omega)\geqslant \mathrm{TL}_\theta} P(\omega) + P_1L_1 + P_2L_2 + P_3L_3 \\
&= \mathrm{TL}_\theta \mathrm{Prob}(L\geqslant \mathrm{TL}_\theta) + P_1L_1 + P_2L_2 + P_3L_3
\end{aligned} \tag{8-12}
$$

所以

$$
\mathrm{Prob}(L\geqslant \mathrm{TL}_\theta) \leqslant \frac{E(L)-P_1L_1-P_2L_2-P_3L_3}{\mathrm{TL}_\theta}
$$

$$
\frac{\mathrm{TL}_\theta}{\mathrm{AL}-P_1X_1-P_2X_2-P_3X_3} \leqslant \frac{1}{1-\theta\%} \tag{8-13}
$$

假设延迟分布中若干个（如 3 个）“尖峰”（即不规则的延迟分布）对平均延迟 AL 的贡献为 $f$，则

$$
P_1X_1+P_2X_2+P_3X_3 = f\cdot \mathrm{AL} \tag{8-14}
$$

那么

$$
\frac{\mathrm{TL}_\theta}{\mathrm{AL}} \leqslant \frac{1-f}{1-\theta\%} \tag{8-15}
$$

对于延迟分布呈其他分布，如指数分布。那么满足：

$$AL = 1/\lambda \tag{8-16}$$

$$P(L \leqslant L_\theta) = \theta\% = 1 - e^{-\lambda TL_\theta} \tag{8-17}$$

因此

$$TL_\theta = -\frac{\ln(1-\theta\%)}{\lambda} \tag{8-18}$$

结合上式可得

$$\frac{TL_\theta}{AL} = \ln\left(\frac{1}{1-\theta\%}\right) \tag{8-19}$$

考虑上文提到的偏移量后：

$$\frac{TL_\theta}{AL} = \ln\left(\frac{1}{1-\theta\%}\right) + \frac{t_s(1+\ln(1-\theta\%))}{AL} \tag{8-20}$$

其中 $c \leqslant AL$ 恒成立，有

$$\frac{TL_\theta}{AL} = \ln\left(\frac{1}{1-\theta\%}\right) + \frac{t_s(1+\ln(1-\theta\%))}{AL} \leqslant \ln\left(\frac{1}{1-\theta\%}\right) \tag{8-21}$$

注意 $\ln\left(\frac{1}{1-\theta\%}\right) \leqslant \frac{1-f}{1-\theta\%}$ 恒成立，所以可用 $\frac{1-f}{1-\theta\%}$ 表示尾延迟与平均延迟的比 $\frac{TL_\theta}{AL}$ 的上界。

对于 Little's Law，有

$$C = \lambda \cdot AL \tag{8-22}$$

由式（8-15）和式（8-22）可得式（8-23）。

$$TL_\theta \leqslant \frac{C}{\lambda} \cdot \frac{1-f}{1-\theta\%} \tag{8-23}$$

式（8-23）为 Little's law 的尾延迟拓展的通用形式。

对于延迟服从指数分布的情况：

$$C = \lambda \cdot \frac{TL_\theta}{\ln\left(\frac{1}{1-\theta\%}\right)} \tag{8-24}$$

即

$$TL_\theta = \frac{C}{\lambda} \cdot \ln\left(\frac{1}{1-\theta\%}\right) \tag{8-25}$$

考虑上文提到的偏移量后可得

$$\mathrm{TL}_{\theta}=\frac{C}{\lambda}\cdot\ln\left(\frac{1}{1-\theta\%}\right)+t_{s}(1+\ln(1-\theta\%)) \tag{8-26}$$

对于大多数延迟敏感型应用，延迟分布服从增加偏移量后的指数分布，那么式（8-26）即为其 Little's law 的尾延迟形式。

本节首先介绍了延迟敏感型应用的基本特征，其次基于 Tailbench 中应用在不同请求到达速率下的各项数据，结合 Little's law 分析了延迟敏感型应用的请求到达速率、服务速率与平均延迟之间的关系，给出了尾延迟急剧增加现象的原因，然后基于延迟敏感型应用延迟的分布对平均延迟与尾延迟的关系进行了分析，并给出了 Little's law 的尾延迟拓展形式。基于本节的研究，我们得以理解延迟敏感型应用的工作原理及其尾延迟大小与其他因素之间关系。由于请求排队是导致高尾延迟的主要原因，且在排队现象不严重时分配过多的资源提供高服务速率并不会显著降低尾延迟，所以在分配资源时可以尽可能分配少的资源提供足够的服务速率以保障服务质量目标。

## 8.4 数据中心干扰的测度

不同应用之间可能因为共享资源而相互干扰，大量干扰会导致应用服务端的延迟增加、违反用户要求，影响数据中心的成本效益和用户体验。因此，如何刻画干扰是一个亟待解决的重要问题。

先前的一些指标使用尾延迟或 IPC 等指标来量化干扰，它们仅适用于延迟敏感型或尽力交付型其中一种类型的应用，无法轻易地量化系统整体多个应用的干扰；或没有统一值域和量纲，不同应用之间取值区间差异很大。因此，在本章中研究的量化方法需要统一测度不同延迟敏感性和尽力交付型应用程序的干扰，应是具有清晰定义的无量纲量，取值范围为 0~1。

在刻画系统整体的干扰时，不能忽略不同类型应用不同的性能需求。延迟敏感型应用的请求到达速率较低时，来自其他应用的干扰可能对尾延迟的影响很低；而当请求到达速率接近膝点时，即使很轻微的干扰也会导致尾延迟急剧上升；而尽力交付型应用关注的是执行时间或 IPC 等指标，来自其他应用的干扰不会对其造成严重的影响。但是在衡量系统整体性能时，不能不顾尽力交付型应用的性能需求，仅考虑延迟敏感型应用的尾延迟，应该综合考虑系统中不同类型应用的用户体验。

本小节通过提出“系统熵”这一测度，量化云计算系统中的延迟敏感型应用和尽力交付型应用所受的干扰程度，从而帮助系统进行更加有效的资源调度。本小节介绍了在不同应用类型组合下系统熵，它能够量化计算机系统中多个应用共置时的干扰严重程度。借助系统熵，可以通过一个系统性的指标快速横向比较不同资源调度策略的有效性，纵向比较使用某种策略前后的用户体验差异。

### 8.4.1　信息熵与系统熵

作为信息论的奠基人，香农在 1948 年提出了信息熵（information entropy）[68] 来度量“信息”。假设已知一组事件发生的概率是 $p_1,p_2,\cdots,p_n$，香农提出一个问题：能否找到一个关于事件选择过程中有多少选择（或者关于结果不确定性）的测度？基于该问题，首先假设存在这样一个测度，如 $H(p_1,p_2,\cdots,p_n)$，并给出了它所需的特性：①$H$ 应该是关于 $p_i$ 连续的；②如果所有的 $p_i$ 相等，即 $p_i=1/n$，那么 $H$ 应该是关于 $n$ 的单调增函数；③如果一个选择被分解为两个相继的选择，原来的（即分解之前的）$H$ 应该等于两个相继的选择对应的 $H$ 的值的加权和。

对于该问题，然后香农基于上述的特性给出了表达式 $H=-K\sum_{i=1}^{n} p_i\log_{p_i}$，并证明它是可以满足所需性质的唯一形式。

基于上述的范例，按照相同的路线图，研究如何量化计算机系统的干扰。首先，可以列出“系统熵”所需的特性：①系统熵应该没有量纲（它的计量单位不应是时间单位或资源单位），取值应该在 0~1，越接近 1，说明干扰越大；②对于确定的应用组合和确定的资源调度策略，当系统中的共享资源量增加时，系统熵应该单调不增；③对于确定的应用组合和确定的共享资源量，当调度策略能在时空上减少应用之间对共享资源的争用时，系统熵应该单调减少。基于上述的特性，我们接下来给出在不同场景下“系统熵”的解析定义。

### 8.4.2　场景 1：仅存在延迟敏感型应用时

在计算机系统 $S$ 中仅存在 $N$ 个延迟敏感型应用，不存在尽力交付型应用时，系统熵等于延迟敏感型应用的熵。对于每个延迟敏感型应用 $i$，有 3 个基础的变量，分别是 $\mathrm{TL}_{i0}$ 在不受到干扰情况下理想的尾延迟；应用 $i$ 在受到干扰后的尾延迟 $\mathrm{TL}_{i1}$；以及应用 $i$ 最大能容忍的尾延迟 $M_i(i=1,2,\cdots,N)$。定义 $\mathrm{IT}_i$ 为应用的干扰容忍能力，定义式如式（8-27）所示。

$$\mathrm{IT}_i=1-\frac{\mathrm{TL}_{i0}}{M_i} \tag{8-27}$$

如果 $\mathrm{TL}_{i0}<M_i$，则 $\mathrm{IT}_i$ 的取值范围为 $(0,1)$。$M_i$ 越小，$\mathrm{IT}_i$ 越接近于 0，则意味着应用的干扰容忍度越小。相反，$M_i$ 越大，$\mathrm{IT}_i$ 越接近于 1，则意味着应用的干扰容忍度越大。使用式（8-28）所示的 $\mathrm{IR}_i$ 来量化应用 $i$ 实际受到的干扰。

$$\mathrm{IR}_i=1-\frac{\mathrm{TL}_{i0}}{\mathrm{TL}_{i1}} \tag{8-28}$$

如果 $\mathrm{TL}_{i0}<\mathrm{TL}_{i1}$，则 $\mathrm{IR}_i$ 的取值范围为 $(0,1)$。$\mathrm{TL}_{i1}$ 越小，$\mathrm{IR}_i$ 越接近于 0，应用受到的干扰越小。相反，$\mathrm{TL}_{i1}$ 越大，$\mathrm{IR}_i$ 越接近于 1，应用受到的干扰越大。使用式（8-29）中的 $\mathrm{ReT}_i$ 来量化应用 $i$ 受到干扰后剩余的干扰容忍度。

$$\mathrm{ReT}_i=\left(\mathrm{IT}_i>\mathrm{IR}_i ?\ 1-\frac{\mathrm{TL}_{i1}}{M_i}:0\right) \tag{8-29}$$

使用式（8-30）中的 $Q_i$ 来量化应用 $i$ 不能容忍的干扰。当应用受到的干扰（$\mathrm{IR}_i$）大于干扰容忍能力时（$\mathrm{IT}_i$），$Q_i=1-\frac{M_i}{\mathrm{TL}_{i1}}$，否则 $Q_i=0$。

$$Q_i=\left(\mathrm{IR}_i>\mathrm{IT}_i ?\ 1-\frac{M_i}{\mathrm{TL}_{i1}}:0\right) \tag{8-30}$$

定义 LC 熵（$E_{\mathrm{LC}}$）为延迟敏感型应用不能容忍的干扰，定义式如式（8-31）所示。

$$E_{\mathrm{LC}}=\frac{1}{N}\sum_{i=1}^{N}Q_i \tag{8-31}$$

### 8.4.3 场景 2：仅存在尽力交付型应用时

在计算机系统中仅存在 $M$ 个尽力交付型应用，不存在延迟敏感型应用时，系统熵等于尽力交付型应用的熵。如式（8-32）所示，将尽力交付型应用受到干扰后的性能下降定义为 BE 熵（$E_{\mathrm{BE}}$），它的值与尽力交付型应用 $i$ 单独运行时的 $\mathrm{IPC}_{\mathrm{solo}}(i)$ 和受到干

扰后的 $IPC_{real}(i)$ 有关。

$$E_{BE}=1-\frac{M}{\sum_{i=1}^{M}\frac{IPC_{solo}(i)}{IPC_{real}(i)}} \tag{8-32}$$

当没有一个尽力交付型应用受到干扰时，$E_{BE}$ 为 0。若应用 $i$ 受到的干扰越大，则 $IPC_{solo}(i)$ 与 $IPC_{real}(i)$ 的比值也越大，$E_{BE}$ 则越接近于 1。

### 8.4.4　场景 3：延迟敏感型和尽力交付型应用混合运行时

当系统中既运行着延迟敏感型应用，也运行着尽力交付型应用时，系统熵 $E_S$ 的值为 LC 熵 $E_{LC}$ 和 BE 熵 $E_{BE}$ 的线性组合，如式（8-33）所示，其中 RI 为相对重要性（Relative Importance）。

$$E_S=RI\cdot E_{LC}+(1-RI)\cdot E_{BE} \tag{8-33}$$

权重 RI 的取值范围是［0,1］。通常来说，由于延迟敏感型应用优先于尽力交付型应用，RI 的取值范围为［0.5,1］。场景 1 和场景 2 均为场景 3 的特殊情况。当 RI 为 0 时，系统中仅存在尽力交付型应用；当 RI 为 1 时，系统中仅存在尽力交付型应用；当 RI 为 0.5 时，延迟敏感型应用的服务质量与尽力交付型应用的吞吐量同样重要。权重 RI 越大，意味着延迟敏感型应用在系统中越重要。

### 8.4.5　系统熵的优点

本小节，通过一个简单的示例来展示系统熵相对于传统的 IPC、尾延迟指标的优势。图 8-9 展示了策略 $A$ 和策略 $B$ 下尾延迟、IPC 和系统熵的示例。

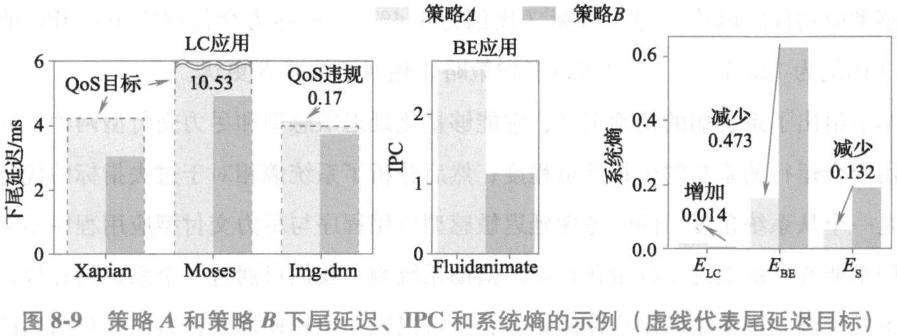


图 8-9　策略 $A$ 和策略 $B$ 下尾延迟、IPC 和系统熵的示例（虚线代表尾延迟目标）

如果仅使用尾延迟和 IPC 指标，则难以区分策略 $A$ 和策略 $B$ 谁更优，但是通过 $E_S$ 能够实现这一目标。原因在于以下 4 个方面。

（1）系统熵是从计算机系统整体的角度来评估或评价用户体验，而尾延迟或 IPC 都是从单个应用程序的角度来评估或评价用户体验。假设计算机系统中有 $N$ 个延迟敏感型应用，那么就需要 $N$ 个尾延迟和 $N$ 个尾延迟目标共 $2N$ 个数值来衡量当前系统中的用户体验的满足情况，同时考虑如此多的数值给系统的设计者和管理者带来的挑战。系统熵仅需要一个值就可用于评估和量化当前系统的用户体验。

（2）如果调度策略的改变导致其中一部分应用性能变好，一部分应用性能变差，以往的指标无法评估和量化系统整体性能的好坏，导致系统的设计者和管理者难以评估或评估调度策略的优劣。对于示例中的策略 $B$，尽管延迟敏感型应用 Img-dnn 的尾延迟得到改善，但是导致尽力交付型应用的 IPC 有较大的降低，在这种场景仅通过尾延迟和 IPC 难以确定计算系统中整体用户体验是否得到改善。

（3）由用户定义的尾延迟阈值是一个受用户心理影响的值，因此它具有一定的弹性，而不能违反尾延迟目标又是一个刚性的要求。QoS 保证不需要将 $E_{LC}$ 减少为 0，它允许系统具有较低的 $E_{LC}$。$E_S$ 在定义中反映了这种观察。

（4）虽然延迟敏感型应用的用户体验非常重要，但是尽力交付型应用的用户体验不能被忽略。在评估调度策略时也应考虑尽力交付型应用的性能下降程度。$E_S$ 在定义中反映了这种观察。

在上述的案例中，有一种观点是，因为策略 $A$ 中存在延迟敏感型应用违反的 QoS 目标，所以策略 $A$ 不如策略 $B$。这种观点没有考虑（3）、（4）所述的观察。策略 $A$ 中延迟敏感型应用仅轻微违反 QoS 目标（比例为 4.4%），而尽力交付型应用对 IPC 的改进很大（比例为 128.7%），此时可以考虑策略 $A$ 相对于策略 $B$ 更优。

本节给出了系统熵的精确定义，它能够量化延迟敏感型和尽力交付型两种不同类型的应用混合运行的系统的干扰严重程度；然后分析了系统熵相对于过去指标的优势。系统熵是一个从系统角度、同时考虑延迟敏感型应用程序与尽力交付型应用程序不同特征和不同重要程度的系统干扰量化指标。借助系统熵，我们可通过一个系统指标快速横向比较不同资源调度策略的用户体验差异，也可以纵向比较使用某种策略优化前后的用户体验差异。在设计资源调度策略时，可引入系统熵作为调度好坏的评价指标，以综合考虑调度前后系统整体用户体验差异。

## 8.5 资源调度策略

在数据中心这样的计算系统中，为了保障应用的服务质量，资源调度器可以实时地获取上层应用的尾延迟等性能信息，并依据这些信息来调整每个应用能获取的资源。对于资源调度器可以获取到上层应用的应用类型、尾延迟等应用级的信息的场景，称为“白盒场景”。

近年来出现的资源管理技术（如 Intel CAT，Intel MBA 等）使得系统能够隔离更多类型的共享资源。资源隔离的优点是能够避免当前应用与其他应用争夺共享资源。然而由于资源隔离技术不能随着应用的资源需求快速调整隔离方案，往往不能适应应用短时间内突发的资源需求。同时，如果通过资源隔离将资源使用权分配给某一应用，而这一应用却没有使用，这就造成了资源浪费，导致系统整体的资源利用率降低。资源共享虽然大家能够充分使用资源，实现较高的资源利用率，但是应用间可能频繁地争夺共享资源，可能导致关键应用不能够随时按需使用。

在多应用共享资源的数据中心中，可以通过资源调度改变多个应用对共享资源使用顺序，来对系统进行优化。与简单地增加系统中可用资源总量的方法不一样，寻找最佳的资源分配方案是一个 NP 难问题[69]。要提升系统整体的性能，我们需要找到一种算法能够把隔离和共享的好处都发挥出来，并能够在较短的时间内收敛到合理的分配方案。本章分别针对处理器核心、末级缓存和内存带宽资源设计了一个启发式的算法来寻找相对较优的资源分配方案。

该算法设计的目的是同时发挥资源隔离和资源共享的优势，使用资源隔离来保障关键延迟敏感型应用的服务质量，同时尽力共享互相干扰较小的应用以提升资源利用率。该算法从系统整体的角度考虑，在关注延迟敏感型应用服务质量的同时，并非放任尽力交付型应用不管，而是通过相对重要度尽可能地使其优化，让计算系统整体的系统熵尽可能地低。

### 8.5.1 调度方法

处理器核心和末级高速缓存分别可以通过 taskset 命令和 Intel CAT 工具对应用可使用的资源区域进行划分。而在过去白盒场景下服务质量保障的资源调度策略中，仅通过资源隔离手段将所有资源进行划分，并未考虑资源共享和优先机制带来的好处。然而，近期的工作[20,51,52] 表明了，完全隔离可能会导致系统性能降低，适当地共享资源能提高计算机系统的资源利用率。

为了灵活调度资源的隔离与共享，本工作将应用可调度的资源分为 2 个区域：共享区和隔离区。所谓隔离区，即仅该隔离区的所属应用可以使用的资源区域，其他应用不能使用；所谓共享区，即所有应用都能共同使用的资源区域。系统中存在多个隔离区，每一个应用都有属于自己的隔离区；仅存在一个共享区，即所有应用都可以运行于这一个共享区中。每个应用不仅可以运行于属于自己的隔离区，也可以运行于共享区，这保证了应用的一部分资源不受其他应用干扰。

本工作的调度策略会动态调度每个应用的隔离区及所有应用的共享区的资源份额。在本工作的实现中，尽力交付型应用为非关键应用，它的隔离区大小始终为 0。如果延迟敏感型应用的 QoS 在共享区运行时遇到严重干扰，则将检测到这种干扰，并逐渐增加其隔离区域的资源，直到其满足 QoS 目标。如果一个延迟敏感型应用在共享区中运行也可以满足 QoS 目标，这意味着它可以安全地与其他应用共享资源，那么它的隔离区的资源则会逐渐减少到 0，即与其他应用共享使用共享区的资源。

ARQ 资源调度策略如图 8-10 所示。ARQ 调度策略以固定时间间隔监测延迟敏感型应用尾延迟和尽力交付型应用的 IPC 值，并计算出相应的剩余干扰容忍度 ReT 和系统的 $E_S$，并选出剩余干扰容忍度 ReT 最小的应用 $A$。若应用 $A$ 的剩余干扰容忍度 ReT 小于给定阈值，则说明其即将违反 QoS 目标，调度策略会增加它的隔离区的资源。若所有应用的剩余容忍度都 ReT 都不小于给定阈值，那么选择资源充足的延迟敏感型应用 $V$，尝试剥夺它的隔离区资源，再对应用 $V$ 的隔离区进行剥夺，监控系统熵的变化来判断此次调整的收益，选择保留此次变动或进行回滚。如果调整增加了 $E_S$，策略会取消上次的调整并禁止在接下来的一段时间剥夺当前应用的隔离区资源。

```
function ARQ
    isAdjust ← False,  newEntropy ← 1
    while True do
        Monitor the tail latency values of the LC applications and the IPC values of BE
applications every 500ms
        oldEntropy ← newEntropy
        newEntropy ← computeEntropy ()
        // ReT 是一个数组,其中的元素是每一个 LC 应用的剩余干扰容忍度
        S ← computeRemainingTolerance()
        if isAdjust and newEntropy > oldEntropy then
            Cancel the last adjustment and do not allow the last victim region to be penal-
ized in the next 60s.
            isAdjust ← False
        else
            isAdjust ← AdjustResource(ReT)
        end if
    end while
end function
```

```
function ADJUSTRESOURCE
    victimRegion ← findVictimRegion(ReT)
    beneficiaryRegion ← findBeneficiaryRegion(ReT)
    //选择 victimRegion 的其中一种资源(即核心、LLC 或内存带宽等)。选择资源的方法与 PARTIES 相同
    R ← findVictimResource(victimRegion)
    if R is partitionable resources (e.g.,  R ∈ Core, LLC) then
        Move one unit resource of type R from the victimRegion to the beneficiaryRegion
    else // R 是可节流的资源(例如, R ∈ 内存带宽)
        throttleValue ← binary_search(current throttle value of victim application)
        Throttle victim application to throttleValue
    end if
    return whether the resource has been actually adjusted
end function
```

```
function FINDVICTIMREGION
    for each ReT_i in descending order do
        if ReT_i > 0. 1 and application i has isolated resource that allows to be
penalized then
            return the isolated region of application i
        end if
    end for
    return the shared region
end function
```

```
function FINDBENEFICIARYREGION
    Identify the application i that has the smallest remaining tolerance.
    if ReT_i < 0.05 then
        return the isolated region of application i
    else
        return the shared region
    end if
end function
```

图 8-10 ARQ 资源调度策略

在 AdjustResource 函数中，根据每个应用的剩余干扰容忍度 ReT 确定此次资源调整的受害区和受益区。通过函数 findBeneficiaryRegion 确定此次调整的受益区，通过 findVictimRegion 函数确定此次调整的受害区。然后，通过 FindVictimResource 函数确定要进行调整的资源类型。若调节的资源类型为可划分的资源（如处理器核心、LLC 等），则将所选定的资源从受害区移动到受益区；若调节的资源类型为可限流的资源（如内存带宽等），则通过二分搜索选定具体的限流值（见图 8-11），最后返回资源是否实际被调整。

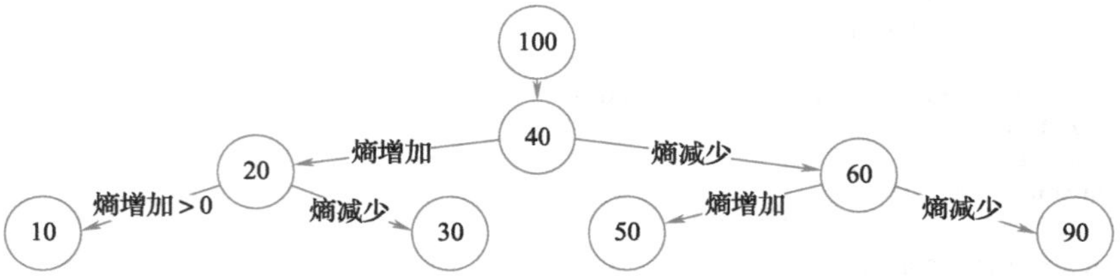


图 8-11　二分搜索的过程

现有的 Intel MBA 工具是一种限流工具，且存在一些局限性：内存带宽可控制的粒度很粗，且存在最小的限制带宽。为了加快内存带宽配置的搜索，参考文献［59］的方法使用二分搜索的方法加速内存带宽配置，并将其中用于评估系统性能的加权加速比修改为 $E_S$。二分搜索的过程如图 8-11 所示，每次调度前后根据熵的增加或减少来调整搜索的方向。与之前使用 IPC 加权加速比的工作不同，本次使用系统熵来评估系统性能的变化，使系统能够感知延迟敏感型应用性能的服务质量。

在函数 FindVictimResource 中，算法为每一个应用维护了一个有限状态机，状态机的每个状态代表资源类型，并根据有限状态机所处的状态确定要调整的资源。有限状态机的状态会跟随着当前资源调整的效果进行转移。转移的条件包括 2 种（满足其一即可）：①当前的资源类型不能再被剥夺；②当前资源类型的调整导致 $E_S$ 增加。

函数 findVictimRegion 将每个延迟敏感型应用程序的剩余干扰容忍度作为输入并输出找到的受害区。它首先以降序顺序遍历所有应用的剩余干扰容忍度 ReT 以找到干扰容忍度大于 0.1 的应用，并检查其是否具有隔离区。若找到干扰容忍度大于 0.1 并且具有隔离区的应用，则返回该隔离区作为受害区；否则，返回共享区作为受害区。

findBeneficiaryRegion 函数将所用延迟敏感型应用的 IS 作为输入，输出接收受害区资源的受益区。该函数中首先找到具有最小干扰容忍度 $S$ 的应用，如果其剩余干扰容忍度<0.05，则该应用的隔离区域将成为受益区；如果所有应用都具有较高的剩余干扰容

忍度，则将共享区设置为受益区。

需要注意，如果受害区和受益区均选择了共享区域，那么意味着没有延迟敏感型应用需要更多的资源，也没有延迟敏感型应用能贡献资源，此时资源不会被调整。

### 8.5.2 实验验证

我们在如表 8-4 所示的实验平台上进行实验，使用 taskset 命令将进程与核心进行绑定，使用 Intel CAT 技术为每个核心分配可用的 L3 共享缓存。与先前的研究保持一致，我们在实验中禁用了超线程。为了简洁而不失代表性，我们从 Tailbench 基准测试程序集中选择 3 个广泛部署的延迟敏感型应用程序来评估不同的调度策略，并分别选择了来自 Parsec[70] 的 Fluidanimate 和 Stream[71] 应用作为尽力交付型应用。这些应用均采用 4 个线程的配置运行。对于延迟敏感型应用，确定这些应用的尾延迟目标，并将单独运行达到尾延迟目标时的负载作为最大负载（即 100%负载）。

表 8-4 实验环境

| 部件 | 规格 |
|---|---|
| 处理器 | Intel Xeon E5-2630 v4（10 核） |
| 主频 | 2.2 GHz |
| 操作系统 | CentOS 7（kernel 5.6.11） |
| 一级高速缓存 | 32kB×10，8 路组相连，split D/I |
| 二级高速缓存 | 256kB×10，8 路组相连 |
| 三级高速缓存 | 25MB，20 路组相连 |
| 内存 | 16GB×7，2400MHz DDR4 |
| 网络接口控制器 | Intel Corporation I350 Gigabit Network Connection（1Gbit/s） |

#### 1. 固定负载实验

该实验中，我们选取了 Unmanaged、LC-first、CLITE 和 PARTIES 四个调度策略与 ARQ 策略进行对比。Unmanaged 即使用当前操作系统版本默认的调度方法进行调度，不使用任何额外的资源管理技术；LC-first 即将延迟敏感型应用设置为实时优先级应用，使得延迟敏感型应用相对于尽力交付型应用具有更高的优先级，并且可以对尽力交付型应用的时间片进行抢占。在该实验中，我们假设延迟敏感型应用的负载为常数，所以在采集数据时，我们跳过各个调度器的初始化阶段。根据第 4 章所述的方式选择延迟敏感型应用最大能容忍的尾延迟 M[i]。然后，让延迟敏感型应用单独运行，观察尾延迟达到 M［i］时达到的负载，并将该负载设定为当前应用最大负载。

图 8-12 展示了应用 Moses、Img-dnn 的负载为最大负载的 20%（图 8-12a）和 40%（图 8-12b）时，Xapian 的负载从 10% 到 90% 时，与 Fluidanimate 应用共置时，LC、BE 和系统熵的值。在该实验中，当延迟敏感型应用负载较低时，Unmanaged 策略的系统熵是最低的。这是因为所有的调度策略都能满足延迟敏感型应用的目标尾延迟，并使其 $E_{LC}$ 接近或等于 0，而且 Unmanaged 策略将延迟敏感型应用与尽力交付型应用公平调度，相对而言对尽力交付型应用的干扰更小。但当延迟敏感型应用负载升高时，Unmanaged 策略不采取任何动作来保护延迟敏感型应用的 QoS，因此 $E_{LC}$ 的快速增加也使得系统熵会快速增加，即使 $E_{LC}$ 依旧很低。

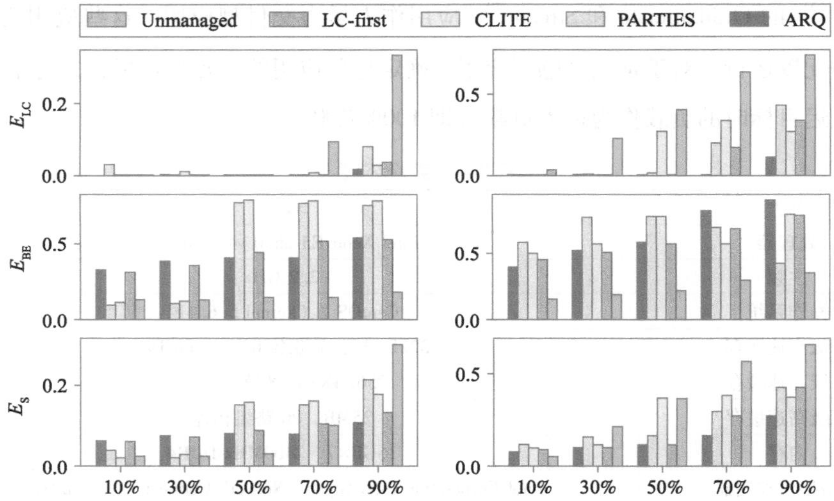


a）Xapian的负载（当Moses: 20%, Img-dnn: 20%时，与Fluidanimate共置）　b）Xapian的负载（当Moses: 40%, Img-dnn: 40%时，与Fluidanimate共置）

图 8-12　当 Xapian、Moses、Img-dnn 和 Fluidanimate 共置时的 $E_{LC}$、$E_{BE}$ 和 $E_S$（延迟敏感型应用的 load 为常数）

与 Unmanaged 策略相比，LC-first 策略允许延迟敏感型应用抢占尽力交付型应用的处理器核心资源，这使得 LC-first 策略相对于 Unmanaged 策略有更低的 $E_{LC}$，但它导致了 $E_{BE}$ 的大幅增加。PARTIES 与 CLITE 都使用了显式的资源隔离调度来消除应用间的干扰，但是最终的系统熵的值取决于它们所选择的最终的资源分配方案。在延迟敏感型应用的负载较高时，它们会将更多的资源分配给延迟敏感型应用，而只能分配少量的资源给尽力交付型应用，以确保延迟敏感型应用的 QoS。这种行为导致在很多时候尽力交付型应用只能得到很少的资源，从而导致该系统熵比 LC-First 策略更高。

图 8-13 给出了上述实验中 Moses 和 Img-dnn 的负载为 40%的尾延迟和 IPC 的原始数据。以 Unmanaged 为基线，CLITE 平均将尾延迟减少了 43.6%，PARTIES 平均将尾延迟减少了 37.2%，而 ARQ 平均将尾延迟减少了 66.5%。当负载较低时（即 Xapian 的负载≤50%），相对于 PARTIES 和 CLITE，ARQ 分别将 IPC 提高了 63.8%和 37.1%。而当负载较高时（即 Xapian 的负载≥70%），由于 ARQ 更加优先分配资源以保证延迟敏感型应用的 QoS，故尽力交付型应用的 IPC 略低于其他策略。但从系统整体的角度来看，这种交换是值得的。

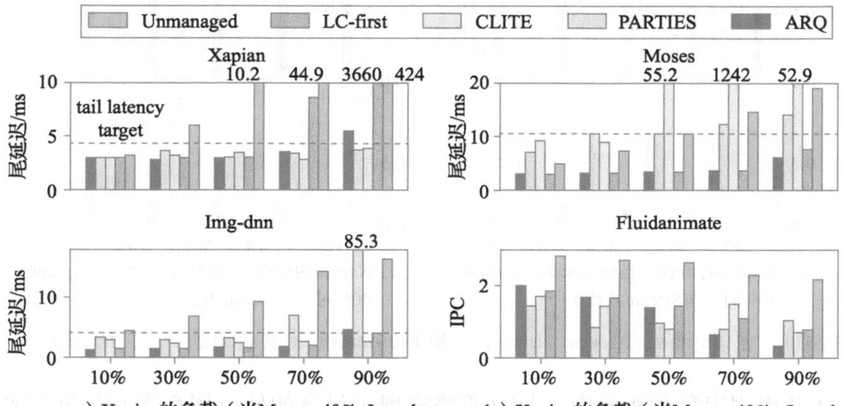

a）Xapian的负载（当Moses: 40%, Img-dnn: 40%时，与Fluidanimate共置）
b）Xapian的负载（当Moses: 40%, Img-dnn: 40%时，与Fluidanimate共置）

图 8-13 当 Xapian、Moses、Img-dnn 和 Fluidanimate 共置时的尾延迟和 IPC 数据

实验表明，相对于其他策略，ARQ 策略能大幅地减少 $E_{LC}$，并且实现与 LC-First 策略相似的 $E_{LC}$。从系统熵的角度来看，只有当负载极低时，系统熵才会高于其他策略（约 0.03），并且系统熵大部分时间都低于其他调度策略。

图 8-14 展示了应用 Moses、Img-dnn 的负载为最大负载的 20%（图 8-14a）和 40%（图 8-14b）时，Xapian 的负载从 10%到 90%时，与 Stream 应用共置时，LC、BE 和系统熵的值。在该实验中，我们选择 Stream 应用来模拟资源争用更加激烈的情况。可以从图中看到，即使延迟敏感型应用的负载较低时，Unmanged 策略也无法使得 $E_{LC}$ 为 0，并且具有较高的 $E_{LC}$ 和系统熵，而其余 4 个调度策略能维持较低的 $E_{LC}$。但是当延迟敏感型应用负载很高时（Xapian 负载为 90%，Moses 和 Img-dnn 负载为 40%时），只有 ARQ

策略能实现最小的 $E_{LC}$（值为 0.06）。从系统熵的角度来看，ARQ 策略将系统熵从 0.94 减少到 0.25（提升了 73.4%），而 CLITE 将系统从 0.94 减少到 0.44（提升了 53.2%）；PARTIES 将系统熵从 0.94 减少到 0.73（提升了 22.3%）。

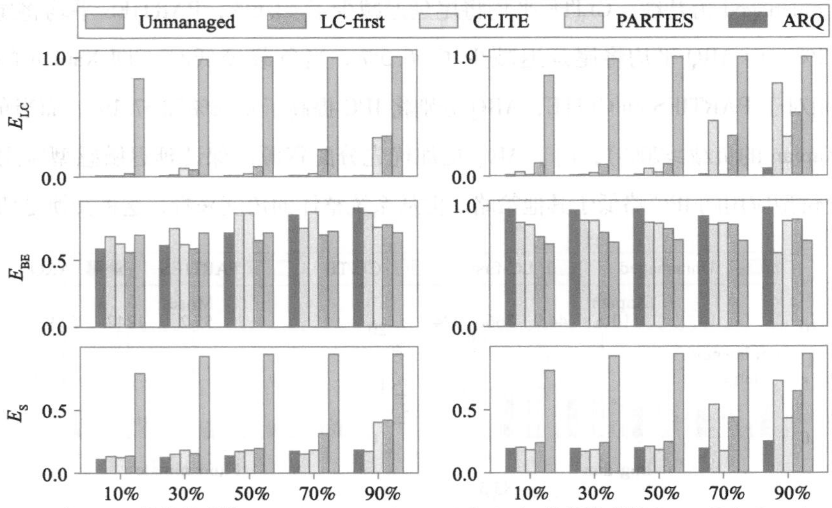


a）Xapian的负载（当Moses: 20%, Img-dnn: 20%时，与Stream共置）　b）Xapian的负载（当Moses: 40%, Img-dnn: 40%时，与Stream共置）

图 8-14　当 Xapian、Moses、Img-dnn 和 Fluidanimate 共置时的 $E_{LC}$，$E_{BE}$ 和 $E_S$

在上述两组固定负载实验中，ARQ 策略实现了最高的任应用良率和最低的系统熵。相对于 PARTIES 和 CLITE，ARQ 策略将良率分别提升了 25% 和 20%（分别从 60% 和 65% 提升至 85%）。从系统熵的角度来看，ARQ 策略将平均系统熵分别降低了 36.4% 和 33.3%（分别从 0.22 和 0.21 降低至 0.14）。

### 2. 动态负载实验

数据中心中的延迟敏感型应用的负载可能随着时间的变化动态波动[10]。例如，大部分应用在白天时负载较高，而在夜间时负载较低。本实验评估了在负载动态变化时各调度策略的表现。负载动态变化下的 $E_{LC}$、$E_{BE}$ 和 $E_S$ 及相应的资源调度过程如图 8-15 所示，它展示了 Xapian（10%~90%动态变化负载）、Moses（20%负载）和 Img-dnn（20%负载）作为延迟敏感型应用，Stream 作为尽力交付型应用的数据。图 8-15a 展示了各应用的负载变化过程；图 8-15b 展示了 LC-first、PARTIES 和 ARQ 策略的 $E_{LC}$、$E_{BE}$ 和 $E_S$ 的变化过程；图 8-15c 展示了 ARQ 和 PARTIES 的资源调度过程。

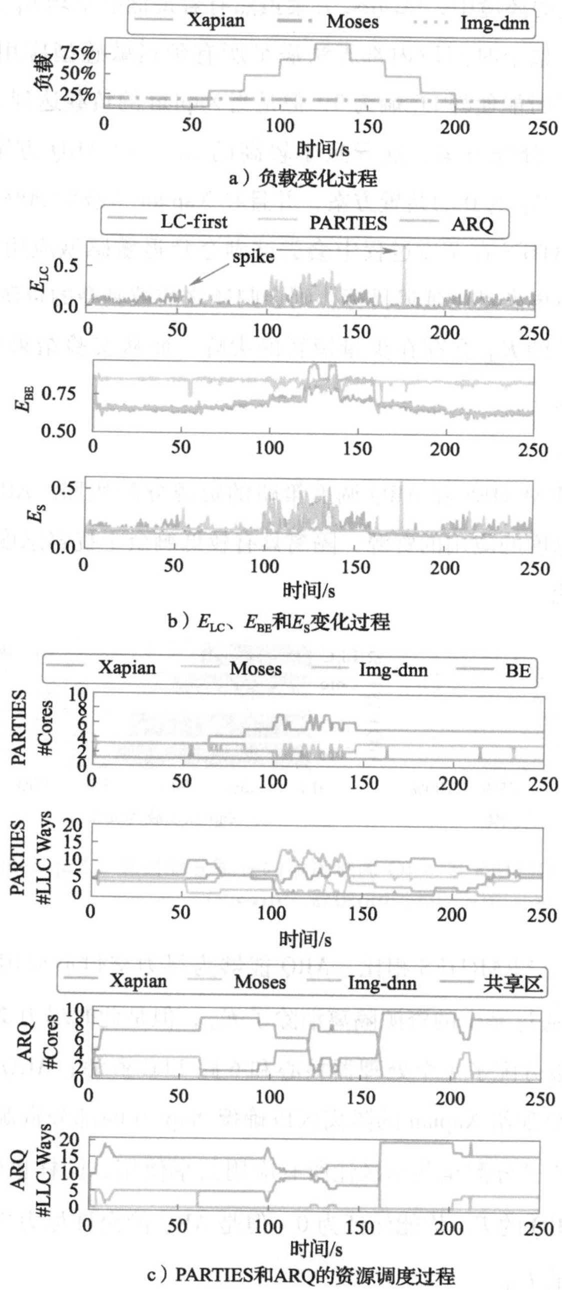


图 8-15 负载动态变化下的 $E_{LC}$、$E_{BE}$ 和 $E_S$ 及相应的资源调度过程

在负载动态变化的环境中，LC-first 方案虽然有着最低的平均 $E_{BE}$，但是它的平均 $E_S$ 最高，这是因为它在整个时间段内都无法满足所有延迟敏感型应用的尾延迟的目标。PARTIES 在负载较低时能使得 LC 熵为 0，但是当 Xapian 的负载达到 70%后，由于 PARTIES 无法找到合理的分配方案，这导致了较高的 $E_{LC}$。而 ARQ 方案在 Xapian 负载为 70%时成功找到了使 $E_{LC}$ 为 0 的共置方案，并且在 Xapian 负载为 90%时，$E_{LC}$ 也比 PARTIES 低。注意，PARTIES 在调度过程中会尝试剥夺延迟敏感型应用的资源，如果剥夺后延迟敏感型应用不再满足尾延迟目标，则会归还之前被剥夺的资源，这会导致在调度的过程中，PARTIES 的 $E_{LC}$ 会存在少量短暂的尖峰，而从实验结果来看，ARQ 策略能较好地改善这一现象。

### 3. 资源分配快照

图 8-16 展示了 PARTIES 和 ARQ 调度策略的资源分配快照。ARQ 策略通过共享具有较高剩余干扰容忍度的应用的资源，隔离具有较低剩余干扰容忍度的应用的资源，实现了更高的系统性能。

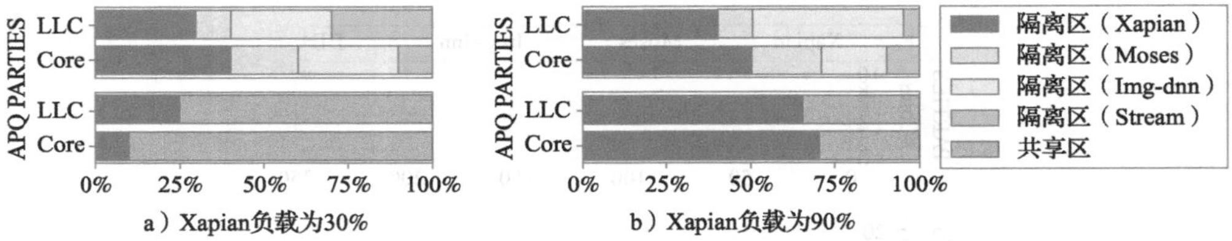


图 8-16 PARTIES 和 ARQ 调度策略的资源分配快照（Xapian30%和 90%，Moses20%，Img-dnn20%，Stream）

在图 8-16a 中，与 PARTIES 相比，ARQ 能够为尽力交付型应用分配更多的可用资源。虽然 PARTIES 通过完全的资源隔离消除了 $E_{LC}$，但是此时尽力交付型应用的用户体验较差，因为它仅被分配了 1 个处理器核心和 6 路 LLC 资源；ARQ 将 1 个处理器核心和 5 路 LLC 的资源分配给 Xapian 的隔离区以确保 Xapian 的部分资源不会受到其他应用干扰，其余的资源均被分配至共享区让所有应用共享使用，同样也使得 $E_{LC}$ 为 0。虽然此时 PARTIES 和 ARQ 的 $E_{LC}$ 均能保证为 0，但是 ARQ 能允许尽力交付型应用使用更多的资源来实现更低的 $E_{BE}$。

图 8-16b 中，ARQ 将低负载的应用共同放置于共享区，为高负载的 Xapian 提供了

更多的资源。PARTIES 和 ARQ 都选择分配更多的私有资源给 Xapian。在同时满足所有应用的尾延迟目标的前提下，PARTIES 需要分配 5 个核心和 12 路 LLC 的私有资源给 Xapian，而 ARQ 仅分配了 3 个核心和 7 路 LLC 的私有资源给 Xapian。相对于 PARTIES，ARQ 分配了更少的私有资源却保障了所有应用的服务质量，同时为尽力交付型应用预留了更多的资源。

在本节中，我们首先介绍了在白盒场景下工作的资源调度策略，它展示了 DIP 猜想和系统熵指标在资源调度策略设计中的应用。该调度策略展示了同时应用资源隔离和资源共享机制的优势，使用资源隔离来保障关键延迟敏感型应用的服务质量，同时尽力共享互相干扰较小的应用以提升资源利用率。策略将资源划分为资源隔离区和资源共享区，周期性地检测应用的剩余干扰容忍度，动态调整每个资源区域的资源份额。在完成每个调度动作后，ARQ 策略通过系统熵评估系统整体性能的变化来决定接受或拒绝上一步资源调整动作。实验表明，该方法能够有效降低系统熵，改善系统整体的用户体验。

## 8.6　本章小结

本章的工作围绕着云计算数据中心中干扰的量化指标与优化策略展开，先后研究了延迟敏感型应用的延迟模型、计算系统的能力对应用的影响、计算系统干扰的量化及减轻干扰的资源调度策略。

对于广泛存在数据中心中的延迟敏感型应用，它在受到干扰时可能会受到不可预计的影响，制约了机器资源利用率的提升。本工作首先对其尾延迟模型进行建模分析，讨论了它在遭受干扰时尾延迟急剧上升的原因。然后基于对延迟分布的分析，给出了 Little's law 的尾延迟拓展形式，使得 Little's law 能够适用于延迟敏感型应用程序的尾延迟。

当前计算机系统资源管理能力弱是云计算系统无法同时满足服务质量和系统资源使用效率的重要原因。我们对计算机系统及应用进行了建模，通过模型分析出计算机系统中区分、隔离和优先化能力对多应用共置的系统中各应用的影响，进而给出了 DIP 猜想的精确化表述和实验验证。

本章分析了延迟敏感型应用与尽力交付型应用差异化的服务质量需求，从系统的角度考虑它们之间的相对重要度，提出了“系统熵”来量化计算机系统中多个应用共置时的干扰严重程度。借助系统熵，可以快速横向比较不同资源调度策略的有效性，纵向比较使用某种策略前后的用户体验差异。

在面向白盒应用场景下系统熵的使用及相应的减熵策略中，我们基于系统熵理论实现了 ARQ 调度策略。与业内最新的服务质量保障的资源调度策略不同，我们不仅考虑通过资源的隔离保障服务质量，还通过适当的资源共享以提升系统整体的性能。ARQ 策略将资源分为隔离区和共享区，为受到较高干扰的应用分配私有资源，为互相干扰不严重的应用分配共享资源，最终降低了系统熵，实现了良率和吞吐量的兼顾。

## 8.7 思考题

1. 如何度量一个计算机系统中多个应用之间的资源争用引起的干扰的大小？
2. 尽力交付型应用与延迟敏感型应用在用户体验的内在机制方面有何本质的区别？

## 参考文献

[1] GUO J, CHANG Z H, WANG S, et al. Who limits the resource efficiency of my datacenter: An analysis of alibaba datacenter traces [C]//2019 IEEE/ACM 27th international symposium on quality of service (IWQoS). Cambridge: IEEE, 2019: 1-10.

[2] CHEN S, DELIMITROU C, MARTı'NEZ J F. Parties: QoS-aware resource partitioning for multiple interactive services [C]//Proceedings of the twenty-fourth international conference on architectural support for programming languages and operating systems. New York: ACM, 2019: 107-120.

[3] 纪梓潼. 云计算环境混合负载下尾延迟性能的评测与分析 [D]. 天津：天津大学，2018.

[4] 陈文艳，叶可江，卢澄志，等. 混部容器负载干扰分析：从硬件性能计数器的视角 [J]. 计算机科学技术学报，2020，35 (2)：412-417.

[5] MARICQ A, DUPLYAKIN D, JIMENEZ I, et al. Taming performance variability [C]//13th USENIX symposium on operating systems design and implementation (OSDI 18). Berkeley: USENIX

Association, 2018: 409-425.

[6] NOVAKOVIĆ D, VASIĆ N, NOVAKOVIĆ S, et al. DeepDive: Transparently identifying and managing performance interference in virtualized environments [C]//2013 USENIX annual technical conference (USENIX ATC 13). Berkeley: USENIX Association, 2013: 219-230.

[7] QIU H, BANERJEE S S, JHA S, et al. FIRM: An intelligent fine-grained resource management framework for SLO-oriented microservices [C]//14th USENIX symposium on operating systems design and implementation (OSDI 20). Berkeley: USENIX Association, 2020: 805-825.

[8] QIU H, CHEN Y, XU T, et al. SLO beyond the hardware isolation limits [J]. ArXiv preprint, 2021.

[9] EATON. How One Second Could Cost Amazon $1.6 Billion In Sales [EB/OL]. (2012-03-15) [2023-11-03]. https://www.fastcompany.com/1825005/how-one-second-could-cost-amazon-16-billion-sales.

[10] 葛浙奉，王济伟，蒋从锋，等. 混部集群资源利用分析 [J]. 计算机学报, 2020, 43 (6): 1103-1122.

[11] Improving Real-Time Performance by Utilizing Cache Allocation Technology: Enhancing Performance via Allocation of the Processor's Cache White Paper [EB/OL]. (2015-04-01)[2023-11-03]. https://www.intel.com/content/dam/www/public/us/en/documents/white-papers/cache- allocation-technology-white-paper.pdf.

[12] GUIDE P. Intel 64 and ia-32 architectures software developer's manual [J]. System programming Guide, 2011, 2 (11): 3B.

[13] BROWN. Traffic control HOWTO [EB/OL]. (2006-10-01) [2023-11-03]. https://tldp.org/HOWTO/pdf/Traffic-Control-HOWTO.pdf.

[14] 王康瑾，贾统，李影. 在离线混部作业调度与资源管理技术研究综述 [J]. 软件学报, 2020, 31 (10): 3100-3119.

[15] PATEL T, TIWARI D. Clite: efficient and qos-aware co-location of multiple latency-critical jobs for warehouse scale computers [C]//2020 IEEE international symposium on high performance computer architecture (HPCA). Cambridge: IEEE, 2020: 193-206.

[16] NISHTALA R, PETRUCCI V, CARPENTER P, et al. Twig: multi-agent task management for colocated latency-critical cloud services [C]//2020 IEEE international symposium on high performance computer architecture (HPCA). Cambridge: IEEE, 2020: 167-179.

[17] LO D, CHENG L, GOVINDARAJU R, et al. Heracles: improving resource efficiency at scale [C]//Proceedings of the 42nd annual international symposium on computer architecture. Cambridge: IEEE, 2015: 450-462.

[18] LIU L. QoS-aware machine learning-based multiple resources scheduling for microservices in cloud environment [J]. ArXiv preprint, 2019.

[19] 蔡斌雷. 面向用户体验的云计算系统资源管理技术研究 [D]. 天津：天津大学，2020.

[20] CHEN Q, XUE S, ZHAO S, et al. Alita: comprehensive performance isolation through bias resource management for public clouds [C]//SC20: International conference for high performance computing, networking, storage and analysis. Cambridge: IEEE, 2020: 1-13.

[21] IORGULESCU C, AZIMI R, KWON Y, et al. Perfiso: performance isolation for commercial latency-sensitive services [C]//2018 USENIX annual technical conference (USENIX ATC 18). Berkeley: USENIX Association, 2018: 519-532.

[22] 王卅，张文博，吴恒，等. 一种基于硬件计数器的虚拟机性能干扰估算方法 [J]. 软件学报，2015，26 (8)：2074-2090.

[23] ZAHEDI S M, LEE B C. REF: resource elasticity fairness with sharing incentives for multiprocessors [J]. ACM SIGPLAN Notices, 2014, 49 (4): 145-160.

[24] COOPER B F, SILBERSTEIN A, TAM E, et al. Benchmarking cloud serving systems with YCSB [C]//Proceedings of the 1st ACM symposium on cloud computing. New York: ACM, 2010: 143-154.

[25] REDISLABS. Memtier benchmark [EB/OL]. (2021-06-22)[2023-11-03]. https://github.com/RedisLabs/memtier_benchmark.

[26] KOPYTOV. Sysbench: a system performance benchmark [EB/OL]. (2020-04-24)[2023-11-03]. https://github.com/akopytov/sysbench.

[27] GITHUB. Wrk [EB/OL]. (2021-02-07)[2023-11-03]. https://github.com/wg/wrk.

[28] FRIEDRICH S, WINGERATH W, RITTER N. Coordinated omission in nosql database benchmarking [C]//Datenbanksysteme für Business, Technologie und Web (BTW 2017) - Workshopband. Bonn: Gesellschaft für Informatik, 2017: 215-226.

[29] ZHANG Y, MEISNER D, MARS J, et al. Treadmill: Attributing the source of tail latency through precise load testing and statistical inference [C]//2016 ACM/IEEE 43rd annual international sym-

posium on computer architecture (ISCA). Washington DC: IEEE Computer Society Press, 2016: 456-468.

[30] KASTURE H, SANCHEZ D. Tailbench: A benchmark suite and evaluation methodology for latency-critical applications [C]//2016 IEEE international symposium on workload characterization (IISWC). Cambridge: IEEE, 2016: 1-10.

[31] TENE G. Wrk2 [EB/OL]. (2019-09-24) [2023-11-03]. https://github.com/giltene/wrk2.

[32] GITHUB. Mutated [EB/OL]. (2016-10-19) [2023-11-03]. https://github.com/scslab/mutated.

[33] LITTLE J D. A proof for the queuing formula: L = λW [J]. Operations research, 1961, 9 (3): 383-387.

[34] DELIMITROU C, KOZYRAKIS C. Amdahl's law for tail latency [J]. Communications of the ACM, 2018, 61 (8): 65-72.

[35] 徐志伟，李国杰，孙凝晖. 一种新型信息基础设施：高通量低熵算力网（信息高铁）[J]. 中国科学院院刊，2022，1：46-52.

[36] BITIRGEN R, IPEK E, MARTINEZ J F. Coordinated management of multiple interacting resources in chip multiprocessors: A machine learning approach [C]//2008 41st IEEE/ACM international symposium on microarchitecture. Washington DC: IEEE Computer Society Press, 2008: 318-329.

[37] KAMBADUR M, MOSELEY T, HANK R, et al. Measuring interference between live datacenter applications [C]//Proceedings of the international conference on high performance computing, networking, storage and analysis. Cambridge: IEEE, 2012: 1-12.

[38] MARS J, TANG L, SOFFA M L. Directly characterizing cross core interference through contention synthesis [C]//Proceedings of the 6th international conference on high performance and embedded architectures and compilers. New York: ACM, 2011: 167-176.

[39] ZHANG X, TUNE E, HAGMANN R, et al. CPI2: CPU performance isolation for shared compute clusters [C]//Proceedings of the 8th ACM european conference on computer systems. New York: ACM, 2013: 379-391.

[40] YANG H, BRESLOW A, MARS J, et al. Bubble-flux: Precise online qos management for increased utilization in warehouse scale computers [J]. ACM SIGARCH Computer Architecture News, 2013, 41 (3): 607-618.

[41] VOTKE S, JAVADI S A, GANDHI A. Modeling and analysis of performance under interference in

the cloud [C]//2017 IEEE 25th international symposium on modeling, analysis, and simulation of computer and telecommunication systems (MASCOTS). Cambridge: IEEE, 2017: 232-243.

[42] DELIMITROU C, KOZYRAKIS C. Quasar: Resource-efficient and qos-aware cluster management [J]. ACM SIGPLAN Notices, 2014, 49 (4): 127-144.

[43] TIEDEMANN J. Parallel data, tools and interfaces in OPUS [C]//Language Resources and Evaluation: European Language Resources Association (ELRA), 2012: 2214-2218.

[44] DELIMITROU C, KOZYRAKIS C. Paragon: QoS-aware scheduling for heterogeneous datacenters [J]. ACM SIGPLAN Notices, 2013, 48 (4): 77-88.

[45] AMD64 Technology Platform Quality of Service Extensions [EB/OL]. (2022-02-03) [2023-11-03]. https://www.amd.com/content/dam/amd/en/documents/processor-tech-docs/other/56375_1_03_PUB.pdf.

[46] ARM. Arm architecture reference manual supplement-memory system resource partitioning and monitoring (MPAM), for a-profile architecture [EB/OL]. (2018-05-03) [2023-11-03]. https://documentation-service.arm.com/static/5f8da597f86e16515cdb85fb? token=.

[47] GAN Y, DELIMITROU C. The architectural implications of cloud microservices [J]. IEEE Computer Architecture Letters, 2018, 17 (2): 155-158.

[48] SHAHRAD M, BALKIND J, WENTZLAFF D. Architectural implications of function-as-a-service computing [C]//Proceedings of the 52nd annual IEEE/ACM international symposium on microarchitecture. Washington DC: IEEE Computer Society Press, 2019: 1063-1075.

[49] REESE W. Nginx: the high-performance web server and reverse proxy [J]. Linux Journal, 2008, 173: 2.

[50] KULKARNI N, GONZALEZ G P, KHURANA A, et al. CuttleSys: Data-driven resource management for interactive services on reconfigurable multicores [C]//2020 53rd annual IEEE/ACM international symposium on microarchitecture (MICRO). Washington DC: IEEE Computer Society Press, 2020: 650-664.

[51] EL-SAYED N, MUKKARA A, TSAI P A, et al. KPart: a hybrid cache partitioning-sharing technique for commodity multicores [C]//2018 IEEE international symposium on high performance computer architecture (HPCA). Cambridge: IEEE, 2018: 104-117.

[52] PONS L, SAHUQUILLO J, SELFA V, et al. Phase-aware cache partitioning to target both turn-

around time and system performance [J]. IEEE Transactions on Parallel and Distributed Systems, 2020, 31 (11): 2556-2568.

[53] PARK J, PARK S, HAN M, et al. Hypart: a hybrid technique for practical memory bandwidth partitioning on commodity servers [C]//Proceedings of the 27th international conference on parallel architectures and compilation techniques. New York: ACM, 2018: 1-14.

[54] WANG R, CHEN L, PINKSTON T M. An analytical performance model for partitioning off-chip memory bandwidth [C]//2013 IEEE 27th international symposium on parallel and distributed processing. Cambridge: IEEE, 2013: 165-176.

[55] LIU F, JIANG X, SOLIHIN Y. Understanding how off-chip memory bandwidth partitioning in chip multiprocessors affects system performance [C]//HPCA-16 2010 the sixteenth international symposium on high-performance computer architecture. Cambridge: IEEE, 2010: 1-12.

[56] 徐易难. 基于标签的进程性能自动调控机制 [D]. 北京: 中国科学院大学, 2019.

[57] ZHANG Y, CHEN J, JIANG X W, et al. LIBRA: Clearing the cloud through dynamic memory bandwidth management [C]//2021 IEEE international symposium on high-performance computer architecture (HPCA). Cambridge: IEEE, 2021: 815-826.

[58] JANG I, YANG S, YOON H, et al. EMBA: an efficient multihop broadcast protocol for asynchronous duty-cycled wireless sensor networks [J]. IEEE transactions on wireless communications, 2013, 12 (4): 1640-1650.

[59] MARS J, TANG L, HUNDT R, et al. Bubble-up: increasing utilization in modern warehouse scale computers via sensible co-locations [C]//Proceedings of the 44th annual IEEE/ACM international symposium on microarchitecture. Washington DC: IEEE Computer Society Press, 2011: 248-259.

[60] PANG P, CHEN Q, ZENG D Z, et al. Sturgeon: preference-aware co-location for improving utilization of power constrained computers [C]//2020 IEEE international parallel and distributed processing symposium (IPDPS). Cambridge: IEEE, 2020: 718-727.

[61] PARK J, PARK S, BAEK W. CoPart: coordinated partitioning of last-level cache and memory bandwidth for fairness-aware workload consolidation on commodity servers [C]// Proceedings of the fourteenth EuroSys conference 2019. New York: ACM, 2019: 1-16.

[62] LIAO X, GUO R, YU D, et al. A phase behavior aware dynamic cache partitioning scheme for CMPs [J]. International Journal of Parallel Programming, 2016, 44 (1): 68-86.

[63] Koehn P, HOANG H, BIRCH A, et al. Moses: open source toolkit for statistical machine translation [C]//Proceedings of the 45th annual meeting of the association for computational linguistics companion volume proceedings of the demo and poster sessions. Stroudsburg: ACL, 2007: 177-180.

[64] XAPIAN. Xapian project. [EB/OL]. (2023-07-07)[2023-11-03]. https://xapian.org/.

[65] WALKER W, LAMERE P, KWOK P. Sphinx-4: a flexible open source framework for speech recognition [M]. Santa Clara: Sun Microsystems Incorporated, 2004.

[66] MAO Y, KOHLER E, MORRIS R T. Cache craftiness for fast multicore key-value storage [C]//Proceedings of the 7th ACM european conference on computer systems. New York: ACM, 2012: 183-196.

[67] WIDENIUS M, AXMARK D, ARNO K. MySQL reference manual: documentation from the source [M]. Sebastopol: O'Reilly Community Press, 2002.

[68] SHANNON C E. A mathematical theory of communication [J]. The Bell system technical journal, 1948, 27 (3): 379-423.

[69] CHEN Z W, LEI H, YANG M L, et al. Improved task and resource partitioning under the resource-oriented partitioned scheduling [J]. Journal of Computer Science and Technology, 2017, 34 (4): 839-853.

[70] BIENIA C, KUMAR S, SINGH J P, et al. The PARSEC benchmark suite: Characterization and architectural implications [C]//Proceedings of the 17th international conference on parallel architectures and compilation techniques. Cambridge: IEEE, 2008: 72-81.

[71] MCCALPIN J D. Memory bandwidth and machine balance in current high performance computers [J]. IEEE computer society technical committee on computer architecture (TCCA) newsletter, 1995, 2: 19-25.

[72] Liu Y H, Deng L, Zhou J P, et al. Ah-Q: quantifying and handling the interference within a datacenter from a system perspective [C]. // in the preceedings of the 29th IEEE International symposium on High-Performance Computer Architecture (HPCA 2023). Montreal, QC, Canada. pp. 471-484.

# 第 9 章 并行输入输出

## 9.1 引言

除了计算、存储架构与核间通信，输入输出也是并行计算机中不可或缺的一部分。在一个并行计算环境中，输入输出操作需要在多个处理器和存储节点之间进行协调和同步，以确保高效的数据传输和处理。因此，了解和优化输入输出操作对于实现高效的并行计算至关重要。本章将介绍并行计算机中的 I/O 软件栈、并行文件系统的原理与实践，了解高性能文件系统如何在多个存储节点上并行读写数据。此外，还将介绍 MPI-I/O 与适用于并行处理的文件数据组织格式 PnetCDF，了解数据的组织与存储结构，以便高效地进行并行计算和 I/O 操作。

## 9.2 I/O 软件栈

并行计算机的输入输出不仅需要并行文件系统，还需要更多的软件支持。不同的软件层具有不同的作用，共同完成对并行 I/O 的支持。

并行文件系统（如 PVFS、GPFS 和 Lustre 等）管理逻辑地址空间，提供高效的数据访问方式，是并行 I/O 软件组件中最广为人知的。它管理存储硬件，向上忽略硬件差异性，提供统一视图（见图 9-1）。它将文件条带化存储，以提高存储系统性能。在 I/O 软件栈中，该层专注于并发、独立的访问，向上提供中间件可用的接口。该接口要支持丰富的 I/O 协议，规范宽松，语义充足，以尽可能地达到高效。并行文件系统对进程组和不同进程组 I/O 访问之间的联系等信息的了解有限。

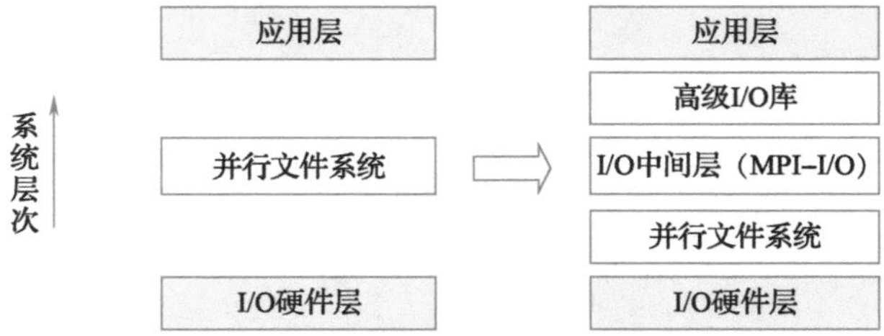


图 9-1　并行文件系统的再细分

中间件层管理多进程的I/O访问，如MPI-I/O和UPC-I/O等。它需要匹配程序的编程模型，如MPI等。它通过成组进程的并发访问来提升I/O带宽，具体实施过程中还需要考虑合并I/O请求和一些原子性规则。中间件层需要向上层暴露一个通用的接口，以降低上层库的开发难度。中间件层需要利用并行文件系统中丰富的访问结构（如可扩展文件名解析和I/O描述），高效地将中间件操作映射为并行文件系统中的操作。

上层I/O库将应用抽象映射为结构化、可移植的文件形式，如HDF5和Parallel netCDF等。它将下层提供的存储抽象与域中的多维数据集、固定类型变量和属性进行匹配，提供自组织、结构化的文件。I/O库负责将请求映射到中间件接口，尽量将I/O请求合并。此外，还可以进行诸如缓存变量属性和区块化数据集等性能优化方案，这些是中间件层所做不到的。

为什么这些都以软件的形式存在？能长久存活的并行文件系统必须是通用的，因为许多负载应用仍然包含串行代码，大多数工具仍然工作在UNIX的比特流文件模型上。编程模型开发者通常不是文件系统的专家，在常见的文件系统API上进行编程模型优化将更易于向新的文件系统迁移，同时需要保持通用，所以中间件层也采用软件的形式。上层I/O库主要在现有的API上提供编程的便利，例如偏向某几种主流数据模型，在拥有相似模型的应用间启用代码共享，标准化文件内容的存储方式。

## 9.3 并行文件系统

并行文件系统（parallel file systems，PFS）有两个关键作用，一个是组织和维护文件名空间，主要包括目录结构和文件名，使我们方便地找到所需文件；另一个是存储文件内容，提供给用户一个读写数据的接口。本地文件系统由单用户（即单操作系统实例）使用，直接访问磁盘，例如笔记本计算机上的NTFS和ext3文件系统。网络文件系统能够为一个或多个不能直接访问磁盘的用户提供访问服务，例如NFS、AFS等。并行文件系统是一种特殊的网络文件系统（见图9-2），它为多用户在共享文件系统资源（即文件内容）的情况下，提供高性能的I/O服务。

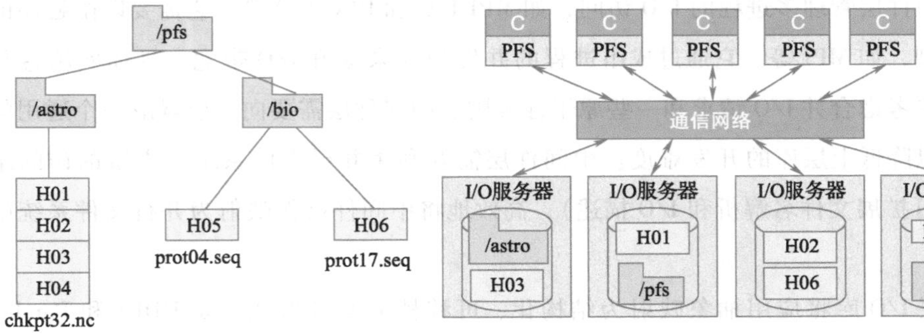


图 9-2　并行文件系统示意

并行文件系统的信息（数据和元数据）存储在多个服务器上，大文件的数据分条存放在多个资源位置，以同时使用多台服务器、多个磁盘或多条网络链路，提高性能。小文件通常存储在同一个位置以控制开销。元数据（如目录、权限等）可以分布存放在多台服务器上，也可以集中存放，这取决于文件系统的具体实现和负载特性。

条带化是并行文件系统中基本的性能优化机制，它将文件数据拆分，通过多个 I/O 服务器完成读取和写入。当有并发的 I/O 操作时，数据可由从多个服务器、多块磁盘，多条网络链路到达，从而消除 I/O 瓶颈。当只有单一局部磁盘时，该策略也能优化串行性能。但多终端协同访问也可能带来一些新的瓶颈，例如某台服务器、某块磁盘或者某条网络链路出现延迟或故障，从而导致整体延迟增加。但为了保证数据一致性，多终端的同时访问是必需的。

之前说到在本地文件系统中，客户文件系统的代码管理本地的磁盘块。在构建并行文件系统时，流行着两类想法：一类采用共享存储体系结构，客户端可以访问磁盘块，除非需要在客户端间进行额外的同步操作，客户端只需要像在本地文件系统中一样操作磁盘块。另一类采用文件/对象服务器架构，磁盘块对客户端不可见，由服务器端统一管理，客户端使用类似于远程过程调用的方式操作文件和对象的对应区域。

在共享存储架构的文件系统中，客户端都能直接对磁盘块进行访问，它们要么通过 Fibre-Channel 存储区域网、InfiniBand、iSCSI 或基于以太网的 ATA 直接连接到物理磁盘；要么通过虚拟共享磁盘或者网络共享磁盘间接连接到存储服务器，这类连接可以直接暴露存储设备，也可以将存储池化，形成一个更大的整体。此外，还有一个锁服务器协调客户端对存储块的共享访问。为了减少争用，锁服务器可以是一个分布式的服务（见图 9-3）。

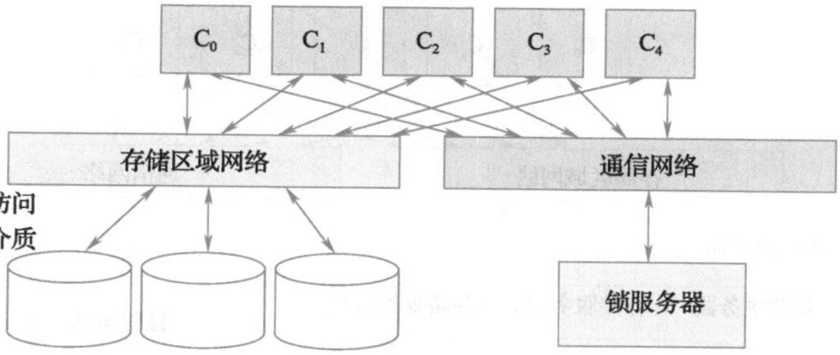


a）非冗余方案

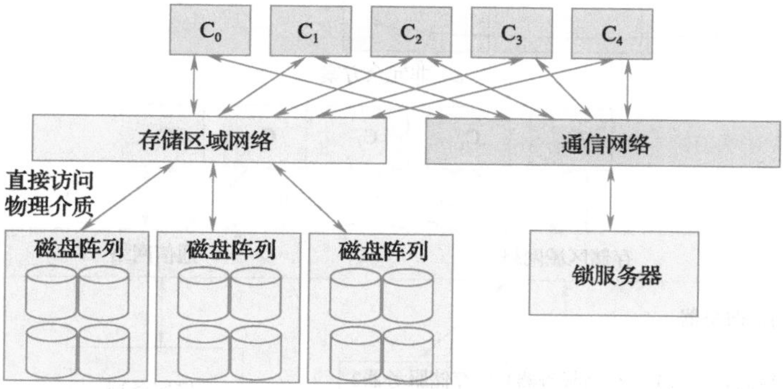


b）冗余方案

图 9-3　使用存储区域网络的共享存储及冗余方案

在考虑到数据备份时，对于直接连接的存储，单一磁盘阵列就可在硬件上提供存储备份，客户端只需要将条带化的数据分布到多个磁盘阵列上即可。对于虚拟共享存储，由存储服务器（SS）负责复制数据块，并将其存储到其他物理资源上，为了方便连接，可以在后方使用存储区域网连接各台存储服务器（见图 9-4）。

在文件/对象服务器架构（见图 9-5）的文件系统中，客户端共享访问的对象是文件或对象。服务器变得更智能了，对存储数据的结构有了更多了解，I/O 服务器（IOS）会将客户端访问映射为在本地存储设备上的操作，管理本地存储的分配。由专门的元数据服务器（MDS）存储目录和文件的元数据，实际中通常用一台服务器存放文件系统中所有的元数据。锁机制可以用于维护数据和元数据的一致性，尤其是涉及多台服务器的数据更改操作时。锁机制通常已经集成在服务器中，对于元数据来说，通常用原子操作替代锁机制，避免频繁的粗粒度的锁操作。

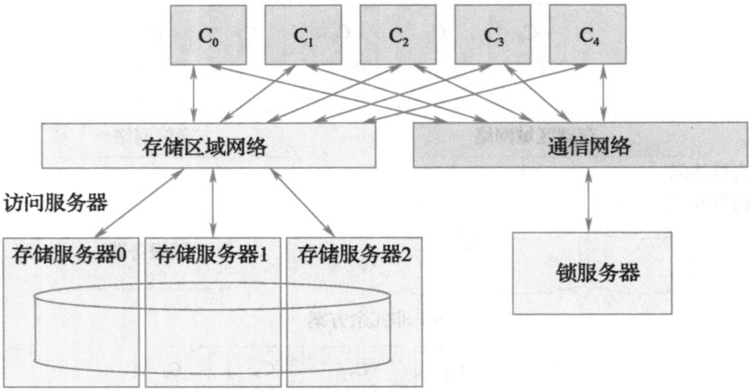


a）非冗余方案

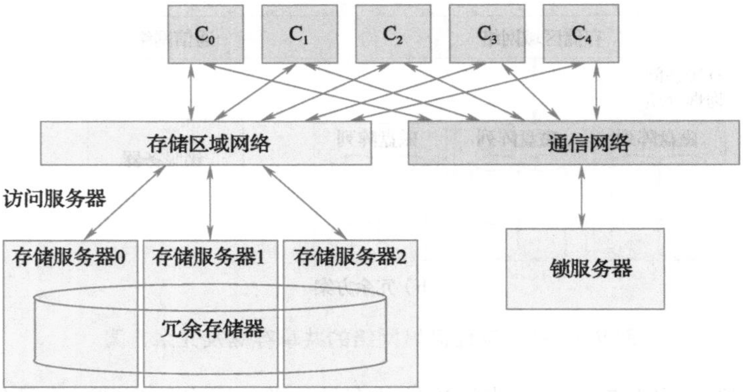


b）冗余方案

图 9-4　使用现有互连的池化存储及冗余方案

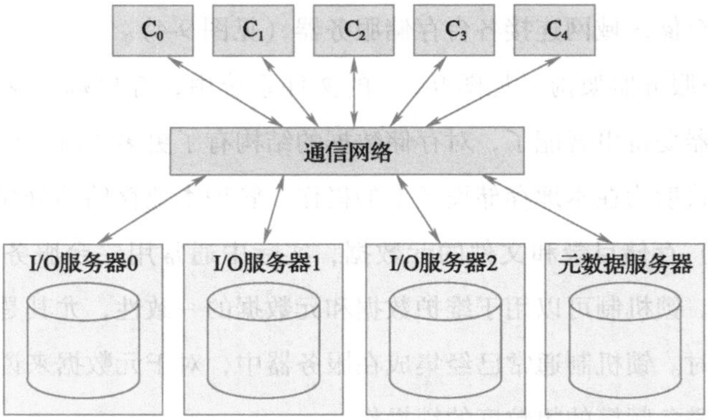


图 9-5　文件/对象服务器架构

在考虑到数据备份时，一台服务器需要能够访问其他服务器的数据，以便在服务器故障时能够及时接管。此时可以考虑共享存储架构中采用的方法，但这仅适用于服务器间。在图 9-6a 的架构中，服务器中包含了存储阵列，在服务器故障时，存储阵列也将无法访问。在图 9-6b 的架构中，为容忍服务器故障，数据被存放在多台服务器上，存储阵列与服务器分开放置，具体的存储方案可由客户端或者服务器决定。在上述两种架构中，每台服务器主要负责它自己的数据。

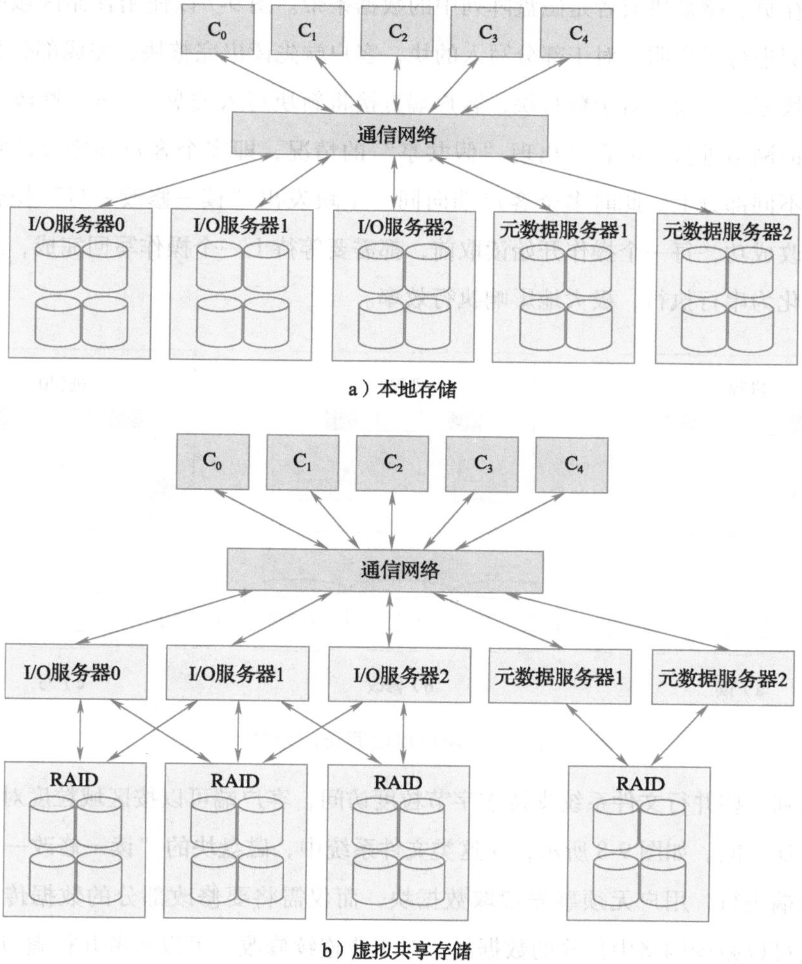


图 9-6 本地存储冗余方案和虚拟共享存储冗余方案

接下来讲述数据访问。并行文件系统软件需要从用户缓冲区中读取数据，并存放到磁盘块中，以完成写入，或者反过来从磁盘块中读取数据到用户缓冲区。并行文件系统主要有块和区域两种粒度的数据底层访问方式，其中，区域的粒度更小。以块为粒度访问通常会使锁的实现更加简单，锁的粒度可以调整为操作系统的页大小、存储块大小等。以区域为粒度访问则更加灵活，单次加锁的开销更小。

在以块为粒度进行数据访问的文件系统中，客户端以块为单位执行操作，块的大小可以为内存页、磁盘块或者是磁盘阵列中的数据条带。图 9-7 以使用存储区域网络的文件系统为例进行了说明。对于部分写入的块，客户端先读出完整块，完成部分数据修改后，将新块写入磁盘。对于覆写块，客户端直接将新块写入磁盘。“读—修改—写”操作可以借助网络进行，但容易出现“假共享”的情况，即多个客户端修改的数据在同一个块的不同部分上。此时多个客户端向同一个块发出“读—修改—写”操作，为使所有的修改成功，每一个操作开始读取前，都需要等待上一个操作写回完成，从而使这些操作退化为串行执行，极大地影响执行效率。

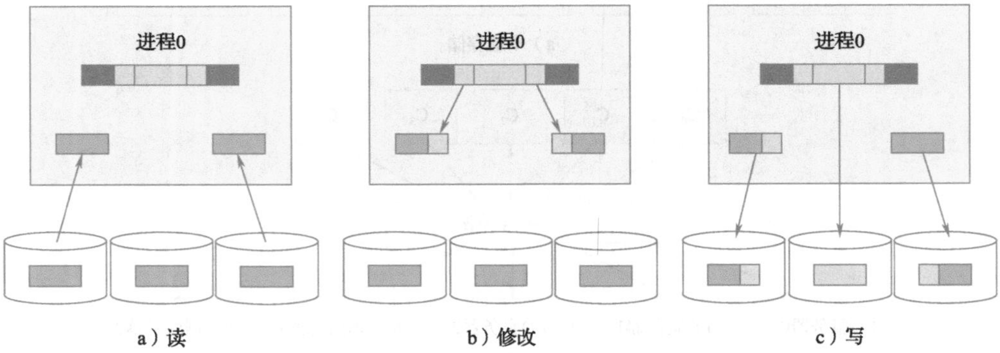


图 9-7　块粒度读写访问示意

考虑到一些并行文件系统支持按字节粒度访问，客户端可以按区域粒度对文件或对象进行 I/O 访问。如图 9-8 所示，在这类文件系统中，磁盘块的“读—修改—写”操作在服务器端进行，用户无须事先读取数据块，而仅需将要修改部分的数据传输给服务器，这样可以减少网络中传输的数据量。对于非连续修改，可以参考并行虚拟文件系统（parallel virtual file system，PVFS）的解决方案。

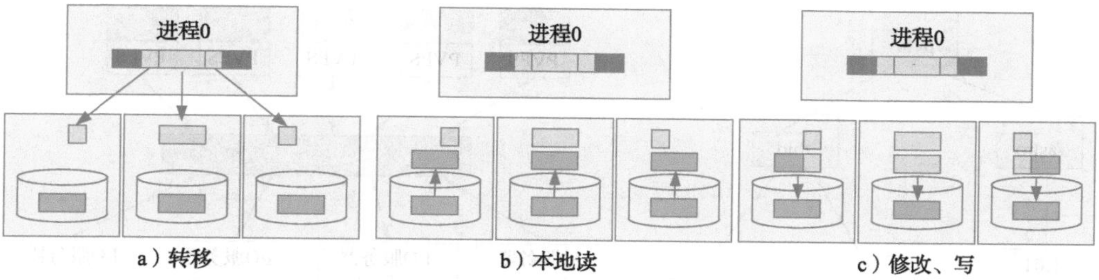


图 9-8　区域粒度读写访问示意

上文介绍了共享存储和文件/对象服务器两种并行文件系统架构，它们在客户端与服务器间的通信分别采用基于块的协议和基于文件或对象的协议。基于块的协议在底层，块设备更容易抽象，管理工具的实现也更为简单，但效率较低。基于文件或对象的协议则在高层，能够获取更多的数据语义信息，从而提供更大的优化空间，但暴露出来的更多细节将使管理工具的实现更加复杂。这两种并行文件系统架构中也使用了一些相同的组件，如数据复制和纠错码方案，网络链接、服务器和磁盘的冗余方案等。

## 9.4 常见并行文件系统

接下来介绍几个广泛使用的并行文件系统实例，分别为 PVFS、GPFS 和 Lustre。它们的共同点在于：①设计精良，性能和可扩展性好；②提供全局命名空间；③在硬件的支持下，可以实现容错，可以达到几 GB/s 的聚合带宽；④可以用于集群内或集群间。

### 9.4.1 并行虚拟文件系统 PVFS

首先是并行虚拟文件系统 PVFS[1]，它是基于文件的存储模型，类似于基于对象的存储模型。文件分段存放在分布式的 I/O 服务器上，每台 I/O 服务器管理自身的本地存储（见图 9-9）。虽然它只有一种服务器，但也能存储元数据。用户能够访问文件内任意字节起止位置范围内的内容，即以区域为粒度进行访问。它曾经用在 IBM 蓝色基因超级计算机和 Linux 操作系统上，与 MPI-I/O 的实现方式紧耦合。

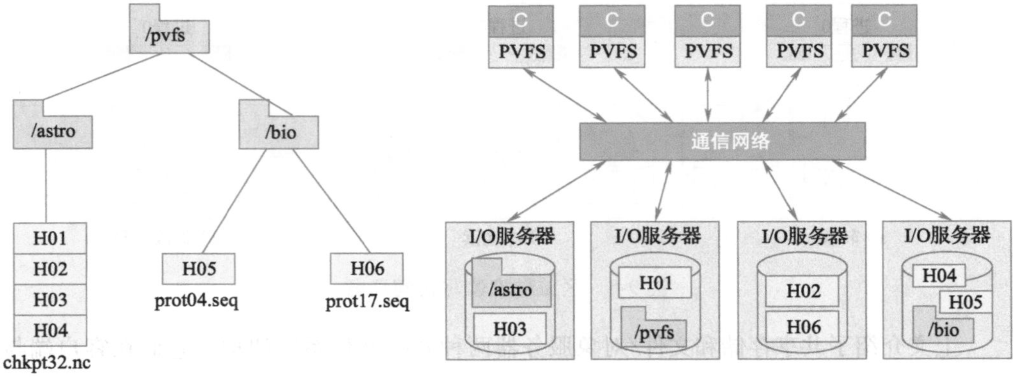


图 9-9 PVFS 文件系统架构

PVFS 基于现有的集群网络进行通信，可以是 TCP/IP、InfiniBand、Myrinet 或者是 Portals。服务器在本地文件系统（例如 ext3、XFS 等）中存储数据，本地文件存储 PVFS 文件的条带，元数据使用 Berkeley DB 而不是文件来存储。它采用的是内核空间和用户空间混合的实现方式，VFS 模块在内核中，供用户空间中的助手进程调用。它的服务器处于用户空间，使用客户端上的内核旁路接口。在商业化的产品中，通常使用心跳机制检测服务器是否在线，并在服务器出现故障时进行失效转移，通常为元数据和数据建立双机热备，以便随时切换。PVFS 普通存储模式和冗余存储模式如图 9-10 所示。

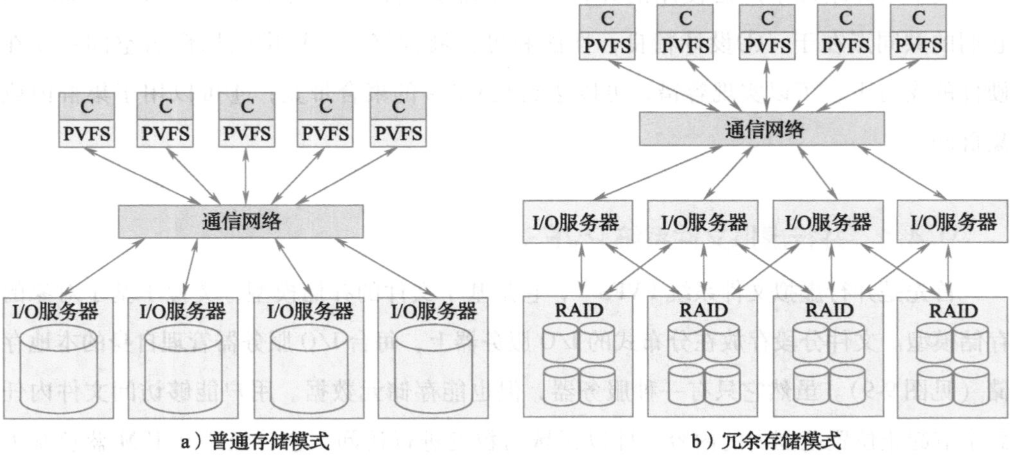


图 9-10 PVFS 设置为普通存储模式与冗余存储模式

在 PVFS 中，文件由一系列数据空间和一个分布函数构成。目录的数据空间保存着元数据文件的句柄，元数据文件的数据空间保存着所存储文件的权限、所有者和扩展属性，存储对应数据的空间的引用和分布函数的参数。数据文件保存文件数据本身。分布函数决定数据文件中的数据与逻辑文件的映射关系，默认配置为将文件数据分为 64kB 的块，并轮转分布到数据文件中去。由于数据文件列表和分布函数不会更改，所以用户可以无限期缓存这些信息，且在 I/O 时不需要与保存元数据的服务器进行通信。PVFS 文件与目录如图 9-11 所示。

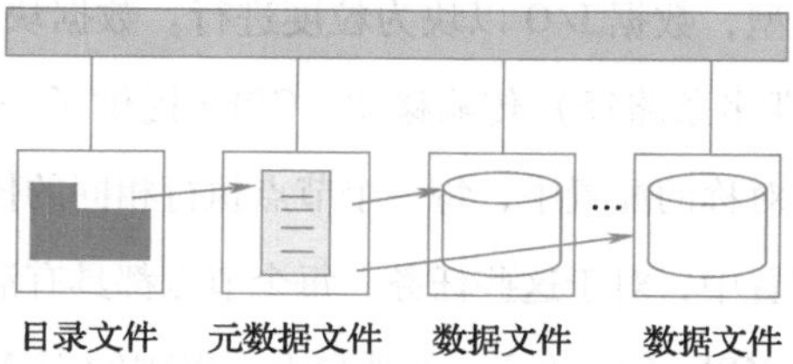


图 9-11　PVFS 文件与目录

当需要向一个一致的命名空间中添加文件时，客户端需要进行三步操作。首先创建元数据文件和数据文件；然后更新元数据文件中对数据文件的引用，以指向数据文件；最后在目录中为该文件创建条目（见图 9-12）。由于执行这些步骤都不需要获得锁，所以多客户端可以并发操作。因为目录中的条目是最后创建的，命名空间保证了一致性。如果用户在该进程中崩溃，这些空的对象是孤立的，垃圾回收机制会在之后将其清除，并不会影响当时的性能。

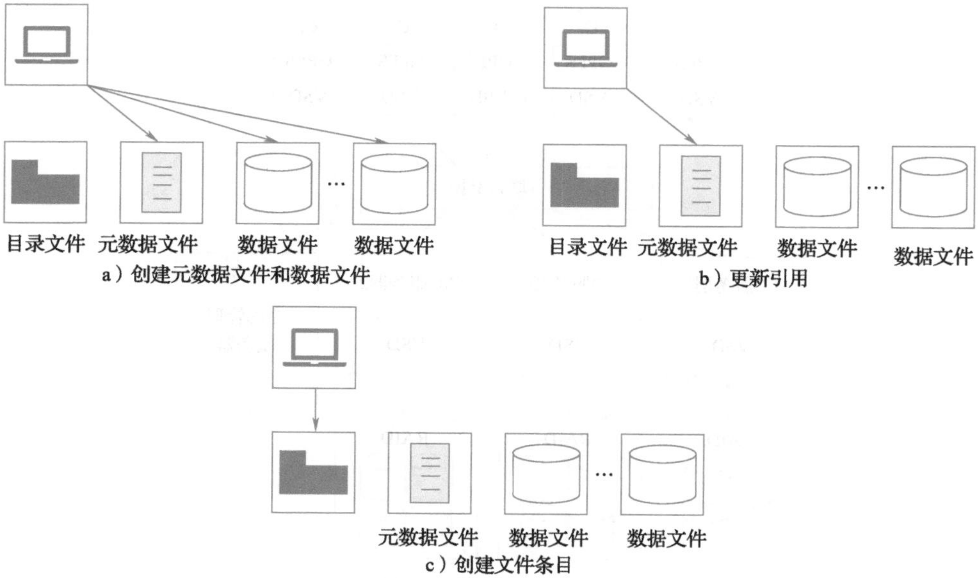


图 9-12　PVFS 向命名空间添加文件

## 9.4.2 通用并行文件系统 GPFS

第二个介绍的是 IBM 的 GPFS[2] （general parallel file system），该文件系统源自于 1995 年的虎鲨多媒体文件系统，支持 AIX 和 Linux 两种操作系统。它采用了共享块设备模型，数据 I/O 以块为粒度进行。数据块被条带化存放在多个磁盘上，通过多台服务器（即多条路径）传输移动。GPFS 提供了一种非对称配置方式，以提高元数据的扩展性。在对称的配置中，每一个节点执行相同的任务，如元数据管理、存储恢复等。在非对称的配置中，对于这些任务，每个节点都具有清晰独特的作用。在 AIX 平台上可以使用优化后的 MPI-I/O，在 Linux 平台上，ROMIO 是 MPI-I/O 的一种高性能、可移植的实现。

在 GPFS 文件系统中，软件层允许对服务器磁盘的远程访问，这既可以在 AIX 上通过虚拟共享磁盘 VSD 实现，也可以在 Linux、AIX 和混合集群上通过网络共享磁盘 NSD 实现。此外，用户也可以选择直接连接到存储。GPFS 使用共享存储（见图 9-13），使每个 RAID 磁盘阵列都可以由两台 I/O 服务器访问，使得系统能应对服务器或网络链接失效的情况，虽然这样需要冗余的硬件。而单个磁盘的失效将由 RAID 硬件来处理。GPFS 还提供了一个基于 RAID 或单个磁盘的复制机制，以在 RAID 故障时复制元数据。

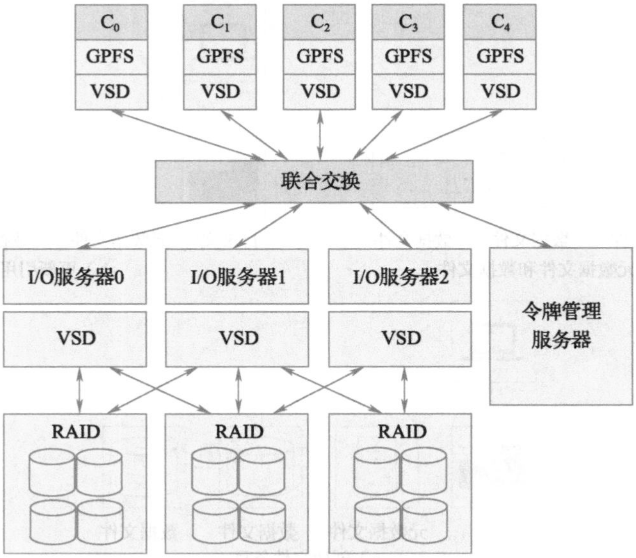


图 9-13　GPFS 使用共享存储架构示例

在 GPFS 中，所有的节点对所有的磁盘都有同等的访问权限。通过数据条带化（例如以 4MB 为块大小），工作负载随机轮转分布在所有的 RAID 上，一定程度上缓解了程序热点的出现。当块大小设置较大时，大文件能够以较快的速度写入，但对于小文件则没有优化效果。该文件系统支持的最大文件大小为 8EB，由于使用可扩展哈希来组织目录项（目录名经过哈希后来确定存储块），支持的最大目录数不限，实测最多能达到 2.56 亿个。

最后来讨论一致性问题，GPFS 通过给文件系统提供 POSIX 接口，为不同的节点提供文件的一致性视角，提供文件数据的原子操作。如果有对同一数据的多个写请求，则数据的最终值为最后写入的值。GPFS 通过提供分布式锁，保证了数据的一致性。该算法为仅有一个任务访问文件的顺序读写提供了特殊优化。第一个访问文件的任务对 [0,EOF] 部分内容加锁，获得访问权限。如果有第二个任务想要访问文件的 [1024, 2047] 部分内容，则第一个任务的锁区域修改为 [0,1023]，第二个任务对文件的 [1024,EOF] 部分加锁，获得访问权限。由于一个节点内部仅有一个文件的部分字节内容，将由令牌管理器来处理跨越块边界的问题。

元数据在目录一级加锁以保证一致性。多用户同时访问一个目录必须要通过锁机制来保证一致性，因为单个用户可能会缓存元数据的更新，而这对其他用户不可见。但在实际中，也会采用细粒度的目录锁以提升并发度。

### 9.4.3 集群文件系统 Lustre

第三个要介绍的是集群文件系统 Lustre[3]，这个文件系统由集群文件系统公司（现在为 Sun 公司的一部分）开发和维护。它的主要开发工作开始于 2002 年，合作伙伴包括 LLNL、ORNL、Cray、HP、Bull 和 CEA 等。该文件系统用于 Linux 集群，并完全在内核中实现，也有运行于用户空间的客户端 liblustre，但用于其他特殊目的。该文件系统广泛应用于 Cray XT 平台和 IBM Blue Gene/L。Lustre 是一个基于对象的集群文件系统，数据组织为对象的形式，并由一个句柄引用，以字节流的形式访问，类似于其他系统中基于文件的模型。在该文件系统中也实现了 ROMIO 以支持 MPI-I/O，ORNL 后续也开发了一些变体版本。

在 Lustre 体系结构中，共有三种服务器：MGS 是配置管理服务器，可以是每个文件系统一个，也可以是每个站点一个；MDS 是元数据服务器，用于管理权限、所有者信息及目录内容等，每个文件系统中同时仅有一个处于活跃状态；OSS 是对象存储服务器，用于存储文件数据，每个文件系统同时有多个处于活跃状态，文件分布存放在多个对象存储服务器上（见图 9-14）。Lustre 提供的 LNET 网络 API 为网络通信提供更通用的接口，支持 Myrinet、InfiniBand、Quadrics 和 TCP 等多种协议，支持不同归属地的服务器，并能跨网络类型提供路由能力。

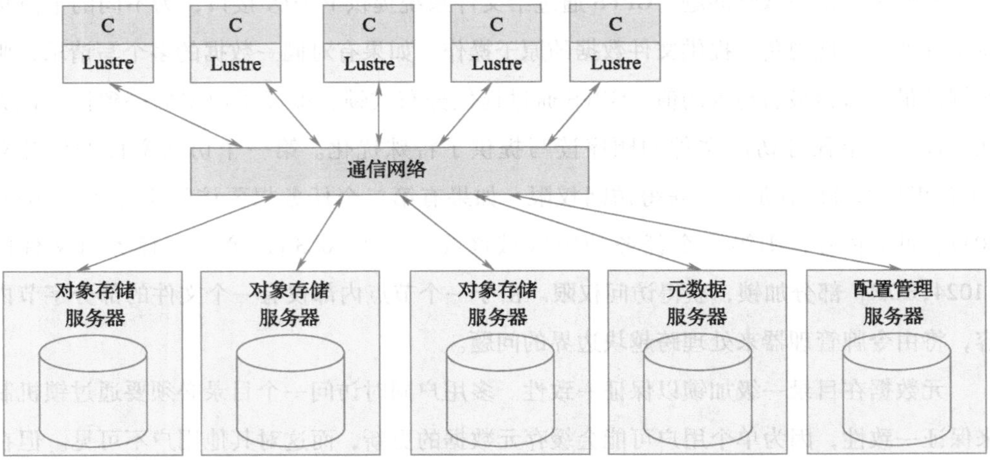


图 9-14　Lustre 部署的高层视角

Lustre 中基于对象的并行文件系统提供了一种类似于 I/O 服务器上的 ANSI T10 对象存储设备接口，提供对命名对象及其相关属性的字节流访问，同时分配本地存储空间。该文件系统使用元数据服务器来存储文件系统命名空间，并将文件数据映射为对象。虽然 Lustre 对象服务器早于 ANSI T10 的对象存储设备标准，但体现了类似的设计思路。

Lustre 使用单台服务器处理全部元数据，未来将在一个文件系统中引入多台元数据服务器，以扩展元数据处理能力。元数据服务器处理命名空间操作，控制文件和目录的属性（如名字、所有者、许可和文件数据在对象存储服务器上的位置）。文件大小数据在需要时计算，或者用 EOF 锁从客户端直接获取。一旦元数据提供给客户端，之后所有的交互都将指向对象存储服务器，从而减少由元数据服务器造成的瓶颈。

意向锁的使用加速了常见元数据的操作，在请求锁时，用户提供更改意向（如新建一条目录项），由服务器在本地应用更改并返回结果，避免了额外的网络通信开销。

此外，Lustre 还使用一种预建立机制来加速新文件的创建，即由元数据服务器指导对象存储服务器创建一个新对象池，并为新创建的文件分配对象作为其数据容器。同时，新对象的创建是异步进行的，以向用户隐藏延迟。

接下来介绍 Lustre 的数据存储管理组织形式。Lustre 主要由元数据服务器将文件区域的映射存储到对象中，每个对象存储服务器仅拥有文件的部分内容。数据划分为条带并分散存储在对象服务器上，文件系统会提供默认条带宽度与数量，但用户也可以覆盖这些值。用于存储新文件数据的对象存储服务器采用带预处理的轮转随机分配，当服务器剩余空间不均衡时，会使用带权重的算法。每个对象存储服务器仅管理它们拥有的文件区域的锁，以减少锁流量。锁是页边界对齐的，乐观锁将整个对象的锁授予第一个用户，并在其他用户开始访问时撤销授予并开始新一轮的分区授予。

Lustre 的容灾依赖于冗余存储，即一台服务器失效，仍可以由其他服务器访问共享存储（见图 9-15）。可以利用 Linux 的心跳包或类似机制来检测或启动失效。对元数据服务器和配置管理服务器，可以使用“激活—失效”机制，当一台服务器不能激活时，使用另一台服务器替代。对象存储服务器则使用“激活—激活”机制使得所有的硬件都被使用，当一台服务器失效时，文件系统能够继续以降级模式运行。对象存储软件运行在所有的节点上，当服务器失效时，后备节点上的另一台对象存储服务器将启动。

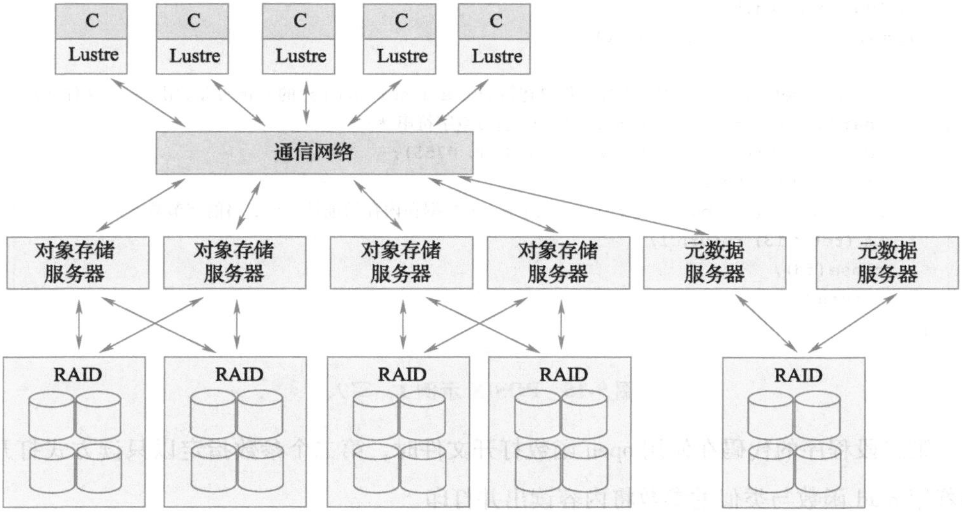


图 9-15　Lustre 设置冗余存储链路示例

## 9.5 POSIX

POSIX 是 IEEE 面向计算环境的可移植操作系统接口，它定义了应用程序从操作系统获取基本服务的标准方式，几乎所有的顺序程序都使用该机制进行 I/O。POSIX 适用于单计算机单文件系统的情况，不适用于聚合 I/O 访问。对于存在大量共享用户的文件（如集群文件），文件系统保证 POSIX 标准的代价是十分昂贵的。网络文件系统，如 NFS，在所有情况下都不实现严格 POSIX 语义，例如访问时间的延迟传播。

下文首先介绍这个接口，这样便于之后与其他接口对比。接下来介绍 POSIX I/O 的若干 HelloWorld 示例程序，展示一些基本 API 的使用。第一段程序向文件中写入文本（见图 9-16），第二段程序从刚才写入的文件中读回内容并打印（见图 9-17）。第一段程序中，fd 是文件描述符，用于表示打开的文件。接着使用 open 函数打开名为 myfile 的函数，第二个参数表示用户具有读写权限，文件不存在时创建，最后一个参数设置各用户对文件的读、写和执行权限。使用 write 函数写入 fd 指向的文件，第二个参数表示待写入内容，第三个参数表示写入大小。最后使用 close 函数关闭 fd 指向的文件。

```
#include <fcntl.h>
#include <unistd.h>
int main(int argc, char **argv)
{
    int fd, ret; /* fd 是用于指代文件描述符(file descriptors)的 int 变量,用来打开文件 */
    char buf[13] = "Hello world\n"; /* 包含空字符串 */
    fd = open("myfile", O_WRONLY |O_CREAT, 0755);
    if (fd < 0) return 1;
    ret = write(fd, buf, 13);        /* buf: 数据在内存的地址; 13: 写的字节数 */
    if (ret < 13) return 1;
    close(fd);
    return 0;
}
```

图 9-16　POSIX 示例 1：写入

第二段程序的代码在使用 open 函数打开文件时，第二个参数指定以只读方式打开。接着用 read 函数与类似的参数将内容读出并打印。

```
#include <fcntl.h>
#include <unistd.h>
#include <stdio.h>
int main(int argc, char **argv)
{
    int fd, ret; char buf[13];
    fd = open("myfile", O_RDONLY);
    if (fd < 0) return 1;
    ret = read(fd, buf, 13);
    if (ret < 13) return 1;
    printf("%s", buf);
    close(fd);
    return 0;
}
```

图 9-17　POSIX 示例 2：读取

POSIX API 是许多工具与底层文件系统的桥梁，由操作系统将这些调用映射为文件系统操作，然后由文件系统根据具体实现，使用面向块或区域的访问执行 I/O。合规的文件系统会应用锁机制以保证操作的原子性，但这可能会带来大量的开销。

## 9.6　MPI-I/O

MPI-I/O 是适用于 MPI 程序的并行 I/O 接口规范，它使用和 POSIX 相同的文件字节流数据模型。除了并行 I/O 接口的一般特性外，MPI-I/O 还具有：可以群体 I/O；可以按 MPI 的数据类型进行非连续的 I/O，同时可以提供文件视图；支持非阻塞 I/O；提供 Fortran 和其他特定语言的语言绑定，便于跨语言调用；可以将文件编码为一种可移植的数据表示形式（external32，这是一个非自解释性的、定义良好的编码类型）等特性。至今为止，MPI-I/O 在绝大多数平台都可实现。

### 9.6.1　MPI-I/O 的特性

#### 1. 独立/群体 I/O

独立 I/O 和群体 I/O 的不同体现在 I/O 请求的发起者上，独立 I/O 的每个 I/O 请求都只有一个进程是发起者，而群体 I/O 是所有进程共同作为一个发起者。独立 I/O 操作特定于单个进程，不会将关系传递给其他进程。在现实中，许多应用程序都有计算和I/O 阶段的划分，在此期间所有进程共同读取/写入访问存储的数据。在这个阶段，集体 I/O 可以允许一组进程协调访问存储，所有参与进程调用集体 I/O 函数。通过向 I/O 层提供更多关于所有进程整体访问的信息，可以在较低的软件层中实现更大的优化和更好的性能。最显著的优点就是减小了 I/O 层接收请求的流量。

如图 9-18 所示，在有 6 个进程的情景中，独立 I/O 每个 I/O 服务端要接收 6 条请求，而集体 I/O 每个服务端只要接收 1 条请求。

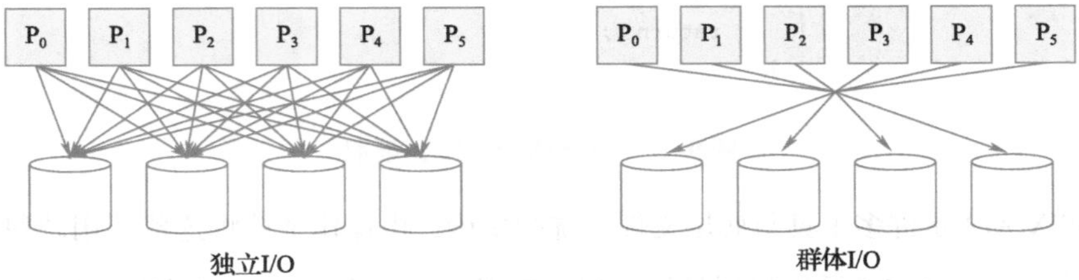


图 9-18　独立与集体 I/O

## 2. 连续/非连续 I/O

此处的是否连续是指发送端（文件）和接收端（内存）两方的缓存区内的数据是否连在一起，因此可以分为：连续 I/O（数据从单个内存块移动到单个文件区域）和非连续 I/O，其中非连续 I/O 可以分为三类：内存中不连续、文件中不连续和两者均不连续。

结构化数据（例如数组或矩阵）通常存储在连续的内存块中。然而，当将此类数据写入文件或从文件中读取时，并不是总是可以连续传输数据的，连续传输也可能不是高效的。例如，如果文件系统块的大小小于数据块的大小，则可能需要将数据分成更小的块以便写入磁盘。这就天然导致非连续 I/O 发生。

此外，使用单个操作描述非连续访问将更多信息传递给 I/O 系统。在执行非连续 I/O 时，通常需要向 I/O 系统描述数据访问模式，以便其优化 I/O 操作。例如，I/O 系统可能需要知道需要写入或读取的每个数据子块的大小和位置，以及处理子块的顺序。通过使用单个操作指定整个访问模式，I/O 系统可以更有效地优化 I/O 操作。这可以带来更好的性能和效率，尤其是在处理大型或复杂的非连续 I/O 操作时。此外，向 I/O 系统传递更多信息可以减轻应用程序和用户层面的负担，从而更容易执行非连续 I/O。

### 3. 非阻塞和异步 I/O

传统的阻塞 I/O 要等待缓存区可以重用时才能返回，而非阻塞 I/O 接口可以允许先提交 I/O 操作，稍后进行完整性测试。如果系统还支持异步 I/O，这些操作可以在后台发生。一些应用程序将 I/O 任务和计算任务相重叠，如隐藏写入、预取、流水线等技术。这意味着它们将在等待 I/O 完成的同时执行计算任务。这种方法可以通过有效地隐藏 I/O 操作的延迟来提高性能。重叠 I/O 和计算是一种可用于最大化非阻塞和异步 I/O 优势的策略，以最小延迟处理大量数据的高性能应用程序通常会采取这种方式。

如果一个应用程序没有使用非阻塞或异步 I/O 接口，它将不得不使用阻塞或同步函数显式启动、检查和等待 I/O 操作完成，在等待这些操作完成时，应用程序不能做任何事情。

## 9.6.2　MPI-I/O 示例

首先介绍一些常用的 I/O 操作函数：①MPI_File_open( )，所有进程共同打开一个文件流；②MPI_File_write( )，只有调用进程会向文件中写入数据；③MPI_File_read_all( )，所有进程共同读取，获得相同的数据。下面通过一个读取大文件的实例进一步介绍并行 I/O 的流程。

每一帧图像在显示器上显示之前，系统通常必须对大帧进行预处理。处理流程的第一步是提取将要发送到每台投影仪的“图块”（tile）（见图 9-19 和图 9-20），去执行缩放等处理操作。在这个步骤中使用并行 I/O 可用于加速读取图块。这里假设一个进程需要读取每个图块，假设原始 RGB 格式具有固定长度的头部。对于这样的图像文件，像素点数据从左至右、从上至下依次存储于外存。

图 9-19　各图块在整个帧中的相对位置示意

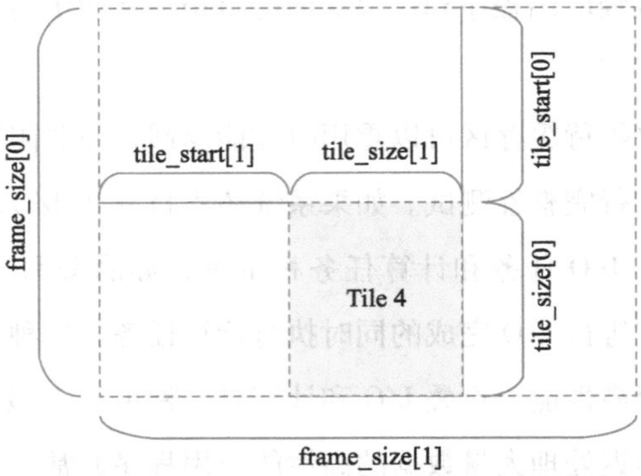


图 9-20　通过参数 frame 和 tile 描述一个图块的逻辑位置

假设当前取图 9-20 中所示的第四个图块，这一图块的数据在文件中排列顺序如图 9-21 所示，图块的每一行是连续的，但不同行之间是不连续的。这种排列方式对应了文件不连续 I/O 的方式。

图 9-21　逻辑排列的像素点的物理地址关系

读取这种文件，首先要获得对文件数据的描述。subarray 是 MPI 内部定义的一种数据类型。这里使用 MPI_Type_create_subarray 函数。MPI_Type_create_subarray 可以描述一个 $N$ 维数组的 $N$ 维子数组。在本实例的情况下，使用它来会获得一个二维的图块的描述。如果需要，图块之间可以存在重叠。

一个 MPI_File_set_view 函数使用 subarray 类型来选择文件区域。MPI_File_set_view 允许用户为访问文件指定视图（见图 9-22）。它用于多个进程可能同时访问同一个文件时，该函数允许用户为每个进程指定自定义文件视图。该视图指定了文件中数据的起始位置、数据类型，以及数据在进程之间的分布方式。这使得每个进程可以读取或写入文件的特定子集，而不会干扰其他进程的数据访问。通过为每个进程指定自定义视图，MPI_File_set_view 可以帮助优化 I/O 性能并减少进程之间访问文件的竞争。

```
MPI_Datatype rgb,filetype;
MPI_File filehandle;
ret = MPI_Comm_rank(MPI_COMM_WORLD,&myrank) ;
//集体打开一个文件
ret = MPI_File_open(MPI_COMM_WORLD,filename,
MPI_MODE_RDONLY,MPI_INFO_NULL,&fi7lehandle);
//先定义一个简单的 3 字节的 RGB 类型
ret = MPI_Type_contiguous(3,MPI_BYTE,&rgb);
ret = MPI_Type_commit(&rgb);
//定义图块和总体大小
frame_size[1] = 3*1024;
frame_size[0] = 2*768;
tile_size[1] = 1024;
tile_size[0]= 768;
tile_start[1] = 1024 * (myrank %3);
tile_start[0] = (myrank < 3)? 0 : 768;
//创建 subarray 类型来为后面 set_view 提供信息
ret = MPI_Type_create_subarray(2,frame_size,
tile_size,tile_start,MPI_ORDER_C,rgb,&filetype);
ret = MPI_Type_commit(&filetype);
//跳过 RGB 头部,调用 Set_view 获得文件视图
ret = MPI_File_set_view(filehandle,file_header_size,
rgb,filetype,"native",MPI_INFO_NULL);
//集体地读文件
ret = MPI_File_read_all(filehandle,buffer,tile_size[0] * tile_size[1],rgb,&status);
ret = MPI_File_close(&filehandle);
```

图 9-22 读取图块代码

### 9.6.3 MPI-I/O 的底层读写优化

由前文的例子可以看到，在 MPI-I/O 中，会经常出现多个进程在同时同一个读取数据的情况，因此 MPI 对区域进行结构化描述（文件视图）。在这种方法中，数据被分成一组连续的区域，每个区域对应整体数据的一个子集。当一组进程需要从文件中读取数据时，每个进程都会分配一个区域子集，每个进程负责从其分配的区域中读取数据。通

过以这种方式组织数据，MPI-I/O 实现可以确保每个进程访问一组不重叠的区域，这有助于避免进程之间的冲突并提高并行性能。在上述顶层设计下，底层的并行 I/O 实现在非连续数据访问和群体 I/O 这两方面做出了优化。

### 1. 数据筛选（Data Sieving）

在对非连续数据 I/O 的优化中，设计者提出了数据筛选（Data Sieving）技术。数据筛选用于将大量较小的访问组合成一个较大的访问。在读的情况下，数据筛选会请求一个大于它需要读取的非连续区域的数据块，然后过滤掉不相关的数据。这种技术可以减少读取数据所需的磁盘寻道次数，从而提高性能。MPI-I/O 提供了几种不同的数据筛选算法，这些算法旨在处理不同类型的数据和访问模式。这些算法结合使用文件视图、数据缓冲和预取来优化并行应用程序中非连续数据的读取和写入。

写数据筛选更为复杂，进程必须先读取整个区域到缓冲区中，对缓冲区的数据进行更改；然后将缓冲区的整个数据块写入文件。这种缓冲允许进程通过减少写入数据所需的磁盘寻道次数来更有效地写入非连续数据。具体来说，进程可以将非连续数据收集到连续缓冲区中，然后使用单个 I/O 操作中向缓冲区写入文件。

并行的写数据筛选在访问文件系统时需要锁定文件系统，因为多个进程有可能试图同时写入文件的同一区域。如果没有适当的同步，这可能会导致数据损坏或结果不一致。

伪共享是发生在没有同步机制的写数据筛选中的问题。当多个进程访问内存中的同一个缓存行时，即使它们实际上没有修改相同的数据，也会发生伪共享，导致不必要的缓存失效和缓存未命中，从而降低性能。此外，交错的访问是另一种情形。即使两个进程访问的区域不完全一样，若是这两个区域可能存在重叠，仍然存在两个进程访问同一个内存区域的情况，因此，使用锁来确保进程独占性是十分重要的。

虽然数据筛选可以有效地优化 MPI-I/O 中非连续数据的读写，但它仍然不如拥有支持非连续访问的 PFS（parallel file system）好。这是因为 PFS 专门设计用于提供对共享存储的高性能并行访问，包括对非连续访问模式的支持。相比之下，数据筛选是一种应用于标准文件系统的技术，虽然它可能很有效，但它可能不像 PFS 那样针对并行 I/O 进行优化。因此，如果应用程序涉及频繁的非连续数据访问，PFS 是比数据筛选更好的选择。

### 2. 两段 I/O

在对集体 I/O 的优化中，设计者给出两段 I/O 的解决方案。由于文件系统中独立、非连续 I/O 访问存在许多问题：如小访问数目过大、独立数据筛选时会读取大量额外数据，以及可能导致错误共享等，两段 I/O 模式被设计用来解决这些问题。

如图 9-23 所示，在第 1 阶段中，文件系统重新组织访问以匹配物理磁盘上的布局。文件系统会使用数据筛选来获取多个进程的数据访问请求，然后将这些请求根据物理位置尽可能地连接成一个连续的、大的数据块，这样可以通过多个进程共享一个公共块来减少文件系统方所需的总 I/O 次数；将这些共享公共块先返回到各个进程，然后在第 2 阶段中在进程内部将数据重新分配到最终目的地进程。该阶段以相反的方式运行，通常涉及读取/修改/写入操作，如数据筛选。值得注意的是，两阶段访问通常应用于文件区域，而不是实际块。在开销方面，因为两阶段访问很少甚至没有伪共享，所以其开销一般低于独立访问。

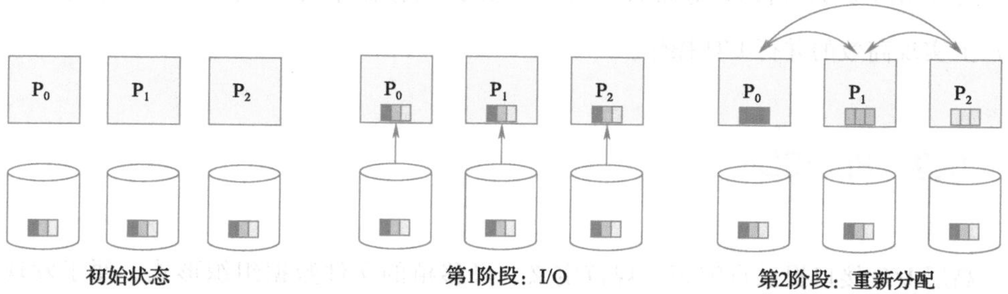


图 9-23 两阶段读算法

### 3. 非连续 I/O 操作性能测试

非连续基准是 Joachim Worringen 设计的一个基准工具，用来衡量 MPI-I/O 中非连续 I/O 操作的性能。非连续基准会测量对文件执行一系列非连续 I/O 操作所需的时间。该基准测试使用各种不同的 I/O 模式（包括随机和跨步访问）来模拟不同类型的非连续 I/O 工作负载。该基准还允许不同级别并行，同时支持集体和独立 I/O 操作。该基准可用于测量各种硬件和软件平台上不同 MPI-I/O 实现的性能。通过测量执行非连续 I/O 操作所需的时间，该基准可以帮助识别性能瓶颈并指导优化，以提高并行 I/O 工作负载的性能。

从已发表的文献结果来看，在应对独立非连续 I/O 的各种请求上，PVFS 拥有极高的带宽表现，它在这个领域表现出非常强大的能力；此外，对除了连续性非常好的访存模式之外的所有其他 I/O 模式的集体 I/O 优化，使得所有的文件系统都得到了增益，这说明对集体 I/O 的优化对性能表现是至关重要的。

4. 小结

MPI-I/O 提供了在并行计算环境中执行 I/O 操作的接口。它旨在并行处理 I/O 操作，并支持集体 I/O 和独立 I/O。当多个进程需要同时读取或写入同一个文件时，集体 I/O 可以高效地优化文件系统读写速率和带宽。MPI-I/O 的另一个重要特性是非连续 I/O，它允许进程读取或写入不连续存储在内存或磁盘上的数据。MPI-I/O 还提供了多种功能来优化 I/O 性能，包括描述内存和文件中的非连续访问及集体 I/O 操作的能力。这些功能可以实现各种改进 I/O 性能的转换。MPI-I/O 还为构建高级 I/O 库提供了基础。通过 MPI-I/O，可以在分布式文件系统和其他存储系统（例如 RAID 阵列或云存储）上实现高效的并行 I/O 操作。

## 9.7 PnetCDF

高层 I/O 接口提供自解释、规范定义、可移植的文件数据组织形式，便于发现内容。为计算科学提供更加合适的 API，例如类型化数据、支持非连续的内存或文件，以及对多为数组及其子集的 I/O。接下来介绍的示例接口都是基于 MPI-I/O 实现的。

PnetCDF（Parallel netCDF）的研发是基于 Unidata 项目提出的网络通用数据格式（network common data format，netCDF）而进行的。它的数据模型包括单个文件中类型化的多维数组变量的集合，还包括文件或变量的属性。PnetCDF 拥有 C 和 Fortran 的接口、与 netCDF 一致的可移植数据格式，支持用 MPI 数据类型对内存进行非连续 I/O，用子数组对文件进行非连续 I/O，支持聚合 I/O。

PnetCDF 文件由三个区域构成：文件头、所有维度指定的非记录变量和无限维度的记录变量。记录变量是交叉存储的，所以在文件中使用超过一个记录变量可能导致非连续访问，从而对性能造成影响。在文件中，数据总是以大端格式写入的。若要以 PnetCDF 格式存储数据，首先要创建一个数据集文件，将文件设置为待定义模式，从而使开发者能接着定义维度、变量和存储属性；然后从待定义模式转换为数据模式，从而写入变量；接着存储变量数据并关闭数据集文件。

接下来介绍一个 PnetCDF 格式文件写入示例，如图 9-24 所示，ncfile 指向数据集和变量，与前文的 fd 作用类似。Ncmpi_create 函数创建数据集文件，ncmpi_put_att_text 函数指定变量类型、大小并写入，最后使用 ncmpi_close 函数关闭文件。

```
#include <mpi.h>
#include <pnetcdf.h>
int main(int argc, char **argv)
{
    int ncfile, ret, count; /* 用来表示数据集和各种变量*/
    char buf[13] = "Hello world\n";
    MPI_Init(&argc, &argv);
    ret = ncmpi_create(MPI_COMM_WORLD, "myfile.nc",
      NC_CLOBBER, MPI_INFO_NULL, &ncfile);
    if (ret != NC_NOERR) return 1;
    ret = ncmpi_put_att_text(ncfile, NC_GLOBAL,
      "string", 13, buf); /* 在定义模式下将值存储为属性*/
    if (ret != NC_NOERR) return 1;;
    ncmpi_enddef (ncfile);

    /* 进入数据模式,但无事可做 */

    ncmpi_close(ncfile);
    MPI_Finalize();
    return 0;
}
```

图 9-24 PnetCDF 格式文件写入示例

从 PnetCDF 格式文件读取数据时，首先以只读模式打开数据集文件，然后获取维度和变量等信息，读取变量数据并关闭数据集文件。图 9-25 展示了一个 PnetCDF 读取示例，首先使用 ncmpi_open( ) 函数打开数据集文件，通过指定 NC_NOWRITE 设置以只读方式打开。接着使用 ncmpi_inq_attlen( ) 函数获取变量长度，使用 ncmpi_get_att_text( ) 函数获取存储的数据。

```c
#include <mpi.h>
#include <pnetcdf.h>
int main(int argc, char **argv)
{
    int ncfile, ret, count;
    char buf[13];
    MPI_Init(&argc, &argv);
    ret = ncmpi_open(MPI_COMM_WORLD, "myfile.nc",
      NC_NOWRITE, MPI_INFO_NULL, &ncfile);
    if (ret != NC_NOERR) return 1;

    /* 验证属性存在,并且是预期大小 */
    ret = ncmpi_inq_attlen(ncfile, NC_GLOBAL, "string",
      &count);
    if (ret != NC_NOERR || count != 13) return 1;

    /* 检索存储的属性 */
    ret = ncmpi_get_att_text(ncfile, NC_GLOBAL,
      "string", buf);
    if (ret != NC_NOERR) return 1;
    printf("%s", buf);

    ncmpi_close(ncfile);
    MPI_Finalize();
    return 0;
}
```

图 9-25　PnetCDF 读取示例

接下来以天体物理学中的代码模型 FLASH 为例，介绍 PnetCDF 的使用。FLASH 采用自适应网格进行流体力学计算，用于研究超新星事件。该算法可以扩展到拥有数以千计核心的系统上，并采用 MPI 用于通信。运行该算法的进程会频繁创建检查点，检查点中以规范顺序存储着可移植的有类型变量数据块。

具体来说，FLASH 中的 AMR 结构并不直接映射到 netCDF 中的多维数组，而是将内存中的部分映射。FLASH 将所有的检查点数据放在一个文件中，数据以四维变量的形式线性存储在 AMR 块中。仅有 FLASH 变量存放在 netCDF 变量中，而忽略幽灵单元，同时还要记录运行时间、总数据块等属性。

图 9-26 所示是一个 FLASH 代码示例，它使用 netCDF Parallel I/O（PIO）库中的函

数来创建一个 netCDF 文件，并定义了该文件的维度。它首先声明了 int 类型的 status、ncid、tot_blks、nxb、nyb 和 nzb 变量，以及一个 MPI_Info 类型的变量 hints。这些变量分别用于存储函数返回的状态码、netCDF 文件的 ID、文件中的维度大小等信息。

```
int status, ncid, dim_tot_blks, dim_nxb,
  dim_nyb, dim_nzb;
MPI_Info hints;
/*创建数据集文件*/
status = ncmpi_create(MPI_COMM_WORLD, filename,
  NC_CLOBBER, hints, &file_id);
/*定义维度*/
status = ncmpi_def_dim(ncid, "dim_tot_blks",
  tot_blks, &dim_tot_blks);    /*每个维度都有一个唯一的参考*/
status = ncmpi_def_dim(ncid, "dim_nxb",
  nzones_block[0], &dim_nxb);  /*每个维度都有一个唯一的参考*/
status = ncmpi_def_dim(ncid, "dim_nyb",
  nzones_block[1], &dim_nyb) ;
status = ncmpi_def_dim(ncid, "dim_nzb",
  nzones_block[2], &dim_nzb) ;
```

图 9-26 FLASH 示例——定义维度

接下来，它使用 ncmpi_create( ) 函数创建了一个 netCDF 文件。该函数需要传入 MPI_COMM_WORLD 通信子网、文件名、创建模式（这里使用了 NC_CLOBBER，表示如果文件已经存在则覆盖）、一些附加信息，以及一个输出参数 file_id，用于存储文件的 ID。

然后，它使用 ncmpi_def_dim( ) 函数来定义文件的维度。这些维度分别命名为 dim_tot_blks、dim_nxb、dim_nyb 和 dim_nzb，大小分别为 tot_blks、nxb、nyb 和 nzb。这些函数会返回一个状态码，表示操作是否成功。

接着逐个定义数组 varids 中的变量，共 NVARS 个变量。在使用 ncmpi_def_var( ) 函数定义时，每个变量都使用相同的四个维度。

接下来的代码使用 ncmpi_def_var( ) 函数为 NVARS 个变量定义了一个共同的维度。该函数用于在 netCDF 数据文件中定义一个变量，这些变量都有相同的维度，因此该函数的第三个参数指定了变量的维数，第四个参数 dimids 数组包含了这些维度的编号，第五个参数 varids 数组用于存储变量的 ID（见图 9-27）。

```
int dims = 4, dimids[4];
int varids[NVARS];
/* 定义变量(X 变化最快) */
dimids[0] = dim_tot_blks;
dimids[1] = dim_nzb;
dimids[2] = dim_nyb;
dimids[3] = dim_nxb;
for (i=0; i < NVARS; i++) {
    status = ncmpi_def_var(ncid, unk_label[i],
        NC_DOUBLE, dims, dimids, &varids[i]);
} /* 所有变量使用相同的维度 */
```

图 9-27　FLASH 示例——创建变量

接着存储一些 checkpoint 的元数据属性，如文件创建时间和总块数，使用 netCDF 数据格式库的 ncmpi_put_att_text( ) 和 ncmpi_put_att_int( ) 函数。调用 ncmpi_enddef( ) 函数，将文件句柄置于数据模式，以准备写入变量数据（见图 9-28）。

```
/* 存储检查点的属性 */
status = ncmpi_put_att_text(ncid, NC_GLOBAL,
  "file_creation_time", string_size, file_creation_time);
status = ncmpi_put_att_int(ncid, NC_GLOBAL, "total_blocks", NC_INT, 1, tot_blks);
status = ncmpi_enddef (file_id);

/* 现在进入数据模式…… */
```

图 9-28　FLASH 示例——存储属性

图 9-29 所示的代码声明了一个名为 unknowns 的双精度浮点型指针，并设置一个 4D 数组的起始索引和计数。这个数组包含了多个未知变量（NVARS），每个变量是由块（blk）、垂直网格（nzb）、纵向网格（nyb）和横向网格（nxb）组成的。循环遍历每个未知变量，构建 mpi_type 描述这个变量的数据类型，然后使用 ncmpi_put_vara_all( ) 函数写入这个变量的所有值，将数据分散到多个进程中。最后调用 ncmpi_close( ) 函数关闭文件句柄。

在定义模式中，使用 MPI_File_open( ) 函数创建文件，同时设置适当的提示。此外，还可以在本地内存中缓存头部信息，所有更改都在每个进程的本地副本上进行。在 ncmpi_enddef( ) 函数中，进程 0 使用 MPI_File_write_at( ) 函数写入文件头信息，并将结果通过 MPI_Bcast 广播给其他进程。这样，每个进程都在内存中有头部信息，并知道所有变量的位置，这使得在数据模式下不需要任何额外的文件头信息 I/O。这种方法可以提高并行 I/O 操作的效率和性能。

```
double *unknowns; /* unknowns[blk][nzb][nyb][nxb] */
size_t start_4d[4], count_4d[4];
start_4d[0] = global_offset; /* 每一个进程都不同 */
start_4d[1] = start_4d[2] = start_4d[3] = 0;
count_4d[0] = local_blocks;
count_4d[1] = nzb; count_4d[2] = nyb; count_4d[3] = nxb;
for (i=0; i < NVARS; i++) {
    /* 构建描述单个变量值的数据类型"mpi_type" */
    /* 使用集体通信函数写入单个变量的所有值 */
    ncmpi_put_vara_all(ncid, varids[i], start_4d, count_4d,
      unknowns, 1, mpi_types); /* 典型的 MPI"地址-数量-类型"元组 */
}
status = ncmpi_close(file_id);
```

图 9-29 FLASH 示例——写入变量

在 ncmpi_put_vara_all( ) 函数内，每个进程都将数据转换为内部缓冲区，并使用 MPI_File_set_view 定义文件区域。在 FLASH 案例中，每个进程都有一个连续的区域。MPI_File_write_all( ) 集体写入数据。在 ncmpi_close 时，MPI_File_close 确保数据被写入存储。

MPI-I/O 的一个优化思路是采用两阶段写入变量的方式。MPI-I/O 进行 PFS 调用时，PFS 客户端代码与服务器通信并存储数据。

PnetCDF 提供了一个简单、便携、自描述的数据容器，同时支持聚合 I/O，数据结构紧密映射到所描述的变量。如果 PnetCDF 满足应用程序的需求，它很可能会提供良好的性能。反之，将类型转换为便携格式会增加一些开销。对于 CDF-2 文件格式，存在一些限制，如固定大小变量不能超过 4GB，一条记录的记录变量大小不能超过 4GB，最大记录数为 $2^{32}-1$。这些限制需要在使用 PnetCDF 时注意。

## 9.8 本章小结

本章首先介绍了 I/O 软件栈的概念和系统层次，解释了它们之间的关系和作用。接着深入研究了并行文件系统的基本原理和在数据访问与备份方面的优势，以 PVFS、GPFS 和 Lustre 为例，详细介绍了它们的特点和应用场景。本章还探讨了 I/O 的具体实现方式，介绍了 POSIX 标准，如何利用 MPI-I/O 进行高效数据传输。最后，本章简要介绍了 PnetCDF 的一些特点和应用领域。

通过本章的学习，读者可以了解到 I/O 软件栈、并行文件系统和 MPI-I/O 在高性能计算中的重要性和应用。同时，还可以了解到这些技术的特点、优化方法和使用方式，从而更好地进行并行 I/O 操作与优化。

## 9.9 思考题

1. PVFS、GPFS 和 Lustre 文件系统的特点是什么？分别适用于哪些场景？
2. 尝试调研工业界与学术界在并行文件系统方面的新进展。

## 参考文献

[1] LIGON W, ROSS R. Beowulf cluster computing with Linux [M]. 2nd ed. Cambridge: MIT Press, 2003: 489-530.

[2] SCHMUCK F B, HASKIN R H. GPFS: a shared-disk file system for large computing clusters [C]// Proceedings of the 1st USENIX conference on File and storage technologies (FAST '02). Berkeley: USENIX Association, 2002: 16.

[3] BRAAM P, SCHWAN P. Lustre: the intergalactic file system [C]. //Proceedings of the Otlawa Linux Symposium, June 26-29, 2002, Ottawa, Ontario, Canada.

# 第 10 章 高速缓存一致性、同步和事务性内存

## 10.1 引言

本章将介绍高速缓存一致性协议、同步和事务内存等。一致性协议保证在多个核心的高速缓存中的值是一致的，是多核执行正确性的保障。同步和事务内存则主要关注多线程之间的协同与互斥。

## 10.2 高速缓存一致性

非统一存储访问（non-uniform memory access，NUMA）是指不同处理器访问同一存储单元时会产生不同延迟的一种系统结构。它采用分布式存储，内存在物理上靠近每个处理器，但仍然是共享内存。对于同一个处理器，访问本地内存的延迟会小于访问物理距离较远的内存的延迟，这是造成访存不均匀的原因。NUMA 系统结构下，系统的性能很大程度上取决于数据访问的局部性，因此高速缓存的一致性变得更为重要。

高速缓存对 SMP 系统的性能起到关键作用，它可以减少平均数据访问时间，降低对共享互连网络的带宽需求。但每个处理器各自私有高速缓存带来了新的问题：一个变量的副本同时存在于多个高速缓存中，但某个处理器的写回可能会对其他处理器不可见，这导致其他处理器从各自的高速缓存中仍然读到旧数据，导致了高速缓存的一致性问题。解决思路一般为重新组织存储层次结构，或者对高速缓存不一致进行检测并采取措施消除问题。

内存操作包括 load、store、read-modify-write 等，需要将命令提交给存储系统。从处理器视角来看，写入操作的期望是后续的读操作能返回写入的值；读取操作的期望是后续的写操作不能影响要读的值。想要构建一个具有一致性的存储系统，则需要每个位置都存在一系列内存操作顺序，使得进程发出的操作按发出的顺序出现，也要满足每次读取返回的值是之前写入的值。这需要“写传播+写顺序化”技术来实现。

高速缓存一致性意味着：对一个存储位置的写入，需要对所有处理器以相同的顺序可见。由此自然产生了一个问题，写入应该在什么时候变得可见？如何在不同处理器的写入和读取之间构建次序？由此引入了事件同步机制。人们为高速缓存一致性实现约定硬件协议，协议将基于内存一致性模型进行。

内存一致性模型通过对次序的特定约束，使得来自任意处理器的内存操作的执行看起来考虑到了其他处理器：即哪些访存顺序是合法的。在内存一致性模型下，给定一个 load 操作，它可能的返回值是有约束的。内存一致性模型是程序员与系统之间的一种约定。内存一致性对程序员和系统设计者的影响在于，一方面，程序员可以它用来推断自己设计的正确性；另一方面，系统设计人员可以用它来限制可以被编译器或硬件重新排序的访存数量。

访存是顺序一致性是指通过交叉执行来自不同进程的访存，得到一个访存总次序。系统需要维护程序执行的次序，使得来自每一个进程的内存操作对于其他进程而言，看上去是以原子方式发出、执行和完成的，仿佛整个系统只存在一个统一的内存。如果任何执行结果与所有处理器的操作都以某种顺序执行的结果相同，并且每个单独的处理器的操作按照其程序指定的顺序出现在该序列中，那么可以说，该多处理器是顺序一致的。

内存操作存在一个总顺序，这个顺序与程序顺序中可见的内存操作一致的。顺序一致性的充分条件是：①每个进程按程序顺序发出内存操作；②发出写入操作后，发出的进程等待写入完成，再发出下一个内存操作（即原子写）；③发出读取操作后，发出的进程等待读取完成并等待正在返回值的写入完成，再发出下一个内存操作。

高速缓存一致性协议是内存一致性模型的具体实现，内存一致性模型为高速缓存一致性协议规定了什么是“一致性”，即 memory consistency 是一种标准，而 cache coherence 协议是具体实现。高速缓存一致协议根据系统跟踪高速缓存行的共享者的机制的不同，主要分为两类：侦听一致性协议和基于目录的一致性协议。

侦听一致性协议需要由总线或环提供广播机制，它不断地侦听总线上处理器和存储器模块间的高速缓存操作事件，它根据对失效数据的处理不同分为写更新协议和写无效协议。具体而言，当某个本地高速缓存数据被更新后，写更新协议会广播修改后的数据，以更新所有的高速缓存中的相应的数据拷贝。而写无效协议仅使所有其他高速缓存中的相应数据拷贝失效。显然，写更新协议迫使在所有时刻保持高度的一致性，但这需要耗费大量的总线周期来更新所有的高速缓存和主存中的高速缓存行，所以代价很大。写更新协议和写无效协议都必须基于对总线广播的侦听。因为总线扩展能力有限，所以当多处理机系统规模较大时，总线很可能成为系统瓶颈。侦听一致性协议在不支持总线侦听的多处理机互连网络拓扑（如网格型和超立方体型等用于多计算机消息传递的网络）中无法使用。因此，基于侦听的一致性协议主要使用于小规模多处理机系统。

基于目录的一致性协议的基本思想就是用目录的形式记录所有高速缓存行共享者的位置和状态。当处理器对某一高速缓存行进行操作时，可根据相应的目录项得知该如何进行必要的一致性操作。一般而言，每一个高速缓存行所对应的目录项包含指向该行的所有远程拷贝的指针，还包含1位写标志位以指明是否只有某个唯一的高速缓存有此数据行的写权限。目录协议比侦听协议具有更好的扩展性。

还有一种基于总线的高速缓存一致性协议。总线是连接多个设备的一组线，总线协议包括仲裁、命令/地址、数据的传输，每台设备需要观察总线上的每一个事务。高速缓存块的状态转换是一个有限状态机——无效、有效、脏。高速缓存写策略的基本选择是："直写"还是"写回"，"使无效"还是"更新"。总线监听协议是最简单的一种一致性协议，在此协议中，一致性相关的操作需要广播到所有的处理器。此协议可以通过所有处理器共享的一个媒介来实现，如全局总线。对于每个处理器，在高速缓存和全局总线之间会有一个高速缓存控制器，负责监控高速缓存侧和总线侧的一致性相关操作（如读写高速缓存行），然后及时更新操作的值。高速缓存控制器监听共享总线上的所有事务，判断事务是否自己的高速缓存中的块相关，如果是，则采取操作来保证一致性（如无效化、更新、提供值）。采取何种操作取决于块的当前状态（如 modified、shared、invalid 等）和协议的规定。

高速缓存一致性协议该如何设计？高速缓存一致性协议可以抽象成一个状态机。状态机包含状态集合、状态转移图及状态转移时发生的操作集合。状态包含"有效/无效""共享/独占""脏/干净"等，每个时刻每个缓存行的状态为上述状态的某种组合。不同的一致性协议对应不同的状态机。设计高速缓存一致性协议需要考虑四个方面：①何时进行一致性检查？②如何获取同一内存地址对应的拷贝在不同高速缓存中的状态？可以通过高速缓存之间进行通信来获取状态也可以通过全局状态表来获取状态；③如何定位其他拷贝？④如何对其他拷贝的状态进行更新。可以是"使其他拷贝无效"，也可以是"用最新值更新其他拷贝的数据"。其中，第①项在所有缓存一致性协议的设计中是相同的，即在读缺失时进行一致性检查。第②、③、④项根据一致性协议实现的不同而不同。

### 10.2.1 基于总线的一致性协议

基于总线的高速缓存一致性协议通过在总线上传递"查询"和"回复"信息来完

成以上②、③、④项。可以基于总线，还可以基于可扩展的片上网络。总线保证在其上传递的消息是序列化的，不会发生数据冒险。

**例题 10-1** 试举例说明 write-back invalidate 是如何工作的。

解答：如图 10-1 所示，$u$ 的初始值为 5，只存在于内存中。①$P_1$ 从内存中读取到 $u$ 为 5；②$P_3$ 从内存中读取到 $u$ 为 5；③$P_3$ 修改 $u$ 为 7，此时为防止其他处理器读到旧值，因此需要向其他处理器传递 invalidate 消息。$P_1$ 中存放 $u$ 的缓存行被无效。$P_2$ 由于未保存 $u$，因此没有发生操作；④$P_1$ 读取 $u$。虽然 $P_1$ 的 cache 中保存了 $u=5$，但其为旧值，仍然发生读缺失，此时 $P_1$ 需要到其他高速缓存中查找 $u$ 的最新拷贝，在 $P_3$ 中找到最新值；⑤$P_2$ 读取 $u$ 发生读缺失，先到其他高速缓存中查找 $u$ 的拷贝，在 $P_3$ 中找到最新值。

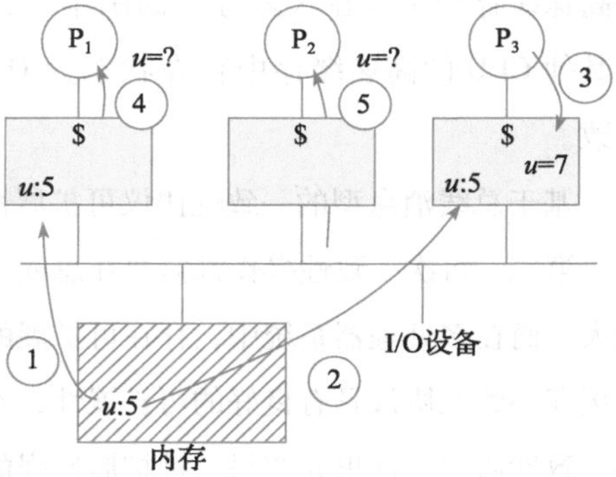

图 10-1 write-back invalidate 协议工作流程示例

□

针对侦听协议的缺点，研究者设计出几种改进变体：

（1）MSI Modified/Shared/Invalid，即上述基础侦听协议。

（2）MESI MSI 的一个缺点是，当整个系统中只有一份副本时，在其上进行 private 读写操作进行了大量无用广播。因此，加入 E（独占）状态得到了 MESI，读写 E 状态缓存块时不进行广播。当系统中存在大量 private 读写时，使用 MESI 效率更高。

（3）MOSI MSI 的另一缺点是，当在一个高速缓存上频繁写入及在其他高速缓存上进行频繁读取时，会频繁造成写下层存储操作，无法发挥写回策略的优势（写回策略的优势是汇聚多次写本存储层次的操作后，进行一次写下层存储的操作）。因此，加入 O（拥有）状态得到 MOSI，O 状态块仅在被替换时或者其他块成为拥有时进行写回。它适用于靠近内存端的写开销大的高速缓存。

（4）MEOSI Modified/Exclusive/Owner/Shared/Invalid，O 位为 1 表示在当前高速缓存行中包含的数据是当前处理器系统最新的数据拷贝，而且在其他 CPU 中一定具有该高速缓存行的副本，其他 CPU 的高速缓存行状态为 S。如果主存储器的数据在多个 CPU

的高速缓存中都具有副本时，有且仅有一个 CPU 的高速缓存行状态为 O，其他 CPU 的高速缓存行状态只能为 S。与 MESI 协议中的 S 状态不同，状态为 O 的高速缓存行中的数据与存储器中的数据并不一致。在 MEOSI 协议中，S 状态的定义发生了细微的变化。当一个高速缓存行状态为 S 时，它包含的数据并不一定与存储器一致。如果在其他 CPU 的高速缓存中不存在状态为 O 的副本时，该高速缓存行中的数据与存储器一致；如果在其他 CPU 的高速缓存中存在状态为 O 的副本时，高速缓存行中的数据与存储器不一致。

基于总线消息型的一致性协议可扩展性较差，原因有二：第一，总线带宽大小是固定的；第二，每次一致性操作都需要在总线上传递 $p$（$p$ 为处理器个数）条消息，通信开销较大。而在多处理器系统中，存在可扩展的分布式内存、可扩展的片上网络，因此要求高速缓存一致性协议具有良好的可扩展性，不能有广播和单点顺序。因此，需要研究可扩展的一致性协议。这里介绍另一种扩展性强的一致性协议：基于目录的一致性协议。

### 10.2.2 基于目录的一致性协议

使用目录保存每个内存行在各个处理器高速缓存中的状态。区别于基于总线消息型的协议，当发生高速缓存缺失时，只需通过查找目录即可得到一个拷贝在所有高速缓存中的状态信息，然后和特定的一个高速缓存进行通信即可，大大减少总线上的流量。

每个存储节点配置一个目录。假设每个存储节点容量为 $M$bit，高速缓存行大小为 $C$bit，则每个目录中有 $M/C$ 个目录项。每个目录项保存所属存储节点中所有缓存行在各个处理器高速缓存中的状态。

当发生高速缓存缺失时，查找目录，找到所需拷贝在哪一个高速缓存中，根据该拷贝的状态、当前读取类型和一致性协议执行相应操作。

状态信息不是全部存在于目录中，而是一部分存在于目录中，另一部分存在于高速缓存中。目录表项存储两个状态信息——存在位（presence bits）和脏位（dirty bit）。存在位表示该块存在于哪些高速缓存中，如果有 $k$ 个处理器，则共需要 $k$ 位；脏位表示该块是否是脏的，即最新值存在于某个高速缓存中，而内存中的为旧值。高速缓存中存储有效位和脏位。

# 10.3 目录结构

根据高速缓存目录结构的不同，目录协议可分为全映射位向量目录、有限指针目录、链式目录、粗糙向量目录、树形压缩向量目录、单级混合目录、多级目录等。现分别对这些目录组织结构的特点从存储开销、对共享者定位的精确性、实现复杂度等角度逐一分析。

## 10.3.1 全映射位向量目录

Tang（1976）提出了高速缓存一致性控制的第一种集中式目录方案[1]。它的主要思想是使用一个集中式目录来记录所有的高速缓存状态，包括当前内存数据块和所有高速缓存行的状态，如图 10-2 所示。集中式目录只适用中小规模的多处理机系统中，如清华大学研发的 MP860 层次式并行超级计算机。此后，Censier 和 Feautrier[2] 在 1978 年提出分布式全映射目录方案。每个存储器模块维护各自单独的目录，目录中记录着各个共享数据块的高速缓存行的状态和当前的共享者。状态信息是本地的，但当前共享者指明哪些高速缓存才有该存储器块中某高速缓存行的拷贝。分布式目录非常适用于分布式存储器层次结构的多处理机系统，如斯坦福大学的 DASH 多处理机[3]。这种目录结构的思想是与某一高速缓存行对应的目录项指明全局范围内该高速缓存行的所有共享者，即存储模块的每一个高速缓存行对应一个目录项，每个目录项包含 $N$ 个指示位，$N$ 是系统规模，即系统中节点的个数，这些指示位以位向量标识。位向量的每一位与一个节点相对应，指出该节点是否是该高速缓存块的共享者，即该节点的高速缓存中有无该高速缓存行的拷贝。

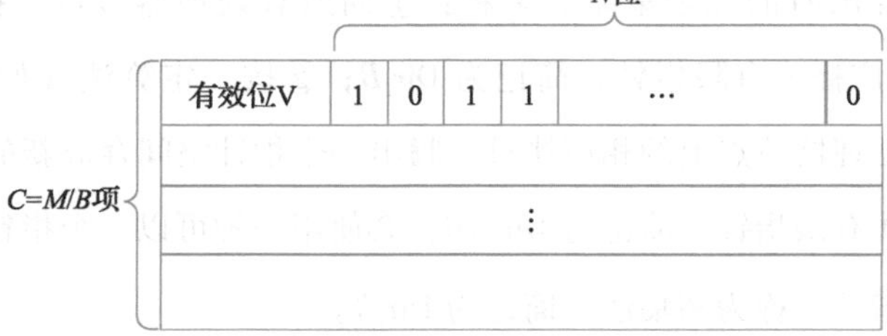


图 10-2 全映射位向量目录结构

设全映射目录系统有 $N$ 个节点，每个节点的存储器拥有 $M$ 位，每个高速缓存行含有 $B$ 位，也即每个节点的存储器包含 $M/B$ 个高速缓存行。忽略状态标志位，整个目录表的存储开销为式（10-1）。

$$N \cdot \frac{M}{B} \cdot N = O(N^2) \tag{10-1}$$

可见它与节点个数呈平方倍增长，这显然会对系统的扩展性造成严重的负面影响。因此，全映射目录因为存储开销在系统规模平方的数量级上，不具有较好的可扩展性，不适合直接作为大规模分布式共享存储系统的目录方案。但是如果系统规模较小，则它是一种较有效的协议。

## 10.3.2 有限指针目录

有限指针目录结构如图 10-3 所示。有限指针目录[4] 的基本思想是每一目录项只使用一定数量的指针，而不管系统的规模如何。每个目录项使用 $i$ 个指针指示该高速缓存行的共享者，当大于 $i$ 个节点共享此拷贝时，发生目录项溢出。

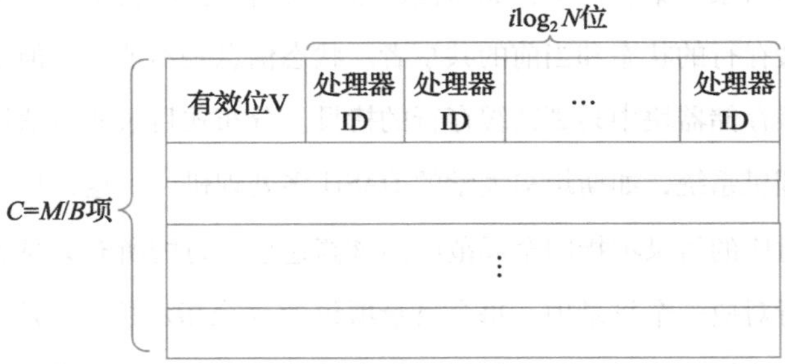


图 10-3 有限指针目录结构

发生目录项溢出时的处理策略有多种：①向所有处理器节点广播作废（invalidation）命令，称为广播式有限指针，简记为 $\mathrm{Dir}_iB$；②按一定算法（如随机）选一个指针作废其指向的处理器节点上的相应拷贝，腾出一个指针空间存放新的共享者对应的指针，称为非广播式有限指针，简记为 $\mathrm{Dir}_iNB$；③使用一种可以一个指针对应多个共享数据处理器的复合指针，称为超集法，简记为 $\mathrm{Dir}_iX$。

这减少了高速缓存目录对空间的要求，当大多数高速缓存行的共享者数量不超过指

针数量 $i$ 时较适用，但是当目录项溢出的次数较多时，可能损失系统性能。若每个目录项使用 $i$ 个指针，则每个指针需要 $\log_2 N$ 位。整个目录表的存储开销为式（10-2）。

$$i \cdot \frac{M}{B} N \cdot \log_2 N = O(N \cdot \log_2 N) \tag{10-2}$$

存储开销随着系统规模呈 $N \cdot \log_2 N$ 倍增长，因此在可扩展性方面比全映射位向量有优势。

### 10.3.3 链式目录

如图 10-4 所示。分布式链式目录是基于高速缓存的目录结构，基本思想是通过将目录信息分布到共享者本地来模拟全映射机制，如要获取所有共享者的信息，必须搜索整个高速缓存目录链表。

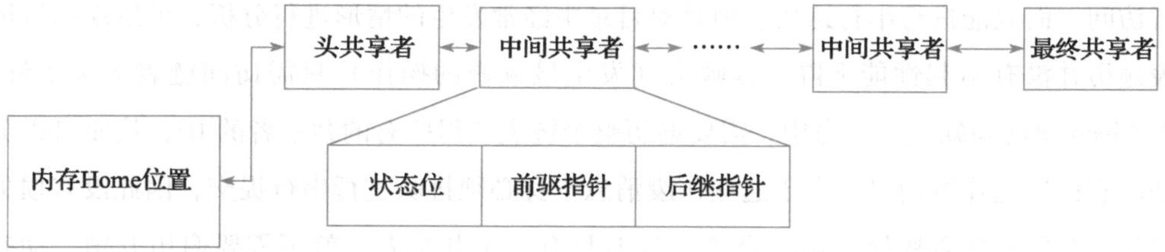


图 10-4 链式目录结构

链表的结构可以是单向链表或双向链表[5]，支持三种基本操作：插入、删除和简化。插入操作用于增加共享者时；删除操作用于共享链中一个目录项要做其他用途时；简化操作用于写无效操作时，除了最新写操作的项以外，删除共享链表中的所有项。

在两次写操作之间共享某一给定的存储块的处理器节点数一般不超过 5 个，所以可以假设共享链表的平均共享节点数为中间值 2.5 个。加上存储器中的元素，则一个高速缓存行一共需要 3.5 个元素。而每个元素需要 $2\log_2 N$ 位，每个目录项的存储开销是 $3.5 \times 2\log_2 N$。整个目录链的存储开销为式（10-3）。

$$3.5 \cdot 2 \cdot \frac{M}{B} N \cdot \log_2 N = O(N \cdot \log_2 N) \tag{10-3}$$

存储开销随系统规模呈 $N \cdot \log_2 N$ 倍增长，与全映射目录相比，它在降低了存储开销的同时，对给定的高速缓存行能够提供与全映射目录一样精确的共享信息。在对共享者定位的精度方面，它优于会受目录项溢出影响的有限目录方案。

分布式链式目录存储开销随系统规模呈 $\log_2 N$ 倍增长，与全映射目录相比，它在降低了存储开销的同时，对给定的高速缓存行能够提供与全映射目录一样精确的共享信息。在对共享者定位的精度方面，它优于受目录项溢出影响的有限目录方案。分布式链式目录的缺点在于：一是需要为每一个高速缓存行维护一条链，不但增加硬件复杂性，同时减慢了响应时间；二是写无效操作只能采用从链表头到尾的串行操作，无法像前两个协议一样并行进行；三是前两个协议皆可只使用价格便宜容量大的主存储器空间实现，链式目录则需要占用昂贵的高速缓存。

斯坦福大学 Simoni 等人提出动态指针分配目录结构[6]，它是一种集中式链式目录，正是因为集中这一特性，它比基于高速缓存的分布式链式目录简单且访问延迟较小。就目录操作的速度而言，链式目录不能像位向量和优先指针目录那样对共享者指针进行并行访问，而只能进行串行遍历。但是对目录中经常发生的情形进行分析，可发现串行链表遍历并没有引起性能下降：读缺失（发生最频繁的操作）只需访问链表的头指针；对 Clean 块的写缺失、写命中，需要遍历整个链表获得所有的共享者的 ID，从而可以分别向它们发送作废消息，由于这些作废消息本身必须排队进行串行提交，因此没有损失时间。写回意味着块处于 dirty 状态，这时只有一个共享者，就不需要遍历开销。动态指针分配目录的缺点是，当指针池中的指针全部用完时（对应于应用的共享访问较多时的情形），需要相对复杂的处理，当然这种情况发生的概率是较小的。

### 10.3.4 粗糙向量目录

Gupta 等[7] 提出粗糙向量（coarse vector）目录方案，共享编码中的每一位代表一组 $K$ 个处理器，如果该位被置位，则表示这一组处理器中至少一个处理器高速缓存了对应的数据块。相对于全映射位向量结构，这种共享者编码的存储开销降低了，但同时对共享者的定位精度也降低了。在计算机系统规模为 $N$ 时，目录项的宽度为 $N/K$。

### 10.3.5 树形压缩向量目录

Acacio 等 2005 年[8] 提出三种树形目录方案：二叉树（binary tree，BT）、具有对称节点的二叉树（binary tree with symmetric nodes，BT-SN）、具有子树的二叉树（binary tree with subtrees，BT-SuT）。这些目录方案的基本思想是：将节点逻辑上两两归入一组（cluster），然后这些组继续归并，直到所有的节点都在一个组中，就形成了一个逻辑上的二叉树结构（见图 10-5）。

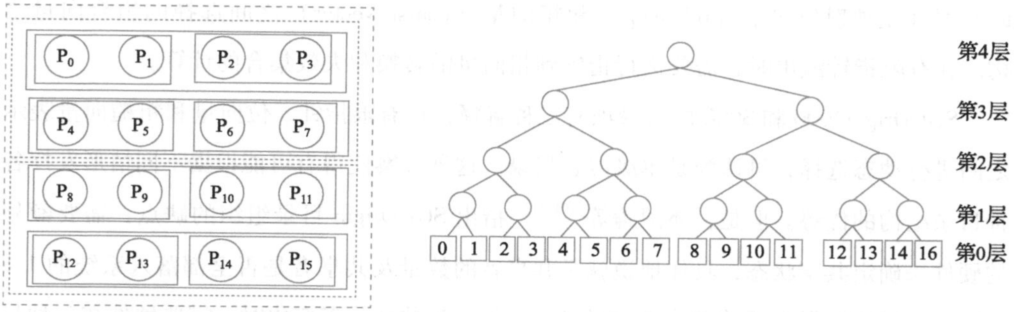


a）节点的分层划分（点线表示）　　b）节点的分层划分（树形表示）

**图 10-5　树形压缩向量目录编码（以 16 节点规模为例）**

BT 方案用包括所有共享者的最小子树的根所在的层次编号来表示共享者，目录项的宽度为［$\log_2(\log_2 N+1)$］。如果 Home 节点在 0，且共享者为 1、4、5，则采用最小二叉树根节点所在的层次编号 3 作为目录项内容，注意到这棵二叉树同时包括了 1、2、3 这些非共享者节点，这反映了该目录结构在定位精度方面存在的问题。

BT-SN 引入 Home 节点的对称节点，如采用 3 个对称节点，则从 Home 节点和 3 个对称节点分别进行找最小子树的过程，然后从这些子树中选择最小的子树，因此定位的精度相对 BT 方案可能有一定提高。目录项的宽度为［$\log_2(\log_2 N+1)$］+2。

BT-SuT 有一个表示方式选择位，当只有一个共享者时，采用有限指针方案；当有多个共享者时，与 BT-SN 方案不同，采用两个最小子树表示，而不是一个最小子树表示。这样定位的精度相对 BT-SN 方案有一定提高。目录项的宽度为 $\max\{(1+\log_2 N), 1+2+2[\log_2(\log_2 N+1)]\}$。

树形压缩向量逻辑复杂度较高，硬件实现有一定开销。

## 10.3.6　单级混合目录

系统采用的目录结构可在有限指针、位向量和粗糙向量之间进行选择，这是一种混合目录的表示方式。前述的 BT-SuT 就是一种混合目录结构，因为这种目录方案在两种表示方式之间选择。

庞征斌等[9] 提出一种 $Dir_5NB$+CCV 的目录结构，其中 CCV（combined coarse vector）是在全映射位向量（full-map）和粗向量（coarse vector）之间选择的组合向量结构。在有限指针溢出时，需要进行指针到粗向量的转换和失效集合的计算。

SGI Origin2000 和 3000 的目录项有三种解释，在有限指针、位向量和粗糙向量表示之间进行动态选择，可认为是单级混合目录。这种方案使得有可能根据不同情形发挥各种目录结构的优势。但是，潘国腾等[10][11] 指出 SGI Origin 目录组织的缺点：需要额外的硬件来确定共享状态，具体地说就是共享者的数量及共享者是否全部落入系统的 1/8 范围内，以便选择合适的方式表示目录，另外，当共享状态变化时，需要硬件在三种目录格式之间转换，这些都增加了硬件开销，影响了系统性能。这是以后设计单级混合目录应该考虑尽量规避的一个方面。

### 10.3.7 多级目录

Acacio 等人[8] 提出一种多级目录的结构，第 1 级采用全位向量编码的目录高速缓存（目的是降低高度），第 2 级采用节点的每个内存块均对应一个树形压缩编码（目的是降低宽度）。这种方案对当前机器的直接利用较差，需要在处理器设计阶段实现上述方案。

王焕东等[12][13] 采用了全映射与粗糙向量相结合的目录向量组织方式，目录向量中一部分被解释为全映射目录位，另一部分被解释为粗糙向量目录位。为了精确定位粗向量表示的其余子系统内的共享者，同时保持处理器的协议行为不变，在处理器外部设置了远地目录高速缓存，存储该子系统内所有私有高速缓存中所使用的远程二级高速缓存块备份状态。这种方式的优点是：①不需改变现有的处理器设计，保持处理器的协议行为不变；②在片外远地目录高速缓存的支持下，对共享者定位的精度比纯粹的粗糙向量方式要高。这种方法的缺点是：①片内目录及片外目录加在一起的存储开销比全映射方式还要略高；②需在片外设置远地目录高速缓存，在硬件设计有一定复杂性，同时引起一级高速缓存、二级高速缓存、远地目录高速缓存之间一致性消息通信的开销，这时一般要将远地目录高速缓存的设计与节点间互连网络的设计进行结合。

文献［14］提出了HFMD层次化的全位向量的目录方案，Dir$\prod_{i=1}^{m} a_i$，其中$m$为层次的数量，$\prod_{i=1}^{m} a_i$为系统中的处理器的数目。该方案采用了目录高速缓存。这种方案有效的前提是：并行程序在处理器间区域上具有较好的局部性。对于一些访存非规则的程序来说，开发这种局部性是困难的，甚至是不可能的。由此导致的目录高速缓存的缺失（可能发生在$m$层的任一层次上），可能成为性能损失的来源之一。

潘国腾等[11]提出一种两级目录组织结构，第1级采用全位向量编码的目录高速缓存（目的是降低高度），第2级采用节点的每个内存块均对应一个有限指针目录项（目的是降低宽度）。这与Acacio等人[8]提出的结构的区别仅在于二级目录的编码方式不同（Acacio采用的是自己提出的BT-SuT压缩编码方案）。

分析上述各种多级目录组织方案，可发现多级目录有如下缺点：①相对于单级目录，多级目录实现复杂；②目录高速缓存的命中率取决于高速缓存容量、替换策略、访存局部性等多种因素，性能的收益需要建立在这些方面的设计要求较高；③目录高速缓存替换、写回等操作引起一定的开销，目录高速缓存读缺失时，如果采用直接映射或组相联映射，可能需要将一级目录项写回（write back）二级目录，当二级目录项与一级目录项格式不同时，需要做目录项格式的转换。

从目录组织的角度，影响系统可扩展性的因素如下：

（1）访问目录的延迟　目录的访问模式read-modify-write，如目录存储于SRAM中相对于DRAM中具有访问延迟上的优势。

（2）目录的存储开销　CC-NUMA系统中某一高速缓存块可能存在多个共享者，一般共享者的数量不超过5个[15]，多于5个共享者的情形在不同的应用中以大小不同的概率发生。全映射目录方案的突出优点是对共享者的定位精确，系统的高速缓存控制器和互连网络上不会出现因为共享者定位不精确导致的无效消息，因此该方案可以作为定位精度方面比较各种目录方案的基准。但这种方案的存储开销是$O(N^2)$的数量级，不适合直接用于大规模系统。因此，目录的组织方式的存储开销是影响目录协议扩展性的一个重要方面。

（3）高速缓存一致的开销　在执行高速缓存一致协议的过程中，一个数据访存请求的处理往往涉及多个节点，在这些节点之间发生具有一定时序的不同类型的消息流量传输，例如当发生write-invalidation时需要向所有的共享者发送作废消息。当系统的规模较大时，一般希望从两个方面降低一致性的开销，第一，尽可能减少一致性引起的各种消息传递的数量，从而尽可能地减少由此引起的远程访问，否则会损失系统的性能。第二，尽可能缩短一致性事务完成的时间。第一个方面主要受目录对共享者定位的精确性的影响，这是设计新型目录结构应考虑的内容。第二个方面受高速缓存控制器、互连网络等的影响，这是计算机系统体系结构设计的需要关注的目标。总之，高速缓存一致协议执行引起的开销也成为影响目录协议扩展性的一个重要方面。

表 10-1 和表 10-2 分别给出了前述各种目录组织方案的目录项的存储开销及目录存储开销占数据存储开销的比率。一般地，对一种目录方案，若其存储开销关于系统规模 $N$ 的数量级为 $O(N^2)$，则它从存储开销角度是难以扩展的。若其存储开销关于系统规模 $N$ 的数量级为 $O(N\log_2 N)$，则它从存储开销角度是可扩展的。

**表 10-1　各种目录组织方案的目录项的存储开销**

| 共享者编码方案 | 目录项宽度（bit） | | |
|---|---|---|---|
| | 一般公式 | $N=64$ | $N=1024$ |
| 全映射位向量 | $N$ | 64 | 1024 |
| 有限指针（$i$ 个指针） | $i\log_2 N$ | $30(i=5)$ | $50(i=5)$ |
| 链式目录 | $3.5\times 2\log_2 N$ | 42 | 70 |
| 粗糙向量 | $N/K$ | $8(K=8)$ | $128(K=8)$ |
| 二叉树 | $[\log_2(\log_2 N+1)]$ | 3 | 4 |
| 具有 SN 的二叉树 | $[\log_2(\log_2 N+1)]+2$ | 5 | 6 |
| 具有子树的二叉树 | $\max\{(1+\log_2 N),1+2+2[\log_2(\log_2 N+1)]\}$ | 9 | 11 |

**表 10-2　目录存储开销占数据存储开销的比率**

| 共享者编码方案 | 目录开销比率 | | |
|---|---|---|---|
| | 一般公式（$B=64$B） | $N=64$ | $N=1024$ |
| 全映射位向量 | $N/B$ | 12.5% | 200% |
| 有限指针（$i$ 个指针） | $i\log_2 N/B$ | 5.86% | 4.88% |
| 链式 | $3.5\times 2\log_2 N/B$ | 8.2% | 6.84% |
| 粗糙向量 | $N/K/B$ | 1.56% | 50% |
| 二叉树 | $[\log_2(\log_2 N+1)]/B$ | 0.59% | 0.78% |
| 具有 SN 的二叉树 | $([\log_2(\log_2 N+1)]+2)/B$ | 0.98% | 1.17% |
| 具有子树的二叉树 | $\max\{(1+\log_2 N),1+2+2[\log_2(\log_2 N+1)]\}/B$ | 1.76% | 2.14% |

一种目录方案如果存储开销较小，但对共享者定位的信息不准确，会引发大量的非必要的消息传输，增加高速缓存一致的开销，前面提到的粗糙向量和树形压缩向量就属于这种情形。例如，有限指针目录的存储项开销为 $O(\log_2 N)$，对于 1024 节点规模的系统，只需 10bit，整个目录的存储开销 $O(N\log_2 N)$，相对全映射方案具有较好的存储开销可扩展性，但是在目录项溢出时引发较大的高速缓存一致的开销，因此对一种具有良好可扩展性的目录方案来说，存储开销和对共享者定位的精确性是设计时需要兼顾考虑的两个方面。

设 $\mathrm{Dir}_i X$，$i$ 表示目录项中指针的数量；$X=B$ 表示当共享者的数量超过 $i$ 时，就发送广播命令；$X=NB$ 表示不允许共享者的数量超过 $i$。在这种目录方案分类方法的基础上，根据对现有各种目录方案的理解，将目录方案分成如图 10-6 所示的四大类。

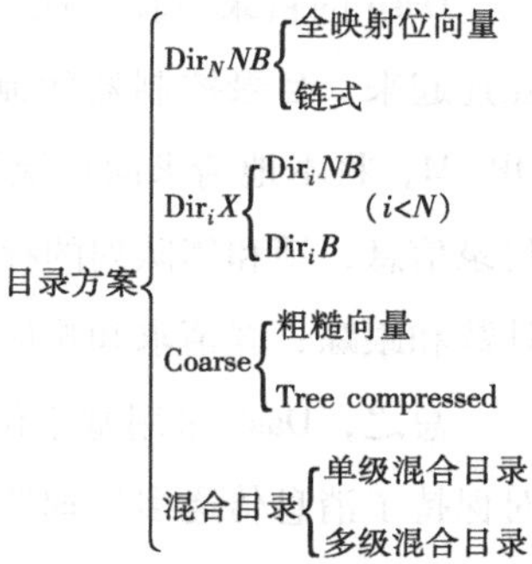


图 10-6　各种目录方案的分类

全映射位向量（full-map vector）和链式（chained）属于 $\mathrm{Dir}_N NB$，两者的区别仅在于共享者指针的位置是集中式还是分布式表示的。有限（limited）指针属于 $\mathrm{Dir}_i X$（$i<N$）。粗糙向量与树形压缩向量都是粗糙的表示。

混合目录是前面若干种表示方式和组织方式的混合，可分为单级混合目录和多级混合目录。借鉴上述方案的优点，规避其缺点，提出一种新型的尽量不改变现有处理器设计的一种高效可扩展的一致性协议是本书研究目标之一。

上述分类的意义在于：从原理上明确了各种高速缓存一致的机制之间的区别与联系，为后续系统结构设计和目录结构设计空间的探索提供了分类基础。

## 10.4　实现高速缓存一致的典型系统

本节从目录结构、互连结构等角度分析国际上具有标志性的若干典型系统。

### 10.4.1　Dash

Stanford 计算机系统实验室设计了一款称为共享内存目录架构（directory architecture

for shared memory，Dash）的共享存储多处理器系统。Dash 原型系统包括 64 个 RISC 微处理器，是世界上第一个拥有可扩展的高速缓存一致性机制的现实机器[3]。每个处理器的第二级高速缓存负责总线侦听和维护集群内高速缓存的一致性。一致性采用的是 Illinois MESI 协议，主要是利用该协议 cache-to-cache 传输的优势，即当集群内部一个处理器发生一个二级高速缓存缺失，而相应数据块的归属节点处于另一集群中（称为远地集群)，但本地集群内另一处理器的高速缓存中有该数据块的一个副本，则通过本地集群的 cache-to-cache 传输，可以响应高速缓存缺失，从而规避远地存储访问及其延迟。

Dash 的目录逻辑实现了基于目录的高速缓存一致性协议，并将系统内的各个节点互连起来。目录控制器印制板包括 3 个主要部分：①目录控制器本身，包括 Directory DRAM，将本地请求向远地集群转发，对远地的请求进行响应，对本地总线响应必要的目录信息，锁和锁队列的存储；②性能监视器，可以对集群内部及集群之间的事件进行计数和跟踪；③请求和响应的向外网络逻辑及网络的 $X$ 维本身。

总之，Dash 采用基于位向量目录的高速缓存一致协议，在建立 CC-NUMA 结构的同时保持了消息传递多处理器的可扩展性，使用分布式存储层次结构实现了具有单一地址空间的可扩展并行计算机。

### 10.4.2 Origin 2000

Origin 系统由许多处理节点组成[16]，这些处理节点通过一个基于交换的互连网络连接在一起。每个处理节点包括两个 MIPS R10000 处理器。每个处理器都有一级和二级高速缓存，节点还包括机器主存的一部分、一个 I/O 接口和一个用于实现高速缓存一致性协议的称作 hub 的芯片。

从一致性共享存储的角度，hub 芯片的设计起到以下关键作用：①可看到节点内处理器产生的二级高速缓存缺失，这些缺失或者在本地可得到满足，或者在远地得到满足；②能从本地处理器高速缓存中获得数据；③可作为网络接口接收从互连网络进来的事务。

Origin 的目录项为 64bit，需要使系统规模可扩展到 64 节点以上，目录位有如下三种解释：

（1）如果一个数据块处于独占状态，则目录项的修改位置位，其他部分则是指向那个特定处理器的指针。

（2）如果目录状态是共享的，则目录项被解释为位向量，位向量中的位与节点对应，即此时目录可见的是节点（具体地说是 hub），而不是处理器。如果一个作废消息发送给 hub，则 hub 通过连接两个处理器和 hub 的 sysAD 总线广播给节点中的两个处理器。有两种尺寸的存在位向量（16bit 和 64bit 两种），16bit 宽度的目录项存放在与主存一样的 DRAM 中，64bit 宽度的目录项多出的 48bit 存放在一个扩展的目录存储器中。这两种情形的目录位向量分别支持的系统规模是 32 个处理器和 128 个处理器。

（3）对于更大规模的系统，目录项采取第三种表示方法，也就是粗糙向量的表示方法。在一个 $N$ 节点的系统中，每个位对应一组固定的 $N/64$ 个节点。当一个组中的任何一个或多个节点具有块的副本时，对应的位就置位。写发生时，如果有一个位置位，则作废消息就发送到该位对应的所有 $N/64$ 个节点。Origin2000 最大支持的处理器数目是 1024 个处理器（512 个节点），这样每个比特对应 8 个节点。总之，系统在位向量和粗糙向量表示之间进行动态选择：如果共享数据的所有节点在最大系统（512 个节点）的 1/8 范围内（64 个节点），则采用位向量的表示方法，否则采用粗糙向量的表示方法。

### 10.4.3 Alewife

美国麻省理工学院开发的 Alewife 多处理机系统[17] 采用有限指针目录。与 DASH 系统不同，Alewife 系统是基于单处理器节点的机器。Alewife 系统采用四种机制来实现机器可扩展和可编程的目标：软件扩展的一致性共享存储系统、集成的消息传递机制、延时隐藏机制和细粒度计算支持机制，试图减少为维护高速缓存一致而带来的硬件开销。

处理节点通过 mesh 结构互连，每个节点包含一个处理器。Alewife 采用 LimitLESS (limited directory locally extended through software support) 协议[18] 来维护高速缓存一致。LimitLESS 协议是一种软硬件结合的目录协议，硬件处理正常情形，软件处理溢出情形。当共享数据块的节点数超过有限指针目录项中的指针数 5 时，即发生目录项溢出，LimitLESS 协议通过软件支持，在 home 节点的本地主存中扩展目录项的指针数，即在逻辑上实现位向量目录。通信和存储管理单元（CMMU）作为独立的芯片，负责处理来自处理器和网络的数据请求。

### 10.4.4 Exemplar X

HP 公司的 Exemplar X 系统（1996）包含若干超节点，这些节点通过一个一致性环形互连网（coherent toroidal interconnect，CTI）连接[19]。每个超节点是一个 SMP 系统（在 HP/Convex 中称为 S-Class），其高速缓存一致性是由 SCI 标准发展而来的 CTI 互连网络来保证的，即其使用的是链式目录一致性协议。

### 10.4.5 NUMA-Q

Sequent 公司的 NUMA-Q 的基本组成部件是一个 4 处理器的 SMP 电路板，称为 Quad。系统最多可拥有 63 个 Quad 即有 252 个处理器，所有 Quad 中的局部存储器通过基于可扩展一致性接口（Scalable Coherence Interface，SCI）的互连网络（IQ-Link 和 IQ-Plus）组合成一个全局存储器。通过一个硬件的基于目录的协议实现高速缓存的一致性。因为一个 Quad 本身就有很大的局部存储器（4GB）和一个大容量的远程高速缓存（32MB），大部分数据存取在一个 Quad 内就可完成。

在 20 世纪 90 年代由斯坦福大学提出的 DASH 结构使用了基于目录的一致性协议。通过各个处理器目录和交互接口连接到 mesh 网上。整个系统中包含两个 mesh 网：request mesh 和 reply mesh，分别用于发送和接收信息。

在 NUMA-Q 的结构中，每一个 Quad 表示一个商用的 4 核 SMP 系统，它们通过串行通信接口（Serial Communication Interface，SCI）接口串行连接成一个环形网络，该网络提供 1GB/s 的带宽。在 4 核系统内，使用标准的基于侦听的 MESI 一致性协议。在 4 核系统间，IQ-Link 上使用基于 SCI 实现了基于目录的一致性协议。

Origin 2000 是由 SGI（Silicon Graphics）推出的一款可扩展对称多处理器，它采用 MIPS R10000 CPU，使用 NUMAlink 协议进行互连，节点连接到路由器板（router board），路由器板使用 NUMAlink 将它们的路由器连接到其他节点。Origin 2000 的互连网络结构是一个直立的胖超立方体结构。

对于分布式内存的多处理器，每个处理器核都有一块本地内存，即物理上分离的地址空间。如果要访问非本地内存，处理器必须以跨核通信的方式获取。可以以核间消息传递的方式进行，也可以通过核间的高速互连网络进行。并行化应用的任务需要能够在数据和执行上划分，以支持在不同核心、不同位置的内存上执行。此外，每一个节点都是包含 I/O 的完整计算机系统节点。各节点间通过互连网络进行通信，这些网络可以是高速以太网，也可以是专用的网络，网络接口通常集成节点间通信功能，这种结构的系统往往易于构建。

## 10.5 同步原语和锁机制

### 10.5.1 同步原语

本节主要讲解并行处理中的同步机制。在并行计算机中，各计算部件需要协作与通信来完成大规模问题的求解，这一过程通常需要同步机制的参与。同步大体可以分为两类，一类是互斥机制，另一类是事件同步机制。事件同步包括点到点间的同步，组间的同步与全局同步（栅障）。

历史上有这关于硬件原语的大量争论，争论根据当前阶段的技术和计算机的特点，主要关注速度和灵活性两方面。大部分现代处理器使用原子“读—修改—写”操作原语。例如，IBM370 为多线程实现了原子的“比较-交换”机制；x86 中任何指令都可以加上锁修饰符；SPARC 提供了原子的“寄存器-内存”写入操作，如交换、比较-交换机制；MIPS 和 IBM Power 没有原子操作，但是提供了成对的读取加锁（load-locked，LL）和条件写回（store-conditional，SC）指令，这些指令后来在 PowerPC 和 DEC Alpha 上使用。

一个同步事件通常可以分为三部分：获取算法、等待算法和释放算法。获取算法的作用是获得同步权（进入临界区进行操作的能力）；等待算法的作用是当无法同步时，等待资源可用；释放方法的功能是释放资源，使其他处理器能够获得同步权。等待算法独立于同步的种类，是一个通用的问题。

等待算法主要分为阻塞、忙等和混合模式。阻塞是指需要等待时进程阻塞，处理器去处理其他任务，对本进程来说效率低，或时间开销大，但对处理器来说是高效的；忙等是指进程需要等待时，进程继续占用处理器反复检查是否可以继续执行，当等待的资源就绪时就可以实时执行，对 CPU 来说开销很大，而且易造成较大的网络流量，但对进程来说是高效的；混合模式是指先进入忙等状态，若超过一定的时间阈值资源仍不可用，则转换为阻塞状态。

对于软件层用户来说，他们只需关心如何使用高层的同步操作，例如加锁或者栅障，而不需关心具体实现方式。对于系统设计者来说，他们考虑的是在实现上硬件能够提供多少支持，并综合考虑速度、开销和灵活性等因素。由于等待算法在硬件上实现有困难，所以可以考虑使用硬件实现获取算法和释放算法。存在一种趋势是硬件实现基本的原语操作，软件库实现利用硬件原语的加锁、释放锁算法，但也存在使用全硬件实现的方案。

同一种同步机制在不同的时刻面临着不同的需求，例如访问锁的争用强度是高还是低，对锁的性能要求是低延时还是高并发。对于每种情况，使用的最优算法不尽相同，所需的原语也不尽相同。并行程序的同步特征与需求是可以改变的，例如进程调度和其他资源交互的方式，这将需要更加复杂的算法。这里面有丰富的软硬件交互空间：提供的硬件原语影响了可供选择的算法，算法的有效程度影响了应该提供何种原语。

## 10.5.2 互斥锁的实现

### 1. 硬件实现

硬件实现的互斥锁可以通过总线传输，锁的持有者拥有资源的访问权。例如，采用若干个锁寄存器，处理器间共享寄存器内容。对多个请求锁的线程，可以实行优先级机制。这种做法不灵活，缺乏通用性。同一时刻能访问的锁数量较少，每个锁存储行只能同时访问其中的一个锁，而且等待算法需要使用硬编码实现。所以通常用来为上层软件锁提供原子性保证。

软件实现的互斥锁需要解决的问题是锁的实现本身需要原子性，即读写线程的锁变量这一操作必须是原子的。所以，硬件需要提供实现“读取-修改-写回”或者互换操作的指令，以原子地检验特定位置的值并将其置为其他值，返回操作是否成功的结果。

如图 10-7 所示是利用“读取-修改-写回”机制实现互斥锁代码示例，它用于多个线程或进程争抢访问共享资源的情况。lock 函数通过不断检查 location 的值是否为零来尝试获取锁，如果 location 的值不是零，则会继续等待直到它变为可用。一旦获得锁，该函数将 location 的值设置为 1 来表示已经被占用，并将控制返回给调用者。unlock 函数简单地将 location 的值重新设置为 0 来释放锁，并将控制返回给调用者。

```
lock: ld register, location        /* 将特定地址存储值赋给寄存器 */
      cmp location, #0             /* 判断值是否为 0 */
      bnz lock                     /* 若值不为 0,则重试上锁操作 */
      st location, #1              /* 向上述地址写入 1,标记已上锁 */
      ret                          /* 函数返回 */
unlock: st location, #0            /* 向上述地址写入 0,标记已解锁 */
      ret                          /* 函数返回 */
```

图 10-7 利用“读取-修改-写回”机制实现互斥锁代码示例

在使用原子交换指令并指定内存地址和寄存器后，以下操作将原子执行：①内存地址中的值被读入寄存器；②另一个值（可以与读出值相关）被存入上述内存地址。其中，根据第②步的不同形式，可以有很多变体。下面介绍一个简单的“校验-置位（t&s）”示例：先将内存中一个特定地址的值读入寄存器，接下来在将常量 1 写入内存中上述地址时，仅当读出值为 0 时写入成功。这一示例中的 0 和 1 可以用其他常量替代。

示例中的“校验-置位”指令也可以用来构建原子锁，如图 10-8 所示代码示例，一条“t-s”指令与上文中的 ld、cmp 和 st 指令合起来的作用是相同的。

```
lock:   t&s register, location
        bnz lock                   /* 若值不为 0,则重试上锁操作 */
        ret                        /* 函数返回 */
unlock: st location, #0            /* 向上述地址写入 0,标记已解锁 */
        ret                        /* 函数返回 */
```

图 10-8 “校验-置位”指令构建原子锁代码示例

同理，其他的“读取-修改-写回”指令也可以用于构建原子锁，例如交换指令、“取值-操作”类指令、“比较-交换”类指令。其中，“比较-交换”类指令通常有三个操作数，分别是内存地址、要比较的寄存器、要交换的寄存器。RISC 指令集一般不包含该类指令。这些指令读取的内存值可以被缓存或者不被缓存，这里假设它被缓存。

在调用锁的次数相同的情况下，随着处理器个数的增加，每次获得锁所用的时间也会增加，因为不成功的“校验-置位”会产生额外的竞争，从而增大等待延时。

基于以上发现，可以对简单锁算法进行改进。例如，可以降低等待期间的“校验-置位”操作频率。每一次等待时间都要长于上一次等待，但不要超过太多，否则当锁可用时容易被其他线程抢占。经验法则表明，当第 $i$ 次等待时，等待时长为 $kc^i$ 表现最佳。

又如，在忙等期间使用读操作（test），而不是“校验-置位”操作。当锁被释放时，缓存的值将会无效，并重新从内存中读取。当值变为 0 时，再尝试使用“校验-置位”去获取锁，这其中只有一个线程会成功，失败的线程将开始新一轮的读操作。

对“校验-置位”锁的性能分析主要包括以下几个方面：①非竞争延时，如果锁重复被同一处理器获取，延时将独立于处理器数量 $p$，且非常低；②网络流量，如果多个处理器竞争，流量会很大，当处理器数量增长时，流量的增长速度将超过线性，因为当一个“校验-置位”操作失效时，线程又会蜂拥着再次进行“校验-置位”操作；③存储开销，单个变量占用空间很小且独立于处理器数量 $p$；④公平性，若公平性较差，则可能导致饥饿。

增加等待时长的“校验-置位”操作性能与以上分析类似，但流量会少一些。忙等期间仅使用读操作的优化将略微增加延时，但将大幅减少流量。但经过上述优化后，在锁释放时，读缺失与“校验-置位”操作仍将蜂拥而至，$p$ 个处理器都获取一次锁的网络流量为 $O(p^2)$。幸运的是，存在更好的硬件原语和算法以进一步优化。

改进的硬件原语应该满足以下三个目标：①在尝试加锁时仅使用读取；②失败的“读取-修改-写回”尝试不会产生缓存失效；③最好使用单个原语实现“读取-修改-写回”操作。LL-SC 硬件原语是一种常见的改进。LL 操作将变量读入寄存器，接着执行任意指令操作该值，仅当变量在 LL 操作后没有被其他线程修改时，SC 操作才尝试将值写回。如果 SC 操作成功，则说明上述三步操作是原子的；如果失败，则不写回，不产生缓存失效，并重新进行 LL 操作。操作是否成功由条件码指示，实现细节将在下文给出。

图 10-9 为 LL-SC 指令构建简单锁代码示例。lock 函数通过使用一个加载链接（LL）操作（将特定位置的值加载到寄存器 1 中）和一个存储条件（SC）操作（将寄存器 2

中的值存储到上述位置）实现。unlock 函数用于释放锁，将 0 写入与 lock 函数中使用的相同内存位置。

```
lock:   ll   reg1,  location   /* LL 操作,将指定位置值加载到 reg1 寄存器 */
        sc   location,  reg2   /* SC 操作,将寄存器 reg2 的值存储到上述位置 */
        beqz reg2,  lock       /* 加锁失败,重新上锁 */
        ret
unlock: st   location, #0      /* 向上述地址写入 0,标记已解锁 */
        ret
```

图 10-9 LL-SC 指令构建简单锁代码示例

通过在 LL 和 SC 操作间添加指令，可以实现想要的原子操作。但要保证插入的指令尽量少，以保证 SC 操作的执行成功率，并且不能包含需要撤销回滚的指令。如果在 LL 和 SC 指令中间有其他线程写入该内存地址，SC 将执行失败，这意味着其他线程的 SC 指令已经执行完成。LL 和 SC 指令实际上并不代表加锁和解锁，仅保证它们之间没有对锁变量的冲突写入，可以直接用来对共享变量进行简单的操作。

### 2. 软件实现

简单的 LL-SC 锁也存在着一些问题。例如，SC 在操作失败后的重试没有时间间隔，而且在释放锁和 SC 操作执行成功之后，变量将被无效，其他等待者的读取都未命中。简单的 LL-SC 锁虽然没有使用仅读取的优化将其并发流量减少到最小，但可以使用增加等待时长来减少并发流量。此外，简单的 LL-SC 锁不是公平锁。

基于“读取-修改-写回”和 LL-SC 指令的总线友好的软件锁通常有两大目标：①在锁释放时，仅有一个线程尝试加锁（克服了“校验-置位”指令的缺点）；②在锁释放时，仅有一个线程产生读缺失（克服了 LL-SC 指令的缺点）。令牌锁和基于数组的排队锁是两种常见的软件锁，且都具有公平性（先进先出）。令牌锁实现了第一个目标，而基于数组的排队锁能同时实现两个目标。

在令牌锁的设计中，每个加锁请求只需要一个“读取-修改-写回”操作。这些操作将会像在熟食店或银行一样排队。每个锁仅需要包含两个计数器：next_ticket 和 now_serving，分别指向下一个将要分配的令牌和当前正处于服务状态的令牌。锁请求线程发出“fetch”操作，锁管理线程返回令牌号并自增（“inc”操作）next_ticket，直到锁请求线程的令牌号等于 now_serving 时，再进行“读取-修改-写回”操作。当线程释放锁后，递增 now_serving 计数器。

令牌锁按照先后顺序服务，保证了服务的公平性，如果“fetch”和“inc”操作的计数器都位于缓存中，在争用较少时具有较低的访存延迟。但是，由于所有进程都在等待同一个变量，因此在释放锁时仍然会出现 $O(p)$ 数量的读缺失。令牌锁是一种公平锁，能够避免饥饿现象，但是在回退时可能难以找到一个好的延迟量。指数回退并不是一个好的选择，因为它会破坏 FIFO 顺序。回退的时间可以与 now_serving 和 next_ticket 的差值成比例，这可能是一个好的选择。同时，还可以尝试轮询不同的位置来降低竞争。

基于数组的队列锁采用了一种不同于令牌锁的等待方式，在一个大小为 $p$ 的数组中的不同位置进行轮询，以获取下一个可以使用的锁。在获取锁时，进程首先执行“fetch”和“inc”操作，以获取下一个可以使用的锁在数组中的地址，然后在该地址上自旋等待锁被释放。为了避免竞争，需要确保不同进程自旋的锁地址在不同的缓存行或内存单元中。在释放锁时，进程将下一个等待的锁的地址存储在数组中，并唤醒在该地址上自旋等待的进程。与令牌锁类似，该锁也具有 FIFO 的排队方式。

该锁的每次获取操作仅产生 $O(1)$ 的流量，并且适用于具有缓存一致性的总线式计算机。但是，每个锁需要 $O(p)$ 的空间，因此在内存受限的系统中可能不是最佳选择。此外，在非缓存一致性的分布式内存系统中，由于需要轮询不同的位置，该锁的性能可能会受到一定的影响。最后需要注意的是，自旋等待的数组位置不一定在本地内存中，但是可以通过一些方案来解决这个问题。

对以上几种锁算法进行对比可以发现，简单的 LL-SC 锁在 $p$ 较小时表现较好，但是由于其不公平性，它在解锁和下一个加锁之间有延迟的情况下表现较差。同时，需要注意合理设置后退策略。采用具有比例后退的令牌锁和基于数组的锁可以很好地扩展性能。但是，在实际应用中需要注意方法上的挑战，并且需要关注实际工作负载的表现。在实际应用中，选择合适的锁策略需要考虑多方面因素，并需要综合考虑锁的公平性、延迟时间和后退策略等因素。

### 10.5.3 栅障

点对点的事件同步有软件和硬件两种实现方式。常见的软件方法包括以下几种：

（1）中断　在事件发生时，通过中断来通知处理器进行相应处理，可以实现较为及时的同步。

（2）忙等待　使用普通变量作为标志，不断轮询变量的值，直到满足同步条件为止。它虽然实现简单，但会浪费 CPU 资源。

（3）阻塞　使用信号量来实现同步，当信号量计数为 0 时会阻塞进程，直到计数器大于 0 才能继续执行。这种方法可以实现较好的同步效果，但需要注意死锁等问题。

一种纯硬件方法为：为内存中每个存储字都加上“full/empty”位。当存储字被写入新数据时置位，当数据被读取后清除置位。这种方法适用于以存储字为粒度的生产者-消费者场景。在这一过程中，硬件保证对字操作的原子性，从而能够实现高效的同步。但这种方法存在灵活性上的问题，例如多个消费者、多个消费者等情况如何处理，需要在编程语言层面进行支持，或者使用复合数据结构等方法来实现同步。

栅障是一种同步机制，它可以使一组进程或线程在某一点上等待，直到所有参与者都到达该点后才能继续执行下一步操作。在实践中，除了可以通过锁、标志、计数器等软件算法来实现栅障，也有一些硬件实现方法。例如，通过独立的电路与逻辑来实现，当输入被设置为高电平时，只有等待输出变为高电平后才能继续执行下一步操作。在实际应用中，可以实现多个电路以复用。硬件栅障在全局同步非常频繁的场景下非常有用，但是难以支持任意数量的处理器，尤其是当每个处理器包括多个进程时。同时，它也难以动态改变参与者的数量、识别参与者的身份，而后者在进程迁移等场景中需要用到。因此，在基于总线的机器上，硬件栅障并不常见，人们更多地关注使用简单硬件原语实现的软件算法。

图 10-10 展示了简单的中心化栅障算法代码示例，它通过共享计数器 bar_name. counter 来记录已到达的进程数量，每个进程到达时将计数器加 1，并检查是否已经达到了目标数量 $p$。如果已经达到，则将计数器重置为 0，并将标志位 bar_name. flag 置为 1，表示所有进程都已到达，可以解除等待。如果还没有到达目标数量，则使用忙等待循环等待所有进程都到达。该算法需要一个锁来保护计数器的自增操作，并且需要一个 flag 来指示是否所有进程都已经到达。

```
struct bar_type {int counter; struct lock_type lock; int flag = 0;} bar_name;

BARRIER (bar_name, p) {
    LOCK(bar_name.lock);
    if (bar_name.counter == 0)
        bar_name.flag = 0;                  /* 如果第一次到达,则重置标志*/
    mycount = bar_name.counter++;           /* mycount 是私有的 */
    UNLOCK(bar_name.lock);
    if (mycount == p) {                     /* 最后一次到达 */
        bar_name.counter = 0;               /* 为下一个栅障重置 */
        bar_name.flag = 1;                  /* 释放等待者 */
        }
    else while (bar_name.flag == 0) {};     /* 目前忙碌,继续等待释放 */
}
```

图 10-10　简单的中心化栅障算法代码示例

上述算法也存在如下问题：在第 $p$ 个进程进入栅障后，标志位 bar_name.flag 被置为 1，各进程退出 while 循环，从而退出栅障。如果在最后一个进程退出栅障前，有其他进程再次进入栅障，则会使标志位 bar_name.flag 重新置为 0，未及时退出栅障的进程将暂时无法退出，需要等到下一轮 $p$ 个进程都到达栅障时才能退出。

通过对连续两次栅障取不同的退出标志位，可以解决上述问题。改进的中心化栅障算法代码示例如图 10-11 所示，它展示了这一方案，每个进程都有一个私有的感知变量 local_sense，当进程进入栅障时，将其值取反。连续两次进入栅障时的 local_sense 变量相反，当前一次处于退出栅障时，后一次将在栅障中等待，并且由于新进入栅障时不改变 bar_name.flag 的值，不会影响处于退出栅障状态的进程，从而避免上述问题的产生。

```
BARRIER (bar_name, p) {
local_sense = !(local_sense);           /* 切换私有的感知变量 */
    LOCK(bar_name.lock);
    mycount = bar_name.counter++;       /* mycount 是私有的*/
    if (bar_name.counter == p)
        UNLOCK(bar_name.lock);
        bar_name.flag = local_sense;/* 释放等待者*/
    else
        {UNLOCK(bar_name.lock);
        while (bar_name.flag != local_sense) {}; }
}
```

图 10-11　改进的中心化栅障算法代码示例

中心化栅障的性能主要受到以下因素的影响：延迟、通信流量、存储成本和公平性。对于延迟，优化的目标是栅障的关键路径越短越好，但中心化栅障的关键路径长度与 $p$ 成正比。对于通信流量，中心化栅障会产生高度争用的问题，因此在优化中希望通信流量能够很好地扩展，中心化栅障在总线上产生的通信流量约为 $3p$。在存储成本方面，中心化栅障的存储成本非常低，只需要一个计数器和一个标志位。至于公平性，同一个处理器在栅障中不应该总是最后一个退出，中心化栅障不存在这样的偏差。总的来说，中心化栅障的关键问题是延迟和通信流量，特别是在分布式内存的情况下，通信流量都集中到同一个节点上，这会使问题更加严重。

为了实现总线友好的栅障算法，可以使用组合树这一数据结构（见图 10-12）。组合树栅障将线程分成多个组，每一组有 $k$ 个节点。每个节点在包含的所有线程到达后，原子地递增计数器并且等待。当组内所有线程到达栅障（即计数器的值达到 $k$）之后，增加父结点的计数器。重复执行上述过程，直到父结点不存在（到达根节点）。

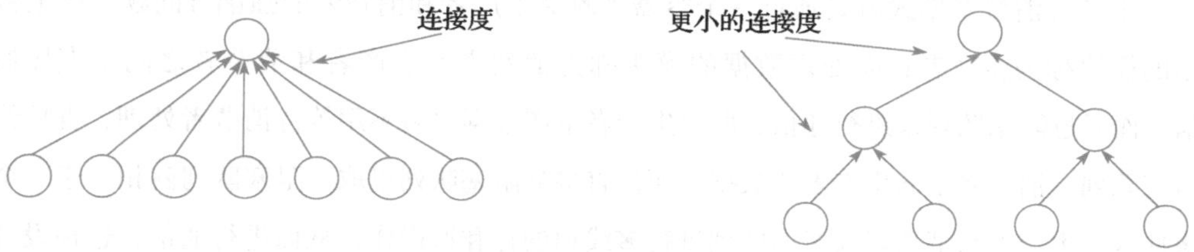


图 10-12　平整与树状结构的锁争用对比图

在这一算法中，争用同一内存位置的处理器数最大为树的度数。该算法为进入和退出栅障分别设置对应的树结构，并应用上述感知反转优化。由于所有流量仍然通过总线传播，总通信量不会减少。虽然这个算法的延迟更高（需要 $\log p$ 个工作步骤和 $O(p)$ 的序列化总线事务），但使用普通的读/写而不是锁来实现栅障，更适合于总线的特点。

本节介绍了同步机制的概念和实现，其中包括硬件原语和软件算法两个方面。要评估它们的性能，必须考虑硬件原语和软件算法的交互作用，而选用合适的评估方法非常具有挑战性，需要使用延迟和微基准测试，并且应该同时考虑微基准测试和真实工作负载。对于基于总线的机器，简单的软件算法结合常见的硬件原语表现良好。对于分布式机器，更复杂的技术才会发挥作用。

### 10.5.4 实验——无锁算法

实验旨在使用 C++标准库中的 std::thread 和 std::atomic 来实现无锁算法，以解决生产者-消费者问题中的竞争条件。实验中需要实现一个队列，多个生产者随机生成数字并将其插入队列中，多个消费者从队列中取出数字并计算它们的总和。本实验的目的是比较锁版本和无锁版本的性能。在无锁版本中，需要使用 std::atomic 中的原子操作来实现队列的插入和删除操作以避免竞争条件，使用 std::thread 来创建和管理生产者和消费者线程。

本实验是为了通过对比，认识互斥锁的使用带来的开销，探究无锁操作是否带来性能提升。学习 C++提供无锁操作实现，即原子操作 CAS（compare and swap）。创造队列以解决多生产者-多消费者问题，其中生产者产生数字，消费者计算各自得到的数值总和，分别用有锁算法和无锁算法进行实验，比较两种算法的性能优劣。

生产者消费者模式就是通过一个容器来解决生产者和消费者的强耦合问题。产生数据的模块称为生产者；而处理数据的模块称为消费者。生产者和消费者之间不直接通信，而通过阻塞队列来进行通信，所以生产者生产数据之后不用等待消费者处理，直接给阻塞队列，消费者不向生产者要数据，而是直接从阻塞队列里取，阻塞队列就相当于一个缓冲区，生产者与消费者通过向队列进行多线程的存和取操作，从而进行通信，这种设计平衡了生产者和消费者的处理能力。这个阻塞队列就是用来给生产者和消费者解耦的。

由于多个线程共用一个队列，自然就会涉及线程间诸如同步、互斥、死锁等情况。在有锁算法中，我们通过互斥锁和信号量来实现多线程对同一队列的存取，这种方式可以解决多个线程对同一缓冲区的同时访问时出现的数据覆盖问题，保证了对缓冲区的互斥访问。但是使用互斥锁和信号量会造成较大的额外开销。

为了减少信号量、互斥量等的使用的开销，可以采用无锁算法。在无锁算法中，创造队列的要点是原子操作，其中一个很重要的技术就是 CAS 操作，现在几乎所有的 CPU 指令都支持 CAS 的原子操作，我们可以用它来实现无锁的数据结构。CAS 在 C 语言中的描述如图 10-13 所示，代码实现了数据更新，加入竞争检测机制，避免了数据竞争，达到使用互斥锁的效果。

有锁算法的关键源码示例如图 10-14 所示。

```
bool compare_and_swap (int *addr, int oldval, int newval)
{
    if ( *addr != oldval ) {
        return false;
    }
    *addr = newval;
    return true;
}
```

图 10-13 CAS 原子操作的 C 语言描述

```
bool MutexQueue::enqueue(int val)
{
    QueueNode* add_node = new QueueNode(val);
    std::unique_lock<std::mutex> lck(mtx);
    tail->next = add_node;
    tail = add_node;
    queue_size++;
    not_empty.notify_all();
    lck.unlock();
    return 1;
}
```

图 10-14 有锁算法关键源码示例

以入队操作为例，介绍有锁算法的使用。即在对队列进行写操作之前，通过 lck (mtx) 对队列上锁，在完成数据更新之后，通过 lck.unlock()对队列解锁，从而防止多个线程同时访问同一队列，造成数据竞争。

无锁算法关键源码示例如图 10-15 所示。

```
bool LockFreeQueue::enqueue(int val)
{
    QueueNode* cur_node;
    QueueNode* add_node = new QueueNode(val);
    while (1) {
        cur_node = tail;
        if (_sync_bool_compare_and_swap(&(cur_node->next), NULL, add_node)){
            break;
        }
        else {
            _sync_bool_compare_and_swap(&tail, cur_node, cur_node->next);
        }
    }
    _sync_bool_compare_and_swap(&tail, cur_node, add_node);
    return 1;
}
```

图 10-15 无锁算法关键源码示例

同样以入队操作为例介绍无锁算法的应用。在 GCC 4.1 中，CAS 操作的实现版本为 bool_sync_bool_compare_and_swap（type ＊ptr, type oldval type newval,……）或 type _sync_val_compare_and_swap（type ＊ptr, type oldval type newval,……）。分析上述代码可见，CAS 操作避免数据竞争的方法是检查在队列末尾加入新节点是否成功。如果成功，那么退出 while 循环，用 CAS 写入新值、更新队列；如果不成功，说明这时候有其他线程抢先在队列末尾插入节点，那么就把当前位置更新为尾节点，继续进入循环直至能成功加入新节点，然后更新队列。

为了比较有锁与无锁两种算法的性能，本实验设置了使用不同数目线程的程序来模拟并发情况，最后进行结果对比。对于线程数目的选取，为了探究两种算法解决并行处理问题的性能优劣，考虑到线程启动需耗时，若任务数较少，则程序耗时主要在于线程启动等额外开销，难以达到实验目的。此外，考虑生产者线程与消费者线程不相同的情况。若消费者线程多于生产者线程，会经常出现队列为空的情况，导致消费者线程等待生产者线程产生新数据。这种情况与数据竞争无关，因而本实验只考虑生产者线程多于消费者线程的情况。

首先采用的实验方案是在生产者与消费者数目相同、改变线程数目的五种方案，对比这几种实验参数设置，发现无锁算法与有锁算法相比，程序耗时始终小于有锁算法，且根据变化趋势线可见，随着线程数目增大，两者差距越来越大，并可以预测在更大线程数目的实验情况下，两者差距会更加明显。

然后考虑每个线程任务数对实验结果的影响，从原理出发，任务数越大，发生数据竞争的概率也会相应增加，这应该是无锁算法性能优势凸显的情况。结果显示，在生产者线程与消费者线程不变的情况下，随着每个线程任务数的增加，无锁算法的程序耗时始终比有锁算法的耗时小，且由趋势线可见，随着任务数加大，两者的差距越来越明显。

本实验只考虑生产者线程多于消费者线程的情况，通过实验可知，在各种线程数目下，无锁算法的程序耗时总是小于有锁算法，而且有随着线程数目增大优势增加。

对比两种算法的程序耗时差距，分析各种实验现象的原因。有锁算法使用锁来达到数据互斥，无锁算法使用原子操作来达到数据互斥，两者开销有所不同。互斥锁与原子操作相比，对程序带来的开销更大，且这种开销随着数据竞争频率增大而积累。此外，因为线程的创立等需要额外开销，所以当线程数目或任务数目较小时，额外开销使得有锁与无锁两种算法的性能差距不明显，它对于程序性能的影响远大于算法对性能的影响。因此，虽然无锁算法程序耗时小于有锁算法，但是在问题规模较小时两者相近；随着线程数目与任务数目的增大，数据竞争的频率加大，互斥锁的开销累积，且额外开销的影响减弱，有锁算法与无锁算法程序耗时差距也越来越明显。

总结上述三种实验现象与分析，可以得出：无锁算法对生产者与消费者问题的程序性能有所帮助，它与有锁算法相比性能较优，且随着问题规模增大（即线程数目与任务数目增大）两者程序耗时差距加大，无锁算法的性能优势更加显著。

两算法共用头文件 QueueNode. h，代码如图 10-16 所示。

```
#ifndef QUEUENODE_H
#define QUEUENODE_H
#include <memory.h>
#include <cstddef>
class QueueNode {
    public:
      int  val;
      QueueNode* next;
      QueueNode(int val) : val(val)
      {
            next = NULL;
      }
};
#endif    // QueueNode_H
```

图 10-16　共用头文件 QueueNode. h 代码

有锁算法头文件 MutexQueue. h 代码如图 10-17 所示。

```
#ifndef MUTEXQUEUE_H
#define MUTEXQUEUE_H
#include "QueueNode.h"
#include <mutex>
#include <condition_variable>

class MutexQueue {
  public:
    MutexQueue();
    bool enqueue(int val);
    int  dequeue();
    ~MutexQueue();

  private:
    int  max_size = 100000;
    int  queue_size;
    QueueNode* tail;
    QueueNode* head;
    std::mutex mtx;
    std::mutex producer_count_mtx;
    std::mutex consumer_count_mtx;
    std::condition_variable not_full;
    std::condition_variable not_empty;
};
#endif  // MutexQueue_h
```

图 10-17　有锁算法头文件 MutexQueue. h 代码

有锁算法源文件 MutexQueue.cpp 代码如图 10-18 所示。

```
#include "MutexQueue.h"

MutexQueue::MutexQueue()
{
    head = new QueueNode(-1);
    tail = head;
}

MutexQueue::~MutexQueue() {}

bool MutexQueue::enqueue(int val)
{
    QueueNode* add_node = new QueueNode(val);
    std::unique_lock<std::mutex> lck(mtx);
    tail->next = add_node;
    tail = add_node;
    queue_size++;
    not_empty.notify_all();
    lck.unlock();
    return 1;
}

int MutexQueue::dequeue()
{
    int val;
    std::unique_lock<std::mutex> lck(mtx);
    while (1) {
        if (queue_size == 0)
            return -1;
        else
            break;
    }
    queue_size--;
    val = head->next->val;
    head = head->next;
    not_full.notify_all();
    lck.unlock();
    return val;
}
```

图 10-18　有锁算法源文件 MutexQueue.cpp 代码

有锁算法的生产者消费者问题实现代码如图 10-19 所示。

```
#include "MutexQueue.h"
#include <thread>
#include <vector>
#include <stdlib.h>
#include <stdio.h>
#include <time.h>
using namespace std;
int  thread_number;
int  task_number;
MutexQueue* lfq;

void produce(int offset)
{
    for (int i = task_number * offset; i < task_number * (offset + 1); i++)
    {
        printf("Thread NO.%d produce %d\n", this_thread::get_id(), i);
        lfq->enqueue(i);
    }
}

void consume()
{
    int sum = 0;
    for (int i = 0; i < task_number; i++) {
        int res = lfq->dequeue();
        if (res >= 0) {
            printf("Thread NO.%d consume %d\n", this_thread::get_id(), res);
            sum += res;
        }
        else
        {
            printf("Thread NO.%d fail to consume!\n", this_thread::get_id());
            do {
                res = lfq->dequeue();
            } while (res < 0);
            printf("Thread NO.%d consume %d\n", this_thread::get_id(), res);
            sum += res;
        }
    }
    printf("Thread NO.%d totally consume %d\n", this_thread::get_id(), sum);
}

int main(int argc, char** argv)
{
    clock_t start, stop;
    start = clock();
    lfq = new MutexQueue;
    std::vector<std::thread> thread_vector1;
    std::vector<std::thread> thread_vector2;
    if (argc < 3) {
```

图 10-19 有锁算法的生产者消费者问题的实现代码

```
        thread_number = 4;
        task_number = 4;
    }
    else {
        thread_number = atoi(argv[1]);
        task_number = atoi(argv[2]);
    }
    for (int i = 0; i < thread_number; i++) {
        thread_vector1.push_back(std::thread(produce, i));
        thread_vector2.push_back(std::thread(consume));
    }
    for (auto& thr1 : thread_vector1) {
        thr1.join();
    }
    for (auto& thr2 : thread_vector2) {
        thr2.join();
    }
    stop = clock();
    double duration = ((double)(stop - start)) / CLK_TCK;
    printf("time cost = %f s\n", duration);
    return 0;
}
```

图 10-19　有锁算法的生产者消费者问题的实现代码（续）

无锁算法头文件 LockFreeQueue. h 代码如图 10-20 所示。

```
#ifndef LOCKFREEQUEUE_H
#define LOCKFREEQUEUE_H
#include "QueueNode.h"

class LockFreeQueue {
    public:
        LockFreeQueue();
        bool enqueue(int val);
        int  dequeue();
        ~LockFreeQueue();
      private:
        QueueNode* tail;
        QueueNode* head;
    };

#endif  // LockFreeQueue_h
```

图 10-20　无锁算法头文件 LockFreeQueue. h 代码

无锁算法源文件 LockFreeQueue. cpp 代码如图 10-21 所示。

```
#include "LockFreeQueue.h"

LockFreeQueue::LockFreeQueue()
{
    head = new QueueNode(-1);
    tail = head;
}

LockFreeQueue::~LockFreeQueue(){}

bool LockFreeQueue::enqueue(int val)
{
    QueueNode* cur_node;
    QueueNode* add_node = new QueueNode(val);
    while (1) {
        cur_node = tail;
        if (_sync_bool_compare_and_swap(&(cur_node->next),NULL,add_node))
        {
            break;
        }
        else {
            _sync_bool_compare_and_swap(&tail, cur_node, cur_node->next);
        }
    }
    _sync_bool_compare_and_swap(&tail, cur_node, add_node);
    return 1;
}

int LockFreeQueue::dequeue()
{
    QueueNode* cur_node;
    int  val;
    while (1) {
        cur_node = head;
        if (cur_node->next == NULL) {
            return -1;
        }
        if (_sync_bool_compare_and_swap(&head, cur_node, cur_node->next))
        {
            break;
        }
    }
    val = cur_node->next->val;
    delete cur_node;
    return val;
}
```

图 10-21 无锁算法源文件 LockFreeQueue. cpp 代码

无锁算法的生产者消费者问题实现代码如图 10-22 所示。

```
#include <iostream>
#include <thread>
#include <vector>
#include <stdio.h>
#include <stdlib.h>
#include <time.h>
#include "LockFreeQueue.h"
using namespace std;
int thread_number;
int task_number; // 每个线程需要入队/出队的资源个数
LockFreeQueue* lfq;

void produce(int offset)
{
    // 算上偏移量,保证不会出现重复
    for (int i = task_number * offset; i < task_number * (offset + 1); i++)
    {
        printf("Thread NO.%d produce %d\n", this_thread::get_id(), i);
        lfq->enqueue(i);
    }
}
void consume()
{
    int sum = 0;
    for (int i = 0; i < task_number; i++) {
        int res = lfq->dequeue();
        if (res >= 0) {
            printf("Thread NO.%d consume %d\n",this_thread::get_id(),res);
            sum += res;
        }
        else
        {
            printf("Thread NO.%d fail to consume!\n", this_thread::get_id());
            do {
                res = lfq->dequeue();
            } while (res < 0);
            printf("Thread NO.%d consume %d\n",this_thread::get_id(),res);
            sum += res;
        }
    }
    printf("Thread NO.%d totally consume %d\n",this_thread::get_id(),sum);
}

int main(int argc, char** argv)
{
    clock_t start, stop;
    start = clock();
    lfq = new LockFreeQueue;
    std::vector<std::thread> thread_vector1;
```

图 10-22　无锁算法的生产者消费者问题实现代码

```
    std::vector<std::thread> thread_vector2;
    if (argc < 3) {
        thread_number = 4;
        task_number   = 4;
    }
    else {
        thread_number = atoi(argv[1]);
        task_number   = atoi(argv[2]);
    }
    for (int i = 0; i < thread_number; i++) {
        thread_vector1.push_back(std::thread(produce, i));
        thread_vector2.push_back(std::thread(consume));
    }

    for (auto& thr1 : thread_vector1) {
        thr1.join();
    }
    for (auto& thr2 : thread_vector2) {
        thr2.join();
    }
    stop = clock();
    double duration = ((double)(stop - start)) / CLK_TCK;
    printf("time cost = %f s\n", duration);
    return 0;
}
```

图 10-22　无锁算法的生产者消费者问题实现代码（续）

### 10.5.5　并行软件优化

前面介绍了软件如何影响体系结构，本小节反过来介绍体系结构如何影响并行软件。和以前一样，主要考虑负载平衡、通信流量和额外开销等方面。此外，至少有一个处理器在某个阶段中写入数据。例如，在图形学中，通常需要对图像进行分割。在这一过程中，重点不是通信和映射的结构，而应该是在编排步骤中考虑时间和空间局部性，减少缓存缺失，从而降低延迟和通信量。减少程序中的碎片化存储和假共享可以提高空间局部性。

时间局部性（temporal locality）是指一段时间内相同的数据会被多次访问。由于计算机的主存由多核共享，所以这里主要关注处理器缓存。在公共总线架构下，时间局部性的实现与通用情况下的技术相同。保持工作集足够紧凑可以提高时间局部性，使程序对缓存友好。通过不断增大缓存容量，并观测总线流量是否出现断面，可以得出所有工作集的大小。

空间局部性（spatial locality）是指被存储地址位于访问数据附近的数据在不久的未来将被访问。相应的优化技术有：①同一处理器尽量连续访问数组元素而不是交错访问，以减少处理器访存空间的交错；②数据结构化，使处理器访问的数据尽量位于一个缓存行内，以减少由于访问交叉导致的假共享、碎片化及冲突缺失。

图 10-23 中显示了一种最坏的情况，对于一个较大的二维矩阵运算，按行列进行拆分，并分配给若干处理器执行。由于小矩阵块中的不同行在大矩阵中是不连续的，所以有可能映射到处理器的同一路缓存中，增大缓存冲突缺失概率。同时缓存的其他路利用率较低，各缓存路的负载不均。这一现象多出现于多维数组长度和缓存大小都是 2 的幂时，因此在多维数组声明时，它的长度应避免设置为 2 的幂。

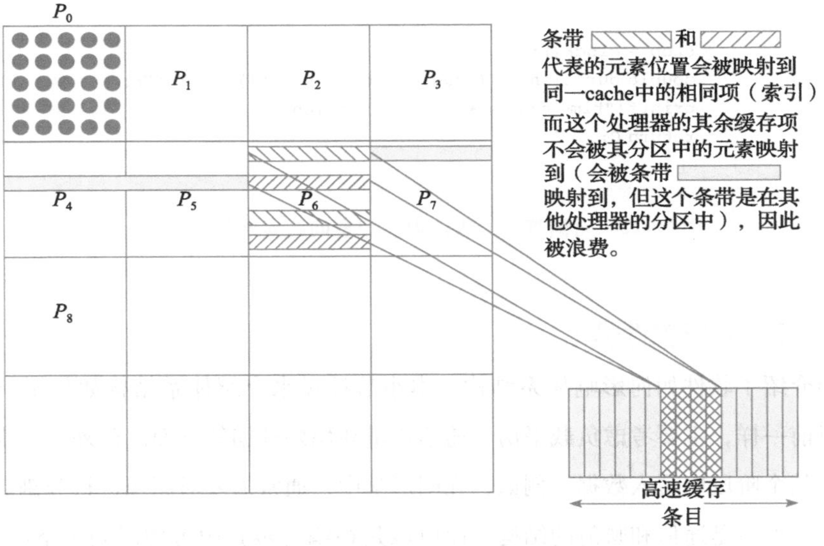


图 10-23 矩阵划分中出现频繁冲突缺失的特例

根据以上原理，可以总结一些经验用于内存分配优化：①注意冲突缺失，尽量为程序分配非 2 的幂大小的数据结构；对数据结构进行自适应填充或对齐以解决不同数据结构之间的冲突缺失问题；注意小型数据结构上的冲突缺失，这可能会成为性能瓶颈；②将每个处理器的堆用于动态内存分配；③如果非连续的数据要重复使用，可以考虑复制数据以提高数据局部性，但也要权衡复制带来的代价；④为了解决内存分配问题，可以进行数据填充和对齐，权衡假共享与碎片化带来的开销；⑤根据程序不同阶段的不同访存模式与需求，记录数组可以按单个元素或按结构体进行组织；对于向量程序，最好按结构体组织以获得单元步长；对于并行程序，通常按元素组织。

SMP 是单处理器的扩展，为多程序和操作系统的实现提供细粒度共享，便于实现并行化。其中的关键技术挑战是扩展内存层次结构的设计，需要在逻辑层面做一些总线和协议设计方面的权衡。由于良好的性价比、较低的启动延迟和软件的成熟，SMP 作为更大的并行机的节点也格外具有吸引力。

以前的共享高速缓存通常在片外实现。Alliant FX-8 由 8 个 68020 微处理器组成，通过交叉开关与 512kB 交错式高速缓存相连，侧重于向共享高速缓存和内存提供带宽。Encore 由两个 N32032 处理器共享板上的高速缓存，板间使用具有高速缓存一致性的总线进行通信。由于分摊一致性的硬件开销，处理器的速度将受到影响。随着片上晶体管数量的增加，共享高速缓存也逐渐集成到芯片上。

共享高速缓存的优点有：①不需实现一致性协议，避免了协议开销和延迟；②实现细粒度共享，延迟为 2~10 个时钟周期，比共享内存的 20~150 个时钟周期更小；③允许处理器间预取数据，提高了高速缓存命中率；④避免了由伪共享导致的“乒乓现象”㊀；⑤由于处理器间工作集重叠，对高速缓存的总需求更小。

共享高速缓存的缺点有：①较高的缓存带宽需求；②交叉开关互连和大缓存增加了访问延迟（包括命中延迟），由于 $L_1$ 缓存命中延迟对 CPU 周期影响很大，这将影响 CPU 主频；③处理器对共享缓存的争用将会导致大量冲突缺失与容量缺失。

使用基于链表的队列锁可以减少争用，该算法为每个锁构建等待队列。在获取锁时，分配链表元素，插入链表并自旋等待元素标志位置位，在释放时将链表上下一个元素的标志位置位。链表的插入使用“比较-交换”指令以保证 FIFO 属性，虽然交换指令足以实现链表插入，但无法保证 FIFO 属性。无论是否具有一致性，处理器都能在本

㊀ “乒乓现象”是指在两个不同状态之间来回变化。这里指当其他线程或核心尝试访问同一缓存行中的不同数据项时，如果不使用共享高速缓存，它们就必须等待缓存一致性协议来确保数据的一致性。这会导致频繁的缓存行失效和刷新操作，以满足并发写入的需求。这种交换导致了缓存行的不必要刷新，从而降低了系统性能。

地自旋等待。这类锁只消耗 $O(1)$ 的网络流量，空间复杂度为 $O(1)$，但“比较-交换”指令在硬件中实现较为困难。

最近的研究方向包括多协议同步算法、反应式算法、自适应等待机制和无等待算法。这些算法旨在提高多处理器系统中锁的性能和可扩展性，并解决多处理器锁的一些问题，例如死锁、饥饿和低效率等问题。同时，还有研究将锁与操作系统调度集成，以优化多线程应用程序的性能和资源利用率。例如，在等待锁时可以执行其他任务，以减少等待时间的影响。

在缓存系统中实现原子操作的一种可行的方式是使用 LL/SC 指令。LL 指令用于加载锁并置位，SC 指令在原子操作完成后尝试将数据写回内存，如果在此期间标志位没有复位，则执行成功。LL/SC 指令非常简洁，不需要使用不同数量的参数。只有成功的 SC 结果使用总线传输，对基于总线的机器友好。但在基于目录的机器中较为复杂，需要等待 SC 指令读取目录（延迟较长）。但如果 LL 指令是在独占模式时加载的，如果 SC 指令执行时仍然在独占模式下，将会立即成功。总之，如果能够提供简单的硬件原语，软件算法能够具有很好的表现。

由于节点间的延迟不同，广播到达各节点的时间组成的是一个不平衡树。为了解决这一问题，广播栅障采用静态分配标志的方法，避免远程自旋等待，不需缓存一致性。它需要 $\log p$ 轮通信实现进程间同步。在每一轮中，处理器 $i$ 将与处理器 $(i+2^k) \bmod p$ 进行同步，类似于一个蝶形网络。

本书要介绍的另一种栅障名为“锦标赛栅障”，它类似于二叉合并树，但是每个节点上静态选择待同步的处理器，避免了大量的取数操作。在每一轮中，处理器 $i$ 会为处理器 $j=(i-2^k) \bmod (2^k+1)$ 设置一个标志，然后 $i$ 退出，$j$ 则进入下一轮。$i$ 等待根节点发出退出栅障的全局标志信号后，才能继续执行，这一过程可以使用组合唤醒树来实现。由于没有一致的缓存和广播机制，“锦标赛栅障”采用多个独立的标志将导致流量增大。同时，它也存在着一些与组合唤醒树相同的问题。

MCS 栅障对锦标赛栅障进行了改进，在唤醒树中静态分配同步处理器，并使用了感知反转技术。在 MCS 栅障中，每个处理器在两个 $p$ 节点树中都具有一个节点。一个树是入度为 4 的到达树，每个节点都有指向父结点的指针；另一个树是出度为 2 的唤醒树，每个节点都有指向其子节点的指针。MCS 栅障在本地标志变量上自旋等待，当处

理器数量为 $p$ 时，需要 $O(p)$ 的空间。理论最少网络事务数为（$2p-2$），在关键路径上共有 $O(\log p)$ 个网络事务。

## 10.6 事务性内存

在前面的章节中，我们介绍了 fetch-and-op、test-and-set 和 compare-and-swap 等机器级同步原语，并用它们构建了更高级别的同步原语，如上锁、解锁与栅障。这些原语仍然较为基础，接下来将介绍更加高层的同步：事务性内存（transactional memory）。本节将讲解：①什么是事务；②原子结构与锁的区别；③事务性内存的设计空间，如数据版本策略、冲突检测策略与检测的粒度；④事务性内存的硬件实现。

### 10.6.1 事务性内存的特性

如图 10-24 所示是存款代码示例，存款是一个典型的“读取-修改-写回”操作，即相对于对该账户的其他操作来说是原子的。加锁/解锁只是保证账户互斥访问（原子性）的一种机制。

如果使用事务性内存来进行编程，代码示例如图 10-25 所示。由程序员使用 atomic 声明同步块，而不显式地声明或使用锁。由系统实现同步，通常采用乐观并发控制，只有当检测到真正的冲突（写后读和写后写）时才会发生性能下降。

```
void deposit (Acct account, int amount)
{
    lock(account.lock);
    int tmp = bank.get(account);
    tmp += amount;
    bank.put(account,tmp);
    unlock(account.lock);
}
```

图 10-24 存款代码示例

```
void deposit (Acct account, int amount)
{
    atomic {
        int tmp = bank.get(account);
        tmp += amount;
        bank.put(account,tmp);
    }
}
```

图 10-25 使用事务性内存的存款代码示例

上述两个例子分别对应命令式和声明式的抽象。若采用声明式语句，程序员只需要定义需要干什么。例如，当需要处理 1000 个原子的任务时，使用声明式语句只需要声明这些任务是原子的，然后并发执行即可。而命令式语句要求程序员指定如何实现，例

如分配 $N$ 个线程，每个线程从共享任务队列中执行相应的任务，访问共享任务队列需要加锁、执行操作并释放锁。

事务性内存允许一组原子的、隔离的内存访问序列执行。它的设计灵感来源于数据库事务，它拥有三个重要特性：原子性、隔离性和可串行化。其中，原子性指的是在事务提交时，所有的内存写入操作都会立即生效，如果事务中途失败或者被中止，则所有的内存写入都会被撤回，仿佛从未进行过一样。隔离性指的是在事务执行期间，其他代码不能观察到该事务的内存写入操作，直到事务提交。最后，可串行化指的是在执行多个事务时，它们看起来像是以某种特定的顺序依次执行的，但具体的顺序是不被保证的。

### 10.6.2 事务性内存的优点

本节将从性能和故障原子性两个方面分析事务性内存的优点。

#### 1. 性能

第一个示例是 Java 1.4 中的 HashMap，它可用于存储键值对。如图 10-26 所示是使用 get 方法的 HashMap 代码示例，它的功能为根据传入的键 key，查找其对应的值 value 并返回。这段代码不是线程安全的，但并没有锁的开销。

```
public Object get(object key) {
    int idx = hash(key);              // 计算哈希
    HashEntry e = buckets[idx];// 找到对应的桶
    while (e != null) {              // 找到桶中的元素
        if (equals (key, e.key))
            return e.value;
        e = e.next;
    }
    return null;
}
```

图 10-26　HashMap 代码示例

Java 1.4 中采用的解决方式是在 get 方法上再套一层 mutex 同步机制，从而使 get 方法变得线程安全，代码示例如图 10-27 所示。这种方法使用显式的、粗粒度的锁来实现线程安全，易于编程，但也限制了并发度和可扩展性，因为同时只有一个线程能够操作 map。

```
public Object get (Object key) {
    synchronized (mutex) { // 互斥锁保护对 hashMap 的所有访问
        return myHashMap.get(key);
    }
}
```

图 10-27　线程安全的 HashMap 代码示例

一种更好的解决方案是使用细粒度同步，例如为每个 bucket 加锁，这是线程安全的，但这会在不需要加锁时（例如只有一个线程）引入较大开销。

事务的 HashMap 简单地将所有需要原子性保障的操作放在一个块中，由系统保证原子性，代码示例如图 10-28 所示。这一实现是线程安全的，也易于编程。它的性能与可扩展性表现取决于具体实现，在经验上通常是不错的。

```
public Object get(object key) {
    atomic {           // 系统保证操作的原子性
        return m.get(key);
    }
}
```

图 10-28　事务内存实现的线程安全 HashMap 代码示例

另一种方案是树的更新。两个线程分别通过图 10-29 中的“1-2-3”和“1-2-4”路径找到节点 3 和 4 并修改，如果采用粗粒度 mutex 同步机制，则节点 3 和 4 必须顺序更新，并发度较低。

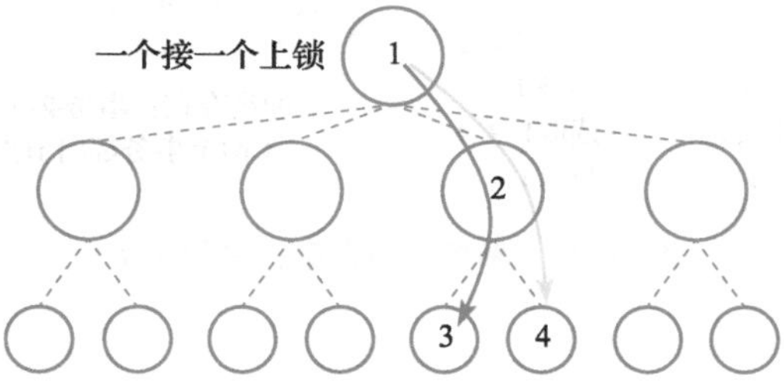


图 10-29　互斥锁更新操作示例

如果采用事务性内存，因为没有同时写一个节点，两个线程可以并行执行，提高了并发度（见图 10-30）。但如果两个线程都同时修改节点 3，由于有潜在冲突，事务性内存将强制其串行执行，保证结果的正确性（见图 10-31）。

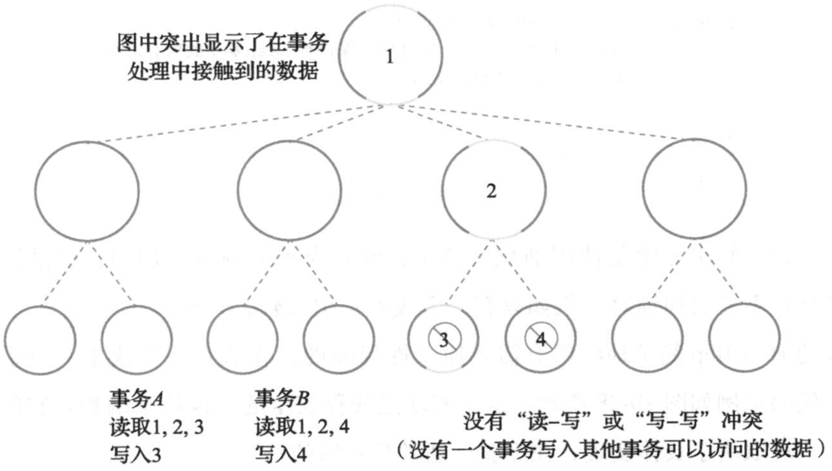
图中突出显示了在事务
处理中接触到的数据
1
2
3
4
事务A
读取1, 2, 3
写入3
事务B
读取1, 2, 4
写入4
没有“读-写”或“写-写”冲突
（没有一个事务写入其他事务可以访问的数据）

图 10-30 事务性内存并行执行示例

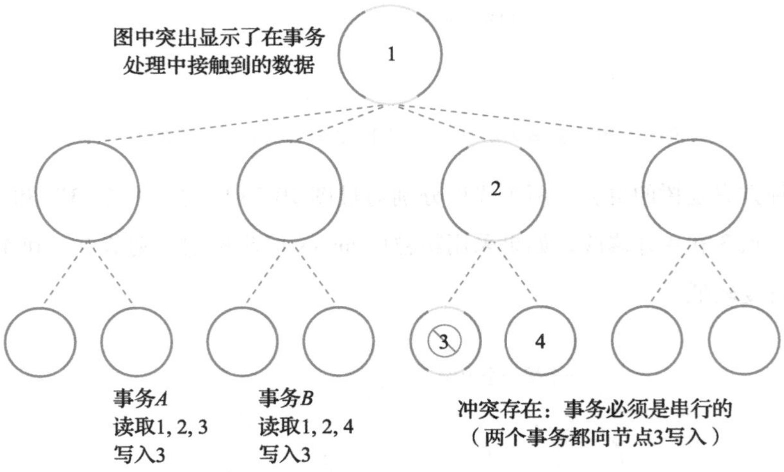
图中突出显示了在事务
处理中接触到的数据
1
2
3
4
事务A
读取1, 2, 3
写入3
事务B
读取1, 2, 4
写入3
冲突存在：事务必须是串行的
（两个事务都向节点3写入）

图 10-31 事务性内存串行执行示例

### 2. 故障原子性

故障原子性（failure atomicity）指的是当对象在发生故障并抛出异常时，该对象应恢复到调用前状态。如果采用加锁方式，需要手动编写异常处理代码。程序员需要逐个分析可能出现的异常及其处理方式，复杂度较高。一些副作用可能会对其他线程造成影响，例如未处理的异常可能会导致线程没有释放已获得的锁，进而使整个系统产生死锁。如果采用事务性内存方式，除去一些由程序员显式管理的异常，其他异常将由系统处理。事务性内存的系统在处理异常事务时，该事务将被放弃，事务内的所有更新将被撤销。对其他线程来说，失效线程的部分更新状态将是不可见的，即失效线程不会拥有锁，进而不会产生死锁。

当组合使用多个锁时，编写代码会变得棘手，并且需要系统范围的策略来保证正确性，这会破坏软件的模块化性质。在使用细粒度锁时，如果已有的锁的数量较多，新增的锁在放置时的难度将增大。使用细粒度锁虽然可以提高性能，但可能导致死锁。

而在组合使用事务时，程序员只需声明全局意图（例如原子地转账），而无须了解全局实现策略。如图 10-32 所示，事务可以将分散的操作（例如从 *A* 账户取钱和存钱到 *B* 账户）组合成一个整体（例如由 *A* 向 *B* 转账），并在外层定义原子边界。在这一过程中，由系统管理并发。例如，如果同时存在 *A* 向 *B* 转账 100 元和 *B* 向 *A* 转账 200 元的事务时，系统将序列化执行两个事务以保证正确性。如果同时存在 *A* 向 *B* 转账 100 元和 *C* 向 *D* 转账 200 元两个事务，系统则会并行执行以提高性能。

```
void transfer (A, B, amount) {
    atomic {
        withdraw(A, amount);
        deposit(B, amount);
    }
}
```

图 10-32 使用事务性内存的转账代码示例

总之，事务性内存具有以下优点：①事务性内存是一种易于使用的同步结构，类似于一种粗粒度的锁，程序员只需要声明事务，由系统来实现同步与异常处理；②性能可达到细粒度锁的水平，支持读-读并发及细粒度并发；③支持故障原子性与恢复，当线程失效时不会丢失锁，系统会通过事务中止和重启来进行故障恢复；④易于集成进现有模块且安全，可扩展性好。

以下通过一个示例来介绍事务性内存的集成。OpenTM 是 OpenMP 和 TM 的结合，将 OpenMP 的主从并行模型和事务性内存的原子和隔离执行相结合。OpenMP 常用于并行循环和任务，而事务性内存常用于同步和推测。OpenTM 支持事务、事务循环和事务段，支持对事务性内存中的数据使用指示符（例如声明为线程私有数据），以及向事务性内存提供运行时系统信息。通过在 OpenMP 程序中添加 OpenTM 指令，程序员可以指定事务的范围和隔离级别，并通过在代码中使用指示符来控制事务内存的行为。OpenTM 在多线程环境中实现了事务性内存的优点，而不破坏 OpenMP 的简洁性和易用性。

值得注意的是，原子操作不等于上锁加解锁。原子操作是一种顶层的原子性声明，它没有指定具体的实现或阻塞行为，并且没有提供一致性模型。相比之下，锁是一种底层的阻塞原语，不能独立提供原子性或隔离性。锁可以用于实现原子操作，也可用于其他目的。因此，不能将所有锁同步区域都替换为原子区域。虽然原子操作可以消除许多数据竞争问题，但使用原子块进行编程仍然可能存在原子性违规问题，例如错误地将原子序列分成两个原子块。因此，程序员需要仔细考虑何时使用锁和原子操作，并理解它们之间的差异和适用场景。

锁同步代码示例如图 10-33 所示，它展示了为什么不能将锁同步区域直接替换为原子区域。如果我们将 synchronized 块替换为原子块，由于存在写后读相关，两个原子块顺序执行。不管哪个原子块先执行，都会陷于无限的等待中，从而导致死锁。因此，原子操作可以消除数据竞争，但它不能保证并发访问中的互斥性，这是以下示例中使用锁（例如 synchronized）的原因之一。

```
// 线程 1
synchronized(lock1) {
    …
    flagB = true;
    while (flagA==0);
    …
}
```

```
// 线程 2
synchronized(lock2) {
    …
    flagA = true;
    while (flagB==0);
    …
}
```

图 10-33　锁同步代码示例

原子区域使用的错误示例如图 10-34 所示。这可能导致线程 2 的原子块在线程 1 的两个原子块之间执行，从而在 ptr 为空时解引用。在这个场景中，需要在线程 1 中把 ptr 的赋值与使用包裹在同一个原子块中，而不是分为两个部分。

```
//线程 1
atomic {
    …
    ptr = A;
    …
}
atomic {
    B = ptr->field;
}
```

```
//线程 2
atomic {
    …
    ptr = NULL;
}
```

图 10-34　原子区域使用的错误示例

事务性内存是一种声明式同步机制。用户可以指定同步的要求（原子性和隔离性），系统则以最佳方式实现。事务性内存的提出有以下几点动机：①用户难以正确使用显式同步机制，而且正确性、性能和复杂性往往难以协调；②显式同步机制不易扩展，一个适用于 4 个 CPU 的锁策略可能不适用于 64 个 CPU；③使用组件式软件编程时难以进行显式同步；④事务性内存的其他优点，如故障原子性等。根据研究，在开发者开发一个应用时，对比基于一个支持事务内存的系统和基于一个基于细粒度锁的系统这两种底层基础，发现前者可以使用后者 10%的开发时间，而获得后者 90%的性能，这大大提高了开发效率。

### 10.6.3 事务性内存的实现

在实现事务性内存前，首先回顾事务性内存具有的三个特性：①原子性，如果成功提交，所有内存写操作同时生效；如果失败中止，则没有任何写操作生效；②隔离性，在提交前，其他线程无法观察到写操作；③串行性，多个事务的执行结果与按某一串行顺序的执行结果一致，但不保证具体的顺序。

事务性内存实现的基础要求是提供原子性和隔离性，而不损失并发性能。为实现这一目标，实现必须满足以下要求：数据版本控制，以便可以撤销事务；冲突检测和解决机制，以确定何时应该撤销事务。事务性内存的实现主要有三种：硬件事务性内存（HTM）、软件事务内存（STM）和混合事务性内存。硬件事务性内存采用专门的处理器硬件支持来实现原子性和隔离性；软件事务性内存则在软件层面实现；而混合事务性内存可以采用类似于硬件加速的软件事务内存的方式实现。

#### 1. 版本控制

数据版本控制是实现事务性内存的基本要求之一，主要是为了管理并发事务中未提交的（新）和已提交的（旧）数据版本。一般有两种实现方式：基于撤销日志的积极版本控制和基于写缓冲区的懒惰版本控制。

积极版本控制（eager versioning）的核心思想是立即更新内存中的数据，并在开始操作之前创建撤销日志，以记录修改操作并在回滚时恢复数据。这种实现方法的好处是在事务提交时不需要额外的开销，因为所有数据都已经更新到内存中。然而，由于需要记录每个事务对内存中数据的修改，这种方法需要较大的开销，竞争激烈时会导致性能下降。此外，如果事务更新的数据非常庞大，那么保留撤销日志的代价也会变得非常高。

懒惰版本控制（lazy versioning）的思想是不立即将更新写入内存，而是将其记录在事务写缓冲区中。只有在提交时，写缓冲区才会被真正写到内存中。如果事务成功提交，则写缓冲区中的所有更新都生效；如果事务中止，则丢弃写缓冲区中的所有内容。由于写缓冲区的内容只在提交时写入内存，因此懒惰版本控制可以更好地利用缓存。但是，由于它在提交时将所有更新写入内存，可能会增大提交延迟和冲突检测开销。

### 2. 冲突检测

冲突检测是指发现和处理事务间的冲突。在并发环境下，可能出现读-写冲突和写-写冲突。读-写冲突是指事务 $A$ 试图读取未提交事务 $B$ 修改的地址 $X$ 的内容，写-写冲突是指存在两个未提交的事务 $A$ 和 $B$ 都试图修改地址 $X$ 处的内容。以上两种冲突都不满足事务内存的串行性要求，因此需要记录事务的读集和写集，以检测和处理冲突。读集是指在事务中读取的地址，写集是指在事务中修改的地址。

冲突检测有悲观与乐观两种。悲观冲突检测在内存读写期间检测冲突。例如，通过硬件实现的一致性检查操作。当发生冲突时，“竞争仲裁器”决定是暂停还是中止事务。为了快速处理常见情况，提出了各种基于优先级的策略。悲观冲突检测可以有效减少事务失败的概率，但它可能会损失并发性能。

如图 10-35 为悲观冲突检测示例，它展示了进程 $T_0$ 和 $T_1$ 交叉读写数据的四种情况，分别为：①二者读写集不相交，并行执行成功；②进程 $T_1$ 在读 $A$ 前检测到进程 $T_0$ 在写 $A$，停顿直到进程 $T_0$ 提交；③进程 $T_1$ 在写 $A$ 时检测到未提交进程 $T_0$ 已经读取 $A$，进程 $T_0$ 重启并停顿直到进程 $T_1$ 提交，之后再读取 $A$；④如果未提交进程 $T_0$ 和 $T_1$ 都写入 $A$，则容易陷入不断重启的僵局，即进程不继续向前执行。

乐观冲突检测在事务提交时通过校验写集来检测冲突，使用缓存一致性机制来验证写集的独占访问权。如果存在冲突，则优先考虑正在提交的事务，其他事务稍后被中止。在提交的事务之间发生冲突时，使用“竞争仲裁器”来决定优先级。乐观和悲观冲突检测可以同时使用，例如一些软件事务内存系统在读操作时使用乐观冲突检测，在写操作时使用悲观冲突检测。

乐观冲突检测示例如图 10-36 所示，它展示了进程 $T_0$ 和 $T_1$ 交叉读写数据的四种情况，分别为：①提交时二者读写集不相交，提交成功；②在 $T_0$ 写 $A$ 完成准备提交时，检测到 $T_1$ 已经读取 $A$，$T_1$ 重启并重读 $A$；③在 $T_0$ 读 $A$ 完成准备提交时，检测到 $T_1$ 在写 $A$，提交成功；④如果进程 $T_1$ 读写 $A$ 完成准备提交时，检测到 $T_0$ 读写 $A$，则 $T_0$ 重启并重新读写 $A$，继续向前执行。

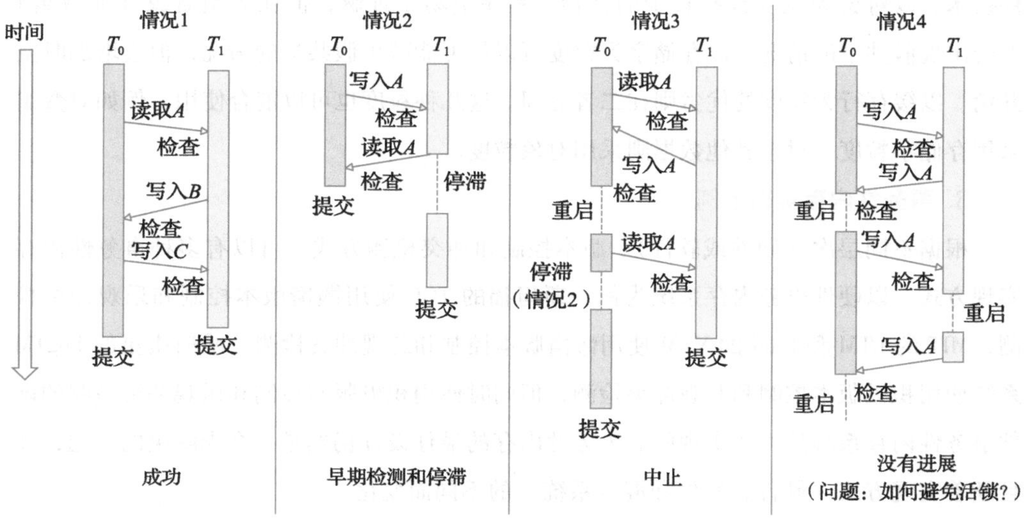


图 10-35　悲观冲突检测示例

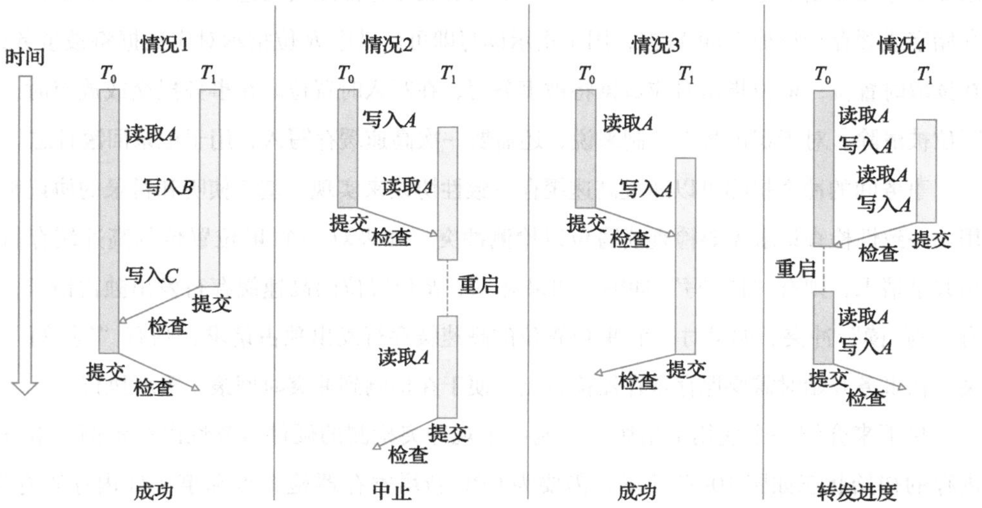


图 10-36　乐观冲突检测示例

冲突检测存在不同的权衡。悲观冲突检测可以较早地检测到冲突，从而减少需要回滚的工作量，但有时会导致更多的中止事务，且需要进行细粒度的通信。乐观冲突检测可以提供进程往前执行的保证，减少冲突，但是检测到冲突较晚，可能存在公平性问题。

冲突检测的粒度可以基于对象、存储字或者缓存行进行，具体实现可采用软件或硬件技术。以对象为粒度具有较少的开销，程序员易于理解，但在大型对象（如数组）上会出现假共享的情况。以存储字为粒度可以尽可能减少假共享的情况，但会增加时空开销。以缓存行为粒度的优劣则在二者之间。这几种粒度也可以混合使用，例如对数组采用存储字粒度，对于其他数据则采用对象粒度。

### 3. 事务性内存实现示例

根据不同层次（硬件或软件）、版本控制和冲突检测方式，可以有多种事务性内存实现方式。以硬件事务内存系统为例，斯坦福的 TCC 使用懒惰版本控制和乐观冲突检测，MIT 的 LTM 和 Intel 的 VTM 使用懒惰版本控制和悲观冲突检测，威斯康星的 LogTM 系统使用积极版本控制和悲观冲突检测，但同时使用积极版本控制和乐观冲突检测的硬件事务性内存系统是无法实现的。事务性内存的最佳设计仍然是一个未解决的问题，并且随着实现方式（硬件、软件和混合系统）的不同而变化。

硬件事务性内存可以使用高速缓存写缓冲区或撤销日志，从而进行版本控制，也可以添加缓存元数据来记录读写集。私有、共享或多级缓存都能实现这些功能，仅需为每一个存储字或缓存行添加 2 bit 数据，用于指示读写即可。其中 $R$ 位指示对应数据将被事务读，在读取时置位；$W$ 位指示对应数据将被事务写，在写入时置位。在事务提交或放弃时，读写位被清除。对于积极版本控制来说，还需要一次高速缓存写入，用于记录回滚日志。

事务间的冲突检测可以通过高速缓存一致性协议来实现，基于侦听和目录的协议都适用。一致性检查请求需要检查读写位以检测冲突。如果对一个 $W$ 位置位的高速缓存行发出共享请求，则有“读-写”冲突。如果对一个 $R$ 位置位的高速缓存行发出独占请求，则有“写-读”冲突。如果对一个 $W$ 位置位的高速缓存行发出独占请求，则有“写-写”冲突。在事务开始时需要保存寄存器检查点，便于在检测到冲突时回滚，重新执行。

接下来介绍一个使用懒惰版本控制、乐观冲突检测的硬件事务性内存示例。事务性内存的初始状态如图 10-37 所示，需要为 CPU 新增寄存器检查点和事务性内存寄存器，用于存储状态与处理函数指针。在高速缓存中为每一缓存行添加 $R$ 位和 $W$ 位，分别用于指示是否存在于读写集中。

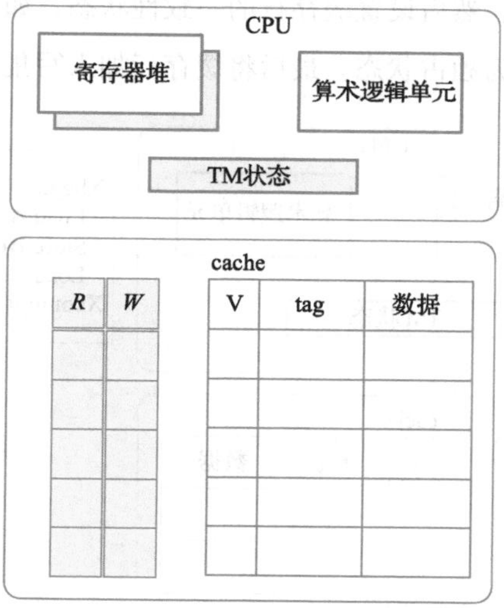


图 10-37　事务性内存的初始状态

事务性内存读操作如图 10-38 所示，假设第一条指令读取 tag 为 *A* 的缓存行，如果有缓存缺失需要先进行处理，然后将 *R* 位置位，将缓存行加入读集。

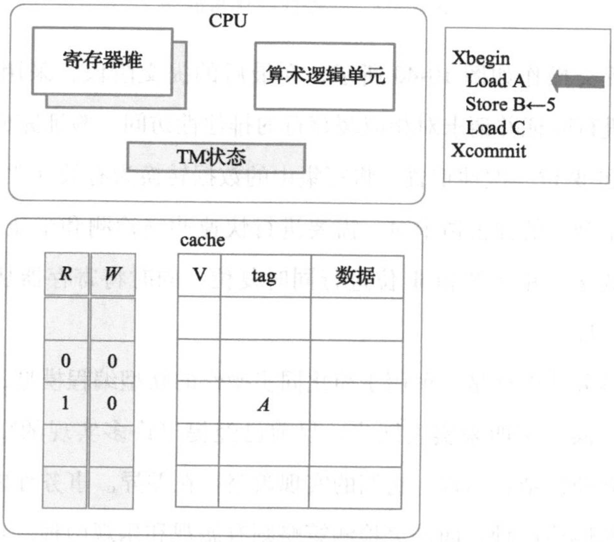


图 10-38　事务性内存读操作

事务性内存写操作如图 10-39 所示，假设第二条指令写入 tag 为 $B$ 的缓存行，首先需要处理可能的缓存缺失，然后设置缓存行的一致性状态，如果写前是共享状态，则继续设为共享状态，否则设为独占状态。最后将缓存行加入写集。

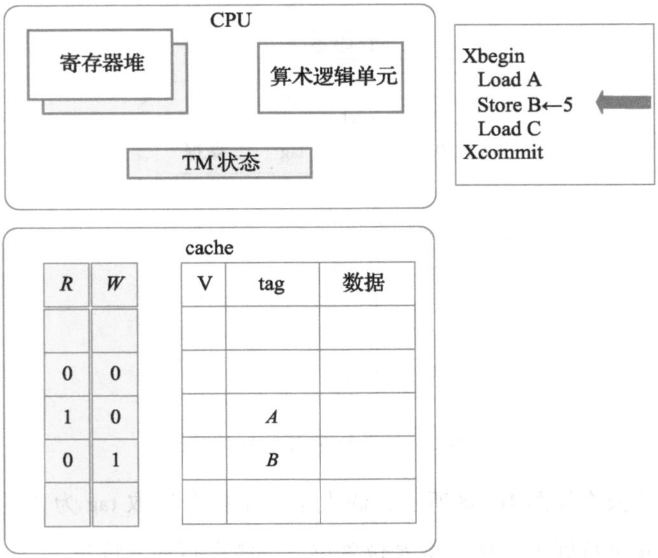


图 10-39　事务性内存写操作

事务性内存提交操作如图 10-40 所示，在最后的提交阶段，采用快速的两阶段提交。首先对写集进行验证并请求对相应缓存行的排他性访问。验证完成后，可以进行提交操作，即将 $R$ 和 $W$ 位一次性重置，将写集中的数据转换为有效（脏）数据。

在验证读写集合中的独占请求时，需要进行快速冲突检测和中止。在中止事务时，必须将写集合无效化，并将 $R$ 和 $W$ 位进行同时复位，同时将寄存器从检查点恢复，从而确保数据的一致性。

总结一下，事务性内存是一种用于简化同步操作的新型编程模型，它的基本思想为通过提供一个原子操作声明来实现同步。目前已经提出许多实现的变体，包括软件实现、硬件实现和软硬件结合实现，它们的实现策略存在差异。事务性内存的版本控制策略通常分为积极和懒惰两种，而冲突检测策略则有悲观和乐观两种。在硬件事务性内存的实现中，版本化数据存储在高速缓存中，而冲突检测则基于一致性协议来实现。

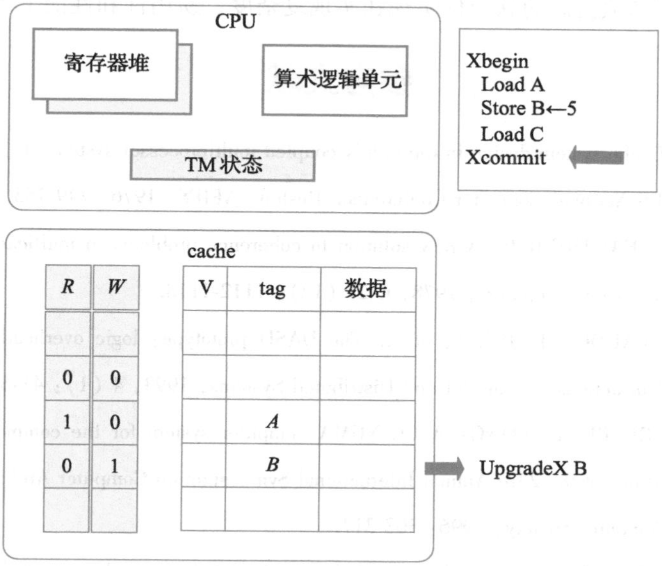


图 10-40　事务内存提交操作

## 10.7 本章小结

本章介绍了高速缓存一致性、同步和事务性内存三个话题。高速缓存一致性指的是对于一个位置的写入，所有处理器看见的顺序是一致的，这对于 SMP 系统的执行正确性来说十分重要。本章分别介绍了基于总线和目录的一致性，并回顾了实现缓存一致性的典型系统。同步机制用于保证多线程协作的正确性，本章介绍了同步原语、互斥锁和栅障共三种常见的同步互斥机制，并分析了它们对性能的影响。在本章的最后介绍了更高级别的同步原语及事务性内存。

## 10.8 思考题

1. 现代处理器中的高速缓存一致性更多是基于总线还是目录实现的？两种实现方式各有什么优缺点？

2. 同步原语和锁机制的软硬件实现在实现复杂度、易用性和性能上各有什么优劣？

## 参考文献

[1] TANG C K. Cache system design in the tightly coupled multiprocessor system [C]// Proceedings of the 1976 AFIPS National Computer Conference. Reston: AFIPS, 1976: 749-753.

[2] CENSIER L, FEAUTRIER P. A new solution to coherence problems in multicache systems [J]. IEEE Transactions on Computers, 1978, C-27 (12): 1112-1118.

[3] LENOSKI D, LAUDON J, JOE T, et al. The DASH prototype: logic overhead and performance [J]. IEEE Transactions on Parallel and Distributed Systems, 1993, 4 (1): 41-61.

[4] LOVETT T, CLAPP R. STING: A CC-NUMA computer system for the commercial marketplace [C]//Proceedings of the 23rd Annual International Symposium on Computer Architecture. Philadelphia: IEEE Computer Society, 1996: 308-317.

[5] GUSTAVSON D B. The scalable coherent interface and related standards projects [J]. IEEE Micro, 1992, 12 (1): 10-22.

[6] SIMONI R, HOROWITZ M. Dynamic pointer allocation for scalable cache coherence directories [C]//Proceedings of the International Symposium on Shared Memory Multiprocessing. Tokyo: IPS Press, 1991: 72-81.

[7] GUPTA A, WEBER W D, MOWRY T. Reducing memory and traffic requirements for scalable directory-based cache coherence schemes [C]//Proceedings of the International Conference on Parallel Processing (ICPP'90). Berlin: Springer, 1990: 312-321.

[8] ACACIO M E, GONZALEZ J, GARCIA J M, et al. A two-level directory architecture for highly scalable CC-NUMA multiprocessors [J]. IEEE Transactions on Parallel and Distributed Systems, 2005, 16 (1): 67-79.

[9] 庞征斌. 基于 SMP 的 CC-NUMA 类大规模系统中 cache 一致性协议研究与实现 [D]. 长沙: 国防科学技术大学, 2007.

[10] 潘国腾. CC-NUMA 系统存储体系结构关键技术研究 [D]. 长沙: 国防科学技术大学, 2007.

[11] PAN G T, DOU Q, XIE L G. A two-level directory organization solution for CC-NUMA systems [C]//Proceedings of the 7th International Conference on Algorithms and Architectures for Parallel Processing. Berlin: Springer, 2007: 142-152.

[12] 王焕东. 基于多核处理器的可扩展 CC-NUMA 结构研究 [D]. 北京：中国科学院研究生院，2010.

[13] 王焕东，高翔. 基于 HyperTransport 协议的 cache 一致性协议传输方法及系统：200810227157 [P]. 2008-11-24.

[14] MAA Y C, PRADHAN D K, THIÉBAUT D. A hierarchical directory scheme for large-scale cache-coherent multipmcessors [C]//Proceedings Sixth International Parallel Processing Symposium. Cambridge: IEEE, 1992: 43-46.

[15] CULLER D, SINGH J, GUPTA A. Parallel computer architecture: a hardware/software approach [M]. San Francisco: Morgan Kaufmann, 1999.

[16] LAUDON J, LENOSKI D. The SGI origin: A CC-NUMA highly scalable server [C]//Proceedings of the 24th Annual International Symposium on Computer Architecture. Cambridge: IEEE, 1997: 241-251.

[17] AGARWAL A, BIANCHINI R, CHAIKEN D, et al. The MIT alewife machine: Architecture and performance [C]//Proceedings of the International Conference on Computer Architecture. Barcelona. New York: ACM, 1998: 509-520.

[18] CHAIKEN D, KUBIATOWICZ J, AGARWAL A. LimitLESS directories: A scalable cache coherence scheme [C]//Proceedings of the fourth international conference on Architectural support for programming languages and operating systems. New York: ACM, 1991: 224-234.

[19] TONY B, GREG A. The evolution of the HP/Convex exemplar [C]//Proceedings of COMPCON: Forty-Second IEEE Computer Society International Conference. Cambridge: IEEE, 1997: 81-86.

# 第 11 章
# 量子并行计算

## 11.1 引言

大规模集成电路的制造工艺在不断提升（目前最先进的工艺已接近1nm），晶体管的尺寸越来越接近原子的尺寸（也就是接近量子的尺度），这不断加剧热密度和漏电功耗的问题，这将导致摩尔定律逐渐失效。本章介绍量子计算，一是因为量子计算本身就是并行计算，二是因为量子计算是后摩尔时代有可能补充甚至替代经典计算的一种计算方式。

本章涵盖以下内容：量子的概念、量子纠缠、波函数、不确定性原理、贝尔不等式、量子霸权、量子优势等，将依次介绍对量子行为的基本理解、量子计算的数学基础、不确定性原理、量子算法等内容。

关于量子力学、量子信息、量子计算方面的书籍是比较多的，有些书侧重比较抽象的数学基础，有些书侧重细节烦琐的物理基础，有些书重在科普，但偏于粗略肤浅，有些书重于严谨准确，但偏于晦涩难懂。这里推荐三本重要的参考资料，一是物理学奖得主费曼著的《费曼物理学讲义》，二是冯·诺依曼著的《量子力学的数学基础》，三是曾谨言著的《量子力学教程》。量子计算的知识大厦是宏伟的，用一本书甚至几本书都难以全部阐释清楚，而撰写本章的目的在于，用极短的篇幅，把握住较关键、较基本的内容，从并行计算的角度把量子计算的本质说清楚，进而从算势和算力的角度统一认识经典计算和量子计算。

量子计算的实质是量子系统状态不断地在酉算子作用下进行酉变换的演化过程。量子算法的设计的实质是构造解决问题所需的一系列酉算子，使得以量子寄存器为基本内容的量子系统的状态一步一步演化，最终达到所需要的状态，而所需要的状态是正确输出的基态，概率幅决定的概率要充分大，这样系统状态在被测量时将以足够大的概率坍缩到对应正确输出的基态。“一步一步演化”是算法的特点，在这一点上，经典计算机与量子计算机是一样的。

围绕经典计算和量子计算的联系与区别，建议读者探讨以下问题：

1）经典计算和量子计算的物理基础分别是什么？

2）经典计算和量子计算的数学原理分别是什么？

3）经典计算机不可判定的问题并没有因量子计算的存在而变得可判定，那么量子计算改变了什么？是算法的复杂度降低了，还是执行算法的速度提高了？

4）不确定性原理的内容是什么？可知与不可知之间是否存在清晰的边界？经典计算和量子计算的哲学含义什么？

5）为什么光速是物质速度的上限？为什么存在大量不可求解的问题？限于篇幅，本章抛砖引玉，只介绍其中的一部分内容。

## 11.2 对量子力学的基本理解

### 11.2.1 量子力学与经典力学有本质区别

经典力学的适用范围是有限的，经典力学不能解释亚原子（电子、质子、中子、光子等）这种小尺度物质的行为，但是量子力学可以。量子力学是在 20 世纪的前 25 年逐渐摸索积累，在 1926—1927 年由薛定谔、海森堡、波恩等最终创立的。亚原子（电子、质子、中子、光子等）的量子行为都相同。由于人类的尺度的特殊性（比亚原子大得多），而人类的直接经验和直觉又受到自身尺度的影响，人类对小尺度物质往往感觉难以理解。量子纠缠（quantum entanglement）和量子叠加（quantum superposition）是量子力学中的两个独特属性，在经典物理学中找不到对应物。

### 11.2.2 量子计算的优势在于并行

串行与并行是一对相对的范畴。目前真正理解量子计算原理的人要比理解经典计算原理的人少得多，同时理解量子计算和经典计算的人就更少了。一般的并行计算教材不介绍量子计算，但量子计算的优势就在于并行，量子计算是不容忽视的并行计算形式。当后摩尔时代经典计算的前进阻力越来越大时，学习和研究并行计算就有必要了解量子计算并将它与经典计算进行比较。量子计算相对经典计算在算力上潜在地具有巨大优势，当然这是对算力的极大突破，但是这种突破是有限度的，图灵不可解的问题仍然是不可解的。这是需要注意的第一个方面。

### 11.2.3 量子的概念

连续与离散是一对相对的范畴。有不少人把量子（quantum）理解为电子、光子，但实际上量子不是具体的“粒子”，而是指物理量的不连续性或不可分割性，也就是说，量子不是实物，而是概念。微积分是建立在极限的思想之上的，有无穷小的概念，然后界定了连续与离散的区别。但现实世界中的物理量都有一个不可分割的最小值，例如，普朗克长度是目前物理学中可以测量出来的最小长度，这样任何物体的长度就只能是普朗克长度的整数倍，不可能是普朗克长度的非整数倍。这是需要注意的第二个方面。

宏观与微观是一对相对的范畴。有不少人把量子力学理解为只适用于微观世界。但实际上，量子力学也适用于宏观世界，只是它的优势不在于这一方面（牛顿三大定律的优势在于处理宏观世界方面），而在于处理微观世界方面。还有不少人把波粒二象性理解为微观世界所特有的，但实际上宏观物体仍然具有波粒二象性，只是波长小到任何物理探测器都难以觉察的程度。这是需要注意的第三个方面。

### 11.2.4 不确定性原理

海森堡对不确定性原理是这样表述的：假如对任一客体进行测量，测量动量的 $x$ 分量时，动量的不确定量为 $\Delta p$，位置的不确定量为 $\Delta x$，则必然满足式（11-1）。

$$\Delta x \cdot \Delta p \geqslant \frac{h}{4\pi} \tag{11-1}$$

式（11-1）中 $h$ 为普朗克常量，约等于 $6.62607015\times10^{-34}$（单位为 J·s）。不确定性原理说明测量的精度是有限的，信息的“可知”是有限度的，不确定性原理是量子力学的关键性基石，海森堡认识到，如果能够以更高的精度同时测量动量和位置，那么量子力学大厦将轰然倒塌。

**例题 11-1** 通过求解以下问题加深对量子比特（qubit）、纳秒（ns）、光速等概念的理解：

1）300 个量子比特的并行度与宇宙中原子的数量哪个大？

2）一年有多少 ns？如果 1ns 执行一条指令，一年能执行多少条指令？

3）光在 1ns 能运动多长的距离？

解答：

300 个量子比特的并行度为 $2^{300}$，宇宙中的原子数量约为 $10^{80}$，$2^{10}$ 大于 $10^3$，所以，$2^{300}$ 大于 $10^{90}$，远远大于宇宙中的原子数量。设想宇宙中所有原子以单原子的粒度进行并行计算，对应的并行度仍然小于 300 个量子比特的并行度。这说明了量子比特所具有的叠加性被用于进行并行计算，相比经典比特具有巨大优势。量子并行计算开辟了并行计算的新的途径。

1 年有 365 日（仅以平年为例），1 日有 24h，1h 有 3600s，1s 有 $10^9$ns，所以 1 年 = $365\times24\times3600\times10^9$ns = $3.1536\times10^{16}$ns。如果 1ns 执行一条指令（对应的主频是 1GHz，每周期完成一条指令），1 年能执行 $3.1536\times10^{16}$ 条指令，注意到 $10^{16}$ 为 10 Peta，所以一台 1GHz 的单发射处理器 1 年的工作量，一台 10 Peta 计算能力的机器只需要 3.1536s。这说明了超级计算机相比串行计算机具有巨大优势。

光速为 $3\times10^8$m/s，所以光每纳秒运动 $3\times10^8\times10^{-9}$m = 0.3m，即 30cm。这是目前已知的物质运动的极限速度，对于芯片来说，电信号传输的速度不可能超过这个速度。

□

**例题 11-2** 数学家张益唐在 2022 年尝试证明黎曼猜想的弱化版本——朗道—西格尔零点猜想时，使用了反证法和一个初等的恒等式 $ac-bd=(a+b)c-(c+d)b$。试给出贝尔不等式，然后说明贝尔不等式与隐变量理论之间的关系。

解答：

贝尔不等式并不是一个特定的不等式，而是可以指隐变量理论满足的多个不等式中的任何一个，例如下式

$$P(A\overline{C})\geqslant P(A\overline{B})+P(B\overline{C}) \tag{11-2}$$

这个不等式之所以成立，原因是

$$P(A\overline{C})=P[A(B\cup\overline{B})\overline{C}]=P(AB\overline{C})+P(A\overline{B}\,\overline{C})\leqslant P(A\overline{B})+P(B\overline{C}) \tag{11-3}$$

□

贝尔不等式源自量子力学领域的一项根本性原理，由物理学家约翰·贝尔于 1964 年提出，旨在数学化地表达局域实在论（local realism）的预测与量子力学预言之间的差异。在经典物理学框架下，若两个空间中的分离事件之间不存在超光速影响（即遵循局域性原则），那么它们的统计关联度存在一个理论上可计算的最大值。然而，量子力学中的量子纠缠现象展现出的非局域性，即两个纠缠粒子无论相隔多远，它们的状态都能瞬间相互影响，使得在某些量子系统中观测到的关联度超出了贝尔不等式的界限，这直接违背了局域实在论的预期。贝尔不等式的违反通过实验验证，如阿斯派克特实验，已成为支持量子非局域性和反驳局域隐变量理论的强有力证据，深化了我们对自然界基本规律的认识，挑战了直观的物理图像，并促进了量子信息科学的发展。

**例题 11-3** 一共存在多少种 $N$ 输入的二进制逻辑运算？

解答：

二进制逻辑运算的本质是函数，是 $N$ 位输入到 1 位输出的映射，每一个函数对应一个真值表。输入有 $2^N$ 情况，所以真值表的行数为 $2^N$，对每一行输入，输出有两种可能（即 0 或 1），所以真值表有 $2^{2^N}$ 种，也就是函数有 $2^{2^N}$ 种。

□

### 11.2.5 对叠加态的理解

相比经典计算，量子计算因为量子比特具有叠加态的性质，从而在并行计算方面具有更显著的优势。

诺贝尔物理学奖得主费曼认为，以任何经典方式来解释“电子的杨氏双缝干涉实验”都绝对不可能，但它却包含了量子力学的核心。现在做三个实验：

如图 11-1 所示，第一个实验为光源通过挡板上的双缝后在屏幕上形成了明暗相间的条纹。这被称为干涉现象，这个实验现象证明了光是一种波，因为干涉现象是波所特有的，屏幕上亮处是波峰与波峰叠加相互加强而成，暗处则是波峰与波谷叠加相互抵消而成。设 $P_{12}$ 为光子通过两个小孔后到达后障上与中心的距离为 $x$ 处的概率，设 $P_1$ 为光子通过小孔 1 后

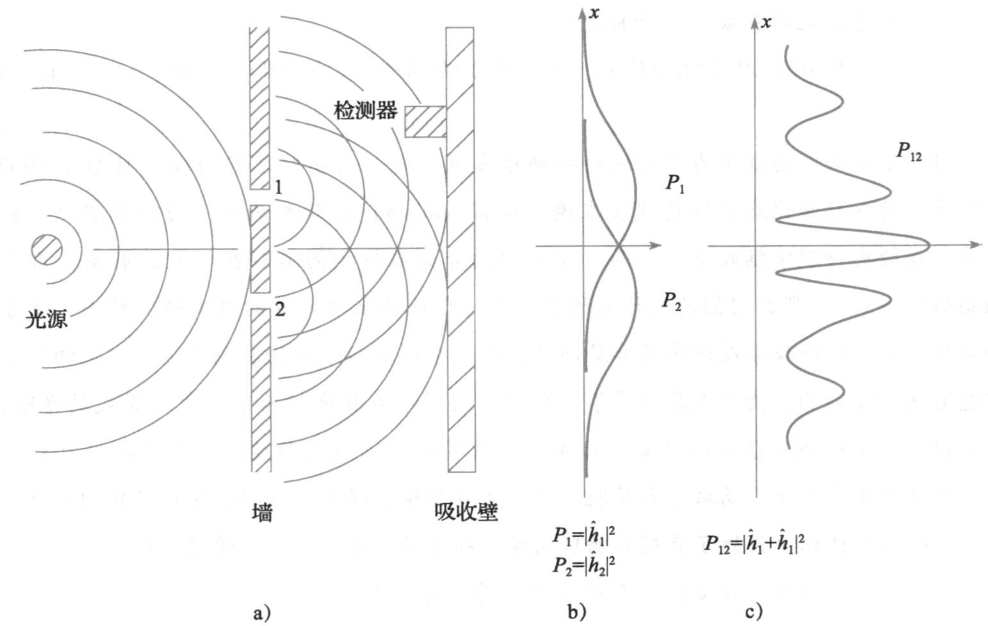


图 11-1 光源发射的光子通过挡板上的双缝后在屏幕上形成了明暗相间的条纹（第一个实验）

到达后障上与中心的距离为 $x$ 处的概率（也就是来自小孔 1 的波的强度），$P_2$ 为光子通过小孔 2 后到达后障上与中心的距离为 $x$ 处的概率（也就是来自小孔 2 的波的强度），则

$$P_{12} \neq P_1 + P_2 \tag{11-4}$$

注意到，来自小孔 1 的光波在后障上与中心的距离为 $x$ 处的高度瞬时值，可以写成 $h_1 e^{i\omega x}$ 的实部，振幅 $h_1$ 为复数；来自小孔 2 的光波在后障上离中心的距离为 $x$ 处的高度瞬时值，可以写成 $h_2 e^{i\omega x}$ 的实部，振幅 $h_2$ 为复数。当两个小孔都开放时，由两列波的高度相加得到总高度，可以写成 $(h_1+h_2)\ e^{i\omega x}$ 的实部。

$$P_1 = |h_1|^2 \tag{11-5}$$

$$P_2 = |h_2|^2 \tag{11-6}$$

$$P_{12} = |h_1 + h_2|^2 \tag{11-7}$$

如图 11-2 所示，第二个实验为将光源改为发射子弹的枪，子弹一颗一颗地射出并随机地经过两个缝隙之一抵达屏幕上，形成了两条线，没有形成明暗相间的条纹。设 $P_{12}$ 为子弹通过两个小孔后到达后障上与中心的距离为 $x$ 处的概率，设 $P_1$ 为子弹通过小孔 1 后到达后障上与中心的距离为 $x$ 处的概率，设 $P_2$ 为子弹通过小孔 2 后到达后障上与中心的距离为 $x$ 处的概率，则

$$P_{12} = P_1 + P_2 \tag{11-8}$$

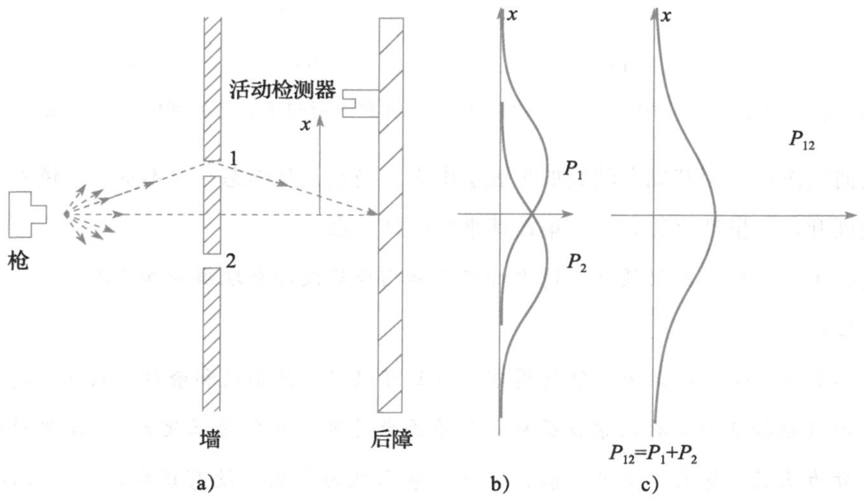


图 11-2　手枪发射的子弹通过挡板上的双缝后在屏幕上没有形成明暗相间的条纹（第二个实验）

如图 11-3 所示，第三个实验将光源改为电子枪，电子一个一个地通过双缝，与第一个实验中的光子一样，也在屏幕形成了明暗相间的条纹。设 $P_{12}$ 为电子通过两个小孔后到达后障上与中心的距离为 $x$ 处的概率，设 $P_1$ 为电子通过小孔 1 后到达后障上与中心的距离为 $x$ 处的概率，设 $P_2$ 为电子通过小孔 2 后到达后障上与中心的距离为 $x$ 处的概率，则

$$P_{12} \neq P_1 + P_2 \tag{11-9}$$

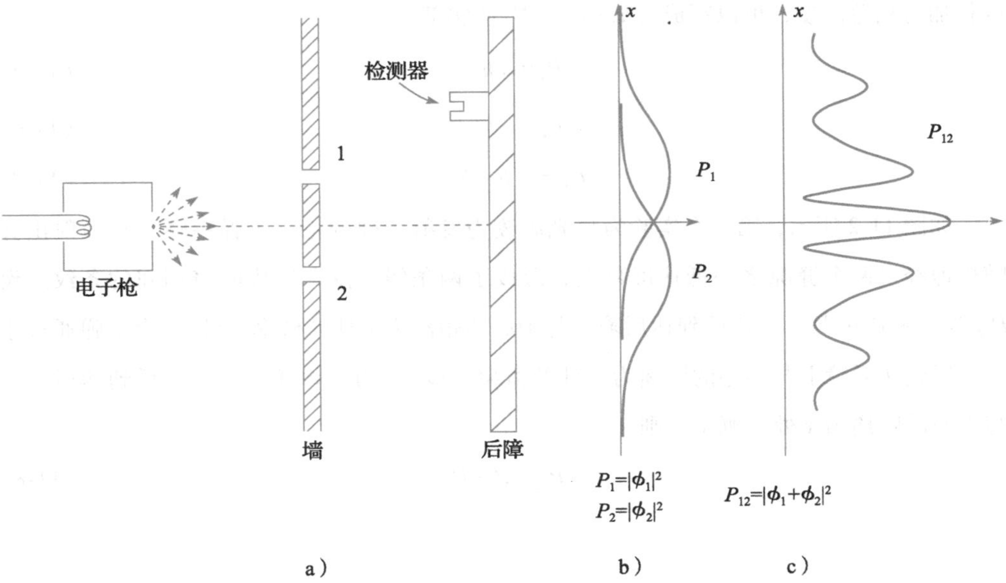


图 11-3　电子枪发射的电子通过挡板上的双缝后在屏幕上形成了明暗相间的条纹（第三个实验）

任何状态可以用基础态的叠加来表示出来。当然，基础态一般不唯一。读者可以结合泰勒展开、傅里叶级数和指令集设计来理解这一点。

**例题 11-4**　结合泰勒展开、傅里叶级数和指令集设计来理解叠加原理。

解答：

法国数学家傅里叶认为，任何周期函数都可以用正弦函数和余弦函数构成的无穷级数来表示（选择正弦函数与余弦函数作为基函数是因为它们是正交的）。傅里叶级数以三角函数为基底，基有正交性；泰勒级数以幂函数为基底，没有正交性。基可以正交，也可以不正交。不正交的基经过正交化之后可以变为正交基。

程序最终都要编译或解释为指令执行。指令集是一个基底，不同的指令集对应不同的基底。指令集中的不同指令之间在功能上可以完全正交，也可以不正交。

□

### 11.2.6　张量积

单个量子比特的状态空间是复希尔伯特空间（记为 $H_2$），维数为 $\dim H_2 = 2$。宽度为 $n$ 的量子寄存器的状态空间也是复希尔伯特空间（记为 $H_2^{\otimes n}$），维数为 $\dim H_2^{\otimes n} = (\dim H_2)^n = 2^n$。一个 $n$ 位的量子寄存器和一个 $m$ 位的量子寄存器复合成一个 $(n+m)$ 位的量子寄存器，相应的状态空间按照“张量积”的形式进行扩张。

### 11.2.7　左矢与右矢

在量子力学中一般采用狄拉克发明的左矢和右矢符号。两个向量 $u$ 和 $v$ 的内积表示为 $\langle u,v\rangle$，左边的 $\langle u|$ 被称为左矢，右边的 $|v\rangle$ 被称为右矢。右矢表示复希尔伯特空间中的一个列向量，左矢表示右矢的共轭转置。下面从数学定义和物理含义两个角度理解。

我们先从两个右矢的内积的数学定义出发来理解左矢和右矢之间的关系。两个右矢 $|u\rangle$ 和 $|v\rangle$ 的内积表示为 $\langle |u\rangle, |v\rangle\rangle$，它被定义为 $|u\rangle^\dagger |v\rangle$，由于左矢表示右矢的共轭转置（即 $|u\rangle^\dagger = \langle u|$），所以 $\langle |u\rangle, |v\rangle\rangle = |u\rangle^\dagger |v\rangle = \langle u\|v\rangle$。注意 $\langle u\|v\rangle$ 一般简记为 $\langle u|v\rangle$。

从物理含义上理解左矢和右矢以及内积的定义，也是很重要的。费曼《物理学讲义》的第 3 卷第 8 章对此进行了很有创意和见地的说明。设 $|1\rangle$，$|2\rangle$，$|3\rangle$，…代表在某一个基中的基础态（简称为基态，也称本征态）。如果 $u$ 和 $v$ 是两个状态，那么从 $u$ 态开始而终止于 $v$ 态的概率幅，可以写成由 $u$ 进入一组完全的基础态中各个基础态，再由各个基础态进入 $v$ 态的概率幅，最后对这一组中的全部基础态求和：

$$\langle u|v\rangle = \sum_i \langle u|i\rangle\langle i|v\rangle \tag{11-10}$$

将式（11-10）的两边移去 $\langle u|$，得到式（11-11）：

$$|v\rangle = \sum_i |i\rangle\langle i|v\rangle \tag{11-11}$$

根据式（11-11），得到式（11-12）：

$$|u\rangle = \sum_i |i\rangle\langle i|u\rangle \tag{11-12}$$

将式（11-10）的两边移去 $|v\rangle$，得到式（11-13）：

$$\langle u| = \sum_i \langle u|i\rangle\langle i| \tag{11-13}$$

注意，左矢和右矢是表示状态的矢量（称为态矢量），内积是标量（具体来说是复数）。

**例题 11-5** 为了加深理解，通过求两个向量的内积和一个向量自身的内积，检验式（11-2）和式（11-8）。

解答：

用式（11-11）和式（11-13）求 $\langle u|v\rangle$：

$$\langle u|v\rangle = \sum_{ij} \langle u|i\rangle\langle i||j\rangle\langle j|v\rangle \tag{11-14}$$

由于 $\langle i|j\rangle=\delta_{ij}$，所以在求和时只需保留 $j=i$ 的项，于是得到：

$$\langle u|v\rangle = \sum_i \langle u|i\rangle\langle i|v\rangle \tag{11-15}$$

可以看到，式（11-15）就是式（11-10）。

由式（11-15），可得式（11-16）：

$$\langle u|u\rangle = \sum_i \langle u|i\rangle\langle i|u\rangle \tag{11-16}$$

注意，$\langle u|i\rangle$ 和 $\langle i|u\rangle$ 都是复数，是标量，且两者共轭。

□

任何状态都可以表示为基础态的线性组合。$C_i$ 为复数，它的实质是状态 $|\varphi\rangle$ 在基础态 $|i\rangle$ 上的投影，可表达为内积的形式，即 $C_i=\langle i|\varphi\rangle$。

因为

$$|\varphi\rangle = \sum_i C_i|i\rangle \tag{11-17}$$

所以有

$$|\varphi\rangle = \sum_i \langle i|\varphi\rangle\,|i\rangle \tag{11-18}$$

$\langle i|\varphi\rangle$ 为内积，是一个标量，所以

$$|\varphi\rangle = \sum_i |i\rangle\langle i|\varphi\rangle \tag{11-19}$$

我们选择两个基态 $|0\rangle$ 和 $|1\rangle$ 来编码构成量子比特。一个量子比特可能处于两个基态的叠加态 $|\varphi\rangle = x_0|0\rangle + x_1|1\rangle$，对 $|\varphi\rangle$ 进行测量，得到基态 $|0\rangle$ 的概率为 $|x_0|^2$，基态 $|1\rangle$ 的概率为 $|x_1|^2$，复系数 $x_0$ 和 $x_1$ 满足归一化条件 $|x_0|^2+|x_1|^2=1$。理论上满足归一化条件的复系数 $x_0$ 和 $x_1$ 有无穷多种，所以理论上叠加态有无穷多种。

$n$ 比特的复合量子系统可以由 $2^n$ 个基态的叠加来描述 $|\varphi\rangle = \sum_{i=0}^{2^n-1} x_i|i\rangle$，即对 $n$ 量子比特状态的所有二进制表示（从 $|00\cdots0\rangle$ 到 $|11\cdots1\rangle$）进行求和。复系数 $x_i(i=0,1,\cdots,2^n-1)$ 满足归一化条件 $\sum_{i=0}^{2^n-1}|x_i|^2=1$。

## 11.3 几种重要的熵及其联系

熵是贯穿本书的一个基本视角。熵有不同的版本：在信息论中，香农提出信息熵；在热力学中，玻尔兹曼提出玻尔兹曼熵（Boltzmann entropy）；在计算机系统资源调度领域，本书第 8 章提出系统熵。这三种熵都很重要，都客观地反映了事物的某一个方面。一方面，它们之间的区别是显然的；另一方面，它们之间存在着不那么显然的联系，但是这种联系又是非常重要的。

### 11.3.1 一些重要的基本问题

我们先提出一些基本问题：系统熵与香农熵的本质联系与区别是什么？不确定性与系统熵的本质联系与区别是什么？香农熵与热力学熵的本质联系与区别是什么？能量与信息之间具有怎样的联系？标签化冯·诺伊曼体系结构的逻辑基础是什么？或者说，在计算机系统中，获得关于运行主体（例如进程、线程、存储访问等）的标签信息，究竟具有怎样的作用？

### 11.3.2 三种熵的定义

我们接下来分析三种熵的定义。随机变量 $X$ 的香农熵的定义式如式（11-20），本质是 $\log_2\frac{1}{p(X)}$的期望，其中 $p(X)$ 是 $X$ 的概率分布函数，也就是，香农熵是 $p(X)$ 先求倒数，再求对数，再求期望。我们先试着定性地理解这样做的深刻原因。第一，为什么求概率分布函数的倒数？因为要表达与发生概率相反的趋势，即发生概率越大，不确定性越小，熵越小。第二，为什么要求对数？因为要编码。第三，为什么要求期望？因为要衡量随机变量在总体上的统计特性。

$$H(X)=E_p\left(\log_2\frac{1}{p(X)}\right)=\sum_i p_i\cdot\log_2\frac{1}{p_i} \tag{11-20}$$

当系统的 $m$ 个微观态（microstate）都是等概率时，$p_i=1/m$，香农熵的定义为

$$H=\log_2 m \tag{11-21}$$

当系统的 $m$ 个微观态都是等概率时，玻尔兹曼熵的定义式为

$$S=k\cdot\ln m \tag{11-22}$$

式中，$k$ 为玻尔兹曼常数。

式（11-22）作为玻尔兹曼对人类的标志性贡献，被篆刻在玻尔兹曼的墓碑上。注意，香农熵的单位为比特（bit），玻尔兹曼熵的单位为焦耳/开尔文（J/K）。

### 11.3.3 朗道原理

设想一个气缸，其中只有一个分子，气缸和分子构成了一个系统。将气缸均分为 $W_1$ 个小空间，则分子有 $W_1$ 个可能位置。若分子处于一个不同位置，则整个系统被视为处于一个不同的微观态，整个气缸有 $W_1$ 个微观态，半个气缸有 $W_1/2$ 个微观态。若将分子的可能活动范围限制在半个气缸，则气缸的玻尔兹曼熵从 $k\cdot\ln W_1$ 降低为 $k\cdot\ln(W_1/2)$。

在此过程中，玻尔兹曼熵的变化量为

$$\Delta S=k\cdot\ln W_1-k\cdot\ln(W_1/2)=k\cdot\ln 2 \tag{11-23}$$

观察式（11-23），可见玻尔兹曼熵的变化量与整个气缸的微观状态数量 $W_1$ 无关。

在此过程中，信息熵的变化量为

$$\Delta H=\log_2 W_1-\log_2(W_1/2)=\log_2 2=1 \tag{11-24}$$

综合式（11-23）和式（11-24），可知：增加 1 比特的信息可以减少 $k\cdot\ln 2$ J/K 的玻尔兹曼熵。在式（11-23）两端乘以温度 $T$，得到

$$T\cdot\Delta S=T\cdot k\cdot\ln 2 \tag{11-25}$$

综合式（11-24）和式（11-25），可知：增加 1 比特的信息所需的最小能量

为$k \cdot \ln 2$ J。

于是得到朗道原理（Landauer's principle）：写入或删除 1bit 信息，会导致 $k \cdot \ln 2$ J/K 的玻尔兹曼熵的改变，消耗 $T \cdot k \cdot \ln 2$ J 的能量。这是读写信息耗费的能量的下限，被称为朗道极限（Landauer limit）。真实的计算机所消耗的能量要远远高于这个下限。朗道是苏联物理学家，曾于 1962 年获得诺贝尔物理学奖，朗道原理是朗道在 1961 年的一篇文章中提出的[3]。

信息可以像燃料一样被用来推动机器。量子信息论的主要创立者、美国国家科学院院士查尔斯·本内特（Charles Bennett）设计了如图 11-4 所示的一个以信息生产功来推动的小车。设想我们已知 $N$ bit 的信息，即拥有一个 $N$ 位的比特串，在物理上就相当于拥有 $N$ 个气缸（每个气缸中只有一个分子，当分子在气缸左侧时，记为 0，当分子在气缸右侧时，记为 1）。这 $N$ 个气缸组成一个带子穿入小车，为每个气缸插入一个活塞。

需要说明的是，分子有一半的概率处于左侧，有一半的概率处于右侧，如果不知道分子的位置，那就有一半的概率“气体对外做功”，一半的概率“外部对气体做功”，平均而言，分子对活塞做的功为 0。如图 11-4 所示，当且仅当分子处于左侧，活塞右移驱动车轮，当且仅当分子处于右侧，活塞左移驱动车轮，这样始终保证气体对外（即车轮）做功（见图 11-5）。具体来说，$N$ bit 的气缸带子所做的功为 $N \cdot T \cdot k \cdot \ln 2$。分子推动活塞运动之后，分子处于左侧还是右侧就无从知道了，也就是信息消失了（即信息作为一种“燃料”化为了灰烬）。

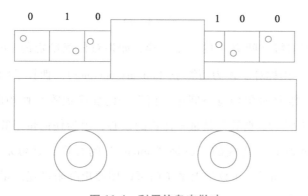

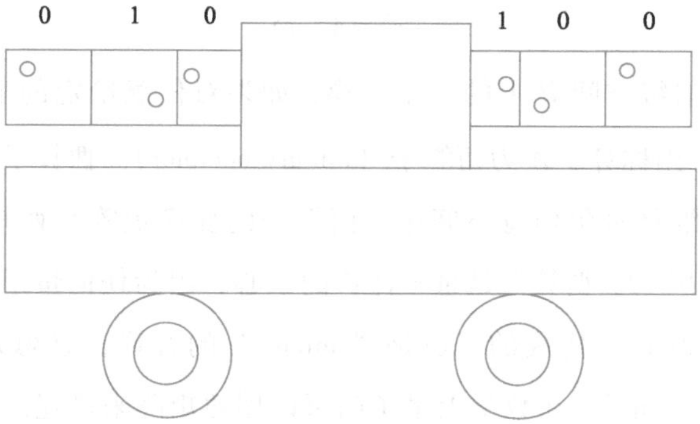


图 11-4　利用信息来做功

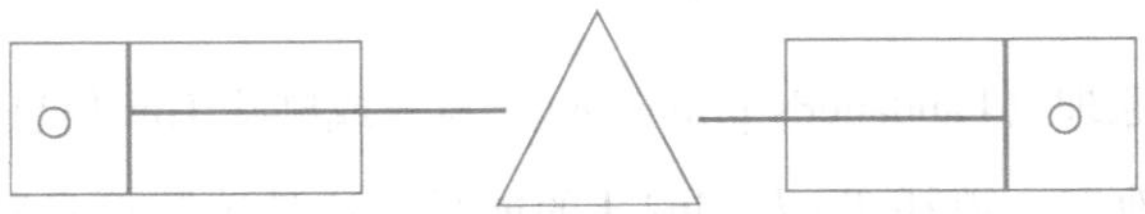

图 11-5　通过信息保证气体始终对车轮做功

标签化冯·诺依曼体系结构也是利用标签提供的信息作为“燃料”减少系统熵，最终达到优化性能和用户体验的效果。

## 11.4 量子门

学习量子计算，需要了解复数和有限维复希尔伯特空间，需要了解矢量、矩阵、矩阵的特征值和特征向量，需要了解内积、张量积，需要了解算子、酉算子，需要了解波函数和概率幅。

很多人对复数的理解仅停留在“$i^2=-1$”的程度上，并不理解复数的用途和实质含义；很多人对矩阵（matrix）的理解仅停留“矩阵就是数组”的程度上，并不理解矩阵的用途和实质含义。我们需要一套数学理论表达“空间”“时间”“状态”“操作”等概念。

### 11.4.1 酉算子

算子 $A$ 表示某个特定的操作，这个操作作用于或施加于任意一个状态 $|u\rangle$ 时，结果是产生了另一个态 $|v\rangle$。

$$|v\rangle=A|u\rangle \tag{11-26}$$

设 $A$ 是复希尔伯特空间 $H$ 上的一个变换，如果对任意给定的 $|u\rangle$，$|v\rangle\in H$，有 $\langle Au|Av\rangle=\langle u|v\rangle$，则称算子 $A$ 为酉算子（unitary operator）。酉算子的根本特征是保持内积不变。在有限维复希尔伯特空间中，酉算子的变换矩阵是酉矩阵（unitary matrices），满足 $U^\dagger U=UU^\dagger=I$。酉算子是量子计算的核心，因为任何量子算法无论其功能如何，都是由一系列酉算子构成的。酉是“unitary”的音译，意思是“单元的、单位的”，有时意译为“幺正”。在数学上量子门可以用酉矩阵来描述。量子门的作用可以看作矩阵与状态向量相乘。

算子可以是任意形式的，但在量子力学中一般只关注线性算子。如果一个算子 $A$ 作用于向量空间 $V$ 中的任一向量 $|u\rangle$，把它变换为另一个同样在向量空间 $V$ 中的向量 $|v\rangle$，则算子 $A$ 被称为线性算子（即对任意给定的 $|u\rangle \in V$，若 $|v\rangle = A|u\rangle$，且 $A$ 是线性算子，则 $|v\rangle \in V$）。

假如让粒子从某个定态 $|u\rangle$ 开始，通过一个运算部件（本质是算子）$A$，然后测量这些粒子处于 $w$ 态的概率，结果是 $\langle w|A|u\rangle$，如式（11-27）所示。

$$\langle w|A|u\rangle = \sum_{ij} \langle w|i\rangle\langle i|A\rangle|j\rangle\langle j|u\rangle \tag{11-27}$$

如果在运算部件 $A$ 的后面再放一个运算部件 $B$，然后测量这些粒子处于 $w$ 态的概率，结果是 $\langle w|BA|u\rangle$，如式（11-28）所示。

$$\langle w|BA|u\rangle = \sum_{ijk} \langle w|i\rangle\langle i|B\rangle|j\rangle\langle j|A\rangle|k\rangle\langle k|u\rangle \tag{11-28}$$

这里运算部件（量子门）$A$ 和 $B$ 本质上是酉算子，两个酉算子先后实施变换，等价于总体变换 $BA$，注意 $B(A|u\rangle) = (BA)|u\rangle$，$(BA)$ 称为量子门 $A$ 和 $B$ 的串联。两个量子门 $A$ 和 $B$ 分别对量子位 $|u\rangle$ 和 $|v\rangle$ 进行变换，称为量子门 $A$ 和 $B$ 的并联，$(A|u\rangle)\otimes(B|v\rangle) = (A\otimes B)(|u\rangle\otimes|v\rangle)$。若 $A$ 和 $B$ 是酉算子，则 $BA$ 和 $A\otimes B$ 均为酉算子。

**例题 11-6** 证明两个酉算子的复合仍然是酉算子，即若 $A$ 和 $B$ 是酉算子，则 $BA$ 是酉算子。

解答：根据酉算子的定义，对任意给定的 $|u\rangle$，$|v\rangle \in H$，若 $B$ 为酉算子，则

$$\langle BAu|BAv\rangle = \langle Au|Av\rangle$$

若 $A$ 为酉算子，则

$$\langle Au|Av\rangle = \langle u|v\rangle$$

若 $A$ 和 $B$ 均是酉算子，则

$$\langle BAu|BAv\rangle = \langle Au|Av\rangle = \langle u|v\rangle$$

所以 $BA$ 是酉算子。

□

下面介绍典型的一些量子门，它们本质上都是酉算子。

### 11.4.2 量子非门 $X$

量子非门 $X$ 实现的功能是：$NOT|x\rangle = X|x\rangle = |1\oplus x\rangle = |\neg x\rangle$，具体来说，

$X|0\rangle=|1\rangle$，$X|1\rangle=|0\rangle$。非门对应的变换矩阵如式（11-29）。

$$X=\begin{pmatrix}0&1\\1&0\end{pmatrix}\tag{11-29}$$

这里验证一下，因为 $|0\rangle=\begin{pmatrix}1\\0\end{pmatrix}$，$|1\rangle=\begin{pmatrix}0\\1\end{pmatrix}$，所以

$$X|0\rangle=\begin{pmatrix}0&1\\1&0\end{pmatrix}\begin{pmatrix}1\\0\end{pmatrix}=\begin{pmatrix}0\\1\end{pmatrix}=|1\rangle,X|1\rangle=\begin{pmatrix}0&1\\1&0\end{pmatrix}\begin{pmatrix}0\\1\end{pmatrix}=\begin{pmatrix}1\\0\end{pmatrix}=|0\rangle$$

两个串联的 $X$ 门串联形成如图 11-6 所示的量子线路，线路中的直线是量子线，表示量子位，从左向右，第一个 $X$ 门的输入为 $|v\rangle$，输出为 $X|v\rangle$，第二个 $X$ 门作用于第一个 $X$ 门的输出，形成 $XX|v\rangle$。可以验证 $XX$ 为单位阵，所以 $XX|v\rangle=|v\rangle$。

### 11.4.3 泡利-$Y$ 门

泡利-$Y$ 门实现的功能是：$Y|x\rangle=(-1)^x i|1\oplus x\rangle=(-1)^x i|\neg x\rangle$，将 $|0\rangle$ 和 $|1\rangle$ 互变且分别相移±π/2，具体来说，$Y|0\rangle=i|1\rangle$，$Y|1\rangle=-i|0\rangle$。$Y$ 门对应的变换矩阵如式（11-30）所示，符号如图 11-7 所示。

$$Y=\begin{pmatrix}0&-i\\i&0\end{pmatrix}\tag{11-30}$$

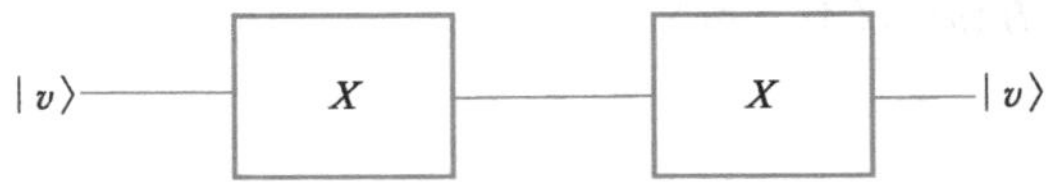

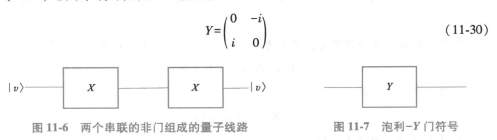

图 11-6 两个串联的非门组成的量子线路

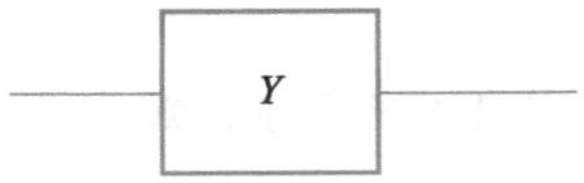

图 11-7 泡利-$Y$ 门符号

### 11.4.4 泡利-$Z$ 门

泡利-$Z$ 门实现的功能是：$Z|x\rangle=(-1)^x|x\rangle$，保持 $|0\rangle$ 不变，将 $|1\rangle$ 反相（即相移 π），具体来说，$Z|0\rangle=|0\rangle$，$Z|1\rangle=-|1\rangle$。$Z$ 门对应的变换矩阵如式（11-31）所示，符号如图 11-8 所示。

$$Z=\begin{pmatrix}1&0\\0&-1\end{pmatrix}\tag{11-31}$$

### 11.4.5　哈达玛门 $H$

哈达玛门 $H$ 是量子计算中被高频使用的门。$H|x\rangle=\frac{1}{\sqrt{2}}|0\rangle+(-1)^x\frac{1}{\sqrt{2}}|1\rangle$，实现的功能是：将 $|0\rangle$ 和 $|1\rangle$ 变成等概率发生的叠加态，具体来说，$H|0\rangle=\frac{1}{\sqrt{2}}|0\rangle+\frac{1}{\sqrt{2}}|1\rangle$，$H|1\rangle=\frac{1}{\sqrt{2}}|0\rangle-\frac{1}{\sqrt{2}}|1\rangle$。通常称 $H|0\rangle$ 为 $|+\rangle$，称 $H|1\rangle$ 为 $|-\rangle$。哈达玛门 $H$ 对应的变换矩阵如式（11-32）所示，符号如图 11-9 所示。

$$H=\frac{1}{\sqrt{2}}\begin{pmatrix}1 & 1\\ 1 & -1\end{pmatrix} \tag{11-32}$$

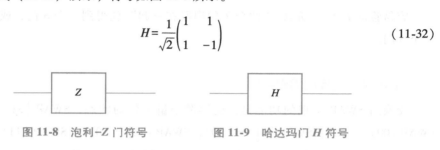

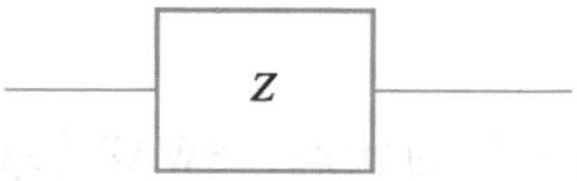


图 11-8　泡利-Z 门符号

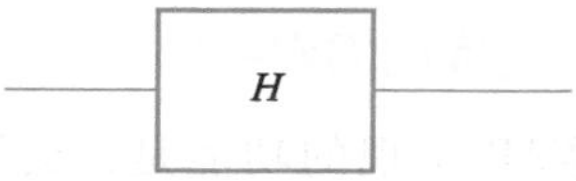


图 11-9　哈达玛门 $H$ 符号

### 11.4.6　相移门 $R_\theta$

相移门 $R_\theta|x\rangle=e^{ix\theta}|x\rangle$，实现的功能是：保持 $|0\rangle$ 不变，将 $|1\rangle$ 的相位移动 $\theta$，具体来说，$R_\theta|0\rangle=|0\rangle$，$R_\theta|1\rangle=e^{i\theta}|1\rangle$。相移门 $R_\theta$ 对应的变换矩阵如式（11-33）所示，符号如图 11-10 所示。

$$R_\theta=\begin{pmatrix}1 & 0\\ 0 & e^{i\theta}\end{pmatrix} \tag{11-33}$$

当 $\theta=\pi/2$ 时的相移门被称为 $S$ 门，$S=R_{\pi/2}$，实现的功能是：保持 $|0\rangle$ 不变，将 $|1\rangle$ 的相位移动 $\pi/2$，具体来说，$R_\theta|0\rangle=|0\rangle$，$R_\theta|1\rangle=i|1\rangle$。$S$ 门对应的变换矩阵如式（11-34）所示，符号如图 11-11 所示。

$$S=\begin{pmatrix}1 & 0\\ 0 & i\end{pmatrix} \tag{11-34}$$

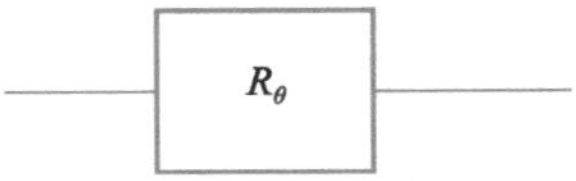


图 11-10　相移门 $R_\theta$ 符号

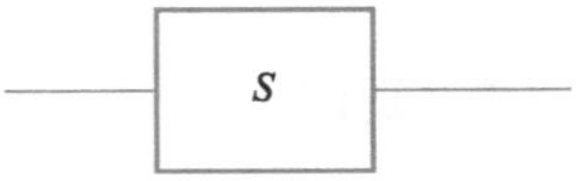


图 11-11　相移门 $S$ 符号

当 $\theta=\pi/4$ 时的相移门被称为 $T$ 门，$T=R_{\pi/4}$，实现的功能是，保持 $|0\rangle$ 不变，将 $|1\rangle$ 的相位移动 $\pi/4$，具体来说，$T|0\rangle=|0\rangle$，$T|1\rangle=\mathrm{e}^{i\pi/4}|1\rangle$。$T$ 门对应的变换矩阵如式（11-35）所示，符号如图 11-12 所示。

$$T=\begin{pmatrix}1 & 0\\0 & \mathrm{e}^{i\pi/4}\end{pmatrix} \tag{11-35}$$

容易验证 $T^2=S$，所以，“两个 $T$ 门串联在一起”就得到一个 $S$ 门，或者说等价于一个 $S$ 门。

### 11.4.7　交换门 SWAP

交换门 SWAP 实现的功能是，交换两个量子位的状态，$\mathrm{SWAP}|xy\rangle=|yx\rangle$，即 $\mathrm{SWAP}|00\rangle=|00\rangle$，$\mathrm{SWAP}|01\rangle=|10\rangle$，$\mathrm{SWAP}|10\rangle=|01\rangle$，$\mathrm{SWAP}|11\rangle=|11\rangle$。交换门 SWAP 的变换矩阵如式（11-36）所示，符号如图 11-13 所示。

$$\mathrm{SWAP}=\begin{pmatrix}1 & 0 & 0 & 0\\0 & 0 & 1 & 0\\0 & 1 & 0 & 0\\0 & 0 & 0 & 1\end{pmatrix} \tag{11-36}$$

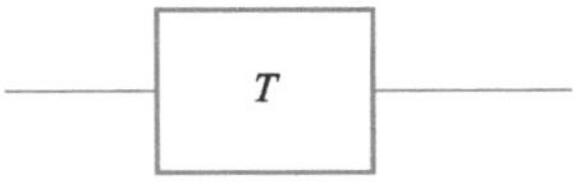


图 11-12　相移门 $T$ 符号

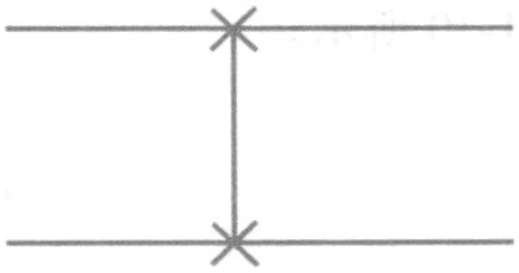

图 11-13　交换门 SWAP 符号

**例题 11-7**　验证 $\mathrm{SWAP}|10\rangle=|01\rangle$ 和 $\mathrm{SWAP}|01\rangle=|10\rangle$ 是否确实成立。

解答：

因为 $|0\rangle=\begin{pmatrix}1\\0\end{pmatrix}$，$|1\rangle=\begin{pmatrix}0\\1\end{pmatrix}$，

所以

$$|10\rangle = |1\rangle \otimes |0\rangle = \begin{pmatrix} 0 \\ 0 \\ 1 \\ 0 \end{pmatrix}$$

$$|01\rangle = |0\rangle \otimes |1\rangle = \begin{pmatrix} 0 \\ 1 \\ 0 \\ 0 \end{pmatrix}$$

$$\mathrm{SWAP}|10\rangle = \begin{pmatrix} 1 & 0 & 0 & 0 \\ 0 & 0 & 1 & 0 \\ 0 & 1 & 0 & 0 \\ 0 & 0 & 0 & 1 \end{pmatrix}\begin{pmatrix} 0 \\ 0 \\ 1 \\ 0 \end{pmatrix} = \begin{pmatrix} 0 \\ 1 \\ 0 \\ 0 \end{pmatrix} = |01\rangle$$

$$\mathrm{SWAP}|01\rangle = \begin{pmatrix} 1 & 0 & 0 & 0 \\ 0 & 0 & 1 & 0 \\ 0 & 1 & 0 & 0 \\ 0 & 0 & 0 & 1 \end{pmatrix}\begin{pmatrix} 0 \\ 1 \\ 0 \\ 0 \end{pmatrix} = \begin{pmatrix} 0 \\ 0 \\ 1 \\ 0 \end{pmatrix} = |10\rangle$$

□

### 11.4.8 受控非门 CNOT

受控非门 CNOT 实现的功能是：首位为控制位，当首位为 $|0\rangle$ 时，末位不变，当首位为 $|1\rangle$ 时，末位取反。$\mathrm{CNOT}|x,y\rangle = |x, x\oplus y\rangle$，即 $\mathrm{CNOT}|0,y\rangle = |0,y\rangle$，$\mathrm{CNOT}|1,y\rangle = |1,1\oplus y\rangle = |1,\neg y\rangle$。受控非门 CNOT 的变换矩阵如式（11-37）所示，符号如图 11-14 所示。

$$\mathrm{CNOT} = \begin{pmatrix} 1 & 0 & 0 & 0 \\ 0 & 1 & 0 & 0 \\ 0 & 0 & 0 & 1 \\ 0 & 0 & 1 & 0 \end{pmatrix} = \begin{pmatrix} I & 0 \\ 0 & X \end{pmatrix} \tag{11-37}$$

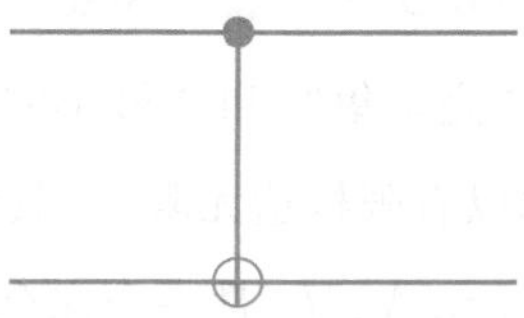

图 11-14 受控非门 CNOT 符号

### 11.4.9 受控 $U$ 门 $C(U)$

受控 $U$ 门 $C(U)$ 实现的功能是：首位为控制位，当首位为 $|0\rangle$ 时末位不变，当首位为 $|1\rangle$ 时对末位进行 $U$ 变换。$C(U)|x,y\rangle=|x\rangle U^x|y\rangle$，即 $C(U)|0\rangle|y\rangle=|0\rangle|y\rangle$，$C(U)|1\rangle|y\rangle=|0\rangle U|y\rangle$。受控 $U$ 门 $C(U)$ 的变换矩阵如式（11-38）所示，符号如图 11-15 所示。

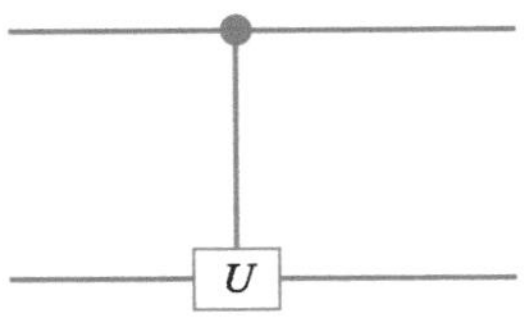


图 11-15 受控 $U$ 门 $C(U)$ 符号

$$C(U)=\begin{pmatrix} I & 0 \\ 0 & U \end{pmatrix} \tag{11-38}$$

### 11.4.10 托佛利门 CCNOT

托佛利门 CCNOT 实现的功能是：前两位为控制位，保持不变，当且仅当前两位为同时为 $|1\rangle$ 时，末位取反。$\text{CCNOT}|x,y,z\rangle=|x,y,x\wedge y\oplus z\rangle$，即 $\text{CCNOT}|0,y,z\rangle=|0,y,z\rangle$，$\text{CCNOT}|x,0,z\rangle=|x,0,z\rangle$，$\text{CCNOT}|1,1,z\rangle=|1,1,\neg z\rangle$。托佛利门 CCNOT 的变换矩阵如式（11-39）所示，符号如图 11-16 所示。

$$\text{CCNOT}=\begin{pmatrix} I & 0 & 0 & 0 \\ 0 & I & 0 & 0 \\ 0 & 0 & I & 0 \\ 0 & 0 & 0 & X \end{pmatrix} \tag{11-39}$$

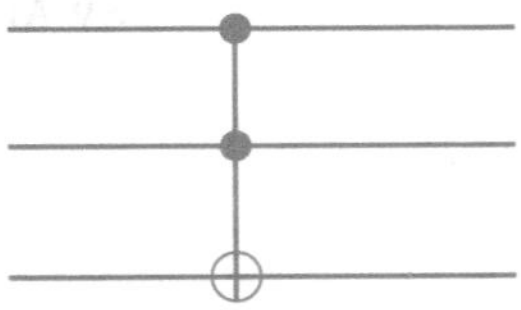

图 11-16 托佛利门 CCNOT 符号

## 11.5 量子算法

### 11.5.1 最小完全集

“完全集”和“最小完全集”是计算机科学中的非常重要的概念。它们的基本思想是“以有限构造无限”，具体来说就是以有限种运算来实现任意布尔函数。在经典计算中，$\{\neg,\wedge,\vee\}$ 是一个完全集，也就是通过有限次的“与”“或”“非”运算可以实现任意布尔函数。实际上，$p\vee q=\neg(\neg p\wedge\neg q)$，$p\wedge q=\neg(\neg p\vee\neg q)$，“与”和“或”两者只需保留一个即可，$\{\neg, \wedge\}$和$\{\neg, \vee\}$都是完全集，且是最小完全集。{与非（NAND）}和{或非（NOR）}也是最小完全集。

与经典计算不同，量子计算不存在逻辑门的完全集，原因是有限个量子门组成的量子线路是可数的，但酉算子的数量是不可数的。但是如果只考虑酉算子的近似实现而不是精确实现，则用几种量子门就可近似实现任意给定的酉算子。例如{哈达玛门 $H$，相移门 $R_{\pi/4}$，受控非门 CNOT}是一个完全集。

**例题 11-8**　{与非}是经典计算中的一个最小完全集，试用托佛利门实现与非运算。

解答：$\text{CCNOT}\,|x,y,1\rangle = |x,y,x \wedge y \oplus 1\rangle = |x,y,\neg(x \wedge y)\rangle$。由此，对托佛利门的强大功能可见一斑。

□

**例题 11-9**　量子状态具有不可复制性，这一特性是量子通信安全性的基础，但是由此导致量子线路中的量子比特不能像经典比特那样分出或复制。试用托佛利门实现扇出。

解答：$\text{CCNOT}\,|x,1,0\rangle = |x,1,x \wedge 1 \oplus 0\rangle = |x,1,x)\rangle$。

□

## 11.5.2　肖尔算法

量子计算最著名的两个应用是肖尔（Shor）提出的整数因子分解算法[1]和格罗夫（Grover）提出的数据库搜索算法。长度是 $n$ bit 的整数因子分解是公钥机制的设计核心，对广泛使用的 RSA（Rivest-Shamir-Adleman）密码协议和椭圆曲线密码系统具有重要影响（如果能够被快速求解，则构成威胁）。此问题目前已知最好的经典算法的时间复杂度是 $\exp(O(\sqrt[3]{n\log^2 n}))$，但在量子计算机上 Shor 算法可以在关于 $n$ 的多项式的时间内完成。因此，相对目前最好的经典算法，Shor 量子算法实现了指数级加速。

“关于 $n$ 的多项式时间（polynomial time）”是计算复杂度理论中的一种特定说法，指的是一个问题的计算时间不大于问题大小 $n$ 的多项式倍数。所有可以在多项式时间内求解的问题构成“P 类问题”。“NP 类问题”是指可以用非确定性（non-deterministic）

图灵机在多项式时间内计算出的问题，等价的另一种定义是其解的正确性能够在多项式时间内检验的问题。所谓非确定性，就是指可以同时做出多种选择并进行相应的计算，而只要在一种选择中计算结果是真，那么最终的计算结果就为真。

NP 类问题的求解具有猜测和验证两个阶段，猜测阶段给出一个可能的解，复杂度是非确定性的；验证阶段验证猜测阶段给出解的正确性，复杂度是确定性的。设算法 $A$ 是解一个问题的非确定性算法，如果 $A$ 的验证阶段能在多项式时间内完成，则称 $A$ 是一个多项式时间非确定性算法。有些问题是确定性的，例如加减乘除，只要按照公式推导，按部就班一步一步来，就可以得到结果。但是，有些问题是人类截至目前无法按部就班直接地计算出来的（或许永远不能，或许将来某个时能，这一点很重要，这决定了“P 类问题是否等价于 NP 类问题”，即“NP＝P?”），只能通过间接的“猜算”来得到结果。而这些问题的通常有一个算法，它不能直接告诉你答案是什么，但可以告诉你某个可能的结果是正确的答案还是错误的。

### 11.5.3 格罗夫算法

对于 $n$ 元集合上的函数 $f:[n]\rightarrow\{0,1\}$，格罗夫（Grover）算法可以在 $O(\sqrt{n})$ 的复杂度下找到 1 的一个原像（如果原像为空集，也会指出这一点）。经典算法的复杂度为 $O(n)$，在最坏的情况下需要求解每一个输入的函数值，因此，量子算法相对经典算法具有平方级的加速。

### 11.5.4 量子编程

量子编程与经典编程有联系，也有区别。由于量子不可克隆原理，量子比特是不可复制的，因此量子编程不能使用传统的赋值语句。由于测量会导致量子比特发生不可逆的坍缩，传统的条件赋值语句也是不可用的。量子计算的显著特点在于量子叠加带来的并行优势。

## 11.6 本章小结

本章对量子计算进行了简要介绍，这样的介绍尽管是入门性质的，但是尽量抓住一些主干，而且从并行计算角度揭示量子计算与经典并行计算的联系与区别。

## 11.7 思考题

1. 在并行性方面，量子计算与经典计算相比有何联系和区别？如果说经典计算主要开发指令级并行、线程级并行、数据级并行、请求级并行，那么量子计算的并行性的来源在哪里？

2. 现代计算机采用的冯·诺依曼结构，而冯·诺依曼本人也对量子计算进行过深入研究（如有著作《量子力学的数学基础》[4]）。结合文献［4-6］，思考经典计算与量子计算是怎样的关系？在量子计算机上，为经典计算机编制的应用程序能否运行？如果不能，应怎样移植或改造？

## 参考文献


［1］SHOR P W. Polynomial-time algorithms for prime factorization and discrete logarithms on a quantum computer［J］. SIAM Journal on Computing, 1997, 26 (5): 1484-1509.

［2］郭国平，陈昭昀，郭光灿. 量子计算与编程入门［M］. 北京：科学出版社，2020.

［3］LANDAUER R. Irreversibility and heat generation in the computing process［J］. IBM Journal of Research and Development, 1961, 5 (3): 183-191.

［4］冯·诺依曼. 量子力学的数学基础［M］. 凌复华，译. 北京：科学出版社，2020.

［5］郑伟谋. 量子力学基础［M］. 北京：科学出版社，2019.

［6］曾谨言. 量子力学(第 4 版)［M］. 北京：科学出版社，2007.

# 术语中英文对照

专用集成电路　application specific integrated circuit（ASIC）

现场可编程门阵列　field programmable gate array（FPGA）

中央处理单元　central processing unit（CPU）

图形处理单元　graphics processing unit（GPU）

计算统一设备体系结构　compute unified device architecture（CUDA）

动态电压与频率伸缩　dynamic voltage and frequency scaling（DVFS）

对称多处理机　symmetric multi-processor（SMP）

地址空间　address space

共享地址空间　shared address space

私有地址空间　Private Address Space

摩尔定律　Moore's law

前向相关　forward dependence

后向相关　backward dependence

问题大小　problem size

并发、并发性、并发度　concurrency

并行、并行性、并行域　parallelism

时间局部性　temporal locality

空间局部性　spatial locality

同步、同步性　synchronization

性能　performance

目录协议　directory protocol

锁　lock

可用性　availability

预取　Prefetching

编程模型　Programming model

量子　quantum

量子纠缠　quantum entanglement

量子叠加　quantum superposition

复数　complex number

酉算子　unitary operator

酉矩阵　unitary matrices

并行计算　parallel computing

量子计算　quantum computing

指令级并行　instruction-level parallelism（ILP）

数据级并行　data-level parallelism（DLP）

线程级并行　thread-level parallelism（TLP）

请求级并行　request level parallelism（RLP）

阿姆达尔定律　Amdahl's Law

边际效用　marginal utility

向量化　vectorization

并行化　parallelization

消息传递接口　message passing interface（MPI）

尾延迟 tail latency

效率 efficiency

算势 computing potential

算力 computing utility

算术 computing arithmetic

算法 computing algorithm

算礼 computing ritual

数据密集型应用 data-intensive application

存储密集型应用 memory-intensive application

关键路径 critical path

仓库级计算机 warehouse scale computer（WSC）

离散傅里叶变换 discrete fourier transformation（DFT）

信息熵 information entropy

玻尔兹曼熵 Boltzmann entropy

系统熵 system entropy

存储墙 memory wall

存储层次结构 memory hierarchy

平均存储访问时间 average memory access time（AMAT）

存储带宽 memory bandwidth

有效带宽 effective bandwidth

指令窗口 instruction window（IW）

重排序缓冲 reorder buffer（ROB）

存储停顿时间 memory stall time

并发平均存储访问时间 concurrent average memory access time（C-AMAT）

延迟隐藏 latency hiding

延迟减少 latency reducing

片上末级高速缓存 last level cache（LLC）

可靠性、可用性、可服务性 reliability，availability，and serviceability（RAS）

侦听协议 snooping protocols

写回 write-back

互连网络拓扑结构 interconnection network topologies

路由协议 routing protocols

确定性路由 deterministic routing

自适应路由 adaptive routing

高效能计算机系统 high productivity computing systems（HPCS）

标准性能评估公司 standard performance evaluation corporation（SPEC）

高速缓存一致的非统一存储访问结构 cache coherence non-uniform memory access（CC-NUMA）

查表法 table lookup

有限自动机 finite state machine

多级互连网络 multistage interconnection network（MIN）

互连网络路由方式 interconnection network routing

通信计算比 communication-to-computation ratio

静态代码注释 static code annotation

平均归一化周转时间 average normalized turnaround time（ANTT）

性能调优 performance tuning

性能分析器 performance analyzer

性能计数器　performance counter

共享资源　shared resources

潜在的性能瓶颈　potential performance bottleneck

向量条件执行　vector conditional execution

掩码向量　mask vector

网格计算　grid computing

集群计算　cluster computing

大规模并行处理计算机　massive parallel processing machines（MPP）

服务质量　quality of service（QoS）